Jetzt helfe ich mir selbst

Motor buch Verlag

Einbandgestaltung: Luis dos Santos

Abbildungen: Sandra Hauber, Volkswagen AG Media Service, Rainer Vögele, Continental AG, Continental Teves AG & Co OHG, Robert Bosch GmbH, ACV GmbH, 3M Deutschland GmbH, Sonax GmbH & Co KG, Hella KG, Audi AG, Seat Deutschland GmbH, Skoda Auto Deutschland GmbH, Oris Fahrzeugteile Hans Riehle GmbH, HJS Fahrzeugtechnik, Eibach GmbH

Text und redaktionelle Bearbeitung: Rainer Vögele

Vielen Dank für die tatkräftige Unterstützung an: Gunnar Beer, Gregor Drewniok, Tina Mornhinweg, Carsten Blind, Dr. Mollenkopf, Auto Technik Niefern, Dennis Holtsch

ISBN 978-3-613-02824-1

3. Auflage 2011

Lizenznehmer des Motorbuch Verlags, Postfach 103743, 70032 Stuttgart
Ein Unternehmen der Paul Pietsch Verlage GmbH & Co

Sie finden uns im Internet unter:
www.motorbuch-verlag.de

Herstellung: Ipa, 71665 Vaihingen/Enz
Druck und Bindung: Druck + Verlag Südwest, 76131 Karlsruhe
Printed in Germany

VW Golf IV

Benziner und Diesel

Modelljahre 1998–2004

Inhalt

Einleitung

Ein Ratgeber stellt sich vor ... 6
Lernen Sie Ihr Auto kennen ... 8
Rechte und Pflichten ... 10
In der Werkstatt ... 12

Ausrüstung

Investition in die Zukunft ... 14
Grundausstattung ... 16
Nützliches Zubehör ... 19
Richtig schrauben ... 20

Der Golf

Modellvorstellung ... 24
Modellpflege des Golf im Detail ... 38
Die Golf-Story ... 40

Werterhalt

Wagenpflege ... 46
Hilfsmittel ... 48
Nachbehandlung kritischer Stellen ... 50
Polieren und Konservieren ... 51
Schmierdienst ... 52
Scheibenwischer ... 52
Pflege des Innenraums ... 54
Komplett-Aufbereitung ... 56
Beulen und Kratzer ... 57

Unterwegs

Fit im Sommer ... 58
Die Climatronic ... 61
Pollenfilter wechseln ... 63
Nachrüstsatz für eine Anhängerkupplung ... 64
Besser machen ... 66
Checkliste vor und nach jeder großen Fahrt ... 67
Fit durch den Winter ... 68
Winterausrüstung ... 69
Die richtigen Winterreifen für den Golf ... 71
Winterreifen montieren ... 74
Heizung / Lüftung prüfen ... 75
Frostschutz prüfen ... 76
Scheibenwischer und Waschdüsen prüfen ... 77
Besser machen ... 78
Checkliste Winter ... 79

Kleine Pannen

Womit Sie immer rechnen müssen ... 81
Fahrzeug richtig aufbocken ... 82
Fahrzeug abschleppen ... 83
Überhitzuung durch Wasserverlust ... 84
Wenn der Schlüssel streikt ... 85
Falschbetankung beim Diesel ... 86
Elektronik im Notlaufprogramm ... 86
Grundausstattung für kleine Pannen ... 87

Innenraum

An welchen Teilen sollte ich nicht arbeiten? ... 89
Ablagen, Verkleidung und Sitzbank ... 90
Sitzgurte ... 91
Fensterheber ... 91
Sitzbank und Sitzlehne ausbauen ... 92
Kombiinstrument ausbauen ... 93
Radio aus- / einbauen ... 94
Radiocode eingeben ... 95
Mittelkonsole vorn ausbauen ... 96
Mittelarmlehne vorn ausbauen ... 96
Handschuhkasten aus- / einbauen ... 97
Dosenhalter ausbauen ... 97
Türverkleidung ausbauen ... 98
Fensterheber instand setzen ... 100
Schalter für Fensterheber ersetzen ... 102
Automatik der Fensterheber wieder herstellen ... 102
Türschloss aus- /einbauen ... 103
Diverse Knöpfe und Schalter ausbauen ... 104
Innenraumleuchte/ Leselampe wechseln ... 105
Schaltereinheit für Schiebedach ... 105
Kofferraumleuchte aus- und einbauen ... 106
Türwarnleuchte ausbauen ... 106
Verkleidungen für Heckklappe aus- / einbauen ... 107
Besser machen ... 108
Störungsbeistand ... 110

Karosserie

Wissenswertes ... 113
Spaltmaße der Karosserie ... 115
Stoßfänger vorne ausbauen ... 116
Stoßfänger hinten ausbauen ... 117
Schlossträger in Servicestellung bringen ... 117
Motorhaube ausbauen ... 118
Heckklappe ausbauen ... 119
Hauben und Klappen einstellen ... 120
Kotflügel ausbauen ... 120
Wasserablaufschläuche reinigen ... 121
Seitenschutzleisten ersetzen ... 121

Antrieb

Wissenswertes 122
Benzinmotoren 124
Dieselmotoren 128
Was Sie am Motor noch selber tun können 130
Steuerriemen und Ventiltrieb 132
Motorschmierung 134
Motorkühlung 136
Motormanagement 138
Einspritzung und Zündung 142
Motorsteuerung beim Diesel 146
Kraftübertragung 150
Sichtprüfung am Motor und Getriebe 156
Kontrolle Ölstand Servolenkung 157
Motorverkleidung oben demontieren 158
Motorverkleidung unten demontieren 159
Keilrippenriemen prüfen 160
Keilrippenriemen aus- und einbauen 161
Ölstandskontrolle 164
Ölwechsel 165
Kühlmittelstand und Frostschutz prüfen 169
Kühlerventilator / Kühlsystem prüfen 170
Thermostat prüfen 172
Luftfilter wechseln 1,4l / 1,6l Benziner 173
Luftfilter wechseln (Benziner und Diesel) 174
Luftmassenmesser wechseln 175
Zündkerzen wechseln 176
Glühkerzen prüfen und wechseln 178
Kraftstofffilter (Diesel) entwässern 179
Kraftstofffilter (Diesel) auswechseln 180
5/6-Gangschaltung Getriebeölstand kontrollieren 181
Auspuffanlage 182
Besser machen 183
Störungsbeistand 185

Fahrwerk

Wissenswertes 188
Die Servolenkung 191
ESP 192
Die Vorderachse des Golf 193
Die Hinterachse des Golf 194
Felgen und Reifen 196
Zustand der Reifen kontrollieren 198
Radeinstellung / Radlagerspiel prüfen 199
Lenkungsspiel / Manschetten prüfen 200
Spurstange / Antriebsmanschetten / Lenkung 201
Achsgelenke kontrollieren 202
Zustand der Stoßdämpfer prüfen 203
Federbein ausbauen (vorne) 204
Federn und Dämpfer hinten ausbauen 207
Besser machen 206
Störungsbeistand 208

Bremsen

Wissenswertes 210
Bremsanlage – Aufbau und Hauptkomponenten 212
Handbremse 213
Bremsanlage – Elektronische Assistenzsysteme 214
Sichtprüfung auf Undichtigkeiten 218
Bremsflüssigkeit kontrollieren 219
Bremsbeläge / Scheiben vorn wechseln 220
Bremsbeläge / Scheiben hinten wechseln 224
Handbremse einstellen 228
Handbremszüge wechseln 229
Besser machen 230
Störungsbeistand 232

Elektrik

Wissenswertes 234
Elektrik und Elektronik 236
Die Batterie 238
Anlasser, Lichtmaschine und Generator 240
Messen mit dem Multimeter 242
Leitungen und Sicherungen 244
Beleuchtung 246
Instrumente und Geräte 248
Schaltrelais 250
Batterie Sichtprüfung 252
Batterie aus- und einbauen 253
Ladezustand u. Kapazität d. Batterie prüfen 254
Batteriespannung messen und Batterie laden 255
Motor mit Starthilfekabel starten 256
Defekte Verbraucher ermitteln / Anlasser 257
Lichtmaschine aus- und einbauen 258
Spannungsregler prüfen 259
Scheinwerferlampen wechseln 260
Hauptscheinwerfer ausbauen 262
Lampen der Heckleuchte wechseln 263
Kennzeichenleuchte / Hupe 264
Lampe der Zusatzbremsleuchte wechseln 265
Seitliche Blinkleuchte wechseln 266
Sicherung wechseln 267
Besser machen 268
Störungsbeistand 270

Technische Daten 274

Techniklexikon 281

Wartungsplan 298

Ein Ratgeber stellt sich vor

»An den neuen Autos kann ich doch nichts mehr selber machen« ist ein Satz den wir häufig hören, dem wir aber ebensowenig zustimmen wie Sie. Denn wozu sollten Sie sonst dieses Buch in den Händen halten? Wahr ist, dass durch den vermehrten Anteil von Elektronik und vor allem die Vernetzung der Systeme im Fahrzeug mancher Fehler nicht mehr so leicht zu orten ist wie früher. Wahr ist aber auch, dass moderne Autos durch den Einsatz der Elektronik wesentlich zuverlässiger, sicherer und umweltfreundlicher sind als die simpel aufgebauten aber auch wartungsintensiven Fahrzeuge früherer Tage. Es liegt uns also fern den Fortschritt zu verdammen, auch wenn er uns und Ihnen ab und zu einen Streich spielt.

Hilfe zur Selbsthilfe

Was Sie tun können wenn das Auto den Dienst verweigert, oder besser noch: was Sie tun können damit es gar nicht erst soweit kommt, soll Gegenstand dieses Ratgebers sein. Und auch wenn Sie den Fehler vielleicht nicht selbst beheben können - wir zeigen Ihnen wie Sie die Ursache präzise einkreisen können. Und zwar ohne Profi-Ausrüstung. So können Sie der Werkstatt wichtige Informationen liefern und kostbare Arbeitszeit für die Fehlersuche einsparen.

Tipps und Wissenswertes

Damit Ihnen niemand etwas vormachen kann, gewähren wir Einblick in die Autotechnik, erläutern Fachbegriffe im umfangreichen Techniklexikon und informieren Sie über Wissenswertes aus der Welt der Technik. Darüber hinaus erhalten Sie Tipps, die zum Teil bares Geld wert sind: So können Sie zum Beispiel die Lebensdauer Ihrer Scheibenwischer erheblich verlängern. Wie das geht erfahren Sie im Kapitel „Fit durch den Winter“. Diesem Thema widmen wir übrigens ein ganzes Kapitel, da in der dunklen Jahreszeit besonders viel zu beachten ist. Das fängt bei der Wahl der richtigen Bereifung an und endet mit einem paar robuster Schuhe im Kofferraum noch lange nicht. Denn immer noch wagen sich zu viele Autofahrer mit Sommerreifen auf die Piste. Fest in dem Glauben "wird schon gutgehen". Damit auch wirklich alles gut geht, sollten Sie dieses Buch von Anfang bis Ende durchlesen.

Sicherheit hat Vorrang

Wie durch den Winter, wollen wir Sie mit diesem Ratgeber natürlich auch durch die übrigen Jahreszeiten begleiten. Ihre Sicherheit und Zufriedenheit steht dabei an erster Stelle. Wichtiger als das Reparieren von sicherheitsrelevaten Baugruppen erscheint uns in diesem Band das frühzeitige Erkennen eines Schadens. Genau dabei wollen wir Sie unterstützen. Ein Störungsbeistand ist daher fester Bestandteil eines jeden Kapitels. Zudem bieten wir Ihnen ein Diagnose-Schema, das ganz allgemein eventuelle Unzulänglichkeiten am Auto entlarvt. Und zwar bevor etwas schiefgeht. Auch bei einem anstehenden Termin zur Hauptuntersuchung kann diese Schnelldiagnose jede Menge Ärger und Geld sparen. Abgesehen davon haben wir regelmäßig wiederkehrende Überprüfungsarbeiten für Sie zusammengefaßt. Diese dürfen Sie sich gerne kopieren und für sich abheften.

Reparaturen in der heimischen Garage

Sollten Sie bereits im Umgang mit Werkzeug geübt sein, werden wir Sie Schritt für Schritt durch die einzelnen Arbeitsgänge führen. Dabei beschränken wir uns in dieser Reihe auf leichte Wartungs-, Pflege- und Reparaturmaßnahmen, die Sie ohne weiteres in der heimischen Garage durchführen können. Welche Grundausstattung Sie dafür benötigen und wie das Ganze ideal in Ihre Garage passt, haben wir für Sie gleich an Anfang dieses Buches zusammengefasst. Gut ausgestattete Werkstätten, ob privat oder gewerblich betrieben, möchten wir auf den entsprechenden Band „Reparaturanleitung" des Bucheli-Verlages verweisen. Dort wird mit gewohnter Präzision das Zerlegen komplizierter Baugruppen wie Motor und Getriebe beschrieben.

Für mehr Spaß am Auto

Zum Schluss möchten wir Sie auf ein besonderes „Schmankerl“ unseres Buches hinweisen: Zu jedem Kapitel bieten wir Ihnen einen Überblick zum Thema "besser machen". Dort stellen wir Ihnen eine Auswahl von empfehlenswerten Zubehör- und Anbauteilen vor, die Sie gegebenenfalls in Eigenregie montieren können. Damit Sie in Zukunft noch mehr Freude an Ihrem Auto haben.

Damit Sie sich besser zurechtfinden

Wenn Sie etwas Bestimmtes in diesem Buch suchen, haben Sie verschiedene Möglichkeiten. Natürlich können Sie auf das vertraute Inhaltsverzeichnis zurückgreifen. Aber auch beim schnellen Durchblättern werden Sie sich leicht zurechtfinden. Den Hinweis, in welchem Kapitel Sie sich bewegen, finden Sie oben links. Dazu die Information, ob es sich in diesem Abschnitt um theoretisches Wissen, konkrete Arbeitsanleitungen oder Vorschläge zur Optimierung handelt. Rechts oben auf jeder Seite haben wir den Bereich dargestellt, der im jeweiligen Abschnitt behandelt wird.
Damit können Sie das Buch auf der Suche nach bestimmten Inhalten auch durch die Finger laufen lassen, ohne zuerst im Inhaltsverzeichnis suchen zu müssen.

INFORMATION

Bevor Teile ausgebaut oder etwas auseinander genommen werden, ist es immer besser, die theoretischen Zusammenhänge zu kennen. Wenn Sie dieses Zeichen sehen, erklären wir die Funktion der Technik, ihre Bedeutung für das gesamte Auto und Ihren Alltag damit. Oder wir informieren Sie ganz einfach auch einmal über den historischen Hintergrund der Entwicklung. Dieser Abschnitt soll Sie also mit der Technik Ihres Autos vertraut machen. Mit dem nötigen theoretischen Wissen im Hinterkopf schraubt es sich viel leichter.

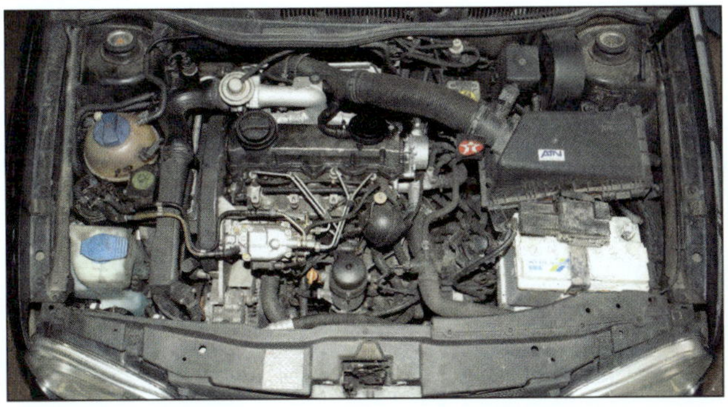

ARBEITSSCHRITTE

Sobald am Auto gearbeitet wird, werden Sie dieses Symbol sehen. Auf diesen Seiten dürfen Sie Schritt für Schritt Anleitungen zum Ein- und Ausbau von Teilen erwarten. Bei der Auswahl haben wir uns strikt daran gehalten, was in der heimischen Garage noch machbar ist und was nicht. Und damit Sie sehen, dass wir uns gerne die Finger für Sie schmutzig machen, haben wir bewusst gebrauchtes Werkzeug benutzt und uns nicht ständig die Finger gewaschen. Wir hoffen, dass die Fotos Ihnen dennoch Appetit auf das Schrauben machen.

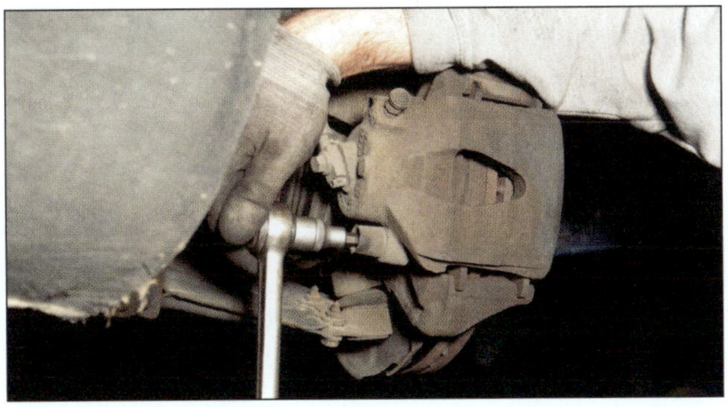

BESSER MACHEN

Nicht alle Fahrzeuge müssen serienmäßig bleiben. In der Praxis gleicht sogar kaum ein Auto dem anderen. Autos werden tiefer gelegt, Karosseriebauteile werden verändert oder die Innenausstattung individualisiert. Vielleicht benutzen Sie dieses Buch ja auch um Ihr Auto gezielt zu verbessern.
Damit wir uns richtig verstehen: Dieses Buch ist keine Tuninganleitung, aber immerhin stellen wir Ihnen verschiedenste zusätzliche Teile vor und verraten Ihnen, worauf Sie beim Einauf von Zubehörteilen achten sollten.

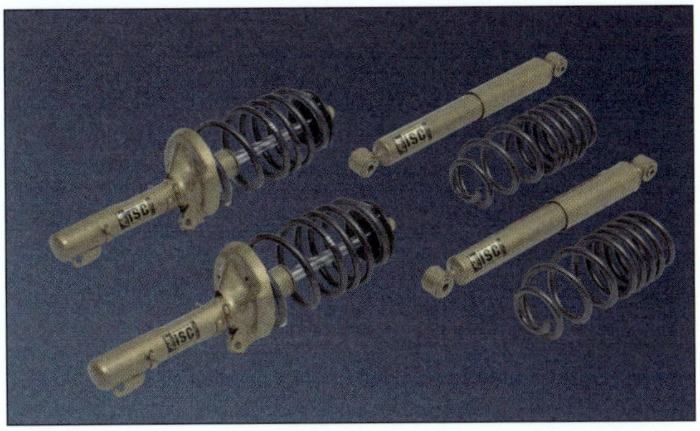

Lernen Sie Ihr Auto kennen

Egal, ob Sie Ihren Golf schon lange besitzen oder ihn eben erst erworben haben - nehmen Sie sich die Zeit und erkunden Sie Ihr Fahrzeug gründlich. Denn selbst wenn Sie die Bedienungsanleitung gelesen haben, wovon wir selbstverständlich ausgehen, kennen Sie bestimmt noch nicht alle Details Ihres Autos.

Die Fahrgestellnummer

Die Fahrgestellnummer enthält bereits etliche - in Zahlen- und Buchstabencodes verschlüsselte - Informationen zu Ihrem Golf. Deren Bedeutung können Sie als DoItYourselfer nun kennenlernen und auch entziffern. Die Fahrgestellnummer finden Sie an verschiedenen Stellen Ihres Golfs angebracht. In den Unterlagen für den Service, am Federbeindom und in der Mulde des Reserverads im Kofferraum.

Die Fahrgestellnummer: Oberhalb der Stirnwand ist die Fahrgestellnummer in die Karosserie eingeschlagen

Das Typenschild

Das Fahrzeugtypenschild kann im Motorraum am linken Federbeinturm gesehen werden. Es enthält:

- Fahrzeug-Identifizierungsnummer
- zul. Gesamtgewicht
- zul. Zuggewicht (Zugmaschine plus Anhänger)
- zul. Achslast vorn
- zul. Achslast hinten
- Fahrzeugtyp

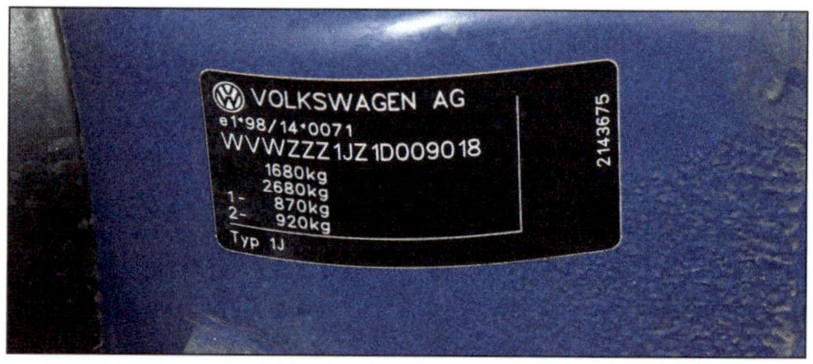

Das Typschild: Angeklebt auf der Federbeinaufnahme enthält die Plakette Fahrgestellnummer und Achslasten

Der Fahrzeugdatenträger

Der Fahrzeugdatenträger findet sich im Kofferraum neben der Mulde des Reserverads. Dort sind alle wichtigen Daten zur Fahrzeugerkennung wie Modell, Motor, Getriebe, Lackfarbennummer und Innenausstattung aufgeführt. Ein solcher Fahrzeugdatenträger befindet sich auch immer auf der ersten Seite Ihres Service-Heftes.

Der Fahrzeugdatenträger: Ist auf dem Bodenblech links neben der Reserveradmulde im Gepäckraum angeklebt

Die Motorkennummer

Die Motornummer ist an der Verbindungsstelle Motor-Getriebe und am Zahnriemenschutzdeckel zu finden. Auch das Getriebe trägt eine Identifikationsnummer. Alle diese Nummern sind beim Bestellen von Ersatzteilen oder Austauschteilen unbedingt anzugeben. Denn viele Teile eignen sich einfach nur für den Golf der vierten Generation, obwohl sie durchaus Ähnlichkeiten mit Teilen anderer Fahrzeuge in der VW-Baureihe haben.

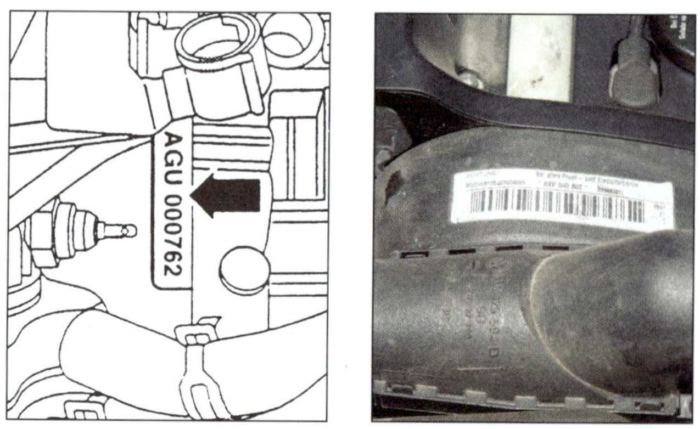

Motorkennummer: An der Trennfuge zwischen Getriebe und Motor und auf dem Keilriemenschutz zu finden.

Der Fahrzeugschein

Eine sehr ergiebige Informationsquelle ist der Fahrzeugschein. Neben der Fahrgestellnummer finden Sie weitere, für die Ersatzteilbeschaffung oder den Reparaturauftrag wichtige Angaben und Schlüsselnummern (Angaben in Klammern gelten für neue Zulassungsbescheinigungen:

- zu 2: Herstellercode (2.1)
- zu 3: Typ und Ausführung (2.2)
- zu 32: Datum der Erstzulassung (B)
- zu 4: Fahrgestellnummer (E)

Was die Fahrgestellnummer verrät:

Stelle	Code	Bedeutung
1–3	Welt Hersteller-Code	WVW = VW PKW
		WV2 = VW Nutzfahrz.
		WAU = Audi PKW
4–6	Füllzeichen	ohne Bedeutung
7–8	Fahrzeugmodell	1J = Golf
9	Füllzeichen	Z
10	Modelljahr	Y = 2000
		1 = 2001, usw.
11	Produktionsstandort	E = Emden
		W = Wolfsburg
12–17	fortlaufende Produktionsnummer des Jahres	

Rechte und Pflichten

Sie haben einen Wagen erworben und sind der Meinung, er ist kaputt oder funktioniert nicht so wie er sollte? Bevor Sie sich unnötig aufregen, sollten Sie sich zuerst kundig machen, wie es um Ihre Rechte steht. Dann müssen Sie sicherstellen, dass Sie keinem Irrtum unterliegen und es sich hier tatsächlich um einen Mangel handelt.

Was ist ein Mangel?

Vereinfachte Darstellung des § 434 BGB:
Eine Sache ist frei von Mängeln, wenn sie sich für die Verwendung eignet, für die sie gemäß Kaufvertrag gedacht war oder sie sich für die gewöhnliche Verwendung eignet oder die Beschaffenheit aufweist, die man üblicherweise erwarten kann. Das beinhaltet auch Eigenschaften, von denen der Käufer aufgrund von Aussagen, die in der Werbung oder von Mitarbeitern des Verkäufers gemacht wurden, ausgehen kann.
Liegt also tatsächlich ein Mangel vor, wie z.B. eine deutlich geringere Höchstgeschwindigkeit als im Prospekt angegeben, sollten Sie sich auf das Gespräch mit dem Kundendiensttechniker vorbereiten und Ihr Recht einfordern. Damit Sie Ihr Anliegen präzise und fachlich richtig an den Mann bringen können nachfolgend einige Begriffserklärungen und Zusammenhänge:

Gewährleistung, Sachmangelhaftung & Garantie

Garantie und Gewährleistung (letzteres ist die so genannte Sachmangelhaftung) sind zwei völlig verschiedene und vor allem unabhängige Sachverhalte. Diese beiden Begriffe werden oft umgangssprachlich miteinander verwechselt oder vertauscht. Um nicht missverstanden zu werden, sollten Sie diese Begriffe unbedingt voneinander trennen.

Die **Garantie** ist eine freiwillige und zusätzliche Leistung des Verkäufers oder Herstellers. Sie kann nach Belieben ausgestaltet oder befristet sein und sie folgt aus einer eigenständigen Vereinbarung im Rahmen des Kaufvertrages bzw. in Verbindung mit dem Kaufvertrag. Die Garantie kann an bestimmte Voraussetzungen geknüpft sein, kann bestimmte Kosten ausschließen und auch die Leistungen einschränken. Dies könnte beispielsweise bedeuten, dass die Garantie nur greift, wenn Sie das Fahrzeug regelmäßig in der dem Händler angegliederten Werkstatt warten lassen und Sie nur die Materialkosten und nicht die Arbeitszeit bei einem Schaden erstattet bekommen. Also sollten Sie sich die Garantiebedingungen vor dem Kauf genau anschauen, um diese später nicht durch ein Falschverhalten zu verwirken. Auf Verlangen müssen Ihnen die Garantiebestimmungen, wenn sie Ihnen zugesprochen werden, auch in schriftlicher Form ausgehändigt werden.

Die **Gewährleistung** (Sachmangelhaftung) folgt aus den gesetzlichen Regelungen zum Kaufvertrag. Eine Gewährleistung (Sachmangelhaftung) ist in dem Augenblick gegeben, wenn ein rechtsgültiger Kaufvertrag geschlossen wird. Eine Ausnahme ist nur möglich, wenn die Gewährleistung (Sachmangelhaftung) wirksam ausgeschlossen ist. Ein vollständiger Ausschluss der Gewährleistung (Sachmangelhaftung) im Rahmen eines Kaufvertrags zwischen einem Unternehmer (z.B. Kfz-Händler) als Verkäufer und einer Privatperson als Käufer ist nicht möglich. Die Gewährleistung (Sachmangelhaftung) kann aber z.B. bei Abschluss eines Kaufvertrages zwischen Privatpersonen vollständig ausgeschlossen werden. Dies muss dann aber ausdrücklich und individuell im Kaufvertrag geregelt sein.

Mit dem **Gewährleistungsrechts-Änderungsgesetz** vom 01.01.2007 ergaben sich unter anderem folgende Neuerungen:

- Bei neuen Sachen beträgt die Frist grundsätzlich 2 Jahre ab Datum der Übergabe.
- Bei gebrauchten Sachen kann eine Frist von 1 Jahr vereinbart werden (nicht in Allgemeinen Geschäftsbedingungen!), wobei nur Kraftfahrzeuge, die älter als ein Jahr (ab Erstzulassung) sind, als gebrauchte Sachen gelten.
- Innerhalb der ersten sechs Monate hat bei einer Reklamation der Händler zu beweisen, dass die Sache zum Zeitpunkt der Übergabe dem Vertrag entsprach (also keinen Mangel hatte). Nach 6 Monaten hat der Kunde die Beweispflicht (bisher hatte ausschließlich der Kunde die Beweispflicht).

Diese beschriebenen Regelungen, die die Rechte des Endkunden stärken, sind verständlicherweise bei den

Autohändlern nicht so gut angekommen und diese suchen nach Möglichkeiten, wie sie die Gewährleistung (Sachmangelhaftung) einschränken oder gar ausschließen können. In den letzten Jahren hat darum der Handel mit Bastlerfahrzeugen und Schrottautos massiv zugenommen. In solchen Verträgen werden dann sämtliche Gewährleistungsansprüche (Sachmangelhaftung) ausgeschlossen, obwohl die Fahrzeuge teilweise mit frischer Plakette der Haupt- und Abgasuntersuchung versehen sind. Solche und ähnliche Vorgänge können die Gerichte allerdings recht gut einschätzen und entscheiden meistens zu Gunsten des Verbrauchers. Ebenso verhält es sich mit den Verkäufen die „im Auftrag" stattfinden. Ein Händler, der in seinem Namen die aktuelle Hauptuntersuchung und weitere Instandsetzungsarbeiten durchgeführt hat, wird es vor Gericht schwer haben, zu beweisen, dass er den Autoverkauf nur vermittelt hat. Er wird damit auch nicht die gesetzlichen Regelungen beschneiden können. Je klarer die Vereinbarung und je genauer die die Fahrzeugbeschreibung, desto geringer ist das Haftungsrisiko. Wir raten Ihnen einen Musterkaufvertrag für Gebrauchtwagen sowie einen Gebrauchtwagen-Zustandsprüfbericht zu verwenden. Damit lassen sich kostspielige Prozesse und unangenehme Streitigkeiten vermeiden.

Zusammenfassung:
Eine freiwillige Garantie besteht also zusätzlich zur gesetzlichen Gewährleistung (Sachmangelhaftung) und ist im Umfang der Leistungen, im Vergleich zur Gewährleistung (Sachmangelhaftung), meistens eingeschränkt.
Allerdings greift sie oft auch noch für Mängel, die erst nach dem Kauf auftreten, was so nicht auf die gesetzliche Gewährleistung (Sachmangelhaftung) zutrifft.

Zum Reizthema Farbabweichung

Farbabweichung kann ein Sachmangel sein. Das Oberlandesgericht Köln hat zu diesem Thema eine wichtige Entscheidung getroffen: Danach gehört die Farbe eines Neufahrzeugs zu den Beschaffenheitsmerkmalen und stellt ein äußerliches Merkmal des Fahrzeugs dar, welches für den Käufer im Rahmen der Kaufentscheidung maßgeblich ist. Ergeben sich Abweichungen im Farbton des bestellten zu dem tatsächlich gelieferten Fahrzeug, so kann der Käufer hierauf grundsätzlich Gewährleistungsansprüche geltend machen. Durch das OLG Köln bestätigtes Urteil des LG Aachen vom 26.04.2005 (Az. 12 O 493/04).

Das Recht der Nachbesserung

Seit dem 01.01.2002 gibt die neue Rechtslage sowohl dem Käufer als auch dem Verkäufer einen Anspruch auf Beseitigung eines Mangels. Anstatt von Nachbesserung spricht jetzt das Gesetz von Nacherfüllung. Grundsätzlich hat der Händler das Recht bis zu drei mal Nachzuerfüllen. Hierbei hat der Verkäufer die zum Zwecke der Nacherfüllung erforderlichen Aufwendungen zu tragen, das sind Transport-, Wege-, Arbeits- und Materialkosten. Zu beachten ist in diesem Zusammenhang, dass der Verkäufer sein Recht einen Mangel nachzubessern behält, auch wenn Reparaturen bereits in einer fremden Werkstatt erfolglos waren. Der Verkäufer muss sich diese Nachbesserungsversuche nicht zurechnen lassen, er kann auf eine Nacherfüllung im eigenen Firmensitz bestehen. OLG Köln vom 14.02.2006 (Az. 20U 188/05)

Wandlung und Preisnachlass

Hat sich ein erheblicher Mangel nach drei Nacherfüllungsversuchen immer noch nicht beseitigen lassen oder fehlen zugesicherte Eigenschaften, haben Sie das Recht auf Wandlung oder Preisnachlass. Dies ist dann auch der Zeitpunkt, an dem sie einen Rechtsanwalt zu Rate ziehen sollten. Sie werden sich auf jeden Fall eine Nutzungspauschale, die abhängig ist von der genutzten Laufleistung des Fahrzeugs, anrechnen lassen müssen. Eine Wandlung ist grundsätzlich nur dann möglich, wenn sich das Fahrzeug noch im Originalzustand befindet.

Der Kulanzantrag

Nach Ablauf der Gewähleistungszeit und gegebenenfalls der Garantiezeit bleibt Ihnen immer noch die Möglichkeit der Kulanzregelung beim Händler. Die Kulanz bezeichnet im allgemeinen ein Entgegenkommen zwischen den Vertragspartnern nach Vertragsabschluss. Sie regelt den Ablauf der freiwilligen Reparatur- und Serviceleistungen nach Ablauf der Gesetzlichen oder individualvertraglichen Gewährleistungsverpflichtungen. Die Kulanzregelung wird in der Regel als Maßnahme zur Kundenbindung dargestellt.

Hinweis: Dieses Kapitel soll nur erste Hinweise geben und erlaubt daher keinen Anspruch auf Vollständigkeit. Obwohl es mit größtmöglicher Sorgfalt erstellt wurde, kann eine Haftung für die inhaltliche Richtigkeit nicht übernommen werden.

In der Werkstatt

Was braucht die Werkstatt?

Aufgrund der vielen Ausstattungsvarianten und verfügbaren Extras moderner Autos ist ein genaue Bestimmung des Fahrzeugtyps nicht immer nur anhand der Fahrgestellnummer möglich. Wenn Sie also eine Werkstatt aufsuchen, die Ihren Wagen noch nicht kennt, sollten Sie alle Unterlagen mitnehmen (Serviceheft, Radiocode, ABEs und Zubehörunterlagen). Berücksichtigen Sie auch vorhandenes Zubehör wie Sonderfelgen mit Schloss. Bei Arbeiten an der Wegfahrsperre oder den Schließsystemen werden in der Regel alle Fahrzeugschlüssel benötigt. Ansonsten räumen Sie Ihr Auto aus und entfernen alle privaten Sachen und auch die Musik-CDs. So gibt es hinterher keine Diskussionen, ob Dinge fehlen oder nicht.

Diese Angaben braucht die Werkstatt:

- Schlüsselnummer (Hersteller)
- Schlüsselnummer (Typ)
- Zulassungsdatum
- Motorisierung
- Fahrgestellnummer

Das müssen Sie dabei haben:

- Fahrzeugschein
- Serviceheft
- Adapter oder Schlüssel für Felgenschlösser
- Radiocode
- alle Schlüssel (bei Arbeiten am Schließsystem)

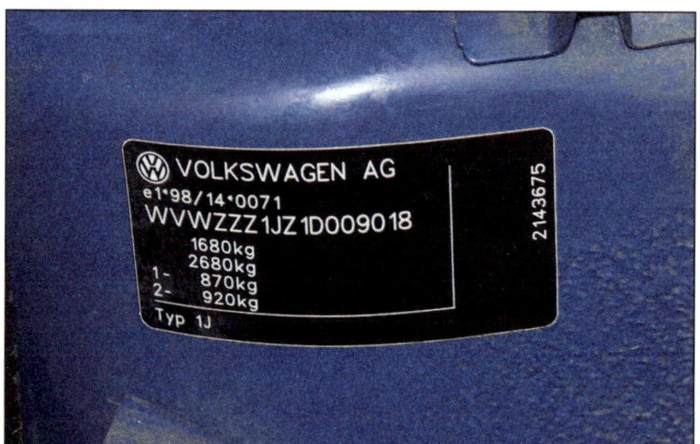

Das Typenschild: Beim Golf finden Sie das Typenschild im Motorraum am linken Federbein

Eine klare Auftragserteilung

Um nicht mit einer Reparaturrechnung konfrontiert zu werden, die weit über dem Erwartetem liegt, sollten Sie der Werkstatt Ihres Vertrauens ein Kostenlimit angeben und darauf bestehen sie zu kontaktieren, falls es zu unerwarteten Mehrarbeiten kommt. Erteilen Sie Ihren Arbeitsauftrag immer schriftlich, denn mündliche Absprachen sind nur schwer einklagbar und beweisbar. Die Kopie des schriftlichen Arbeitsauftrags in ihrer Tasche gibt Ihnen die Rechtssicherheit. Dank moderner EDV-Anlagen ist es auch oft kein Problem auf die Schnelle einen schriftlichen Kostenvoranschlag zu erhalten. Dieser ist ebenfalls verbindlich und in der Regel noch detaillierter als der Arbeitsauftrag. Beachten Sie bitte: Der tatsächliche Rechnungsbetrag darf bis zu 10% über den geschätzten Kosten liegen, ohne dass es einer erneuten Zustimmung ihrerseits bedarf. Eine termingerechte Fertigstellung einer Standardreparatur ist heutzutage üblich.
Oberste Voraussetzung für ein gutes Arbeitsergebnis in der Werkstatt und einen geringen Geldschwund in ihrem Geldbeutel ist eine exakte Fehlerbeschreibung mit Angabe des gewünschten Ergebnisses.

Die Fehlerbeschreibung

Nehmen wir einmal an, ihr Auto klappert hin und wieder und Sie möchten dieses in einer Werkstatt beseitigen lassen. Bei unserem jetzigen Beispiel spielt es keine Rolle, ob sie selbst bezahlen oder andere Ansprüche stellen. Denn im Vordergrund steht erst ein-

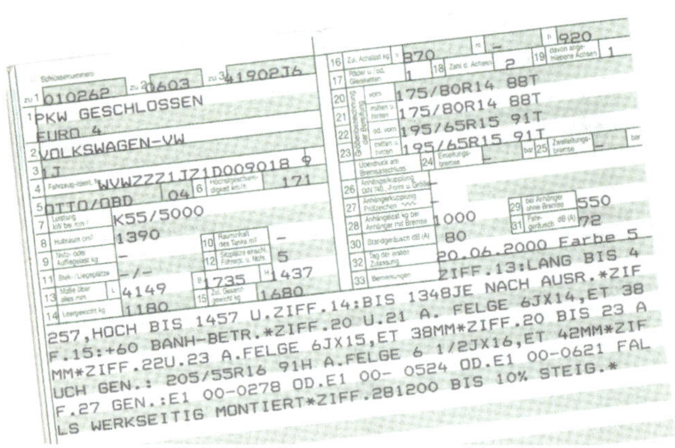
0102 0603 190BJ6
PKW GESCHLOSSEN
EURO 4
VOLKSWAGEN-VW
1J
WVWZZZ1JZ1D009018
OTTO/OBD
K55/5000
1390
4149 1735 1437
1180 1680
370 2 920 1
175/80R14 88T
175/80R14 88T
195/65R15 91T
195/65R15 91T
1000 550
80 72
20.06.2000 Farbe 5
ZIFF.13:LANG BIS 4
257,HOCH BIS 1457 U.ZIFF.14:BIS 1348JE NACH AUSR.*ZIF
F.15:+60 BANH-BETR.*ZIFF.20 U.21 A. FELGE 6JX14,ET 38
MM*ZIFF.22U.23 A.FELGE 6JX15,ET 38MM*ZIFF.20 BIS 23 A
UCH GEN.: 205/55R16 91H A.FELGE 6 1/2JX16,ET 42MM*ZIF
F.27 GEN.:E1 00-0278 OD.E1 00- 0524 OD.E1 00-0621 FAL
LS WERKSEITIG MONTIERT*ZIFF.281200 BIS 10% STEIG.*

Der Fahrzeugschein: Hier findet die Werkstatt die wichtigsten Daten und auch die Fahrgestellnummer

mal ein nicht funktionierendes Auto das repariert werden soll, und dem Schaden ist es schließlich egal, wer die Rechnung bezahlt.
Damit also der Werkstattmeister nicht viele Stunden und Kilometer in ihrem Auto zurücklegen muss um ein Klappern zu lokalisieren, das eventuell gar nicht das ist das sie meinen, sollten Sie möglichst präzise Angaben machen. Der vorhandene Fehler muss reproduzierbar sein. Das heisst, Sie sollten genau beschreiben, wann der Wagen klappert.
Eine gute Hilfestellung bieten hier die **W-Fragen**:

Wann tritt das Problem immer auf? „Beim Befahren von Unebenheiten, wie zum Beispiel über die Brücke XY in eine bestimmte Richtung. Bei Temperaturen unter null Grad ist das Klappern am deutlichsten zu hören, die Motortemperatur spielt dabei keine Rolle."

Wie kann man das Geräusch verstärken oder abschwächen? „Die Geschwindigkeit, mit der man über die Brücke fährt ist egal, aber man darf kein Gas geben um das Klappern zu hören."

Wo kommt das Geräusch her? „Es scheint von vorn rechts zu kommen, wenn ich meine Hand auf das Armaturenbrett lege, kann ich es sogar fühlen."

Wieso sind Sie nicht schon früher damit gekommen? „Weil das Klappern erst seit ein paar Wochen vorhanden ist."

Wer hat zuletzt an dem Wagen Hand angelegt? „Sie haben hier den letzten Kundendienst gemacht, ich habe nur die Winterräder montiert."

Was haben Sie schon dagegen unternommen? „Ich habe schon alle losen Gegenstände aus dem Wageninneren entfernt aber es hat sich nichts geändert."

Bei einer präzisen Fehlerbeschreibung können Sie sicher sein, dass der Mechaniker den Fehler schneller eingrenzen kann und auch das Reparaturergebnis ist für alle Beteiligten einfach und schnell überprüfbar. Diese W-Fragen sind mit leichten Abwandlungen auf nahezu alle Mängel anwendbar. Möglicherweise finden Sie das Problem auch selbst, wenn Sie sich die richtigen Fragen stellen. Denn niemand kennt ihren Wagen besser als Sie selbst. Oftmals sind es Kleinigkeiten, die Sie nebenher erwähnen, aber den Mechaniker die richtige Richtung weisen.

Der Ton macht die Musik

Oft treten Probleme auf, wenn es um Leistungen der Gewährleistung oder Garantie geht. Auch wenn Sie sich im Recht fühlen und vielleicht auch Recht haben, beachten Sie bitte, das Sie meistens nur mit einem Angestellten sprechen, und dessen Motivation entscheidet in der Regel über die Art und Dauer ihrer Auftragsabwicklung.
Damit ihr Anliegen zur vollsten Zufriedenheit bearbeitet wird, sollten Sie die üblichen zwischenmenschlichen Verhaltensregeln einhalten, auch wenn Sie schon eine halbe Stunde in der Warteschlange stehen.
Nicht jeder Zeitpunkt ist gleich gut für einen Werkstattbesuch, der Freitag vor einem langem Wochenende oder Ferienbeginn ist kein so guter Tag. Wir empfehlen ihnen sich vorher anzumelden und dem entsprechenden Mitarbeiter eine kurze Schilderung ihres Anliegens zu geben, oft kann dieser schon im Vorfeld wichtige Informationen bereitstellen oder auf etwas hinweisen, das sie nicht vergessen sollten mitzubringen.

Wenn es doch zu Differenzen kommt

Versuchen Sie, den Vorgang noch einmal mit dem Verantwortlichen sachlich durchzugehen, eventuell auch unter Beteiligung des Mechanikers oder Meisters. Dieses Gespräch sollte in einen seperaten Raum stattfinden und nicht vor weiteren Kunden. Für das Unternehmen kann es sehr schädlich sein, wenn laute Streitereien vor der Kundschaft ausgetragen werden, entsprechend wird die Reaktion ausfallen.
Nehmen Sie ruhig sachkundige Verstärkung mit, ihr Gegenüber wird auch nicht alleine sein. Ein Zeuge kann später sehr wichtig sein. Sollte das nicht das gewünschte Ergebniss bringen, haben Sie noch die Möglichkeit ein Schlichtungsverfahren einzuleiten.
Ein solches Verfahren, welches unter der Regie der jeweils zuständigen Handwerkskammer durchgeführt wird, stellt ein Angebot sowohl an das Mitgliedsunternehmen der Handwerkskammer als auch an dessen Auftraggeber dar, sich außergerichtlich zu einigen.
Ziel eines Schlichtungsverfahrens ist, die Streitigkeiten zwischen dem Handwerker und dessen Auftraggeber schnell und unbürokratisch, möglichst durch eine gütliche Einigung, beizulegen.
Sollte dies alles nicht funktionieren, können Sie immer noch den teilweise langwierigen und möglicherweise auch kostspieligen juristischen Weg einschlagen. Soweit sollten Sie es aber nicht kommen lassen.

Investition in die Zukunft

Ohne das richtige Werkzeug geht nichts. Wenn Sie vorhaben, sich intensiv um Ihr Auto zu kümmern, müssen Sie sich zunächst Gedanken um das nötige Handwerkszeug machen. Was Sie dazu unbedingt brauchen und wie Sie alles in der heimischen Garage unterbringen können, wollen wir Ihnen in diesem Kapitel zeigen.

Egal, ob Sie nun häufig oder eher selten, aus purer Lust am Basteln oder um Geld zu sparen am Auto schrauben: Sie müssen dafür zuerst die richtigen Voraussetzungen schaffen. Leider ist das mit Kosten verbunden. Doch wenn Sie bedenken was eine Arbeitsstunde in der Werkstatt kostet und dass hochwertiges Werkzeug fast ein Leben lang hält, rechnet sich die Investition früher oder später.

Was muss ich als Erstes anschaffen?

Beginnen Sie mit einem Ordnungssystem, bestehend aus einer stabilen Werkbank mit Unterschränken und einem abschließbaren Schrankaufsatz. Ohne ein Ordnungssystem und eine stabile Werkbank sollten Sie nicht beginnen, denn Ordnung und Sauberkeit sind beim Schrauben oberstes Gebot. Das Schöne daran: Das Ganze passt problemlos in eine normale Einzelgarage und bietet Ihnen auf Jahre die nötige Sicherheit. Bei einer Markenfirma wie Gedore kostet eine solche Kombination rund 4200 Euro ohne Inhalt. Der läßt sich mit der Zeit ergänzen. Lassen Sie sich doch von nun an zum Geburtstag oder zu Weihnachten hochwertiges Werkzeug schenken, die Schränke werden sich schneller füllen als Sie denken.

Woran erkenne ich gutes Werkzeug?

Gutes Werkzeug kann in der Regel nicht billig sein. Ein Ring-/Maulschlüssel kostet je nach Größe zwischen fünf und 15 Euro, so dass ein Satz mit den zehn gebräuchlichsten Größen schon auf rund 80 Euro kommt. Noch größer sind die Qualitäts- und Preisunterschiede bei den Steckschlüsselsätzen – oft auch Umschaltknarren mit Nüssen genannt.
Ein solider Kasten mit 19 Teilen und Verlängerungen kostet an die 200 Euro, hält dafür aber auch höchste Belastungen aus. Auch das Gewicht ist ein gutes Indiz: Je schwerer das Werkzeug ist, um so stabiler ist der Stahl. Nehmen Sie zum Vergleich ein paar Schlüssel in die Hand und achten Sie auf Maßhaltigkeit und die Oberfläche.

Was tun, wenn ich keine Garage habe?

Der ideale Ort zum Schrauben ist natürlich eine in sich abgeschlossene Garage – je größer umso besser. Aber auch wenn Sie lediglich über einen Stellplatz verfügen oder gar im Freien arbeiten müssen, gibt es eine Lösung: Ein Werkstattwagen (links im Bild) lässt sich nach getaner Arbeit leicht wegräumen. Zum Beispiel in den Keller. Nur allzu schwer beladen sollte er dann nicht sein. Achten Sie beim Kauf auf die Lagerung der Schubladen. Ein Werkstattwagen in Profi-Qualität kann ohne Inhalt um die 1000 Euro kosten.

> **⚠ Schrauben ist gefährlich**
>
> GEFAHRENHINWEIS
>
> Ob nun reines Hobby oder beruflich: Das Schrauben birgt gewisse Risiken. Vom kleinen Kratzer bis hin zum tödlichen Unfall ist schon alles vorgekommen. Beachten Sie daher stets folgende Grundregeln:
>
> - Benutzen Sie nur hochwertiges Werkzeug!
> - Schrauben Sie möglichst immer von sich weg!
> - Sichern Sie angehobene Lasten lieber doppelt!
> - Sorgen Sie für ausreichende Belüftung!
> - Tragen Sie wann immer möglich Schutzkleidung!
> - Das gilt ganz besonders für die Augen!
> - Wenden Sie niemals Gewalt an, meist gibt es eine andere, elegantere Lösung für das Problem!
> - Sorgen Sie dafür, dass immer jemand in der Nähe ist, der Ihnen in Notfällen helfen kann!
>
> Dass Essen, Trinken und offenes Licht sowie Zigaretten am Arbeitsplatz nichts verloren haben, setzen wir als selbstverständlich voraus. Lagern Sie aber auch keine Flüssigkeiten in Trinkflaschen. Selbst an destilliertem Wasser kann ein Mensch sterben! Und zu guter Letzt: Legen Sie sich zur Sicherheit einen Verbandskasten und einen Feuerlöscher bereit.

Was kostet mich das alles?

Zunächst einmal viel Geld und bitte sparen Sie dabei nicht zu sehr. Ansonsten kostet es nämlich auch noch Ihre Gesundheit. Natürlich müssen Sie nicht auf Anhieb 8000 Euro ausgeben, so viel kostet nämlich die Ausrüstung in unserer vollausgestatteten Garage im Bild links. Allerdings handelt es sich hier auch um einen kompletten Werkzeugsatz eines Markenherstellers in Profi-Qualität. Damit werden normalerweise Werkstätten ausgerüstet. Wir haben die Ausstattung zudem um einige pfiffige und günstige Hilfsmittel, z um Beispiel aus dem Programm von Conrad Elektronik ergänzt, auf die wir später noch genauer eingehen.

Lohnt sich das denn?

Wir meinen: Ja! Wie viel Geld Sie letztendlich ausgeben wollen, bleibt Ihnen überlassen. Beachten Sie dabei aber immer den Grundsatz: Weniger (dafür aber von hoher Qualität) ist mehr als viel (und viel kaputt). Rechnen Sie einfach über die nächsten 15 Jahre…

Die Grundausstattung

Gutes Werkzeug kann billig sein, ist es in der Regel aber nicht. Ein Satz Ring-/Maulschlüssel kostet schon rund 80 Euro. Noch größer sind die Qualitäts- und Preisunterschiede bei den Steckschlüsselsätzen – oft auch Knarrenkästen genannt. Das wichtigste Teil ist hierbei die Knarre selbst. Die Sperrklinken sollten austauschbar sein, gute Hersteller bieten dafür Ersatzteile und einen Service an. Besonders wichtig ist das bei einem Drehmomentschlüssel, der regelmäßig kalibriert werden sollte. Drehmomentschlüssel nach der Arbeit immer entspannen!
Sehr wichtig ist auch die Qualität von Schraubendrehern und Zangen. Damit werden hohe Kräfte übertragen, die das Werkzeug aushalten muss.

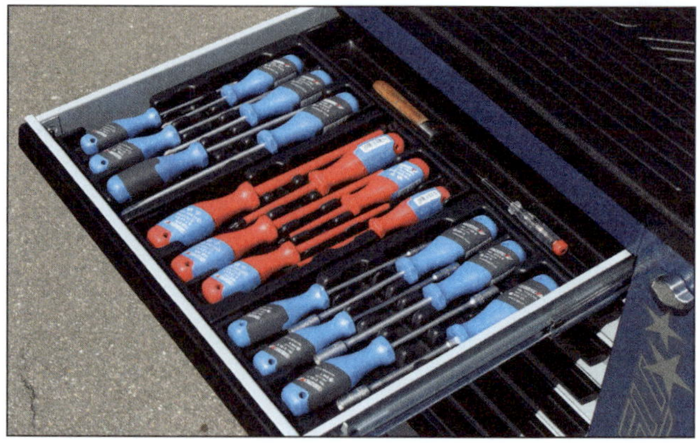

Schraubendreher: Entscheidend ist der Griff und die Qualität der Spitze. Je drei Größen von Schlitz- und Kreuzschlitz sollten für den Anfang genügen

Ring-Maulschlüssel: Ein kompletter Satz dieser Kombinationsschlüssel von acht bis 22 Millimeter reicht in den meisten Fällen. Zusätzlich gibt es Spezialschlüssel

Der Werkzeugwagen: Was sich in diesem Rollcontainer alles verbirgt, sehen Sie auf den Bildern rechts. Diese Luxusversion ist abschließbar und hat laufruhige Gummiräder

Steckschlüssel: Auch Nüsse und Knarre genannt. Ein guter Kompromiss ist ein Satz mit dem Verbindungsmaß 3/8 Zoll. Niemals an der Umschaltknarre sparen!

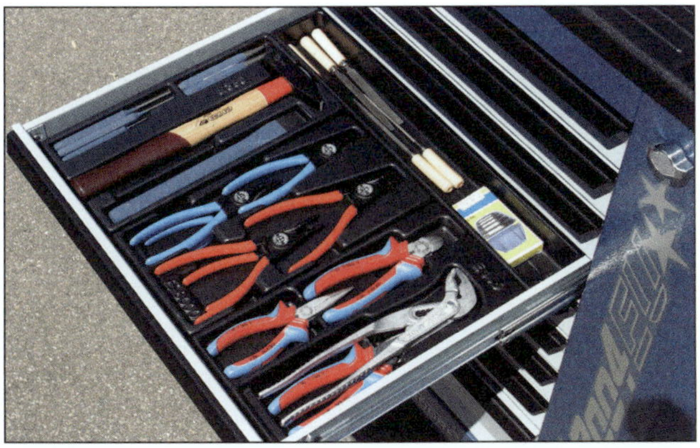

Zangen: Wichtig sind eine verstellbare Wasserpumpenzange, eine Flach- oder Spitzzange sowie eine Kombizange mit integriertem Seitenschneider

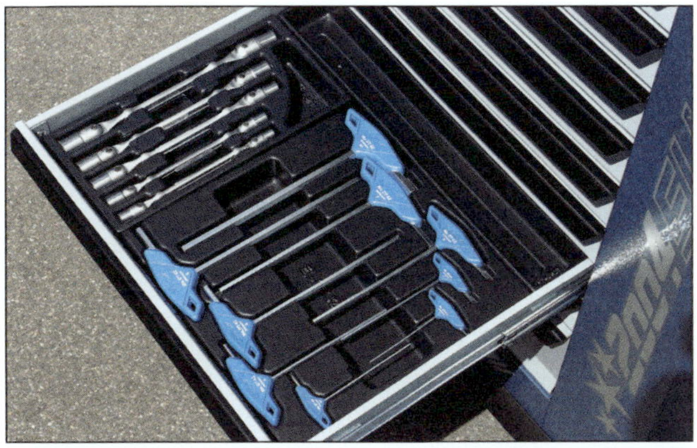

T-Griffe: Werden meist im Karosseriebereich eingesetzt. Das übertragbare Drehmoment ist nicht sehr hoch, dafür sind auch tief sitzende Schrauben gut zu ereichen

Torx-Abteilung: Immer mehr Schraubverbindungen haben Torx- oder Vielzahnköpfe. In diesem Fach ist alles versammelt, was beim Arbeiten an Torx Schrauben dienlich ist

Spezialaufgaben: Selten benötigte Werkzeuge wie Bremsleitungsschlüssel, Messschieber oder auch die verschiedenen Spezialbits sollten ein extra Fach bekommen

Gekröpfte Schlüssel: Manche Schrauben lassen sich überhaupt nur mit einem gekröpftem Schlüssel erreichen. Es gibt verschiedene Ausführungen, auch für Spezialfälle

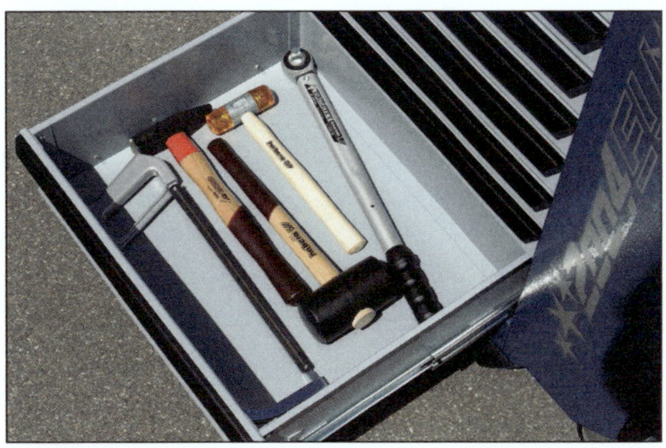

Hammer, Säge, Drehmoment: Die schweren Werzeuge sollten immer im untersten Schubfach ihren Platz finden. Meistens ist dieses Fach auch größer als die anderen

Nützliches Zubehör

Wenn Sie genügend Platz haben, können Sie das gesamte Werkzeug auch in einer Werkbank-/Werkzeugschrank-Kombination unterbringen. Lassen Sie aber noch etwas Platz übrig, denn neben gutem Werkzeug beherbergt die Schraubergarage auch immer einige nützliche Helfer.

1

Sicherer Stand: Stabile Auffahrrampen sind für die meisten Arbeiten unter dem Auto völlig ausreichend. Zwar können Sie die Räder nicht abnehmen, dafür steht das Auto sicher

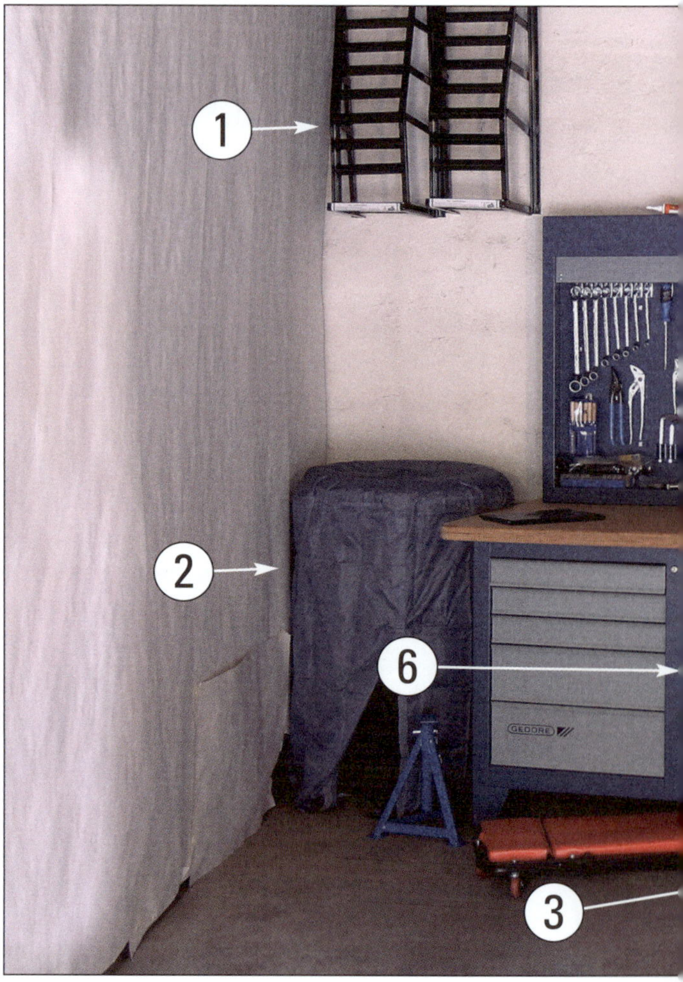

Des Schraubers Traum: Mit einem cleveren Werkstatt-System können Sie sich auch auf begrenztem Raum ein wahres Schrauberparadies schaffen. Tatsächlich steht

2

Beste Bedingungen: Auf einem solchen Reifenbaum sind nicht benötigte Räder perfekt untergebracht. Zwischen den Rädern bleibt etwas Luft, das Gewicht trägt die Felge

3

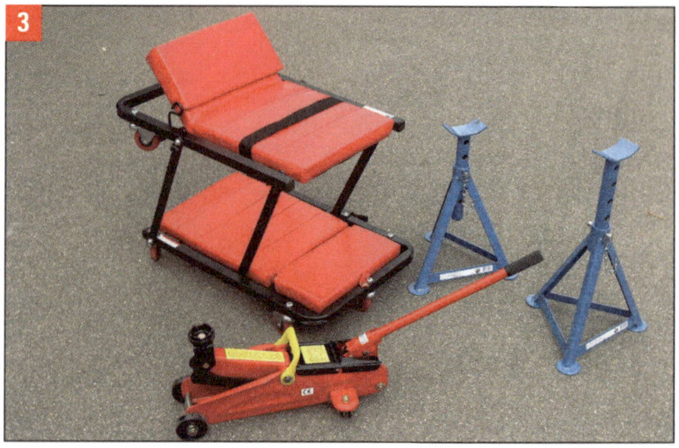

Helfer für unten: Unterstellböcke und ein hydraulischer Wagenheber sind ein Muss. Ein Rollbrett, das sich zum Hockerr falten lässt, ist dagegen schon fast Luxus

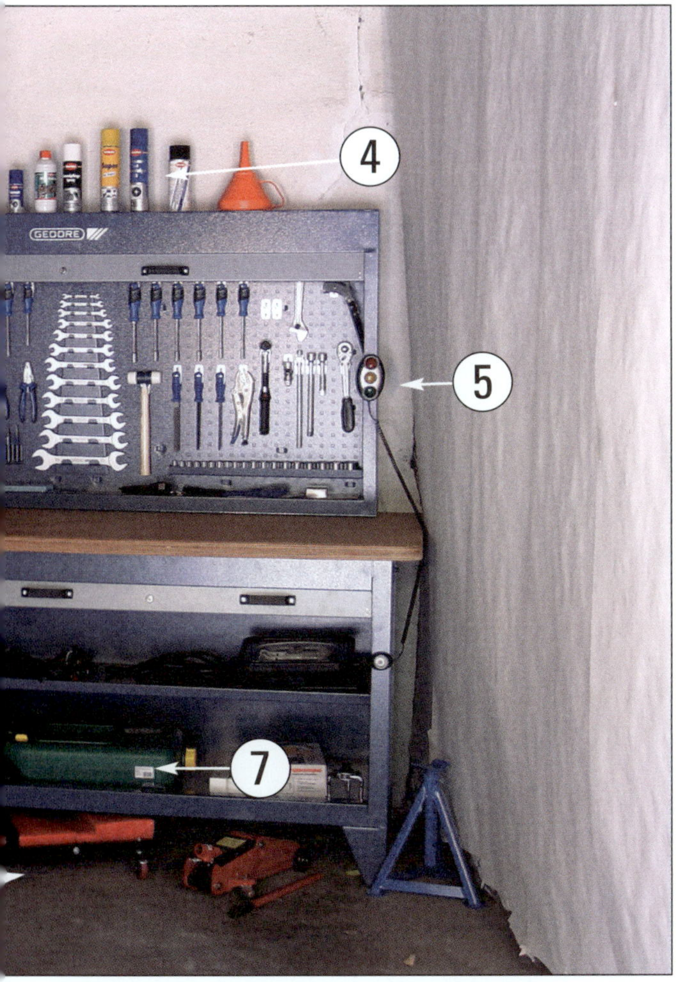

diese Einzelgarage, was die Ausrüstung angeht, einer Profi-Werkstatt kaum nach. Alles was jetzt noch fehlt ist eine Hebebühne, doch diese braucht leider vier Meter Raumhöhe

Werkstattapotheke: Auch ein kleines Sortiment von chemischen Produkten gehört zur Werkstatt. Unverzichtbar sind Teilereiniger und Sprühfett, aber auch die Kupferpaste werden wir noch brauchen

Ampellösung: Damit wir die kostbare Werkbank nicht mit dem wertvollen Blech rammen, haben wir einen Abstandswarner montiert. Gefunden bei Conrad-Elektronik

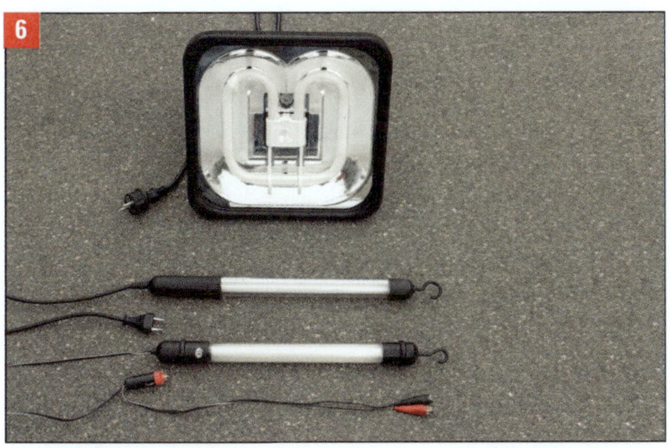

Es werde Licht: Wenn Sie nicht sehen, woran Sie schrauben, ist das Scheitern vorprogrammiert. Es gibt wirklich genug Möglichkeiten, für ordentliches Licht zu sorgen

Ölige Helfer: Für den Ölwechsel empfehlen wir eine solche Wanne und ein Trichterset. Wer absaugen will, braucht eine Pumpe, die für Öl geeignet ist

Richtig schrauben

So manchem Schrauber haben unlösbare oder abgerissene Schrauben die Laune schon gründlich vermasselt. Damit Sie nicht zu den Frustrierten gehören, verraten wir ihnen an dieser Stelle ein paar Tipps und Kniffe.

Drehmomente beachten

Um eine notwendige Verbindungs-Haltekraft ausüben zu können, muss eine Schraube (Mutter) in dem ihr zugeordneten Innengewinde (Außengewinde) mit einem bestimmten Anziehdrehmoment festgezogen werden. Nur damit ist garantiert, dass die durch die Schraube (Mutter) zueinander verspannten Bauteile ausreichend fest sind und sich die Schraubverbindung nicht von alleine löst.

■ Werden Schrauben/Muttern zu leicht angezogen, besteht die Gefahr, dass sich die Schraubverbindung lockert.
■ Werden Schrauben/Muttern zu fest angezogen, werden ihre Gegengewinde „weich"; gefühlt ist die Schraubverbindung „fest". Spätestens im Betrieb lockert sie sich und fällt ab.
■ Werden Schrauben/Muttern bei der Montage zu fest angezogen, reißen bzw. brechen dabei aber (noch) nicht, dann aber spätestens im Betrieb.

Schraube/Mutter M6	6 bis 10 Nm
Schraube/Mutter M8	15 bis 20 Nm
Schraube/Mutter M10	30 bis 40 Nm
Schraube/Mutter M12	55 bis 70 Nm
Schraube/Mutter M14	85 bis 100 Nm
Schraube/Mutter M16	120 bis 140 Nm

Tipp: Profis zeichnen jede Schraube/Mutter, die sie mit dem vorgeschriebenen Drehmoment angezogen haben, mit einer Farbmarkierung. Sollte sich eine Schraubverbindung wider Erwarten öffnen, sieht man das an den zueinander verdrehten Farbstrichen!

Die richtige Länge

Stahlschrauben, die in Aluminium gedreht werden, müssen mindestens mit der Länge des doppelten Schraubendurchmessers in das Innengewinde eingeschraubt werden (M6 also 12 mm).
Noch besser ist die zweieinhalbfache Länge (bei M6 also 15 mm).

■ Wenn man keine Schrauben in der passenden Länge bekommt und nur solche, die 5 mm zu kurz oder 20 mm zu lang sind, dann lieber die zu langen kaufen und auf passende Länge zurechtsägen. Lohn der (Säge-)Arbeit ist ein nicht ausreißendes Gewinde!
■ Wenn Schmutz oder Reste von Schraubenkleber an der Schraube haften, diese mit einer Messingbürste reinigen. Eine scharfe Stahlbürste reißt die Oberflächen des Gewindes auf!

Bei jeder Schraube, die wieder montiert werden soll, ihr Gewinde begutachten: Ist das Gewinde defekt, ist es reif für die Mülltonne.

Verschiedene Muttern und Scheiben

■ Unterlag- oder Wellenscheiben sollen zwischen Stahlmuttern und Aluminium gelegt werden, das verbessert die Flächenpressung und schont das Alu.
■ Eine Federscheibe, auch „Sprengring" genannt, verhindert durch ihre beiden Zacken bis zu einem gewissen Maße das Lösen der Schraube/Muttter. Nur bei Stahl auf Stahl verbauen!
■ In die Stoppmutter ist ein Kunststoff-Sicherungsring eingesetzt, der die Mutter auf dem Schraubgewinde „verklemmt" und damit sichert. Stoppmuttern sollen nur einmal, höchstens zweimal verwendet werden.
■ Stahlmuttern mit fest angefügter Feinzahnscheibe sind eher selten, sie werden ohne zusätzliche Unterlegscheibe auf Alu oder Stahl verschraubt. Nach mehrmaliger Verwendung ist die Verzahnung „flach", sichert also nicht mehr richtig.

Kleine Auswahl: Für jede Befestigung gibt es die richtige Mutter und Unterlagscheibe

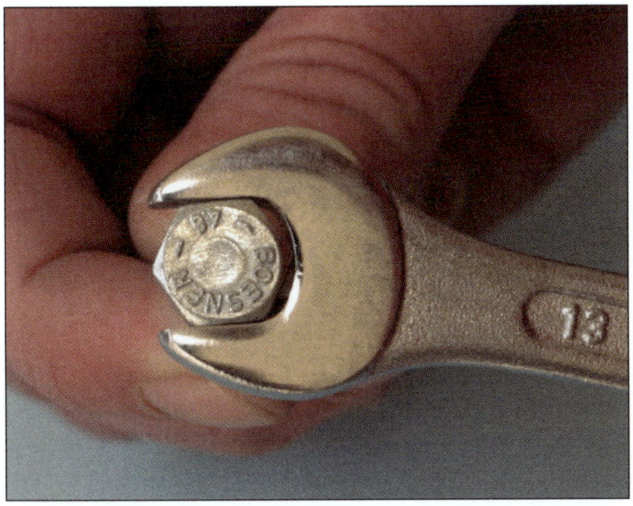

Das passt: Nur mit einem maßhaltigen Schlüssel kann eine Schraube erfolgreich gelöst werden

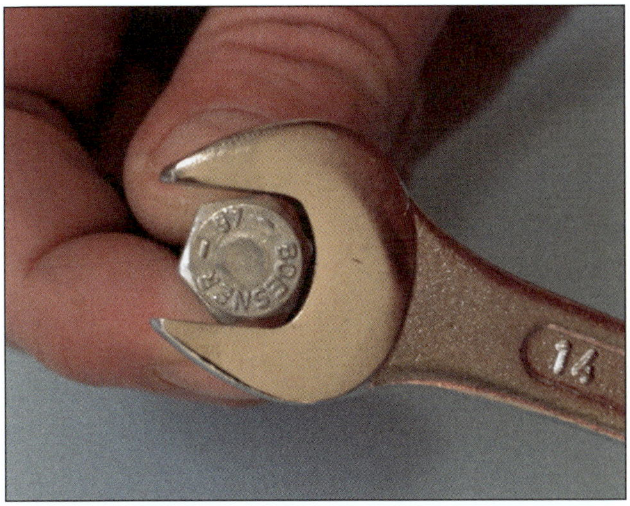

Das geht schief: Wer in Ermangelung des richtigen Schlüssels zum nächstgrößeren greift, hat anschließend Kummer

Verrostete Schraubverbindungen lösen

Bevor Sie eine fest gerostete Mutter bzw. Schraube lösen, befreien Sie die überstehenden Gewindegänge von Schmutz und Rost. Andernfalls wird nämlich die Reibung auf den Gewindeflanken so groß, dass Sie die Mutter regelrecht abwürgen müssen oder Ihnen kurzerhand der Gewindebolzen abschert.

■ Säubern Sie das überstehende Gewinde mit einer Drahtbürste und sprühen es anschließend mit Rostlöser ein.

■ Bei Schnellrostlösern drehen Sie die Mutter sofort los, …

■ … andere Rostlöser (Öl, Petroleum, Diesel, Cola, etc.) lassen Sie erst einige Zeit einwirken.

Beschädigte Muttern lösen

■ Wenn Sie mit dem Gabelschlüssel eine Sechskantmutter rund gedreht haben oder die Anlageflächen bereits vom Rost zerfressen sind, ist Gewalt häufig das letzte Mittel.

■ Bei kleineren Muttern hilft ab und an noch eine stabile Gripzange. Häufig greifen Sie damit noch den angefressenen Sechskant und lösen die Mutter dann per Zange.

■ Hilft das nicht weiter, sprengen Sie die Mutter mit einem scharfen Meißel. Werkstätten killen widerspenstige Exemplare häufig mit einem Mutternsprenger.

■ Gut zugängliche Muttern können Sie – entlang des Gewindes – mit einer Metallsäge aufsägen.

■ Als letzte Möglichkeit bleibt der Trennschleifer.

Inbus- und Vielzahnschrauben

■ Ehe Sie ein Werkzeug ansetzen, befreien Sie das Sackloch auf dem Schraubenkopf von Schmutz.

■ Zum Lösen solcher Schrauben eignen sich am besten Steckeinsätze mit langem Sechskant bzw. Vielzahn.

■ Im Gegensatz zu gebräuchlichen Winkelschlüsseln (bei denen die Kraft immer schräg ansetzt) vertragen Steckeinsätze auf der Adapterseite auch einen Hammerschlag. Der Schlag – im Notfall sogar direkt auf den Schraubenkopf – lockert meistens die Schraube ein wenig und erleichtert das Lösen.

Schlitz- und Kreuzschlitzschrauben

■ Schon nach relativ kurzer Zeit können Schrauben so fest sitzen, dass Sie einen normalen Schraubendreher damit schlichtweg überfordern. Bei Kreuzschlitzschrauben kommt erschwerend hinzu, dass der Schraubendreher auch bei starkem Gegendruck aus dem Kreuzschlitz wandert. Folge: Schon nach wenigen Versuchen ist der Schraubenkopf vermurkst und die Schraube wird zum Problem.

■ „Festgebackene" Schrauben versuchen Sie zunächst mit einem knackigen Hammerschlag auf den Schraubenkopf zu lösen. Dadurch trennen sich oft schon die Gewindegänge. Wenn Sie den Schraubenkopf nicht direkt mit dem Hammer erreichen, setzen Sie einen passenden Schraubendreher mit stabilem Griff an und traktieren die Verbindung mit Schlägen auf den Griff.

■ Häufig reicht das schon und die oft nur am Kopf

korrodierte Schraube bricht los und lässt sich dann normal lösen.

■ Bleiben Sie erfolglos, versuchen Sie Ihr Glück mit einem Schlagschrauber und dem passenden Einsatz. Schlagschrauber setzen jeden Hammerschlag an der Schraube in eine Drehbewegung um – dem widersteht praktisch keine Schraube.

Stehbolzen lösen

■ Stehbolzen (Gewindestange) bieten einem Schraubenschlüssel meist keine Anlagefläche. Sollten Sie keinen Stehbolzenausdreher haben, schaffen Sie auf dem Stehbolzen eine provisorische Schraubmöglichkeit.

■ Schweißen Sie zum Lösen eine Mutter auf dem überstehenden Bolzengewinde fest oder Sie kontern zwei Muttern gegeneinander.

■ Zum Lösen gekonterter Muttern setzen Sie den Schraubenschlüssel immer an der unteren Mutter an. Zum Festziehen nutzen Sie grundsätzlich die obere Mutter.

Abgerissene Schrauben ausbohren

Ist die Schraube abgerissen, bleiben nicht mehr viele Möglichkeiten. Eine davon ist das Ausbohren, denn fest steht: Das verbliebene Teil muss raus. Die Gefahr, dabei das Gewinde zu beschädigen, ist groß. Lassen Sie sich also Zeit bei dieser Operation. Nur so können Sie das Gewinde schonen.

■ Geben Sie zunächst einen Körnerschlag exakt in die Mitte des Schraubenstumpfs.

■ Bohren Sie den Stumpf an: Bis Schraubengröße M 8 schafft das ein so genannter Kernlochbohrer. Als Kernloch wird der Durchmesser einer Schraube ohne Gewindeflanken bezeichnet. Bis zur Schraubengröße M 6 gilt die Faustregel: Gewindedurchmesser multipliziert mit 0,8. Beispiel: Verschraubung M 6 x 0,8 = Kernlochdurchmesser 4,8. Bei Schrauben, die größer sind als M 8, sollten Sie mit einem dünneren Bohrer vorbohren.

■ Die in den Gewindegängen verbliebenen Metallreste können Sie anschließend mit einer Reißnadel oder Stabmagneten entfernen. Falls nicht, schneiden Sie das Gewinde vorsichtig nach. Der Gewindeschneider entfernt dabei die Reste des alten Bolzens.

Gewinde schneiden

Leichtmetall hat eine geringere Festigkeit als etwa Stahl, demzufolge reißen Gewinde hier besonders

Ein Fall für den Schrott: Verrostete oder beschädigte Schrauben sollten Sie niemals wieder verwenden

leicht aus. Solange um das alte Gewinde herum noch genügend Materialsubstanz vorhanden ist, können Sie ein größeres Gewinde einschneiden. Andernfalls lassen Sie in der Fachwerkstatt eine Gewindebuchse (z.B. HeliCoil) einsetzen. Neue Gewinde schneiden Sie in drei Stufen. Die entsprechenden Gewindeschneider heißen daher Vorschneider (ein Ring am Schaft), Mittelschneider (zwei Ringe am Schaft) und Fertigschneider (ohne bzw. drei Ringe am Schaft).

■ Drehen Sie die Gewindeschneider unter ständigem Ölen nacheinander in das vorgebohrte Kernloch ein und aus.

■ Um die Schneider nicht abzureißen, nehmen Sie immer nur kleine Vorwärtsdrehungen (max. 1/8 des Umfangs) vor. Drehen Sie danach den Schneider immer so weit zurück, bis die Schneidspäne abbrechen und der Schneider nicht mehr klemmt.

Gewindereparatur

Es gibt viele Gründe, warum ein Gewinde nicht mehr in der Lage ist, das vorgesehene Anzugsdrehmoment zu halten.

Grund 1: Häufiges Lösen und Anziehen führt zum Verschleiß im Gewinde, und, je nach Häufigkeit der Benutzung, zur Zerstörung.

Grund 2: Die zum Teil recht weichen Aluminiumguss-Legierungen sind in dieser Beziehung besonders problematisch und anfällig.

Grund 3: Schrauben oder Muttern werden mit zu großen Anziehdrehmomenten angezogen.

Grund 4: Durch Korrosion („Rost") zwischen Schraube und Bauteilwerkstoff kommt es zum „Festbacken der Schraube". Beim Versuch, die Schraube zu lösen, wird das Mutterngewinde zerstört.
Zerstörte Gewinde können mit geringem Aufwand und Kosten einfach und zuverlässig repariert werden, indem das defekte Innengewinde ausgebohrt und ein aus gewickeltem Draht bestehender Gewindeeinsatz eingedreht wird: „HeliCoil" nennt sich dieses Reparaturverfahren, das von der Firma Böllhoff Verbindungstechnik GmbH in Bielefeld hergestellt und weltweit vertrieben wird (www.helicoil.de).
HeliCoil bietet so genannte „Repairkits" in den Abmessungen von M2 bis M36 an. Ein HeliCoil-Repairkit kostet ca. 40 Euro, ist im Fachhandel erhältlich und enthält:

- Kernlochbohrer mit dem Kernloch-Gewindedurchmesser für das neue Gewinde.
- Gewindebohrer.
- Einbauwerkzeug, das ist eine Einbau-Gewindespindel mit einem kleinen Ansatz vorne.
- 20 Drahtgewindeeinsätze aus hoch korrosionsbeständigem Stahl der Legierung 1.4301 (Festigkeit mehr als 1.400 N/mm^2).

Und so wird damit ein Gewinde repariert:
1. Schritt: Wenn der Rest einer abgebrochenen Schraube im alten Gewinde steckt: Sichtbaren Schraubenrest ankörnen, mit einem scharf geschliffenen Bohrer, der 0,5 mm kleiner ist als der alte Gewinde-Nenndurchmesser (Beispiel M6: Bohrer 5,5 mm), das abgebrochene Gewindestück vorsichtig ausbohren.

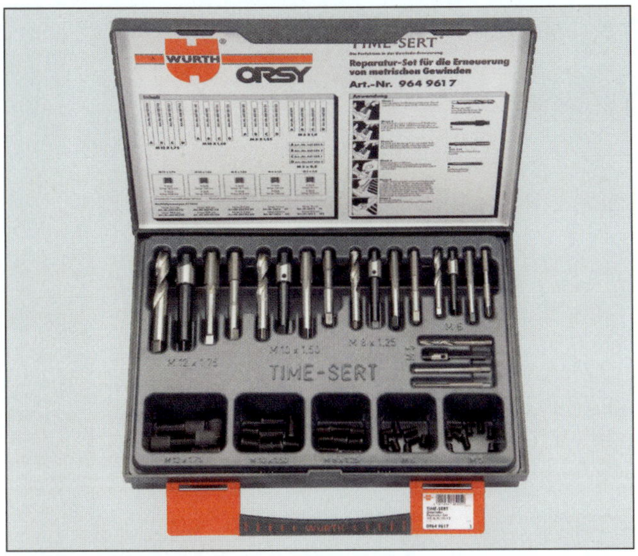

Helfer in der Not: Auch von anderen Herstellern gibt es Gewinde-Reparatursets

2. Schritt: Mit dem im HeliCoil-Repairkit befindlichen Bohrer das beschädigte Gewinde komplett ausbohren. Der Bohrerdurchmesser entspricht dem Kerndurchmesser des neuen Aufnahmegewindes für den HeliCoil plus-Drahtgewindeeinsatz.

3. Schritt: Aufnahmegewinde für den HeliCoil- rahtgewindeeinsatz mit dem beiliegenden Gewindebohrer schneiden.
Wichtig: Damit keine Späne in Gewindebohrungen hineinfallen, den Gewindebohrer vor dem Gewindeschneiden in Fett eintauchen, dann bleiben die Späne am Gewindebohrer haften.

4. Schritt: Gewinde reinigen, z. B. mit Druckluft ausblasen. ALLE Späne entfernen!

5. Schritt: HeliCoil-Drahtgewindeeinsatz mit der Einbauspindel montieren. Dieses ist sehr einfach, der Drahtgewindeeinsatz wird mit der Spindel wie eine Schraube in das vorbereitete Aufnahmegewinde eingedreht.

6. Schritt: Nach der Montage des Drahtgewindeeinsatzes dessen Mitnehmerzapfen abbrechen

Tipp: Zapfenwerkzeug zuvor in etwas Fett tauchen, ganz in den Drahtgewindeeinsatz einführen, mit einem kleinen Hammer einen leichten Schlag auf das Zapfenwerkzeug geben und den abgebrochenen Mitnehmerzapfen aus dem Drahtgewindeeinsatz entfernen.
Wichtig: Bei der Reparatur von Durchgangsbohrungen muss Obacht gegeben werden, wo der abgebrochene Mitnehmerzapfen hinfällt, damit er z. B. nicht in den Motor zwischen empfindliche Motorenmechaniken gerät!

Eine solche Gewindereparatur ist innerhalb von zehn Minuten ohne Schweißaufwand erledigt. Nach der Reparatur mit HeliCoil ist das Gewinde um ein Vielfaches belastbarer als das Originalgewinde. Das Gewinde wurde nicht etwa „geflickt", sondern seine Qualität wurde deutlich verbessert: Der HeliCoil-Drahtgewindeeinsatz aus Edelstahl macht das Gewinde verschleißfester und korrosionsbeständiger. Zukünftige Wartungsarbeiten können diesem Gewinde nichts mehr anhaben.

Die vierte Generation

Mit dem VW-intern bezeichneten Typ1J, kommt 1997 die vierte Auflage des Wolfsburger Erfolgsmodells namens Golf auf den Markt. Die Fachwelt ist begeistert von der verbesserten Ergonomie im Innenraum sowie dem bis dahin unerreichten Fahrkomfort. Auch seine Käufer wissen die Werte des Golf IV zu schätzen. Bis 2003 werden 4,1 Mio Fahrzeuge verkauft.

Der Golf - ein Bestseller

Seit seinem Produktionsstart im Jahr 1974 ist der Golf VWs Bestseller. In Deutschland führt er regelmäßig die Statistik der Neuwagenzulassungen an und ist unbestrittener Marktführer in seinem Segment. Als Vorreiter seiner Klasse definiert jede Golf-Generation die Standards neu an denen sich die Konkurrenz messen lassen muss – kein Wunder, dass die Riege der Kompaktwagen auch gerne als Golfklasse bezeichnet wird. Als die vierte Generation des Golf erschien, ließ VW abermals keinen Zweifel aufkommen, auch mit diesem Modell die Marktvorherrschafft unter den Kompakten verteidigen zu wollen.

Die vierte Golf-Generation bei Volkswagen

Die vierte Golf-Generation startet im Oktober 1997 als Viertürer, im Januar 1998 kommt der Zweitürer dazu. Ab Mai 1999 gibt es den Golf auch in der Variant-Version. Zusätzlich zur Serienausstattung des Basismodells ist der Golf mit den von Volkswagen bekannten Ausstattungs-Paketen Comfortline, Highline und seit 1999 auch Trendline erhältlich.
Die vierte Golf-Generation ist serienmäßig mit einer vollverzinkten Karosserie ausgestattet, die sicher gegen Durchrostung schützt. Darauf gibt Volkswagen 12 Jahre lang Garantie. Hinzu kommen der verbesserte Fahrkomfort sowie eine reichhaltige Ausstattung und ein hoher passiver Sicherheitsstandard. Durch den Einsatz von Großblechteilen und modernen

Ausstattungspaket	Verkaufsanteile
Basis-Version	52,5%
Comfortline	25,8%
Trendline	10,4%
Highline	8,4%
GTI	1,9%

Schweißverfahren konnte die Karosserie wesentlich steifer gefertigt werden. Das wirkt sich positiv auf Komfort und Fahrstabilität aus. Unangenehme Begleiterscheinungen wie Klappern oder Quietschen, die als akustische Alterserscheinungen bekannt sind, werden weitestgehend reduziert.
Karosseriepartien, die früher aus mehreren Teilen bestanden, sind in einem Stück gefertigt und dadurch stabiler. Bei der Montage einzelner Baugruppen durch moderne Laserschweißung, welche die bisher üblichen, punktuellen Schweißstellen ersetzt, wird eine durchgehend hochfeste Verbindung der Teile garantiert. Eine extrem präzise Rohbauproduktion reduziert letztlich auch die Spaltmaße auf ein Minimum. Die Karosserie ist selbst nach zigtausend Kilometern fast genau so stabil wie am ersten Tag.
Hiervon profitiert nicht nur die Fahrstabilität sondern zu einem erheblichen Teil auch die Crashsicherheit.

Das Erfolgsrezept des Golf

Das Erfolgsrezept des Golf ist so genial wie simpel – er ist einfach ein Alleskönner – gespickt mit einer breiten

Designskizze: Ein Hauptmerkmal des Golf IV-Designs ist sein deutlicher Dynamik-Akzent. Dies wird in der Karosseriegestaltung beispielsweise durch die stärker betonten Radläufe und größere Lufteinlässe in der Frontschürze unterstrichen

Auswahl an Ausstattungsvarianten, innovativer Technik und einem hohen Maß an Komfort und Sicherheit. Gepaart mit einem behutsam weiterentwickelten Design und einer breiten Vielfalt des Leistungsspektrums lässt er bei den Käufern einfach keine Wünsche offen. VW gelang es zudem in immer geringeren Abständen, von anfänglich neun bis letzlich sechs Jahren, einen Modellwechsel zu vollziehen, was stets einen zusätzlichen Kaufanreiz schuf – denn schließlich ist das neuere meist auch das interessantere Modell.

Von den ersten drei Modellreihen wurden bis 1997 insgesamt 17,6 Millionen Stück gefertigt. Mit dem Golf IV kamen bis zum Produktionsende 2003 nochmals knapp 4,1 Millionen Fahrzeuge hinzu. Im Laufe seiner Bauzeit schafft es der Golf IV sogar seinen Urahnen, den legendären Käfer, als meistgebautes VW-Modell abzulösen. Ein reflexsilber-metallicfarbener Golf V5 Highline mit 170 PS war der 21.517.415ste seiner Art und stieß 2002 den Käfer von seinem Thron. VW schreibt seither ungebremst die Golf-Erfolgsstory fort. Doch im Gegensatz zum Käfer gelang es jeder Golf-Generation ihre eigenen Maßstäbe und Werte neu zu definieren. Das spiegelt sich zum Beispiel in der Entwicklung der Technik, aber auch in der des Designs wieder.

Vier Gesichter: Vom einfachen Rundscheinwerfer bis zu Klarglasleuchten mit integrierten Blink- und Nebellampen

Das typische Golf-Design – Evolution statt Revolution

Golf bleibt Golf – dies zeigt sich vor allen Dingen in seinem Erscheinungsbild. Die technische Basis, das typische Baumuster des Golf, mit quer eingebautem Frontmotor, Vorderradantrieb, Einzelradaufhängung vorne und den an einer Verbundlenkerachse geführten Hinterrädern ist seit Markteinführung des ersten Golf bis heute im Prinzip unverändert geblieben. So weist auch die Karosserie in der vierten Modellgeneration alle Golf-typischen Merkmale auf, als da wären: Rundscheinwerfer, eingebettet in ovalem Gehäuse an der Front, eine schnörkellose Seitenlinie mit stabilen Bügelgriffen an den Türen, hinten eine breite C-Säule, die schließlich in einer stark abfallenden Heckpartie endet.

Dennoch besitzt der Golf IV auch viele andere Merkmale, die ihn kennzeichnen. Augenfällig und richtungsweisend sind die in Klarglasleuchten integrierten Scheinwerfer, welche erstmals auch die Blinker beherbergen und ganz ohne Streuscheiben auskommen. Deutlich größere Kühllufteinlässe an der Frontschürze und die betont geformten Radläufe unterstreichen den

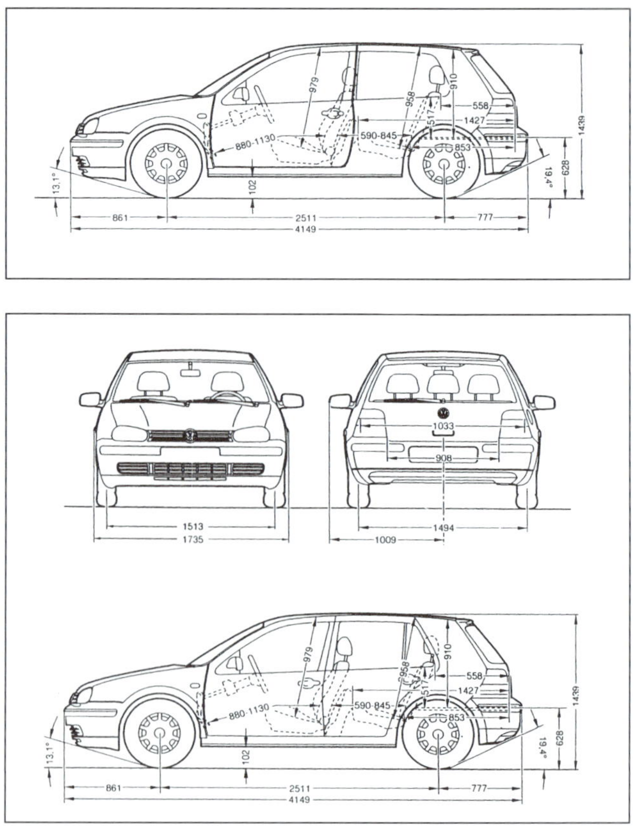

Drei- und Fünftürer: Bei beiden Golf-Modellen ist der Radstand identisch

Heckansicht im Zeitraffer: Das Größenwachstum der Generationen wird auch durch die Heckleuchten verdeutlicht

dynamischen Auftritt und tragen zum präsenteren Erscheinungsbild bei. Von verbesserter Aerodynamik zeugt die nun stärker geneigte Frontscheibe. Die Seitenansicht ist geprägt durch die weit herumgezogenen Heckleuchten. Spoiler und Schweller setzen die Form der Stoßfänger fort, die Rammschutzleisten sind tiefer angebracht. Am Heck ist das Kennzeichen nun im Stößfänger untergebracht. Ein Klappöffner mit Griffmulde und stabilem Griff, wie vom Polo 6N bekannt, macht Schluss mit dem Gefummel am Drückschloss beim Öffnen des Kofferraums.

Mehr Länge und Breite

Gegenüber dem Vorgängermodell sind die Außenabmessungen leicht gewachsen. Immerhin ist der Golf IV 13 Zentimeter länger und vier Zentimeter breiter als sein Vorgänger, genau gesagt: 4149 mm lang und 1735 mm breit. Zum Vergleich: Der erste Golf war als Dreitürer letztlich 3723 mm lang und gerade einmal 1610 mm breit. Da auch der Radstand gegenüber dem Vorgänger um vier Zentimeter verlängert wurde, gewann der Innenraum deutlich an Qualität. Die Insassen des Golf IV können sich über das nun reichhaltige und langstreckentaugliche Platztangebot freuen.
Auch der Kofferraum legte zu: Der Gepäckraum der Limousine hat nun ein Fassungsvermögen von 330 Liter beziehungsweise 1.184 Liter bei umgeklappter Rücksitzbank.

Größer und komfortabler – aber auch schwerer

Der Zuwachs an Außenlänge und der verbesserte Komfort bedeuten aber auch ein stetig steigendes

Lademeister: Gegenüber dem Fünftürer bietet die Kombiversion des Golf IV ein Plus von 130 bzw. 286 Litern Stauraum

Fahrzeuggewicht. Ein Golf 1 als Zweitürer wog ungefähr 750 kg. Der Golf IV als Zweitürer bringt es in der Basismotorisierung bereits auf mindestens 1090 kg. Dennoch kann man dabei nicht außer Acht lassen, dass die Motoren heute wirtschaftlicher und viel schadstoffarmer sind als früher. Was wiederum mehr Leistung bei weniger Verbrauch und weniger Umweltverschmutzung bedeutet.

Lademeister Variant

Die Variant-Version ist bei gleicher Breite und identischem Radstand noch etwas länger, nämlich 4397 mm. So bietet der Variant ein entsprechend großes Fassungsvermögen. Der Kofferraum fasst bis zu 460 Liter, bei umgeklappter Rückbank vergrößert sich das Stauvolumen auf 1470 Liter. Bei dem optional erhältlichen variablen Stauraum kommen nochmals 90 Liter unter dem Kofferraumboden hinzu. Der schwerere Wagen braucht etwas mehr Kraftstoff, ist nicht ganz so schnell und beschleunigt etwas verhaltener als die Limousine.

Stufenheck mit Kofferraum – der Bora

Im Herbst 1998 ergänzt Volkswagen seine Angebotspalette mit dem neuen Bora um ein weiteres Modell in der Mittelklasse. Der Bora – benannt nach dem kräftig-erfrischenden Adria-Wind – ist eine dynamische, viertürige Stufenheck-Limousine, die auf der Plattform des Golf basiert.

Gegen BMW und Co.: Nach den Plänen VWs war der Bora als neuer Mitbewerber in der Mittelklasse der BMW 3er-Reihe sowie der Mercedes C-Klasse gedacht. Image und Prestige sowie die Nähe zum Golf stellten jedoch trotz Mehr-Ausstattung und dynamsichem Erscheinungsbild offensichtlich ein zu großes Hindernis für die potentielle Käuferschicht dar

Er rollt serienmäßig auf 15 Zoll-Rädern mit 195er-Bereifung. Ein sportliches, dennoch komfortabel ausgelegtes Fahrwerk sorgt für entsprechend sicheres Fahrverhalten. Das Motorenangebot des neuen Modells reicht vom sparsamen, aber kräftigen 66 kW /90 PS TDI bis zum 110 kW /150 PS starken 2,3 Liter V5.

Der 4,38 Meter lange Bora, auf dessen vollverzinkte Karosserie Volkswagen wie auf den Golf 12 Jahre Garantie gegen Durchrostung gewährt, soll mit seiner relativ hochwertigen Verarbeitung innen wie außen den von Volkswagen eingeschlagenen Weg eines sehr hohen Qualitätsniveaus fortsetzen. Der anspruchsvoll ausgestattete Innenraum bietet Platz für fünf Personen. Der Bora ist serienmäßig mit Airbags für Fahrer und Beifahrer, vordere Seitenairbags und ABS in Verbindung mit Scheibenbremsen vorn und hinten ausgestattet. Das elektronische Stabilitätsprogramm ESP ist ebenfalls verfügbar.

Bei den Golf/Bora-Modellen mit Frontantrieb wird eine Verbundlenker-Hinterachse verwendet, bei der zur besseren Raumausnutzung Schraubenfeder und Stoßdämpfer getrennt voneinander positioniert sind (beim Vorgängermodell waren Federbeine eingebaut). Dadurch konnte die Durchladebreite im Gepäckraum vergrößert werden. Golf/Bora-Modelle mit Allradantrieb haben eine Doppelquerlenker-Hinterachse. Während der Bora auf dem Heimatmarkt sich nur schwer zwischen den Mitbewerbern etablieren konnte, (die Differenzierungsmerkmale zum Golf insbesondere beim Variant waren zu gering) erfreute sich die Stufenheck-Version auf dem US-Markt einer um so größeren Beliebtheit.

Unzählige Versionen

Zum Serienstart stellte VW für den Golf acht Triebwerke zur Wahl: fünf Benziner und drei Diesel-Direkteinspritzer. Ihr Leistungsspektrum reichte von 68 bis

Auto-Quartett: Vom Polo bis zum Passat präsentiert sich hier die Kombi-Palette von Volkswagen

150 PS. Der Hubraum umfasste 1,4 bis 2,3 Liter. Erstmals kam mit dem 1,8l Vierzylinder auch ein Triebwerk mit Fünfventiltechnik zum Einsatz.
Auf der Beliebtheitsskala war der kleinste Benziner mit 75 PS ganz vorne. Jeder dritte Golf-Käufer entschied sich für den vollständig aus Aluminium gefertigten Benziner mit EURO-3-Norm, dessen Durchschnittsverbrauch laut VW-Werksangabe um die 6,5 Liter/100km beträgt. Zusammen mit dem sparsamen Saugdiesel war er die einzige Motorisierung, die es durchgängig von Modellstart bis zum Ende zu kaufen gab. Der Saugdiesel-Anteil am Gesamtverkauf blieb aber mit nicht einmal 2 Prozent eher bescheiden. Die Dieselfreunde entschieden sich lieber für einen durchzugs- und drehmomentstarken 1,9l TDI-Motor. Das Leistungsspektrum reichte bei ihm von 90 bis 150 PS und auch hier hatte die kleinste und zugleich wirtschaftlichste Variante mit rund 20% Verkaufsanteil die Nase vorn.
Dennoch machte es VW seinen Kunden nicht leicht und bot bis zu 14 Motorvarianten gleichzeitig an. Die Qual der Wahl hatten vor allen Dingen Käufer, die einen Benziner-Golf der 100-PS-Kategorie suchten. Ihnen blieb im Jahr 2002 die Wahl zwischen dem 1,6 l 16V mit 105 PS dem 1,6 l FSI mit Benzindirekteinspritzung und 110 PS sowie dem 2,0 l Triebwerk mit 115 PS. Nicht berücksichtig in diesem Trio bleibt der ebenfalls 115 PS starke mit Erdgas betriebene 2,0 l, sowie die ausschließlich mit Automatikgetriebe erhältliche 102-PS-Variante des 1,6l-Aggregats.
Zählt man zusammen, was Volkswagen in seinen Technischen Daten 2000 unter Golf und Bora anbietet, kommt man auf 72 – manchmal freilich nur sehr leicht voneinander abweichende – Modelle. Nach Motor, Antriebsart und Kraftübertragung (Schaltgetriebe/Automatik) unterschieden, gab es zur gleichen Zeit 20 Golf-Limousinen, 13 Golf Variant- und 9 Golf Cabriolet-Versionen. Vom Bora waren 18, vom Bora-Variant 12 Versionen erhältlich. Für alle gilt die großzügige Gewährleistung: Ein Jahr ohne Kilometerbegrenzung, 3 Jahre auf den Lack, 12 Jahre gegen Karosseriedurchrostung und die Mobilitätsgarantie.

Einer für alle – VWs Plattformstrategie

Mit dem Golf IV kam 1997 nicht nur ein neues Modell auf den Markt, sondern auch der technische Unterbau, basierend auf der VW Plattformstrategie war eine komplettes Novum. Die technische Basis sollte nicht nur dem Klassenprimus sondern für sage und schrei-

Gleichteile der Plattformstrategie

Antriebsaggregate

Fahrwerk

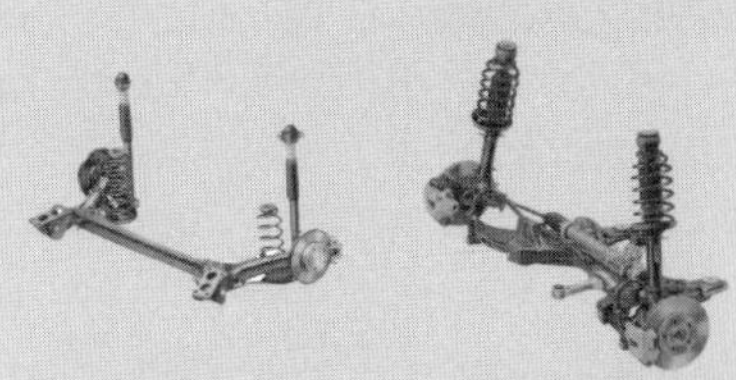

Bremsanlage

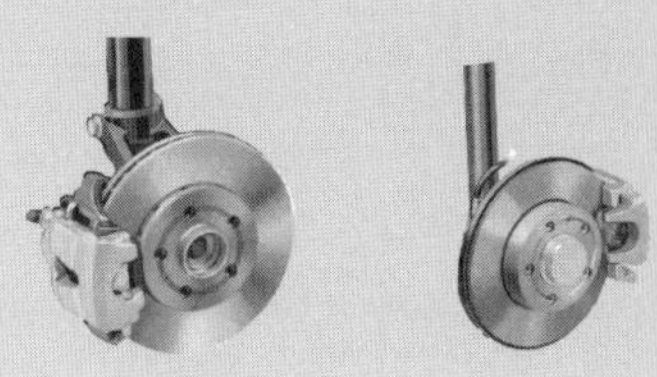

Elektrik

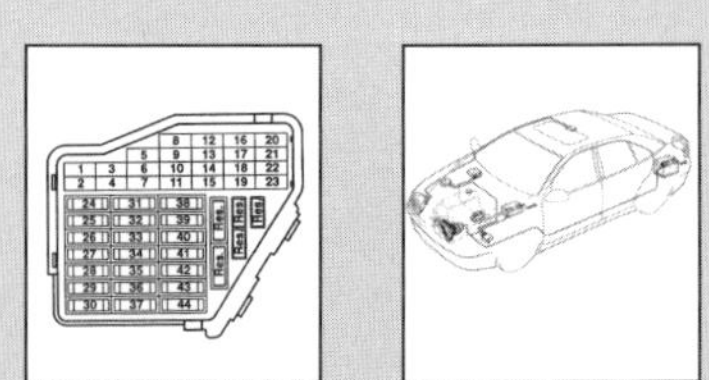

Heizung / Klimatisierung

Bedienelemente

Golf-Ableger: Unter dem Skoda Octavia könnte man, der Abmessungen wegen, auch einen Passat vermuten

Audi A3: Der kleine Audi kam noch vor dem Golf als neues Premiumprodukt der unteren Mittelklasse auf den Markt

Seat Toledo: Temperament und mehr „Auto Emocion" sollte der spanische Bruder des Golf zusammen mit dem Fließheckmodell Leon versprühen

be 20 weitere Ableger (Cabrios und Coupés einbezogen) als Kernmodul dienen.
Bereits 1993 hatte der damalige VW-Chef Ferdinand Piech die Gleichteilstrategie vorgestellt und geerntet zunächst mehr Kritik als Zuspruch dafür. Schwer vorstellbar damals, dass sich ein Audi die technische Basis mit einem Skoda teilen sollte. Doch der Plan ging auf. Immer mehr unterschiedliche Aufbauten konnten, trotz einem technisch eng anliegenden Korsett, in kürzester Zeit zur Marktreife gebracht werden. VW spendierte dafür eine komplett neu entwickelte Plattform namens PQ 4, auf welcher die 4. Golf Generation aufbaute. Ihre Bezeichnung ist dabei ein Synonym für das Baukonzept: Plattform für Quereinbau (Motor) der 4. Generation.

Vorbild Käfer

So neu war die Idee gar nicht. Bereits zu Käferzeiten verwendete man die damals ungleich primitivere Bodenplatte für den Kübelwagen der Bundeswehr, den Fridolin für die Post und den Buggy für den Strand. Gerade einmal 30 Schrauben hielten die Karosse mit dem Rest zusammen. Wer diese löste, konnte theoretisch schon damals sein individuellen Aufbau anschrauben.
Was damals begann, bietet heute aus Herstellersicht eine ganze Reihe an Vorteilen: Fertigungsprozesse verschiedener Modelle können vereinheitlicht werden, die vielen Gleichteile bieten ein großes Einsparpotential, Entwicklungskosten von einem Unterbau dienen gleich einer ganzen Reihe an Modellen und rentieren sich somit mehrmals.

Die Konzernbrüder des Golf

Genau diese Reihe an unterschiedlichen Modellen beschert dem Golf seine vielen Konzernbrüder: Angefangen beim kleinen und sportlichen Audi TT, bis hin zum Skoda Octavia, dessen Außenabmaße eher eine Passat-Basis vermuten lassen. Dennoch sind gerade bei diese beiden Modelle weitaus mehr Teile als nur das Bodenblech und die beiden Achsen gleich: Beinahe zwei Drittel aller Teile, um genau zu sein 60 Prozent sind ohne Unterschied. Der Kunde profitiert zusätzlich vom Technologietransfer von oben nach unten, der sich an den kleinen Annehmlichkeiten wie silikongedämpften Haltegriffen oder der Vollverzinkung der Karosserie zeigt. Eins bleibt dabei aber leider auf der Strecke: Der eigenständige Charakter der Fahrzeuge.

Golf – der Erste: Farbwahl und Anmutung im typischen Stil der 70er Jahre. Kunstleder, karges Blech an den Türen. Im Jahr 1974 galt diese Anmutung als fortschrittlich – schließlich stieg man ja gerade vom Käfer um

Innenraumdesign

Der erste Golf trug seinen Tacho noch versteckt in tiefen Höhlen, bot eine spartanische aber zweckmäßige Ausstattung, die aber im Vergleich zum in den 1930er Jahren entwickelten Käfer immer noch als komfortabel galt.

Die Innenseiten trugen die nackte Haut ihrer dünnblechernen Türen zur Schau, die Heizung mit ihren Schiebereglern war noch kein Muster an Ergonomie. Die dürftigen Lüftungsdüsen veströmten nicht geradezu das Flair moderner Innenraumgestaltung, was anderes als Kurbelfenster gab es nicht. Insgesamt aber war der erste Golf innen zweckmäßig, dem Anspruch seiner Käufer gerecht werdend und dadurch außerordentlich beliebt.

Sein Nachfolger – der Golf II – wirkte da schon erwachsener. Die helle Einlage der Instrumententafel verschwand bereits zur Modellpflege des ersten Golf und trat auch beim Nachfolger nicht wieder auf. Die großzügiger spendierten Verkleidungen sorgten für ein angenehmeres Raumgefühl. Mehr und vor allem größere Ablagen machten den Inneraum praktischer. Eine Doppelreihe Leuchtdioden zwischen dem Tachometer und der großen Uhr diente als Warn- und Kontrollanzeige.

Ergonomie durch bedienerfreundliche Gestaltung – so lässt sich in knappen Worten die Armaturentafel der darauffolgenden Golf III-Generation beschreiben. Dies betraf sowohl die Anordnung, als auch die überarbeiteten Knöpfe und Schalter, wie beispielsweise ein Drehschalter für Licht oder die Heizungsregelung, als auch die besseren Blink- und Scheibenwischerhe-

Der Golf II: Quadratisch, praktisch, gut. Mit einer höhereren Wertigkeit mutet das Cockpit des Golf II erwachsener an. Die Grundform des Vorgängers blieb aber erhalten

Der Golf III: Die Bedienung ging nun leichter von der Hand, dank der ergonomisch verbesserten Schalter und Knöpfe

bel an der Lenksäule. In die großzügigen Türablagen passten große Lautsprechern und auch dicke Atlanten. Digitalanzeigen ersetzten Kilometer und Tagesstreckezähler sowie bei den meisten Modellen auch die große Zeituhr.

Die Lichterreihen wurden durch ordentliche Anzeigen mit Symbolen für Blinker und Warnlichter ersetzt. Familiennähe demonstriert der gesamte Schalttafeleinsatz, welchen sich der Golf III mit dem Polo 6N teilte.

Einzig das Versteckspiel mit der Positionierung des Warnblinkers auf der Lenksäule war nicht nachvollziehbar und vor allen Dingen in Notsituationen nur schwer erreichbar.

Zurecht gilt der Golf IV, was den Innenraum betrifft, als Klassenprimus. Die klar ablesbaren Instrumente sind in einer eigenen Hutze untergebracht, Tacho und Drehzalhmesser tauschen ihre Position, die Anzeigen für Wassertemparatur und Tankfüllung wanderten nach oben, ins zentrale Blickfeld.

Seine Anzeigen sind hintergrundilluminiert und er besitzt ein neues Nachtdesign: Die Innenbeleuchtung ist nun in blau gehalten, die Türöffner sind verchromt. Das Cockpit ist dem Fahrer zugeneigt, die Sitze haben deutlich mehr Seitenhalt und Komfort. Kritik erntete das Interieur lediglich für die tiefere Anordnung der Heizungsregler. Ein ausfahrbarer Cupholder freute auf Langstrecken und der Schalter der Warnblinkanlage ist als zentraler Knopf im oberen Bedienfeld wieder da wo er hingehört – auch vom Beifahrer erreichbar.

Auch als Gebrauchter gut und beliebt

Der Golf ist eine gute Partie. Das Wissen seine Besitzer und Käufer, sowie deren Nachfolger. Dementsprechend beliebt ist der Golf auch als Gebrauchter. Beim Onlineportal mobile.de belegt er mit 5,7% aller Suchanfragen auch hier Platz 1 der Statistik. Die meistgesuchte Modellgeneration ist der Golf IV, bei den Modellvarianten liegt neben dem TDI der 115 PS-Motor des GTI vorne.

Hohe Laufleistungen sind beim Golf keine Seltenheit und bereiten, eine regelmäßige Wartung vorausge-

Innen fast schon ein Passat: Komfortbetont und fahrerorientiert zeigt sich das Cockpit des Golf IV. Die hervorragende Innenraumqualität zeichnete den Golf der vierten Generation aus

setzt, dem Besitzer auch nur selten Probleme. So verwundert es auch nicht, dass in den Suchabfragen Kilometerleistungen bis zu 125.000 km keine Seltenheit sind.
Auch die spritsparenden und temperamentvollen TDI-Motoren sind stets eine Überlegung wert. Einzig der stark beanspruchte Zahnriemen sollte der VW-Empfehlung nach auch tatsächlich bei einer Laufleistung von 60.000 km getauscht worden sein. Ist dies nicht der Fall droht der kapitale Motorschaden.

VW-Crashtest: Durch Computerberechnungen konnte die passive Sicherheit verbessert werden. Gut zu sehen: Die Struktur der Fahrgastzelle bleibt beim Crash intakt

Sicherheit geht vor

Bevor der Golf IV auf die Straße kam, mußte er in zahlreichen Crashtests seine Sicherheit unter Beweis stellen. Durch Computersimulationen konnten die VW-Entwicklungsingenieure etliche Unfallversuche durchführen und Verbesserungen zur passiven Sicherheit einfließen lassen. Bei realen Tests zeigte sich letztlich, dass die Berechnungen und vor allen Dingen der Golf das hielten, was sie versprachen. Der Insassenschutz bewegte sich vom Serienstart an, mit Fahrer- und Beifahrerairbags sowie Seitenairbags und Gurtstraffer für die vorderen Sitze auf hohem Niveau. Im Jahr 1999 spendierte VW dem Golf auch noch zum serienmäßigen Antiblockiersystem ABS das elektronische Stabilitätsprogramm ESP, welches bekanntlich die Beherrschbarkeit in fahrdynamisch kritischen Situationen verbessert. Seitliche Karosserieverstärkungen in den Türen erhöhen zusätzlich die passive Sicherheit. Beim Thema Sicherheit haben die Ingenieure bei VW also keine Frage unbeantwortet gelassen. Eine zukunftweisende Weltneuheit fand sich im Fond des Golf: ein Kindersicherungssystem nach Isofix-Norm, das Kindersitze direkt mit der Karosserie sicher verankert. Der Sitz wird – wie bei einer Skibindung – ganz einfach in die dafür vorgesehenen Ösen unter den beiden Rücksitzplätzen eingerastet.

Sicher ist sicher: Der stabile Rahmen des Golfs mit zahlreichen Verstärkungen im Front- und Seitenbereich sorgt für eine optimale Aufnahme und Verteilung der Aufprallenergie bei einem Unfall. Die Passagiere sind dadurch bestens geschützt

Unmissverständlich GTI: Gelochtes Leder am Lenkrad, Golfball-Schaltknauf, Sport-Pedalerie und Alu-Einlagen

Unmissverständlich schnell: Mit dem 180-PS Vierzylinder Turbomotor erreicht der Jubiläums-GTI eine Vmax von 222 km/h, der Spurt von 0-100 km/h dauert gerade 7,9 Sekunden

25 Jahre Golf GTI

Beinahe hätte der GTI seinen Flair und die traditionsreiche Stellung als Sportler mit dem Golf IV verloren. Schuld daran war vor allen Dingen der schleppende Absatz des Vorgängers (sein Anteil betrug vor dem Modellwechsel lediglich 3,3 Prozent). VW entschied sich daher die vierte Auflage des GTI in gemäßigter Optik, vergleichbar mit einer gehobenen Ausstattungsvariante und dem Zeitgeist des Understatements entsprechend, aufzulegen. Womit GTI-Fans aber nicht gerade einverstanden waren. Stilbruch lautete das Urteil der einen, zu brav meinten andere. Äußerlich besaß der Golf IV GTI demnach nur wenige, dezente Merkmale, wie die lackierten Stoßfänger, die ihn von anderen Golf-Varianten unterschieden. Innen schmückten ihn Sportsitze (anfänglich noch von Recaro) sowie dunkle Holzeinlagen, die den Eindruck hinterließen VW wolle seiner Anhängerschaft jeglichen jugendlichen Kick verwehren.

Erst mit dem Jubiläusmodell zum 25-jährigen Bestehen des GTI im Jahr 2001 besinnte sich VW wieder auf die einstigen Tugenden – Optik, Leistung und Fahrspaß – zurück. Die Karosserie durfte wieder zeigen, was in ihr steckte. Neue Schürzen an Front und Heck sowie geänderte Seitenleisten und ein GTI-Schriftzug am Grill verkündeten zusammen mit dem 1.8l Turbomotor (180PS) eine unmissverständliche Botschaft. Reifen der Dimension 225/40 auf 18-Zoll Leichtmetallfelgen sorgten nicht nur für einen standesgemäßes Erscheinungsbild, sondern boten auch eine (meist) schlupffreie Kraftübertragung. Die Innenraumgestaltung erhielt mit genarbtem und rot vernähtem Leder wieder den typsichen GTI-Touch, den die

Zeitzeugen: Die Vorgänger-Modelle des Golf IV machten als GTI allesamt keinen Hehl aus Ihrer Leistungsfähigkeit. Erst der sinkende Absatz zum Fertigungsende der 3. Baureihe bewog VW beim Nachfolger zu einem dezenteren Auftritt

Fangemeinde bis dahin schmerzlich vermisst hatte. Die Instrumente wurden in Chromringen eingefasst, die Pedallerie mit Alu belegt und die Holzeinlagen durch gebürstetes Aluminum ersetzt. Der Golfball am Schaltknauf setzte dabei dem Jubiläumsmodell das GTi-Tüpfelchen auf und durfte natürlich in diesem Modell nicht fehlen.

Cabrio auf technischer Basis des Vorgängers

Den Aufwand eine teure Cabrio-Variante vom Golf IV zu entwickeln machte sich VW, wie schon bei der Zweiten Generation, leider nicht.
Stattdessen behalf man sich damit, das auf dem Vorgänger basierende Cabrio optisch aufzuwerten. Die Front wurde der des Golf IV angepasst, am Heck setzte man das Nummernschild tiefer und übernahm auch die Außenspiegel des Nachfolgers. Und auch der Innenraum erstrahlte bei Nacht, wie beim Golf IV, in blau anstatt grün.
Unter dem Blech blieb das Meiste jedoch beim Vorgänger-Golf. Der Freude am offen Fahren tat dies jedoch keinen Abbruch. Im Gegenteil: Die Aufwertung bescherte dem bei Karmann in Osnabrück gefertigten Modell mehr Komfortausrüstung und Auswahlmöglichkeiten als je zuvor. Bemerkenswert ist beispielweise die Möglichkeit das Frischluftvergnügen mit einem TDI-Motor zu genießen. Charakterlich passte das souveräne Drehmoment aus allen Lagen gut zur Cabrio-Fahrweise.
Die elektrohydraulische Verdeckbetätigung der Ausstattungen „Highline“ und „Colour Concept“ unterstrichen demnach konsequenterweise die Komfortnote des Golf Cabrios. Bei dem Sondermodell „Classicline“ kommen noch Leichtmetallräder, Ledersitze und eine Diebstahlwarnanlage hinzu.
Und immerhin: Das Cabrio bot als echter Viersitzer genügend Platz um das offen Fahren auch mit der ganzen Familie genießen zu können.

4Motion - Der Golf als Allradler

Mit dem Allrad-Golf V6 wurde ein kerniger Sportler in die vierte Generation aufgenommen. Er ist ein völlig neuer Nachfolger des VR6 (GOLF III, 174 PS), der als rechter Benzinsäufer galt. Der V6 (204 PS) hängt bissig am Gas und dreht mühelos hoch – bis auf die schon erwähnten 235 km/h. Aus dem Stand bis auf 100 km/h braucht er nur 7,1 Sekunden. Freilich verbraucht er immerhin noch 10,8 Liter Super (Durchschnitt Stadt/

Auf neu getrimmt: Trotz optischer Retuschen sowie neuer Farben und Lackierungen rollte das Cabrio auf alter Basis

Auf allen Vieren: Die Sechszylinder des Golf verteilten frei Haus ihre Kraft auf Vorder- und Hinterachse

VWs Racing-Linie: Extremsportler für Enthusiasten. Auch dank des optionalen Direktschaltgetriebes gilt er als ein Beleg für VWs Technik-Know-How

Landstraße). Weitere Vorteile bietet der 4Motion im Winter. Seine Technik mit elektronisch geregelter Haldex Kupplung sorgen für noch sicheres Vorankommen bei rutschigem Untergrund.
Mit dem 4Motion-Allradantrieb ist der Golf ganz besonders als Zugfahrzeug geeignet. Außer der Sechszylindervariante sind noch weitere Motortypen kombinierbar, zum Beispiel alle Pumpe-Düse-TDI (100 PS, 130 PS und 150 PS); sowie der 2,0-Liter-115 PS und der 2,3-Liter-170-PS-V5-Benziner.

Der schnellste aller Golf - der R32

Sechs Zylinder, 3,2 liter Hubraum, 247 km/h, 241 PS verteilt auf vier Räder, der Spurt von 0 auf 100 in 6,6 sec und das ganze für 32.000 Euro – dies sind die Ekdaten des bis dahin sportlichsten aller Golfs. Im Jahr 2002 startete der R32 als technisches Highlight, gespickt mit dem aus dem Phaeton bekannten Sechszylinder (hier allerdings quer eingebaut) und 4Motion-Allradantrieb.
Der R32 war der erste seiner Art und damit gleichzeitig Wegbereiter der neuen R(-acing)-Linie bei VW, der noch weitere Modelle folgen sollten. Zurecht mag man sich die Frage stellen, ob man diesen Golf überhaupt noch als solchen bezeichnen kann. Denn selbst VW lies das übliche Golf-Emblem am Heck entfallen und reduzierte die Kennzeichnung am Heck auf das R32-Logo.

WISSENSWERTES: Modelljahrbestimmung

Die Modelljahre entsprechen nicht zwingend auch dem Zeitpunkt der Produktion. Ein neues Modelljahr beginnt bei VW immer im Mai/Juni des laufenden (Produktions-)Jahres. Die Angabe zum Modelljahr ist in der Fahrzeugkennung (10. Stelle des Herstellercodes) enthalten und kann mit der folgenden Zuordnung bestimmt werden:

Herstellercode	Modelljahr
W	1998
X	1999
Y	2000
1	2001
2	2002
3	2003
4	2004

Nicht nur schnell sondern auch praktisch: Der R32 war sowohl als Zwei- als auch Viertürer erhältlich

Modelljahre und Änderungen im Lauf der Produktionsdauer

Im Laufe der Produktionsdauer von Oktober 1997 bis Oktober 2003 (Variant-Modelle noch bis Mai 2006) wurde der Golf IV kontinuierlich kleinen Veränderungen unterzogen. Erkenntnisse aus Service und Produktion veranlassten VW viele Details zu modifizieren.

Oktober 1997
Produktionsstart des Golf IV als Viertürer. Es gibt 8 Motoren von 68 bis 150PS als Benziner sowie den 1,9 Liter SDI und TDI ; neben Basis optionale Ausstattungslinien „Comfortline", „Trendline", „Highline" und "GTI"

Januar 1998
Anlauf der Dreitürer-Produktion

Juni 1998
Preiserhöhung, aber auch neue Radios

September 1998
Allradantrieb 4motion für einige Motorisierungen erhältlich

Januar 1999
ESP als Option erhältlich

Mai 1999
Einführung des Golf Variant
MFA (Multifunktionsanzeige mit Bordcomputer) im mittleren Info-Display integriert; Seitenblinker jetzt in weiß statt gelb bzw. schwarz; 90-PS-TDI auch mit Vierstufenautomatik; 115-PS-TDI mit 6-Gang-Getriebe; 1.6l-100-PS Otto-Motor schadstoffarm nach D4; Einführung LongLife Service: Verlängerte Wartungsintervalle auf 30.000km (Benzin) bzw. 50.000km (Diesel, nicht Pumpe-Düse)

Juli 1999
Xenon-Licht optional erhältlich; Golf V6 lieferbar, einige Motoren als D3 / D4-Variante lieferbar

September 1999
ESP jetzt Serienausstattung, Preise um 500 DM erhöht

Januar 2000
TDI Zahnriemenwechsel alle 90.000, statt 60.000 km

Februar 2000
Kopf-Airbag optional erhältlich

Mai 2000
Neue Sonderausstattungen: Rücksitzbank mit 2 integrierten Kindersitzen,farbiges Navi-System mit dynamischer Zielführung; Multifunktions-Lederlenkrad (für Radio u. Tempomat);Holz-Leder-Lenkrad und neue Lackfarben: Tornadorot, Yellow, Stormbeige, Reflexsilber, Green collection, Oceanicgrün, Muranorot;neue Polsterdesigns: Basis: Airport statt Impulse, Trendline: Scala statt Impulse, Comfortline: Motion statt Format

Juli 2000
Preiserhöhung um durchschnittlich 1,9% zur Umstellung auf glatte Euro-Beträge; alle Benziner mit Ausnahme des V5 sind jetzt schadstoffarm nach Euro4

20. September 2000
Der 20-millionste Golf wird produziert.

September 2000
1.9 TDI mit 150 PS und 320 Nm; Pumpe-Düse-Technologie, größerer Turbolader, höherer Ladedruck, neuer Ladeluftkühler, geänderte Kolben, leistungsfähigere Ölpumpe, verstärkte Pleuel, verstärkter Zylinderblock; 1.9 TDI mit 100 PS und 240 Nm; Pumpe-Düse-Technologie – wird langfristig die 90, 110 und 115-PS-TDIs ersetzen; neuer V5-Vierventiler mit 2,3 Liter Hubraum und 170 PS / 225 Nm; ersetzt den V5 mit 150 PS

November 2000
Beim 1.4-l-Motor (55kw) wird eine beheizte Kurbelgehäuseentlüftung verbaut, um Motorschäden durch Frost zu verhindern.

Dezember 2000
Umstellung auf Seilzug- anstelle Gestängeschaltung

Mai 2001
alle Motoren sind jetzt für den Longlife-Service geeignet; SDI, 90-PS und 110-PS-TDI Zahnriemen-Wechselin-

Modelljahre und Änderungen im Lauf der Produktionsdauer

tervall auf 120.000 km angehoben; neuer Motor: 130-PS-TDI, dafür entfällt 115-PS-TDI; GTI: statt RECARO-Sitze nur noch Sportsitze Serie; bei Funkfernbedienung entfällt der Schließzylinder auf der Beifahrerseite; verchromte statt kunststoffbeschichtete Schließbügel sollen die Knakkgeräusche in der B-Säule verhindern

Juli 2001
VW erhöht die Preise um durchschnittlich 1,9 Prozent;
Sondermodell Golf eGeneration in limitierter Auflage nur über das Internet bestellbar; auf 3000 Stück limitiertes Sondermodell des GTI mit 180 PS starkem 1.8T, nur als Zweitürer erhältlich; übliche GTI-Ausstattung, aber mit Sportfahrwerk, dunkel gefärbten Scheinwerfern, Schwellerverbreiterungen, Dachspoiler, RECARO-Sportsitzen, Alu-Pedalauflagen, Climatronic, Innenraum in rot/schwarz gehalten

Oktober 2001
100-PS-TDI nach Euro3/D4-Norm lieferbar (nur Schaltgetriebe); Golf auch mit Benzindirekteinspritzer 1.6 FSI mit 110 PS bestellbar; lieferbar ab 03/2002

November 2001
VW verlängert die Gewährleistung auf 2 Jahre; Serienmäßig mechanischer Bremsassistent; Produktionsende des Golf Cabrio (auf Basis des Golf III)

Dezember 2001
Die Basis-Ausstattung wird erweitert um Zentralverriegelung, elektrische Fensterheber, elektrisch einstellbare und beheizbare Außenspiegel, geteilte Rücksitzbank und 15"-Felgen. Der Preis steigt um 225 EUR bei einem Kundenvorteil von 840 EUR.

März 2002
Benzindirekteinspritzer 1.6 FSI lieferbar

Mai 2002
Für den GTI gibt es nur noch den 1.8T mit 180 PS sowie den 150-PS-TDI; Windschutzscheibe mit Colorstreifen; strafferes Fahrwerk für alle Limousinen; TDI-Motoren mit 90- und 110-PS entfallen; Motorgeräusch der TDI reduziert

Juni 2002
Serienausstattung um Kopfairbags erweitert

August 2002
neuen Aero-Twin Scheibenwischer von Bosch eingesetzt; Sportmodell R32 mit 3,2 Liter VR6 – 241 PS, 247 km/h Spitze, 0-100 km/h in 6,6 s

September 2002
VW bietet eine Garantie-Verlängerung für das 3. bis 6. Jahr in Form einer Versicherung an

November 2002
Golf Variant Bi-Fuel mit bivalentem Erdgasantrieb (2.0l, 115 PS mit Benzin; 102 PS mit Erdgas) ab Werk bestellbar. Ladeboden höher als üblich, darunter verbergen sich 2 CFK-Tanks mit 86 l Erdgas (für ca. 260 km), Umschalter für Gas/Benzin-Betrieb, Anzeige des Gasfüllstands im Kombiinstrument, separater Erdgaseinfüllstutzen.

Dezember 2002
Golf R32 auch als 4-türer bestellbar; Geänderte Xenon-Scheinwerfer (integriertes Steuergerät);zwei neue Sondermodelle Ocean und Pacific ersetzen die bisherigen Sondermodelle Champ und Special

Februar 2003
Neues Sondermodell GT Sport, ersetzt Sport-Edition

März 2003
Preiserhöhung um 1,9 %; Variant wird bis Erscheinen des Nachfolgers (ca. Mitte 2007) weiter produziert

Mai 2003
Golf R32 mit Doppelkupplungsgetriebe bestellbar

August 2003
letztes Sondermodell der Limousine: Edition mit 3.400 EUR Preisvorteil

September 2003
Auf der IAA steht das Nachfolgemodell VW Golf V

Die Golf-Story - Highlights seit 1974

Als Retter in der Not ist der Golf 1974 zum Erfolg verdammt. Er muss VW vor der drohenden Pleite bewahren. Die Vorzeichen stehen aber alles andere als gut: Die Stimmung in Autodeutschland ist auf dem Tiefpunkt – Ölkrise, steigende Spritpreise, gesperrte Autobahnen. Der Pkw-Absatz in Deutschland bricht um ein Viertel ein – dazu kommt ein veralteter Käfer der sich nicht mehr verkauft. Und doch kam es für VW besser als erhofft – denn seit mehr als drei Jahrzehnten ist der Golf ohne Unterbrechung das meistverkaufte Auto in und aus Deutschland. Eine ganz eigene Erfolgsstory deren wichtigsten Meilensteine hier als Übersicht zusammengefasst sind.

Prototyp EA 266: Das Mittelmotorkonzept von Porsche mit Luftkühlung. Für den Serienbau leider untauglich, da zu teuer und nicht für eine Modellfamilie geeignet. Der Stopp erfolgte erst nach Fertigstellung der Produktionsanlagen

Juni 1974 — Die Geburtsstunde des Golf

Der Käfer-Nachfolger setzt mit Frontmotor und Frontantrieb technisch auf ein völlig anderes Konzept. Nachdem in der konzeptionellen Phase die hauseigenen Designmodelle, weder von Porsche noch von VW selbst, gefallen, holt sich VW den Designer Giorgetto Giugiaro zu Hilfe. Sein Entwurf sorgt für Begeisterung und schafft es in die Serie. Der Golf baut auf einer selbsttragenden Karosserie mit großer Heck-klappe auf, für den Vortrieb sorgen quereingebaute, wassergekühlte Vierzylindermotoren. Die leichte Fahrwerkskonstruktion beinhaltet eine Federbein-Vorderachse und Verbundlenker-Hinterachse. Ein Golf mit 1,1l-Motor kommt mit 37 kW (50 PS) auf eine Höchhstgeschwindigkeit von 140 km/h. Der 1,5l-Motor leistet 70 PS und schafft Tempo 160. Preis: ab 8000 Mark.

Knallgelb und Froschgrün: Der Beginn der „Ära-Golf"

Juni 1976 — Der erste GTI

Zwei Jahre noch Modelleinführung schiebt VW einen für Langstrecken und sportliches Fahren geeigneten Ableger, den Grand Turisme Injection, kurz GTI, nach. Der erste GTI-Motor leistet mit Einspritzung 81 kW (110PS) aus 1,6l Hubraum (später auch mit fünf Gängen und 1,8l Hubraum). Höchstgeschwindigkeit: 181 km/h. VW ahnt noch nicht, dass der GTI als Auto zum Kulturgut ganzer Generationen wird.

Doppelscheinwerfer, Roter Grill, Pirelli-Felgen: Merkmale des Pirelli-Sondermodells. Insgesamt 40.000 mal gebaut existieren heute leider nur noch knapp 250 davon

Die Golf-Story – Highlights seit 1974

Sept. 1976 **Golf Diesel**

VW überrascht mit einem leichten und kultivierten Dieselmotor, der 1,5l Hubraum besitzt und wie ein Benziner fährt. Der Unterschied liegt im Spritverbrauch: Durchschnittlich zwei Liter Kraftstoff spart der Selbstzünder auf 100km ein.

GLD: Das Vorurteil lahmer und lauter Dieselmotoren wird von diesem Golf durch Agilität und Sparsamkeit entkräftet

März 1979 **Golf Cabriolet**

Das offene Auto auf Basis des Golf 1 bleibt ganze 14 Jahre im Programm. Der Überollbügel, welcher der Karosserie mehr Steifigkeit verleiht, beschert dem Golf Cabrio seinen Kosenamen „Erdbeerkörbchen“. Bis zum Ende seiner Produktion 1993 werden 388 522 Exemplare gefertigt. Damit ist der „oben-ohne-Golf“ das meistverkaufte Cabriolet der Welt.

Weltrekord: Kein anderes Cabrio wurde öfters gebaut

August 1983 **Der Golf II**

Nach mehr als 6,7 Millionen verkauften Einheiten des ersten Golfs folgt die Ablöse durch ein neues Modell. Die zweite Generation wächst in allen Dimensionen und der Radstand verlängert sich auf 2,47 Meter. Zum vergrößerten Innenraum kommt nun auch mehr Kofferraumvolumen. Die markant breite C-Säule als Designelement behält auch der neue Golf bei. Der Innenraum wirkt nun viel hochwertiger und komfortabler. Auch bei den Fahreigenschaften haben sich die Entwickler sich ins Zeug gelegt: Eine neue Verbundlenker-Hinterachse sorgt für verbesserte Fahreigenschaften. Die Motorenpalette umfasst Aggregate mit 1,3l bis 1,8l Hubraum sowie einen Turbodiesel. In seiner zehnjährigen Produktionszeit wird der Golf II insgesamt 6,3 Millionen mal hergestellt.

Golf II: Größer komfortabler und besser verarbeitet

März 1986 **Vierventilmotor**

Der Golf 16V erreicht mit 102 kW (139 PS) maximal Tempo 210. GTI und 16V werden als erste Fahrzeuge der Baureihe auch mit geregeltem Katalysator ausgerüstet.

Allradler-Golf: Der syncro besaß eine Visco-Kupplung

Die Golf-Story – Highlights seit 1974

April 1986 **Allrad-Golf**

Eine Visco-Kupplung dient dem Golf syncro als elastisches Bindeglied zwischen Vorder- und Hinterachse. Der Allrad Golf erreicht als Rallye-Golf G60 mit einem Spiral-Lader 118 kW (160PS) und ist als Golf Limited mit Vierventil-Technik und 210PS stärkster Golf.
1990 kommt der Golf-Country als höhergelegter Offroader mit Allradantrieb. Mit einer Stückzahl von knapp 8.000 Einheiten erfüllt er aber nicht die in ihn gesetzten Erwartungen.

Golf Country: Missglückter Ausflug ins Offroader-Segment

Januar 1990 **Aufladung und Oxy-Kat**

Bei den Turbo-Dieselmotoren zieht die Ladeluftkühlung ein. In Verbindung mit Oxydationskatalysatoren führt das zu höherer Leistung und besserer Abgasreinigung.

August 1991 **Golf III**

Ovale Scheinwerfer und fließende Formen kennzeichnen ein neues Gesicht. Als im August 1992 Airbags für Fahrer und Beifahrer eingeführt werden, kann die Golf-Limousine mit besten Crash-Eigenschaften dienen.

Verkaufsrekord: 1992 werden vom Golf III 431.835 Fahrzeuge verkauft. So viel wie nie zuvor

November 1991 **Golf VR6**

Der Golf VR6 kommt als erster 6-Zylinder in der Kompaktklasse. Für den Quereinbau wurde eine Maschine mit sechs in spitzen Winkel (15°) verschränkten Zylindern entwickelt, ein V-Motor fast in Reihe.

Februar 1993 **syncro und VR6syncro**

Golf III in der Allrad-Version syncro, kurz darauf als Golf VR6-syncro - nun schon mit 2,9l Hubraum und 140 kw (190PS) Leistung. Beim Diesel hält die Direkteinspritzung Einzug.

Golf-Sechszylinder VR6: Dem kleinen Winkel zwischen den in Reihe gebauten Zylindern verdankt er seinen Namen

Die Golf-Story - Highlights seit 1974

August 1993 Neues Golf Cabrio

Der Cabrio-Nachfolger behält den markanten Überrollbügel aus Sicherheitsgründen bei und wird mit modifizierter Front auch noch zur Laufzeit des Nachfolgers Golf IV gebaut. Die Ablösung erfolgt 2006 durch den EOS. Womit das legendäre Golf-Cabrio vorerst leider Geschichte ist.

Wieder mit Bügel: Das zweite Golf Cabrio

September 1993 Erster Golf Variant

Der Variant erweitert die Modellpalette um einen praktischen Kombi mit bis zu 1.426 Liter Stauvolumen. Die Entscheidung zum Bau fällt in Wolfsburg sehr spät. Erst durch das deutliche Wachstum beim Passat kann die Befürchtung, der Golf Variant würde für hausgemachte Konkurrenz sorgen, beigelegt werden. Beliebt sind die flotten und damals noch konkurrenzlosen Diesel-Direkteinspritzer.

Lastesel: Die Dachreling kostete aber damals noch extra.

März 1996 GTI mit Diesel - ABS in Serie

Der GTI wird 20 und kommt als Sondermodell mit rotvernähtem Lederpaket sowie dem Retrolook Golfball-Schaltknauf. Erstmals wird er auch mit einem Turbodieselmotor (110PS) ausgerüstet. Im Zuge der gestiegenen Kundenansprüche, auch was die Fahrzeugsicherheit angeht, wird der Golf nun serienmäßig mit ABS gebaut.

20 Jahre GTI: Fans freuen sich über das Editionsmodell

September 1997 Golf IV

Der Golf IV löst seinen Vorgänger nach knapp siebenjähriger Bauzeit ab. Die Außenlänge ist wieder einmal gewachsen und der Innenraum setzt durch seine Qualität neue Maßstäbe in der unteren Mittelklasse. Sein Leistungsspektrum ist so breit wie nie zuvor.
Auch bei der Sicherheitsausstattung setzt der Golf IV mit ABS und vier Airbags serienmäßig ein Zeichen. ESP kommt in den Modellen ab 1999 hinzu.

Golf IV: Wieder einmal in Länge und Breite gewachsen

Die Golf-Story – Highlights seit 1974

Mai 1999 — Der Golf IV Variant

Dank des erfolgreichen Verkaufs wird auch die Kombiversion neu aufgelegt. Sein Geheimrezept sind souveräne Laderaummaße bei überschaubaren Außendimensionen. Sein Heckabteil bietet genügend Platz für Familien, die auch im Urlaub nicht auf ihren Golf verzichten möchten.

Variant, die Zweite: Unter dem Laderaumboden fand sogar der Tank für die Erdgas-Variante (Bifuel) Platz

Mai 2000 — Allgemeine Modellpflege

Kleine Modifikationen erhalten die Attraktivität des Golf. Es gibt jetzt neue Farben und Polsterdesigns sowie geänderte Aluräder. Die Rücksitzbank kann mit zwei integrierten Kindersitzen bestellt werden. Das Navigationssystem ist auch in Farbe erhältlich. Ein Multifunktionslenkrad steuert optional Radio und Tempomat.

August 2001 — 25 Jahre GTI

Zum 25-jährigen GTI Jubiläum legt VW wieder ein limitiertes Sondermodell auf. Ausstattungsdetails sind verschiedene Remineszensen an den Ur-GTI. Das typische GTI-Emblem im traditionellen Schriftzug gehören ebenso dazu wie 18-Zoll Alufelgen und Recaro-Sportsitze. Absolutes Highlight im Golf GTI: der 1,8-Liter-Vierzylinder mit zwei obenliegenden Nockenwellen, Fünfventil-Technik, Abgasturbolader und Ladeluftkühler. Dieses erstmals in einem Volkswagen installierte Aggregat beeindruckt nicht nur durch Leistung (132 kW / 180 PS bei 5.500 U/min), sondern auch mit souveränem Drehmoment von 235 Nm zwischen 1.950 und 5.000 U/min. In Verbindung mit dem serienmäßigen Sechsgang-Schaltgetriebe ermöglicht das Triebwerk GTI-gemäße Fahrleistungen (0 - 100 km/h in 7,9 Sekunden, Höchstgeschwindigkeit 222 km/h), erweist sich jedoch gleichzeitig als zeitgemäßer Saubermann: Er erfüllt die Abgasstufe Euro 4 und wird somit in Deutschland steuerlich gefördert. Einzigartig ist aber auch sein Preis: Die unverbindliche Preisempfehlung einschließlich Mehrwertsteuer für den Golf GTI 132 kW (180 PS) beträgt 54.909,91 DM (28.075 Euro).

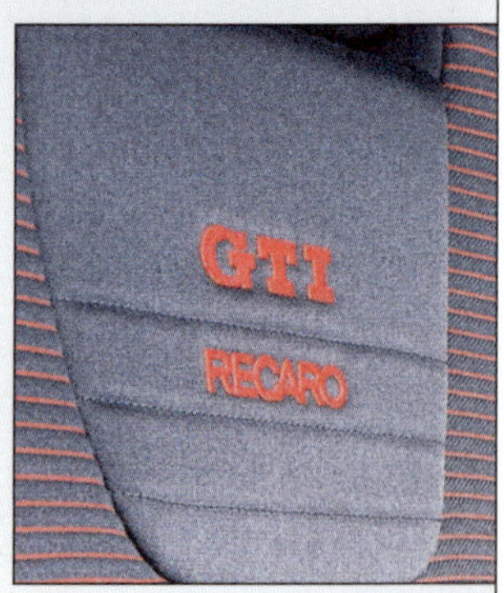

Die Golf-Story - Highlights seit 1974

März 2002 Erster Benzin-Direkteinspritzer

FSI – so lautet das Kürzel des ersten direkteinspritzenden Ottomotors bei VW. Der 1,6 Liter im Golf leistet 110 PS und vermag durch spritsparende Betriebsarten, wie dem Schichtlade- und dem Magerbetrieb einen Verbrauchsvorteil von bis zu 15 Prozent gegenüber einem vergleichbaren Saugrohreinspritzer einzufahren. Konkret in Zahlen ausgedrückt: Der FSI genehmigt sich mit einem Normverbrauch zwischen 6,2 und 6,6 Liter / 100km (SuperPlus) weniger als der Basismotor mit 75 PS (6,6 und 6,9 Liter/ 100km).

Hightechmotor: Die Technik des Direkteinspritzers birgt ein hohes Potential an Kraftstoffersparnis bei höherer Leistung

2003 Vielfalt wie nie zuvor

Mit insgesamt 22 Motorvarianten, vom Anfang bis zur Ablösung durch den Nachfolger, stellt der Golf einerseits seine Vielseitigkeit unter Beweis. Andererseits macht es VW damit seinen Käufern nicht leicht, sich für eine Variante zu entscheiden. Hinzu kommen zuletzt auch noch sieben Ausstattungsvarianten: Angefangen bei der Basisausstattung über die Trend-, Comfort- und Highline-Varianten bis zu den Sportmodellen GTI, V6 und schließlich dem R32.

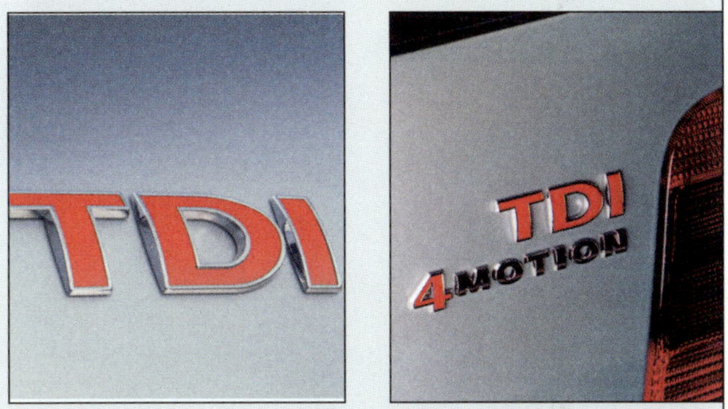

Wunschkonzert: Die Entscheidung für den richtigen Golf fällt manchmal nicht leicht

Sept. 2003 Golf V

Der Nachfolger des Golf IV setzt mit einer neu entwickelten Hinterachse auf Fahrkomfort und mehr Dynamik. Die Kosten der Produktion steigen daher leider auch in die Höhe. Der Innenraum mit veränderter Materialanmutung entspricht leider nicht mehr der Qualität des Vorgängers.

Zur Präsentation auf der IAA steht der neue Golf seinem größten Konkurrenten, dem Opel Astra, direkt gegenüber. Das Fachpublikum ist gespalten und zweifelt erstmals an der Fortsetzung der Erfolgsstory des Golf. Volkswagen selbst reagiert darauf sofort und verbessert bereits kurz nach dem Marktstart die Ausstattungsumfänge.

Familientreffen: Im Hintergrund die ruhmreichen Vorfahren des Golf V, der Ende 2003 debütiert

Großer Golf-Waschtag

Sein eigenes Auto zu pflegen macht Spass. Sie sichern damit nicht nur den Wert, sondern lernen Ihr Auto auch bis in den letzten Winkel kennen. Das ist die ideale Vorraussetzung wenn wir später beginnen wollen Teile zu demontieren.

Ein Auto zu besitzen ist für die meisten Menschen weitaus mehr als nur eine bequeme Alternative zu Straßenbahn oder Fahrrad. So auch für Sie. Schließlich haben Sie sich bewußt für ein bestimmtes Modell entschieden, in Ihrer Lieblingfarbe und mit genau den Ausstattungmerkmalen die Sie mögen. Der Lack funkelt in der Sonne, der Innenraum riecht nach Frühling. Da stellt sich zu Recht ein gewisser Besitzerstolz ein, zumal ein Auto auch eine hübsche Stange Geld kostet. Diesen Wert gilt es zu erhalten, denn vielleicht kommt der Tag an dem Sie sich doch von Ihrem Schmuckstück trennen wollen oder müssen. Dann geht es um Bares und wie so oft im Leben zählt hier der erste Eindruck. Und stellen Sie sich einfach vor Sie müssten ein jahrelang vernachlässigtes Auto vor dem Verkauf in Form bringen. Eine Wahnsinns-Arbeit, nur für den Käufer! Also pflegen Sie Ihr Auto regelmäßig. Sie werden sehen das macht sogar Spass! Wie das am besten geht und was Sie dabei beachten müssen erfahren Sie hier.

Waschanlage oder Handwäsche?

Eine der wichtigsten Fragen, die ebenso heiß wie häufig diskutiert wird. Und leider können auch wir keine eindeutige Antwort darauf geben. Einerseits ist die Maschinenwäsche natürlich die bequemste Variante und auch in Sachen Umwelt erste Wahl (siehe auch Kasten rechts), andererseits haben die Vertreter der Handwasch-Fraktion natürlich recht, wenn Sie vor Kratzern und anderen Beschädigungen warnen. Denn natürlich gehen in Waschanlagen manchmal Außenspiegel zu Bruch oder die Bürsten hinterlassen auf dunklen Lacken leichte Kratzer. Das passiert allerdings nur bei schlecht gewarteten oder veralteten Anlagen aber auch genauso, wenn der Schwamm bei der Handwäsche nicht sauber ist. Wie die meisten Fahrzeuge hat auch die Karosserie Ihres Golfs viele tückische Stellen. Dazu gehören zum Beispiel die Falze und Kanten an den Türinnenseiten oder auch am Kofferraum. Die Reinigung in der Waschanlage allein kann also zu unbefriedigenden Resultaten führen und Sie müssen am Ende ein paar Stellen doch von Hand nachputzen.

Woran erkenne ich eine gute Waschanlage?

Zunächst einmal ist natürlich die neuere und weniger frequentierte Waschanlage die bessere Wahl. Moderne Anlagen steuern die Bürsten optisch und besitzen genügend Flexibilität um auch mit dem ungewöhnlichen Formaten moderner Autos zurecht zu kommen. Wenn Sie eine alte Anlage sehen, die noch mit Fühlern arbeitet, die über die Konturen der Karosserie schleifen, fahren Sie am besten gleich weiter. Auch gebogene oder ausgefranste Borsten sind kein gutes Zeichen. Dann wird diese Waschanlage sehr oft benutzt, ohne dass der Betreiber gerne Geld investiert. Die Folge ist eine Breitseite für den Lack, da die Borstenenden keine saubere Arbeit leisten können. Beobachten Sie einfach einen Waschgang eines anderen Kunden und achten Sie auch darauf, ob das Auto zu Beginn des Waschganges mit genügend Wasser benetzt wird. Denn auch hier wird manchmal gespart oder verstopfte Düsen erst gar nicht gereinigt.

GEFAHRHINWEISE

⚠ Putzen gefährdet die Umwelt

Ausnahmsweise gilt dieser Gefahrenhinweis nicht Ihnen, sondern der Umwelt. Den Wagen vor der eigenen Hautür zu waschen ist längst nicht mehr überall erlaubt und das aus gutem Grund: Mit dem Abwasser können gefährliche Stoffe in das Grundwasser gelangen. So zum Beispiel Öl oder Chemikalien die Sie zum Reinigen verwenden. Auch der Trinkwasserverbrauch ist nicht zu unterschätzen. In Waschanlagen werden diese Stoffe durch Abscheider aufgefangen und das Wasser mehrmals aufbereitet und erneut verwendet. Auch die verschmutzten Lappen sind im Grunde genommen Sondermüll, besonders wenn Sie damit dicke Ölkrusten beseitigt haben. Wir raten Ihnen deshalb grundsätzlich einen ausgewiesenen Waschplatz aufzusuchen. Am Besten einen der überdacht ist, so müssen Sie auch nicht darauf achten, dass Ihnen die Sonne unter Umständen häßliche Wasserflecken in den Lack brennt. Und Sie sind unter Ihresgleichen: Autoliebhaber, die ihr Fahrzeug nicht nur als Fortbewegungsmittel sehen, sondern es mit Hingabe pflegen. Also ein guter Ort für Benzingespräche.

Schadet häufiges Waschen dem Lack?

Heutige Lacke sind außerordentlich resistent gegen Umwelteinflüsse. Sie müssen selbst bei relativ frisch lackierten Teilen (zum Beispiel nach einer Unfallreparatur) keine Angst haben. Die größere Gefahr geht von Vogelkot oder Planzensäften aus, die den Lack mit der Zeit angreifen. Also am besten gleich abwaschen!

Das Grundrüstzeug: Unterschiedliche Pflegesubstanzen sowie die richtige Auswahl an Tüchern, Schwämmen und Bürsten sind zur gründlichen Reinigung unerlässlich

Wichtige Hilfsmittel und Putzutensilien

Egal ob Sie nur von Hand waschen, oder Ihren Wagen zunächst durch eine Waschanlage jagen – Sie brauchen in jedem Fall noch ein paar Dinge um Ihr Schmuckstück perfekt in Form zu bringen. Denn auch die beste Waschanlage lässt machmal ein paar Stellen aus. Am besten entfernen Sie mit einer gründlichen Vorbehandlung hartnäckige Verunreinigungen und warten dann mit Schwamm und Leder bewaffnet am Ausgang der Waschanlage um sofort nacharbeiten zu können. Und natürlich sollten Sie sich bei dieser Gelegenheit auch gleich den Stellen widmen, die eine Waschanlage niemals erreichen kann: Hierzu zählen beispielsweise die Innenseiten der Scheiben oder auch die Einstiegsleisten. Wir haben darum für Sie hier die wichtigsten Utensilien zusammengestellt, die Sie beim Waschgang unbedingt parat haben sollten.

Vorbehandlung

Vor einer gründlichen Reinigung sollten Sie Ihren Wagen auch einer gründlichen Vorbehandlung unterziehen. Widmen Sie sich akribisch den großen Flächen der Karosserie. Inspizieren Sie gleichzeitig die gesamte Karosserie auf Kratzer. Später gehen wir darauf ein, wie Sie Ihren Golf vor Kleinschäden mit relativ gerin-

Grober Dreck an der Karosse: Die starken Verschmutzungen lösen Sie zunächst mit der Waschbürste. Vorsicht: Kontrollieren Sie den Bürstenkopf bevor Sie loslegen. Übriger Sand und Staub könnte Ihren Lack verkratzen

Bremsstaub an den Felgen: Der schwarze Abrieb an den Radzierblenden und Felgen sieht nicht nur häßlich aus, er greift auch das Material an. Daher immer gut einschäumen

Kleiner Schwamm und Bürste: Die Feinarbeit an den Felgen erledigen Sie am besten mit einem kleinen Haushaltsschwamm und einer Bürste an einem fexiblen Drahtstil

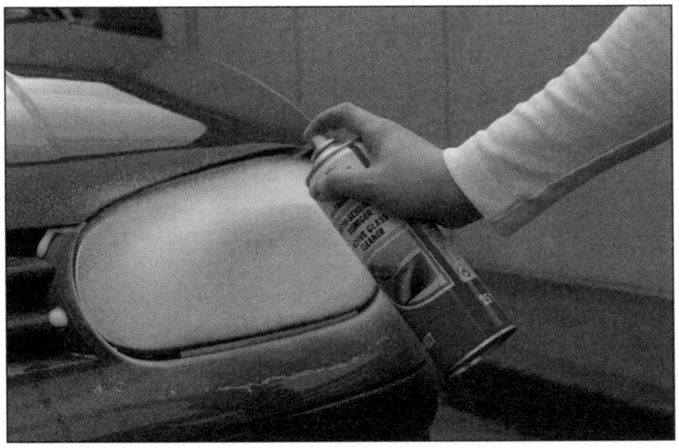

Gegen Insektenreste: Besonders hartnäckig können Insektenreste auf den Streuscheiben der Scheinwerfer anhaften. Rücken Sie dem Fliegendreck mit einem Zellstoffpapier und etwas Schaumreiniger oder Insektenlösemittel zu Leibe

Der große Schwamm: Ein weicher Schwamm ist bei der Handwäsche das wichtigste Putzutensil. Er eignet sich aber auch gut zur Vorreinigung oder dem Nachputzen

Dampfstrahler marsch: Den Schaum mit dem Dampfstrahler von oben nach unten abwaschen. Dabei stets auf genügend Abstand, insbesondere von den Reifenflanken, achten

Vorsicht beim Dampfstrahlen

GEFAHRHINWEISE

Ein Dampfstrahler ist an sich eine tolle Erfindung: Heißes Wasser, das unter extrem hohen Druck aus einer Düse schießt, löst fast jede Schmutzkruste. Besonders gut natürlich dicke Ölkrusten an Motor und Getriebe. Hiervon raten wir aber dringend ab. Denn die im Motorraum verbauten Elektronikteile können durch die eindringende Feuchtigkeit erheblichen Schaden nehmen. Die Folge könnte ein kostspieliger Austausch des Motorsteuergerätes sein. Der Motorraum sollte daher nur mit geeigneten, sogenannten Kaltreinigern und in Handarbeit, oder noch besser vom Profi gesäubert werden. Auch für den Kühler ist ein Dampfstrahler Gift. Denn der scharfe Strahl dringt mit großem Druck durch die feinen Lamellen und kann diese deformieren. Bleiben noch die Felgen. Tatsächlich kann der Dampfstrahler hier im Kampf mit Bremsstaub und anderen Verschmutzungen viel bewirken. Meistens reflektieren die Speichen den Strahl jedoch in die Richtung in der Sie gerade stehen. Und wehe Sie kommen dem Reifen zu nah! Auch in der Seitenwand moderner Pneus kann der enorme Druck des Wasserstrahls schaden anrichten. Also wenigstens 50 cm Abstand halten!

gem Aufwand und vor allen Dingen vertretbaren Kosten schützen können.

Arbeiten Sie von oben nach unten, fangen Sie mit dem Dach an und verteilen Sie von dort den Waschschaum auf die restliche Karosserie. Hilfreich ist die Waschbürste um alle Stellen am Dach zu erreichen, ohne auf Tuchfühlung mit der Fahrzeugflanke gehen zu müssen. Geben Sie aber acht, dass die Dreckreste Ihres Vorgängers nicht mehr im Bürstenkopf hängen und so Ihre Lackoberfläche verkratzen.

Besonders die Felgen müssen Sie sich gesondert vornehmen. Denn an den Rädern setzt sich agressiver Bremsstaub fest und kann dort die Oberfläche angreifen. Reinigen Sie daher die Felgen mit der Bürste vor, um anschließend noch mit dem kleinen Haushaltsschwamm (Vorsicht im Umgang mit der Scheuerfläche) und einer Bürste nachzuarbeiten.

Für Insektenreste an der Front empfiehlt sich ein Insektenreiniger zur Vorbehandlung.

Zum Schluss waschen Sie den Wagen großzügig mit dem Dampfstrahler ab. Halten Sie dabei aber unbedingt genügend Abstand.

Nachbehandlung der kritischen Stellen

Ein perfektes Finishing macht den Unterschied. Also ist nach dem Waschgang nochmals Handarbeit angesagt. Nehmen Sie sich insbesondere der schwierigen Stellen an. Hierzu zählen wie bereits erwähnt die Einstiegsleisten aber auch die Innenseiten und Aussparungen der Türen und des Heckdeckels. Fahren Sie auf gar keinen Fall sofort nach der Wäsche los, denn sonst war die Arbeit bis dahin vergebens. Die noch feuchten Stellen, zum Beispiel an der Unterkante der seitlichen Schweller, nehmen sofort wieder Straßenschmutz auf, der durch die Räder und den Fahrtwind aufgewirbelt wird.

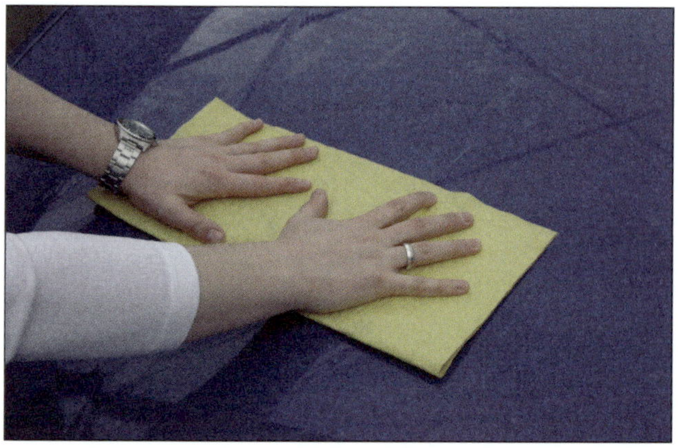

Große Flächen: Um die restlichen Wassertropfen zu entfernen ist das gute alte Leder immer noch unschlagbar. Aber Vorsicht: Niemals über noch schmutzige Stellen wischen!

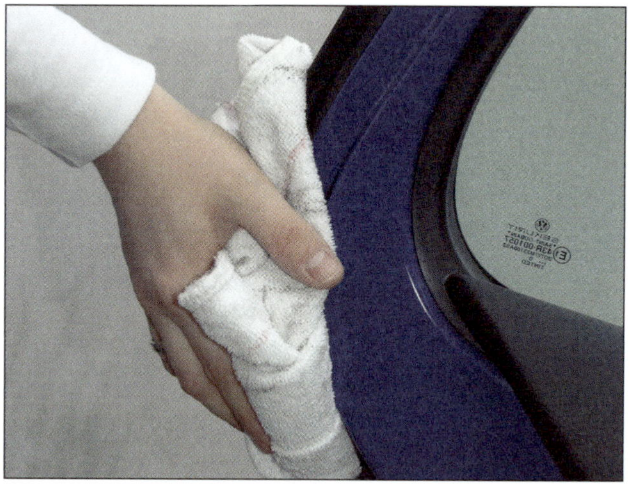

Türkanten: Jede Tür einzeln öffnen und mit dem Tuch nachfahren. Genauso an den Einstiegsleisten und eventuell auch die Schwellerkanten behandeln

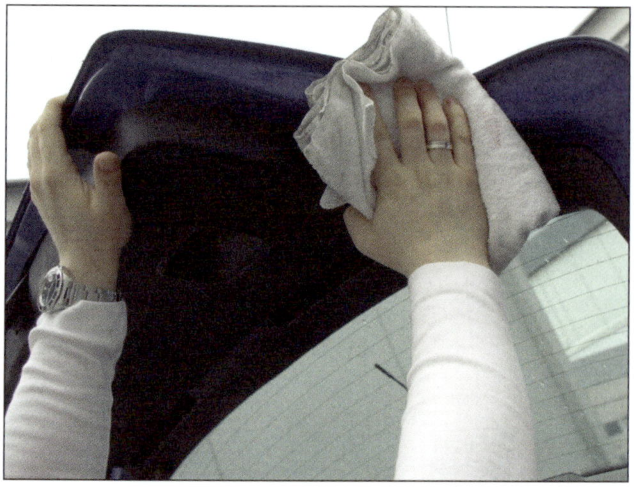

Heckdeckel innen: Kontrollieren Sie die Umlaufkante des Heckdeckels auf Restverschmutzungen. Reiben Sie die betreffenden Stellen gründlich aber vorsichtig sauber

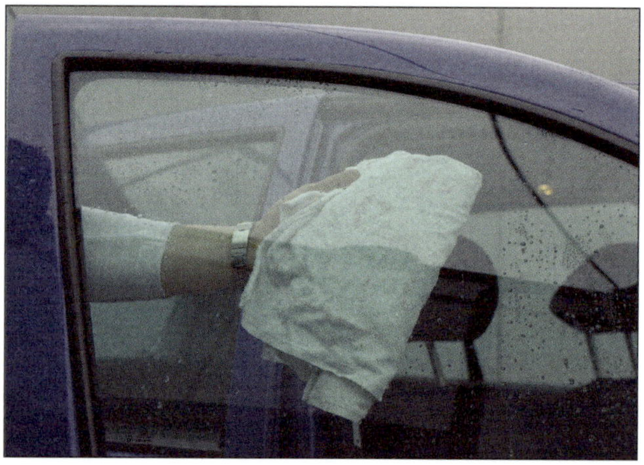

Scheiben: Für den klaren Durchblick sorgt ein fusselfreies Tuch mit dem die Scheiben innen und außen abgewischt werden. Ohne Reiniger geht auch das Leder

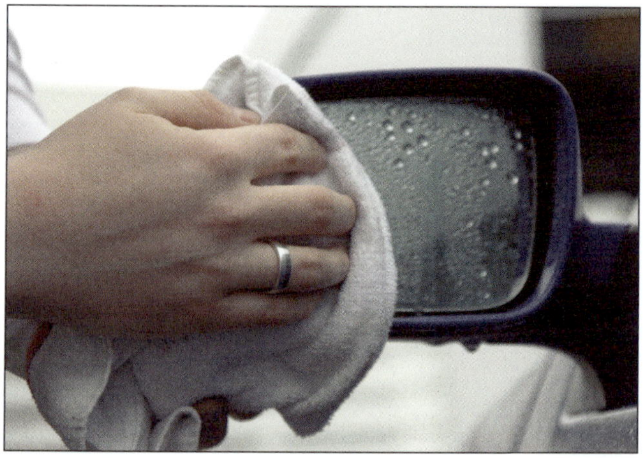

Spiegelgehäuse und Glas: Restfeuchtigkeit an den Seitenspiegeln mit dem Tuch vorsichtig abwischen. Dabei das Gehäuse mit dem Lappen von hinten festhalten und abreiben

Polieren und Konservieren

Dem Lackkleid sollten Sie von Zeit zu Zeit eine Politur gönnen. Dadurch kann der Schmutz nicht so leicht anhaften und auch das Wasser perlt einfach ab. Das ist übrigens ein guter Indikator für den richtigen Zeitpunkt: Bildet das Wasser größere Pfützen auf der Karrosserie sollten Sie die Oberfläche neu versiegeln. Im Handel sind zahllose Produkte zu finden, vom leichten Mittel bis zum schleifenden Reiniger für stark verwitterte Lacke. Lesen Sie also die Beschreibung aufmerksam durch und verwenden Sie im Zweifelsfall stets das weniger agressive Produkt.

Etwas anders sieht es unter dem Golf aus. Obwohl hier ab Werk ausreichend Korrosionsschutz vorhanden ist, sollten Sie bei Gelegenheit nochmals nacharbeiten. Die Falze und Hohlräume freuen sich über eine Extraportion Wachs, die das Eindringen von Feuchtigkeit und den daraus resultierenden Kantenrost um Jahre verzögert. Dazu muss allerdings der Unterboden zuerst von allen Verkleidungen befreit werden. Behalten Sie diese Spezialbehandlung also im Kopf, wenn Sie weiter hinten im Buch beginnen Teile des Unterbodens zu demontieren.

Langfristigen Schutz können auch die Versiegelung mit Wachs vom Fachmann bieten. Sie kostet summiert auf die Wirkdauer, etwa soviel wie die Wagenwäschen die man sich dadurch ersparen kann und hält bis zu einem ganzen Jahr. Neuerdings bieten manche Pflegefachbetriebe auch die Versiegelung mittels Nanotechnologie (siehe Kasten) an. Diese Art das Fahrzeugäußere zu versiegeln kostet zwar mehr, hält dafür aber auch mitunter bis zu drei Jahre.

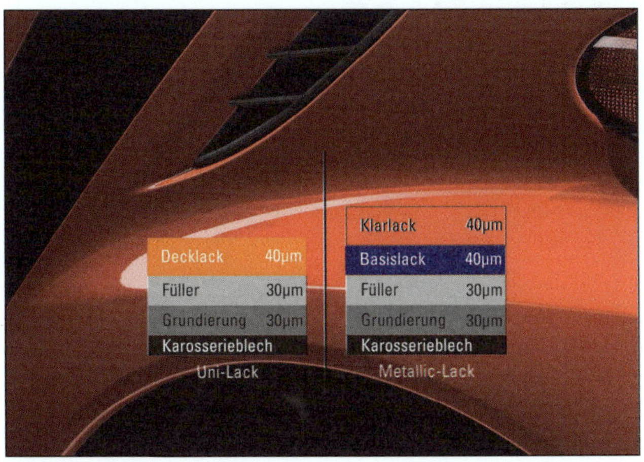

Lackschichten: Durch unterschiedlich dicke Schichten ist die Lackoberfläche aufgebaut und schützt das Blech darunter vor Korrosion

WISSENSWERTES

Nanotechnologie

Als Forschungsfeld mit Zukunftspotential bietet die Nanotechnologie schon heute viele Anwendungen im und rund ums Fahrzeug. Beispiele sind blendungsfreie Tachoverglasungen oder auch Verbundglas, dass Infrarotstrahlung absorbiert und so die Wärmeeinwirkung aufs Fahrzeuginnnere reduziert. Der berühmteste Nanoeffekt ist aber der Lotusblüteneffekt, der selbstreinigende Oberflächen ermöglicht. Zur längerfrisitgen Versiegelung der Lackoberfläche bieten nun auch einige Pflegefachbetriebe diesen Lackschutz an. Was für den Oberflächenschutz durch Anstreichfarben an Häuserfassaden oder auch Dachziegeln gut funktioniert, birgt beim bewegten Fahrzeug noch gewisse Schwierigkeiten. Die Rauigkeit der mikroskopisch kleinen Strukturen, welche eine geringe Benetzbarkeit und damit auch ein hohes Maß an Selbstreinigung bewirken, könnten nämlich schnell durch Insekten verkrustet werden. Dennoch bieten immer mehr Pflegefachbetriebe Nanotechnologie als Langzeitschutz an. Im Unterschied zu einer Wachsversiegelung hält der Nanoschutz mitunter bis zu drei Jahre und das bei vergleichbaren Kosten. Wenige Fahrzeughersteller bieten mittlerweile auch den Nanoschutz ab Werk. Eine Nanoschicht im Klarlack sorgt für höhere Resistenz gegen mechanische Beanspruchung und Korrosion. Was in der Praxis eine höhere Kratzfestigkeit bedeutet. Die Forschung arbeitet derzeit an weiteren praktischen Anwendungen. Selbstreinigende Felgen oder auf Knopfdruck wechselnde Farbe sind so vielleicht schon bald mehr als nur eine Vision.

Nach dem Vorbild der Natur: Nanopartikel reduzieren die Benetzbarkeit und verhindern dadurch Schmutzanhaftungen an der Oberflächen

Kleiner Schmierdienst

Überall wo sich Teile der Karosserie relativ zueinander bewegen entstehen Reibungskräfte, die nach und nach aber vor allen Dingen bei mangelnder Schmierung das Material der Kontaktflächen verschleißen. Türen, Schlösser und Scharniere müssen daher mit einem Schuss und vielmehr einem Spritzer Öl in Gang gehalten werden. Die Aufbringung der Schmiermittel macht Ihnen wenig Aufwand. Die meisten Spraydosen haben zum gezielten Einbringen einen Sprühkopf als längliches und flexibles Röhrchen. Dadurch ersparen Sie sich zumindest aufwendige Demontagen. Der langfristige Effekt dieser Arbeit ist aber dennoch nicht zu unterschätzen.
Empfehlenswert sind sogenannte Gelsprays. Sie haften aufgrund ihrer weniger flüchtigen Konsistenz besser und verteilen sich zugleich sehr weitläufig bis in den letzten Spalt. Außerdem haften diese Mittel länger als normales Öl an.

Schließzylinder: Die Mechanik der Schließzylinder können Sie mit Sprayölen in Gang halten. Benutzen Sie bei der Anwendung ein Tuch um überschüssiges Öl aufzufangen

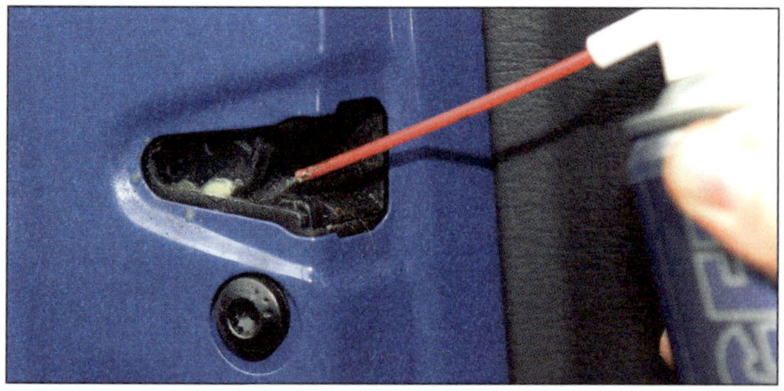

Türschloss: Gelegentlich ein paar Spritzer Öl halten die Verriegelungsmechanik in Gang. Gelspray verteilt sich bis in den letzten Winkel und haftet länger als normales Öl

Türscharniere: Quitschende Scharniere sind nervig und außerdem der Beleg mangelnder Fürsorge. Beugen Sie durch regelmäßige Öl-Anwendung vor. Dabei auch gleich die Türfeststeller an den im Bild angezeigten Stellen schmieren

Die Scheibenwaschanlage

Der einwandfreie Zustand der Waschanlage an Ihrem Golf ist ein wichtiges Sicherheitsmerkmal. Denn saubere Scheiben und eine klare Sicht sind Grundvoraussetzung für Ihre Sicherheit beim Fahren. Damit Sie unterwegs auch bei widrigsten Umständen wie Regen oder Schnee den Durchblick behalten, sollten Sie sich regelmäßig von der fehlerfreien Funktion Ihrer Wischanlage überzeugen. Die meisten Arbeiten sind leicht zu erledigen. Wir zeigen Ihnen auf den folgenden Seiten worauf Sie insbesondere zu achten haben und welche Arbeitschritte nötig sind. Hierzu gehören zum Beispiel die Kontrolle der Wischergummis und gegebenenfalls deren Austausch.

Kontrolle der Wischerblätter

Die Pflege der Wischergummis wird nur allzugerne vernachlässigt. Dies kann sich aber später bei einer langen Fahrt im Regen bitter rächen. Eingerissene und poröse Gummilippen ziehen Schlieren anstatt die Scheibe vom Wasser zu befreien. In der Dunkelheit laufen Sie dadurch Gefahr im Blindflug unterwegs sein zu müssen, da der Blendeffekt durch die Lichtbrechungen stark zunimmt. Wir empfehlen die Wischerblätter halbjährig zu wechseln. Heben Sie zur Kontrolle die Wischerarme von der Scheibe und fahren Sie mit der Fingerkuppe die Auflagefläche ab. Rillen und Vertiefungen sind ein klares Indiz für den fälligen Austausch. Kontrollieren Sie auch die Wischermechanik. Sie darf nicht verbogen sein.

Rubbelnde Scheibenwischer

Nicht immer muss die Ursache für nerviges Rubbeln der Wischerblätter ein defekter Wischergummi sein.

Der Anstellwinkel in welchem die Gummis auf der Scheibe aufliegen ist ein wichtiges Einstellkriterium.

Wischerblatt wechseln

Der Wechsel der Wischerblätter empfiehlt sich regelmäßig im Frühling und Herbst. Mittlerweile gibt es für fast alle Fahrzeugtypen die im Golf später in Serie verbauten Aero-Scheibenwischer von Bosch auch zum Nachrüsten. Ihr Vorteil: Eine Federschiene aus Spezialstahl ersetzt die sonst üblichen Gelenke und Bügel des Wischblattes, die es an die Windschutzscheibe pressen. Die Federschiene ist dazu exakt an die Krümmung der Windschutzscheibe angepasst. Dadurch wird die Wischqualität wesentlich verbessert. Die gleichmäßig starke Anpresskraft reduziert auch den Verschleiß und erhöht dadurch die Lebensdauer. Auch die Montage ist durch einen sogenannten Quick-Clip-Adapter erheblich leichter.

Gehen Sie zur Demontage wie folgt vor:

- Wischerblatt hochklappen und rechtwinklig zum Wischerarm stellen.
- Arretierungsfeder des Wischerblatts zusammendrücken (siehe Pfeil 1).
- Wischerblatt nach unten aus dem Haken am Wischerblatt ziehen (Pfeil 2).

Waschdüsen prüfen und einstellen

Die Scheibenwaschdüsen können beim Golf nicht mehr wie früher mit einer Nadel als Dornwerkzeug justiert werden. Sie sind voreingestellt, können aber in der Höhe korrigiert werden. Dies ist dann erforderlich, wenn die beiden Strahlen in der selben Höhe auf die Frontscheibe treffen.

Einige Golffahrer bemängelten zum Teil eine unzurreichende Waschleistung der Düsen, was drei Ursachen haben kann: Erstens können die Düsen falsch eingestellt sein, zweitens die Verwendung eines zum Aufschäumen oder zu Ablagerungen neigenden Waschmittelzusatzes. Und drittens ein unzureichender Wasserdurchsatz durch Verunreinigung einer Düse oder durch einen abgeknickten oder undichten Schlauch.

Stellen Sie stets sicher, dass keine ungeeigneten Waschmittelzusätze verwendet werden, die Schaumbildung an der Spritzdüse verursachen. Das korrekte Strahlbild finden Sie im Kapitel „Fit durch den Winter“.

Kontrollieren Sie auch, ob der Sprühstrahl beider Düsen gleichmäßig stark ist. Ist dies nicht der Fall, dann bauen Sie die „schwächere“ Düse aus und blasen die Düse mit Druckluft aus. Sollte diese Maßnahme zu keinen Erfolg führen, prüfen Sie bitte, ob der betreffende Schlauch abgeklemmt oder undicht ist.

Wischwasser nachfüllen: Fügen Sie dem Wasser im Winter einen Schuss frostbeständiges Waschkonzentrat hinzu

Wischerkontrolle: Inspizieren Sie die Gummilippe auf Rillen und Vertiefungen. Das Gelenk muss leichtgängig sein damit die Wischergummis satt auf der Scheibe aufliegen

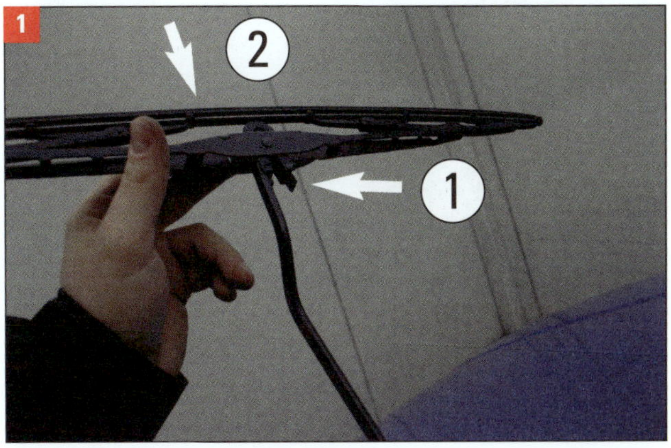

Wischerblatt wechseln: Hebel (1) drehen und Wischer nach unten (2) addrücken

Pflege des Innenraumes

Natürlich gibt es unzählige Mittelchen für die Pflege unterschiedlichster Materialien. Und jede Woche kommt ein Neues hinzu. Wir können daher keine konkrete Produktempfehlung aussprechen, wollen Ihnen aber gerne erklären welche Art von Produkt an welcher Stelle angebracht ist.

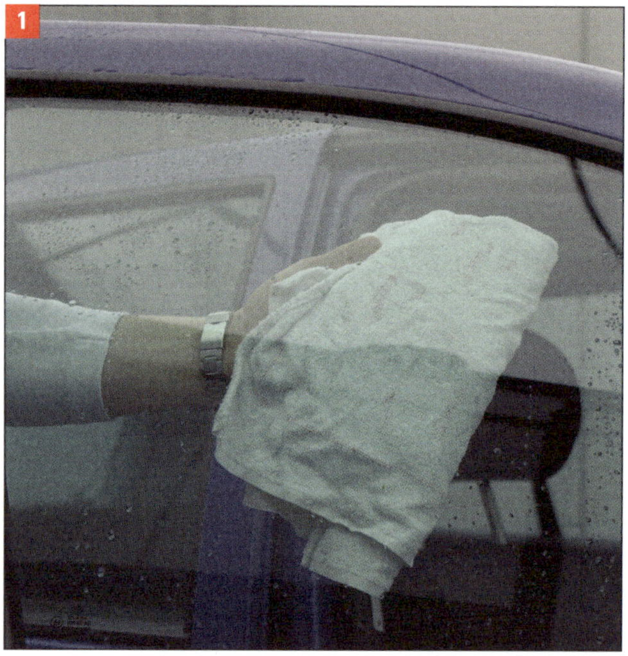

Glas: Für die Reinigung der Scheiben gibt es normale Haushaltsmittel. Wichtig ist ein nicht fusselnder Lappen. Sie können aber auch Spiritus nehmen und mit einer Tageszeitung nachreiben.

Aufwändige Geschichte: Die Reinigung des Golf-Innenraumes nimmt viel Zeit in Anspruch und braucht eine Menge unterschiedlicher Mittel. Auf den ersten Blick erkennen wir in diesem Cockpit verschiedene Materialien und Ober-

Lüftungsdüsen Zum Entfernen von Staub empfiehlt sich ein handelsüblicher Malerpinsel mit langen Borsten, der sich auch für sonstige schwer zugängliche Stellen eignet.

Gläser aus Kunststoff: Hier ist größte Vorsicht angebracht. Zu scharfe Mittel oder schmutzige Lappen verursachen sehr schnell Kratzer oder blinde Stellen

flächen. Fast jede braucht eine andere Behandlung. Hier natürlich nicht im Bild: Die unangenehmen Gerüche. Aber auch dafür gibt es Lösungen: Eine Schale Essigwasser über Nacht in den Fahrzeuginnenraum gestellt wirkt Wunder

Knöpfe und Schalter: Etwas Cockpitspray auf einen Lappen sprühen und die Knöpfe gründlich säubern. Schon setzt sich kein Speck mehr darauf ab

Gummidichtungen: Diese müssen innen wie außen geschmeidig bleiben. Besonders wichtig ist das im Winter. Spezielle Gummipflegemittel geben dem elastischen Material zusätzlich den Glanz zurück.

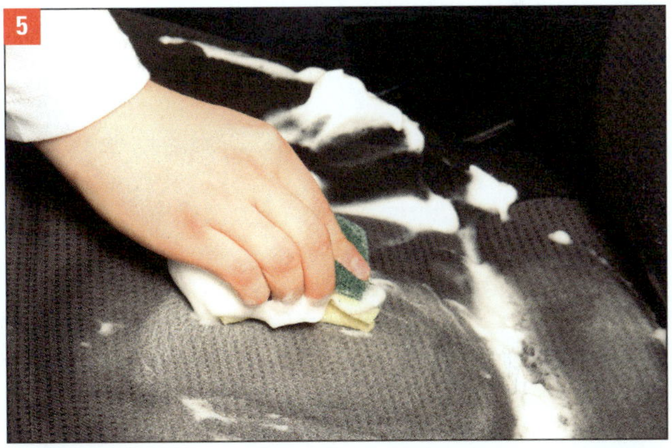

Textilien: Schwierig zu reinigen, da sich der Schmutz in den Fasern festkrallt. Probieren Sie Polsterreiniger, aber zunächst an einer unauffälligen Stelle um die Verträglichkeit zu testen.

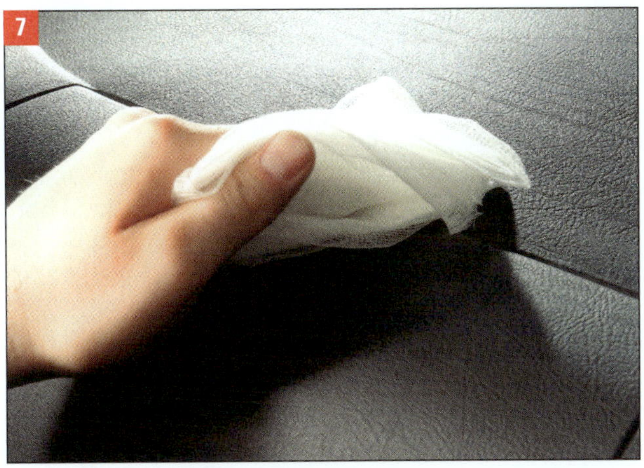

Kunststoffoberflächen: Bewährt haben sich antistatische Mittel (Cockpitspray) die verhindern, dass Staub und Schmutz vom Kunststoff angezogen wird.

Wertsteigerung durch Aufbereitung

Vielleicht kommt irgendwann leider auch mal die Zeit und Sie müssen oder wollen sich von Ihrem Golf trennen. Möchten Sie nun zur Wertsteigerung beitragen und einen höheren Erlös erzielen, gibt es vor dem Verkauf verschiedene Dinge zu beachten. Erstens sollten Sie Ihren Golf dem Nachbesitzer in einem technisch einwandfreiem Zustand überlassen. Der TÜV nimmt Wertgutachten vor und checkt das Fahrzeug auf etwaige Mängel. Verschiedene Prüfpunkte werden in einem detaillierten Bericht aufgelistet, dazu gehören Bremsen, Lenkung, Fahrwerk, Antrieb, Auspuffanlage, Elektrik und Beleuchtung, Karosserie und Lackierung sowie der Innenraum. Ein Gebrauchtwagenzertifikat sorgt zusätzlich für Vertrauen und dient als neutrale Verhandlungsbasis. Außerdem bleiben Sie und der Käufer vor bösen Überraschungen bewahrt, die unnötigen Ärger verursachen. Doch was kann man, außer dem technischen CheckUp und der obligatorischen Wagenreinigung innen und außen, noch tun?

Komplettsanierung Innen und Außen

Eine Möglichkeit den Wagenwert zu steigern, ist die professionelle Aufbereitung Ihres Fahrzeugs. Innenraum und Karosserie erhalten dabei eine Komplettsanierung, kleinere Mängel und Schönheitsfehler werden beseitigt oder zumindest retuschiert. Ihr Golf steht anschließend im frischen Glanz da und macht so gleich auf den ersten Blick einen guten Eindruck.

Ein Golf, der vor allem als urbanes Fortbewegunsmittel dem harten Autoalltag ausgesetzt war, trägt wahrscheinlich auch dementsprechende Spuren davon. Kleine Kratzer oder Beulen außen, die Löcher der Handyhalterung im Armaturenträger oder des Rauchers Unachtsamkeit, die sich im Sitzpolster als Brandloch verewigt hat.

Die vielfältigen Methoden der Kleinreparaturen helfen diese Schönheitsfehler bei relativ geringem Aufwand zu beseitigen. Aller Euphorie vorangestellt sollten Sie sich aber im Klaren sein, dass die Aufbereitung keinen Neuwagen hervorzaubert. Machen Sie sich daher mit den Leistungen Ihres Profiaufbereiters vertraut und besprechen Sie ausführlich den erwünschten Umfang Ihrer Fahrzeugrenovierung. Machen Sie ihn auf kritische Stellen aufmerksam. So fällt eine sorgfältige Einschätzung, wie das erreichbare Ergebnis aussehen könnte, leichter.

PRAXISTIPP

Aufbereitung vom Profi

Die Abwägung, ob es sich für die vorhandenen Kleinschäden an Ihrem Fahrzeug lohnt einen Profi zu engagieren oder nicht, wird dann relevant, wenn Sie sich von Ihrem alten trennen wollen oder müssen. Denn auch bei der Fahrzeugwartung und -pflege hat sich leider die „Geiz-ist-geil"-Mentalität in letzter Zeit bemerkbar gemacht. Trotz des gestiegenen Anteils älterer Fahrzeuge in Deutschland, (das Durchschnittsalter des bundesweiten Fahrzeugbestandes beträgt mittlerweile

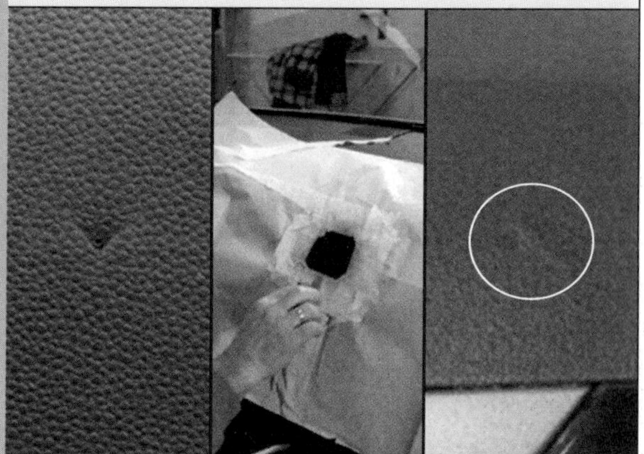

Befriedigendes Resultat: Ein Loch im Armaturenträger vor und nach der Reparatur

acht Jahre) scheinen sich immer weniger Besitzer um den Allgemeinzustand ihres Fahrzeugs Gedanken zu machen. Wartung und Kundendienst werden vernachlässigt, die Motivation sinkt, in das Fahrzeug und den fälligen Service Geld zu investieren. Die Folge sind sich anhäufende Kleinmängel, die in ihrer Summe das Gesamtbild und die Erscheinung eines Kfz schnell trüben. Dies ist eine Chance für Besitzer wie Sie, die pfleglich mit Ihrem Automobil umgehen. Sie können sich mit Ihrem ordentlich gepflegten Fahrzeug hervorheben und zusätzlich durch eine optische Generalüberholung den Wiederverkaufswert steigern. Praxistests haben gezeigt, dass professionell aufbereitete Fahrzeuge in aller Regel einen deutlich höheren Verkaufspreis erzielen als ohne vorherige Verschönerungsmaßnahmen. Die Schönheitskur kann so eine Wertsteigerung von bis zu 1000 Euro erzielen. Rechnet man die ca. 400 bis 500 Euro Aufwendungen ein, bleibt immer noch ein schöner Überschuss von mehreren hundert Euro.

Mehr als ärgerlich: Beulen und Kratzer

Wie schon erwähnt: Die Karosserie des Golf ist sehr widerstandsfähig. Doch irgendwann ist es vielleicht doch passiert: Es fällt irgendein Gegenstand auf das Blech oder der Lack ist durch einen tiefen Kratzer verunziert. Im Prinzip bleibt Ihnen dann fast nichts anderes übrig als die Fahrt zum Lackierer beziehungsweise Karosseriebauer anzutreten.
Reparaturversuche zu Hause sind bei allem Aufwand meistens nicht von dauerhaftem Erfolg. Daher wollen wir Ihnen hier bildhaft zeigen, wie der Profi einer Beule in einem Karosserieblech zu Leibe rückt. Das Problem in diesem Fall ist: Die Beule ist von innen nicht zugänglich, muss also von außen Stück für Stück herausgezogen werden. Hierzu verwendet der Profi einen Zuganker, der an die betroffene Stelle angeschweißt wird. Mit dieser Behelfsvorrichtung kann der Profi durch Ziehen die Einwölbung wieder herausbekommen. Danach wird der Anker wieder entfernt und die Stelle geglättet sowie anschließend lackiert.

Zuganker anschweißen: Auf das normalerweise blanke Blech wird mit einem Starkstrom-Schweißgerät eine Art Unterlagscheibe in der Beule angeheftet

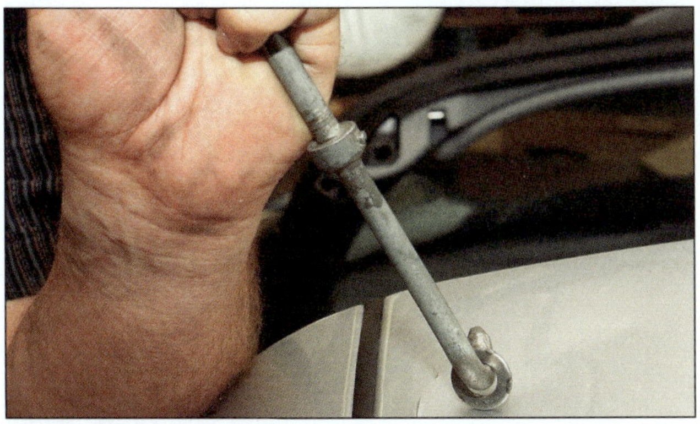

Ziehen des Blechs: Mit einem Schlaghammer, der an der Scheibe befestigt ist, wird die Beule vorsichtig herausgezogen. Meistens sind mehrere Durchgänge erforderlich

PRAXISTIPP

Frontscheiben reparieren

Noch ein empfindlicher Punkt an der Karosserie sind die Scheiben. Kratzer und Steinschläge sind im Sommer schon lästig, im Winter jedoch werden Beschädigungen zur echten Gefahr. Abgesehen von den Reflektionen sammelt sich in den Kratern Schmutz, den der Wischer über die Scheibe verteilt. Zudem wird die Scheibe im Winter zerbrechlicher. Wenn der zwischen den Schichten liegende Plastikfilm von +20 Grad auf -5 Grad abkühlt, verhärtet die Scheibe um 57 Prozent. Die Spannungen verteilen sich über die gesamte Scheibe, aus einem kleinen Sprung wird dann schnell ein Riss. Spätestens dann muss die ganze Scheibe getauscht werden. Wenn Sie jedoch rechtzeitig handeln, können Steinschläge noch repariert werden. Dazu wird die schadhafte Stelle mit einem speziellen Harz gefüllt. Vorraussetzung: Der Krater darf nicht ausgefranst oder weiter gerissen sein. Auch darf die Reperaturstelle nicht im direkten Sichtfeld des Fahrers liegen – so schreibt es zumindest der Gesetzgeber vor. Mit etwas Glück kommen Sie sogar an der Rechnung vorbei: Manche Versicherungen verzichten bei dieser Art der Reparatur auf den Einbehalt der Selbstbeteiligung. Denn das kommt die Assekuranzen immer noch billiger als der Austausch einer kompletten Scheibe. Pionierarbeit auf diesem Gebiet hat die Firma Carglass geleistet, die mit rund 1700 Filialen inzwischen zu den Marktführern im Bereich Autoglas gehört. Auf der gut gemachten Internetseite www.carglass.de finden Sie weitere Informationen und eine Filiale in Ihrer Nähe. Im Internet können Sie sogar schon direkt einen Termin vereinbaren.

Erstaunliches Ergebnis: *Ein Steinschlag vor und nach der Reparatur mit Kunstharz*

Ab in den Urlaub!

Der großzügige Stauraum des Variant unterstreicht seine Eignung als Familien- und Urlaubsauto. Aber auch die Limousine bietet genügend Platz für Insassen und Gepäck. Und die hervorragende Langstreckenqualität machen den Golf IV ohnehin zum komfortablen Reisewagen. Doch auch beim Golf sollte ein technsicher Check-Up vor jeder großen Fahrt nicht vergessen werden. Wir zeigen Ihnen dazu alle notwendigen und wichtige Handgriffe.

Nichts wie weg!

Als treuer Weggefährte leistet Ihr Golf das ganze Jahr über seinen Dienst - beim täglichen Weg zur Arbeit, als Schulbusersatz für Ihre Kinder, beim Wocheneinkauf als kleiner Transporter und auch am Wochenende, um Abends eine gute Figur bei der Fahrt zur Oper oder dem Kino zu machen.
Alles Alltagsaufgaben, die Ihrem Golf in aller Regel nicht besondere Mühe bereiten. Doch Ihr Golf kann noch mehr. Und natürlich wollen Sie auch die Langsteckenqualität des Wagens, zum Beispiel bei der Fahrt in den Urlaub, genießen und auch solch Marathonaufgaben mit dem Golf problemlos bestreiten können.
Vor der Abfahrt gilt es aber einige kleine Wartungsarbeiten gewissenhaft durchzuführen, damit Sie gerade da keine Harverie erleiden müssen, wo man vielleicht zu den Ärgernissen eines Defekts auch noch mit Sprachschwierigkeiten zu kämpfen hat.

Was wann machen?

Je nach dem wo es hingeht, haben wir für Sie dieses Kapitel in die Teile Sommer und Winter gegliedert. Damit können Sie Ihrem Golf optimal auf die spezifischen Anforderungen vorbereiten.

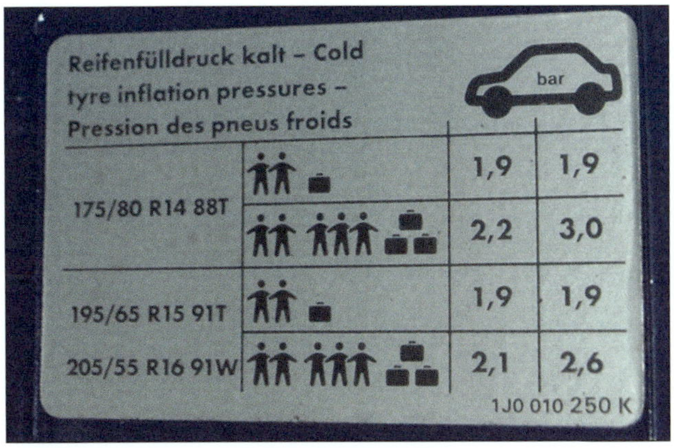

Drucksache: Je nach Beladungszustand muss der Luftdruck in den Reifen zangepasst werden

Fit im Sommer

Im Sommer verreisen, das will gut vorbereitet sein. Nach dem Packen kommt ihr Golf dran. Passen Sie in jedem Fall den Reifendruck dem Beladungszustand an. Im Tankdeckel finden Sie dazu eine tabellarische Übersicht. Checken Sie alle wichtigen Betriebsstoffe. Dazu gehören vor allen Dingen der Kühlwasserstand, der Ölstand und auch die Scheibenwaschanlage. Vergewissern Sie sich, dass Ihre Sommerreifen noch genügend Profil haben. Gesetzlich vorgeschrieben sind zwar lediglich 1,6 mm Profiltiefe, wer jedoch mit die-

Der Mann hat gut Lachen: Der Golf kann gebremste Anhängelasten von bis zu 1,6 Tonnen bewegen. Das ist mehr als sein Eigengewicht. Schön für die Besitzer eines Modells mit Anhängerkupplung. Alle anderen können dieses aber auch nachrüsten

sen Reifen eine Vollbremsung hinlegen muss oder gar in den Regen kommt hat schlechte Karten. Denn schon bei ca. 4mm, also rund der Hälfte des Profils neuer Reifen, verlängert sich der Bremsweg aus 100 km/h bereits um mehr als zwei Wagenlängen.

Bremsweg aus 100 km/h (regennasse Fahrbahn)		
Profiltiefe	**Bremsweg**	**Verlängerung (relativ)**
8 mm	70 m	--
4 mm	82 m	17%
3 mm	87 m	24%
2mm	97 m	39 %

Erschreckende Zahlen: Die Profiltiefe ist ein entscheidender Sicherheitsfaktor vor allem bei Nässe (Quelle: www.kfztech.de)

Profiltiefe korrekt bestimmen

Zur Ermittlung der Profiltiefe empfiehlt sich ein Profiltiefenmesser (Bild 2). Entscheidend sind die Hauptprofilrillen. Messen Sie nicht auf den Erhebungen des TWI (Tread Wear Indikator = Profil-Abnutzungsanzeiger). Die Profiltiefe messen Sie in den Hauptprofilrillen an den am stärksten verschlissenen Stellen des Reifens. Die Positionen der TWI-Indikatoren (Bild 1) sind an der Reifenschulter sichtbar und zeigen die gesetzliche Mindestvorgabe von 1,6 mm an.

1

2

PRAXISTIPP

Kleine Reifenkunde

Seit 01. Januar 2006 ist es Gesetz, dass laut Straßenverkehrsordnung (§2 Abs. 3a) bei Kraftfahrzeugen die Ausrüstung an die Wetterverhältnisse anzupassen ist. Hierzu gehört insbesondere eine „geeignete Bereifung". Damit sollte es nun nicht mehr nur für Fachleute sondern auch für alle Autofahrer selbstverständlich sein, dass Sommer und Winter ihre eigenen Reifen hinsichtlich Profil und Gummimischung benötigen. Gerade auf der Fahrt in den Urlaub kommt es darauf an, der Bereifung besondere Aufmerksamkeit zu schenken. Wer weiß schon, dass ein moderner Reifen aus bis zu 16 verschiedenen Gummimischungen bestehen kann, die zum Beispiel folgende Anforderungen erfüllen müssen: Geringst möglicher Abrieb, Rissfestigkeit, Rutschwiderstand, geringer Rollwiderstand, dynamische Beständigkeit, Luftdichtigkeit, Laufruhe sowie Alterungsbeständigkeit. Allerdings bestimmen nicht nur Gummimischung und Auslegung des Profils - zum Beispiel das Lammellenprofil eines Winterreifens - die Leistung eines Reifens. Mindestens genau so wichtig sind nach Aussage der Kfz-Innungsexperten die unterschiedlichen Profiltiefen. Zwar schreibt der Gesetzgeber hier nur einen Mindestwert von 1,6 Millimetern vor, aber in der Praxis ergeben sich andere und realistischere Werte. Auf eine einfache Formel gebracht: Profiltiefe Sommerreifen: Minimum 3 Millimeter, Profiltiefe Winterreifen: Minimum 4 Millimeter. Die Gründe für diese Empfehlungen sind zahlreich und absolut sicherheitsrelevant. Mit dem Minimumprofil von 1,6 Millimeter verlängert sich bei Nässe der Bremsweg bereits um das Doppelte. Wenn man weiter weiß, dass bei nasser Fahrbahn die Drainagerillen bei 80 km/h bis zu 25 Liter Wasser pro Sekunde und bei 140 km/h bis zu 43 Liter kanalisieren müssen, erübrigt sich wohl jede weitere Diskussion um falsche Sparsamkeit. Gerade vor der sommerlichen Urlaubsreise mit ihren erhöhten Anforderungen an Temperaturen, Fahrzeuggewicht und Geschwindigkeit raten die Fachleute der Kfz-Meisterbetriebe zu einer detaillierten Reifenkontrolle, bei der neben der Erhöhung des Luftdrucks speziell auf Beschädigungen an Lauffläche, Seitenwand und Ventilabdichtung sowie auf Profiltiefe geachtet werden muss. Gehen Sie also beim einzigen Bindeglied zwischen Ihnen und dem Straßenbelag keine unnötigen Risiken ein und kontrollieren Sie regelmäßig Ihre Fahrzeugbereifung.

Wie funktioniert die Klimaanlage?

Manch einer frägt man sich gelegentlich, wie dieser High-Tech-Kühlschrank auf Rädern eigentlich funktioniert. Das Funktionsprinzip ist tatsächlich vergleichbar mit dem des heimischen Kühlschranks. Ein vom Motor angetriebener Kompressor (1) verdichtet das dampfförmige Kältemittel, welches sich dabei erhitzt. Beim anschließenden Abkühlen im Kondensator (10) wird das Mittel wieder flüssig. Durch ein Ventil (12) wird diese abgekühlte Flüssigkeit nun in den Verdampfer (13) eingespritzt. Beim Verdampfungsprozess wird nun der außen an dem Waben- und Röhrensystem vorbeiströmenden Luft aus dem Fahrgastraum Wärme und Feuchtigkeit entzogen. Die Luft kühlt ab und wird zurück in den Innenraum geleitet. Die Intensität der Abkühlung hängt im Wesentlichen vom Luftdurchsatz und der eingestellten Temperatur ab. Das heißt je höher die Gebläsestufe und je niedriger die gewählte Temperatur, desto kälter wird es. Intelligente Klimasysteme zeichnen heutzutage zusätzliche Sensoren und Steuereinheiten aus. Diese bestimmen nicht nur anhand der Gurtschlösser die Anzahl der klimabedürftigen Insassen, sondern können auch mittels Fotodioden die Sonneneinstrahlung berechnen und so den heißesten Sitzplatz ausmachen und dementsprechend die Kälteverteilung koordinieren.

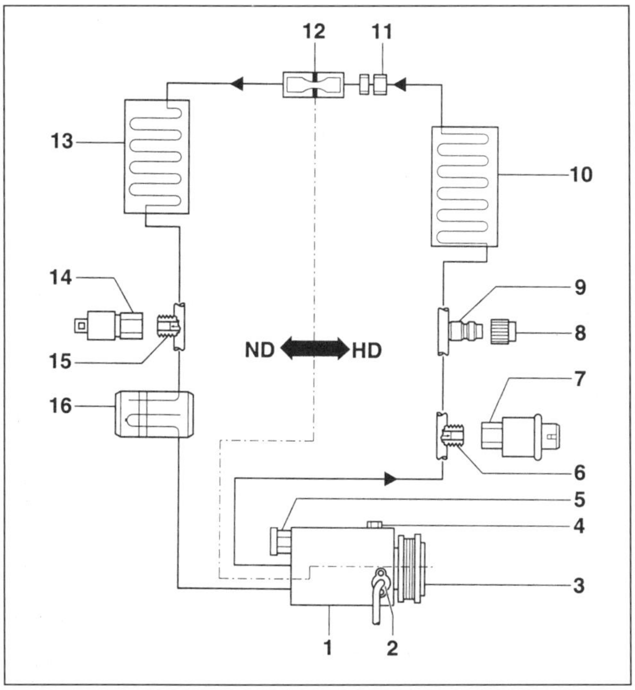

Hauptkomponenten der Klimaanlage: 1 Kompressor, 10 Kondensator, 12 Verdampfer

PRAXISTIPP

Gebrauch Klimaanlage

Beim ausgiebigen Sonnenbad Ihres Fahrzeugs heizt sich der Innenraum auf Temperaturen bis zu 60°C oder gar noch mehr auf. Sie sollten daher vor dem Losfahren zunächst alle Türen öffnen und die größte Hitze entweichen lassen. Danach erst die Fahrt antreten und zum zügigem Herunterkühlen zunächst volle Gebläsestufe wählen. Dann schnell kleiner drehen, um unnötige Zugluft zu vermeiden. Die automatische Klimaanlage regelt sensorgesteuert Temperatur, Gebläsestufe und Luftverteilung selbsttätig. Bei

Einstellungssache: Reglereinheit der Klimaanlage

manuell geregelten Klimageräten übernehmen Sie diese Aufgaben selbst. Die Wohlfühl-Temperatur liegt im Sommer bei etwa 22°C, bei extremer Hitze etwa drei bis vier Grad höher. Kurz vor dem Ziel die Klimaanlage abschalten, dann lässt sich ein Temperaturschock beim Aussteigen vermeiden. Im Winter ist eine Temperatur von etwa 21 °C ideal.

Apropos: Auch im Herbst und Winter sollten Sie gelegentlich die Klimaanlage aktivieren. Dies vermindert nicht nur durch die Aufnahme der Feuchtigkeit aus der Luft das Anlaufen der Scheiben, sondern dient auch dem Schutz des Klimasystems und seiner Aggregate vor Korrosion. Folgende Indizien deuten auf einen Defekt der Klimaanlage hin und erfordern einen sofortigen Werkstattbesuch: Schlechte Gerüche aus den Lüftungsdüsen, verminderte oder gar keine Kälteleistung der Anlage, erhöhter Kraftstoffverbrauch oder eine ständig beschlagene Windschutzscheibe. Vermeiden Sie durch unregelmäßige Checks auch, dass Bakterien und Pollen sowie Sporen dem Innenraumfilter übel zusetzen können. Vor allem bei Allergikern können Husten und Niesen gefährliche Situationen beim Fahren hervorrufen.

Die Climatronic

Das Schrauben am Klimatisierungs-System scheitert weniger an Sicherheitsrisiken. Es ist vielmehr die komplizierte Technik, die dem Heimwerker das Leben schwer macht. Volkswagen unterscheidet zwischen Klimaanlage und Klimatisierungsautomatik (Climatronic). Die Climatronic hält vollautomatisch die gewählte Fahrzeuginnentemperatur. Die Temperatur der ausströmenden Luft sowie die Gebläsedrehzahl (Luftmenge) und Luftverteilung werden automatisch verändert. Die Anlage berücksichtigt auch starke Sonneneinstrahlung. Ein Nachregeln von Hand ist überflüssig.

Das Klima-Steuergerät verarbeitet vielfältige Informationen von Sensoren. Die gesamte Anlage wird über elektrische Stellmotoren gesteuert. Sämtliche Luftklappen bewegen sich vollautomatisch. Das Steuergerät hat ebenfalls die Magnetkupplung am Klimakompressor im Griff.

Empfohlen wird folgende Standardeinstellung für alle Jahreszeiten: Stellen Sie die Temperatur auf 22° C und drücken Sie die Taste AUTO. Bei dieser Einstellung wird am schnellsten ein behagliches Klima erreicht. Die Einstellung sollte nur verändert werden, wenn das persönliche Wohlbefinden es erfordert. Damit die Climatronic einwandfrei funktionieren kann, muss der Lufteinlass vor der Windschutzscheibe frei von Eis, Schnee und Blättern sein. Empfohlen wird, bei Umluftbetrieb im Fahrzeug nicht zu rauchen, da sich der aus dem Fahrzeuginnern angesaugte Rauch auf dem Verdampfer absetzt und zu dauerhafter Geruchsbelästigung führt.

Wenn nach Einschalten der Zündung alle Symbole im Anzeigenfeld etwa 15 Sekunden blinken, liegt eine Störung vor, die nur in der Fachwerkstatt behoben werden kann. Sollte die Kühlanlage einmal nicht arbeiten, kann entweder die Außentemperatur niedriger als etwa +5°C sein, der Kompressor der Kühlanlage wegen zu hoher Motor-Kühlmitteltemperatur vorübergehend abgeschaltet haben oder die Sicherung durchgebrannt sein.

⚠ Kältemittel

GEFAHRHINWEISE

Die Bauteile des Klimasystems sowie alle Kältemittelschläuche und -leitungen, finden Sie beim Golf vorn links halb neben und halb vor dem Motor, den sie fast ganz umgeben. Doch Vorsicht: Hier müssen Sie sich selbst als passionierter Schrauber bremsen! Denn bei den Komponenten der Klimaanlage bestehen gesundheitliche Risiken und auch die Gefahr ihre Klimaanlage bei Reparaturversuchen zu beschädigen! So kann der Umgang mit Kältemitteln Erfrierungen bei Berührung verursachen oder gar zum Ersticken am Boden oder in unteren Räumen, wegen der Schwere des Mittels, führen. Klimaanlagen dürfen also nur von VW oder in Service-Stützpunktwerkstätten instand gesetzt bzw. ersetzt werden. Riskieren Sie hier keine gesundheitlichen Schäden oder teure Nachreparaturen. Denn der Kältemittelkreislauf der Klimaanlage darf nicht geöffnet werden. Das Neubefüllen ist Werkstatt-Sache. Zudem könnten Sie sich bei unsachgemäßer Handhabung auch strafbar machen: Das Ablassen von Kältemittel in die Umwelt ist eine strafbare Handlung. Sollte Ihre Klimaanlage also der Wartung bedürfen, fahren Sie am besten gleich in Ihren Servicebetrieb.

Nach Werksvorgabe: Die Idealtemperatur im Fahrzeuginnenraum beträgt rund 22 °C

Pollenfilter wechseln

Der Filter für den Innenraum sollte einmal im Jahr, am besten im Frühjahr vor Beginn des Pollenflugs, spätestens aber vor der Urlaubsfahrt erneuert werden.

Benötigtes Material und Werkzeug

-Austauschfilter
-25er Torxschraubendreher

Ausbau alter Filter:

- Gummidichtlippe abziehen (1)
- die 4 Torxschrauben lösen (2)
- danach das Blech herausheben

Tipp: zur Demontage mit dem Schraubenzieher leicht anheben und über die Kante ziehen (s. Pfeile in Bild 3)

- Luftfilter ausclipsen, anheben und nach vorne herausziehen (4 und 5)
- Filter von Rahmen lösen
- Filter auswechseln

Neuen Filter einsetzen:

- Einbaurichtung beachten

AirFlow Pfeile müssen nach unten zeigen.

- Die Nase unter der Abdeckung mit Vorsicht behandeln, sonst besteht die Gefahr, dass diese abbricht.

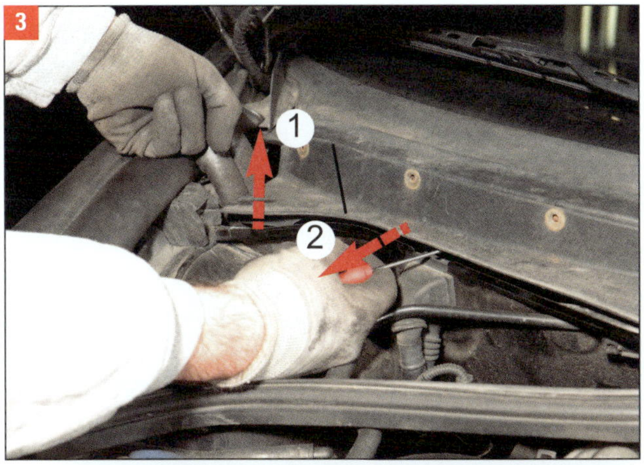

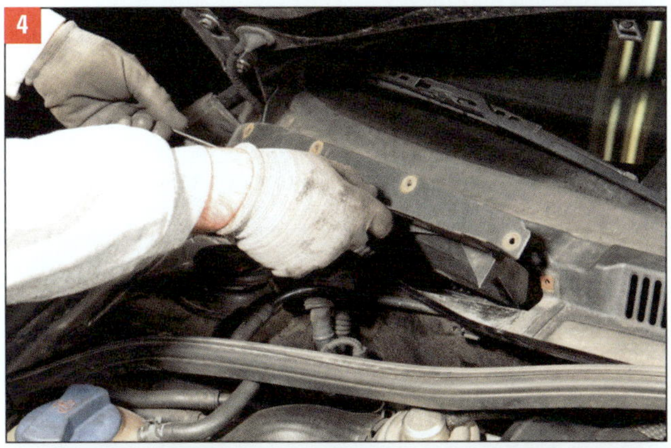

Nachrüstsatz für eine Anhängerkupplung

Eine Anhängevorrichtung nachträglich einzubauen ist auch für den Do-it-Yourselfer eine anspruchsvolle Aufgabe. Die Belastungen die im Hängerbetrieb auftreten erfordern die Montage an tragenden Teilen, den hinteren Längsträgern. Dazu müssen beispielsweise die Stoßdämpfer ausgebaut und das hintere Abschlussblech (es entfällt anstelle eines Querträgers) demontiert werden. Für die Elektrik müssen Leitungen verlegt und eine Zusatz-Steckdose für die Beleuchtung und Aggregate des Anhängers angebracht werden. Zum Glück gibt es für den Golf eine Vielfalt von Nachrüstungsmöglichkeiten und zahlreiche Anbieter derselben.

Was sollte ich bei einem Nachrüstsatz beachten?

Die Anhängevorrichtung ist ein Sicherheitsteil. Beachten Sie daher, dass nur eine für den Golf entwickelte, bauartgenehmigte Vorrichtung verwendet werden darf. Empfehlenswert sind zum Beispiel Anhängevorrichtungen aus dem Volkswagen-Zubehörprogramm oder der VW-eigenen Zulieferer wie zum Beispiel der Firma Oris.
Diese Sätze sind mit den werkseitig eingebauten Vorrichtungen identisch und auch die mitgelieferte Einbauanweisung ist mit VW abgestimmt.
Desweiteren sollten die Anhängerkupplung abnehmbar sein, so dass Sie diese nur bei Bedarf an Ihren Golf anbringen können.
Damit haben Sie nicht nur ein optisch schöneres Heck, auch beim Rangieren in engen Parklücken müssen Sie nicht befürchten, durch einen meist Rempler die teuere Stoßstange Ihres Hintermanns zu zerstören.

Stabiler Träger: Diese Konstruktion wird an den Längsträgern befestigt und ersetzt den Querträger. Ihre Stabilität gewährleistet, dass den auftretenden Kräften im Hängerbetrieb standgehalten wird

Was ist bei der Elektrik zu beachten?

Achten Sie beim Kauf des Nachrüstsatzes darauf, dass ein kompletter Elektriksatz mitgeliefert wird.

Folgende Bestandteile sind wichtig:
- Leitungssatz (am besten 12-adrig)
- Steckdose (13-polig)
- Dichtung der Steckdose
- Durchführungstülle
- Steuergerät
- passendes Befestigungsmaterial (Schrauben, Muttern, Kabelbinder)

Für den Hängerbetrieb gibt es zwei unterschiedliche Anschlussysteme

Für den Elektroanschluss gibt es zwei unterschiedliche Systeme. Wenn Sie einen Wohnanhänger ziehen wollen oder einen Fahrradträger auf der Anhängerkupplung montieren möchten, empfiehlt sich die Verwendung der 13-poligen Steckdose. Sie hat im Vergleich zum 7-poligen Stecker den Vorteil, dass „Dauerstrom" und Ladeleitung am Anhänger genutzt werden können.
Werden außerdem bei der 7-poligen Dose mehr als die vorgesehen Vebraucher angeschlossen, muss eine zweite 7-polige Steckdose montiert werden.

Steckerbelegung der 13-poligen Steckdose

Über die „13-polige" Anhängersteckdose können zum Beispiel Rückfahrscheinwerfer, oder die Dauerstromleitung und Ladeleitung am Anhänger genutzt werden. Wenn beispielsweise ein Fahrradträger auf der Anhängerkupplung montiert, oder ein ganzer Wohnwagen gezogen werden sollen, wird empfohlen, immer eine „13-polige" Anhängersteckdose zu verwenden.
Die Steckerbelegung ist vereinheitlicht (siehe Tabelle auf der nächsten Seite), was auch bei Defekten die Fehlersuche vereinfacht.

WISSENSWERTES

Steckerpolbelegung

Die Belegung der Stecker ist nach DIN ISO 11 446 wie nachfolgend in der Tabelle aufgeführt genormt.

Stecker-Nr.	Belegung	Kabelfarbe
1	Blinker links	gelb
2	Nebelschlussleuchte	blau
3	Masse für Stromkreis 1 bis 8	weiß
4	Binker rechts	grün
5	Schlussleuchte rechts	braun
6	Bremsleuchten	rot
7	Schlussleuchte links	schwarz
8	Rückfahrleuchte	pink
9	Stromversorgung (Dauerplus)	orange
10	Klemme 15 (Batterieladen Anhänger)	grau
11	frei	
12	frei	
13	Masse für Kontakt Nr. 9–12	weiß/rot

Braucht mein Golf mit Anhänger nicht auch eine bessere Motorkühlung?

Tatsächlich baut VW werksseitig zur besseren Kühlung des Motors im Hängerebtrieb einen größeren Kühler, wie für tropische Klimaregionen vorgesehen, ein. Diese Maßnahme ist aber nicht zwingend notwendig, denn auf die Verstärkung des Kühlsystems können Sie vezichten, wenn sichergestellt ist, dass der Motor nur mäßig belastet wird. Anhaltspunkte, die eine verstärkte Kühlleistung überflüssig machen, sind:

- zulässiges Gespanngewicht erheblich unterschritten
- keine hohen Außentemperaturen
- keine langen, starken Steigungen
- keine Fahrten in großer Höhe

Auf jeden Fall sollten Sie die Kühlmitteltemperatur-Anzeige sorgfältig beachten. Wenn die Nadel der Anzeige sehr weit in den Heißbereich wandert, ist die Geschwindigkeit sofort zu verringern.

Notfalls muss sogar eine Abkühlpause eingelegt werden. Dabei muss der Motor etwa 2 Minuten mit Leerlaufdrehzahl laufen, damit ein Wärmestau vermieden wird.

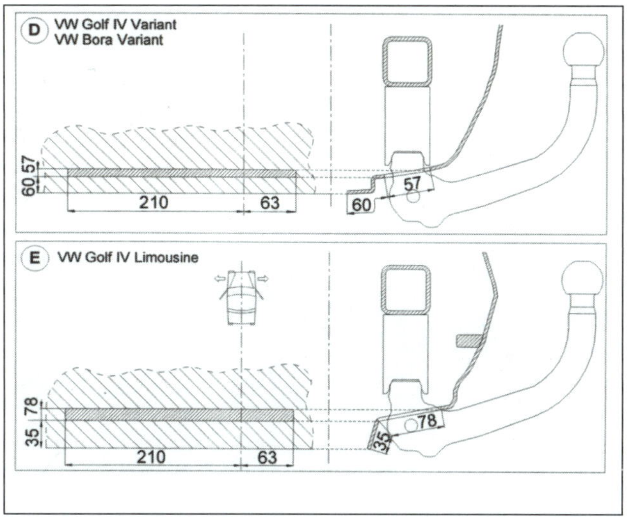

Augen auf beim Kauf: Achten Sie darauf, dass die Nachrüstsätze für Limousine und Variant unterschiedlich sind

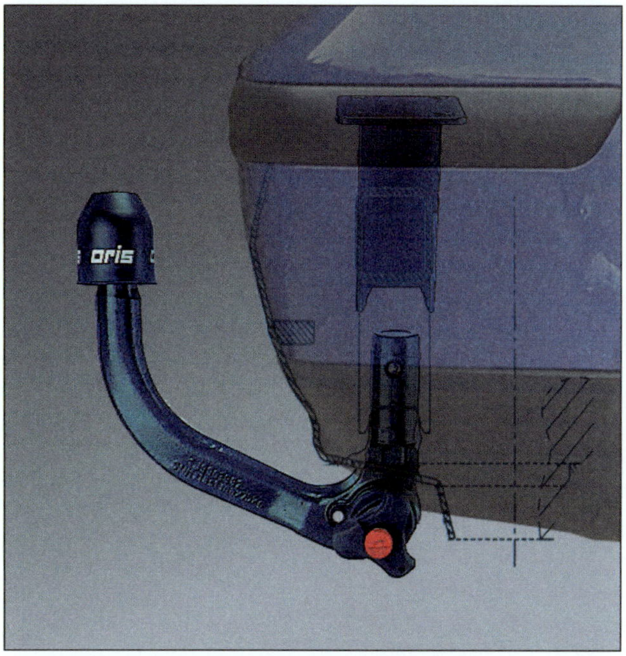

Vorteil abnehmbare Anhängerkupplung: Dank der Ausklink-Mechanik an der Befestigung können Sie den Kugelkopf der Anhängerkupplung bei Nichtgebrauch einfach demontieren. Nicht nur aus optischen Gründen sondern auch beim Einparken in engen Lücken macht sich diese Einrichtung bezahlt

Pannenset

Pannensets für die Reifen ersparen zum einen das Reserverad, zum anderen ermöglichen Sie dem Autofahrer nach einer Reifenpanne schnell und sicher seine Mobilität wiederzugewinnen.

Die Anwendung ist nicht weiter schwer und geht in den meisten Fällen auch schneller als ein Radwechsel. Nach Verwendung des Kits kann das Fahrzeug dann sicher bis zur nächsten Werkstatt weitergefahren werden.
Im Zubehörhandel gibt es dutzende Varianten zu erwerben(s. Beispiel von Continental im Bild).
Auch VW bietet ein Pannenset für dem Golf an:

- Ersatzteile-Nr. Reifendichtmittel:8D0 012 619
- Ersatzteile-Nr. Kompressor: 8D0 012 615

12V-Kühltasche

Getränke und ein Vesper für Unterwegs sind auf langen Reisen eine willkommene Erfrischung und Stärkung. Zum Transport und damit diese auch frisch bleiben, kann man diese Dinge in einer Kühlbox hervorragend aufbewahren. Einen zusätzlichen Kühleffekt, neben den üblichen Kühlakkus, bringt eine Kühltasche, die sich auch an die 12 Volt-Steckdose (Zigarettenanzünder bzw. zusätzliche Steckdose im Kofferraum) anschließen lässt. Der ADAC empfiehlt auf langen Fahrten genügend Flüssigkeit zu sich zu nehmen, (min 3 l Mineralwasser oder verdünnte Fruchsäfte) damit die Konzentration und Ausdauer bei Hitze nicht auf der Strecke bleibt.

Klimaanlage desinfizieren

Die Komponenten der Klimaanlage sollten regelmäßig, mindestens einmal im Jahr oder alle 15.000 Kilometer desinfiziert werden. An den Wärmetauschern setzen sich sonst Bakterien ab, die zu üblen Gerüchen, be-

schlagenen Scheiben und sogar zu Erkrankungen der Atemwege führen können. Sie brauchen dazu Desinfektionsspray und eine Atemschutzmaske. Sprühen Sie zunächst eine Ladung Spray in die Austrittsdüsen. Schalten Sie das Gebläse auf Umluft und maximale Geschwindigkeit. Um die Batterie nicht unnötig zu belasten, kann dabei der Motor laufen. Sprühen Sie nun das Desinfektionsspray in Ansaugrichtung vor den Wärmetauscher. Tragen Sie dabei eine Atemschutzmaske. Lassen Sie die Lüftung bei geschlossenen Scheiben rund 10 Minuten bei voller Leistung laufen. Die Luft im Innenraum wird dadurch mehrmals umgewälzt.

CHECKLISTE

vor und nach jeder großen Fahrt

Bereich	worauf Sie achten sollten	was zu tun ist
A Motor	**1** Motorölstand	Wurde der Motor lange auf Kurzstrecken betrieben sammeln sich flüchtige Substanzen. Deshalb kann es sein, dass der Ölstand bei heißen Motor schlagartig absinkt. Nach den ersten 100 Kilometern nachmessen.
	2 Kühlmittelstand	Der Kühlmittelstand im kalten Zustand auf Maximum auffüllen.
	3 Zustand der Schläuche	Alle Wasserschläuche müssen dicht und elastisch sein. Schläuche kräftig kneten. Kalkablagerungen an den Anschlüssen und harte oder poröse Schläuche sind kein gutes Zeichen. Im Zweifel austauschen.
	4 Kühlerventilator prüfen	Lassen Sie den Motor im Leerlauf laufen, bis sich der Kühlerventilator ein- und später wieder ausschaltet. Sie werden Ihn brauchen wenn Sie im Stau stehen.
B Räder und Reifen	**1** Luftdruck	Der Luftdruck in den Reifen muss an die Beladung angepasst werden. Nach der Reise nicht vergessen den Luftdruck wieder abzusenken.
	2 Zustand	Die Reifen sollten natürlich auch am Ende der Reise noch genug Profil haben. Das sollten Sie besonders bei Winterreifen bedenken, die mindestens vier Millimeter Profiltiefe haben müssen.
C Fahrwerk	**1** Stoßdämpfer	Wird das Auto richtig vollgeladen sind die Stossdämpfer besonders gefordert. Fahnden Sie nach Ölspuren und lassen Sie beim kleinsten Verdacht einen Stossdämpfertest durchführen. Mit Wippen an der Karosserie lassen sich schwache Dämpfer jedenfalls kaum entlarven.
	2 Manschetten und Gelenke	Sind Achsmanschetten oder die Gummis der Gelenke rissig und porös werden die Teile bei hoher Belastung rasant verschleißen. Besser vorher austauschen.
D Sonstiges	**1** Beleuchtung	Schalten Sie alle Lichter durch und nehmen Sie Ersatzlampen für Scheinwerfer und Rückleuchten mit.
	2 Scheibenwaschanlage	Prüfen Sie die Einstellung der Spritzdüsen und füllen Sie den Vorratsbehälter mit geeignetem Gemisch bis zum Maximum auf.
	3 Zubehör	Ein Fünf-Liter-Reservekanister, ein Liter Motoröl und eine Rolle Textilklebeband mit auf die Reise nehmen.

Fit durch den Winter

Golf fahren macht auch im Winter Spaß, vorausgesetzt, Sie haben den Wagen fit für die kalte Jahreszeit gemacht. Auch Sie selber müssen sich natürlich auf den Winter und seine Tücken einstellen und sich rechtzeitig ein paar Gedanken machen.

Warum der Golf ein gutes Winterauto ist

Mit dem Frontantrieb hat der Golf im Schnee grundsätzlich gute Karten, als 4Motion sogar noch bessere. Die Antriebskraft wird vorne dank des Motorgewichts in Traktion umgesetzt, beim Allradler wird der Vortrieb auch auf besonders rutschigem Terrain und an Steigungen (dynamische Achslastverlagerung auf die Hinterräder, insbesondere im Moment des Anfahrens) durch die Verteilung auf alle vier Räder gewährleistet. Das Konzept mit dem Gewicht auf der Antriebsachse hat sich schon beim legendären Käfer bewährt, der allerdings den Motor und Antrieb hinten hatte.
Die gute Beherrschbarkeit des Golf resultiert zudem aus dem ohnehin tendenziell untersteuernd ausgelegten Fahrwerk, das in schnellen Kurven über die Vorderachse schiebt. Dann gilt: leichtes Gaswegnehmen und schon steuert der Golf einen engeren Radius und durchfährt sicher die Kurve.
Zusammen mit dem in allen Modellen serienmäßigen ASR und ABS übertraf der Golf IV bereits 1997 die spätere Selbstverpflichtung der europäischen Automobilindustrie (ACEA vom 1. Juli 2004), nach welcher alle Fahrzeuge mit weniger als 2,5 t zulässigem Gesamtgewicht serienmäßig zumindest mit ABS ausgestattet sein sollen.
Zwei Jahre nach Serienstart spendierte VW zusätzlich noch das Elektronische Stabilitätsprogramm ESP.

Kein Problem auch ohne ESP

Keine Frage: ESP bringt auch beim Golf Vorteile in Sachen Fahrsicherheit, aber die Notwendigkeit zum serienmäßigen Einbau der Stabilitätskontrolle war für den Golf im Gegensatz zu anderen Herstellern, eigentlich kaum gegeben. Das Fahrverhalten gab nie Grund zur Sorge, so lange man sich innerhalb der physikalischen Grenzen bewegt (welche auch nicht durch das beste Regelsystem im Fahrzeug außer Kraft gesetzt werden können). Dennoch kann im Schnee das ESP eine hervorragende Fahrhilfe sein.

Winterausrüstung mitnehmen

Damit Sie gut gerüstet sind, empfehlen wir Ihnen die folgenden Utensilien mitzuführen:
A eine fertige Mischung Frostschutz für die Scheibenwaschanlage; B damit der Sprit nicht ausgehen kann, einen Reservekanister; C eine warme Decke, falls Sie festsitzen und der Sprit doch ausgeht; D eine kleine Schaufel für eine Tiefschneeharverie. Damit kann der Schnee vor den Rädern weggeschaufelt werden; E Eine Kopflampe bei der Sie im Dunklen die Hände frei haben; F ein Seil oder besser noch einen langen Schwerlast-Spanngurt. Damit können Sie andere Autofahrer aus dem Graben ziehen oder selbst geborgen werden. Mit Hilfe der Rätsche und einem Baum können Sie sich sogar selbst helfen G ein Starthilfekabel.

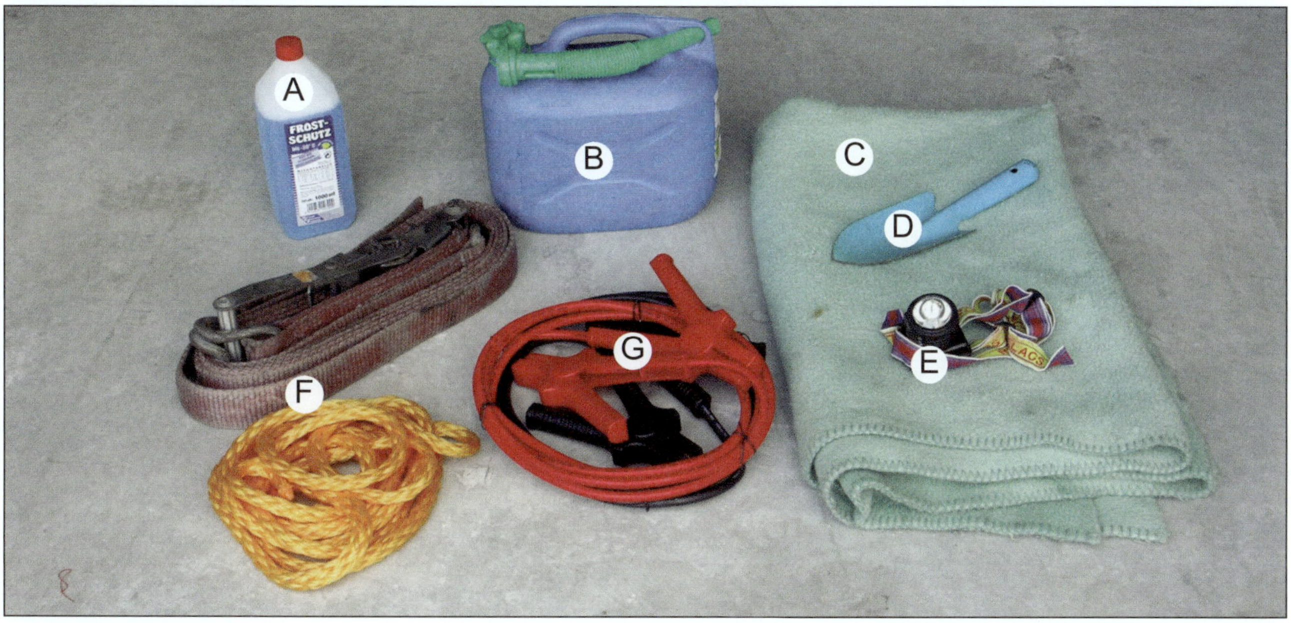

Winter-Grundausrüstung: (A) Frostschutz für die Scheibenwaschanlage, (B) Reservekanister, (C) Decke, (D) kleine Schaufel, (E) Kopflampe, (F) Abschleppseil oder Spanngurt, (G) Starthilfekabel

Startschwierigkeiten im Winter vermeiden

Der Motorstart wird unter winterlichen Bedingungen schnell mal zu einem Problemfall. Denn nicht nur das Motoröl wird bei niedrigen Temparaturen dick-flüssiger, sondern auch die Batterie gibt bei Frost weniger Leistung ab. Zusammengenommen können dies im Winter K.O.-Kriterien für das Fortkommen sein. Denn gerade jetzt braucht der (Anlasser-)Motor mehr Leistung um die erhöhten Reibwiderstände zu überwinden. Sie können es der Batterie aber so leicht wie möglich machen, indem Sie auf stromfressende Funktion bei stehendem Motor verzichten (Radio, Innenbeleuchtung, etc.). Schalten Sie vor dem Start unnötige Verbraucher ab, hierzu zählenzum Beispiel die Lüftung oder das Radio. Das Licht sollte beim Startvorgang aus sein, ebenso die Innenraumbeleuchtung oder Sitzheizung. Wenn Sie dies beachten, wird die Batterie am wenigsten in Anspruch genommen und kann Ihre Startschwierigkeiten im Winter vermeiden.

Winterreifen

Grundvoraussetzung für sicheres Vorankommen bei Minusgraden sowie Eis und Schnee ist die richtige Bereifung Ihres Golfs. Denn die vier Handtellerflächen aus Gummi zwischen Ihnen und der Fahrbahnoberfläche stellen nun mal das wichtigste Bindeglied zur Straße dar. Seit 2006 schreibt selbst die Straßenverkehrsordnung eine „geeignete Bereifung" (§2 Abs.3a) für den Winter vor.

Wie diese aber auszusehen hat, oder welche Spezifikationen sie erfüllen muss, ist nicht näher definiert. Ganzjahresreifen können für unkritsche Wetterlagen mit milden Temperaturen ausreichend sein. Bei plötzlichem Kälte- und Schneeinbruch sind sie aber schlichtweg ungeeignet.

Weder die geübte Hand noch die Elektronik können dann bei unzureichender Bodenhaftung/Bereifung das Fahrzeug noch kontrollieren. Gehen Sie also auf Nummer sicher, was das Vorankommen auf vier Rädern angeht – verwenden Sie einen vernünftigen Satz Winterreifen. Welche Winterreifen geeignet sind und vor allen Dingen passen, erfahren Sie auf den folgenden Seiten genauso, wie Sie ohne Risiko beim Winterreifenkauf auch Geld sparen können, und die Winterreifen auch sicher anbringen. Damit Sie keinen Fehlgriff machen, haben wir die wichtigen Prüfkriterien ebenfalls aufgeführt.

WISSENSWERTES

Das Schneeflockensymbol

Der großen Verunsicherung vieler Autofahrer, welche Reifen sich im Winter am besten eignen, soll durch das Schneeflockensymbol Einhalt geboten werden. Die Entstehungsgeschichte dieses Symbols rührt auch aus dem zum Teil betriebenen Missbrauch mit der „M+S"-Kennung (engl.: Mud and Snow = Matsch und Schnee), die nicht als geschützte Kennzeichnung für unbeschränkte Wintertauglichkeit gilt. Denn nicht alle mit M+S gekennzeichneten Reifen weisen die Lamelleneinschnitte in den Profilblöcken auf, die für gute Traktion auf Schnee sorgen. Daher tragen etwa auch Reifen für den Geländeeinsatz dieses Symbol. Doch gerade gröbere Allradreifen sind für den Einsatz im Winter höchst ungeeignet. Für die Experten des Deutschen Verkehrssicherheitsrats ist der Winterreifen mit Schneeflockensymbol daher Favorit für die sichere Fahrt. Die auf der Reifenflanke dargestellte Schneeflocke hat sich im Jahr 2002 europaweit als freiwilliges Hersteller-Kennzeichen von Winterreifen zusätzlich zur M+S-Markierung durchgesetzt. Angebracht wird sie aber nur an Reifen, die auch streng den vorgegebenen Spezifikationen entsprechen. Dies gilt für Reifen, die im Vergleich mit einem Standard-Referenzreifen mindestens sieben Prozent mehr Traktion auf Schnee bieten und zudem über einen um ebenfalls sieben Prozent kürzeren Bremsweg verfügen. M+S-Reifen hingegen müssen per Definition nur ein besonders grobes Profil besitzen. Die M+S-Kennzeichnung auf der Reifenflanke allein fordert aber keine bestimmte Schnee-Performance.

Schneeflockensymbol

Garant für Wintertauglichkeit: Reifen mit der Schneeflocke zusätzlich zur M+S Kennung

Die 7-Grad-Empfehlung

Ob die sogenannte 7-Grad-Empfehlung als Marketingmaßnahme oder aufgrund früherer Reifenentwicklungen entstanden ist, lässt sich auch von uns nicht mehr nachvollziehen. Ihre Kernaussage ist, dass Winterreifen bei Temperaturen bis 7 Grad Celsius angeblich bessere Eigenschaften als Sommerreifen hätten. Dem entgegen haben verschiedene Tests jedoch solche pauschale Aussagen widerlegt. Denn auch bei Temperaturen knapp über dem Gefrierpunkt können mit Sommerreifen sowohl auf nasser als auch auf trockener Fahrbahn kürzere Bremswege erzielt werden als mit vergleichbaren Winterreifen. Winterreifen sind vor allen Dingen für winterliche Straßenverhältnisse ausgelegt. Sie verfügen über eine kälteresistente Gummimischung, die bei Minustemperaturen weniger verhärtet und damit eine bessere Verzahnung und Kraftübertragung mit dem Untergrund ermöglicht. Winterreifen sind mit dem M&S-Symbol (englisch: Mud and Snow, deutsch: Matsch und Schnee) und einer stilisierten Schneeflocke gekennzeichnet (s. Kasten links). Anders als bei Sommerreifen ist es bei Winterreifen erlaubt, abweichend von den einzuhaltenden Angaben des Fahrzeugscheines, Reifen mit niedrigerem Geschwindigkeitsindex einzusetzen. In Deutschland ist in diesem Fall auch ein Aufkleber mit dem Aufdruck „XXX km/h“ im Sichtbereich des Fahrers anzubringen.

Richtige Winterreifen für den Golf

Die Wahl der richtigen Winterreifen für den Golf fällt, angesichts der vielen Angebote auf dem Markt nicht leicht. Muss es ein teurer High-Performance-Pneu sein oder reicht auch das günstige Noname-Fabrikat? VW empfiehlt jedenfalls für die Erstausrüstung seinen Vetragswerkstätten die in der Tabelle aufgeführten Reifenmarken und-typen.
Darüberhinaus sind aber auch jede Saison neue Modelle verfügbar. Ausgiebige Tests, zum Beispiel vom ADAC, zeigen welche Winterreifen auch für die Golf-Dimensionen empfehlenswert und welche weniger geeignet sind. Die Tests gehen daher auf unterschiedliche Eigenschaften der Pneus beispielsweise die Bremseigenschaften, auch bei trockener, unbeschneiter Fahrbahn ein.
Sie können ihre Kaufentscheidung nach den für Sie relevanten Kriterien fällen, dabei sollte aber in jedem Fall die Fahrsicherheit vor Sparsamkeit stehen.

Reifengröße	Hersteller	Profilbezeichnung
175/80 R 14 88Q	Continental	TS 780 Winter Contact
	Goodyear	Ultra Grip 5
	Michelin	Alpin
175/80 R14 88T	Dunlop	SP Winter Sport M2
	Vredestein	Snowtrac
195/65 R15 91T	Continental	TS 790 Winter Contact
	Dunlop	SP Winter Sport M3
	Goodyear	Ultra Grip 6
	Michelin	Alpin
	Pirelli	Winter 190
195/65 R15 91H	Continental	TS 790 Winter Contact
	Michelin	Pilot Alpin
	Nokian	NRW
	Vredestein	Wintrac
	Goodyear	Eagle UG GW3
205/55 R16 91 H	Continental	TS 790 Winter Contact
	Dunlop	SP Winter Sport M3
	Michelin	Pilot Alpin
	Pirelli	Winter 210
	Vredestein	Wintrac

Schneeketten anlegen üben

Spezielle Schneeketten für den Golf gibt s beim VW-Händler oder auch im Zubehörhandel. Ein gutes Set umfasst zwei Schneeketten im wasserfesten Transportbeutel, das problemlos im Kofferraum verstaubar ist und sich auch als Unterlage bei der Montage verwenden lässt. Schneeketten können aber auch beim ADAC ausgeliehen werden.

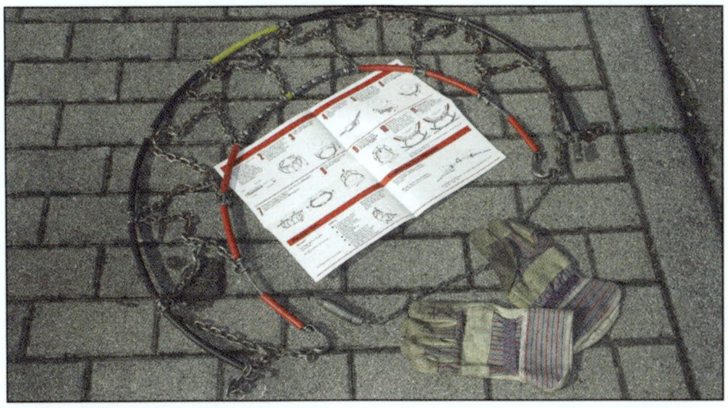

Trockenübung hilft: Ein paar Gartenhandschuhe schützen die Finger, Anleitung evtl. in Klarsichthülle verstauen

Bessere Haftung dank Lamellen

Durch Forschung und Entwicklung der Reifenhersteller kam man nicht nur darauf kälteressistente Gummimischungen zu verwenden, sondern auch die einzelnen Profilblöcke mit feinen Lamellen-Einschnitten und vielen Rillen zu versehen. Diese dienen als scharfe Greifkanten beim Abrollen des Rades auf der Fahrbahn. Der dynamische Prozess an der Auflagefläche erhöht die Verzahnungskräfte besonders mit losem Untergrund wie z. B. Schnee. Mit anderen Worten: Der lammellierte Reifen hat dadurch, dass er sich in den Untergrund reinkrallt mehr Grip. Die Lamellen sind andererseits auch ein guter Verschleissindikator: Mit zunehmender Abnutzung verschwinden die unterschiedlich tief geschnittenen Lamellen. Ihre beschriebene Wirkung nimmt ab. Unter 4 mm Profildicke verlieren Winterreifen auf Schnee daher ihren Nutzen und sollten durch Neue ersetzt werden. Es spricht allerdings wenig dagegen, Winterreifen im Frühjahr noch bis auf eine Profiltiefe von rund 3 mm aufzubrauchen.

Fast so gut wie Stollen: Stollen sind am Autoreifen tabu, aber mit Lamellen wird dennoch ein guter Kraftschluss auf Schnee erreicht

Geringer Geräuschpegel

Auch bei der Minderung der Geräuschemission ging man mit Cleverness vor: Die Lamellenprofile erlaubten zum einen eine geringere Höhe der einzelnen Profilblöcke, was sich insbesondere auf das geräuschverursachende Eigenschwingverhalten positiv auswirkte. Zum anderen wurden die Profilblöcke unterschiedlich groß gestaltet werden, so dass die nach dem Abrollen nachschwingenden Blöcke unterschiedliche Eigenschwingfrequenzen aufweisen. Ein eigendynamisches und geräuschvolles Schwingen bei einer bestimmten Geschwindigkeit wird so unterbunden.

PRAXISTIPP

Gebrauchte Winterreifen

Seit dem 01. Januar 2006 sind Autofahrer verpflichtet, im Winter ihr Fahrzeug mit „geeigneter Bereifung" auszurüsten. Damit gibt es für Autofahrer keine Ausrede mehr, auf Winterreifen zu verzichten. Wer dennoch ohne erwischt wird, riskiert ein Bußgeld und im Falle eines Unfalls sogar den Versicherungsschutz. Nicht selten ist der Erwerb von Winterrädern, also dem Komplettsatz von Reifen und Felgen, aber auch eine Kostenfrage. Bares Geld lässt sich beim Kauf gebrauchter Winterreifen sparen. Diese finden Sie zum Beispiel bei Winterreifen-Börsen, die vielerorts meist Anfang November stattfinden. Achten Sie auf Hinweise in Ihrer Tageszeitung oder informieren Sie sich im Internet z.B. auf den Seiten des ADAC. Notieren Sie sich vor dem Kauf unbedingt die für Ihr Fahrzeug passenden Reifengrößen. Sie sind im Fahrzeugschein hinterlegt. Der Reifenhersteller Continental schafft zudem auf seinen Internetseiten mit dem „Reifenkonfigurator" Klarheit. Nach Eingabe der Schlüsselnummer (s. Fahrzeugschein), werden auch alternative Reifengrößen aufgeführt. Haben Sie nun einen passenden Satz gefunden, inspizieren Sie ihn nach den Prüfkriterien: Profiltiefe, Reifenalter und Erscheinungsbild (Beschädigungen etc.) bevor Sie zugreifen.

Münztest: Winterreifen bieten nur genug Traktion auf Schnee, wenn die Profiltiefe mindestens vier Millimeter beträgt. Das entspricht in etwa dem goldenen Rand einer Ein-Euro Münze

Dichtungsgummis pflegen

Die Dichtungsgummis sind bei Minustemperaturen besonderen Anforderungen ausgesetzt. Kaputte Gummidichtungen sind nicht nur optisch ein Problem sodern können im Extremfall zu Wassereinbruch und übermäßigem Scheibenbeschlag führen. Sparen Sie also nicht bei der Pflege, denn der Wechsel defekter Dichtungen ist aufwendig und insofern auch nicht billig. Verwenden Sie lieber regelmäßig einen Gummi pflegestift. Dieser verhindert im Winter das Festkleben von Gummidichtungen an Türen, Scheiben und Kofferraumdeckeln. Zusätzlich wird das Gummi geschmeidig gehalten, was vor dem Brüchigwerden schützt.

Türschlossenteiser

Auch die Verwendung eines Türschlossenteisers kann nicht schaden, insbesondere wenn Sie an Ihrem Golf die Türen nicht per Funkschlüssel öffnen. Beachten Sie aber, dass der Enteiser nicht ins Fahrzeug gehört. Dort nutzt er im Fall der Fälle nämlich nichts. Das Feuerzeug ist im Übrigen keine Alternative. Denn durch die Erhitzung des Schlüssels riskieren Sie einen Schaden an dem im Schlüssel integrierten Mikrochip der Wegfahrsperre. Haben Sie dennoch das Schloss auf diese Art geöffnet, kommen Sie erst recht nicht vom Fleck.

WISSENSWERTES

Schmutz kostet Leuchtkraft

Waschen Sie, besonders in der schmuddeligen Jahreszeit, die Scheinwerfer häufiger als die Karosserie. Denn Schmutzpartikel auf den Abdeckgläsern schlucken die Lichtstrahlen oder leiten sie in die Irre. Folge: geringere Sichtweite, unkontrolliertes Streulicht, starke Blendung – vornehmlich bei Nebel. Schon nach einer etwa halbstündigen Fahrt auf feuchter Straße können die Scheinwerfer Ihres Autos zu über 60 Prozent verschmutzt sein. Entsprechend mager ist dann die Lichtausbeute – ein Gefahrenpotenzial für Sie und andere Verkehrsteilnehmer. Die am Golf angebrachten Halogenscheinwerfer können Sie beim Tankstellenstopp mit den vorhandenen Mitteln schnell von der Schmutzschicht befreien. Eine Reinigung unterwegs mit Wasser und Schwamm wirkt Wunder und sichert anschließend wieder die volle Leuchtkraft des Scheinwerfers. Achten Sie aber darauf, dass die Schmtzpartikel nicht die Klarglasleuchten der Scheinwerferabdeckung beschädigt oder verkratzt. Die Glasscheibe der Golfscheinwerfer kann nämlich nicht als separates Teil ersetzt werden. Dies hat zur Folge, dass im Fall von (durch falsche Pflege) verkratzten oder gebrochenen Glasscheiben (durch einen Unfall bedingte) der Austausch des kompletten Scheinwerfers fällig wird.

Am besten Griffbereit in der Tasche: Den Türschlossenteiser nicht im Fahrzeug vergessen. Ist das Schloss zugefroren bringt er Ihnen dort am allerwenigsten. Unterlassen Sie bitte auch das Zündeln mit dem Feuerzeug am Schlüssel

Schmieren und Pflegen: Den Gummidichtungen müssen Sie in der kalten Jahreszeit besondere Beachtung schenken. Verwenden Sie dazu am besten einen Glycerinstift. Er hält die Dichtungen geschmeidig

Winterreifen montieren

Das Montieren von Winterreifen können Sie schnell und sicher erledigen. Beachten Sie aber beim Anheben des Fahrzeugs die Sicherheitsbestimmung aus dem Abschnitt „Fahrzeug richtig aufbocken". Nach der Demontage der Sommerreifen müssen diese eingelagert werden. Empfehlenswert ist hierzu ein Felgenbaum, der verhindert, dass die Flanken oder Laufflächen während der Einlagerung belastet werden. Das Anzugsdrehmoment liegt bei 110 bis 120 Nm, ziehen Sie nach 50 km alle Schrauben nochmals nach.

Benötigtes Werzeug und Materialien:

-Stecknuss mit Verlängerung
-Drehmomentschlüssel
-Wagenheber mit ausreichend Hub
-Unterstellböcke
-eventuell: Drahtbürste und etwas Kupferpaste

Aufnahmepunkte: Die vordere Wagenheberaufnahme befindet sich ca. 13 cm, die hintere ca. 22 cm vom jeweiligen Rad entfernt

Arbeitsschritte:

■ Suchen Sie eine ebene Stelle mit festem Untergrund für den Radwechsel.

■ Ziehen Sie die Handbremse fest an und lösen Sie vor dem Anheben des Wagens alle Radbolzen zunächst nur um eine viertel Umdrehung.

■ Heben Sie nun das Fahrzeug so weit an, bis das Rad ein paar Zentimeter über dem Boden ist. (Beachten Sie alle Hinweise aus dem Abschnitt "Fahrzeug richtig aufbocken")

■ Entfernen Sie dann die fünf Radbolzen und nehmen Sie das Rad ab. Wechseln Sie immer ein Rad nach dem anderen.

■ Kontrollieren Sie den Zustand der Radnabe. Säubern Sie diese gegebenenfalls mit der Drahtbürste und tragen Sie eine hauchdünne Schicht Kupferpaste auf. Das schützt vor weiterer Korrosion.

■ Setzen Sie jetzt das Rad an. Drehen Sie alle Radbolzen so fest wie möglich ein und achten Sie darauf, dass das Rad gerade an der Nabe anliegt.

■ Ziehen Sie die Radbolzen mit einem Drehmoment von 110 bis 120 Nm an. Wichtig: Ziehen Sie die Räder nach rund 50 Kilometern nochmals nach! Die Sommerräder sollten kühl und trocken gelagert werden. Zum Beispiel auf einem Reifenbaum in der Garagenecke.

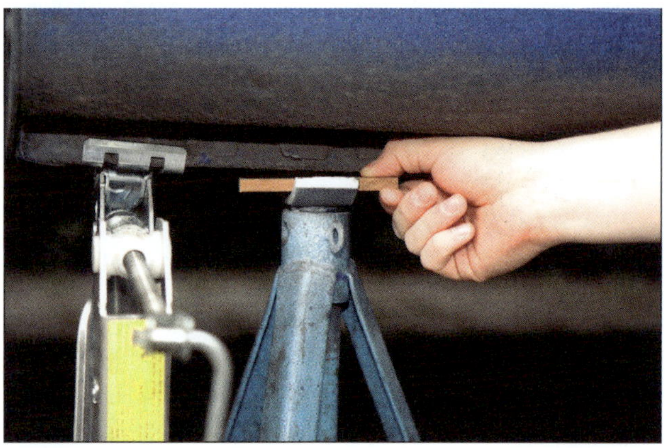

Zur Sicherheit: Ein Unterstellbock unterstützt den Wagenheber und gibt zusätzliche Sicherheit gegen das Abrutschen

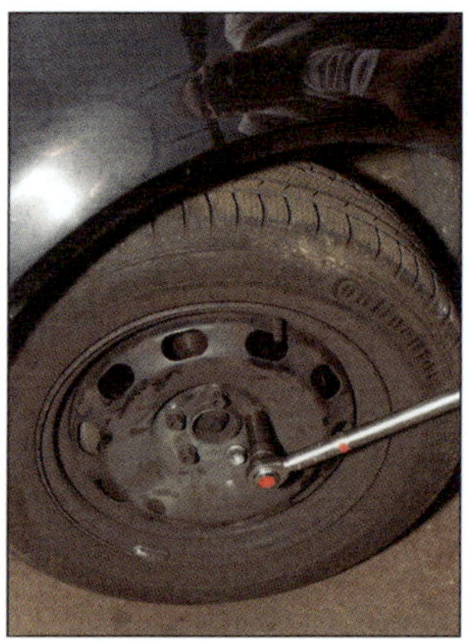

Zu beachten: Ziehen Sie die Schrauben mit dem Drehmmomentschlüssel an. Lagern Sie Sommerreifen wie im Bild

Heizung / Lüftung prüfen

Damit im Winter die Scheiben auch von innen möglichst schnell und zuverlässig frei werden, müssen Heizung und Lüftung, aber auch die Klimaanlage in tadellosem Zustand sein. Die Klimaanlage kann nämlich auch im Winter wertvolle Dienste leisten: Die Luft wird getrocknet und das Beschlagen der Scheiben vermindert. Leider behindert der im Frischluftkanal integrierte Wärmetauscher einer Klimaanlage die Frischluftzufuhr von außen, weshalb Sie das Gebläse im Winter immer mindestens auf Stufe 1 mitlaufen lassen müssen.

Vorgehen:

■ Prüfen Sie zunächst, ob das Gebläse in allen Stufen wirkungsvoll arbeitet, indem Sie die Luft auf die mittleren Ausströmer lenken und alle Schalterstellungen durchprobieren. Eventuell den Reinluftfilter wechseln.

■ Ab einer Motortemperatur von 60 Grad oder nach ca. fünf Kilometern Fahrt, muss aus den Ausströmern warme Luft kommen, sobald Sie den Temperaturregler ganz nach rechts schieben.

■ Prüfen Sie zum Abschluss noch, ob der Drehregler für die Luftverteilung funktioniert. Sie können das an den jeweiligen Düsen erfühlen und auch hören. Beim Hin- und Herschieben öffnen und schließen sich die jeweiligen Klappen des Lüftungssystems.

PRAXISTIPP

Scheibenwischer umparken

Obwohl Scheibenwischer heute auf Grund verbesserter Gummi-Rezepturen schon wesentlich länger halten als früher, gibt es immer noch Probleme mit Schlierenbildung und Rattern. Die Ursache liegt oft im dauerhaften Umknicken der scharfkantigen Gummilippe. Diese liegt nämlich in der Parkposition stets auf einer Seite. Wenden Sie daher von Zeit zu Zeit folgenden Trick an:

- Reinigen Sie die Scheibe vor dem Abstellen gründlich mit Hilfe der Waschanlage
- Lassen Sie den Wischer in Stellung 1 noch etwas nachlaufen.
- Schalten Sie beim Hochlaufen der Wischer kurz vor dem Umkehrpunkt die Zündung aus.
- Die Wischerblätter sollten nun fast senkrecht zur Scheibe stehen bleiben.

Damit ist die Gummilippe nun auf die andere Seite gelegt. Auf diese Weise behält die Gummilippe länger die ideale Stellung zur Scheibe und die Lebensdauer der Wischerblätter verlängert sich. Natürlich sollten die Wischer bei Eis und Schnee auch immer abgeklappt oder auf einer schützenden Matte abgelegt werden. Auch das Kratzen mit dem spröden Gummi auf der vereisten Scheibe sollten Sie tunlichst vermeiden, denn es führt zu Rissen und damit verminderter Wischleistung.

Ausströmdüsen dürfen nicht verstopfen: Testen Sie den Luftstrom einzelner Düsen regelmäßig durch Drehen des Reglers (A) bzw Drücken der Tasten (B) der Klimaautomatik

Frostschutz prüfen

Sowohl dem Kühlwasser als auch dem Scheibenwaschwasser wird ein Frostschutzmittel beigemischt. Während das Mittel für den Kühlwasserkreislauf zusätzlich für einen Korrosionsschutz im Motor sorgt und deshalb auch im Sommer im Kühlsystem verbleiben muss, gibt es für das Scheibenwaschwasser je nach Jahreszeit verschiedene Mittel. Bringen Sie die Mittel nicht durcheinander und kippen Sie niemals Frostschutzmittel für die Scheibe in den Kühlkreislauf oder umgekehrt. Das kann fatale Folgen haben!

Arbeitsschritte:

■ Die Flüssigkeiten können mit einer Spindel geprüft werden. Ziehen Sie so viel Flüssigkeit in das Gerät, bis der Schwimmer frei schwebt. Sie können dann ablesen, bis wieviel Grad der Frostschutz gewährleistet ist. Mit minus 30 Grad sind Sie gut gerüstet. Füllen Sie am besten immer ein fertiges Gemisch nach.

■ Der Ausgleichsbehälter fur das Kühlwasser befindet sich beim Golf in Fahrtrichtung gesehen rechts, nahe dem Kotflügel (kugelförmig; Aufschrift G12).

■ Der Vorratsbehälter für das Waschwasser sitzt beim Golf meist vor dem Kühlflüssigkeitsbehälter, also in Fahrtrichtung rechts, weiter vorne.

PRAXISTIPP

Der sanfte Kaltstart

Jeder Kaltstart belastet einen Motor sehr stark. Eine frühere Faustregel besagte: Ein Kaltstart bringt so viel Verschleiß wie 300 Kilometer bei Vollgas auf der Autobahn. Ganz so schlimm ist das heute nicht mehr, aber auch die Golf-Motoren wollen doch mit Sorgfalt behandelt werden. Nicht umsonst ist hochwertiges Synthetic-Öl vorgeschrieben. Die Viscositätsklasse 0 gewährleistet, dass das Öl auch bei strengen Minusgraden dünnflüssig genug bleibt, um schnell an die wichtigen Schmierstellen wie Nockenwellen, Hydrostößel, Zylinderlaufbahnen und bei den Dieseln natürlich auch zum Turbolader zu kommen. Lassen Sie nach dem Anlassen den Motor zunächst ein paar Sekunden im Leerlauf schnurren, ohne Gas zu geben. Fahren Sie dann langsam los und versuchen Sie mit einem Diesel oder auch GTI auf den ersten Kilometern, auf die Unterstützung des Turboladers zu verzichten. Ganz wichtig: Wählen Sie während der Warmlaufphase stets die Gänge so, dass die Drehzahl zwischen 2000 und 3500 Umdrehungen (vor allem nicht mehr!) bleibt. Auf diese Weise schonen Sie ihren Motor und verlängern seine Lebensdauer erheblich.

Vorsichtig Öffnen: Der Kühlmittelbehälter steht unter Druck

Qualitätscheck: Prüfen Sie die Kühlflüssigkeit regelmäßig

Scheibenwischer und Waschdüsen prüfen

Die Kontrolle der Scheibenwischer auf Rillen und Risse haben wir, ebenso wie den Austausch der Wischer selber, bereits im Kapitel Werterhalt beschrieben.
Gerade im Winter ist sie öfters durchzuführen, da vereiste Scheiben dem bei niedrigen Temperaturen härteren Gummi immens zusetzen können.
Für freie Sicht und gegen Beschlagen hilft ein Schuss Waschkonzentrat für den Winter im Behälter der Waschanlage.
Füllen Sie den Behälter vor langen Fahrten immer vollständig auf. Die widrigen Verhältnisse machen ein häufiges Benutzen der Waschfunktion nötig.
Die Sicht nach hinten wird bei schnee- oder regennasser Fahrbahn, durch das aufgewirbelte Wasser sehr schnell beeinträchtigt. Daher auch die Kontrolle des Heckwischers nicht vernachlässigen.

Einstellung der Wasschdüsen: Achten Sie auf die korrekte Höhe und Verteilung des Sprühstrahls. Sind die Düsen richtig eingestellt ergibt sich ein Strahlbild wie hier skizziert

Klare Sicht nach hinten: Bei Fahrten im Schneeregen darf der Heckwischer nicht schlieren, die Waschdüse muss funktionieren

PRAXISTIPP

Scheiben schonend enteisen

Für viele, die einen Garagenstellplatz nicht ihr Eigen nennen, gehören zugefrorene Scheiben im Winter zum alltäglichen Graus. Und wer hat schon Lust, am frühen Morgen oder späten Abend sich mit dem ungemütlichen Gekratze und Geschabe aufzuhalten? Wer jedoch, egal ob aus Faulheit oder Unvernunft, nur eine kleines Guckloch freilegt und dann losfährt begibt sich und andere beim anschließenden Blindflug in höchste Gefahr. Zudem nimmt man so das Risiko in Kauf, bei einem Unfall haftbar gemacht zu werden und ein saftiges Bußgeld zu kassieren. Der Gesetzgeber schreibt nämlich dem Fahrzeughalter vor, dass er laut §23 StVO dafür zu sorgen hat, dass die Sicht weder durch Beladung noch durch den Zustand des Fahrzeugs beeinträchtigt ist. Was also tun, will man sich und die durch die Kratzprozedur stark in Mitleidenschaft gezogene Scheibenoberfläche schonen? Eine Möglichkeit ist die Verwendung eines Scheiben-Enteisers, den es als Spray- oder Pumpdose zu kaufen gibt. Dieser sorgt mit einer konzentrierten alkoholischen Formel dafür, dass die Eisschicht abtaut. Qualitätsunterschiede der Produkte lassen sich zum Beispiel am Sprühbild erkennen: Wird die Scheibe gleichmäßig benetzt ist die Wirkung effektiver. Besonders die kratzempfindlichen Stellen wie Außenspiegel oder Gummiteile, aber auch die Kunststoff-Heckscheibe einiger Cabrios, profitieren durch kaum erforderliche mechanische Beanspruchung.

Schonende Prozedur: Enteisung per Spraydose

Standheizung nachrüsten

Eine Standheizung ist ein echter Zugewinn an Komfort und Sicherheit. Lästiges Scheibenkratzen entfällt und der bereits warme Motor läuft vom Start weg schadstoffarm und abgasreduziert. Den Einbau müssen Sie allerdings dem Fachmann überlassen. Besonders günstig kommen Besitzer eines TDI davon.

Verfügt ihr Diesel-Direkteinspritzer über einen Zuheizer, muss er um nur wenige Module erweitert werden und schon wird aus dem Zuheizer eine vollwertige Standheizung.

Sitzheizung einbauen

Wer seinen Golf mit einem Komfortmerkmal erweitern möchte, hat dazu reichlich Möglichkeiten. Eine dieser Möglichkeiten ist die Nachrüstung einer Sitzheizung. Die im Zubehör angebotenen Carbon-Heizmatten sind wesentlich bruchfester als die ab Werk verbauten Elemente, ohne deshalb wesentlich mehr zu kosten. Ein einfacher Nachrüstkit ist inklusive Schalter und Kabel schon für rund 100 Euro pro Sitz zu haben. Der Einbau muss allerdings nach TÜV-Auflage durch einen Fachbetrieb erfolgen.

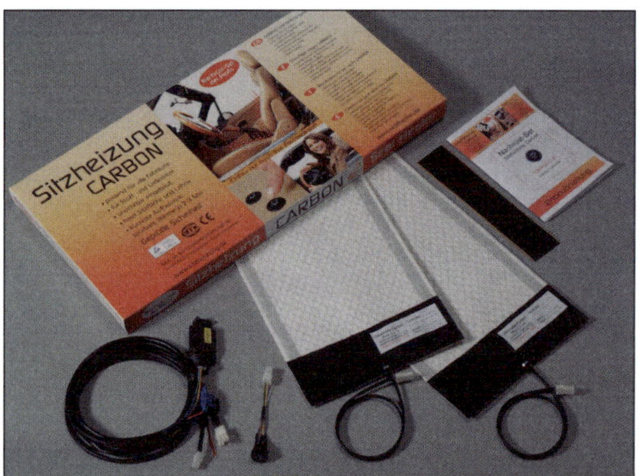

Bessere Wischerblätter

In der kalten und nassen Jahreszeit ist eine gute Sicht das A und O beim Autofahren. Wechseln Sie daher am Besten zu Beginn des Herbst` die Wischerblätter gegen einen neuen Satz. Bei dieser Gelegenheit wäre der Umstieg auf die Aerotwin Wischer aus dem Hause Bosch günstig. Diese etwas teureren Wischblätter

werden durch mathematische Berechnungen individuell an die Wölbung der Windschutzscheiben, auch der des Golf zugeschnitten. Der Anpressdruck ist damit gleichmäßig auf die gesamte Wischerblattlänge verteilt. Der übliche Spoiler wird überflüssig was auch den Geräuschpegel und Luftwiderstand minimiert.

Starthilfebooster

Wollen Sie bei Fahrten in entlegene Wintergebiete auf Nummer sicher gehen, was das Starten des Motors betrifft sollten Sie einen sogenannten Starthilfebooster mit an Board haben. Dieser hilft Ihnen auchwenn die Autobatterie den Dienst, sei es wegen der Kälte oder des schlechten Ladezustands (oder schlimmstenfalls beidem) verweigert. Der Starthilfebooster agiert dann als kleines Kraftwerk, so dass auch die müdeste Batterie Ihnen nicht zum Verhängnis werden kann und Sie Ihren Golf starten können.

Fit für den Winter

CHECKLISTE

Bereich	Worauf Sie achten sollten	Was zu tun ist
A Motor	**1** Motoröl	Das Motoröl wird durch extreme Kaltstarts und die großen Temperaturschwankungen stärker belastet als im Sommer. Vielleicht etwas kürzere Intervalle fahren und ein gutes Öl mit niedriger Viskosität spendieren. (Beachten Sie dazu unbedingt die Hinweise im Kapitel „Antrieb")
	2 Kühlmittel	Ist der Frostschutzgehalt zu niedrig und das Kühlwasser friert ein, kann das Eis den Motor sprengen. Also rechtzeitig messen und einen anstehenden Wechsel auf den Herbst legen.
	3 Thermostat	Wenn im Winter der Thermostat nicht vollständig schließt, braucht der Motor lange, um warm zu werden. Beobachten und bei langer Warmlaufphase wechseln.
B Räder und Reifen	**1** Winterreifen	Winterreifen funktionieren auf Schnee nur gut, wenn noch mindestens 4mm Profiltiefe übrig ist. Reifen im Oktober montieren. Falls Sie neue Reifen brauchen: Nicht erst auf die ersten Schneeflocken warten, denn dann hat der Reifenhändler garantiert keine Zeit.
C Licht und Sicht	**1** Beleuchtung	Kontrollieren Sie regelmäßig die Beleuchtungsanlage und reinigen Sie die Klarglasabdeckungen der Scheinwerfer. Im Winter sind einwandfrei funktionierende Scheinwerfer unentberlich.
	2 Verglasung **3** Scheibenwischer	Die Scheiben sollten frei von Kratzern und Steinschlägen sein. Spendieren Sie im Herbst neue Wischer und füllen Sie genügend Frostschutz in die Waschanlage.
D Karosserie	**1** Türen und Hauben	Sprühen Sie die Dichtungen großzügig mit Silikonspray ein. Das verhindert das Festfrieren.
	2 Schlösser und Scharniere	Die Gelenke freuen sich über eine Extraportion Öl bzw. Fett. Das verhindert nebenbei auch Korrosion.
	3 Lack	Gönnen Sie dem Lack regelmäßige Wäschen. So setzt sich erst gar keine Salzkruste fest.
E Elektrik	**1** Batterie	Lassen Sie eine Batterie Kurzschlussprüfung durchführen um festzustellen, wie viel Kapazität noch vorhanden ist. Batterien leiden unter Kälte, das gilt übrigens auch für die Fernbedienung.
	2 Heizung und Lüftung	Eventuell Reinluftfilter wechseln.

Kleine Pannen

Sie gehören zu den Tücken des Alltags und machen einem das Autofahrerleben schwer - kleinere Pannen und Schäden. Dennoch können gerade diese Kleinigkeiten eine umso größere Wirkung haben. Denn manchmal ist es nur eine Nichtigkeit wie die Batterien der Autoschlüssel, die das Fortkommen verhindert. Wie Sie in solchen und ähnlichen Fällen Ihren Golf wieder flott kriegen, steht in diesem Kapitel

Womit muss ich immer rechnen?

Sie müssen zur Arbeit und sind spät dran. Es ist Winter, ungemütlich kalt und dunkel. Eine dicke Eisschicht überzieht die Scheiben. Schnell ein Guckloch kratzen und los, so denken Sie. Aber: Sie drehen den Schlüssel im Zündschloss und nichts passiert! Vielleicht ist das auch besser so, denn nur ein Guckloch frei zu kratzen ist lebensgefährlich und wird zu Recht mit einem Bußgeld geahndet.

Doch auch das Startproblem geht eventuell auf Ihr Konto. Oder es wäre mit etwas mehr Pflege und Aufmerksamkeit durchaus zu vermeiden gewesen. Die leere Batterie ist jedenfalls einer der Klassiker unter den kleinen Pannen und langweilige Routine für die gelben Engel vom ADAC.

Damit Sie die Herren nicht langweilen und vor allem nicht stundenlang warten müssen, verraten wir Ihnen, was in einem solchen Fall zu tun ist. Ärgerlich ist zum Beispiel auch wenn die Batterie im Schlüssel schwächelt und Ihnen eines Tages den Zugang zu Ihrem Golf verwehrt. Dann müssen Sie sich an die eigene Nase fassen, denn der regelmäßige Wechsel der Batterie ist kinderleicht und kostet nicht die Welt.

Was tun bei einer Reifenpanne?

Etwas anders sieht die Sache mit einem platten Reifen aus. Das ist ganz eindeutig Pech. Denn statistisch gesehen erlebt jeder Autofahrer nur etwa alle 70.000km dieses Malheur. Dann aber heißt es richtig reagieren und umsichtig handeln. Schätzen Sie die Situation hinsichtlich dem Gefahrenpotential ein. Können Sie an dieser Stelle einen Radwechsel durchführen, ohne sich zu gefährden? Befinden Sie sich beispielsweise auf einer zweispurigen Autobahn ohne Standstreifen, unterlassen Sie zu Ihrer eigenen Sicherheit einen Radwechsel. Rufen Sie stattdessen sofort Hilfe per Handy oder Notrufsäule und lassen Sie sich zum nächsten Rastplatz schleppen.

Abgesehen von dieser Panne, die bei jedem Auto auftreten kann, gilt der Golf als realtiv unkompliziert und robust. Entweder er fährt, oder er ist meist richtig kaputt. Dazwischen gibt es nur einige wenige Graubereiche, in denen Sie selber entscheiden müssen. In diesen Fällen können wir lediglich Ratschläge geben oder Empfehlungen aussprechen. Verlassen Sie sich daher stets auf Ihren gesunden Menschenverstand und verzichten Sie im Zweifelsfall lieber auf einen Reparaturversuch vor Ort.

Mit einer Panne weiterfahren oder lieber Stehenbleiben?

Genauso wichtig ist es zu wissen, wann es besser ist, nicht mehr weiter zu fahren. Sie ersparen sich damit nicht nur teure Folgeschäden, sondern setzen auch nicht Ihre Gesundheit und die Ihrer Mitmenschen aufs Spiel. Wir haben darum in unseren Störungsbeiständen die wichtigsten Symptome aufgeführt, die auf einen schlimmen Schaden hindeuten. Oder auch auf Dinge hingewiesen, die einen schlimmen Schaden verursachen können. So reagieren alle direkteinspritzenden Diesel absolut allergisch auf eine Falschbetankung mit Benzin. Fatalerweise passt nämlich die dünnere Zapfpistole der Otto-Kraftstoffe immer in die große Öffnung der Dieselfahrzeuge, der große Rüssel der Diesel-Zapfsäule jedoch nicht in die kleinen Tankstutzen der Benziner. Sollten Sie Ihren falsch betankten Diesel dennoch starten, so werden Sie mit einiger Sicherheit aufgrund der Folgeschäden einen vierstelligen Euro-Betrag los.

Und wenn ich nun doch in die Werkstatt muss?

Lässt sich ein Abschleppen mit anschließendem Werkstattbesuch nicht vermeiden, sollten Sie unbedingt folgende Dinge beachten: Generell ist die Mitgliedschaft in einem Automobilclub und ein spezieller Schutzbrief immer von Vorteil. Lesen Sie sich bei Zeitenund in Ruhe das Kleingedruckte durch und legen Sie die entsprechende Notrufnummer in das Handschuhfach.

Bestellen Sie einen Abschleppwagen nur über diese Nummer und lassen Sie sich vom Fahrer eine Bestätigung über seinen Auftraggeber zeigen. Es ist ja auch möglich, dass der Abschleppwagen rein zufällig des Weges kam...

Schildern Sie der Werkstatt dann ganz in Ruhe und chronologisch den Schadenshergang. Je mehr die Werkstatt weiß, umso kürzer ist die Zeit für die Fehlersuche. Wichtige Informationen sind zum Beispiel:

– In welchem Betriebszustand trat der Schaden auf? (Temperatur, Geschwindigkeit, Drehzahl)

– Haben Sie vorher ungewöhnliche Geräusche oder ein ungewöhnliches Fahrverhalten bemerkt?

– Wie ist die Vorgeschichte des Wagens (wurden vor kurzem Reparaturen oder Inspektionen durchgeführt)?

Bestehen Sie auf einen schriftlichen Auftrag und einen Kostenvoranschlag. Ziehen Sie vor Reparaturbeginn eine finanzielle Grenze, über der die Werkstatt ihr Einverständnis braucht.

Fahrzeug richtig aufbocken

Im Bordwerkzeug Ihres Golf finden Sie unter anderem auch den Spindelwagenheber. Damit lässt sich der Golf für die meisten Arbeiten hoch genug anheben. Zur Vergrößerung der Hubhöhe, können Sie einen Holzklotz unterstellen. Ebenso sollten Sie stets ein kleines Brett mit etwa den Abmaßen 30 cm x 30 cm und 2 cm Dicke zur Sicherheit unterstellen. Damit verringert sich die Gefahr, dass der Wagenheberfuß in den Boden einsinken kann.
Gehen Sie mit Unterstellböcken auf Nummer Sicher. Wenn Sie ernsthaft unter dem Fahrzeug arbeiten wollen raten wir dringend zur Verwendung von Unterstellböcken. Nur so können Sie Ihren angehobenen Golf sichern. Begeben Sie sich niemals unter das angehobene Fahrzeug, wenn dieses nicht durch Unterstellböcke gesicher ist, Sie begeben sich sonst in Lebensgefahr!

Benötigtes Werkzeug und Materialien:

-Holz- / Kunststoffkeil zum Absichern der Räder
-Wagenheber (Bordwerkzeug)
-Holzklötze
-Unterstellböcke

Fahrzeug aufbocken:

Der Wagen muss auf festem, ebenem Untergrund stehen.

Aufnahmepunkte beachten: Die Kennzeichnung der Aufnahmepunkte ist nicht bei allen Golf zu finden. Sie befinden sich ca. 13 cm hinter dem Vorderrad und ca. 22cm vor dem Hinterrad

■ Handbremse anziehen und zumindest eines der Räder gegenüber der Anhebestelle mit Holzkeilen, notfalls mit geeigneten Steinen gegen Wegrollen sichern. Ausschließlich auf die angezogene Handbremse dürfen Sie sich nicht verlassen – bei manchen Arbeiten muss diese sogar gelöst werden.

■ Der Wagenheber ist zusammen mit anderem Bordwerkzeug leicht zugänglich unter der Abdeckung in der Reseradmulde zu finden. Schwenken Sie die Kurbel durch Verdrehen heraus und öffnen Sie den Heber um etwa fünf Umdrehungen.
Nun den Wagenheber senkrecht zum gekennzeichneten Aufnahmepunkt am Schweller heben. Der Schlitz des Wagenheberkopfes muss waagerecht in den Schwelleraufnahmepunkt greifen.
Achtung! Fahrzeug nur an diesen vorgesehenen Aufnahmepunkten anheben! Die Schweller sind in diesem Bereich extra hierfür verstärkt!
Wagenheberkopf mit der linken Hand gegen den Aufnahmepunkt drücken, während man mit der rechten Hand die Kurbel im Uhrzeigersinn dreht und den Wagenheberfuß gegen den Boden drückt. Immer darauf achten, dass der Wagenheber senkrecht steht und nicht nach einer Seite abkippt!

■ Bevor der Wagenheber auf die Arbeitshöhe hochgekurbelt ist, nochmals vergewissern, dass ein Wegkippen des Hebers ausgeschlossen ist. Ist der senkrechte Stand nicht gewährleistet, den Wagenheber nochmals neu ansetzen. Ansonsten nun auf nötige Höhe kurbeln.

■ Der Unterstellbock darf nur an den Bodenverstärkungen angesetzt werden. Zwischen der Auflage des Bocks und den Fahrzeugboden sollten Sie einen Gummi oder Hartholzklotz legen, der die Last verteilt. Kontrollieren Sie vor dem Ansetzen des Bockes, ob eventuell ein Blechfalz im Weg ist, der eingedrückt oder deformiert werden könnte, oder gar die Bremsleitung eingeklemmt werden kann.

■ Der Dreibein-Unterstellbock steht am sichersten, wenn eines seiner Beine nach außen und zwei zur Wagenmitte hin zeigen. Achten Sie auf diese Stellung, wenn Sie das Fahrzeug aufbocken. Sonst kann es passieren, dass beim Anheben des Wagens der auf der anderen Seite bereits angesetzte Unterstellbock seitlich weggedrückt wird.

Fahrzeug abschleppen

Wenn sich Ihr Golf nicht mehr aus eigener Kraft fortbewegen lässt, müssen Sie ihn bis zur nächsten Werkstatt abschleppen. Aus optischen Gründen hat man die Aufnahme für den Abschlepphaken hinter dem (von vorne betrachtet) linken unteren Lufteinlass versteckt. Den Abschlepphaken finden Sie in der Reserveradmulde beim restlichen Bordwerkzeug. Die Anbringung erledigen Sie am Besten wie hier beschrieben. Wichtig ist die Überprüfung auf festen Sitz, durch das Festziehen des Hakens mit Hilfe des Radschlüssels.

Beachten Sie beim Abschleppen aber folgende Grundsätzlichkeiten:

- Automatikwagen nie weiter als 50km schleppen, ansonsten können Schäden am Getriebe entstehen!
- nicht schneller als mit 50 km/h schleppen!

WISSENSWERTES: Vorschriften beim Abschleppen

Beachten Sie nach einer Havarie beim Abschleppen die nach §15a der Straßenverkehrsordnung geltenden Grundsätze: Beim Abschleppen eines auf der Autobahn liegengebliebenen Fahrzeugs ist die Autobahn bei der nächsten Ausfahrt zu verlassen. Ist Ihr Fahrzeug außerhalb der Autobahn liegengeblieben, dürfen Sie nicht auf die Autobahn auffahren. Während des Abschleppens müssen beide Fahrzeuge das Warnblinklicht einschalten. Zudem steht der Nothilfegedanke im Vordergrund, das heißt, ein abzuschleppendes Fahrzeug ist nicht über weite Strecken zu transportieren, sondern nur bis zur nächstgelegenen oder nächstgeeigneten Werkstatt. Der Fahrzeugführer des abschleppenden Kfz benötigt eine Fahrerlaubnis der Klasse, die dem ziehenden Kfz zugehört. Der Lenker eines abzuschleppenden Kfz muss indes keinen Führerschein besitzen. Außerdem besteht kein gesetzliches Mindestalter zur Steuerung des abgeschleppten Fahrzeugs. Da derjenige allerdings für das Bremsen und Lenken verantwortlich und Sie für die Einweisung in diesen Vorgang, ist es ratsam sich im Zweifelsfall davon zu überzeugen, dass Ihr „Pannenhelfer" dies auch kann. Verwenden Sie eine starre Abschleppstange, damit auch das Bremsen ohne Pedalkraftverstärkung nicht zur bösen Überraschung wird.

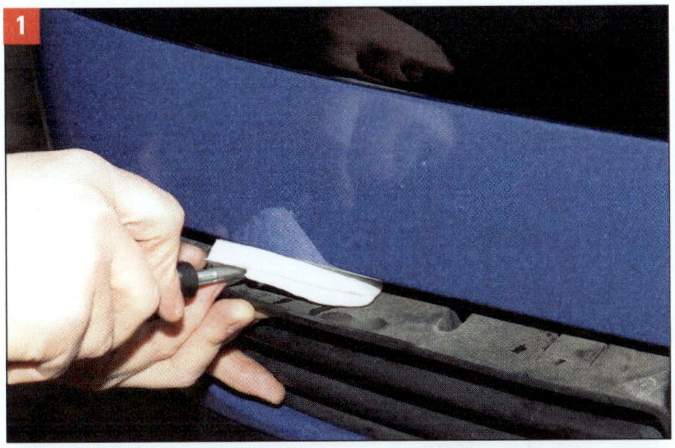

1 ***Abdeckung demontieren:*** Die fummelige Arbeit können Sie sich mit einem flachen Gegenstand erleichtern

2 ***Linksgewinde:*** Den Abschlepphaken (beim Bordwerkzeug) linksherum einschrauben

3 ***Festziehen:*** Den Abschlepphaken können Sie mit Hilfe des Radschlüssels als Hebel ordentlich festziehen

Überhitzung durch Wasserverlust

Wenn der Motor überhitzt, droht ein Schaden an der Zylinderkopfdichtung, irgendwann sogar ein kapitaler Motorschaden. In den meisten Fällen fehlt dem Motor Kühlwasser. Bevor Sie jedoch fehlendes Kühlwasser auffüllen, sollten Sie als erstes versuchen, die genaue Ursache der Überhitzung zu ergründen:

■ Wenn der Ventilator streikt und der Motor nur im Stand zu heiß wird, können Sie die Fahrt bei freier Strecke fortsetzen. Im Stand und an roten Ampeln dann jeweils den Motor abstellen. Schauen Sie nach, ob die betreffende Sicherung noch in Ordnung ist. Brennt auch eine neue Sicherung sofort wieder durch, liegt ein größerer Schaden vor. Entweder ein Kurzschluss oder der Elektromotor des Lüfters ist durchgebrannt.

■ Klemmt der Thermostat, können Sie diesen eventuell ausbauen und die Fahrt ohne fortsetzen. Allerdings sollten Sie so schnell wie möglich ein neues Teil einbauen.

■ Ist ein Kühlerschlauch nur leicht undicht, zum Beispiel durch einen Marderbiss, können Sie den Schlauch provisorisch mit festem Gewebeklebeband umwickeln. Der Schlauch muss dazu fettfrei, trocken und am besten kalt sein. Wickeln Sie ein paar Lagen um die schadhafte Stelle, das hält locker bis nach Hause.

■ Ist der Schlauch gerissen, geplatzt oder hat das Gummi ein größeres Loch, dann können Sie mit einem passenden Rohrstück und zwei Schlauchschellen die schadhafte Stelle überbrücken.

■ Schneiden Sie dazu den Schlauch durch und ersetzen Sie die schadhafte Stelle durch das Rohrstück. Ein Tipp zur Auswahl des Rohres: Der Außendurchmesser sollte ungefähr vier Millimeter dünner sein als der Außendurchmesser des Schlauches, da die Gummischläuche in der Regel rund 2 Millimeter Materialstärke haben.

■ Wenn Sie Kühlwasser auffüllen wollen, müssen Sie beim Öffnen des Ausgleichsbehälters extrem vorsichtig sein: Heißes oder sogar kochendes Kühlwasser steht unter Druck und sprudelt aus der Öffnung.

■ Füllen Sie in einen sehr heißen Motor das Wasser nur in kleinen Schlücken und bei laufendem Motor ein. Das kalte Wasser kann sonst zu Spannungsrissen innerhalb des Motors führen.

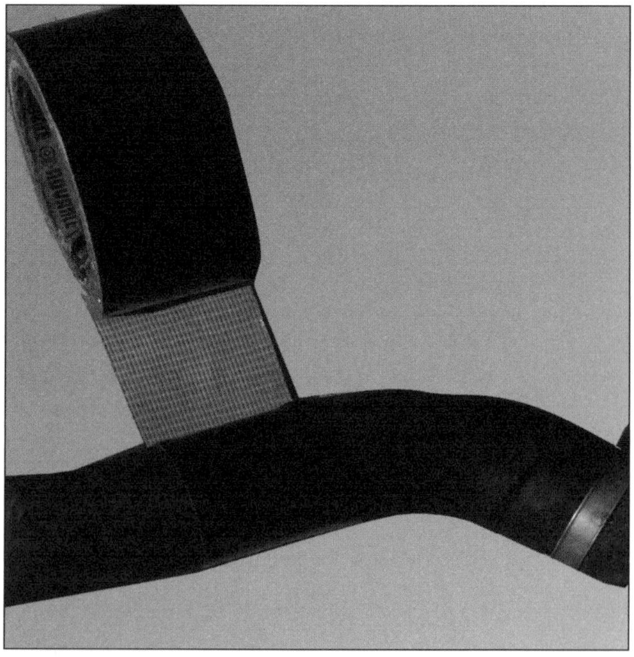

Zwei Möglichkeiten den Kühlerschlauch zu flicken: Ist der Schlauch stark beschädigt, wird einfach ein Stück Rohr eingesetzt. Bei kleinen Undichtigkeiten reicht es, den Schlauch mit Klebeband zu umwickeln

Wenn der Schlüssel streikt

Der Golf verfügt über zwei unterschiedliche Schlüsselsysteme. Der mechanische Schlüssel hat einen feststehenden Schlüsselbart und verfügt über eine kleine Leuchte. Der Schlüssel der Funkfernbedienung ist mit einem Klappmechanismus für den Schlüsselbart ausgerüstet. Versagt beim einfachen Schlüssel die Lampe, muss entweder die Batterie, oder die Birne selbst erneuert werden. Wenn Sie mit dem Funkschlüssel zum Öffnen oder Schließen Ihres Golfs immer näher am Fahrzeug stehen müssen, ist das ein Hinweis darauf dass die Leistung der Schlüsselbatterie sehr schwach ist und diese bald ausgetauscht werden sollte.

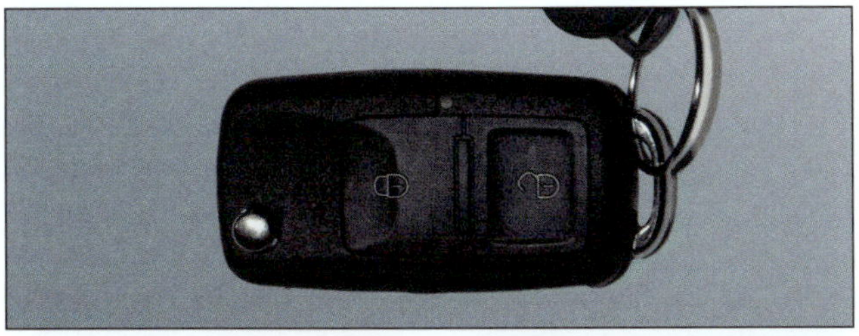

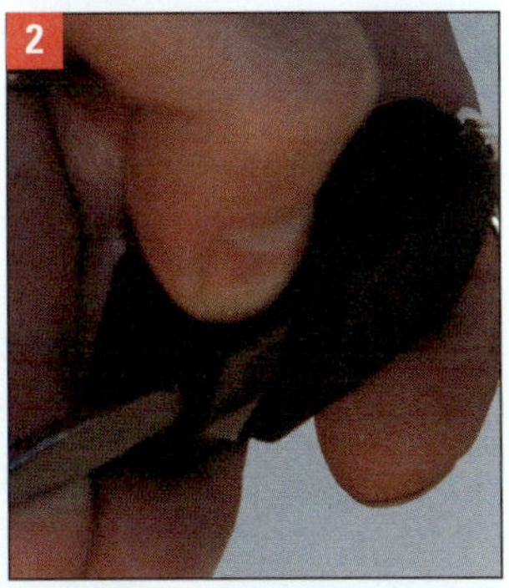

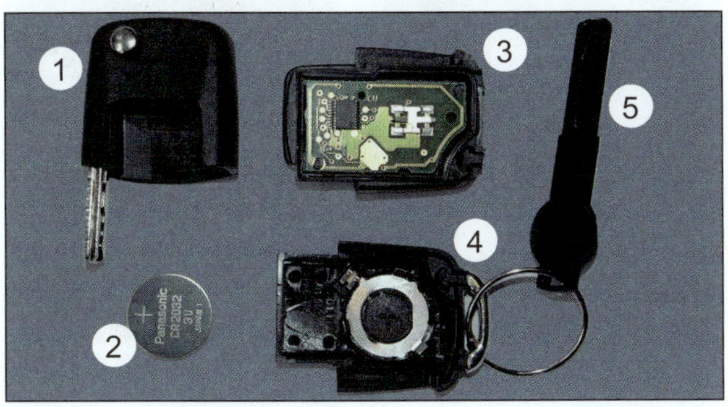

Der Funkschlüssel: (1) Hauptschlüssel mit Wechselcodetransponder, (2) Batterie, (3) Funkcontainer Unterteil, (4) Funkcontainer Oberteil, (5) Notschlüssel aus Kunststoff

Schlüsselbatterie wechseln:

Wechseln Sie die Schlüsselbatterie spätestens alle zwei Jahre. Wir empfehlen Ihnen, vorsorglich Ersatzbatterien ins Wageninnere zu legen. Diese gibt es z.B. bei VW oder meist günstiger auch im Elektrofachhhandel

■ Zum Aufhebeln beider Varianten brauchen Sie einen flachen Gegenstand wie einen kleinen Schraubenzieher. In der Einkerbung (mechanischer Schlüssel seitlich, Funkschlüssel an der Naht zwischen oberer und unterer Schlüsselhälfte auf der Seite mit dem VW Logo) ansetzen und drehen, bis die beiden Schlüsselhalften auseinanderklappen. Beim mechanischen Schlüssel kommen Sie nun problemlos an die Batterie bzw Leuchte dran. Diese herausnehmen und ersetzen.

■ Beim Funkschlüssel müssen Sie dazu erst noch den Funkcontainer auseinanderdrücken, wie in den Bildern 1 und 2 abgebildet

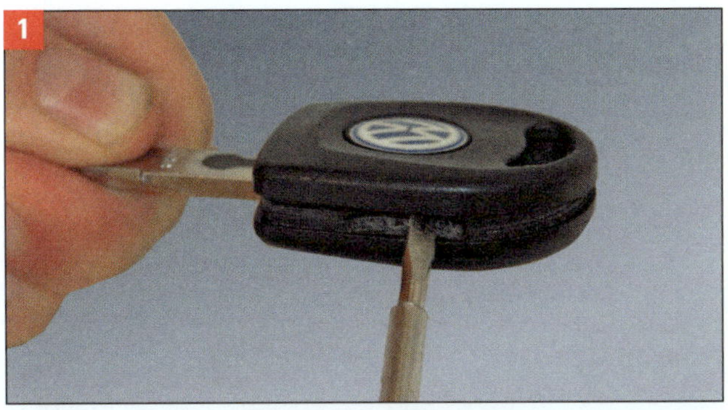

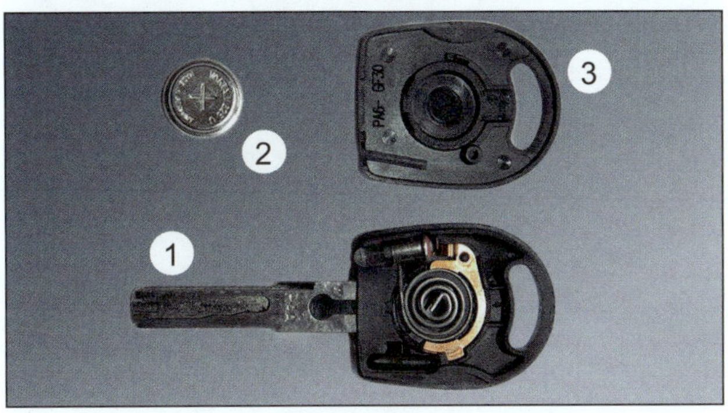

Der mechanische Schlüssel: (1) Hauptschlüssel mit Batteriehalterung und Lampe, (2) Batterie, (3) Gehäuseoberteil mit Druckknopf für die Lampe (VW Logo)

Falschbetankung beim Diesel

Lachen Sie jetzt bitte nicht: eine Falschbetankung kommt häufiger vor als Sie denken. Etwas Hektik, schlecht beschriftete Zapfpistolen und schon ist es passiert – der Golf TDI hat Benzin statt Diesel geschluckt. Wenn Sie es noch rechtzeitig merken, haben Sie Glück gehabt. Der Tank kann ausgepumpt werden. Wenn Sie aber den Motor starten und so langefahren, bis er ausgeht (und das wird er früher oder später), kann die Rechnung in die Tausende gehen. Fatalerweise schmiert nämlich der Dieselkraftstoff auch die Hochdruckpumpe und Benzin wäscht diesen Schmierfilm in Sekundenschnelle ab. Die Folge: Die Pumpe frisst und die Späne verteilen sich anschließend im kompletten Kraftstoffsystem. Starten Sie also auf keinen Fall den Motor und versuchen Sie auch nicht, die Falschbetankung mit Diesel aufzufüllen! Schon wenige Liter Benzin können zum kapitalen Schaden führen!

Wenn Sie dagegen einen Benziner fahren, brauchen Sie sich nicht allzu viel Sorgen machen. Das wesentlich dickere Einfüllrohr der Diesel-Pistolen passt erst gar nicht in den Einfüllstutzen. Und selbst wenn Sie sich innerhalb der Benzin-Palette vergriffen haben, ist das halb so schlimm. Der Klopfsensor der Motorsteuerung erkennt minderwertigen Kraftstoff und regelt entsprechend die Zündung in einen unkritischen Bereich. Trotzdem sollten Sie natürlich so bald als möglich den richtigen Kraftstoff nachtanken.

Kleines Horrorkabinett: Eine Auswahl an Diesel-Bauteilen, die nach der Falschbetankung schaden nehmen können

Elektronik im Notlaufprogramm

Wenn im Cockpit eine Warnleuchte leuchtet und der Motor nur noch mit geringer Kraft läuft oder das Automatikgetriebe seltsam schaltet, befindet sich die Motorsteuerung im Notlaufprogramm. Dasselbe gilt für die Bremsen-Warnleuchte. Sie können damit noch einen sicheren Ort erreichen, dann sollten Sie allerdings der Sache auf den Grund gehen. Denn wenn Motor, Getriebe oder ABS / ESP in das Notlaufprogramm fallen, hat das meist einen schwerwiegenden Grund. In jedem dieser Systeme ist allerdings eine Rückfallebene hinterlegt, die dafür sorgt, dass ihr Auto weiter mobil bleibt. Wenn Sie keinen schwerwiegenden Schaden entdecken, kann es aber auch sein, dass die Elektronik nur in einem bestimmten Betriebszustand einen nicht plausiblen Vorfall registriert hat. Dieser Vorgang wird im Fehlerspeicher abgelegt und kann mit einem Diagnosegerät ausgelesen werden. Deshalb sollten Sie sich unbedingt merken, in welchem Betriebszustand der Fehler aufgetreten ist.

Sie können den Fehlerspeicher nämlich durch längeres Abklemmen der Batterie (zirka eine halbe Stunde) löschen und die Fahrt eventuell unter Vermeidung dieses Betriebszustandes fortsetzen. Oft ist nur ein Massepunkt, ein Stecker mit Kontaktschwierigkeiten oder ein undichter Unterdruckschlauch schuld. Finden Sie die Ursache nicht und tritt der Fehler nach kurzer Zeit erneut auf, sollten Sie so schnell wie möglich den Fehlerspeicher auslesen lassen.

Einfache Notlösung: Zum Löschen des Fehlerspeichers können Sie die Batterie längere Zeit abklemmen

Grundausstattung für kleine Pannen

Der serienmäßige Ausstattungsumfang im Golf ist, was den Pannenfall angeht, einigermaßen akzeptabel. Schraubendreher, Wagenheber, Reserverad.
Wer mit seinem Golf eine Reifenpanne hat, kann sich meist mit dem Reserverad behelfen. Hat dieses aber jahrelang im Kofferraum ein Schattendasein geführt, kann auch dieses platt sein. Pech – es sei denn Sie haben noch ein Pannenset mit an Bord.
Wenn Sie also auch folgende kleine Grundausrüstung mit sich führen, können Sie sich bei vielen anderen kleinen Pannen wahrscheinlich selber helfen oder zumindest das Fortkommen sichern. Denn nicht nur ein platter Reifen kann Sie erheblich aufhalten, sondern auch ein leerer Tank. Vielleicht verliert der Motor auch auf Grund eines porösen Schlauches Wasser. Oder weil ein hungriger Marder herzhaft in die Schläuche gebissen hat.

Mit folgenden Dingen sind Sie schon recht gut ausgestattet:

- Reifendichtmittel: Dichtet kleinere Durchstiche im Reifen von innen ab. Vorsicht: nicht in praller Sonne liegen lassen: Explosionsgefahr!
- Kühlerabdichtmittel: Funktioniert ähnlich wie das Reifendichtmittel und hilft bei Marderbissen.
- Hochfestes Klebeband: Damit können Sie lose Karosserieteile befestigen (zum Beispiel nach einem Unfall) oder auch Kühlerschläuche flicken.
- Kabelbinder: Funktionieren bei guter Qualität sogar als Schlauchschellenersatz.
- Scheibenreinigungskonzentrat (auch pur anzuwenden) und Insektenlöser helfen Ihnen besonders in der Nacht oder wenn die Scheibe durch Öl oder Kühlwasser verschmiert ist.
- Reservekanister: Sichert genügend Reichweite, um bis zur nächsten offenen Tankstelle zu gelangen.

Das kleine Überlebensset: (A) Reifendichtmittel, (B) hochfestes Klebeband, (C) Kabelbinder, (D) Kühlerdichtmittel, (E) Scheibenreinigungskonzentrat, (F) Insektenreiniger, (G) Reservekanister

Willkommen daheim!

Einsteigen und Wohlfühlen – mit einem hochwertigen und gut verarbeiteten Cockpit empfängt der Golf seine Insassen. Praktisch ist der Innenraum des Golf ohnehin – mit umlegbarer Rückbank und jeder Menge Stauraum. Auf Langstrecken stellen auch die Sitze ihre Qualität unter Beweis sowie die gute Bedienbarkeit, die keinen Fahrer vor Rätsel stellt.

In diesem Kapitel erfahren Sie welche Arbeiten im Innenraum selbst erledigt werden können, aber auch wovon Sie besser Abstand nehmen sollten. Denn hinter den vielen Abdeckungen und Verkleidungen in Ihrem Golf lauern durchaus auch Gefahren, wie die pyrotechnischen Elemente des Rückhaltesystems in den Airbags und den Gurtstraffern. Aber wir wollen Sie keineswegs gleich zu Beginn entmutigen. Es gibt noch eine Reihe anderer Dinge, die Sie mit Hilfe der folgenden Abschnitte erledigen können. Dazu gehören zum Beispiel der Lampenwechsel der Innenraumbeleuchtung oder auch der Ausbau diverser Verkleidungen, zum Beispiel an der Türinnenseite. Gerade diese Arbeit kann für Sie früher oder später wichtig werden. Da sich ein häufig auftretendes Problem des Golf in den Türen, oder besser gesagt dahinter verbirgt. Gemeint ist die Mechanik der Fensterheber, die eine der wenigen Schwachstellen im Golf darstellt.

An welchen Teilen sollte ich nicht arbeiten?

Wie bereits erwähnt: Vor Arbeiten an Komponenten, die dem Insassenschutz dienen, müssen wir warnen. Wenn es an Kenntnis und Erfahrung mangelt, sollten Sitze und Lenkrad wegen der darin enthaltenen Airbags tabu sein. Denn selbst in den Werkstätten darf nur speziell geschultes Personal an diesen Teilen tätig werden. Das Risiko, bei Reparaturversuchen verletzt zu werden, ist ja nur die eine Seite. Ein bei einem Unfall nicht mehr ordnungsgemäß funktionierender Insassenschutz, stellt die weitaus schwerer wiegende andere Seite dar. Vor einer Verschrottung des Fahrzeugs etwa nach einem Unfall müssen die Airbageinheiten und Gurtstraffer nach bestimmten Vorschriften sicher entsorgt werden. Auf keinen Fall dürfen Sie diese Komponenten wie üblichen Abfall behandeln. Das gilt auch für gezündete Einheiten und Gurtstraffer. Denn es ist nicht mit Sicherheit zu bestimmen, ob wirklich alle im Fahrzeug vorhandenen pyrotechnischen Ladungen gezündet wurden.

GEFAHRHINWEISE

Arbeiten am Rückhaltesystem

Bei Arbeiten an Airbag- oder Gurtstraffereinheiten gilt äußerste Vorsicht. Denn die Komponenten von Airbag und Gurtstraffer sind pyrotechnischer Herkunft und können bei unsachgemäßer Behandlung schwere Verletzungen hervorrufen, wie zum Beispiel Verbrennungen oder sonstige Verletzungen durch umherfliegende Teile. In der Werkstatt gelten folgende Sicherheitsmaßnahmen: Vor Arbeiten an Airbageinheiten müssen die Pole der Batterie abgeklemmt werden. Danach kann die Arbeit an der Airbageinheit erfolgen. Vor dem Berühren der Airbageinheit, (z.B. bei der Entnahme aus der Verpackung) muss eine elektrostatische Entladung erfolgt sein, z.B. durch Anfassen eines Heizkörpers. Airbags dürfen nur mit der gepolsterten Seite nach oben gelagert werden. Das unbeaufsichtigte Liegenlassen eines Airbags ist verboten. Airbags die auf den Boden gefallen sind oder Beschädigungen aufweisen, dürfen nicht mehr verbaut werden und sind fachgerecht zu entsorgen. Beim Wiederanschließen des Airbags an eine Spannungsquelle darf sich zur Sicherheit und dem Schutz vor einer ungewollten Auslösung keine Person im Fahrzeuginneren aufhalten.

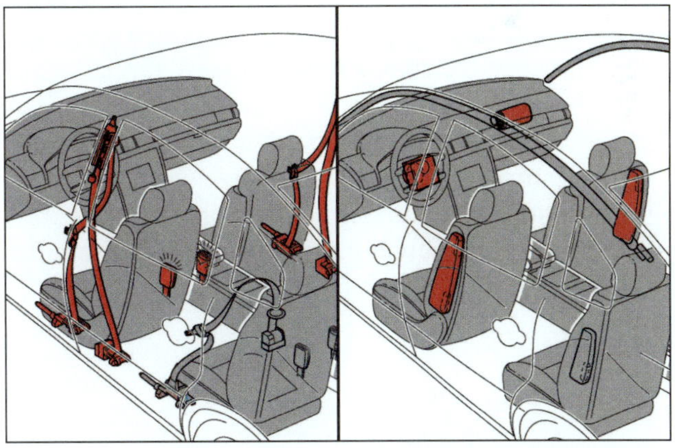

Rückhaltesysteme: Die Dreipunkt-Automatik-Gurte sind vorne serienmäßig mit einem Gurtstraffer ausgestattet, Airbags befinden sich vorne und in den Sitzen. Hier darf nur der Fachmann dran!

Profitipp: Montagekeil für Verkleidungsteile

Die teilweise kratzempfindlichen Kunststoffe der Innenraumverkleidung verlangen einen äußerst sensiblen Umgang. Will man nicht gleich beim ersten Demontageversuch häßliche Spuren hinterlassen empfiehlt sich die Verwendung eines Montagekeils für den Innenraum. Dieser ist aus weichem und elastischem Kunststoff und erlaubt es mit der flachen Seite auch in den meist sehr engen Spalten problemlos zu arbeiten. Ein weiterer Schutz ist das Abkleben der entsprechenden Stelle mit Klebeband oder das Unterlegen mit einem schützenden Stofftuch. Die Vielzahl der Verkleidungsteile ist mit Halteclips angebracht, die Sie mit einem Schraubenzieher schnell beschädigt oder gar abgerissen haben. Ein Ärgerniss, denn die Wiederanbringung des Verkleidungsteils kann dann zum Problem werden. Auch hier können Sie mit dem Keil sensibler vorgehen.

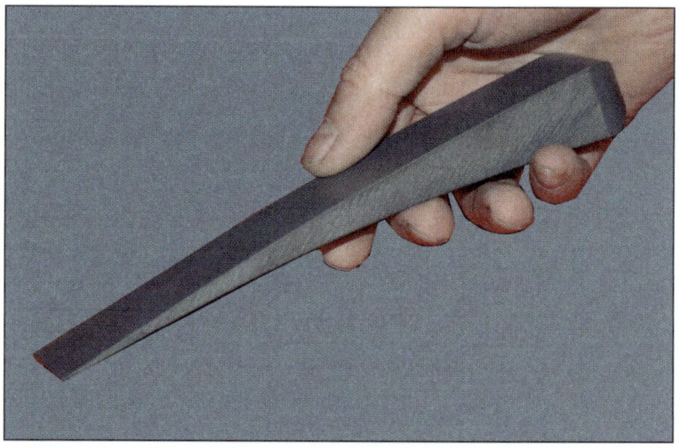

Kommt in die meisten Spalten: Ein Montagekeil ist im Fachhandel für wenige Euro zu erhalten und spart Ihnen bei Innenraumarbeiten eine Menge Ärger und Kratzer

Ablagen, Verkleidungen und Sitzbank

Sämtliche Bestandteile der Mechanik, Elektrik und Elektronik im Innenraum sind hinter Verkleidungen und Blenden im Golf versteckt. Sie verschönern zwar die optische Anmutung aber bei Arbeiten an den Teilen dahinter sind sie im Weg. Bei der Demontage der einzelnen Verkleidungen haben Sie jedoch kein Problem, so lange Sie wissen an welchen Punkten Sie (am Besten mit Ihrem Kunststoffkeil) ansetzen müssen.
Achten Sie darauf, dass die Abdeckungen der Airbageinheiten nicht beklebt (z.B. Fotorahmen fürs Auto etc.) oder anderweitig verändert wurden. Bei der Reinigung verwenden Sie bitte nur einen trockenen oder angefeuchteten Lappen (s. auch Kapitel „Werterhalt").
Sitzbezüge müssen speziell auf die Seitenairbags in dem Gestühl abgestimmt sein. Sogenannte Reboard-Kindersitze dürfen auf dem Beifahrersitz nur installiert werden, wenn der Beifahrerairbag deaktiviert wurde! Dies müssen Sie in der VW-Werkstatt erledigen lassen. Die Verwendung von geeigneten Kindersitzen mit der Isofix-Halterung ist einfacher und empfehlenswert. Das Isofix-System verfügt über eine Verankerung unter der Rücksitzbank, in welche die Kindersitze befestigt werden. Der Airbag vorne rechts bleibt aktiviert und kann auch nur so bei einer Kollision für Ihren Beifahrer nützlich sein.

Achtung bei Reboard-Sitzen: Der Warnhinweis an der B-Säule (Beifahrerseite) deutlich: Die Anbringung von Reboard-Kindersitzen ist bei aktiviertem Airbag verboten!

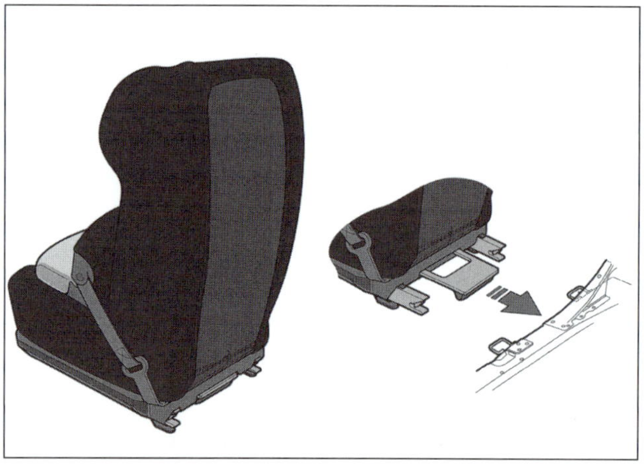

Isofix System: Die Metallbügel können in den Ösen unter der Rücksitzlehne fest verankert werden

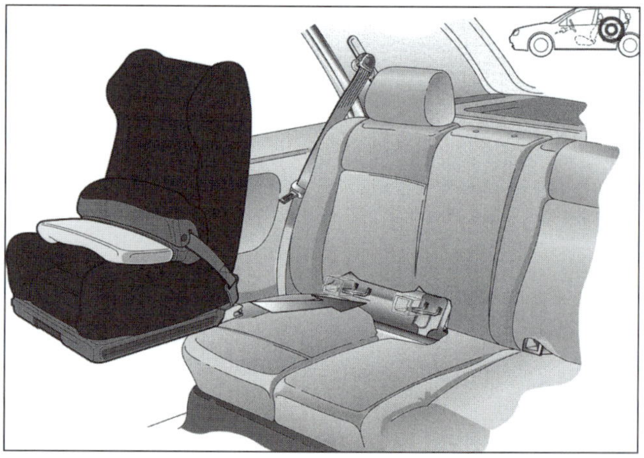

Auf Nummer sicher: Der Isofix-Kindersitz ist äußerst stabil, da er mit der Karosserie des Golf verbunden ist

Sitzgurte regelmäßig prüfen

Zum Thema Sicherheit im Innenraum gehört auch eine regelmäßige Gurtkontrolle. Achten Sie dabei auf Beschädigungen wie Einrisse oder Verfransungen. Solche Verschleisserscheinungen können im Ernstfall zur Achillesferse des Rückhaltesystems werden. Denn sollte der Gurt bei einem Unfall durch die hohe Beanspruchung versagen, dann dort, wo er beschädigt ist. Rollen Sie daher bei der Sichtprüfung bei hellem Tageslicht die gesamte Gurtlänge so weit wie möglich ab. Fahren Sie mit den Fingern über den gesamten Gurt, und fühlen Sie dabei ob es Beschädigungen wie oben beschrieben gibt. Nehmen Sie den Gurt genauestens in Augenschein.

Schwachstelle Fensterheber

Ein häufiger Grund zur Klage unter Golffahrern ist der Defekt der Fensterheber. Diese gelten nicht nur als häufigste, sondern zugleich ärgerlichste Schwachstelle des Golf IV. Viele Leser werden damit bestimmt schon Erfahrung gemacht haben, andere hatten entweder bislang Glück oder die später verbaute und verbesserte Mechanik in ihrem Golf.

Doch warum gehen die Fensterheber so häufig kaputt? Schadensursache sind meist die zu schwach ausgelegten Kunststoffteile der Scheibenaufnahme. Durch einen Riss, der sich mit der Zeit in den Scheibenaufnehmern bildet, verklemmt zunächst das Fenster. Infolge des erhöhten Kraftaufwands versagt die Scheibenaufnahme dann gänzlich. Die Fensterscheibe fällt in ihren Schacht und verschwindet hinter der Türverkleidung. Erst die seit KW 10 / 2003 gebauten Golf wurden mit verstärkten Mitnehmern ausgerüstet. Für die Schadensfälle entwickelte VW ein Reparaturkit, gewährte aber lediglich für Fahrzeuge die noch innerhalb des Garantiezeitraums lagen, uneingeschränkte Kulanz. Für ältere Golf wird der Schaden wenn überhaupt nur noch zur Hälfte beglichen.

Der Reparatursatz enthält neue, einteilige Klemmbakken aus Aluguss. Nach der Beschreibung zum Ausbau der Türverkleidung finden Sie die Anleitung zum Einbau des Reparatursets. Die Kosten der Werkstattstunden bleiben Ihnen damit erspart.

Ein Anhaltspunkt, ob in Ihrem Golf im Rahmen einer Serviceaktion die verstärkten Teile eingebaut wurden, sind nicht vollständig versenkbare Scheiben. Die Modifikation erhielt zur Sicherheit nämlich auch einen Gummipuffer am unteren Anschlag.

Sichtprüfung: Eine einwandfreie Funktion hat der Gurt nur, wenn er keine Beschädigungen aufweist. Beschädigungen können nach häufigem Einklemmen in der Tür auftreten

Häufig defekt: Viele Golffahrer haben die leidige Erfahrung defekter Fensterheber machen müssen. VW reagierte mit einem Reparaturset, das verstärkte Halterungen beinhaltet

Klemmbacken: Verstärkte Alugussteile ersetzten die anfänglich verbauten und zu schwach konstruierten Plastikhalter

Sitzbank und -lehne ausbauen

Zur Maximierung des Ladevolumens können Sie die Sitze und Lehnen der Rückbank ausbauen. Machen Sie dies aber schon bevor Sie sich auf den Weg zu Ihrem Transportgut begeben, denn die Sitze und Lehnen müssen irgendwo verstaut werden, wenn Sie den freigewordenen Platz auch sinnvoll nutzen möchten. Der Ausbau der Sitzbank und der Lehne ist nicht schwierig, erfordert aber für die Lehnen einen flachen Schraubenzieher. Der Ausbau wird hier am Beispiel der linken Lehne dargestellt. Er ist aber auch auf die Rechte übertragbar.

Ausbau der Rücksitzlehnen:

Die Rückbank besteht aus der geteilten Sitzbank sowie der linken und rechten Lehne.

■ Zum Ausbau klappen Sie zunächst die Lehne vor.

■ Drücken Sie dann den Rasthaken mit dem flachen Schraubenzieher nach hinten (s. Pfeil A, Bild 1).

■ Anschließend die Lehne etwas hochziehen und von der mittleren Verankerung (s. Pos. 4 in Bild 1) abziehen (s. Pfeil B in Bild 1).

1

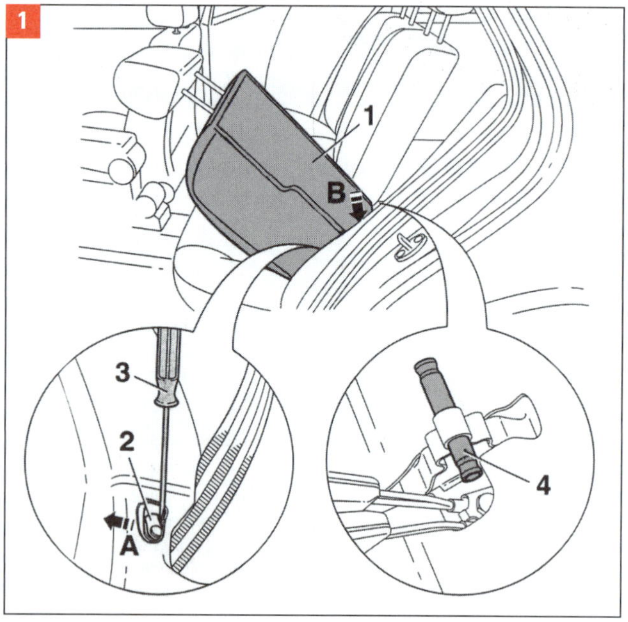

Ausbau der Lehne: Die Rasthaken können am Besten durch einen flachen Schraubenzieher gelöst werden

Einbau der Rücksitzlehnen:

■ Die Sitzbank wird zum Einbau einfach wieder mit den Metallbügeln in den Ösen befestigt. Anschließend können Sie die Sitzbank wieder in ihre normale Sitzposition zurükkklappen.

Ausbau der Sitzbank

Die Sitzbank ist an Metallbügeln durch Ösen fixiert (s. Pos. A in Bild 2).

■ Zum Ausbau klappen Sie zunächst die Sitzbank nach vorne in den Fußraum der Fondpassagiere.

■ Ziehen Sie nun die Metallbügel auf beiden Seiten nach innen (s. Pfeile Bild 2) bis sie sich aus den Aufnahmeösen gelöst haben.

Einbau der Sitzbank:

■ Lehne wieder auf die Verankerung schieben (s. Pos. 4 Bild 1) und diese außen herunterdrücken. Nun können Sie die Lehne wieder zurückklappen.

2

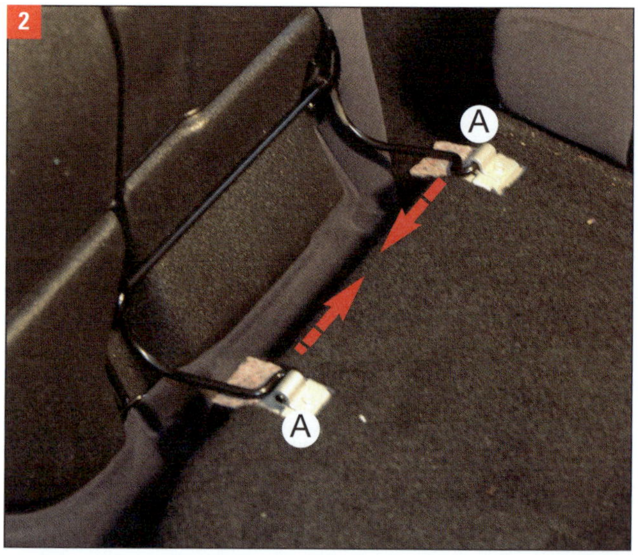

Ausbau der Sitzbank: Nach dem Vorklappen kommen die Haltebügel zum Vorschein. Sie werden einfach aus den Aufnahmen (A) gedrückt und können danach herausgenommen werden

Kombiinstrument ausbauen

Die meisten Leuchten im Kombiinstrument sind leider nicht erneuerbar, halten aber dafür in aller Regel auch so lange der Golf fährt. Einzig die Kontrolleuchten, die als Glühlampen ausgeführt sind, können bei einem Defekt ersetzt werden. Das Kombiinstrument muss aber dafür herausgenommen werden. Tritt ein anderer Fehler daran auf, kann nur das gesamte Instrument ausgewechselt werden. Das Kombiinstrument gibt es in den zwei Ausführungen „Midline" und „Highline".

Was bedeutet die Anzeige „dEF"?

Erscheint in der Anzeige des Tageskilometerzählers anstatt der Wegstrecke die Buchstabenfolge „dEF", dann liegt ein Fehler im Festspeicher vor. Welcher kann leider nur die Werkstatt durch das Auslesen des Fehlerspeichers bestimmen. Dadurch kann auch bestimmt werden, ob ein Austausch fällig ist.
Zum Ausbau muss das Lenkrad nicht entfernt werden, die Darstellung ist ohne jedoch etwas übersichtlicher.

Benötigtes Werkzeug:

-Torxschraubendreher

Ausbau:

■ Zuerst das Lenkrad ganz nach unten stellen und so weit wie möglich vorziehen.

■ Abdeckung A ausclipsen und auf dem Lenkstockschalter B ablegen (1).

■ Die Schrauben (s. Pfeile in Bild 2) mit einem Torxschraubendreher herausdrehen. Nun können Sie das Kombiinstrument, durch etwas nach vorn und in Richtung Sitz ziehen und herausnehmen.

Einbau:

■ Den Einbau in umgekehrter Reihenfolge vornehmen.

1

Darstellungssache: Der Ausbau des Kombiinstruments kann auch bei montiertem Lenkrad erfolgen.

2

3

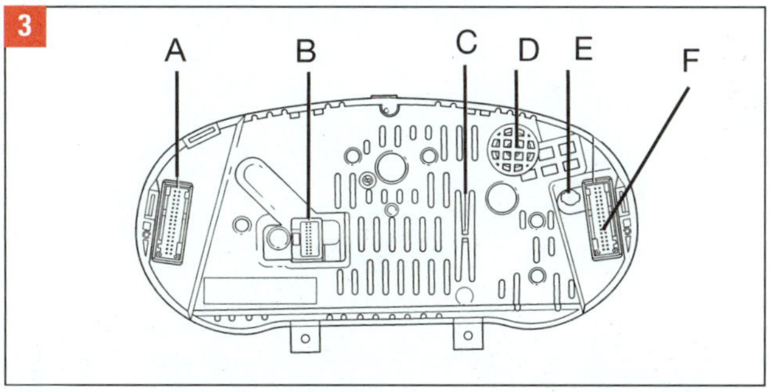

Steckerbelegung: (A) Steckanschluss 32fach, grün; (B) Steckanschluss 20fach, rot, „Highline"-Ausführung; (C) Klemmvorrichtung zur Fixierung des Leitungsstrangs; (D) Warnsummer Öl und Licht; (E) Kotrollampe Heckklappe u. Anhängerbetrieb; (F) Steckanschluss 32fach blau

Radio aus- / einbauen

Zum Ausbau des Radios benötigen Sie ein Entriegelungswerkzeug, welches Sie entweder schon zusammen mit dem Radio oder nachträglich im Fachhandel bekommen. Beachten Sie, dass durch das Trennen der Steckerverbindung an der Rückseite, der Anti-Diebstahl-Code beim Wiedereinbau eingegeben werden muss. Haben Sie den nicht, hilft nur der Besuch einer VW-Werkstatt. Wenn Sie nicht wieder ein VW-Radio einbauen, benötigen Sie unter Umständen ein VW-Adapterkabel.

Hinweis:
Bei Radios mit Signal für die geschwindigkeitsabhängige Lautstärkenanpassung (Gala) darf das Kabel dafür auf gar keinen Fall kurzgeschlossen werden. Ansonsten können Probleme bei der Motorsteuerung, (z.B.: ABS oder Automatikgetriebe, sofern vorhanden) nicht ausgeschlossen werden.
Solche Störungen können auch beim Einbau eines Radiogeräts anderer Hersteller mit automatischer Lautstärkeanpassung auftreten. Im Zweifel fragen Sie bei Ihrer VW-Werkstatt nach.
Bei den VW-Radios beta und gamma erfolgt nach dem Anschließen an die Versorgungsspannung automatisch ein Datenaustausch zwischen dem Radio und dem Instrumenteneinsatz. Ein bei der Erstaktivierung der Diebstahlsicherung abgespeicherter Zahlencode wird verglichen. Bei Übereinstimmung ist das Radio betriebsbereit. Das Radio wird aber beim Einbau in ein anderes Fahrzeug gesperrt.

Benötigtes Werkzeug:

-Entriegelungswerkzeug VW-Nr: 3316

Ausbau:

■ Batterie-Massekabel abklemmen. Hinweise unter „Batterie ausbauen" im Kapitel „Elektrik" beachten.

■ Entriegelungswerkzeuge in die entsprechenden Schlitze stecken, bis sie spürbar einrasten (1).

■ Radio an den Grifflösen der Werkzeuge aus der Armaturentafel (2) ziehen. Ausziehbügel nicht zur Seite drücken!

■ Steckverbindungen abziehen. Nicht alle Radios sind mit verwechslungssicheren Mehrfachsteckern ausgerüstet, so dass die Stecker beim Einbau vertauscht werden könnten. Bringen Sie also am besten Markierungen an.

Ansatzpunkte Radiomodell „beta": Befinden sich in den Schlitzen neben den Tasten

1

Entriegelung: Zum Ausbau des Radios stecken Sie die Entriegelungswerkzeuge 3316 in die seitlichen Schlitze

2

Herausnehmen: Zum Herausnehmen ziehen Sie das Radio an den Grifflösen der Werkzeuge heraus

Einbau:

■ Zum Einbau die Entnahmewerkzeuge aus dem Radio heraus ziehen

■ Die Anschlüsse zusammenstecken und das Radio in die Armaturentafel schieben (3). Dabei muss das Radio deutlich hörbar und spürbar in den Aufnahmen einrasten.

■ Anschließend das Massekabel der Batterie wieder anklemmen

■ Radiocoe eingeben. Sie finden diesen in der Bedienungsanleitung des Radiogeräts. Gehen Sie wie in „Radiocode eingeben" (folgende Seite) beschrieben, vor.

3

Einbauen: Zum Einbau ohne die Wekzeuge das Radio an den Seiten in den Schacht drücken bis es eingerastet ist

Radiocode eingeben

Die VW-Radios alpha, beta und gamma sind mit einem Sicherheitscode zum Diebstahlschutz versehen. Dadurch kann das Gerät nicht unbefugt in Betrieb genommen werden. Bei ausgeschalteter Zündung blinkt eine rote LED und zeigt damit an, dass die Codierung aktiv ist. Wird das Gerät von der Versorgungsspannung getrennt, muss zum Aktivieren des Radios der Code eingegeben werden.

Codeingabe Radio alpha:

■ Radio einschalten, TP und TA gleichzeitig drücken bis in der Anzeige „1000" erscheint, dann Tasten loslassen.

■ Mit Hilfe der Stationstasten (1 bis 4) Code (s. Radiobedienungsanleitung) eingeben. Zur Eingabe der ersten Stelle Taste 1 benutzen, zur Eingabe der zweiten Taste 2 usw. Taste dabei so oft drücken, bis die richtige Ziffer an der entsprechenden Stelle angezeigt wird.

■ Nach der vollständigen Eingabe wieder TP und TA so lange drücken bis auf dem Display die Meldung „SAFE" erscheint. Dann Tasten wieder loslassen.

■ Das Radio ist jetzt wieder betriebsbereit.

Bei falsch eingegebenem Code:

Anzeige „SAFE" erscheint zunächst blinkend, dann dauernd. Achtung: Sie haben jetzt nur einen Versuch, um den richtigen Code einzugeben! Denn bei erneuter Falscheingabe ist das Radio für ungefähr eine Stunde gesperrt. Die Zeitsperre verstreicht nur, während das Gerät angeschlossen ist. Nach ca. einer Stunde, kann der Code erneut eingegeben werden.

Codeingabe Radio beta und gamma:

Im Gegensatz zum Radio alpha ist das beta- bzw. gamma-Modell nach dem Wiederanklemmen ohne die Eingabe des Codes sofort betriebsbereit. Vorausgesetzt das Radio wurde wieder in dem Fahrzeug eingebaut in welchem auch die Erstaktivierung erfolgt ist. Beim Einbau in ein anderes Fahrzeug zur Aufhebung der elektronischen Sperre wie folgt vorgehen:

■ Gerät anschließen, das Gerät zeigt automatisch in der Anzeige „1000" an.

■ Mit Hilfe der Stationstasten 1 bis 4 den Code aus der Radiobedienungsanleitung eingeben. Zur Eingabe der ersten Stelle Taste 1 benutzen, zur Eingabe der zweiten Taste 2 usw. Taste dabei so oft drücken, bis die richtige Ziffer an der entsprechenden Stelle angezeigt wird.

■ Nach der vollständigen Eingabe die linke oder rechte Wippe des Radiogerätes nach rechts drücken und festhalten, bis die Diebstahlsicherung aktiviert ist (erkennbar an einem Quittungston).

■ Das Radio ist nun wieder betriebsbereit.

Mittelkonsole vorn ausbauen

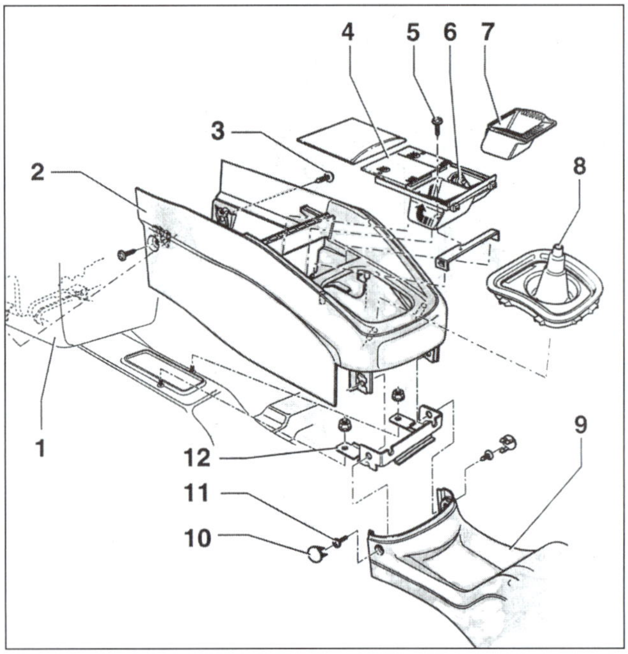

Ausbau der Mittelkonsole vorn: Beim Aus- und Einbau sind folgende Einzelteile zu berücksichtigen: 1 Verkleidung für Lenksäule, 2 Mittelkonsole vorn, 3 zwei Schrauben, 4 Ascher, 5 Schraube, 6 Zigarettenanzünder, 7 Aschereinsatz, 8 Manschette, 9 Mittelkonsole hinten, 10 zwei Abdeckkappen, 11 zwei Schrauben, 12 Befestigungswinkel

Benötigtes Werkzeug:

-flacher Schraubenzieher oder Montagekeil

Ausbau:

■ Zuerst clipsen Sie die Abdeckkappen 10 aus und drehen die Schrauben 11 heraus.
Die Manschette 8 kann jetzt ausgeclipst und hochgezogen werden.

■ Wenn Sie den Aschereinsatz 7 herausgezogen haben, können Sie die Schraube 5 herausdrehen.

■ Den Ascher 4 nach oben schieben, schließen und soweit herausziehen, bis der Stecker vom Zigarettenanzünder 6 abgezogen werden kann.

■ Nachdem Sie die Schrauben 3 herausgedreht haben, können Sie die Konsole 2 nach oben über den Schalthebel herausziehen.

Einbau:

■ Gehen Sie beim Einbau in umgekehrter Reihenfolge vor.

Mittelarmlehne vorn ausbauen

Ausbau:

■ Nehmen Sie zunächst die Verkleidung zur Fahrerseite hin ab (s. Pfeil im Bild 1). Die Verkleidung können Sie ohne Probleme von der Mittelarmlehne abclipsen. Ziehen Sie dazu einfach in Pfeilrichtung

■ Unter der Verkleidung wird nun das Drehscharnier der Armlehne sichtbar. Darunter befindet sich die Fixierschraube (im Bild 2 erkennbar an der grünlichen Färbung) für die gesamte Armlehne.

■ Drehen Sie zur Demontage der Armlehne nun die Schraube (s. Pfeil in Bild 2) heraus.

■ Die lose Mittelarmlehne kann nun abgenommen werden.

Einbau:

■ Der Einbau der Armlehne geht in umgekehrter Reihenfolge. Anziehdrehmoment der Schraube: 18 Nm.

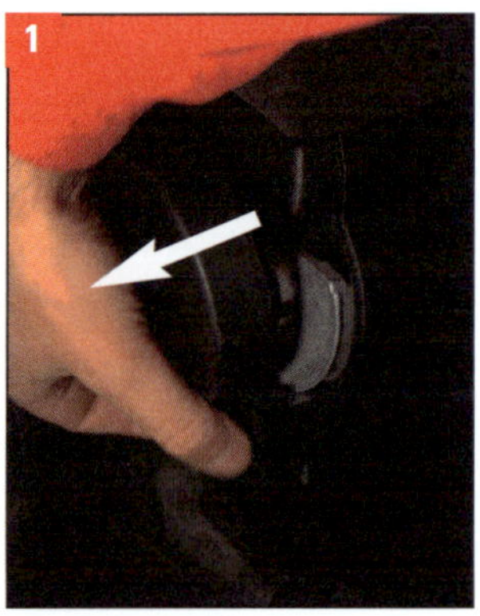

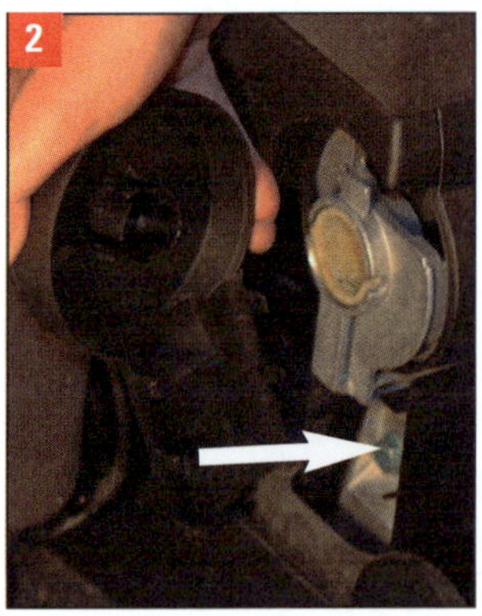

Handschuhkasten aus- / einbauen

Zur Demontage des Handschuhkastens müssen Sie vorher die Mittelkonsole ausbauen (wie unter "Mittelkonsole vorn ausbauen" beschrieben). Dies ist leider notwendig, da nur so die Schraube 2 (s. Bild 2) des Handschufachkastens für Sie zugänglich wird. Nach der Demontage der Mittelkonsole gehen Sie vor, wie es in den Abbildungen gezeigt wird.

Benötigtes Werkzeug:

-Kreuzschlitzschraubenzieher

Ausbau:

■ Bauen Sie zuerst die seitliche Abdeckung von der Armaturentafel wie unter Bild 1 beschrieben ab.

■ Alle Schrauben sind herauszudrehen, ehe der Handschuhkasten abgenommen werden kann. (s. Pfeile Bild 2)

Einbau:

■ Den Einbau erledigen Sie in umgekehrter Reihenfolge.

1

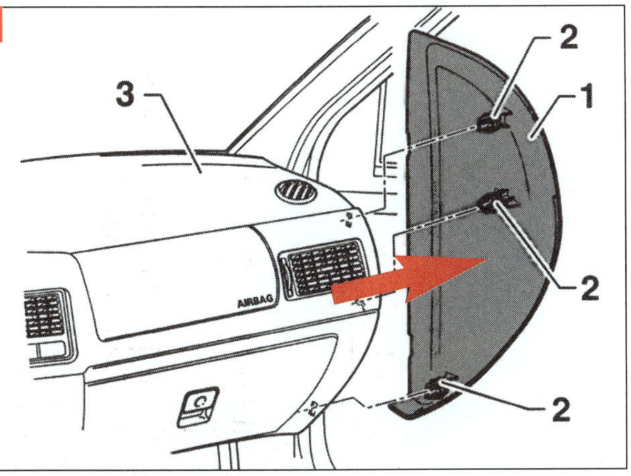

Zuerst ziehen Sie die Abdeckung 1 von der Armaturentafel 3 in Pfeilrichtung ab und lösen diese aus den Clips 2

2

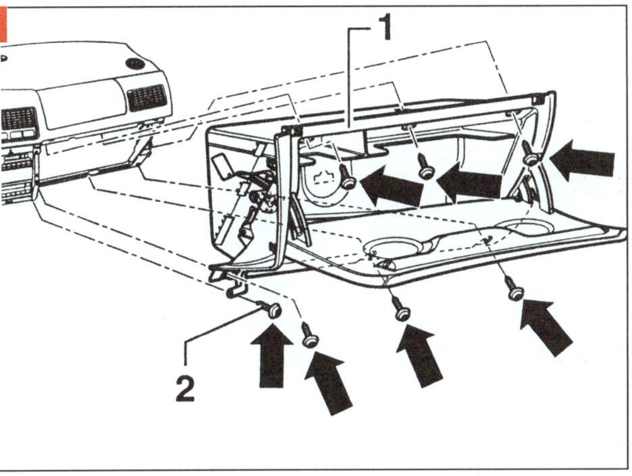

Nach dem Lösen der insgesamt sieben Schrauben (Pfeile) können Sie den Handschuhkasten 1 herausnehmen

Dosenhalter ausbauen

Benötigtes Werkzeug:

-flacher Schraubenzieher

Ausbau:

■ Zunächst die Blende für den Dosenhalter hochklappen.

■ links und rechts an der Seite befinden sich Halteklammern (s. Pfeile im Bild).

■ Drücken Sie diese Halteklammern mit einem flachen Schraubenzieher an den Dosenhalter und haken Sie sie aus.

■ Ist der Dosenhalter aus der Halterung gelöst, können Sie ihn herausziehen.

Einbau:

■ Zum Einbau gehen Sie in umgekehrter Reihenfolge vor.

Türverkleidung ausbauen

Der Aus- und Einbau der Türverkleidung ist eine etwas knifflige Aufgabe. Aber Sie müssen sich daran wagen, wenn Sie beispielsweise an die Lautsprecher herankommen wollen oder den Fensterheber reparieren müssen. Sämtliche in der Tür verbauten Elemente (Lautsprecher, Fensterheber und Türschloss) sind beim Golf an einem einzigen Aggregateträger befestigt. Diesen erreichen Sie leider nur nach der Demontage der kompletten Türverkleidung.
Und dann geht es noch weiter: Das Türschloss kann nur in Verbindung mit dem Aggregateträger ausgebaut werden. Den Aggregateträger wiederum kann man nur ausbauen, wenn die Türfensterscheibe vom Fensterheber gelöst ist. Am meisten Elektrik und Mechanik verbirgt die Fahrertür unter ihrer Verkleidung - von der Fensterheberbedienung aller vier Scheiben bis zur Einstellung der Außenspiegel.
Deshalb wird an dieser Tür das schrittweise Vorgehen demonstriert. Die etwas einfacher zu demontierende Beifahrertürverkleidung ist ähnlich aufgebaut wie die der beiden hinteren Türen. Die Unterschiede erwähnen wir an den jeweiligen Arbeitsschritten.

Benötigtes Werkzeug

-Montagekeil
-flachen Schraubenzieher
-20er Torxschraubendreher
-kleiner Kreuzschlitzschraubenzieher

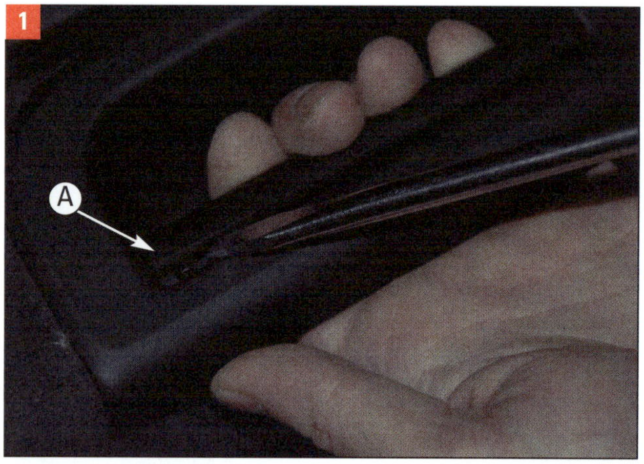

Blende aushebeln: Zuerst die Blende der Griffschale mit einem Schraubendreher an dem vom Pfeil markierten Punkt vorsichtig aushebeln

Ausbau:

■ Zuerst die Blende A (1) aus der Griffschale lösen. Dazu vorsichtig einen flachen Schraubenzieher in die Trennfuge oben und unten stecken. Bild 2 zeigt alle Halteclips.

■ Nach Entfernen der Griffschale (befetigt an den Stellen A, B und C in Bild 3) werden dahinter drei Schrauben zugänglich (s. Pfeile in Bild 4) von denen die Verkleidung gehalten wird. Schrauben Sie diese heraus. (Beifahrer- und hintere Türen: zwei Schrauben unter der Griffblende).

■ Die Türverkleidungen werden unten von drei (vordere Türen) oder zwei (hintere Türen) Innenmehrkantschrauben gehalten. Stellen Sie sicher, dass alle sieben Schrauben aus den Bildern 4 bis 6 gelöst sind.

■ Schalter ausstecken (Bild 7) und Tür an den Seiten mit einem flachen Schraubenzieher abclipsen.

■ Die Verkleidung kann nun nach oben aus dem Fensterschacht gehoben werden.

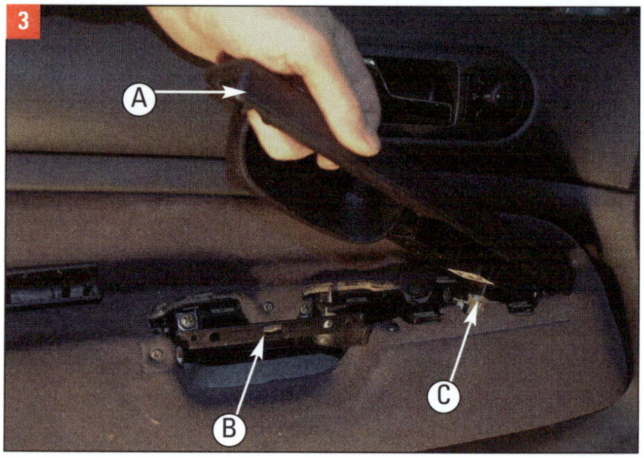

Griffschale lösen: Griffschale A nach oben aus der Türverkleidung ausclipsen, Strebe B nicht beschädigen. Der Stekker ist an C mit der Schaltereinheit verbunden

■ Hinter der Verkleidung wird nun der Aggregateträger der Tür sichtbar. Zu dessen Demontage alle Schrauben (s. Pfeile in Bild rechts) lösen.

Einbau:

■ Kontrollieren Sie vor dem Einbau alle Halteclips auf Beschädigungen.

■ Einbau in umgekehrter Reihenfolge erledigen.

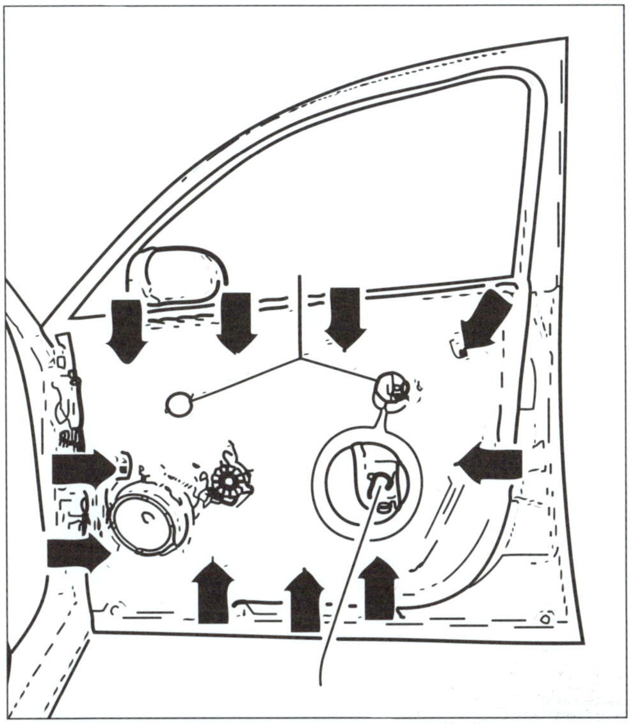

4

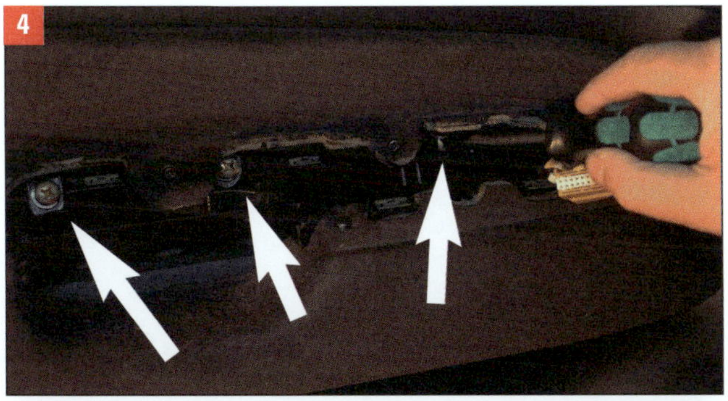

5

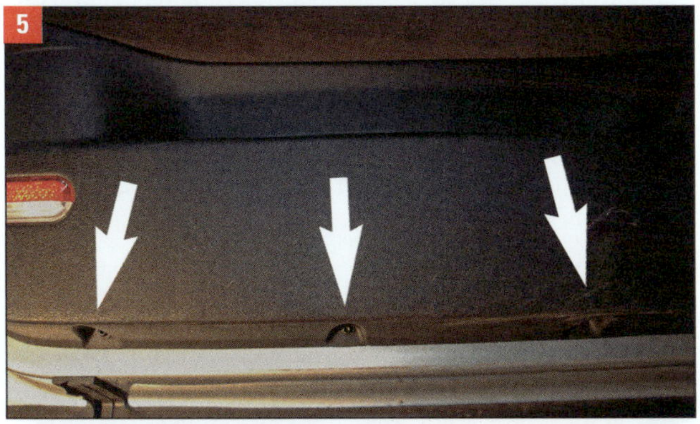

6

7

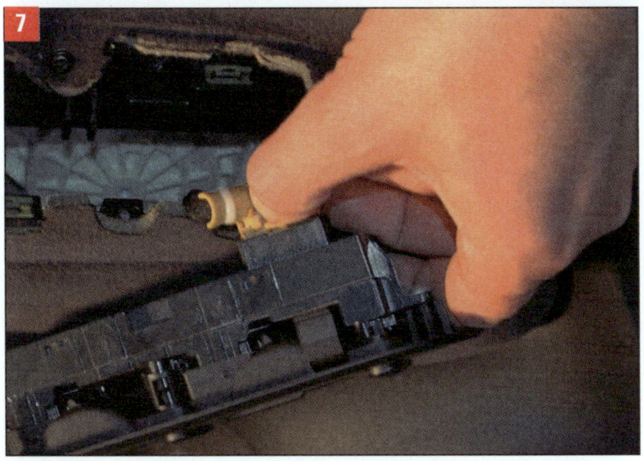

8

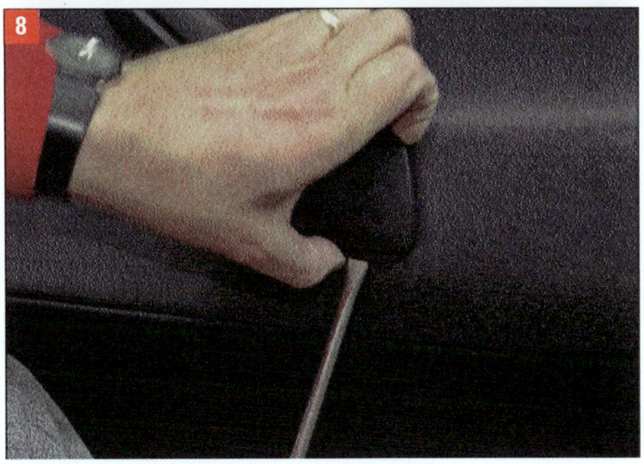

Schalter ausstecken: Den Stecker für die Schaltereinheit durch Drücken an den seitlichen Clips und gleichzeitigem Ziehen ausstecken

Beifahrerseite: Auf der Beifahrerseite sowie den restlichen Türen müssen Sie lediglich die Griffschale an einem Stück lösen

Fensterheber reparieren

Mittlerweile können bei einem Defekt der Fensterheber nur selten Kulanzansprüche geltend gemacht werden. Die Reparaturkosten belaufen sich auf rund 200 Euro. Ein Großteil dieser Summe können Sie sich aber auch sparen und den Schaden selber beheben. Das Reparaturset ist für ca. 50 Euro erhältlich.

Hinweis:
Die Reparatur mit dem Reparaturkit ist nur bei verbauten Excenterumlenkrollen möglich. Bei Umlenkrollen ohne Excenter muss der komplette Türaggregateträger ersetzt werden. Auch bei einer Beschädigung der Führungsschienen, Dichtungen oder Umlenkrollen muss der Türaggregateräter erneuert werden. Während der Arbeitsschritte Lautsprecher vor Beschädigungen schützen.

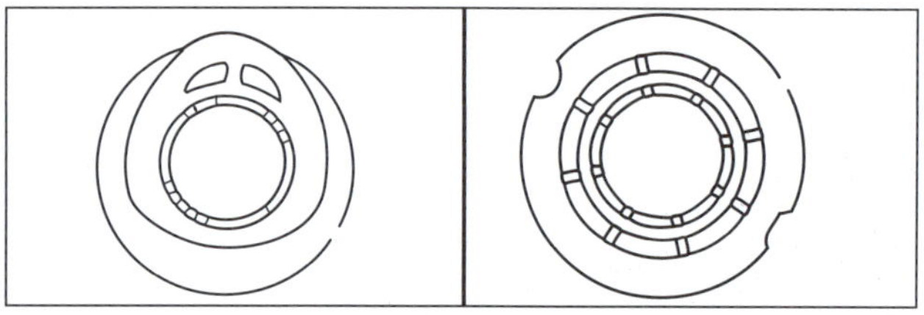

Wichtige Rolle: Bei nicht excentrischen Umlenkrollen (re) muss der gesamte Aggregatetäger ausgetauscht werden

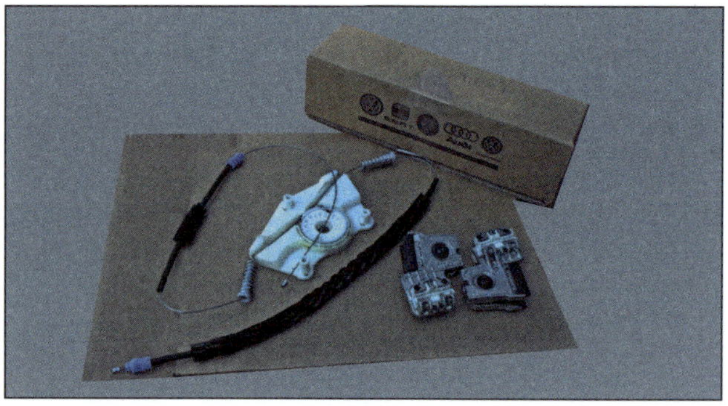

Reparatursatz: Zur Behebung des häufigen Schadens an den Fensterhebern gab es bei VW diese Teile im Set

Ersatzteilnummertabelle Reparaturkit

Modell	Ersatzteil-Nr.	
	links	rechts
2-Türer	1 JE 898 099	1 JE 898 100
4-Türer	1 JM 898 461	1JM 898 462

Benötigtes Werkzeug und Materialien

-Kombizange
-Reparaturkit entspr. Tabelle
-flachen Schraubenzieher

Demontage der defekten Teile:

■ Türverkleidung ausbauen wie auf vorherigen Seiten beschrieben, danach Fensterhebermotor demontieren.

■ Trägereinheit nach dem Ausbau auf einen ebenen Untergrund legen, abstützen und vor Beschädigungen schützen.

■ Anfang und Ende des Diagonalbowdenzugs lokalisieren. Achtung: Der Diagonalbowdenzug darf nicht beschädigt werden! Bowdenzüge, die aus der Seiltrommel in den Führungsschienen kommen, durchtrennen (s. Pfeil Bild 1).

■ Klemmbacken ganz nach oben schieben und entnehmen (nach außen abklappen, s. Bild 2). Die abgetrennten Enden der durchtrennten Züge aus den Mitnehmern entfernen. Diagonalbowdenzüge bleiben in Einbauposition.

1

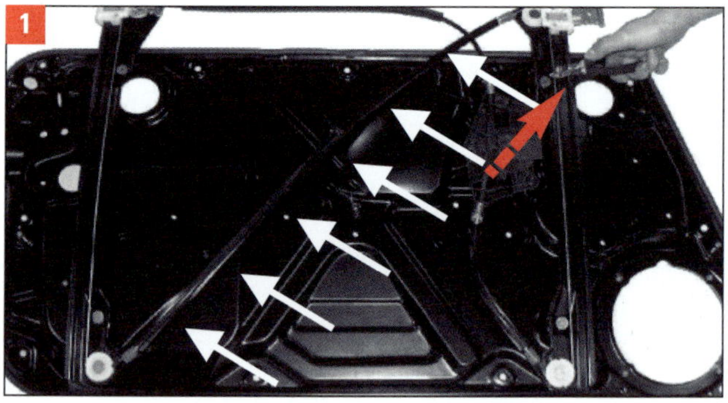

2

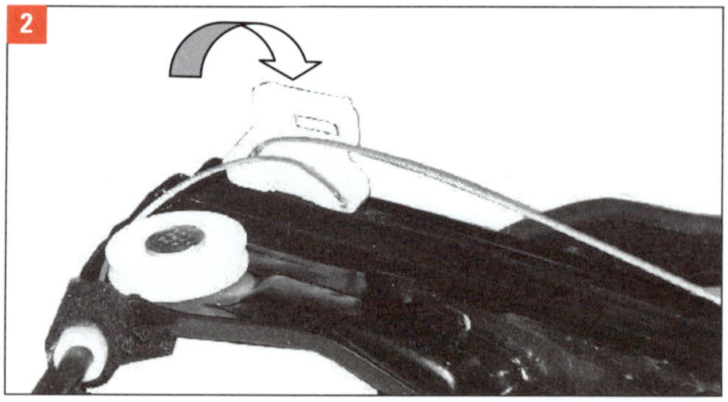

■ Seiltrommel vom Trägerblech entfernen, dazu die Halteklammern auf der Innenseite an den drei Gewindebuchsen zusammendrücken. Danach Führungsschienen und Einstecköffnungen des Fensterhebermotors reinigen.

Montage der Teile des Reparatursets:

■ Trägereinheit mit den neuen Bowdenzügen versehen.

■ Befestigungsstifte (3 Stück) der neuen Seiltrommel durch Öffnungen im Trägerblech stecken und durch leichten Druck einrasten. Dabei noch nicht das Sicherungsblech der Seiltrommel entfernen!

■ Bowdenzug mit langer Ummantelung unter den noch installierten Diagonalbowdenzug legen. Den Bowdenzug mit kurzer Ummantelung in die Aufnahme nahe des Lautsprechers führen. Dabei noch nicht auf die Umlenkrolle einfädeln!
Dabei darauf achten, dass die Bowdenzugenden sich in der Nähe der Fensterheberoberseite befinden (Klemmbacken können nur an oberster Position montiert werden).

■ Neue Klemmbacken seitlich in die Führungsschienen stecken, so dass die Öffnung zur Fensteroberseite zeigt. Enden der Bowdenzügen mit den Nuten dran in den Mitnehmer führen. Dabei zuerst den von unten kommenden Bowdenzug in die obere, tiefe Nut stecken und dann den von oben kommenden Bowdenzug in die untere flache Nut einstecken (s. Bild 3).

■ Klemmbacke zur Führungsschiene hin hochklappen (4). Zweite Klembacke wie zuvor beschrieben montieren.

Bowdenzug auf die Umlenkrollen einfädeln:

■ Die vier Enden in der Bowdenzugummantelung auf korrekten Sitz kontrollieren.

■ Bowdenzüge auf die Excenterscheiben der Umlenkrollen legen. Dabei darauf achten, dass die Rollen auf den kleinsten Hub gedreht sind. So können die Bowdenzüge am leichtesten auf die Umlenkrollen montiert werden.

■ Sicherungsblech der Seiltrommel entfernen.

■ Beide Klemmbacken greifen und bis zum unteren Ende der Führungsschienen ziehen.

■ Danach den korrekten Sitz der Bowdenzüge (in den Nuten) an allen vier Umlenkrollen kontrollieren.

■ Klemmbacken nun mehrfach in den Führungsschienen auf und ab schieben um die ordnungsgemäße Funktion sicherzustellen.

■ Schaumstoffunterlagen des Sets zwischen Hebermotor und das Trägerblech legen. Hebermontor montieren. (Drehmoment: 3,5 Nm)

■ Türaggregateträger wieder montieren.

■ Türfensterscheibe ohne zusätzliche Krafteinwirkung in die Klemmbacken schieben und an der hinteren Fensterführung ausrichten. Schrauben der Klemmbacken mit 10 Nm anziehen.

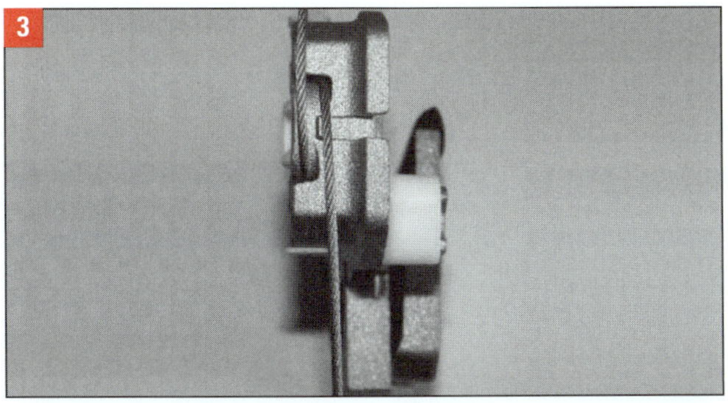

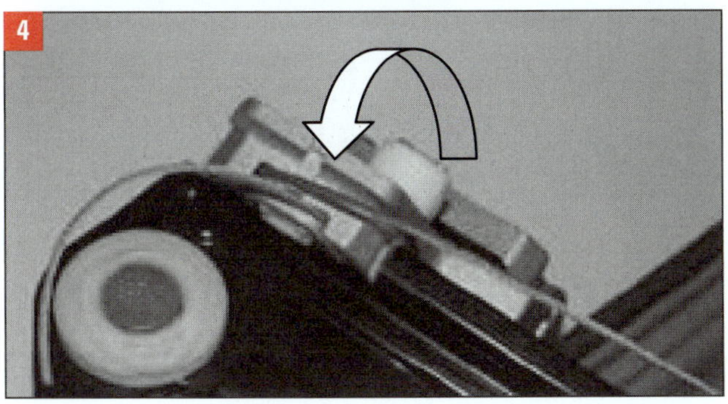

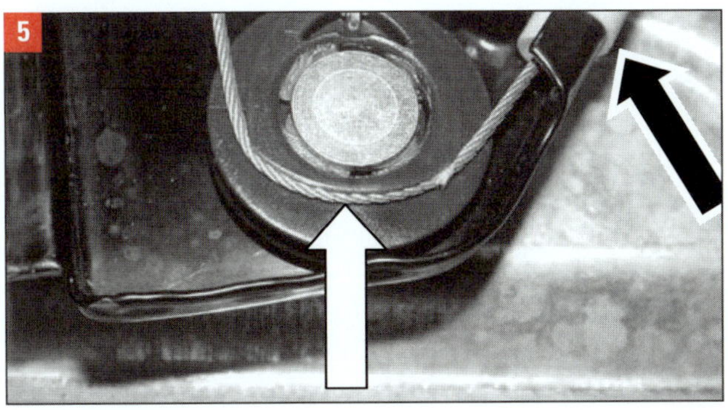

Schalter für Fensterheber ersetzen

An einem defekten Fensterheber sind meist die Teile der Aufnahmemechanik schuld. Dennoch kann auch mal die Schaltereinheit den Dienst versagen. Störungen der Anlage zeigt Ihnen der Golf durch Blinken der Beleuchtung in der Fahrertür an.
Außerdem nutzen die Oberflächen des Schalters bei häufigem Gebrauch ab und werden unansehnlich. Auch dann wird es Zeit für einen Wechsel. Leider können die Schalter für Fensterheber (in der Fahrertür) nicht einzeln ausgebaut werden. Es muss immer das komplette Türsteuergerät ersetzt werden.

Benötigtes Werkzeug

-Kreuzschlitzschraubenzieher

Ausbau:

■ Zum Ausbau der Griffschale gehen Sie wie unter "Türverkleidung ausbauen" vor. Lösen Sie anschließend die drei Schrauben (s. Pfeile Bild 1), mit der die Schaltereinheit an der Griffschale verbunden ist, mit einem Kreuzschlitzschraubenzieher.

Einbau:

■ Zum Einbau des neuen Schalters gehen Sie in umgekehrter Reihenfolge vor.

1

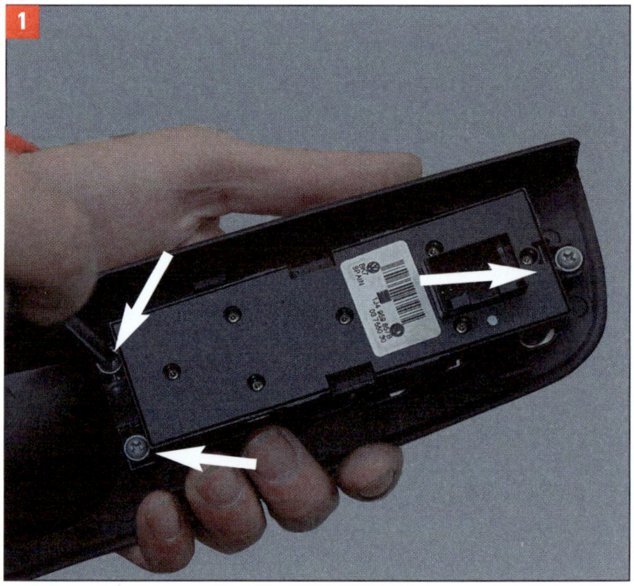

Schalterdemontage: Auf der Fahrerseite sind einzelnen Schalter nicht ersetzbar sondern nur das gesamte Modul

Fensterheber initialisieren

Nach dem Ab- und Anklemmen der Fahrzeugbatterie ist die Hochlauf- und Tieflaufautomatik des Fahrer- und Beifahrerfensters außer Funktion. Um diese Funktion nach dem Anklemmen der Batterie wieder herzustellen, gehen Sie folgendermaßen vor:

Aktivierung:

■ Fahrzeug von außen über die Fahrer- oder Beifahrertür verschließen. Dabei ist zu beachten, dass alle Türen und Fenster vollständig geschlossen sind.

■ Fahrzeug entriegeln und erneut über die Fahrer- oder Beifahrertür verriegeln. Den Schlüssel dabei für mindestens eine Sekunde lang in Schließstellung halten.
Die Hoch- und Tieflaufautomatik des Fahrer- und Beifahrerfensters ist wieder aktiviert.

Hinweis:
Liegt eine Störung der elektrischen Fensterheber vor, wird dies durch Blinken der Schalterbeleuchtung in der Fahrer- und Beifahrertür sowie den hinteren Türen angezeigt. Für etwa 15 Sekunden blinken alle Leuchteinsätze in den Türverkleidungen, nachdem die Zündung eingeschaltet wurde.

Komfortfunktion: Das automatische Hoch- und Runterfahren der Scheibe geschieht durch einen kurzen Knopfdruck

Türschloss aus- / einbauen

Häufig kommt es beim Golf vor, dass die Türen durch Knackgeräusche auffallen. Daran sind zumeist die Türschlösser schuld. Ein Austausch kann für Abhilfe sorgen. Bevor Sie an die Türschlösser kommen, muss die Türverkleidung, das Schließzylindergehäuse und der Aggregateträger ausgebaut werden. Um zum Beispiel den Aggregateträger auszubauen, muss die Türfensterscheibe bis auf die Höhe eines Montagelochs im Aggregateträger herunter gefahren und die Spreizstifte entfernt werden.

Benötigtes Werkzeug:

-Dornwerkzeug

Türschloss ausbauen:

- Treiben Sie mit einem Dorn die Clipse A aus (Bild 1).

- Clipsen Sie den Seilzug 2 aus Clip A aus (Bild 2) und hebeln Sie mit einem Schraubendreher C das Türschloss D mit dem Haltewinkel vom Aggregateträger ab.

- Clipsen Sie die Sicherungsstange A aus (Bild 3) und drehen Sie das Türschloss in Pfeilrichtung. Nun müssen Sie nur noch den Seilzug B ausclipsen (3), den Nippel vom Seilzug um 90° drehen und aus der Öse herausnehmen.

Einbau:

- Beim Einbau müssen Sie den Schlosshebel A (Bild 4) in Pfeilrichtung ziehen, die Feder B im Türschloss mit einem Schraubendreher in Pfeilrichtung spannen und den Schlosshebel in die Feder einhängen.

- Durch das Einhängen des Betätigungshebels wird das Schloss arretiert. So wird ein späteres fehlerhaftes Einclipsen des Bowdenzuges verhindert. Setzen Sie den Einbau in umgekehrter Ausbaureihenfolge fort.

1

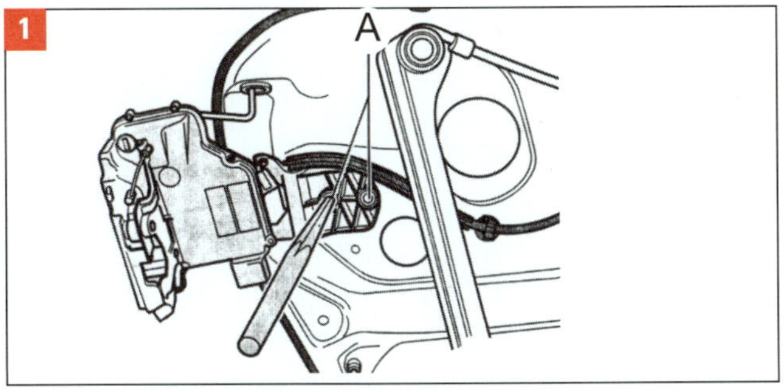

Mit einem Dorn werden die beiden Clips A ausgetrieben

2

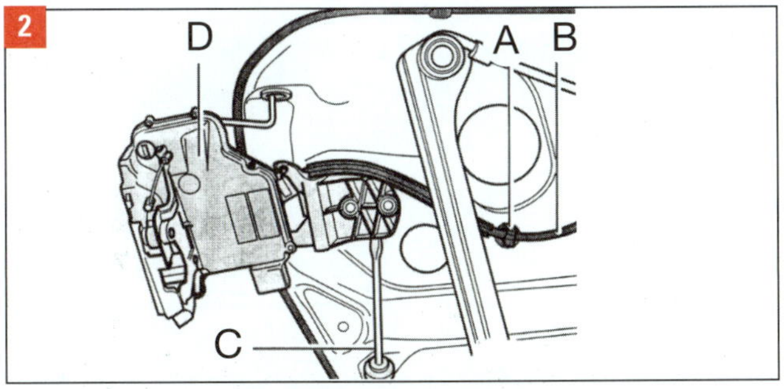

3

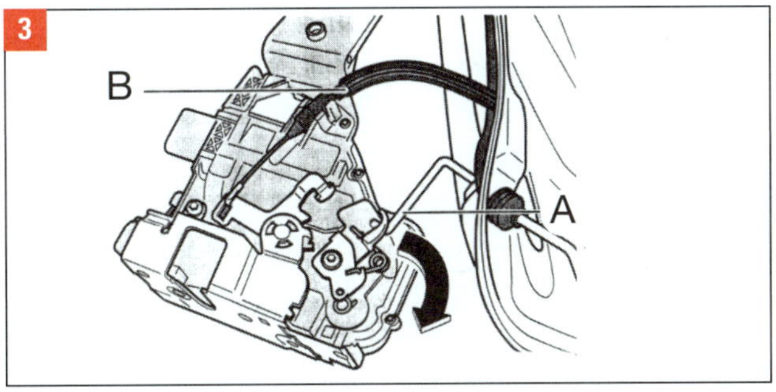

4

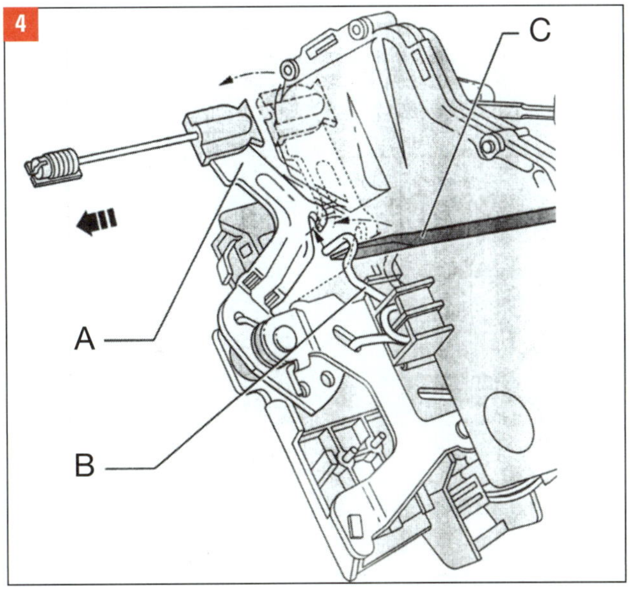

Wenn der Seilzug B aus dem Clip A ausgeclipst ist, kann das Türschloss D mit einem Schraubendreher C vom Aggregateträger abgehebelt werden

Schalter und Knöpfe ausbauen

Durch die Steckbauweise sind viele Schalter und Knöpfe im Golf mit geringem Aufwand aus und wieder einzubauen. Dennoch sollte stets, um keine Kratzer zu verursachen, mit Vorsicht an den Teilen vorgegangen werden. Unterlegen Sie zum Schutz ein weiches Tuch beim Ansetzen des Werkzeugs oder kleben Sie die entsprechende Stelle ab.

■ Lichtschalter (Bild 1)
Der Ausbau des Lichtschalters erfordert kein Werkzeug. Drücken Sie wie in der Zeichnung dargestellt, den Schalter in den Schaft, mit einer Linksdrehung ist er aus der Halterung gelöst und kann nun herausgezogen werden. Der Einbau erfolgt in umgekehrter Reihenfolge.

■ Leuchtweitenregulierung (Bild 2)
Die Drehräder der Leuchtweitenrgulierung und Instrumentenbeleuchtung sind in einer Halterung verbaut, die Sie mit einem Schraubenzieher aushebeln können. Zum Einbau wird die Einheit einfach wieder festgedrückt.

■ Knöpfe unterhalb mittlerer Lüftungsdüse (Bild 4)
Die Schalter lassen sich wie im Bild dargestellt durch vorsichtiges ansetzen und abdrücken aus ihrer Halterung aushebeln.

■ Taste der Tankdeckelentriegelung (Bild 4)
Die Taste der Tankdeckelentriegelung wird mit einem flachen Schraubenzieher aus der Halterung gelöst.

■ Lüftungs- und Heizungsregeleung (Bild 5)
Zunächst müssen Sie die Blende, welche die Drehknöpfe und Schalter umgibt, demontieren. Hierzu empfiehlt sich das Spezialwerkzeug 3370 von VW. Dieses ist als Auszugshaken mit einer Abwinkelung am Ende so ausgelegt, dass Sie problemlos die Blende an den Fugen hinterfahren könnnen. Somit haben Sie genügend Halt um die Blende abzuziehen. Hinter der Blende finden Sie in den Ecken vier Mehrzahnschrauben.
Wenn Sie die Bedieneinheit austauschen möchten, Schrauben mit einem Torxschraubendreher an den vier Stellen ausschrauben. Anschließend ist die Bedieneinheit gelöst und kann aus der Halterung entnommen werden. Die Seilzüge der Drehregler (farblich gekennzeichnet) werden durch Aushängen an den Reglern und ausclipsen an den Zughüllen demontiert.

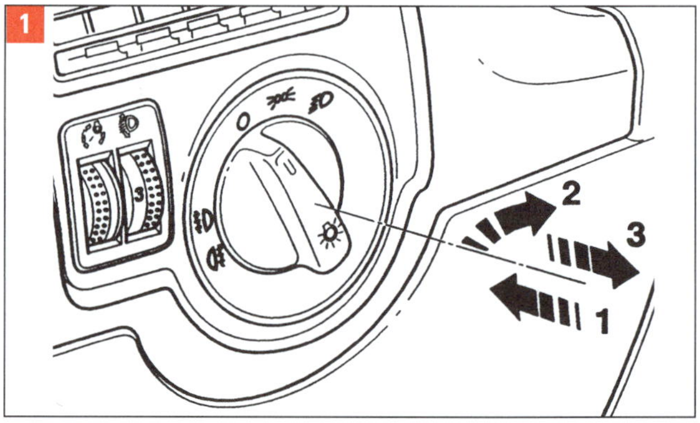

Innenraumleuchte/Leseleuchte - Lampen wechseln

Wenn Sie eine der Lampen wechseln wollen, brauchen Sie nur die Streuscheibe mit den Fingern oder vorsichtig mit einem Schraubendreher abzuhebeln.

■ Ziehen Sie zum Auswechseln die defekte Lampe aus ihrer Fassung.

■ Achten Sie beim Wiedereinbau der neuen Lampe auf festen Sitz und biegen Sie ggf. die Kontaktklammern ein wenig nach.

■ Zum Einbau clipsen Sie die Streuscheibe wieder ein.

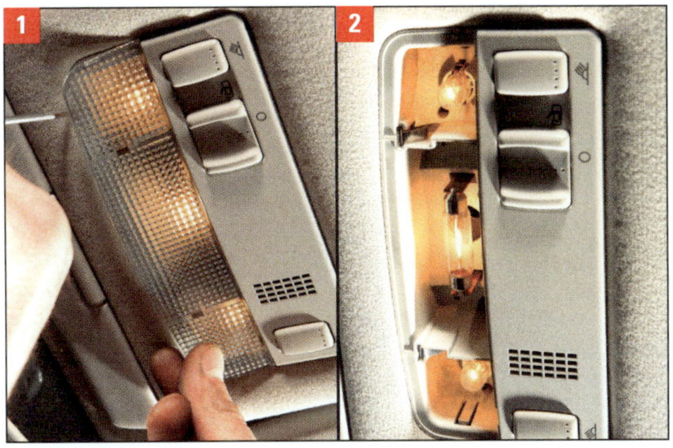

Schaltereinheit für Schiebedach ausbauen

Bei der Sonderausstattung mit elektrischem Schiebedach ist die Dachkonsole um den Regler (Drehknopf) zum Öffnen und Schließen erweitert. Ist dieser defekt müssen Sie leider die Schiebedachverstellung als ganzes Teil ersetzen.

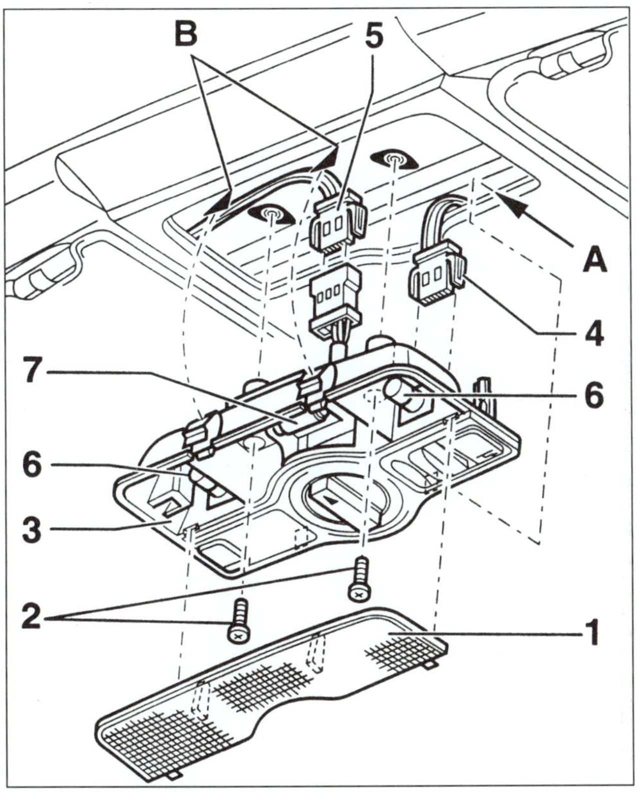

Ausbau:

■ Die Streuscheibe 1 entfernen Sie, entweder mit den Fingern oder vorsichtig mit einem flachen Schraubenzieher.

■ Dann schrauben Sie den Schalter für Schiebedach / Innenleuchte 3 ab, indem Sie die beiden Schrauben 2 lösen.

■ Die Haken (B) werden mit einem Schraubendreher ausgehebelt, um den Schiebedachschalter mit Innenleuchte vorn herunter zu ziehen und hinten (A) auszuhängen.

■ Jetzt können Sie die Steckverbindungen 4 und 5 abziehen und die Glühlampen für die Leseleuchten 6 und die Glühlampe für die Innenleuchte 7 ggf. erneuern.

Einbau:

■ Zum Einbau werden die Steckverbindungen für Schiebedachschalter und Innenleuchte wieder aufgeschoben.

■ Der Schiebedachschalter/Innenleuchte werden an der Stelle -A- eingehängt und an der Stelle -B- eingedrückt, bis sie merklich einrasten.

■ Die Schalter / Innenleuchte werden angeschraubt und das Streuglas wieder hinten eingehängt und vorn in die Öffnung eingesteckt.

Kofferraumleuchte aus- und einbauen

Die Beleuchtung des Kofferraums übernimmt eine kleine Lampe. Diese befindet sich hinten rechts an der Verkleidung. Bei den Ausführungen mit einer 12-Volt-Steckdose mit Zigarettenanzünderkontakt ist sie über dem mit „Power Outlet" gekennzeichneten Anschlussstecker angebracht.
Zum Ausbau wird die gesamte Halterung aus der Verkleidung gelöst. Dies kann man mit einem flachen Schraubenzieher oder auch ohne Hilfe eines Werkzeugs mit den Fingern erledigen.

Ausbau:

- Zum Ausbau der Kofferraumleuchte diese von der Rückseite der Verkleidung mit dem Finger herausdrücken (1).
- Vor der Entnahme die Steckverbindung durch ausclipsen trennen (3)

Einbau:

- Zum Einbau Kofferraumleuchte wieder mit dem Anschlussstecker verbinden und in die Aussparung der Kofferraumverkleidung einrasten.

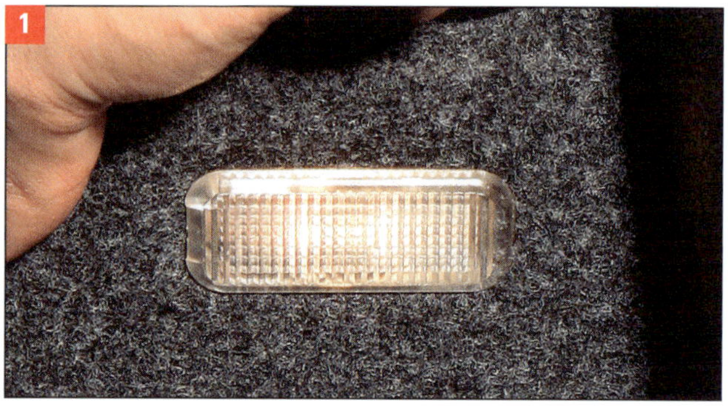

Türwarnleuchte ausbauen

Der Aus- und Einbau erfolgt bei allen Türwarnleuchten in gleicher Weise.

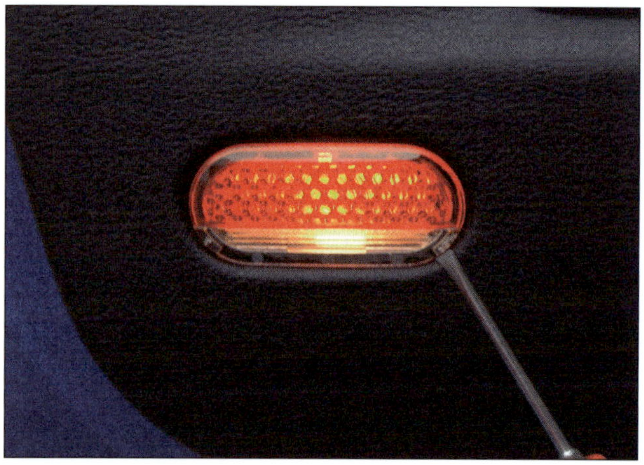

Nur fürs Foto: Die Lampe dieses Golf war noch funktionsfähig und musste noch nicht getauscht werden

Ausbau:

- Schalten Sie die Zündung und alle elektrischen Verbraucher aus und ziehen Sie den Zündschlüssel ab.
- Fassen Sie mit einem Schlitzschraubendreher hinter das Streuglas und hebeln Sie die Leuchte vorsichtig heraus.
- Dahinter liegt die Steckverbindung. Diese vor der Entnahme abziehen.

Einbau:

Der Einbau erfolgt in umgekehrter Reihenfolge:

- Leuchte an Steckverbindung anschließen.
- Ohne Hilfsmittel in die Halterung wieder einrasten.

Verkleidungen für Heckklappe aus- / einbauen

Hinter der Verkleidungen für die Heckklappe sitzt der Motor und die Waschwasserpumpe des Heckscheibenwischers sowie die für diesen Bereich zuständige Baueinheit der Zentralverriegelung.
Der Ausbau der oberen und unteren Verkleidung verlangt Fingerspitzengefühl beim Ab- und Einclipsen. Eine knifflige Angelegenheit sind vor allem die Halter für die Hutablagenschnüre in der oberen Verkleidung, die nur nach Entfernen der Spreizstifte aus der Karosserie herausgezogen werden können, damit sie die schmale U-förmige Verkleidung freigeben.

Benötigtes Werkzeug:

-Schraubenzieher flach und kreuzschlitz
-Dorn

1

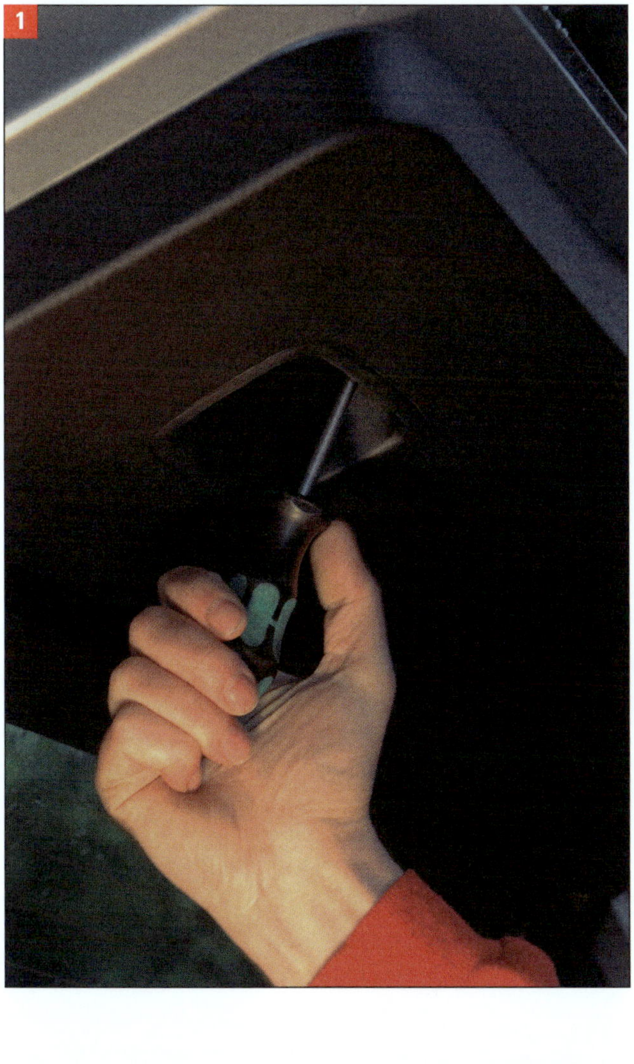

Ausbau:

■ Lösen Sie zuerst die Kreuzschlitz-Schrauben (je eine) in den beiden Griffmulden der unteren Verkleidung (1).

■ Ziehen Sie jetzt die Verkleidung von der Heckklappe ab, indem Sie mit Hilfe eines Schlitzschraubendrehers die Verkleidung aus den sechs Metallklammern heraushebeln. (Pfeil in Bild 2)

■ Lösen Sie die Steckverbindung zwischen unterer und oberer Verkleidung.

■ Ziehen Sie die beiden Spreizstifte aus den Halterungen für die Hutablageschnüre. Mit leichten Drehungen nach links und rechts werden die Halter für die Hutablageschnüre entfernt.

■ Clipsen Sie nun die obere Verkleidung erst links und rechts, dann oben von den Halteklammern ab.

Einbau:

■ Der Einbau erfolgt in umgekehrter Reihenfolge. Die Klammern sind zuvor auf Beschädigung zu prüfen und ggf. zu erneuern. Achten Sie beim Einbau der unteren Verkleidung auf den richtigen Sitz der beweglich gelagerten Klammern.

2

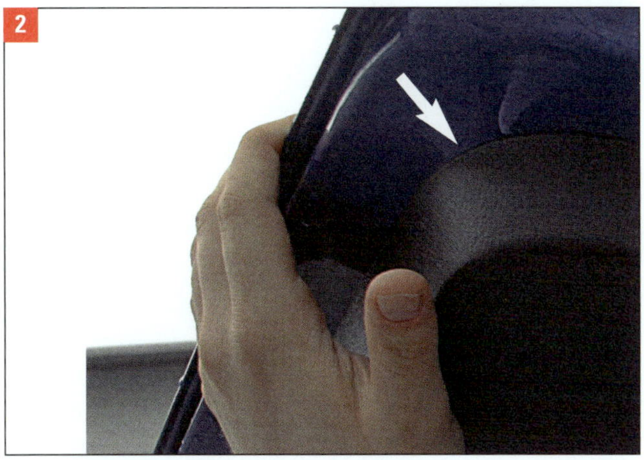

Verkleidung ausbauen: Zuerst werden die Schrauben im Haltegriff gelöst. Danach hebeln Sie die untere Verkleidung aus den Halteklammern

MFA Tricks

Viele interessante Funktionen verbergen sich in den Tiefen der Multifunktionsanzeige, kurz MFA. Wir verraten Ihnen,wie Sie sie aufrufen und anzeigen lassen können (nicht bei allen Typen verfügbar).

■ Momentanverbrauch anzeigen lassen:
- MFA-Knopf drücken
- Zündung einschalten
- Zündung ausschalten
- Zündung einschalten
- MFA-Knopf loslassen
- Motor starten

Jetzt können Sie mit dem MFA-Knopf durch Momentanverbrauch, Öltemperatur und Außentemperatur blättern

■ Verstecktes Menü anzeigen lassen:
- Taste des Kilometerzählers drücken
- Zündung einschalten
- Zündung ausschalten
- Zündung einschalten
- Taste loslassen
- Motor starten
- Mit dem Rückstellknopf können Sie nun durch das Menü blättern

Komfortblinker nachrüsten

Mit dem Komfortblinken wird auch bei nur kurzem Antippen des Blinkerhebels die gesetzliche Vorschrift erfüllt, die besagt, dass beim Fahrbahnwechsel und beim Überholen ein deutliches Signal gegeben werden muss. In vielen neuen Fahrzeugen, wie z.B. dem Golf V, übernimmt das Bordnetzsteuergerät diese Funktion. Alle Fahrzeuge, die nicht mit Bordnetzsteuergerät ausgerüstet sind, wie Ihr Golf IV, können mittels eines von Volkswagen freigegebenen Moduls einfach und günstig nachgerüstet werden. Laut VW ist der Einbau insbesondere beim Golf IV aufgrund der Steckerbelegung besonders einfach. Bei allen anderen Konzernfahrzeugen erfolgt die Funktion des Moduls, eine Parallelschaltung, über einen Leitungsstrang nahe der Zentralelektrik.

GRA nachrüsten

Vor allem auf längeren Fahrten auf der Autobahn ist es für den Fahrer sehr entspannend, die Beinarbeit am Gaspedal der Geschwindigkeitsregelanlage im Motorsteuergerät zu überlassen.
Das Auto rollt exakt mit dem gewählten Tempo weiter, sobald die Bedienwippe am Ende des Blinkerhebels gedrückt wurde. Der Fahrer behält dennoch die volle Kontrolle: Mit erneutem Tastendruck lässt sich das Tempo der Geschwindigkeit des vorausfahrenden Verkehrs anpassen. Beim Bremsen oder Kuppeln schaltet sich die Geschwindigkeitsregelanlage sofort aus. Der Nachrüstsatz ist als Originalzubehör bei Ihrem VW Händler erhältlich.

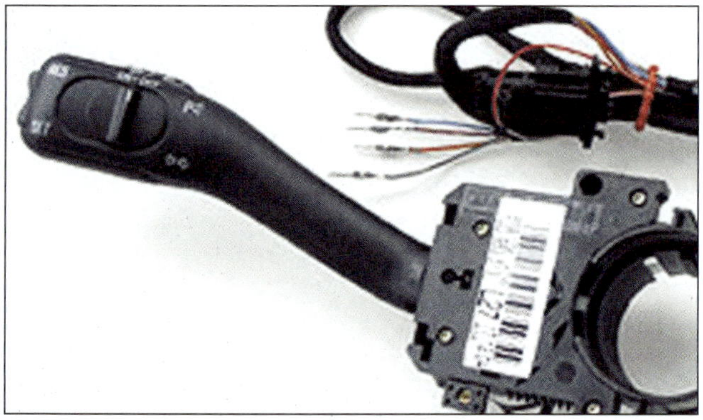

W8 Innenraumleuchte nachrüsten

Der Gleichteistrategie von VW sei Dank, dass dieser Einbau bis auf eine zusätzliche Verkabelung relativ einfach ist. Die Innenraumleuchte ist als Originalersatzteil bei Ihrem VW-Händler erhältlich. Im Passat W8 hatte diese zur Aufwertung eine verbesserte Ausführung mit Ambientebeleuchtung. Diese bestand aus zwei LEDs die bei Fahrten in Dunkelheit eine angenehmes Licht ins Innere brachten. Zum Anschluss der LEDs brauchen Sie allerdings einen Adapter. Diesen erhalten Sie aber auch als kompletten Satz auf diversen Internetplattformen.

iPod einbauen

Mit einem solchen Nachrüstsatz, den es für die meisten iPod-Modelle gibt, ist der Einbau des beliebten Multmediaplayers aus dem Hause Apple leicht zu bewältigen. Die Anzeige kann sogar in das MFA-Display eingeblendet werden. Die Navigation und Auswahl der Musiktitel kann am iPod selbst vorgenommen

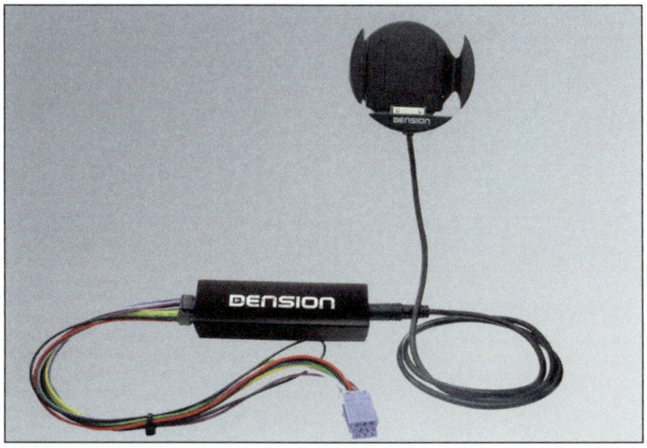

werden. Dank der stabilen Halterung, in welche das Gerät während der Fahrt sicher platziert wird, kann auch die Bedienung in gewohnt bequemer Art und Weise am Drehrad des iPod erfolgen. Der mitgelieferte Kabelsatz wird unauffällig hinter den Verkleidungen verstaut und über das Radio angeschlossen.

Armlehnen nachrüsten

Ist Ihr Golf nicht von Werk aus mit einer Armlehne ausgestattet, können Sie diese ohne Probleme selber nachrüsten. Die Aufnahmepunkte sind bereits in Ihrem Golf vorhanden, die Armlehen selbst erhalten Sie bei Ihrem VW-Händler.
Der Einbau ist leicht zu bewältigen:
Sie schrauben zunächst den hinteren Teil der Mittelkonsole ab. Vorne auf Höhe des Schalthebel befinden sich zwei Blindstopfen, die Sie abnehmen müssen. Darunter verbirgt sich je eine Schraube. Nun den Ascher und den Dosenhalter hinten demontieren. Darunter befinden sich ebenfalls zwei Torx-Schrauben. Nachdem Sie diese gelöst haben, ziehen Sie anschließend die Handbremse so hoch wie möglich um den gelösten Teil der Konsole darüber hinweg zu stülpen. Nun kommen einige Löcher zum Vorschein, auf die der Grundträger aufgeschraubt wird. Unterlegen Sie die Schrauben mit Sicherungsscheiben.
Jetzt können Sie den Halter montieren und danach die Konsole wieder anbringen. Die weiteren Arbeitsschritte ergeben sich nun fast von selbst. Richten Sie den korrekt Halter aus, können Sie bereits erkennen wo die Schrauben eingeschraubt werden müssen.

Bora Lüftungsdüsen nachrüsten

Die Lüftungsdüsen des Bora gehören zu den wenigen Unterscheidungsmerkmalen zwischen Golf und Bora. Sie veredeln das Erscheinungsbild im Innenraum aber ungemein, weswegen Sie zurecht unter Kennern und Golffans zum beliebten Nachrüstartikel geworden sind. Daher sollten Sie mit der Beschaffung der Originalteile auch nicht zögern. Denn vor allen Dingen die Vielfalt der Farbvarianten kann dazu führen, dass gerade Ihre Farbgebung schon bald nicht mehr vorrätig sein könnte. Schließlich wurde das Stufenheckderivat des Golf wesentlich seltener hierzulande verkauft, dementsprechend gering ist auch der Lagerrungsvorrat an Ersatzteilen bemessen.

Lüftungsdüsen DeLuxe: Der kleine aber feine Unterschied zu den hochwertigen Luftausströmern im Bora (unten) wird hier deutlich. Eine Nachrüstung ist daher eine beliebte Methode der Innnenraumverschönerung

Elektrische Fensterheber

STÖRUNGSBEISTAND

Störung	Was kann das sein?	Was muss ich tun?
A Fensterscheibe wird nur in eine Richtung verstellt	**1** Schalter defekt	Schalter auswechseln
B Fensterscheibe wird in keine Richtung verstellt	**1** Fensterscheibe schwergängig, Sicherung wegen Überlastung des Motors durchgebrannt	Fensterscheibe in den Führungen gängig machen, Sicherung erneuern
	2 Motor läuft nicht, obwohl die Sicherung in Ordnung ist	Spannung direkt an die Motoranschlüsse legen. Wenn der Motor jetzt läuft liegt der Fehler in der Zuleitung. Läuft der Motor nicht, diesen auswechseln
	3 Seilführungen ausgerissen	Reparatursatz Fensterheber verbauen
C Fensterscheibe wird im ganzen Verstellbereich zu langsam verstellt	**1** Fensterscheibe in den Führungen verklemmt, Führungen gebrochen	Reparatursatz Fensterheber verbauen
	2 zu hohe Reibung in der gesamten Mechanik	Mechanik ohne Scheibe auf Reibungsverluste überprüfen, ggf. erneuern
	3 Kabelverbindungen defekt oder oxidiert	Überprüfen, reinigen ggf. auswechseln
	4 Schalter defekt oder oxidiert	Überprüfen, ggf. auswechseln
D Fensterscheibe wird an der oberen Grenze des Verstellbereichs zu langsam verstellt	**1** Fensterscheibe in den Führungen verklemmt, Aufnahmen gebrochen	Reparatursatz Fensterheber verbauen
E Scheibe fällt in die Tür	**1** Aufnahmen (Mitnehmer) gebrochen	Reparatursatz Fensterheber verbauen

Zentralverriegelung

Störung	Was kann das sein?	Was muss ich tun?
A Verriegelung funktioniert nicht	**1** Sicherung durchgebrannt	Erneuern
	2 Motor der Fahrer- oder Beifahrertür defekt	Funktion überprüfen, ggf. auswechseln
	3 Verkabelung unterbrochen	Überprüfen, ggf, erneuern
B Schlösser werden entriegelt aber nicht verriegelt	**1** Verkabelung unterbrochen	Überprüfen, ggf, erneuern
	2 Mehrfachstecker an Motor und Türkasten locker oder oxidiert	Festen Sitz kontrollieren, ggf. reinigen
	3 Schalter in Servomotor defekt	Durchgangsprüfung an den entsprechenden Motorklemmen durchführen
C Schlösser werden verriegelt aber nicht entriegelt	**1** Motor der Fahrer oder Beifahrertür defekt	Funktion überprüfen, ggf. auswechseln
	2 Mehrfachstecker an Motor und Türkasten locker oder oxidiert	Festen Sitz kontrollieren, ggf. reinigen
	3 Schalter in Servomotor defekt	Durchgangsprüfung an den entsprechenden Motorklemmen durchführen
D Eines der Schlösser funktioniert nicht	**1** Motor defekt	Funktion überprüfen, ggf. auswechseln
	2 Kabel- bzw Steckerverbindung am Servomotor oder Türkasten defekt	Überprüfen, ggf. instand setzen
	3 Mechanische Übertragungsteile klemmen	Teile auf Funktion überprüfen und festen Sitz kontrollieren. Ggf. Teile etwas fetten, verschlissene Teile auswechseln

Karosserie

Die Außenhaut des Golf muss äußerst vielfältige Ansprüchen gerecht werden. Langlebigkeit dank eines intensiven Korrosionsschutzes, Sicherheit im Crashfall durch genügend Deformierbarkeit und natürlich gutes Aussehen des Blechkleids auch noch nach Jahren des Gebrauchs sind nur wenige der Anforderungen an die stählerne Außenhaut.

Wie die meistem Pkw hat auch der Golf eine selbsttragende Karosseriestruktur. Das heißt die einzelnen Teile wie die Bodengruppe, die Seitenbleche, das Dach und die Kotflügel sind fest miteinander verschweißt. Ein Leiterrahmen, wie er im Nutzfahrzeug als tragende Struktur verwendet wird, ist daher nicht nötig. Doch die Karosserie alleine genügt noch nicht um die Festigkeit der Struktur zu gewährleisten. Die Stabilität erhält der Golf erst nach dem Einsetzen der vorderen und hinteren Scheiben. Dieser Prozess ist vergleichbar mit dem Anbringen der Rückplatte an einen Kleiderschrank. Mit dem Unterschied, dass die Glasscheiben beim Golf nicht in den Rahmen genagelt werden, sondern mit Spezialkleber in den Rahmen verklebt werden.

PRAXISTIPP: Arbeiten an der Karosserie

Die meisten der in diesem Kapitel vorgestellten Reparaturen können Sie mit einer Werkzeug-Grundausstattung selbst erledigen. Viel Teile sind mit Torx-Schrauben befestigt, weshalb Sie zusätzlich einen entsprechenden Schlüssel-Satz benötigen. Teile wie Motorhaube, Heckklappe und Türen sind jedoch ziemlich sperrig und können beim Ausbau nur schwer gesichert werden.Um unnötige Kratzer oder Beulen beim Ausbau zu vermeiden, lassen Sie sich daher von einem Helfer unterstützen. Ein Tipp für Arbeiten an Motorhaube und Heckklappe: Sie erleichtern sich den Wiedereinbau, wenn Sie die Lage der Scharniere vor der Demontage mit einem wasserfesten Filzschreiber anzeichnen.
Bei der Montage von verschraubten Karosserieteilen müssen die vorgeschriebenen Spaltmaße eingehalten werden. Andernfalls kann es zu Klapper- oder Windgeräuschen kommen.

Großzügige Korrosionsvorsorge

Auch bei der Rostvorsorge hat VW viel aus der Vergangenheit der ersten, äußerst rostanfälligen Golf I gelernt. Diese waren nämlich kaum gegen Langzeitschäden durch Korrosion geschützt und verrotteten regelrecht von innen nach außen. Die Unterseite des Wagens erhielt einen Unterbodenschutz und alle Hohlräume sind sehr großzügig mit Wachs geflutet. An besonders heißen Tagen tritt diese Versiegelung auch schon in Form einer klebrigen Schmiere mal aus den Spalten hervor. Sollten auch Sie einmal an Ihrem Golf diese Beobachtung gemacht haben, seien Sie unbesorgt. Ein Austreten des Wachses ist unbedenklich, da immer noch genügend innerhalb der Hohlräume vorhanden ist.
Auch schlechtes Wetter braucht Sie in Zukunft nicht mehr zu interessieren. Denn die vollverzinkte Karosserie, für die Volkswagen zwölf Jahre Garantie gegen Durchrostung leistet, ist nicht nur eine beruhigendes Feature sondern auch so gestaltet, dass eine Reparatur problemlos durchzuführen ist.

Präzise Fertigung: Die Profile an den Kanten werden vollautomatisch mit moderner Laserschweißtechnik zusammengefügt

Präzise Automation: Die unermüdlichen Schweißroboter der Rohbaufertigung setzen die Karosserie schneller und exakter zusammen, als es ein Arbeiter tun könnte

Die äußeren Teile, welche elektrolytisch verzinkt sind, lassen sich gut lackieren und sind zudem leicht umformbar. Um die Rohbaukosten zu reduzieren wurden die inneren Teile im Gegensatz dazu feuerverzinkt.

Karosseriegeräusche beim Golf

Leider ist Rost aber nicht das Einzige, was der Karosserie zusetzen kann. Mit der Zeit kann es durch ständige Belastung zu unangenehmen Begleiterscheinungen wie Klappern oder Quietschen kommen, leider auch so beim Golf.
Zur Abhilfe bei den meisten lästigen Geräuschen ziehen Sie den Störungsbeistand „Karosseriegeräusche" am Ende dieses Kapitels zu Rate. Darin sind häufige Ursachen für unerwünschte Intonationen und wie sie beseitigt werden können, aufgeführt. Der Golf hat eine enorm hohe Verwindungssteifigkeit, die akustische Alterserscheinungen weitestgehend zu reduzieren vermag. Karosseriepartien, die früher aus mehreren Teilen bestanden, werden heute in einem Stück gefertigt.
Die Montage einzelner Baugruppen erfolgt per moderner Laserschweißung. Eine präzise Rohbaufertigung ermöglicht ein Minimum der Spaltmaße, für welche der Golf IV berühmt ist.

Unfallschäden selber reparieren?

Eine Reparatur größerer Karosserieschäden und das Auswechseln der geklebten Front- und Heckscheibe sollten, auch zum Erhalt des Rostschutzes einer Fachwerkstatt überlassen werden.

⚠ Karosseriearbeiten

GEFAHRHINWEISE

Gurtstraffer: Bei Fahrzeugausstattungen mit Gurtstraffern, die bei einem Crash die Sicherheitsgurte schlagartig anziehen, ist besondere Vorsicht geboten. Aktiviert werden die Gurtstraffer von elektrisch gezündeten Gasgeneratoren. Dieses Rückhaltesystem ist fürs Do it yourself tabu. Montage und Demontage der Gurtstraffer sind Sache der Werkstatt, die dabei strenge Sicherheitsvorschriften einhalten muss. Wenn Sie an der Karosserie arbeiten, dürfen Sie nicht ohne weiteres in der Umgebung der Gurtrolle mit Schlagschrauber oder Hammer arbeiten – die Gurtstraffer reagieren empfindlich auf Vibrationen und harte Schläge und können auslösen. Ziehen Sie zur Sicherheit vor allen Arbeiten unter dem Fahrzeug die Sicherung für die Gurtstraffer ab und warten Sie fünf Minuten, bis sich die Kondensatoren entladen haben.
Verzinkung: Die Karosserie ist außen elektrolytisch und innen feuerverzinkt. Bei Schweißarbeiten entsteht giftiges Zinkoxid. Sorgen Sie für gute Belüftung am Arbeitsplatz.
Klimaanlage: Es dürfen keine Schweiß- oder Lötarbeiten durchgeführt werden, bei denen sich Teile der Klimaanlage erwärmen können. Der Kältemittelkreislauf darf nicht geöffnet werden.
Elektrische Anlage: Soweit Schweißarbeiten oder andere Funken erzeugende Arbeiten durchgeführt werden, müssen grundsätzlich die Batterie abgeklemmt und beide Batterieklemmen (+) und (-) sorgfältig isoliert werden.

Motorhaube, Heckklappe, Türen und die vorderen Kotflügel sind angeschraubt und lassen sich leicht auswechseln.
Die richtige Fugenbreite muss freilich beim Einbau unbedingt eingehalten werden, sonst klappert etwa die Tür oder es treten erhöhte Windgeräusche während der Fahrt auf. Der Abstand zwischen den Karosserieteilen muss auf der gesamten Länge des Luftspalts gleich groß sein. Abweichungen bis zu 1 mm sind zulässig.

Der Luftwiderstandsbeiwert des Golf

Der cW-Wert wurde im Windkanal optimiert und liegt daher bei nur 0,31 (bei der ersten Generation betrug er noch 0,42).

Passive Sicherheit

Für die passive Sicherheit der Insassen sorgt die selbsttragende Sicherheits-Fahrgastzelle. Dazu kommen ein steifer Aufbau der Karosserie und ein Aufprallschutz auf beiden Seiten. Trotz dieser ausgeklügelten Konstruktion ist der Golf ein reparaturfreundliches Auto. Das merken Sie spätestens dann, wenn Sie nach einem Blechschaden einen Stoßfänger, einen Kotflügel oder eine Heckklappe wechseln müssen.

Scheiben und Fenster

Front- und Heckscheibe bieten freilich keinen Spielraum fürs Do it yourself. Sie sind als konstruktives Element der Karosserie mit dem Aufbau verklebt. Ohne Spezialwerkzeug ist da nichts zu machen – ein typischer Fall für die Werkstatt. Das gilt auch für den Ausbau der geklebten Seitenfensterscheiben, welche siche bei den 2-türigen Modellen vorfinden.

Spaltmaße der Karosserie

Eines der Qualitätsmerkmale des Golf IV sind verblüffend geringe Spaltmaße der Karosserie. Sie sind gleichzeitig auch ein Indiz für mehr oder minder gut reparierte Unfallschäden. Der schräge Verlauf einer Fuge, ist nicht nur relativ einfach mit bloßem Auge zu erkennen sondern entlarvt auch schnell eine unsachgemäße Reparatur. Abweichungen um 1mm beruhen dahingegen auf Fertigungstolerranzen.

Fuge	Spaltmaß (mm)	Tolerranz (mm)
D	2,0	1
F	3,0	1
G	3,5	1
H	4,0	1
K	5,0	1
L	5,5	1
M	6,0	1

Stoßfänger vorne ausbauen

■ Fahrzeug vorn aufbocken und Vorderräder abnehmen.

■ Lösen Sie den vorderen Teil des Innenkotflügels aus Kunststoff.

■ Ziehen Sie den Entriegelungshebel mit der Führung aus dem Schlossträger heraus, um mit der Demontage der Stoßfängerabdeckung zu beginnen.

■ Bauen Sie den Kühlergrill aus, indem Sie den Rasthaken mit einem Schraubendreher entriegeln, die Kreuzzapfen aus dem Schlossträger herausziehen und den Kühlergrill nach oben abnehmen.

■ Blenden 6 für Scheinwerfer-Reinigungsanlage von der Stoßfängerabdeckung abziehen und ausclipsen.

■ Lösen Sie jetzt die Abdeckung 1 im Bereich der Radhausschale (Innenkotflügel), clipsen die äußeren Lüftungsgitter 7 aus und drehen Sie die Schrauben 2 heraus.

■ Der Stoßfänger kann nun mit einem Helfer aus den Führungsteilen 3 links und rechts parallel herausgezogen und abgenommen werden.

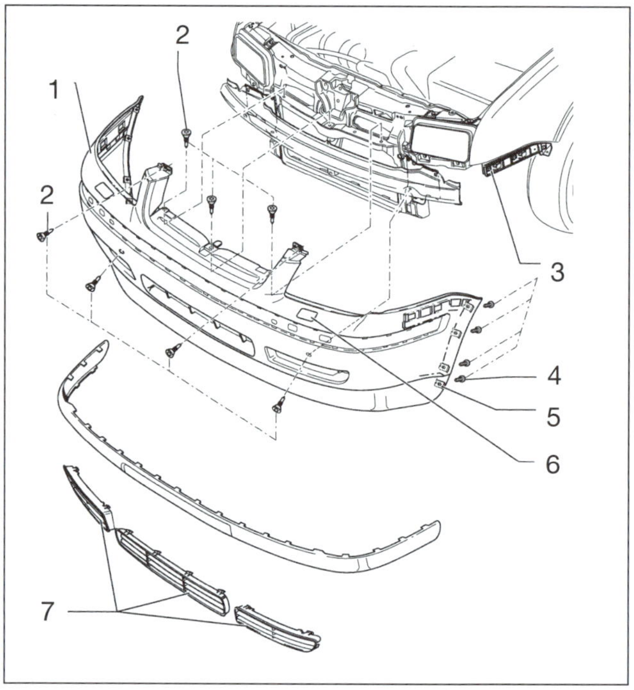

Montageübersicht Stoßfängerabdeckung vorn: 1 Abdeckung, 2 sieben Schrauben (6,5 Nm), 3 Führungsteil, 4 auf jeder Seite vier Schrauben (2 Nm), 5 Schnappmutter, 6 Abdeckung für Scheinwerfer-Reinigungsanlage (im Düsenstock eingeclipst), 7 Lüftungsgitter (in Abdeckung eingeclipst)

Rohkarosse: Diese nackte Karosserie des Golf IV zeigt, dass etliche Teile, wie die Stossfänger vorne und hinten oder auch die vorderen Kotflügel lediglich Anbauteile sind

Bevor Sie den Entriegelungshebel 1 mit Führung aus dem Schlossträger herausziehen können, müssen Sie die Sicherungsklammer 2 nach oben schwenken und mit einem Schraubendreher 3 den Hebel spreizen und vom Klappenschloss abziehen

Stoßfänger hinten ausbauen

Ausbau:

■ Stoßdämpferabdeckung vom Innenkotflügel lösen.

■ Bauen Sie die Heckleuchten aus und trennen Sie die Steckverbindungen für die Kennzeichenleuchte.

■ Schrauben 5 herausdrehen. Abdeckung 1 von den Führungsteilen 2 links und rechts sowie der Befestigungsleiste 4 abziehen.

Einbau:

■ Der Einbau erfolgt in umgekehrter Reihenfolge.

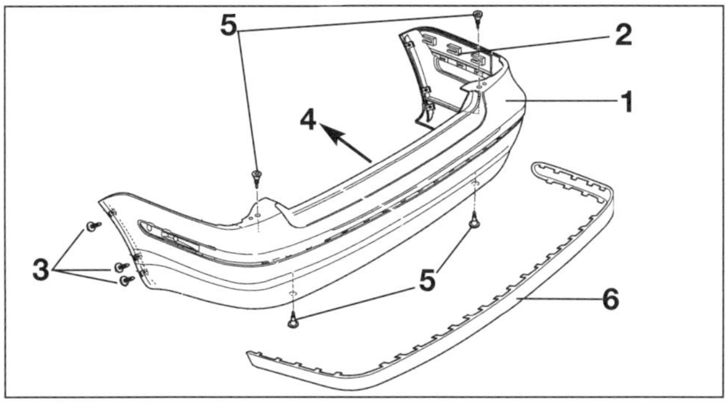

Montageübersicht des Stoßfängers hinten: 1 Abdeckung, 2 Führungsteil, 3 sechs Schrauben (1,2 Nm), 4 zur Befestigungsleiste am Heck des Fahrzeugs, 5 vier Schrauben (15 Nm), 6 Stoßleiste (in Abdeckung eingeclipst)

Schlossträger in Servicestellung bringen

In manchem Motorraum gibt es kaum Platz zum Schrauben. Um das Arbeiten zu erleichtern, lässt sich der gesamte Schlossträger nach vorn schieben. Diese Position nennt sich „Service-Stellung". In den VW-Werkstätten werden dazu spezielle Führungsstangen (Werkzeug 3411) benutzt. Sie können mit zwei zum Gewinde passenden Schrauben, Unterlegscheiben und Hülsen die Führungsstangen aber auch selbst bauen.

■ Bauen Sie zunächst den Stoßfänger vorne aus.
■ Hängen Sie den Bowdenzug 3 am Haubenschloss aus.
■ Trennen Sie die Steckverbindungen an den Scheinwerfergehäusen sowie (falls vorhanden) den Schlauch für die Scheinwerfer-Reinigungsanlage.
■ Jetzt eine Schraube 8 an den Längsträgern herausdrehen und stattdessen das Spezialwerkzeug 3411 oder entsprechende Schrauben am rechten und linken Längsträger einschrauben.
■ Die restlichen Schrauben 8 und 2 herausdrehen.
■ Ziehen Sie den Schlossträger nach vorn und fixieren Sie ihn. Die hintere Bohrung am Schlossträger muss sich mit der vorderen Gewindebohrung an der Kotflügelbank decken. So schrauben Sie den Schlossträger links und rechts fest.
■ Beim Rückbau beachten Sie bitte, dass nach der Montage die Scheinwerfer neu einzustellen sind.

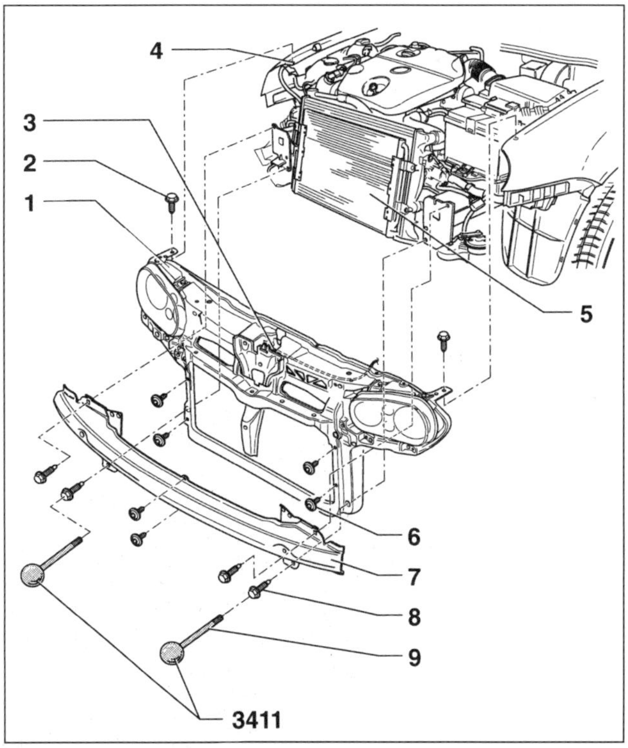

Montageübersicht Schlossträger: 1 Schlossträger mit Anbauteilen, 2 zwei Schrauben (8Nm), 3 Bowdenzug für Haubenschloss, 4 Bohrung im Seitenteil, 5 Kühler und Kondensator, 6 vier Schrauben (8Nm), 7 Stoßfängerträger, 8 vier Schrauben (50Nm), 9 Führungsschiene 3411

Motorhaube ausbauen

Beim Ausbau der Motorhaube empfiehlt sich als spätere Montagehilfe eine Schnur an allen Kabelenden zu befestigen. Beim Herausziehen der Kabel wird die Schnur eingezogen und bleibt in der Haube. Die Haube kann durch Verschieben der Klappenscharniere in den übergroßen Bohrungen ausgemittelt werden.

Ausbau:

■ Leitung für Scheibenreinigungsanlage abstecken und Leitung ausclipsen.

■ Scharnierabdeckung (12) abclipsen und im rechten Winkel vom Scharnier abziehen.

■ Gasdruckfeder von der Klappe demontieren. Dabei benötigen Sie einen Helfer, der die Motorhaube hält. Den Sicherungsbügel am Ende der Feder heben Sie mit einem kleinen Schraubendreher an, dann können Sie die Gasdruckfeder vom Kugelzapfen abnehmen. Der Sicherungsbügel darf nicht ganz aus der Kugelpfanne heraus gehebelt werden, weil sonst die Gasdruckfeder beschädigt wird und ersetzt werden muss.

■ Schraube (10) herausdrehen und Motorhaube abnehmen. Um sich nach dem Einbau Justierarbeiten zu ersparen, können Sie die Position der Schrauben am Scharnier (kotflügelseitig) mit Filzstift markieren.

■ Der Einbau erfolgt in umgekehrter Reihenfolge.

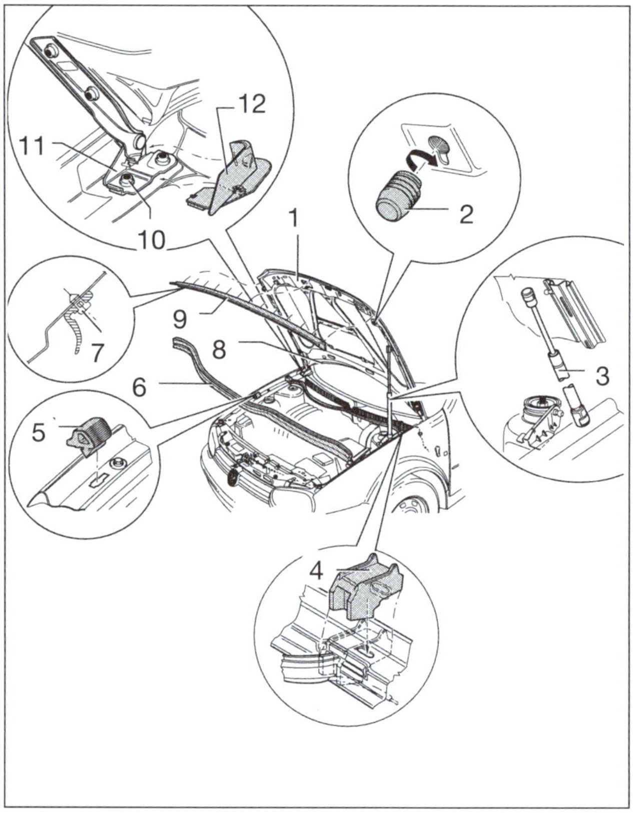

Montageübersicht Motorhaube:
1 Klappe vorn, 2 Einstellpuffer, 3 Gasdruckfeder, 4 Füllstück, 5 Führungsstück, 6 Dichtung Wasserkasten, 7 Clip, 8 Schlauch/Spritzdüse, 9 CW-Dichtung, 10 Schraube (23Nm), 11 Scharnier, 12 Scharnierabdeckung (geclipst, im rechten Winkel anziehen)

Schalloptimiert: Dank der großzügigen Verkleidung unter der Motorhaube bleibt ein Großteil des Motorgeräuschs außen vor

Heckklappe ausbauen

Ausbau:

■ Bauen sie die obere und untere Verkleidung der Heckklappe aus (wie im Kapitel „Der Innenraum" beschrieben).

■ Elektrische Leitungen trennen und ausclipsen.

■ Markieren Sie die Position der Sechskantmuttern am Klappenscharnier.

■ Schrauben Sie die Muttern 9 für die Verbindung beider Klappenscharniere zur Klappe ab. Die Gasdruckfeder 4 muss ebenfalls ausgebaut werden. Dazu mit einem kleinen Schraubendreher den Sicherungsbügel etwas anheben und Kugelkopf abziehen. Nehmen Sie mit einem Helfer die Klappe ab.

Einbau:

■ Beim Einbau gehen Sie in umgekehrter Reihenfolge vor.

Klappe einstellen:

■ Das Fahrzeug muss auf ebener Fläche stehen. Die Klappe ist richtig eingestellt, wenn sie im geschlossenen Zustand überall ein gleichmäßiges Spaltmaß (zwischen Klappe und Seitenteil 5 mm) hat, nicht zu weit nach innen oder außen steht und die Konturen fluchten.

■ Dazu müssen Sie die Einstellpuffer mit einem Ringschlüssel, Schlüsselweite 24 mm, um 90° drehen und aus dem Formloch herausnehmen. Gummipuffer abnehmen, Innensechskant (3 mm) soweit lösen, bis sich der Rastschieber herausziehen lässt. Rastschieber auf das Maß 12,5 mm einstellen (ein neuer Puffer ist bereits auf diesen Abstand eingestellt).

■ Heckklappe mit leichtem Druck über die Mitte schließen, dabei den Griff anziehen.

■ Spaltmaß zwischen Heckklappe und Seitenteil auf 5 mm einstellen. Die VW-Werkstatt verwendet dazu das Spezialwerkzeug 3371.

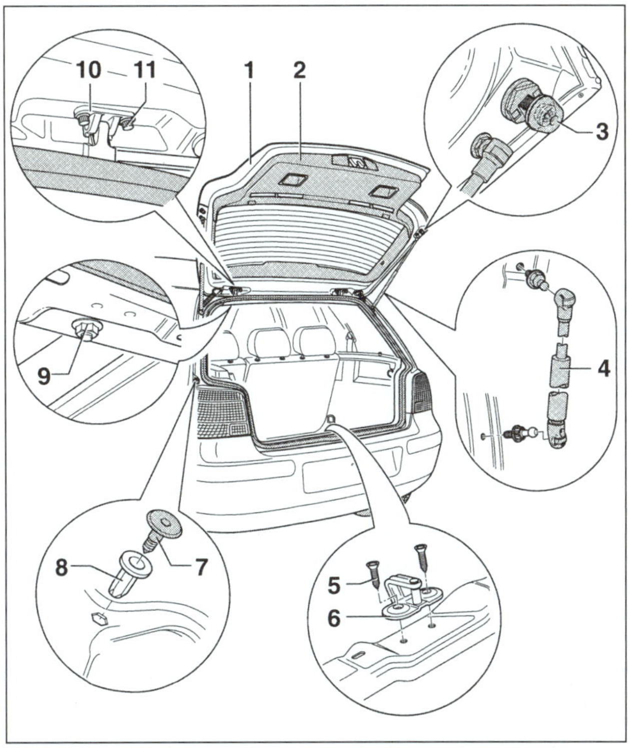

Montageübersicht Heckklappe: 1 Klappe, 2 Verkleidung, 3 Einstellpuffer, 4 Gasdruckfeder, 5 Schraube (22 Nm), 6 Schließblech, 7 Kappe, 8 Blindnietmutter, 9 Sechskantmutter (7,2 Nm), 10 Scharnier, 11 Schraube (22 Nm).

Zum Ausbauen der Gasdruckfeder heben Sie den Haltebügel (Pfeile) an und ziehen die Feder vom Kugelzapfen ab. Beim Einbau wird die Gasdruckfeder einfach auf den Kugelzapfen aufgedrückt.

Hauben und Klappen einstellen

Geringfügige Tolerranzen bei der Einstellungen von Klappen, Türen und Hauben sind keine Seltenheit. Sie entstehen durch Schwankungen im Fertigungsprozess oder auch durch die thermisch bedingte Ausdehnung der Materialen selber. Zum Ausgleich geringer Maßabweichungen gibt es Gummipufer an Hauben und Heckklappe.

Motorhaube einstellen:

■ In der Höhe können Sie die Haube über das Klappenschloss einstellen. Lösen Sie dazu die Schrauben des Schlossunterteils und verstellen Sie es nach unten oder oben.

■ Um einen sauberen Abschluss zu den Kotflügeln zu erhalten, verdrehen Sie die Anschlagpuffer aus Gummi in der Haube. Sie haben ein Gewinde und können wie eine Schraube hinein- und herausgedreht werden.

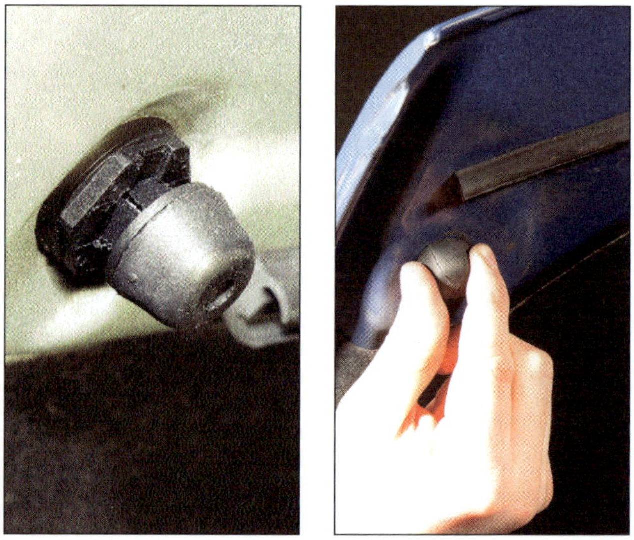

Feineinstellung: Die kleinen Gummipuffer (zum ein und ausschrauben) dienen zur Korrektur von geringen Spaltmaßabweichungen an der Haube

Kotflügel ausbauen

Benötigtes Werkzeug:

-Schraubenschlüssel

Ausbau:

■ Bauen Sie den Stoßfänger und den Innenkotflügel (Radhausschale) sowie die seitlichen Blinkleuchten aus.

■ Nach dem Abschrauben des Kotflügels ist dieser im Bereich der A-Säule (vordere Karosseriesäule) mit einem Heißluftgebläse zu erwärmen und kann dann einfach abgezogen werden.

Einbau:

■ Beim Einbau in umgekehrter Reihenfolge ist zu beachten, dass vor dem Anschrauben des Kotflügels die Schraubpunkte im Anlagebereich mit je einer Zink-Zwischenlage belegt werden.

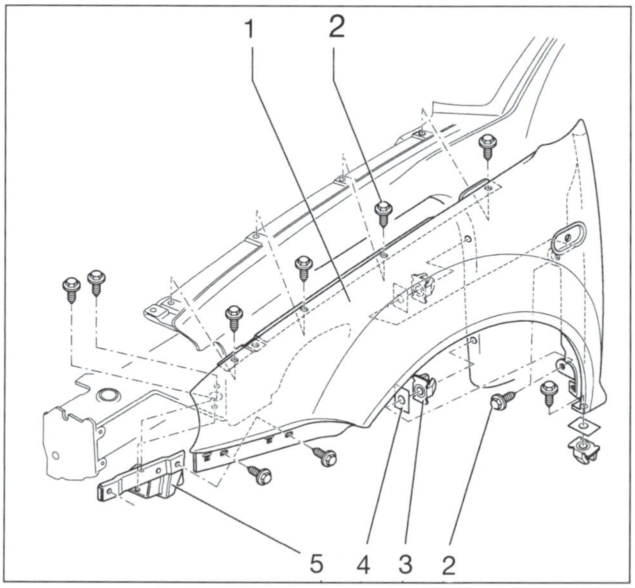

Bei ausgebautem Vorderrad und Radhauslager kommen Sie an den Kotflügel heran. 1 Kotflügel, 2 Schrauben, 3 Federmutter, 4 Dichtung, 5 Halter (ist mit dem Längsträger vorn verschraubt).

Wasserablaufschläuche reinigen

Es empfiehlt sich, gelegentlich die Ablaufschläuche für das Schiebedach zu reinigen. Dazu benötigen Sie eine 230 cm lange Sonde, die Sie beispielsweise aus Seelen von Tachometer-Antriebswellen zusammenfügen können. Die Reinigung erfolgt vorn vom Schiebe-/Austelldachausschnitt. Bei den hinteren Wasserablaufschläuchen gehen Sie vom unteren Schlauchende vor. Der Stoßfänger muss dafür ausgebaut werden.

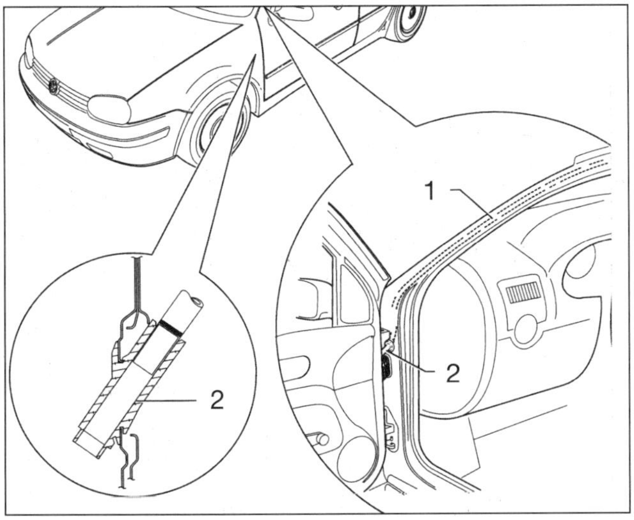

Regelmäßig reinigen: Die Wasserablaufschläuche vorn (1) verlaufen in den Säulen A und enden mit der Schlauchtülle (2) zwischen Tür und A-Säule.

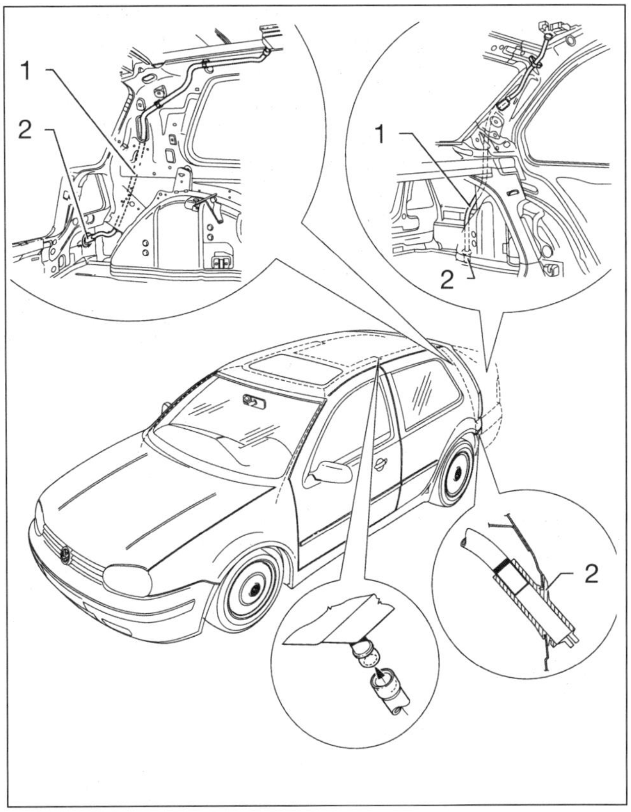

Auch hier: Die Wasserablaufschläuche hinten (1) verlaufen in den Säulen C und enden mit der Schlauchtülle (2) hinter der Stoßfängerabdeckung unter der SBBR-Leuchte.

Seitenschutzleisten ersetzen

Demontage:

Zur Demontage der Seitenschutzleiste muss diese mit dem Heißluftfön erwärmt werden. Dann kann sie Stück für Stück abgezogen werden.
Das Außenblech mit Benzin reinigen, mit Silikonentferner nachbehandeln und mit einem sauberen Lappen trockenreiben.
Bei +20°C wird zum Einbau neuer Leisten die optimale Klebewirkung erreicht.

Achtung: Schutzleisten für die linke und rechte Seite haben ein unterschiedliches Lochbild und können daher nicht vertauscht werden.

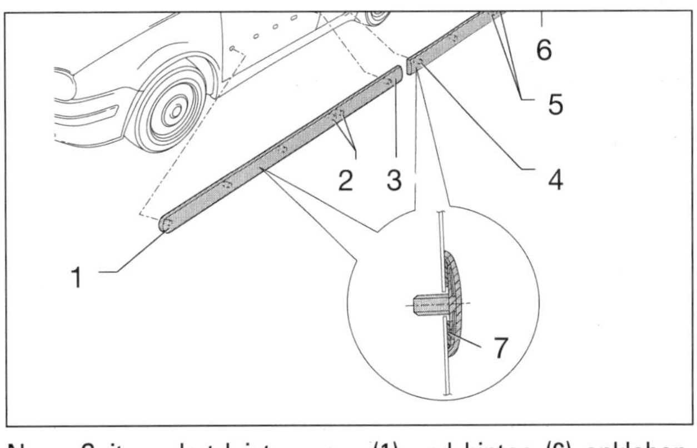

Neue Seitenschutzleisten vorn (1) und hinten (6) ankleben. Zentrierzapfen (3) und (4) geben die Lage vor. Zapfen (2) und (5) garantieren Verdrehsicherheit. Vorher Schutzfolie (7) abziehen

Treibende Kraft

Mit einer breit gefächerten Auswahl an Otto- und Dieselmotoren lässt der Golf keine Wünsche offen. Die sehr effizienten und schadstoffarmen Aggregate wurden in der Serie stetig weiterentwickelt, erstmals kam auch ein Benzindirekteinspritzer zum Einsatz. Vor allem die Turbodiesel-Aggregate sorgen für Fahrspass bei niedrigem Verbrauch.

Der Golf wartet mit einer breiten Palette von Motoren auf. Erklärte Philosophie von VW ist es, dem Kunden ein genau auf seine Wünsche und Ansprüche zugeschnittenes Triebwerk zur Verfügung zu stellen - von hoch ökonomisch bis ausgesprochen sportlich.
Alle Motoren sind flüssigkeitsgekühlt und quer zur Fahrtrichtung eingebaut. Sie sind oben links und rechts in Gummi-Metall-Lagern aufgehängt. Dadurch könnten sie theoretisch wie ein Pendel schwingen. Die Drehmomentkräfte werden von einer weit unten angeordneten Stütze abgefangen. Schwingungen werden nur geringfügig auf die Karosserie übertragen, wodurch sich der Fahrkomfort erhöht.
In der Regel werden die Vorderräder angetrieben. Doch es gibt auch Ausnahmen: Die Allradversion 4MOTION, von VW angeboten als „Fahrfreude pur", konnte in Verbindung mit den Ottomotoren 1,8 Liter/125 PS, 2,3 Liter/150 PS sowie dem V6 mit 2,8 Liter/204 PS bestellt werden - aber auch mit dem 90 PS starken 1,9 Liter TDI-Motor.
Die Antriebs-Palette beginnt beim 68 PS-SDI-Saugdiesel (Vierzylinder, 1,9 Liter) und dem 1,4 Liter Benziner mit 75 PS und reicht über die beliebten 1,9 Liter Turbodiesel in mehreren Leistungsstufen bis hin zum Top-Modell, dem sechzylindrigen R32 mit sagenhaften 241 PS.
Dass die gebotene Leistung dabei noch lange nicht unvernünftig sein muss, zeigt die TDI-Technologie: Sie verhilft dem Golf zu dynamischen Fahrleistungen bei einem extrem niedrigen Verbrauch. Der ökonomische 1,9 Liter TDI (66 KW/90 PS) benötigt auf 100 Kilometer in Verbindung mit Schaltgetriebe im Schnitt nur 4,9 Liter Dieselkraftstoff (nach EG-Richtlinie 93/116/EG). Und selbst der mit 110 kW/150 PS stärkste TDI mit Pumpe-Düse-Technik konsumiert mit 5,3 Liter Diesel (nach EG Richtlinie 99/100) kaum einen Bierkrug mehr auf selber Distanz.
Die Benziner sind jedoch leichter, denn der Motorblock der 1,4 und 1,6 Liter (75 kW)-Triebwerke besteht aus Aluminium mit eingegossenen Graugusszylindern. In allen anderen Fällen ist der Motorblock ganz aus Grauguss.
Der Zylinderkopf aus Aluminiumguss ist auf den Motorblock aufgeschraubt. Nach unten wird der Motor durch eine Leichtmetall-Ölwanne abgeschlossen. Hier sammelt sich das für Schmierung und Kühlung nötige Motoröl.
Der Zylinderkopf für die Benzinmotoren funktioniert nach dem Querstromprinzip: Das frische Kraftstoff-Luft-Gemisch strömt auf der einen Seite ein, die verbrannten Gase werden auf der anderen Seite ausgestoßen. Ein schneller Gaswechsel über die Ein- und Auslassventile ist auf diese Art sichergestellt. Hydraulische Ausgleichselemente, sogenannte Hydrostößel, halten automatisch das Ventilspiel konstant. Entsprechende Einstellungen etwa im Rahmen der Wartung sind damit überflüssig.
Für Aufbereitung und Zündung des Kraftstoff-Luft-Gemisches sorgen wartungsfreie Motormanagement-Systeme. Das Einstellen des Zündzeitpunktes oder Leerlaufs im Rahmen der Wartung ist nicht erforderlich. Nur die Zündkerzen und der Luftfiltereinsatz müssen regelmäßig erneuert werden.

Bauart Motorkennbuchstabe		**Hubraum (cm^3)**	**Leistung (kW/PS)**
Benziner / 4 Zylinder			
AHW / AKQ/ APE/ AXP / BCA	1,4	1390	55/75
AEH / AKL / APF	1,6	1595	74/100
AVU (nur Automatik)	1,6	1595	75/102
ATN/AUS/AZD/ BCB	1,6 16V	1598	77/105
BAD (FSI)	1,6 16V	1598	81/110
AGN	1,8	1781	92/125
AGU / AQA / ARZ (T)	1,8	1781	110/150
AUQ / AWP	1,8T	1781	132/186
APK / AQY / AZJ / ATU	2,0	1984	85/115
Benziner / 5 Zylinder			
AGZ (V5)	2,3	2324	110/150
AQN	2,3 20V	2324	125/170
Benziner / 6 Zylinder			
AQP / BDE	2,8	2792	150/204
BFH (R32)	3,2	3189	177/241
Diesel / 4 Zylinder SDI			
AGP / AQM	1,9	1896	50/68
Diesel / 4 Zylinder TDI			
AGR / ALH	1,9	1896	66/90
ATD/ AXR	1,9	1896	74/100
AHF / AVG/ ASV	1,9	1896	81/110
AJM/ AUY	1,9	1896	85/115
ASZ	1,9	1896	96/130
ARL	1,9	1896	110/150

Alle Motoren haben einen Keilrippenriemen, der die Nebenaggregate wie Generator, Servopumpe und Klimakompressor antreibt und nur sehr selten erneuert werden muss.
Mit welchem Motor aus der umfangreichen Palette Ihr Fahrzeug ausgestattet ist, können Sie dem Fahrzeugdatenträger im Serviceplan oder natürlich den amtlichen Fahrzeugpapieren entnehmen. Ein Fahrzeugdatenträger ist ferner auf dem Bodenblech links neben der Reserveradmulde im Gepäckraum aufgeklebt. Auch er enthält die im Serviceplan verzeichneten Daten plus der Produktions-Steuerungsnummer. Volkswagen kennzeichnet jeden Motortyp mit drei „Kennbuchstaben" und einer sechsstelligen „laufenden Nummer". Wurden von einem Motortyp mehr als 999.999 Triebwerke hergestellt, wird die erste der sechs Stellen durch einen Buchstaben ersetzt.

Die Benziner

Mit einer Vielfalt in Leistung und Hubraum wird der Golf IV bei der Ottomotorisierung jedem Anspruch gerecht. Insgesamt umfasst das Benziner-Programm von Produktionsbeginn bis zur Ablösung durch den Nachfolger 13 unterschiedliche Aggregate.

Die 1,4 Liter 16V-Motoren (AHW, AKQ APE, AXP, BCA)

Der 1,4 Liter-Motor mit vier Ventilen pro Zylinder hat eine Leistung von 55 KW (75 PS) bei einer Drehzahl von 5000/min. Er verfügt über zwei obenliegende Nockenwellen, von denen die eine mit einem Zahnriemen direkt von der Kurbelwelle angetrieben wird. Anders als sonst bei Motoren mit zwei Nockenwellen üblich wird die zweite Nockenwelle jedoch nicht direkt vom Haupt-Steuerriemen angetrieben, sondern über einen zweiten Zahnriemen von Nummer Eins aus in Rotation versetzt („Verbindungsantrieb").
Der Leichtmetall-Zylinderkopf und die fünffach gelagerte Kurbelwelle erinnern dann wieder an andere VW-Motoren – abgesehen von der Ölpumpe, die hinter dem Steuerrad der Kurbelwelle sitzt. Bei den Varianten AHW und AKQ (ab September 1998) kümmert sich die Einspritzanlage „4 AV" von Magneti-Marelli um Einspritzung und Zündung.
Bei den späteren 1,4-Liter-Motoren (ab Mai 2000) wurde statt der „4 AV" eine „Motronic ME7.5" von Bosch verbaut. Diese Motoren tragen dann die Kennbuchstaben APE oder AXP (ab Mai 2000). Im Oktober 2000 wurde der AXP schließlich durch den BCA ersetzt. Diese Variante erfüllt die Abgasgrenzwerte gemäß EU4-Norm.
Alle Varianten sind für den Betrieb mit Super bleifrei (95 Oktan) ausgelegt, können aber auch ohne Bedenken mit Normalbenzin betrieben werden. Eine geringe Leistungseinbuße und ein etwas höherer Verbrauch müssen dann allerdings einkalkuliert werden.

Motorkennung: Die Bezeichnung befindet sich beim 1,4 l Motor auf einer Plakette an der Zahnriemenabdeckung

Bei allen diesen Motoren sind Motorkennbuchstaben und Motornummer auf einem Aufkleber am Zahnriemenschutz (siehe Pfeil) zu finden. Zusätzlich findet man sie auf dem Kurbelgehäuse über dem Getriebe und natürlich auf dem Fahrzeugdatenträger. Die Kennbuchstaben sind auch in das Typenschild des Fahrzeugs eingestanzt.

Die 1,6 Liter-Motoren (8 V: AEH, AKL, APF, AVU) (16 V: ATN, AUS, AZD, BCB)

Bei den 1,6 Liter-Motoren gilt es zwischen Vierventilern und Zweiventilern zu unterscheiden. Die Motornummer (Kennbuchstaben und Seriennummer) ist bei diesem Typ an der Vorderseite neben der Trennfuge zwischen Motor und Getriebe in den Zylinderblock eingeschlagen. Sie ist auch wieder am Zahnriemenschutzdeckel aufgeklebt, und die Kennbuchstaben finden sich im Typenschild.
Der AEH und der AKL arbeiten mit acht Ventilen und leisten 74 KW (100 PS) bei einer Drehzahl von 5600/min. Zum verbesserten Komfort verfügt das Aggregat über einen Druckschalter für die Servolenkung, der bei vollem Lenkeinschlag verhindert, dass die Leerlaufdrehzahl zu stark absinkt. Die zentral im Zy-

linderkopf gelagerte Nockenwelle wird über einen Zahnriemen von der Kurbelwelle angetrieben. Die Nockenwelle betätigt über hydraulische Tassenstößel die senkrecht hängenden Ein- und Auslassventile. Die Ölpumpe wird durch eine Antriebskette von der Kurbelwelle aus angetrieben.

Das Motor-Management wird vom Siemens-Steuergerät realisiert. Einen der bisher üblichen Zündverteiler gibt es dabei nicht mehr. Dafür ist ein Doppelfunkensystem mit zwei Zündspulen eingebaut, das sich um die Zündung kümmert.

Der AKL erfüllt damit die Abgasnorm D3. Seit Mai 1999 wird der 1,6-Liter-Motor mit 100 PS als APF mit der „Simos 3.3" gebaut, womit die D4-Norm für Abgasgrenzwerte erfüllt wird. Ausschließlich in Verbindung mit der Viergang-Automatik lieferte VW den Motor auch in einer 102 PS-Variante. Ihre Bezeichnung lautet AVU.

Seit Januar 2000 wurden diese Motoren durch eine verbesserte Version mit vier Ventilen pro Zylinder ersetzt. Diese Motoren tragen die Kennbuchstaben ATN, AZS, AZD oder BCB. Dieser 16V-Ottomotor leistet 77 KW (105 PS). Ihn gibt es nur in Verbindung mit einem Fünfgang-Schaltgetriebe für Golf und Bora. Die Automatikversion behielt den Achtventiler AVU.

Mit einem maximalen Drehmoment von 148 Nm bei 4500 U/min verfügt das moderne 16 V-Aggregat über mehr Durchzugskraft. Wichtiger jedoch: Der Verbrauch liegt mit durchschnittlich 6,8 l/100 km um 11 Prozent niedriger und die Motoren erfüllen sofort die Abgasnorm D4. Der bis zum Produktionsende des Golf gebaute 1.6 16V sprintet in 10,5 Sekunden aus dem Stand auf 100 km/h und erreicht eine Höchstgeschwindigkeit von 192 km/h. Auf dem Wege zu immer besseren Abgasgrenzwerten kam im Mai 2000 ein weiterentwickelter, baugleicher Motor dieses Typs unter den Kennbuchstaben AUS auf den Markt, der ebenso die EU4-Norm erfüllt.

Der 1,6 Liter-FSI-Motor (BAD)

Der ab August 2001 verbaute 1,6 Liter Benzindirekteinspritzer FSI („Fuel Stratified Injection" = schichtgeladene Benzin-Direkteinspritzung) ist der erste dieser Art der bei VW in Serie ging. Seine Vorteile sind ein günstiger Verbrauch bei mehr Leistung (110 PS). Ermöglicht wird dies durch das direkte Einspritzen des Kraftstoffs in den Brennraum. Eine spezielle Mulde im Kolbenboden sowie die Verwirbelung durch sogenannte Tumbleklappen sorgen für die nötige Luftströmung im Brennraum. Die im Magerbetrieb eingespritzte kleine Gemischwolke sorgt dafür, dass nur in direkter Nähe der Zündkerze ein zündfähiges Gemisch entsteht. Da der restliche Zylinderraum mit einem höheren Anteil Luft als normal befüllt ist, bezeichnet man dies auch als Schichtladung. Durch den Entfall der Drosselung im unteren Drehzahl und Lastbereich kann so die Effizienz gesteigert und der Verbrauch gesenkt werden.

Innovationsträger: Das Kürzel FSI verrät die Benzindirekteinspritzer-Technik

Wird nun die volle Leistung vom Fahrer angefordert, spritzt der Kraftstoffinjektor soviel Benzin ein, dass der gesamte Brennraum mit einem gleichmäßigen Luft-Benzingemisch gefüllt wird. Der Brennraum ist dann mit einem homogenen, gleichmäßig verteilten Gasgemisch befüllt, weswegen dieser Betriebszustand auch als Homogenbetrieb bezeichnet wird. Die besondere Herausforderung bei solchen Motoren ist das Umschalten vom Mager- in den Leistungsbetrieb. Der FSI im Golf schafft dies dank der komplexen Motorsteuerung jedoch völlig unbemerkt vom Fahrer und wird sowohl beim sparsamen Dahingleiten als auch beim schnellen Beschleunigen stets den Anforderungen gerecht.

Der 1,8 Liter-Motor (AGN)

Der seit Oktober 1997 gebaute 1,8-Liter-Motor ist ein typisches Beispiel der von Konzernchef Ferdinand Piëch verfolgten Gleichteile-Strategie. Das heißt: Möglichst viele Modelle sollen mit möglichst wenig verschiedenen Teilen produziert werden. Der genau 1781 cm^3 große Vierzylinder ist dabei eine wichtige Standard-Komponente. Der Motor und seine Turbo-Variante wurden außer im Golf noch im Seat Toledo, im Skoda Octavia, im Audi A3, A4 und A6 sowie im VW

Sharan und Passat eingebaut. Die Motor-Ausstattung ist dabei freilich nicht überall gleich.
Der AGN leistet als Sauger 125 PS bei 6000 U/min mit einem Drehmoment von maximal 170 Nm (bei 4200 U/min). Einspritzung und Zündung werden von der Bosch Motronic M3.8.5 gesteuert. Der Motor arbeitet mit Saugrohrumschaltung und Nockenwellenverstellung. Zudem verfügt er über einen Heißfilmluftmassenmesser mit Rückströmerkennung. Er erfüllt die D3-Abgasnorm.
Die Motornummer (Kennbuchstaben und Seriennummer) befindet sich vorn an der Trennfuge zwischen Motor und Getriebe. Zusätzlich wird auf dem Zylinderkopfdeckel ein entsprechender Aufkleber angebracht. Auch der Fahrzeugdatenträger enthält die Kennbuchstaben.

Die 1,8 Liter Turbomotoren (AGU, AQA, ARZ, AUM, AUQ)

Die technischen Eckdaten des Turbomotors entsprechen weitgehend der Saugversion; wie bei aufgeladenen Motoren üblich ist allerdings die Verdichtung von 10,3:1 auf 9,5:1 zurückgenommen. Der Fünfventil-Turbo leistet 150 PS (110 kW) bei 5700 U/min. Schon bei 1750 U/min bietet der 1.8T 210 Newtonmeter Drehmoment. Bis 4600 U/min bleibt das Drehmoment auf diesem Niveau. Mit einem Durchschnittsverbrauch von 7,9 Litern auf 100 Kilometer ist der Turbo sogar noch deutlich sparsamer als der Sauger.
Besonders aufwendig ist natürlich der Zylinderkopf mit den drei Einlass- und zwei Auslassventilen pro Zylinder. Um die insgesamt 20 Ventile in Bewegung zu setzen, kommen zwei Nockenwellen zum Einsatz. Die Nockenwelle für die Auslassventile wird durch Zahnriemen von der Kurbelwelle angetrieben. Die Kraftübertragung von der Auslass- zur Einlassnockenwelle erfolgt dagegen per Kette. Die Ventilbetätigung geschieht über Hydrostößel.
Der Turbo wird seit 10/97 mit der Bosch Motronic M3.8.3 und ab 11/98 mit der Motronic ME7.5 (beide Abgasnorm D3) betrieben. Seit 5/99 ersetzt der ARZ (Abgasgrenzwerte gemäß D4-Norm) mit ansonsten denselben technischen Daten den AQA. Eine weitere Leistungsssteigerung auf 180 PS sowie ein höheres Drehmoment von 235 Nm bei 1950 Umdrehungen erhielt der Motor Mitte 2001 als AUQ im GTI.
Die Motornummer (Kennbuchstaben und Seriennummer) befindet sich vorn an der Trennfuge zwischen Motor und Getriebe. Zusätzlich wird auf dem Zylinderkopfdeckel ein entsprechender Aufkleber angebracht. Auch der Fahrzeugdatenträger enthält die Kennbuchstaben.

Abgasturbolader: Aus der heißen Luft seiner Abgase beatmet sich der Turbo mit Ladedrücken von bis zu 0,6 Bar

Die 2,0 Liter-Motoren (APK, AQY)

Dieser Motor mit zwei Ventilen pro Zylinder leistet 85 KW/115 PS bei 5.200 U/min. Das maximale Drehmoment von 170 Nm wird bei 2.400 U/min entwickelt. Einspritzung und Zündung werden von der Motronic 5.9.2 gesteuert. Der APK erfüllt die Abgasgrenzwerte gemäß MVEG II. Zur weiteren Verbesserung der Abgaswerte ist beim AQY eine Sekundärlufteinblasung eingebaut. Sie sorgt für effektive Nachverbrennung der Abgase im Katalysator. Damit erfüllt der AQY die D4-Norm.
Saugrohrumschaltung und Nockenwellenverstellung gibt es bei diesem Motor nicht. Die im Zylinderkopf gelagerte Nockenwelle wird über einen Zahnriemen angetrieben, der auch die Kühlmittelpumpe bewegt. Die Ölpumpe in der Ölwanne wird über eine Kette von der Kurbelwelle angetrieben.
Auch bei diesem Motor befinden sich Kennbuchstaben und laufende Nummer vorn an der Trennfuge Motor/Getriebe. Der Zahnriemenschutz trägt den Aufkleber mit Buchstaben und Nummer. Die Motorkennbuchstaben sind schließlich auch auf dem Fahrzeugdatenträger aufgeführt.

Die 2,3 Liter-Fünfzylinder (AGZ, AQN)

Der Fünfzylinder V-Motor ist konstruktiv vom VR6 Motor abgeleitet. Mit 2,3 Liter Hubraum und 150 PS bei 6.000 U/min beschleunigt dieser Motor den Golf in 8,8 Sekunden von 0 auf 100 km/h und treibt ihn auf

eine Spitze von 216 km/h. Das maximale Drehmoment von 205 Nm bei 2.300 U/min erlaubt jedoch auch schaltfaules Fahren. Der durchschnittliche Kraftstoffverbrauch liegt bei 9,3 Litern auf 100 Kilometer.
Die im Oktober 2000 erschienene Variante AQN hatte dank erhöhter Verdichtung (10,8:1 statt 10,0:1) eine Leistung von 170 PS und 220 Nm Drehmoment. Damit liegt die Höchstgeschwindigkeit bei 224 km/h, Tempo 100 ist 1,2 Sekunden schneller erreicht.
Das Interessante an diesem Motor: Die fünf Zylinderbohrungen mit je zwei Ventilen sind V-förmig in einem sehr engen Winkel von 15 Grad angeordnet. Die beiden obenliegenden Nockenwellen liegen in einem gemeinsamen Zylinderkopf und werden von Steuerketten angetrieben.
Das gesamte Motor-Management einschließlich sequentieller Kraftstoffeinspritzung, Klopfregelung und ruhender Hochspannungs-Zündverteilung mit fünf einzelnen Zündspulen übernimmt bei den V5-Motoren eine Motronic (ME 7.1 beim AQN, M3.8.3 beim AGZ). Gaspedal und Drosselklappe sind elektronisch miteinander verbunden. Durch die Möglichkeit, die Drosselklappe unabhängig von der Gaspedalstellung zu öffnen oder zu schließen kann der Motor noch genauer gesteuert werden. Abgaswerte und Verbrauch profitieren davon. Der AQN erfüllt die EU 4 Grenzwerte.

Die Sechszylinder mit 2,8 Liter (AQP, AUE) und 3,2 Liter Hubraum (BFH)

Schon der 2,8 Liter-Benziner bringt ein Drehmoment von 270 Nm bei 3.200 U/min und stramme 204 PS (bei 6.200 U/min) auf die Straße. Die Folge: 235 km/h Höchstgeschwindigkeit und eine Beschleunigung von 0 auf 100 km/h innerhalb 7,1 Sekunden. Im Februar 2000 wurde auf die Abgasnorm EU 4 umgestellt, der entsprechende Motor trägt nun die Bezeichnung AUE.
Mit 15 Grad Zylinderwinkel ist dieser Motor für die V-Bauweise extrem kompakt. Er verfügt über alles, was gut und teuer ist: Vierventiltechnik, Leichtlauf-Rollenschlepphebel, Nockenwellenverstellung, zweistufiges Schaltsaugrohr und Sechsganggetriebe. Das Fahrwerk des Golf mit diesem Motor ist entsprechend: Allradantrieb (variable Kraftverteilung), Mehrlenker-Hinterachse, ESP und größere Bremsen gehören zur Serienausstattung.
Das alles bildete eine ideale technische Basis für den Supersportler R32. Mit 400 cm^3 mehr Hubraum durch vergrößerten Kolbendurchmesser und längeren Hub, sowie einer erhöhten Verdichtung auf 11,5:1 erfuhr der Sechszylinder unter der Bezeichnung BFH eine Leistungssteigerung auf 241 PS und 320 Nm Drehmoment. Damit bildete diese Motorisierung das stärkste bis dato in einem Serien-Golf verbaute Aggregat.

Technisch nah verwandt: Der Serien V6 links bildet die Basis für den Supersportler R32, der mit verlängertem Hub, größerem Kolbendurchmesser sowie erhöhter Verdichtung die Spitzenmotorisierung darstellt

Die Diesel

VW darf für sich das Recht in Anspruch nehmen, der Diesel-Entwicklung entscheidende Impulse gegeben zu haben. Schon mit der Einführung des Turbodiesel im Golf Eins zeigt sich der Diesel so spritzig wie nie zuvor. Jahre später demonstriert der konzernweit bei vielen weiteren Modellen eingesetzte 1.9 TDI im Golf IV wahre Spartugenden: Durchschnittsverbräuche von nur 4,9 Liter auf 100 Kilometer zeugen von den Fortschritten in Sachen Diesel-Motortechnik.

Dabei ist dieser Golf Diesel nun wirklich keine lahme Ente, sondern entwickelt ein bemerkenswertes Temperament. Sprints von 0 auf 100km/h sind mit Schaltgetriebe nach längstens 12,4 Sekunden erledigt. Mitverantwortlich für die guten Fahrleistungen ist auch ein beachtlicher Drehmomentverlauf: Sein Maximum an Durchzugskraft stellen die meisten TDI-Golf bereits bei 1900 U/min bereit – satter Durchzug also bereits aus niedrigen Drehzahlen.

Zur Motorpflege im Oktober 2000 begann VW seine TDIs vom Verteilereinspritzverfahren mit einer zentralen Einspritzpumpe auf die Pumpe-Düse-Technik umzustellen. Die Effizienz blieb bei gesteigerter Leistung erhalten, die 100 PS-Variante unterstrich mit der Abgaseinstufung D4 auch das Emissionspotenzial moderner Dieseltechnik.

Der 1,9 Liter SDI (AGP, AQM)

Als einzig durchgängig produzierter Motor in der Diesel-Baureihe gibt es den vergleichsweise leistungsschwachen Saugdiesel mit 50 kW (68 PS). Die Verkaufbezeichnung lautet SDI, der Motorcode AGP.

Der Direkteinspritzer bietet ohne die Unterstützung eines Turboladers ein Drehmoment von 133 Nm bei 2200 bis 2600 U/min. Weitere Merkmale sind ein zweistufiges Abgasrückführungsventil, eine elektrisch regulierte Ansaugsammelrohrklappe und eine Verteilereinspritzpumpe von Bosch. Wie die meisten TDI-Motoren kann auch der SDI (laut VW) mit Biodiesel betrieben werden. Seit 11/98 wurde dieser 68 PS-Motor als AQM verbaut und erfüllt die Abgasnorm D3.

Die 1,9 Liter TDI-Motoren (AGR, ALH, AHF, ASV)

Die technischen Daten dieses inzwischen sehr verbreiteten Triebwerks: Zwei Ventile pro Zylinder, Turbolader mit variabler Turbinengeometrie, Ladeluftkühlung, elektronisch geregelte Verteilereinspritzpumpe von Bosch und natürlich auch Direkteinspritzung. Die Motoren arbeiten mit Abgasrückführung zur Wiederverbrennung des Kraftstoffgemischs.

Der 90 PS-Motor (66kW) wird seit 10/97 in den Varianten AGR und ALH gefertigt. Beide bieten 210 Nm bei 1900 U/min, der ALH erreicht seine höchste Leistung jedoch schon bei 3750 Touren und erfüllt die D3 Norm. Die 110 PS-Versionen (81 kW) laufen unter den Kennbuchstaben AHF und seit September 1999 unter ASV (mit Abgaswerten nach D3-Norm). Beide stemmen – ebenfalls schon bei gerade mal 1900 U/min – ein Drehmoment von 235 Nm auf die Kurbelwelle. Der AHF erreicht seine Leistung von 110 PS (81kW) bei 4150

Kein seltener Anblick: Die sehr effizienten und drehmomentstarken TDIs sind häufig unter der Haube des Golf IV zu finden

U/min, der ASV schon bei 4000 U/min. Wie alle TDI-Motoren verfügen auch diese Versionen über einen Katalysator und eine Abgasrückführung.

Die 1,9 Liter Pumpe-Düse-Motoren (AJM, ARL, ASZ, ATD, AUY, AXR)

Seit dem Jahr 2000 verwendet Volkswagen auch eine neuartige Hochdruck-Einspritzung für den direkt einspritzenden Dieselmotor: das **Pumpe-Düse-Prinzip.** Erstes Modell dieser neuen Motorengeneration mit einem Einspritzdruck von über 2000 bar und Bestwerten in Leistung, Drehmoment und Sparsamkeit war der Vierzylinder-TDI namens AJM mit 85 kW (115 PS) bei 4000 U/min. Er erreicht sein maximales Drehmoment von 285 Nm – die Motorversion mit überarbeitetem Motor-Management namens AUY bringt es sogar auf 310 Nm – ebenfalls schon bei 1900 U/min.
Wahlweise stehen für diesen Golf- und Bora-Motor ein Fünfgang- oder Sechsgang-Schaltgetriebe oder eine Fünfgang-Automatik mit Tiptronic zur Verfügung. Allmählich stellte VW die Motorenpalette der Dieselaggregate komplett auf Pumpe-Düse Aggregate um. Den neuen Einstieg bildet ab September 2000 die 100-PS Variante mit dem Kürzel ATD. Die strenge D4-Norm erreicht jedoch nur der gleichstarke AXR-Motor. Darüber rangierte noch die 130 PS Variante ASZ sowie der bärenstarke ARL mit 150 PS und einem Drehmoment von 320 Nm.
Auch bei den TDIs befinden sich Kennbuchstaben und laufende Nummer auf der Trennfuge Motor/Getriebe. Zusätzlich wird auf dem Zahnriemenschutz ein Aufkleber mit der Motornummer angebracht. Die Kennbuchstaben finden sich ferner im Fahrzeugdatenträger.

Farbmarkierung: Die Leistungsstufe der Pumpe-Düse-TDI-Motoren lässt sich an der Typbezeichnung ablesen: Der TDI hat 100 PS, der TDI 130 PS und der TDI 150 PS

Übersicht der Produktionsdauer aller Aggregate des Golf IV

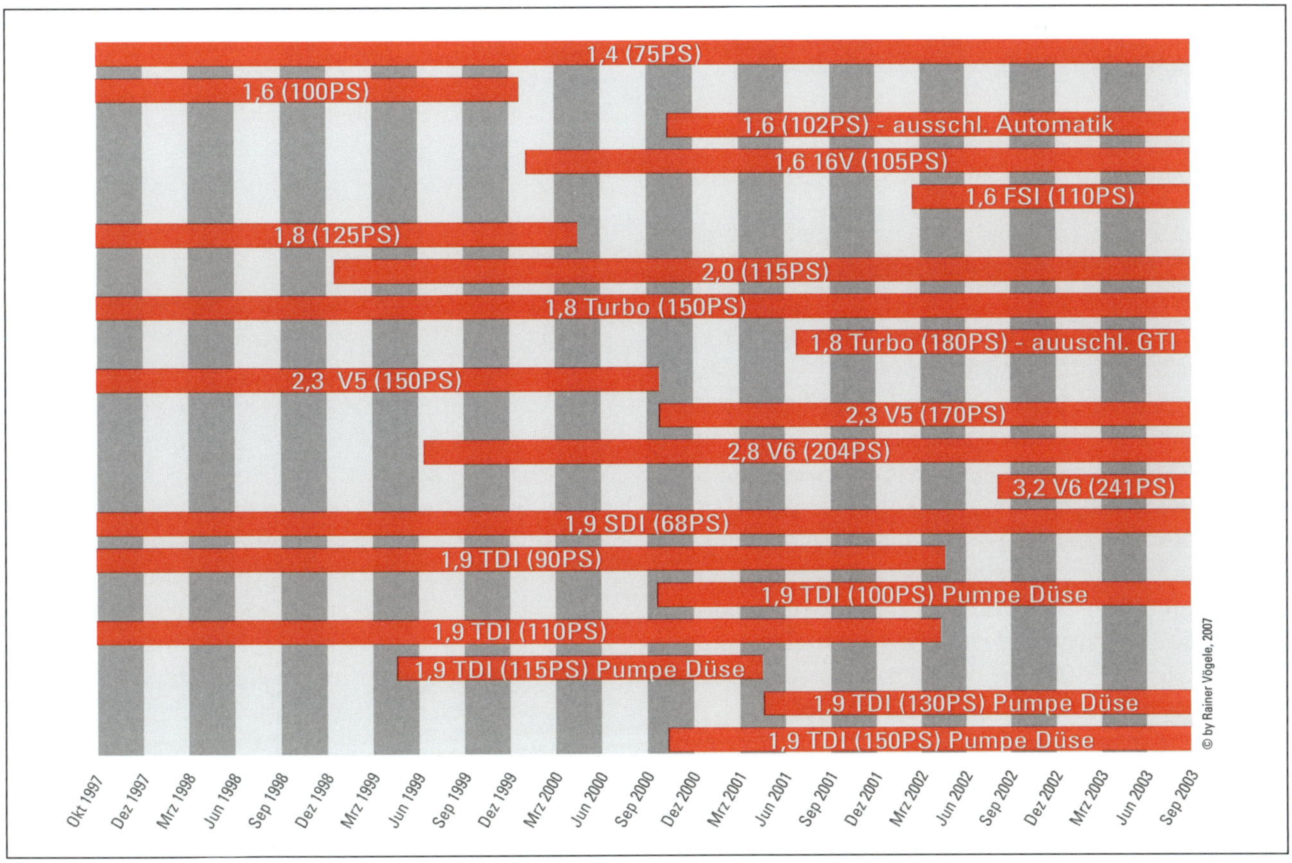

Hinweis zur Verwendung von Biodiesel

Biodiesel, auch RME-Kraftstoff („Rapsölfettsäuren-Methyl-Ester") genannt, darf nur in Fahrzeugen verwendet werden, die von Volkswagen serienmäßig oder durch Sonderausstattung (PR-Nr. 2G0) für RME-Kraftstoff freigegeben sind. Wenn Sie RME-Kraftstoff einfüllen, obwohl Ihr Fahrzeug dafür nicht geeignet ist, kann das Kraftstoffsystem beschädigt werden. Wenn Sie Biodiesel bei Motoren ab der Kalenderwoche 05/2004 tanken, dann bitte nur RME-Kraftstoff entsprechend der DIN EN 14214 (FAME= „Fatty Acid Methyl Ester")! Bei Biodiesel der von dieser Norm abweicht, kann der Kraftstofffilter verstopfen.
Und über noch Eines sollten Sie sich klar sein: Bei Betrieb mit Biodiesel können die Fahrleistungen geringfügig niedriger sowie der Kraftstoffverbrauch geringfügig höher ausfallen. Biodiesel ist auch nur wintertauglich bis ca. -10°C. Bei niedrigeren Temperaturen empfehlt VW Winterdieselkraftstoff zu tanken.
Beachten Sie bei Betrieb mit Biodiesel auch die geänderten Intervalle für das Entwässern und das Wechseln des Kraftstofffilters. Sind Standzeiten von mehr als ca. zwei Wochen geplant, empfiehlt VW, das Fahrzeug vorher mit herkömmlichem Dieselkraftstoff voll zu tanken und über eine Strecke von ca. 50 Kilometer zu fahren, um Schäden an der Einspritzanlage zu vermeiden.

Was Sie am Motor noch selber tun können

Bei den Golf-Motoren handelt es sich um aufwändige Konstruktionen, die mit entsprechender Sorgfalt behandelt werden müssen. Wenn Sie nicht sicher sind, ob Sie eine Arbeit an den Bestandteilen des Motors fachgerecht durchführen können: Verzichten Sie aufs Do it yourself! Ein falsch ausgetauschter Zahnriemen zum Beispiel kann schwere Schäden an Kolben und Ventilen verursachen. Überlassen Sie Reparaturen an Zylinderkopfdichtung und Ventilen also besser der Fachwerkstatt, ebenso die Beseitigung eines Lagerschadens. Dort gibt es nicht nur das Fachwissen und die Erfahrung im Abschätzen der Schäden, sondern auch nötige Spezialwerkzeuge, Prüf- oder Messgeräte und alle andere Hilfsmittel bis hin zum Hebewerkzeug zum Ausbau der kompletten Antriebseinheit.
Für die heimische Garage bleiben Ihnen trotzdem noch eine Reihe von Prüf- und Wartungsarbeiten, die Sie in Eigenregie durchführen können. Auf diese werden wir auch in den folgenden Arbeitsschritten aus-

WISSENSWERTES

Der Turbolader beim Diesel

Mehr Sauerstoff bedeutet mehr Verbrennungsenergie. Beim Diesel ist die Situation im Gegensatz zu den Benzinern geradezu ideal: Ein Klopfproblem gibt es nicht. Und ihm fehlt die Drosselklappe – der Luftdurchsatz und damit die Abgasmenge hängen nur von der Drehzahl und nicht von der Gaspedalstellung ab. Die Leistung wird ausschließlich über die Einspritzmenge geregelt. So bleibt die Abgasmenge relativ konstant, der Lader braucht beim Beschleunigen nicht so große Drehzahlsprünge mitzumachen. Der Diesel-Turbo spricht also besser an. Das gilt im besonderen Maße für den Golf-Turbodiesel.

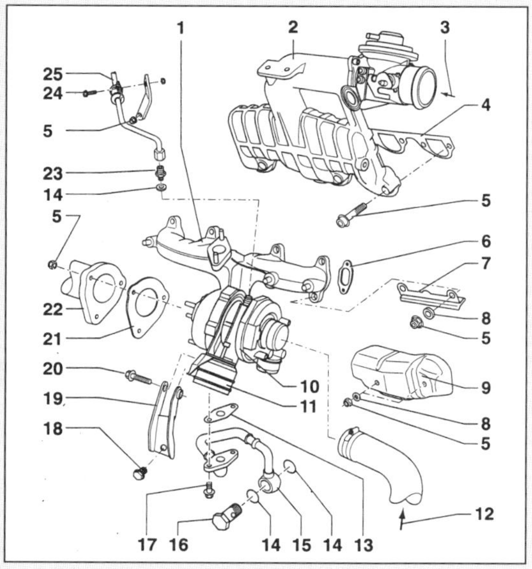

Um die einströmende Luftmenge bei hoher Drehzahl zu begrenzen und um zu vermeiden, dass sich der Druck im Ladesystem unzulässig erhöht, arbeitet er mit einem Ladedruckregler. Ein Ventil im Ladedruckregler sorgt dafür, dass nur ein Teil der Abgase an das Schaufelrad des Turboladers gelangen kann. Der Ladedruck wird verringert – es wird gewährleistet, dass er nur den konstruktiv festgelegten Wert erreicht. Überschreitet der Druck doch die Sicherheitstoleranz, oder ist der Ladedruckregler überlastet oder außer Betrieb, ermöglicht ein Sicherheitsventil im Ansaugkanal (Ablassventil) das Zurückströmen der Luft in den Luftfilter. Durch eine Ladedruckanreicherung in der Einspritzpumpe wird die zusätzlich einströmende Ansaugluft auch kraftstoffseitig reguliert. In Abhängigkeit vom Ladedruck wird mehr oder weniger Kraftstoff zugeordnet.

führlich eingehen. Wichtig ist, dass Sie die Wartungsarbeiten regelmäßig durchführen und damit Ihren Motor in Schuss halten. Denn ein schlecht gewarteter Motor kann Ausgangspunkt einer Verkettung von Folgeschäden sein.

Die Motordatenträger

Zur Identifizerung Ihres Motors nach den Motorkennbuchstaben beachten Sie die verschiedenen Datenträger an Ihrem Golf. Diese befinden sich an unterschiedlichen Stellen im Motorraum.
Sie sind zum Beispiel auf der Abdeckung des Riementriebs als Aufkleber oder an der Trennfuge zwischen Motor und Getriebe angebracht. Die Kennbuchstaben werden bei der Beschaffung der Ersatzteile relevant.

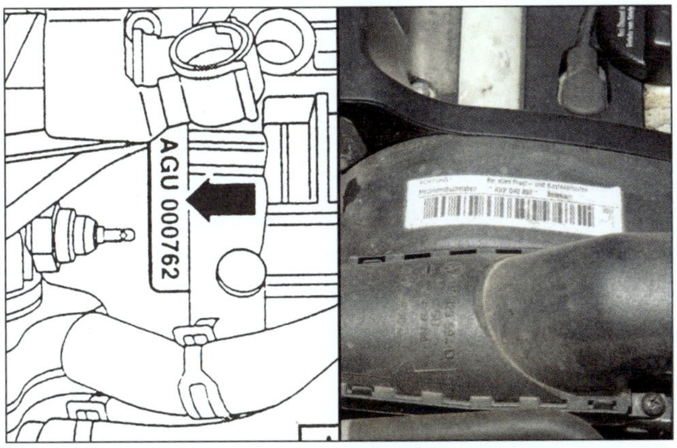

Motorkennunmmer: Sowohl an der Trennfuge zwischen Getriebe und Motor als auch auf dem Keilriemenschutz findet sich die Motortypbezeichnung wieder

Grundbegriffe Motorentechnik

WISSENSWERTES

Alle Motoren arbeiten nach dem **Viertaktprinzip.** Das bedeutet: Bis der Motor Leistung abgibt, muss der Kolben vier Hübe zurücklegen.
Ansaugen (1. Takt): Kolben geht nach unten zum Unteren Totpunkt (UT). Einlassventil öffnet, das Kraftstoff-Luft-Gemisch strömt in den Zylinder.
Verdichten (2. Takt): Kolben bewegt sich von UT zum Oberen Totpunkt (OT). Einlassventil schließt. Der Kolben verdichtet das eingeströmte Gemisch.
Verbrennen (3. Takt): Kurz vor OT springt an der Zündkerze der Funke über. Beim Diesel zündet das Gemisch von selbst. Das Gemisch verbrennt und drückt den Kolben nach UT. Über das Pleuel wird die Kurbelwelle in Umdrehung versetzt.
Ausstoßen (4. Takt): Kolben bewegt sich wieder nach oben. Auslassventil öffnet, die verbrannten Gase werden ins Auspuffsystem geschoben.
Hubraum Der Raum, den die Kolben bei ihrer Bewegung von UT nach OT durchmessen. Wenn der Kolben seinen höchsten Punkt erreicht hat, bleibt noch der Brennraum, in dem sich das Kraftstoff-Luft-Gemisch befindet. Hubraum und Brennraum bilden zusammen den Zylinderraum.
Verdichtungsverhältnis Das Verhältnis des Zylinderraums zum Brennraum. Es gibt an, auf den wievielten Teil des Zylinderraums das Kraftstoff-Luft-Gemisch verdichtet wird. Bei Benzinern liegt es in der Regel bei etwa 10:1, bei Dieselmotoren bei rund 20:1.

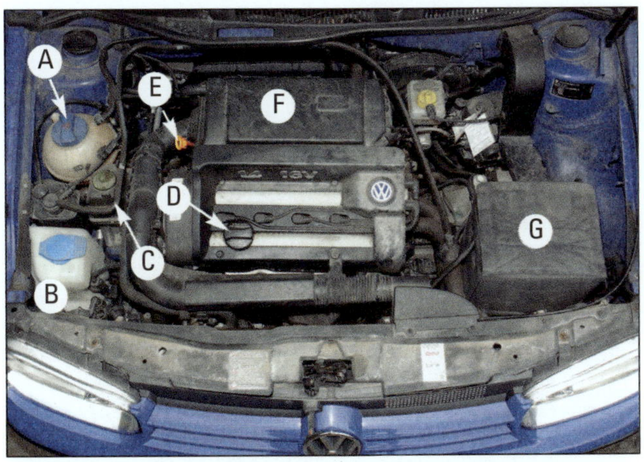

Motorraum des 1,4 Liter Benziners: (A) Kühlflüssigkeitsbehälter, (B) Wischwasserbehälter, (C) Servo-Ölbehälter, (D) Öleinfüllstutzen, (E) Ölpeilstab, (F) Luftfilterkasten, (G) Batterie

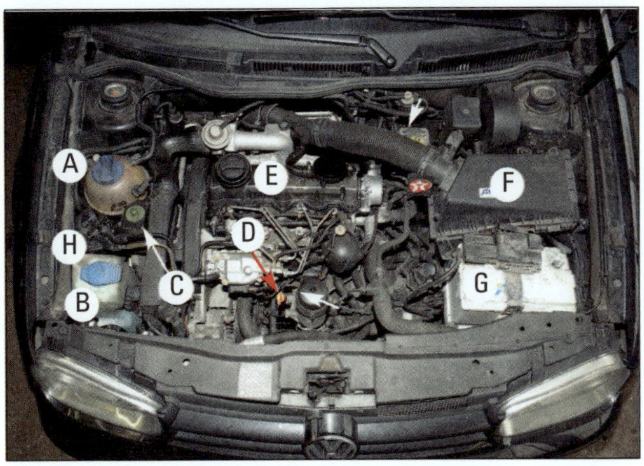

Motorraum des 1.9 Liter TDI (Abdeckung entfernt): (A) Kühlflüssigkeitsbehälter, (B) Wischwasserbehälter, (C) Servoölbehälter, (D) Ölpeilstab, (E) Öleinfüllstutzen, (F) Luftfilterkasten, (G) Batterie, (H) Kraftstoffilter

Der Keilrippenriemen

Der Antrieb von Nebenaggregaten wie der Wasserpumpe oder dem Klimakompressor (bei Fahrzeugen mit Klimaanlage), geschieht über einen Keilrippenriemen. Dieser wird selbst durch das Antriebsrad (5), welches auf der Kurbelwelle sitzt, angetrieben. Seine Längsrillen dienen der Führung an den Antriebsrädern der einzelnen Aggregate. Die Breite ist so dimensioniert, dass sie dem Riemen eine hohe Stabilität verleiht. Der Verlauf des meterlangen Riemens unterscheidet sich je nach Motorvariante und Ausstattung. Der Riemen ist aber bei allen Golf in seiner Auslegung so standfest, dass er nur sehr selten erneuert werden muss. So ist beim 1,8 Liter-Turbomotor laut VW ein Wechsel alle 120.000 km vorgeschrieben. Dennoch kann natürlich ein prüfender Blick von Zeit zu Zeit nicht schaden. Wenn der Riemen deutliche Laufspuren zeigt oder an den Ränder ausgefranst ist, sollte er getauscht werden.

Vom Keilriemen angetriebene Nebenaggregate: (1) Riemenscheibe, (2) Umlenkrolle, (3) Drehstromgenerator, (4) Klimakompressor, (5) Kurbelwelle, (6) Spannrolle

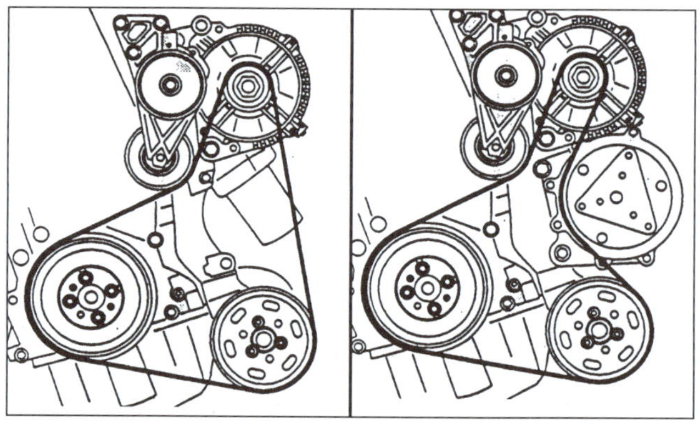

Mit und ohne Klimakompressor: Am komplexeren Verlauf des Riemens lässt sich die Mehrausstattung erkennen

Die Hydrostößel

Frühere Motorkonstruktionen ohne Hydrostößel mussten noch von Zeit zu Zeit manuell nachjustiert werden. Dies entfällt im Golf Dank des automatischen Ventilspielausgleichs.

Die Hydrostößel selbst bestehen aus Kolben, Zylinder und Druckfeder. In den Motoren des Golf kompensieren die Hydrostößel die Wärmeausdehnung des Ventiltriebs. Ohne diese Maßnahme wäre, durch die im heißen Motor verlängerten Ventilschäfte, die Abdichtung zum Zylinder nicht mehr ausreichend.

Die Funktionsweise ist recht einfach: Ist der Stößel nicht belastet (Ventil geschlossen), so drückt eine Feder den Kolben aus den Zylinder bis dieser am Ventilschaft anstößt. Das Ventilspiel ist quasi Null. Motoröl fließt, von der Ölpumpe unter Druck gesetzt, durch eine umlaufende Ölnut in den Ölvorratsbehälter und dann durch das Rückschlagventil in den kleinen Hochdruckraum. Beginnt nun der Nocken auf den Hydro zu drücken, schließt das Rückschlagventil und schottet somit den Hochdruckraum ab. Da man Öl nicht zusammenpressen kann, besteht jetzt zwischen Nocken und Ventilschaft eine „starre" Verbindung, und das Ventil öffnet sich unter dem Druck der Nockenwelle.

Treten Defekte am Hydrostößel auf, macht sich das durch ein Klappergeräusch bemerkbar. Die Ursachen hierfür können unterschiedlich sein. Haben Sie Ihren Golf für längere Zeit nicht mehr gefahren, kann kurz

Ausgleichende Wirkung: Durch den Ventilspielausgleich der Hydrostößel dichten die Ventilteller stets optimal ab

nach dem Start die Ölversorgung noch nicht ausreichend sein. Andersrum kann aber auch kurz nach einer hohen Belastung bei erhöhten Außentemperaturen oder bei extrem niedrigem Ölstand die Ölversorgung ebenfalls nicht ausreichend sein.
Ein schlechtes Zeichen ist ein anhaltendes Ventilgeräusch, das auch nach längerer Fahrt nicht verschwindet. Dann kommen Sie an einem Austausch der Stößel nicht vorbei. Dazu sind umfangreiche Demontagearbeiten nötig, Reparaturen wie diese finden Sie daher in unserer Reihe „Reparaturanleitung".

Der Zahnriemen

Der Steuerriemen (auch Zahnriemen genannt) hat die Aufgabe die Nockenwelle anzutreiben, welche über Hydrostößel die Ventile öffnet und schließt. Der Zahnriemen sitzt außerhalb des Kurbelgehäuses auf Zahnrädern an Nockenwelle und Kurbelwelle. Durch die Übersetzung der Zahnradpaarung Nockenwellen/Kurbelwellenrad im Verhältnis 2:1 treibt der Zahnriemen die Nockenwelle mit halber Umdrehungsgeschwindigkeit der Kurbelwelle an.
Im Gegensatz zum Keilriemen besitzt der Zahnriemen keine längsverlaufende Rillen sondern quer geschnittene Zähne. Aufgrund der höheren Kräfte ist er durch die Einlage von Stahl- oder Kevlarlagen verstärkt.
Die Zähne dienen dazu eine genaue Position der Nockenwelle zur Kurbelwelle sicher zu stellen. Diese Steuerzeiten sind für den Motor elementar. Reißt der Riemen oder springt er nur um einen Zahn über, kann der Motor schweren Schaden nehmen. Im ungünstigsten Fall schlagen die Ventile auf den Kolben auf und der Motor ist nicht mehr zu retten.
Eine Schmierung oder das Nachspannen sind nicht nötig, im Gegenteil: Der Riemen sollte frei von Fetten und Ölen gehalten werden. Allerdings muss bei den SDI und TDI-Motoren in streng einzuhaltenden Intervallen der Zahnriemen gewechselt werden. Die verschiedenen Intervalle sind vom Motortyp und der Bauzeit abhängig. Vergleichen Sie unbedingt die Service-Unterlagen Ihres Golf mit den Angaben aus der Tabelle. Ist ein vorgesehener Wechsel nicht erfolgt, lassen Sie Arbeit schnellstmöglich in einer Werkstatt erledigen! Warum? Der Wechsel erfordert eine Menge Erfahrung sowie Spezialwerkzeuge.

Nichts zu machen: Trotz der äußerst stabilen Auslegung steht bei den TDIs regelmäßig der Wechsel an, den Sie in der Werkstatt erledigen lassen sollten

Motorkennung (Leistung)	Bauzeit	Wechselinintervall
AJM (115PS), AHF (110 PS)	bis Modelljahr 2000	60.000 km + Rollensatz
AGP, AQM (SDI) ALH, AGR (90 PS) AHF, ASV (110 PS)	bis Modelljahr 2001	90.000 km
AGP, AQM (SDI) ALH, AGR (90 PS) AHF, ASV (110 PS)	Modelljahr 2002	120.000 km
AGP, AQM (SDI) ALH, AGR (90 PS) AHF, ASV (110 PS)	ab Modelljahr 2003	150.000 km
AUY, AJM (115 PS) ATD (100 PS, EU3) AXR (100 PS, D4) ASZ (130 PS) ARL (150 PS)	ab Modelljahr 2001	90.000 km + Rollensatz
AUY, AJM (115 PS) ATD (100 PS, EU3) AXR (100 PS, D4) ASZ (130 PS) ARL (150 PS)	ab Modelljahr 2004	120.000 km + Rollensatz

Die Motorschmierung

An allen Stellen, an denen Metallteile aneinander reiben braucht es eine Schmierung. Das Motoröl ist dafür zuständig, dass Teile wie der Kolben und seine Zylinderlaufbahn oder auch die Lager der Kurbel- und Nokkenwelle beim Verrichten ihrer Arbeit keiner Metallreibung ausgesetzt sind.
Die Durchströmung des Motors mit Öl wird durch ein komplexes Leitungssystem innerhalb des Motorblocks ermöglicht. Dabei versorgt die Ölpumpe die zahlreichen Bohrungen mit dem wichtigen Schmiermittel. Ihre Aufgabe ist es, das Öl aus der Ölwanne, die sich unten am Motorblock befindet, anzusaugen und über den Hauptstrom des Schmiersystems letztlich an alle Leitungen weiterzureichen. Dabei passiert das Öl auch den Ölfilter, der Verunreinigungen wie Ruß oder Staubablagerungen herausfiltert.
Steigt der Öldruck zu sehr an, kann ein Überdruckventil an der Öldruckpumpe geöffnet werden, damit überschüssige Ölmengen zurück zur Ölwanne fließen können. Einen zu niedrigem Öldruck erkennt der Öldrukkschalter, die Warnlampe im Cockpit schlägt dann, begleitet von einem Signalton, Alarm. Dann heißt es sofort anhalten und Ölstand kontrollieren. Meist ist nämlich „nur“ zu wenig Öl im System und die Ölpumpe hat Luft angesaugt. Tritt das Problem nach dem Nachfüllen jedoch weiterhin auf, muss von einem mechanischen Schaden an der Ölpumpe, einer Verstopfung des Ansaugsiebes oder einem kapitalem Lagerschaden ausgegangen werden.

Der Ölkreislauf

Der Ölkreislauf sorgt mit Hilfe der Öldruckpumpe dafür, dass immer genügend Schmierung an allen benötigten Stelle vorhanden ist. Dieses System wird deshalb auch als Druckumlaufschmierung bezeichnet.
Das Motoröl wird dabei unter Druck in einen Kreislauf durch den gesamten Motor geleitet. Vom Ölfilter gelangt das Öl durch die Ölbohrungen und Kanäle in Richtung Motorblock bis zu den Schmierstellen der Kurbelwelle und der Pleuel.
Von den Gleitlagern der Kurbelwelle wird das Öl in den Zylinderkopf und zu den Lagerstellen der Nockenwelle sowie zur Kipphebelbrücke gedrückt.
Von dort aus fließt das Öl über Rücklaufkanäle zurück in die Ölwanne, wo es wieder durch die Ölpumpe angesaugt wird und den Kreislauf von Neuem durchlaufen kann.

Öldruckwarnung: Leuchtet die Öldruckwarnlampe (A) während der Fahrt rot auf, sollten Sie so schnell wie möglich anhalten und nach der Ursache suchen

Der Ölfilter

Genauso wie das Öl nach einer gewissen Zeit gealtert ist und gewechselt werden muss, ist auch der Ölfilter auszutauschen. Er setzt sich mit den Verschmutzungen zu und wird im Extremfall über einen „Bypass“ (durch den zu hohem Druck tritt ein Überdruckventil in Aktion) übergangen.
Damit ist eine sichere Schmierung zwar stets gewährleistet, aber die notwendige Filterung wird umgangen, was zum Beispiel an den Lagerstellen einen erhöhten Verschleiss hervorruft.

Der Öldruckschalter

Ein wichtiges Bauteil an der Ölfiltereinheit des Golf ist der Öldruckschalter. Er ist drucklos geöffnet und wird bei Erreichen des Schaltdruckes geschlossen. Die Öldrucküberwachung wird zehn Sekunden nach dem Einschalten der Zündung aktiviert. Die Einschaltverzögerung der Warnung beträgt drei Sekunden, die Ausschaltverzögerung etwa fünf Sekunden.
In der Praxis bedeutet das: Nach Einschalten der Zündung muss bei stehendem Motor die Öldruckkontrolllampe im Schalttafeleinsatz leuchten. Spätestens drei Sekunden nach dem Anlassen sollte die Leuchte verlöschen.
Wenn bei eingeschalteter Zündung und stehendem Motor der Öldruckschalter geschlossen ist, oder aber bei Drehzahlen über 1500 U/min noch geöffnet ist, erfolgt

einen Warnung durch Blinken der Leuchte und dreimaliges Ertönen des Summers. Selbst wenn der Öldruck in der Zwischenzeit wieder in Ordnung ist, hält die Warnung für mindestens fünf Sekunden an.
Passiert das Ganze bei Drehzahlen über 5000 U/min oder dreimal in Folge, wird die Öldruckwarnung gespeichert. Ansonsten ist das System spätestens nach dem Ausschalten der Zündung wieder auf Null gesetzt.
Für eine genauere Analyse muss der Öldruck gemessen und die Funktion des Öldruckschalters überprüft werden. Dazu verwendet die Werkstatt die V.A.G.-Geräte 1342 (Öldruck-Prüfgerät) und 1527 B (Diodenprüflampe). Dabei arbeitet die Diodenprüflampe genau umgekehrt: Bei Motorstillstand darf diese nicht leuchten, bei leicht erhöhten Leerlauf muss die Leuchtdiode dagegen bei dem für den jeweiligen Motor angegebenen Überdruck aufleuchten (1,4 l-Motor 0,3 bis 0,7 bar, 1,6/1,8/2,0/2,3 l-Motor 1,2 bis 1,6 bar). Bei einer Drehzahl von 2000/min und 80 Grad Öltemperatur soll der Öldruck mindestens 2,0 bar betragen.
Geringerer Öldruck weist auf ein defektes Öldruckregelventil, eine defekte Ölpumpe oder aber verschlissene Kurbelwellenlager hin. Aber auch nach oben sind Grenzen gesetzt: Bei höherer Drehzahl darf der Öldruck 7,0 bar nicht überschreiten. Liegt er darüber, muss in diesem Fall das Öldruckregelventil erneuert werden. Wird der Öldruck zu hoch drohen Undichtigkeiten – es kann sogar der Ölfilter platzen.

Leichtlauföl

Auch Leichtlauföl (Synthetiköl) kommt nicht ohne Erdöl aus. Allerdings wird der Molekülaufbau des Rohöls in einem aufwendigen Verfahren (Cracken) aufgelöst und nach neuer Rezeptur mit speziellen Additiven neu zusammengesetzt. Synthetiköl ist im Prinzip nicht künstlicher als Mineralöl, aber durchweg teurer. Dafür versprechen die Hersteller einen geringeren Öl- und Kraftstoffverbrauch, eine größere Beständigkeit und langsamere Alterung. Das bedeutet theoretisch auch längere Ölwechselintervalle. Allerdings sieht Ihre Vertragswerkstatt für Leichtlauföle keine längeren Ölwechselintervalle vor. Wenn Sie sich den Luxus dieses Spitzenöls leisten, sollten Sie sich also trotzdem an die vorgesehenen Intervalle halten.

Vorsicht: Motoröl, das ausschließlich für Dieselmotoren zugelassen ist, nie mit Öl für Benzinmotoren mischen. Sie riskieren sonst einen Motorschaden.

Ölnormen und Begriffe

Viskosität. Maß der Fließfähigkeit des Öls. Im Winter muss Motoröl so dünnflüssig sein, dass es nach dem Kaltstart sofort alle Schmierstellen versorgt. Im Sommer dagegen ist dickflüssiges Öl gefragt, das auch bei hohen Temperaturen den Schmierfilm nicht abreißen lässt.
SAE-Klasse (Society of Automotive Engineers). Bezeichnet die Klasse der Viskosität, zum Beispiel SAE 15W-40. Je kleiner die erste Zahl, um so dünner fließt das Öl bei Kälte (W = Winter). Ein Öl mit 0W schmiert noch bei minus 30 Grad, bei 5W steigt dieser Wert auf minus 25 Grad, bei 15W auf minus 15 Grad. Je höher die zweite Zahl, um so besser widersteht das Öl hohen Temperaturen.

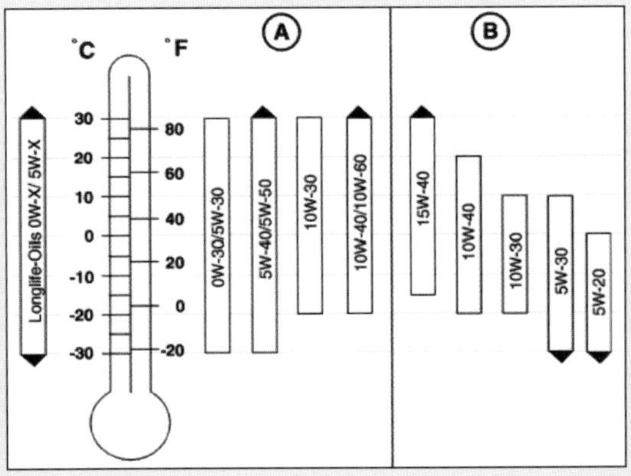

Die Ölviskositätsempfehlungen von VW:
In Mitteleuropa genügt das ganze Jahr über ein Öl der Viskositätsklasse 15W-40.
A: Mehrbereichs-Leichtlauföle nach VW-Norm 500 00; für Benzinmotoren, nicht für Turbo-Diesel.
B: Mehrbereichsöle nach VW-Norm 505 00 (alle Motoren) oder nach VW-Norm 501 01 bzw. API-SF oder SG; für Benzinmotoren, nicht für Turbo-Diesel.

ACEA (Association des Constructeurs Européen d'-Automobiles). 1996 eingeführte europäische Ölnorm. Löst die CCMC-Norm ab. Für Benziner gibt's die Gruppen A1 (spritsparendes Öl), A2 (gering belastetes Öl), A3 (Hochleistungs-Öl). Für Diesel gilt die Einteilung B1, B2 und B3.
CCMC (Comittée des Constructeurs d'Automobiles du Marché Commun). Die Spezifikation besteht aus den Buchstaben G (Benziner) und PD (Diesel) sowie einer Zahl. Je höher diese ist, um so besser ist die Qualität des Öls.

Die Motorkühlung

Das Kühlsystem sorgt für die richtige Betriebstemperatur des Motors. Es besteht aus einer Reihe von Bauteilen wie Kühler, Thermostat, Wasserleitungen und einem Netz aus kleinen, genau bemessenen Kanälen in Motorblock und Zylinder, in denen die Kühlflüssigkeit zirkuliert. So entsteht ein Wassermantel, der die Verbrennungswärme über die Schläuche des Kühlsystems an den Kühler abführt. Welche Wege das Kühlmittel im Kühlsystem nimmt, hängt von der Temperatur des Motors ab.

Der Kurzschlusskreislauf

Nach dem Kaltstart zirkuliert das Kühlmittel zunächst im kleinen Kühlkreislauf, der sich auf Motor und Heizung beschränkt. In diesem so genannten Kurzschlusskreislauf hält der Thermostat den Durchfluss zum Kühler geschlossen. Das Kühlmittel gelangt auf direktem Weg zurück in den Motor. So erhitzt sich die Kühlflüssigkeit schneller und der Motor wird schneller warm. Der Kühler tritt erst in Aktion, wenn die Kühlflüssigkeit eine bestimmte Temperatur erreicht hat. Der Thermostat öffnet, dabei wird kaltes Wasser aus dem Kühler mit bereits erwärmtem Wasser aus dem kleinen Kühlkreislauf vorgemischt.

Hitzetod ohne Wasser: Bei unzureichender Kühlung stirbt der Motor schnell den Hitzetod. Daher sollte der regelmäßige Check des Kühlmittelstands selbstverständlich sein

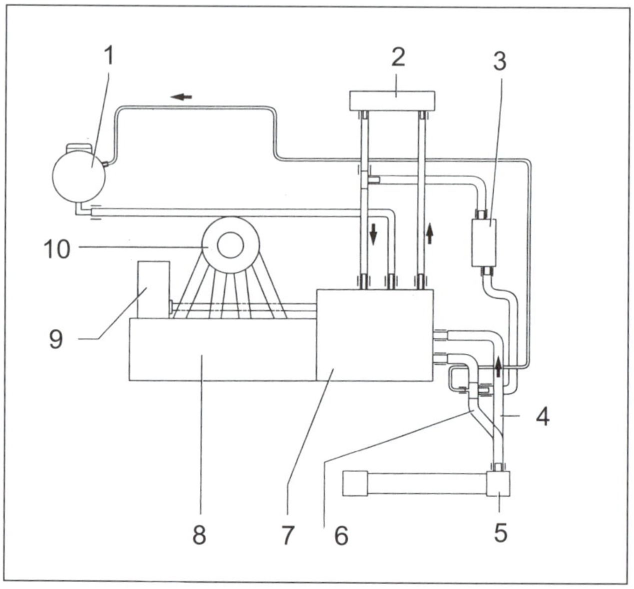

Der Kühlmittelkreislauf (exemplarisch): (1) Ausgleichsbehälter, (2) Wärmetauscher für Heizung, (3) Motorölkühler, (4) Kühlmittelschlauch unten, (5) Kühler, (6) Kühlmittelschlauch oben, (7) Kühlmittelregler-Gehäuse, (8) Zylinderblock, (9) Kühlmittelpumpe, (10) Ansaugrohr

Kühlung bei Betriebstemperatur

Solange die Wassertemperatur steigt, öffnet der Thermostat den Kaltwasserzufluss aus dem Kühler immer weiter und schließt gleichzeitig den Kurzschlusskreislauf. Bei Betriebstemperatur zirkuliert die Kühlflüssigkeit vom unteren Kühlwasserschlauch zur Wasserpumpe, die sie in den Motorblock und Zylinderkopf drückt. Der größte Teil der Flüssigkeit läuft dann über den geöffneten Thermostat zum Kühler, während der Rest zum Wärmetauscher der Heizung fließt. Das im Kühler unten abfließende kalte Wasser zieht heißes Kühlmittel oben in den Kühler nach. Dort wird es beim Zug durch die Kühlerlamellen abgekühlt. Sinkt während der Fahrt die Wassertemperatur unter die vorgeschriebene Betriebstemperatur sperrt der Thermostat den Kühlerdurchfluss erneut, bis sich das Kühlmittel wieder genügend erwärmt hat

Überdruck und Kühlerventilator

Das Kühlsystem steht unter einem Überdruck von etwa 1,4 bis 1,6 bar bei Betriebstemperatur. Dadurch und durch den Einsatz von Kühlmittelzusätzen erhöht sich der Siedepunkt der Kühlflüssigkeit von 100°C auf rund 120°C. Die höhere Temperatur ermöglicht einen wirtschaftlicheren und damit Kraftstoff sparenden Motorbetrieb. Wenn bei einem heißen Motor der Kühlmitteldruck 1,5 bar übersteigt, tritt das Überdruckventil am Ausgleichsbehälter in Aktion. Es öffnet und lässt zum Druckausgleich etwas Wasserdampf entweichen. Trotzdem kann es zum Beispiel bei Fahrten in der Stadt vorkommen, dass das Kühlmittel im System überhitzt wird. Dann muss der Kühlerventilator den Kühler zusätzlich kühlen.

Der (oder die) Lüfter werden über einen zweistufigen Thermoschalter gesteuert, der links am Wasserkasten des Kühlers eingeschraubt ist. Bei einer Kühlmitteltemperatur von 92 bis 97° wird die erste Stufe (halbe Drehzahl) geschaltet. Steigt die Kühlmitteltemperatur auf 99 bis 105°, schaltet der Thermoschalter in der zweiten Stufe auf volle Drehzahl.

Durch den nicht ständig mitlaufenden Lüfter und die thermostatische Regelung des Kühlmittelstroms werden die Betriebstemperatur schneller erreicht und der Kraftstoffverbrauch reduziert.

Das Kühlmittel

Kühlflüssigkeit (Kühlmittel) besteht aus einer Mischung von Frost- und Korrosionsschutzmittel und gewöhnlichem Wasser. Der Korrosionsschutz im Kühlmittel verhindert, dass sich Kesselstein, Rost und andere aggressive Korrosionsstoffe bilden.

Allerdings verfliegt diese Schutzwirkung nach etwa vier Jahren und das Kühlmittel sollte dann erneuert werden. Die Volkswagen AG schreibt einen turnusmäßigen Wechsel jedoch nicht mehr vor. Der Wasseranteil des Kühlmittels beträgt je nach gewähltem Frostschutz bis zu 60 %. Weniger als 40 % dürfen es aber auch im Sommer nicht sein.

Nach dem Ersatz von Motorkomponenten wie Zylinderkopfdichtung oder Wasserpumpe sollte neuer Frostschutz benutzt werden um die neuen Teile mit der Schutzschicht zu versiegeln.

Alle Motoren sind mit dem Mittel G 12 nach TL VW 774 D befüllt, das eine rote Färbung hat. Dieses Mittel darf auf keinen Fall mit dem früher eingesetzten Kühlmittelzusatz G 011 A8 C gemischt werden. Eine braune Färbung des Kühlmittels deutet auf eine Vermischung der beiden Sorten hin. Dann muss das Kühlmittel abgelassen werden. Den Motor mit Wasser durchspülen (Motor zwei Minuten laufen lassen) und anschließend mit neuem Kühlmittel befüllen!

WISSENSWERTES

Teile des Motorkühlsystems

Wasserpumpe: Sogenannte Schleuderpumpe, sorgt für stetigen Kreislauf des Kühlmittels. Wird je nach Motor vom Keilrippen- oder Zahnriemen angetrieben.

Kühler: Besteht auf der linken und rechten Seite aus einem Kunststoff-Wasserkasten. Dazwischen befinden sich dünnwandige Röhrchen, verbunden durch ein Gerüst von Lamellen. Die vom Luftstrom bestrichene Fläche ist viele Quadratmeter groß.

Thermostat: Hält die Wassertemperatur konstant. Öffnet bei etwa 87 °C und lässt Wasser zum Kühler oder zurück in den Motor strömen. Im Thermostat befinden sich eine wachsgefüllte Büchse und ein Ventilteller. Erwärmt sich das Kühlmittel, verflüssigt sich das Wachs und dehnt sich zunehmend aus. So öffnet es immer weiter das Ventil, das den Kaltwasserzufluss kontrolliert. Bei Betriebstemperatur ist das Ventil ganz geöffnet, der Kurzschlusskreislauf komplett zu. Kühlt das Wasser ab, drückt eine Feder auf den Ventilteller und sperrt den Kühlerdurchfluss.

Ausgleichsbehälter: Lässt bei zu hohem Druck durch ein Überdruckventil im Deckel Wasserdampf entweichen. Bei allen Motoren wird ein getrennter Ausgleichsbehälter verwendet. Anzeige des Kühlmittelstandes an der Außenseite.

Kühlungsventilator: Der Kühler ist mit einem Kühlungsventilator (Kühlerlüfter) und je nach Ausstattungsversion mit einem Zusatzlüfter versehen.

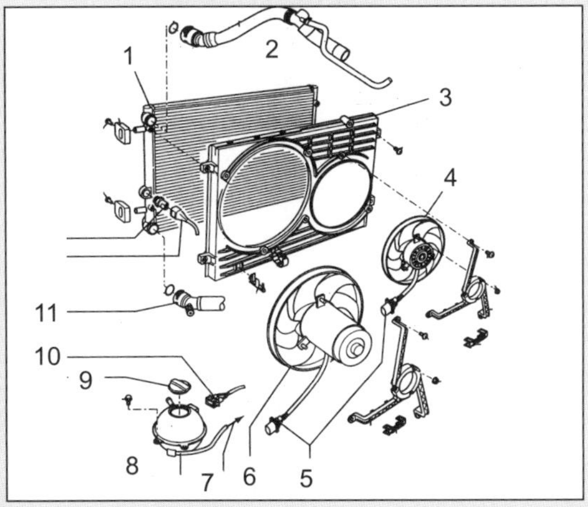

Teileauswahl des Kühlsystems: (1) Kühler, (2) Kühlmittelschlauch, (3) Luftführungshutze, (4) Zusatzlüfter, (5) Anschlusstecker, (6) Lüfter, (7) Kühlmittelrohr, (8) Ausgleichsbehälter, (9) Verschlussdeckel, (10) Kühlmittelschlauch, (11) Thermoschalter

Motormanagement

Die stetig komplexeren Anforderungen an die Motorsteuerung, auch bedingt durch die verschärften Abgasbestimmungen, machen eine effizientere Verbrennung sowie emissionsminimierte Verwertung des Kraftstoffs erforderlich. Hier kommt die Motorsteuerung ins Spiel, ohne deren Wirken die heutigen Abgasverordnungen nicht einzuhalten wären. In der zentralen Steuereinheit, egal ob Benziner oder Dieselmotor, laufen alle zur Verbrennungsoptimierung relevanten Informationen zusammen, werden dort blitzschnell ausgewertet und zur Steuerung, beispielsweise der optimalen Einspritzzeiten, verwertet.
Hierzu werden sowohl Sensoren (Fühler) als auch Aktoren (Stellglieder) benötigt. Sensoren erkennen den Fahrzustand und auch den Fahrwunsch, zum Beispiel am Gaspedalpotentiometer. Umgesetzt wird die Eingabe vom Fahrpedal dann am Stellmotor der Drosselklappe, der diese je nach Rechenmodell öffnet und schließt. Aber das Steuergerät kann noch weitaus mehr und übernimmt aufgrund der zur Verfügung stehenden Informationen auch noch gleich folgende Funktionen:

- Leerlaufdrehzahlregelung
- Lambdaregelung
- Steuerung des Kraftstoffrückhaltesystems
- Klopfregelung
- Abgasrückführung
- Steuerung des Turboladers
- Steuerung der Saugrohrumschaltung
- Regelung der Nockenwellenverstellung

Motorsteuerung beim FSI

Eine äußerst anspruchsvolle Steuerung erfordert unter den Benzinmotoren der FSI-Direkteinspritzer. Seine eigenart ist die sogenannte innere Gemischbildung. Bei ihm wird nicht wie sonst üblich im Saugrohr, sondern direkt im Zylinder das Gemisch aus Luft und Benzin zusammengesetzt.
Im unteren Teillastbereich, wo durch Drosselverluste die Energieeffizienz der herkömmlichen Ottomotoren am schlechtesten ist, kann der Direkteinspritzer seine Stärken ausspielen. Er spritzt im sogenannten Schichtladebetrieb nur die Menge Kraftstoff in den Brennraum ein, die benötigt wird, um in Nähe der Zündkerze eine zündfähige Gemischwolke zu bilden. Die notwendige Hochdruckpumpe sorgt für eine Feinstzerstäubung des Kraftstoffs. Im restlichen Zylinderraum herrscht dabei ein Überschuss an Luftanteilen, ein in-

Bits und Bytes: Die Motorsteuerung ist für die Verbrennungsoptimierung und Emissionsverbesserung ist unerlässlich geworden

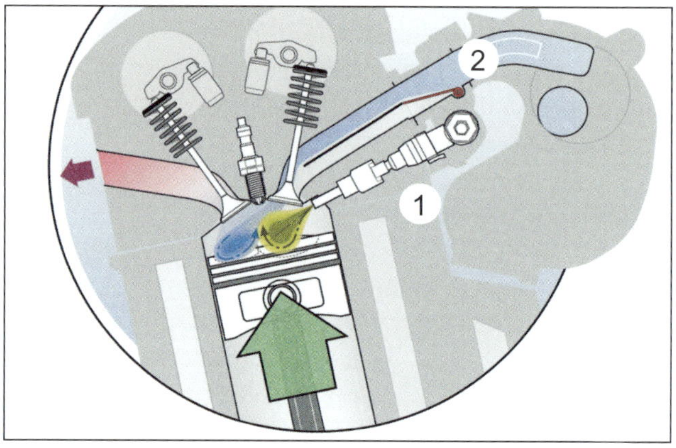

Schichtladebetrieb: Wichtig beim FSI sind der Injektor (1), der den Kraftstoff feinstzerstäubt in den Zylinder einspritzt, sowie die Tumbleklappe (2) die durch den Luftstrom die Benzinwolke zusammen mit dem speziell geformten Kolbenboden an die Zündkürze leitet

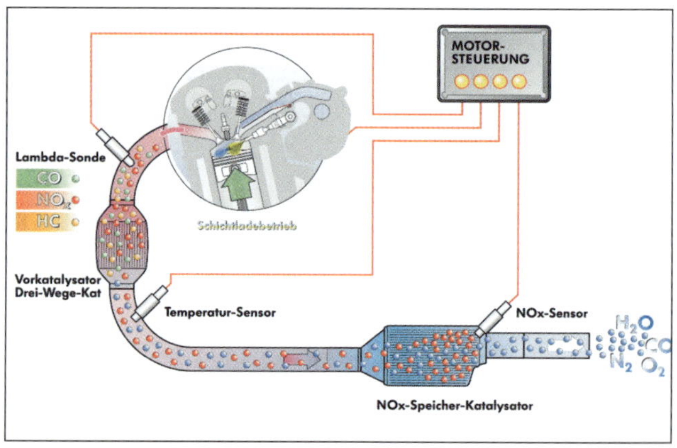

Abgasnachbehandlung: Die im Schichtladebetrieb entstehenden Abgase müssen gesondert nachbehandelt werden

homogenes Gasgemisch enststeht. Unterstützt wird der Ladungstransport vom Injektor zur Zündkerze durch den muldenartig geformten Kolbenboden und eine über das Einlassventil eingeleitete Luftverwirbelung. Aufgrund dieser Eigenart wird das Brennverfahren auch den wand- und luftgeführten Verfahren zugeordnet.
Doch dieses Verbrennungsverfahren hat einen kleinen Haken: Die dabei entstehenden Abgase aus Stickoxiden (NOx), Kohlenwasserstoffen (HC) und Kohlenmonoxid (CO) bedürfen einer ebenfalls elektronisch gesteuerten Abgasnachbehandlung. Ein spezieller NOx-Speicherkat kommt für diese Aufgabe zum Einsatz.
Unter Vollast schaltet die Betriebsart wieder auf ein homogenes Gemisch um. Der Zylinder füllt sich gleichmäßig mit stöchiometrischem Gasgemisch (ca. 14,6 Luftanteile zu einem Anteil Benzin entspricht der Luftzahl Lambda=1) und kann sein volles Leistungpotenzial abgegeben.
Die Kunst dabei ist, die Motorsteuerung so zu programieren, dass der Fahrer von all dem nichts mitbekommt.

Elektronische Dieselkontrolle EDC

Auch der Selbstzünder läuft heutzutage nicht mehr ohne eine Ansteuerung durch ein Steuergerät. Im Golf bestimmt eine elektronische Dieselregelung kurz EDC (=Electronic Diesel Control) sowohl bei den Verteilereinspritzpumpem-TDI als auch den Pumpe-Düse Aggregaten (PDE) Einspritzdauer sowie den Einspritzbeginn des Dieselkraftstoffs. Steuerzeiten von wenigen Hundertstelsekunden ermöglichen eine äußerst präzise Kraftstoffmengenzumessung.
Die Regelung ist dabei so exakt, dass bei den PDE-Triebwerken während der kurzen Zeitdauer eines Taktspiels mehrere Einspritzintervalle möglich sind. Dadurch läuft ein Diesel wesentlich sanfter und umweltfreundlicher.

Zusammenschluss der Steuergeräte

Bei Automatikfahrzeugen werden die Getriebsteuerung mit dem Motorsteuergerät verknüpft um zum Beispiel komfortable Schaltvorgänge umzusetzen. Das Schaltsignal der Automatik veranlasst die Motorsteuerung das Drehmoment zurückzunehmen, wodurch kein Rucken beim Gangwechsel zu spüren ist. Auch mit den Fahrsicherheitssystemen wie ABS und ESP muss das Motorsteuergerät zusammenarbeiten.

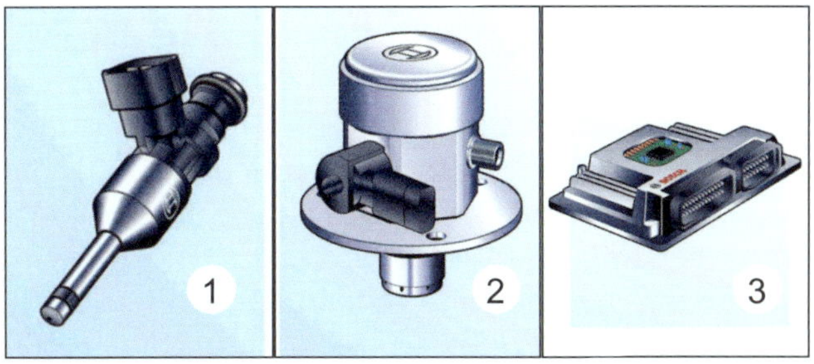

Hauptkomponenten der Benzindirekteinspritzung: Der Injektor(1), die Hochdruckbenzinpumpe (2) und das Steuergerät (3)

Wolfsburger Nostalgie: Bereits seit 40 Jahren werden Benzinmotoren durch Elektronik gesteuert

Druckregler der Automatik: Im Sinne des Fahrkomforts stimmt sich das Motorsteuergerät auch mit dem Automatikgetriebe ab. Druckregler bestimmen die Schaltvorgänge

Motorsteuerungskomponenten im Detail

Der Saugrohrdrucksensor

Liefert zusammen mit der Motordrehzahl eine der Hauptsteuergrößen für die Bestimmung der Einspritzgrundzeit. Er kann entweder im Saugrohr oder als Element der Motorsteuerung verbaut sein.

Das Drosselklappenpotentiometer

Der Zugkraftwunsch wird über diesen Sensor an die Motorsteuerung weitergegeben. Der Wert gibt an, wieviel Gas der Fahrer gibt.

Der Höhendrucksensor

Sitzt direkt im Steuergerät. Der Sensor erlaubt eine exakte Bestimmung der Dichte der Umgebungsluft. Diese Information findet in zahlreichen Anpassungsfunktionen Anwendung. Beim Turbomotor kommt noch ein Ladedrucksensor zum Einsatz.

Der Drehzahlsensor

Seine Position an der Kurbelwelle gibt dem Steuergerät Anhaltspunkte über die Stellung der Kurbelwelle und damit über die Stellung jedes einzelnen Zylinders. Wichtig ist auch die Stellung der Nockenwelle, über die ein weiterer Sensor Auskunft gibt. Das Steuergerät kann durch ihn erkennen, welche Zylinder sich gerade im Verdichtungstakt befinden, und so jeder einzelnen Zündspule das Zündsignal geben.

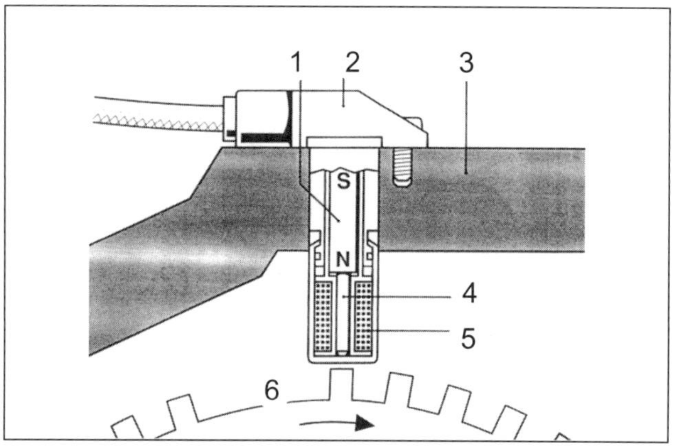

Das E-Gas und der Drosselklappen-Geber

Die Vierzylinder ab Modelljahr 9/98 und die Sechszylinder ab 1/99 haben ein elektronisches Gaspedal. Die Drosselklappe wird nicht mehr durch einen Seilzug betätigt. Zwischen den beiden Teilen besteht keine mechanische Verbindung mehr. Am Gaspedal sitzen stattdessen zwei Geber, die das Steuergerät über die Gaspedalstellung informieren. Die Stellung des Gaspedals („Fahrerwunsch") ist eine Haupteingangsgröße für das Motorsteuergerät. Entsprechend dieser Eingangsgröße betätigt das Steuergerät einen Elektromotor an der Drosselklappe.

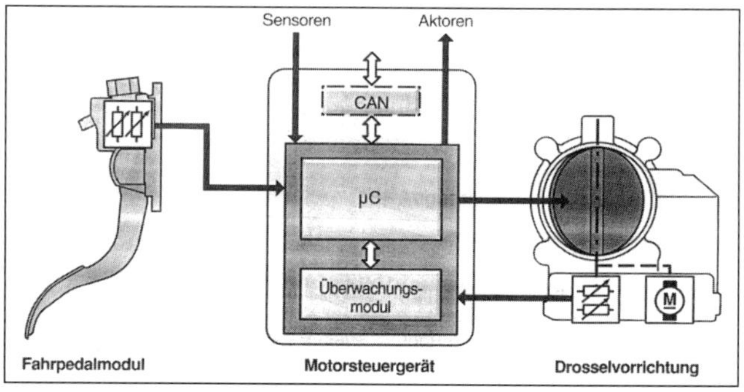

Das Steuergerät öffnet die Drosselklappe nun aber nicht immer so weit, wie vom Fahrer vorgeschlagen. Die Elektronik passt die Drosselklappenstellung statt dessen an den jeweiligen Betriebszustand an. So kann beim Beschleunigen die Drosselklappe schon ganz geöffnet sein, obwohl das Gaspedal erst halb durchgetreten ist. Dies hat den Vorteil, dass Drosselverluste an der Klappe vermieden werden. Das E-Gas greift auch bei der Antriebsschlupfregelung ein: Wenn der Fahrer zuviel Gas gibt, kann das Steuergerät das Gas so weit zurücknehmen, bis kein Rad mehr durchdreht.

Der Klopfsensor

Eine Piezokeramik-Bauteil, eingebaut in den Zylinderblock, registriert die bei klopfender Verbrennung entstehende Schwingung und wandelt sie in elektrische Signale um. Die Motorsteuerung reguliert danach den Zündzeitpunkt.

Der Motortemperatursensor

Sitzt im Kühlmittel-Kreislauf und gibt dessen Temperatur an das Steuergerät weiter.

Der Ansauglufttemperatursensor

Befindet sich im Ansaugkanal und gibt die Temperatur der Ansaugluft an das Steuergerät weiter.

Der Luftmassenmesser

Er befindet sich im Ansaugrohr zwischen Luftfilter und Drosselklappe und bestimmt die Menge der angesaugten Luft, die bekanntlich von Temperatur, Feuchtigkeit und Dichte abhängt.
Im Gegensatz zum früher verwendeten mechanischen Luftmengenmesser, der lediglich das Volumen der

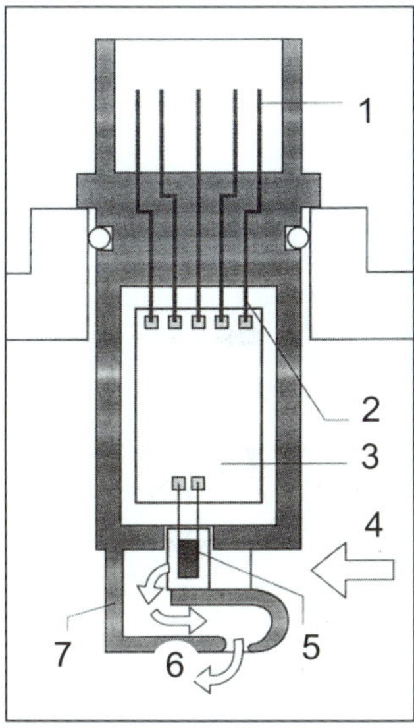

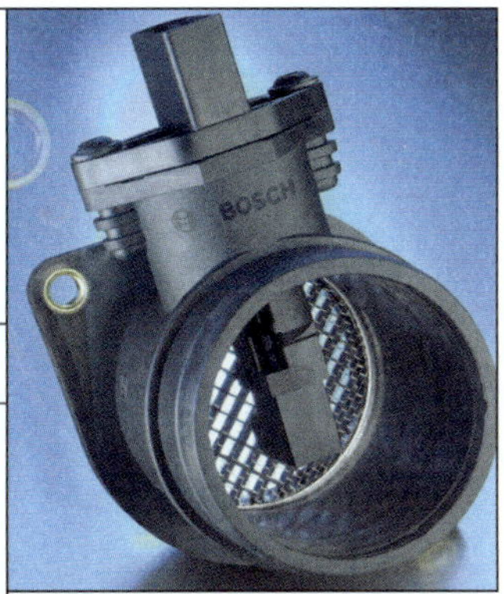

Aufbau des HFM: (1) Anschluß, (2) Leitungen, (3) Platine, (4) Lufteinlass, (5) Sensorelelement, (6) Luftauslass, (7) Gehäuse

durchgesetzten Luft im Ansaugtrakt bestimmen konnte, gibt der heute sowohl beim Diesel, als auch beim Benziner verwendete Heissfilmluftmassenmesser viel präzisere Signale zur Einspritzregelung ab.
Das Messprinzip basiert auf dem Prinzip „thermischer Lastsensoren“: Die Oberfläche des Sensors ist ein unterschiedlich beschichteter Filmdraht und beinhaltet gleich drei verschiedene elektrische Widerstände. Sie funktionieren als Heiz-, Sensor- und Temperaturwiderstand. Durch den Luftstrom kühlt die Oberfläche des beheizten HFM-Sensors ab, die daraus resultierenden Werte kann das Steuergerät interpretieren.
Leider zählt der HFM zu den reparaturanfälligen Teilen. Ein Defekt äußert sich durch verminderte Leistungsabgabe des Motors, da ohne die Daten des HFM die Elektronik im Notprogramm läuft. Das heißt: Es wird anhand von Durchschnittswerten die durchströmende Luftmenge geschätzt und der Motor dementsprechend grob geregelt.
Defekte werden durch Verschmutzung, zum Beispiel von der Motorseite durch Öl oder durch Wassereinbruch von der Luftseite verursacht. Eine solche Verschmutzung bzw. Benetzung kann durch das ständige Nachheizen bis zur Überhitzung des empfindlichen Heißfilms führen. Leider kann man diesem Problem auch nicht mit einer Reinigung des Drahtes zu Leibe rücken, da dieser gut abgeschirmt ist. Es bleibt also nur der Austausch.

Die Einspritzdüsen

Das Steuergerät sorgt mit Hilfe eines elektrischen Impulses für das Öffnen der Einspritzdüsen. Die Öffnungsdauer, Art der Düsen und der anliegende Kraftstoffdruck entscheiden dann über die jeweils eingespritzte Kraftstoffmenge. In jedem Fall wird der Kraftstoff fein zerstäubt um sich mit der Luft zu mischen.

Die Lambdasonde

Die Lambdasonde hat die Aufgabe den Luftanteil im Abgasstrom zu messen. Sie ist Bestandteil eines Regelkreises, der ständig die richtige Zusammensetzung des Luft-Kraftstoffgemisches sicherstellt. Das optimale Mischungsverhältnis der Luftmenge zu Kraftstoff, bei dem eine maximale Umsetzung der Schadstoffe im Katalysator erreicht wird, liegt bei Lambda=1. Es entspricht einem Anteil von Luft zu Kraftstoff im Verhältnis von etwa 14,5:1 (auch „stöchiometrisches Mittel“ genannt). Änderungen dieser Zusammensetzung werden von der Lambdasonde, die im Abgasrohr sitzt, registriert und dienen dem Motormanagement zur Steuerung zahlreicher Funktionen. Übermäßige Abweichungen werden ebenfalls erkannt und gelten als erster Hinweis für mögliche Fehler.
Das Funktionsprinzip der Lambdasonde beruht auf der Umwandlung des gemessenen Luft-Kraftstoffverhältnisses in elektrische Spannung. Dies ermöglicht ein gasundurchlässiger Keramikkörper der von einer dünnen, mikroporösen Platinschicht ummantelt ist. Die Keramik erlaubt ab einer Temperatur von ca. 300°C die Leitung von Sauerstoffionen. Der Unterschied an Sauerstoffanteilen im Abgasstrom zwischen Abgas- und Luftseite bewirkt dabei die Entstehung einer elektrischen Spannung. Der Regelwert nimmt bei Lambda=1 sprunghaft einen bestimmten Wert (z.B. 500 mV) an. Bei Abweichungen dieser Größe (z.B. zwischen 100 mV = mageres Gemisch und 800mV = fettes Gemisch), leitet das Motorsteuergerät entsprechende Korrekturmaßnahmen ein.

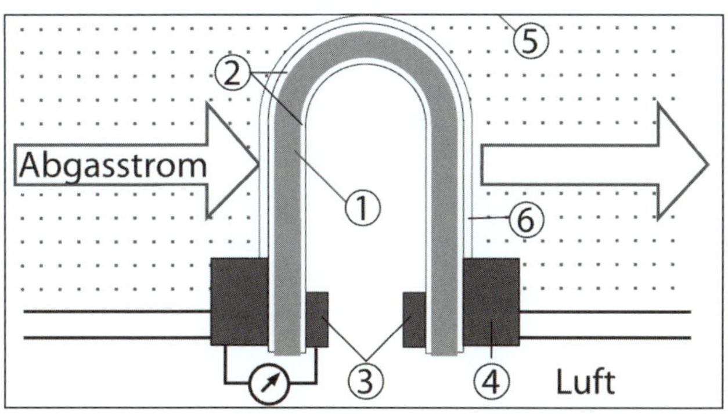

Aufbau der Lamdasonde: (1) Keramik, (2) Elektroden, (3) Kontakt, (4) Gehäusekontakt, (5) Abgasrohr, (6) Keramikschicht

Einspritzung und Zündung (Benziner)

Der Golf IV verfügt über eine der modernsten Einspritzanlagen. Diese ist gekennzeichnet durch vollelektronische Ansteuerung, welche über eine Einzeleinspritzung und Zündung verfügt.

Die Einzeleinspritzung

Die Einzeleinspritzung bildet die ideale Grundlage für ein hochleistungsfähiges Gemischaufbereitungssystem. Dabei verfügt jeder Zylinder über ein eigenes Einspritzventil, welches (mit Ausnahme der FSI-Direkteinspritzer) den Kraftstoff direkt vor das Einlassventil spritzt. Die Betätigung der Einspritzventile erfolgt elektromechanisch, durch die Ansteuerung können die Einspritzzeit und damit auch die Einspritzmenge geregelt werden
Durch die verkürzten Wege im Saugrohr ist die Gefahr, dass sich bei kaltem Motor das Benzin an der Saugrohrwand niederschlägt ebenfalls stark verringert. Die Transportwege des Gemisches ist an allen Zylindern gleich lang, was die gleichmäßige Gemischverteilung begünstigt.

Funkenlieferant: Zu einer der berühmtesten und bis heute noch wichtigsten Erfindungen aus dem Hause Bosch zählt die Zündkerze. Sie wurde bisweilen milliardenfach produziert

Die Zündung

Aufgabe der Zündanlage im Benzinmotor ist die Entflammung des Benzin-Luftgemisches in den Brennräumen der Zylinder. Gezündet wird mit einem elektrischen Funken, der aus der Lichtbogenentladung einer Zündkerze herrührt. Das Luft-Benzin-Gemisch kann nur optimal seine Wirkung erzielen, wenn es exakt zum richtigen Zeitpunkt gezündet wird. Dazu bestimmt das Steuergerät den Zündzeitpunkt nach einem gespeicherten Zündkennfeld. Das Steuergerät verarbeitet dazu die zur Verfügung stehenden Informationen der Sensoren sowie die Daten der Motordrehzahl und Last. Zur Korrektur werden dabei die Signale beispielsweise der Antiklopfregelung, der Motortemperatur oder auch die des Automatikgetriebes berücksichtigt.

Die Zündspule

Damit an der Zündkerze ein Funke überspringt, muss an deren Elektroden eine Hochspannung anliegen. Diese kann abhängig von der Zündanlage bis zu 30.000 Volt betragen. Um diesen Wert zu erreichen, müssen die mageren 12 Volt der Bordspannung transformiert und an die Zylinder verteilt werden. Dies übernimmt beim Golf die induktive Zündanlage mit ruhender Spannungsverteilung, die aus Zündspule und Zündungsendstufe besteht. Einen Zündverteiler gibt es nicht mehr.
Der 1,4 Liter-Motor verfügt über eine zentrale Zündspule, von der aus alle Zylinder versorgt werden. Bei den größeren Vierzylindern sitzt jeweils eine Endstufe auf jeder Zündkerze, bei den Sechszylindern gibt es ein ganzes Zündspulenpaket, das vor den Ansaugrohren zwischen den Zylinderbänken untergebracht ist. Jeweils eine Zündspule inklusive Zündungsendstufe bedient beim V6 gleich zwei Zylinder. Die Bezeichnung lautet beim Sechszylinder demnach auch Doppelfunken-Zündspule wohingegen die Vierzylinder über Einzelfunken-Zündspulen verfügen.
Die korrekte Funktion der Zündung ist auch Voraussetzung für den einwandfreien Betrieb des Katalysators. Bei Zündaussetzern kann nicht verbrannter Treibstoff den Kat überhitzen oder gar zerstören.

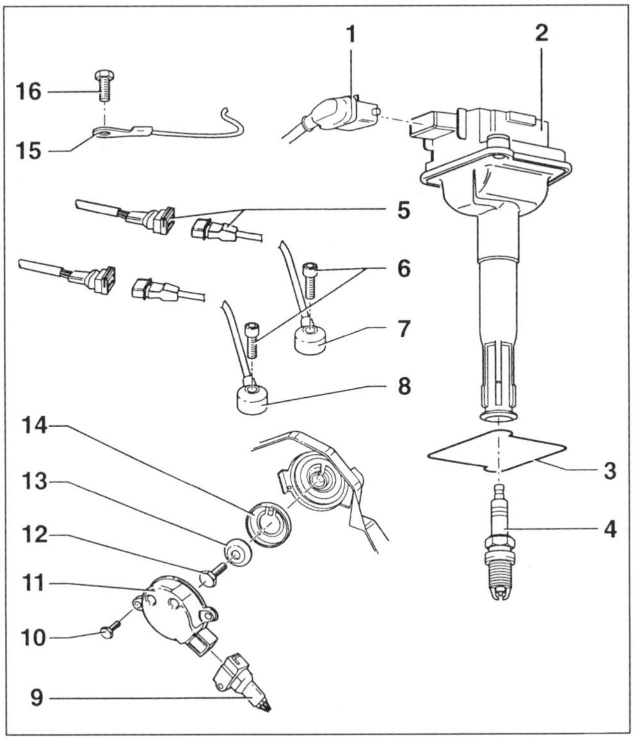

Zündanlage der 1,8 Liter-AQA-Motoren (Auswahl)
(1) Anschlussstecker, (2) Zündspule mit Leistungsendstufe / Zündkerzenstecker, (4) Zündkerze, (5) Dreifach-Steckverbindung, (7) und (8) Klopfsensoren, (9) Anschlussstecker, (11) Hallgeber, (15) Masseleitung (nur bei ausgeschalteter Zündung lösen oder festziehen!)

Funktionsweise der Zündspule

Die Zündspule besteht aus einer Primärwicklung mit wenigen Windungen aus dickem Kupferdraht und der Sekundärwicklung mit einigen Tausend Windungen aus dünnem Draht. Beide Windungen liegen übereinander und umschließen einen lamellierten Eisenkern. Vom Steuergerät über die Zündungsendstufe gesteuert, erhält die Primärwicklung Strom von der Batterie (Niederspannung). Dadurch baut sich ein Magnetfeld auf, das durch den Eisenkern verstärkt wird. Unterbricht das Steuergerät diesen Stromkreis, bricht das Magnetfeld für Bruchteile von Sekunden schlagartig zusammen. Dabei entsteht eine Spannung bis zu 400 Volt. Diese erzeugt in der Sekundärwicklung einen Hochspannungs-Stromstoß (Induktion), der zu den Zündkerzen geleitet wird.

WISSENSWERTES

Klopfende Verbrennung

In Ottomotoren können unter bestimmten Bedingungen anormale Verbrennungsvorgänge auftreten. Sie begrenzen die Steigerung von Leistung und Wirkungsgrad und können für den Motor sehr schädlich sein. Einer dieser unerwünschten Verbrennungsvorgänge wird als „Klopfen" bezeichnet. Er spielt sich als stoßartige Verbrennung von Gemischteilen ab, die noch nicht von der Flammenfront erfasst sind. Dabei können Flammgeschwindigkeiten von 2000 Meter pro Sekunde auftreten –

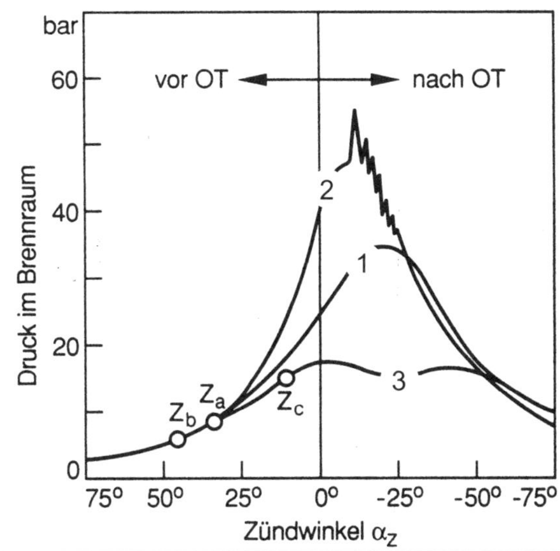

Druckverkauf im Brennraum:
Verlauf 1: Zündung Za im richtigen Zeitpunkt
Verlauf 2: Zündung Zb zu früh (klopfende Verbrennung),
Verlauf 3: Zündung Zc zu spät.

bei normalen Verbrennungen treten dagegen nur Geschwindigkeiten von 30 Meter pro Sekunde auf. Dauert die schlagartige Verbrennung mit zu starkem Druckanstieg länger an, können Zylinderkopf und Zylinderkopfdichtung, Kolben, Lager und Zündkerzen beschädigt werden.
Doch eine modernes Motormanagement hat auch dieses Problem im Griff. Die Klopfsensoren nehmen die Schwingungen der unregelmäßigen Verbrennung auf und veranlassen das Steuergerät, die Zündung etwas zurückzunehmen. Dank der Klopfregelung ist es auch möglich, einen für Superbenzin ausgelegten Motor vorübergehend mit Normalbenzin zu fahren.

Die Zündkerze

Die Zündkerzen haben die Aufgabe, das Kraftstoff-Luft-Gemisch im Brennraum zu entzünden. Dabei herrschen Temperaturen von rund 2500 Grad und Drücke bis zu 60 bar. Die Zündkerze zählt also zu den mit am höchsten belasteten Teilen im Auto.
Damit der Funke trotzdem zuverlässig zwischen den Elektroden und auch nur dort überspringt, ist der Anschlussbolzen der Kerze von einem keramischen Isolator umgeben.
Mittelelektrode und Anschlussbolzen stecken außerdem in einer elektrisch leitenden Glasschmelze, die für die Verankerung dieser Teile und die Abdichtung gegenüber dem Brennraum sorgt. Ist die erforderliche Zündspannung erreicht, springt der elektrische Funke von der Mittelelektrode zur Masseelektrode über und entzündet dabei die Kraftstoffteilchen im Brennraum.
Während das Zündsystem verschleiß- und wartungsfrei arbeitet, müssen die Zündkerzen regelmäßig erneuert werden.
Beim Golf ist ein Wechselintervall von 60.000 km vorgesehen. Welche Kerze bei Ihrem Golf die richtige ist, können Sie aus der unteren Tabelle entnehmen.

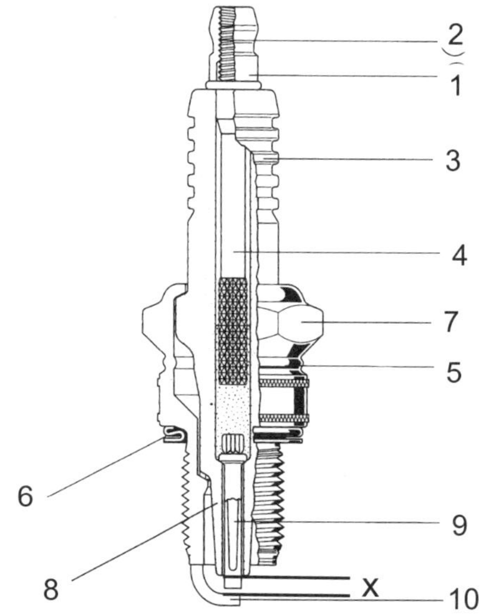

Die wichtigsten Teile der Zündkerze: Für eine einwandfreie Verbrennung muss der Elektrodenabstand (x) im geforderten Bereich liegen. (1) und (2) Zündkabel-Anschlussmutter mit Gewinde, (3) Keramikisolator mit Kriechstrombarriere, (4) Anschlussbolzen, (5) Stauch- und Warmschrumpfzone, (6) Dichtring, (7) Zündkerzenkörper, (8) Isolatorfuß, (9) Mittelelektrode, (10) Masseelektrode

Zündkerzen für den Golf

Motor	Hubraum (l)	Bosch	Volkswagen	NGK	Elektrodenabstand (mm)	Anzugsmoment
Benziner / 4 Zylinder						
AHW / AKQ	1,4	F7 HPP 222	101000033AA/ 101000041 AC	BKUR 6 ET-10	1,0 +/- 0,1	30Nm
APE / AXP / BCA	1,4	F7 HPP 222	101000033AA/	BKUR 6 ET-10	1,0 +/- 0,1	30Nm
AEH / AKL / APF	1,6	F7 LTCR	101000033AA/	BKUR 6 ET-10	1,0 +/- 0,1	25Nm
AVU / ATN/ AUS	1,6	F7 HPP 222	101000033AA/	BKUR 6 ET-10	1,0 +/- 0,1	25Nm
AZD / BCB	1,6	F7 HPP 222	101905601	PZFR6J-11	1,0 + 0,1	30Nm
BAD (FSI)	1,6	FGR 6 HQE	101000068 AA	ZFR6S-Q	1,0 +/- 0,1	30Nm
AGN	1,8	F7 LTCR	101000033AA	BKUR 6 ET-10	1,0 +/- 0,1	30Nm
AGU	1,8	F7 HPP 222 T	101000051AA	PFR6 Q	1,0 +/- 0,1	30Nm
AQA / ARZ (T)	1,8	F7 HPP 222 T	101000063AA	PFR 6 Q	0,8 +/- 0,1	
AUQ	1,8T	F7 HPP 222 T	101000063AA	PFR 6 Q	max. 0,8	30Nm
APK / AQY	2,0	F7 HPP 222	101000033AA	BKUR 6 ET-10	1,0 +/- 0,1	30Nm
AZJ	2,0	F7 HPP 222	101000062AB	PZFR 5D-11	1,0 + 0,1	25Nm
Benziner / 5 Zylinder						
AGZ (V5)	2,3	FGR 7 KQE	101000035AH	BKR 5 EKUP	0,7 +/- 0,1	25Nm
AQN	2,3 20V	F7 HPP 222	101000062AB	PZF R5D-11	max .1,1	30Nm
Benziner / 6 Zylinder						
AQP / BDE	2,8	F7 HPP 222	101000062AB	PZF R5D-11	max .1,1	30Nm
BFH (R32)	3,2	-	101905606A	IZK R7B	max .1,1	20Nm

Der Wärmewert

Damit eine Zündkerze exakt arbeitet, muss sie nach dem Motorstart schnell ihre Selbstreinigungstemperatur von etwa 400 Grad erreichen. Sonst setzen sich Verbrennungsrückstände am Isolatorfuß fest. Bei Volllast darf die Temperatur etwa 800 Grad nicht überschreiten. Allerdings sind die Arbeitsbedingungen für die Zündkerzen nicht in allen Motoren gleich. Erst der so genannte Wärmewert entscheidet, ob Zündkerze und Triebwerk zueinander passen.
Verwenden Sie zum Beispiel eine Zündkerze mit zu hohem Wärmewert, kann sich der Isolatorfuß stark erhitzen. Das hätte unkontrollierte Glühzündungen zur Folge, die den Motor sogar zerstören können. Wählen Sie dagegen eine Zündkerze mit zu niedrigem Wärmewert, erreicht diese nicht die nötige Temperatur zur Selbstreinigung – der Isolatorfuß verschmutzt. Der richtige Zündkerzen-Wärmewert wird durch die Entwicklung auf dem Motorprüfstand vom Automobilhersteller festgelegt.

Der Elektrodenabstand

Neben dem richtigen Wärmewert müssen die Zündkerzen für den Golf auch einen speziellen Abstand zwischen den Elektroden aufweisen. Er beträgt bei den Motoren des Golf zwischen 0,7 und 1,1 Millimeter. Dieser Abstand kann sich jedoch mit zunehmender Laufzeit der Zündkerzen verändern.
Durch die hohe Spannung beim Funkenüberschlag werden nämlich immer wieder kleine Metallpartikel von den Elektroden abgesprengt. Dadurch vergrößert sich der Funkenspalt, was eine höhere Zündspannung erforderlich macht. Wird der Abstand zu groß, kann es zu Zündaussetzern kommen, eventuell springt dann der Motor überhaupt nicht mehr an.

Was verrät das „Zündkerzengesicht"?

Am Zustand der Kerzenelektroden, oft auch als „Zündkerzengesicht" bezeichnet, können Sie die richtige Kerzenwahl, Betriebsbedingungen und den Zustand des Motors ablesen. Folgende Kerzengesichter können dabei auftreten:

■ Isolatorspitze hellgrau bis grau gefärbt
Gute Einstellung der Einspritzanlage, der Motor läuft wirtschaftlich. Der Elektrodenabstand stimmt und der Wärmewert wurde richtig gewählt.

■ Isolatorspitze weißlich gefärbt
Zündzeitpunkt stimmt nicht oder extrem mageres Gemisch, Sensor und/oder Steuergerät möglicherweise defekt.

■ Schwarze rußartige Ablagerungen
Zündkerze erreicht ihre Selbstreinigungs-Temperatur nicht (häufiger Kurzstreckenverkehr), falscher Wärmewert, CO-Gehalt zu hoch. Ebenfalls möglich sind ein stark verschmutzter Luftfilter, oder die Wahl des falschen Wärmewertes.

■ Ölschicht über Elektroden
Kolbenringe, Ventilführungen oder Abdichtungen der Ventilschäfte schadhaft. Möglicherweise haben Sie auch Motoröl oder Kraftstoff mit Zusätzen verwendet. Tauschen Sie die Zündkerzen aus, wechseln Sie Öl und Kraftstoffmarke und prüfen Sie erneut den Zustand der Kerzen.

■ Starke, weißliche Ablagerungen auf Elektroden
Die Elektroden weisen eine weißlich-gelbe Ablagerung auf, wenn Legierungsbestandteile des Öls Rückstände bilden. Der Wechsel der Zündkerze sowie der Ölsorte samt der Überprüfung der Motoreinstellung sollte in aller Regel Abhilfe schaffen.

■ An-/Abgeschmolzene Elektroden
Ein Schmelzen der Elektroden weist auf defekte Ventile, einen zu niedrigen Wärmewert oder auch eine nicht vorschriftsmäßig angezogene Zündkerze hin. Lassen Sie nach dem Wechsel der Zündkerzen mit dem korrekten Anzugsmoment die Motoreinstellung überprüfen.

Stark verschlissene Elektroden: An dieser Zündkerze lässt sich eine starke thermische Überlastung und Motorklopfen im Brennraum ablesen. Sie muss ausgetauscht werden

Motorsteuerung beim Diesel

1989 startete die Erfolgsgeschichte der TDI-Motoren (Turbocharged Direct Injection= Turbodieseltechnik mit Direkteinspritzung): VW Partner Audi stellte damals auf der IAA in Frankfurt den weltweit ersten Pkw-Dieselmotor mit Direkteinspritzung und elektronischer Regelung vor. In Serie zunächst im Audi 80 verbaut, sorgte der durchzugsstarke Turbodiesel auch oder vor allen Dingen seiner gesitteten Trinkmanieren wegen für Aufsehen bei der Fachpresse sowie den glücklichen Käufern.
Der TDI-Erfolg ist mittlerweile auch im Rennsport unbestritten: Im Jahr 2006 sorgte ein TDI, abermals in einem Audi, für reichlich Aufsehen: Als Sieger des ruhmreichen 24 Stundenrennens von Le Mans. Der Verbrauchsvorteil der 650 PS-Boliden kam hier voll zum Tragen. Durch längere Etappen auf der Strecke und damit weniger Boxenstopps gegenüber den Ottoaggregaten der Konkurrenz, bescherte der TDI Audi auf dem Siegerpodium den ersten und dritten Platz.
Sie als Golf TDI-Fahrer müssen wir damit aber zuletzt beeindrucken. Denn auch ohne LeMans-Sieg wissen Sie die genannten Vorzüge Ihrer Motorisierung im täglichen Einsatz besser zu schätzen als wir es in Worten ausdrücken könnten.

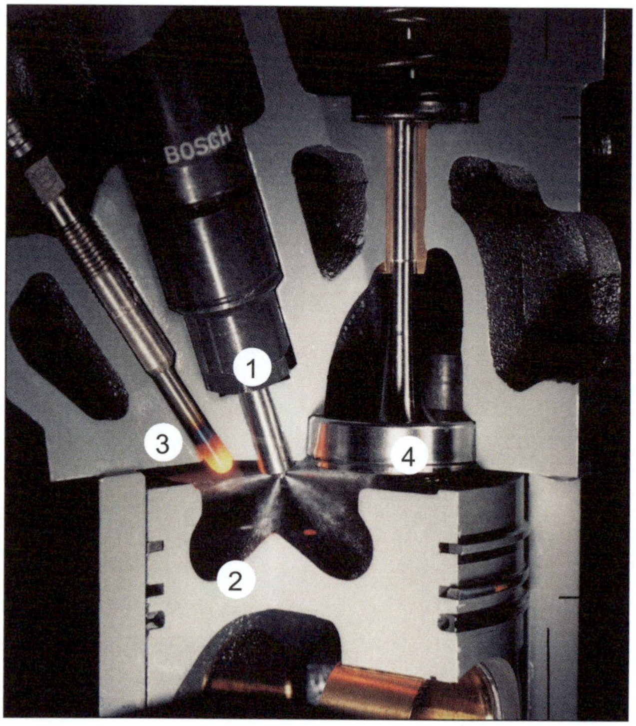

Verdichtungs- / Arbeitstakt des Direkteinspritzers: Das Einspritzventil (1) zerstäubt den Diesel in die Kolbenmulde, die als Verbrennungsraum dient (2). Die Glühstiftkerze (3) minimiert dabei den Schadstoffausstoss und verkürzt den Zündverzug beim kalten Motor

Die Hochdruckeinspritzung

Doch wie konnte sich aus dem ehemals stinkig-blauqualmenden und vor allen Dingen trägen Dieselmotor das leistungsfähige und drehmomentstarke TDI-Sparwunder entwickeln?
Hauptverantwortlich für diesen Fortschritt ist die Entwicklung der Hochdruck-Direkteinspritzung. Zunächst unter Verwendung einer zentralen Verteilereinspritzpumpe, die den Dieselkraftstoff allen Einspritzventilen zuteilt und später mit der Pumpe-Düse-Technologie, bei der jeder Zylinder seine eigene Hochdruckpumpe in Form eines Dieselinjektor direkt am Zylinder sitzen hat. Damit wurden Einspritzdrücke von über 2000 bar möglich.
Gegenüber der Vorkammer- oder Wirbelkammerverfahren bietet die Direkteinspritzung einen deutlich gesteigerten Wirkungsgrad. Der im Brennraum als feiner Sprühnebel verteilte Dieselkraftstoff bietet ein viel größeres Angriffsvolumen zur Entflammung und kann dadurch optimaler ausgenutzt werden.

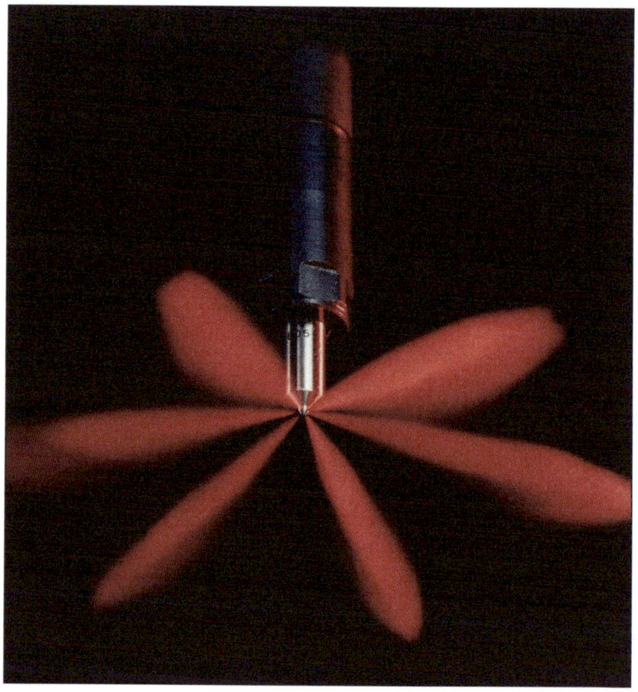

Drucksache: Erst durch enorm hohe Drücke gelang es den Diesel über eine Mehrlochdüse so fein zu zerstäuben, dass Drehfreudigkeit und Motorlauf salonfähig wurden

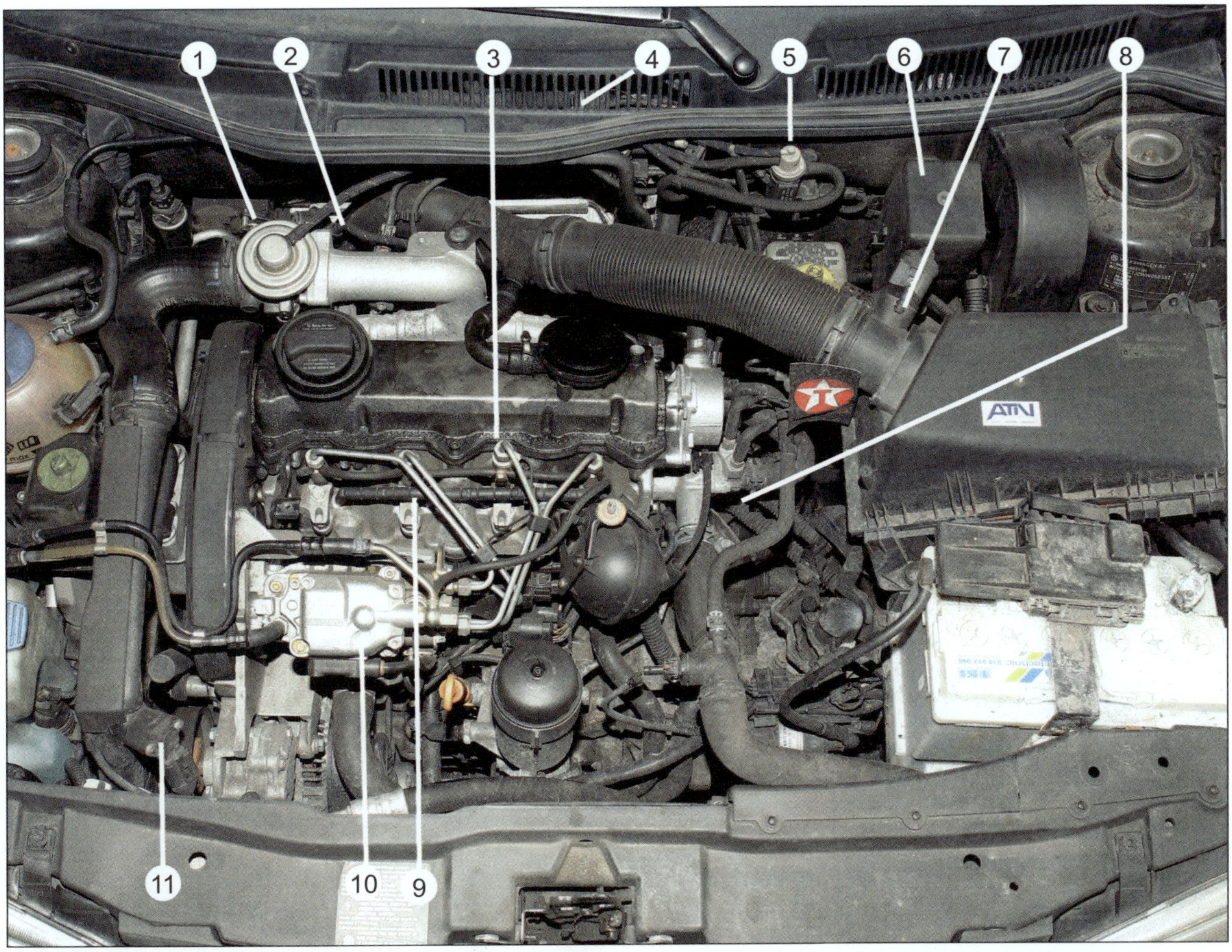

Bauteile der Diesel-Einspritzanlage eines TDI mit Verteilereinspritzpumpe: (1) Ventil für Abgasrückführung, (2) Umschaltventil für Saugrohrklappe, (3) Einspritzdüse, Zylinder 3 mit Nadelhubgeber (4) EDC Steuergerät, (5) Steuerventil für Abgasrückführung, (6) Magnetventil für Ladedruckbegrenzung, (7) Luftmassenmesser, (8) Geber für Kühlmitteltemperatur, (9) Anschlussleiste der Glühkerzen, (10) Einspritzpumpe, (11) Geber für Saugrohrdruck und Saugrohrtemperatur.

Die Elektronische Diesel Control (EDC)

Die Komplexität moderner Dieselmotoren stellt selbstverständlich auch Herausforderungen an die Steuerung des Verbrennungsvorgang. Ebenso wie der Einspritz- und Zündvorgang beim Benziner wird auch die Selbstzündung des Dieselkraftstoffs heute von Sensoren, Aktoren und einem Steuergerät beeinflusst und gesteuert. Zusammengefasst sind all diese Aufgaben in der Elektronic Diesel Control, kurz EDC. Ihr Regelkreis verfolgt dabei das klassische Prinzip Eingabe – Verarbeitung – Ausgabe.

Für die Eingabe, der Datenerfassung aller momentanen Stellgrößen des Motors, sind die Sensoren zuständig. Zu den wichtigsten zählen Temperatursensoren im Kühlmittelkreislauf, im Ansaugkanal oder auch an der Einspritzpumpe. Der Kurbelwellen-Drehzahlsensor erkennt die Stellung der Kurbelwelle, wodurch die Position der einzelnen Kolben errechnet wird. Auch beim Diesel misst ein Luftmassenmesser die Menge und Dichte der angesaugten Luft. Die Aufladung mittels Turbo macht auch einen Ladedrucksensor erforderlich.

Der Fahrpedalsensor gibt den Fahrerwunsch an das Steuergerät weiter. Dieses verarbeitet die Daten und bedient dann die Stellglieder, wie beispielsweise das Ladedruck-Regelventil oder auch die Regelung der Abgasrückführung. Diese hat beim Diesel die Aufgabe die Rohemissionen zu senken und arbeitet nur in bestimmten Lastzuständen. Das wichtigste Teil ist jedoch die Pumpe, deren elektronische Regelung über Einspritzzeitpunkt und -menge wacht.

Verteilereinspritzpumpe der Motoren AGR, ALH, AHF und ASV

Die erste TDI-Generation erzeugte den Einspritzdruck mit Hilfe einer sogenannten Radialkolben-Verteilereinspritzpumpe aus dem Hause Bosch. Angetrieben durch einen Zahnriemen erzeugte die Pumpe im Golf einen Druck von bis zu 1000 Bar. Über einzelne Leitungen, die an die Ausgangsseite der Pumpe angeschlossen sind, werden die im Zylinderkopf verbauten Einspritzventile versorgt.

Verteilereinspritzpumpe VP44: Die Radialkolbenverteilereinspritzpumpe (1) befördert den Krafstoff mit einer wesentlich höhere Förderleistung durch die Leitung (2) zum Einspritzventil (3) als frühere Kolbenpumpen

Pumpe-Düse-Technik bei den Motoren AJM, ARL, ASZ, ATD, AUY und AXR

Als Nachfolger dieser Technologie entwickelte VW in Zusammenarbeit mit Bosch die Pumpe-Düse Technik (PD). Die PD-Technik ist ein elektronisches Einspritzsystem bei dem jeder Motorzylinder eine PD-Einheit hat. Sie kam ab Oktober 1998 – zunächst in einer 115 PS-Variante – zum Einsatz. Nach und nach wurden dann alle Dieselmotoren auf PD-Technik umgestellt.
Durch den gesteigerten Einspritzdruck gelang es zwar die Energiebilanz des ohnehin effizienten Dieselbrennverfahrens weiter zu steigern, doch erforderten die enormen Drücke auch weitere Maßnahmen. So muss der nicht verbrannte Kraftstoff auf dem Rükkweg in den Tank heruntergekühlt werden. Unter dem Wagenboden sitzt daher ein Wärmetauscher.
Auch andere Teile mussten modifiziert werden. Denn die Pumpenelemente werden von der Nockenwelle angetrieben, was den Zahnriemen enormen Belastungen aussetzt. Nach anfänglichen Schwierigkeiten mit gerissenen Riemen hat VW diese Technik längst im Griff. Ein regelmäßiger Wechsel des Riemens ist dennoch wichtig. Ab Modelljahr 2004 kann der Riemen 120.000 Kilometer unter der Haube bleiben, bei früheren Modellen muss er noch alle 90.000 Kilometer ersetzt werden.

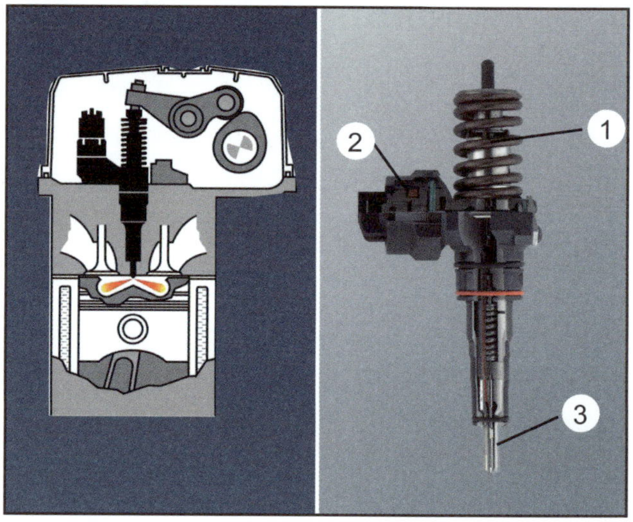

Pumpe-Düse Einheit: In einem Gehäuse vereinigt sind Hochdruck-Kolbenpumpenelement (1), das Magnetventil zur Steuerung des Einspritzverlaufs (2) und die Einspritzdüse mit dem Einspritzventil (3)

Die Vorglühanlage

Da in der kalten Jahreszeit beim Startvorgang die Wärme der verdichteten Luft nicht zur Selbstzündung ausreicht, gibt es die Vorglühanlage. Sie heizt mittels einer Glühkerze den Brennraum auf Selbstzündungs-Temperatur auf. Die modernen 3-Phasen Glühkerzen in Ihrem Golf ermöglichen einen problemlosen Kaltstart genauso schnell wie beim Benziner, selbst bis -30 Grad Celsius Außentemperatur. Nach Einschalten

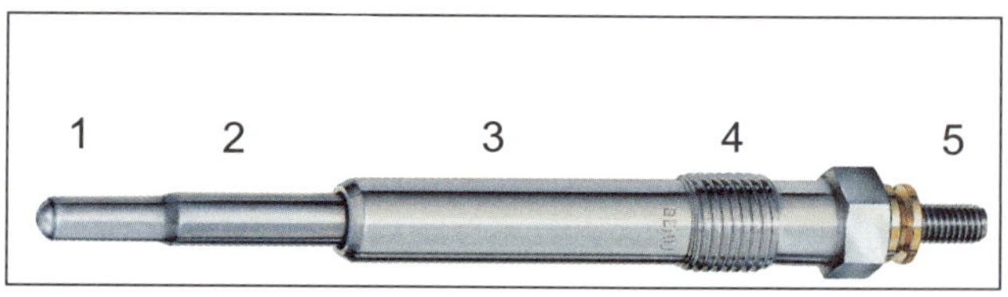

Aufbau einer Glühstiftkerze: (1) u. (2) Heiz- und Regelwendel (innerhalb des Glührohrs), (3) Kerzenkörper, (4) Einschraubgewinde, (5) Anschlussbolzen

der Zündung hat die Glühkerze in weniger als zwei Sekunden bereits eine Temperatur von 850 Grad Celsius erreicht, was allemal genügt, um einen sicheren Kaltstart zu ermöglichen.
Danach werden während dem Warmlaufen (Phase 2) die Glühkerzen weitergeglüht. Dies hat gleich mehrere Vorteile: Zum einen werden die Emissionen um bis zu 40 % reduziert – vollständige Verbrennung des Dieselkraftstoffs – zum anderen wird das dieseltypische Nagelgeräusch in dieser Phase minimiert. Als erfreulicher Langzeiteffekt bleibt Ihr Dieselaggregat durch den ruhigeren Motorlauf geschont, was zur längeren Lebensdauer beiträgt.

Das Verschleißteil Glühkerze

Durch die Verwendung einer Regelwendel, die vor Überhitzung schützt, ist die Glühkerze sehr standfest. Um die Funktion und sicherzustellen empfehlen wir Ihnen die Glühkerzen regelmäßig etwa alle 15.000 km zu prüfen. Ein Wechsel wird von VW alle 60.000 km vorgesehen, bei sehr stark beanspruchten Motoren, beispielsweise durch häufigen Hängerbetrieb oder in überwiegend heißen Temperaturregionen kann der Wechsel aber auch schon nach 30.000 km notwendig sein. Lesen Sie dazu im Arbeitsabschnitt die Seiten „Glühkerzen prüfen/austauschen“.
In allen Dieselmotorvarianten des Golf wird die selbe Glühkerze verwendet. Sie können zum Beispiel vom Glühkerzenhersteller Beru das Modell GN855 einsetzen. Beachten Sie unbedingt das Anzugsmoment von 15 Nm bei der Montage um Schäden an der Glühkerze und dem Einschraubgewinde zu vermeiden.

Zeitraffer: Bereits kurze Zeit nach der Ansteuerung durch das Vorglührelais erreicht die Glühstiftkerze eine Temperatur von 850 Grad Celsius

WISSENSWERTES – Das Duell von Diesel und Otto

Als Ende des 19. Jahrhunderts die Herren Rudolf Diesel und Nikolaus August Otto ihre Erfindungen zum Patent anmeldeten, konnten beide nicht ahnen, dass ihr Duell um das beste Motorenkonzept bis heute nicht entschieden sein wird. Lange Zeit galt der Benziner als das Maß der Dinge, war er doch auch schon rund 30 Jahre früher erfunden worden. Die schweren, robusten Diesel kamen zunächst nur bei Schiffen, Lastkraftwagen und Taxis zum Zuge, also überall dort, wo Temperament und Spitzenleistung kein Thema waren. Denn im Gegensatz zum Benziner, bei dem das Gemisch durch einen Funken fremdgezündet wird, braucht der hochverdichtete Diesel mehr Zeit, bis sich das Gemisch auf Grund des Druck- und Temperaturanstieges entzündet. Durch diesen so genannten Zündverzug kann der Diesel bis heute keine hohen Drehzahlen erreichen, bei maximal 5500 U/min ist Schluss. Kraft war dagegen schon immer vorhanden: Dieselkraftstoff hat mit 35,3 MJ/L nämlich einen höheren Energiegehalt als Benzin (32 MJ/L). Der spezifische Verbrauch pro kW war deshalb von Anfang an niedriger, das Drehmoment höher. Ab den 70er Jahren machte der Turbolader den Dieseln zusätzlich Dampf. Das verfügbare Drehmoment hing bei hohem Luftüberschuss im Wesentlichen nur noch von der dazu eingespritzten Menge Diesel ab. Der Benziner ist dagegen in jedem Betriebszustand auf ein bestimmtes Gemisch (14,7 Teile Luft zu einem Teil Kraftstoff), abgesehen von den Beinzindirekteinspritzern FSI welche auch mit „Luftüberschuss“ betrieben werden können, angewiesen. Alles Andere verbrennt nur unvollständig. Das konnten erst die elektronisch gesteuerten Einspritzsysteme wirklich gut, die Anfang der 80er Jahre zusammen mit dem geregelten Katalysator Einzug hielten. Die Diesel kamen erst später in den Genuss einer digitalen Motorsteuerung, dann aber zusammen mit der Hochdruck-Direkteinspritzung. Heute ist das Vorglühen eine Sache von Sekunden, Abgasrückführung und Rußfilter sorgen für eine weitgehend reine Weste. Aber: Das raue Laufgeräusch ist geblieben und längst nicht jedermanns Sache. Ebenfalls direkteinspritzende Benziner der neusten Generation versprechen weiteres Sparpotential und noch saubere Abgase. Die Technik von Diesel und Benziner wird dabei immer ähnlicher. Bereits heute laufen die ersten Diesotto-Motoren auf dem Prüfstand.

Die Kraftübertragung

Schalten oder schalten lassen, diese Frage darf sich ein Golf-Interessent angesichts sechs unterschiedlicher Getriebevarianten durchaus stellen. Von Beginn an standen ein manuelles 5-Gang sowie ein automatisches 4-Gang Getriebe zur Wahl. Später kamen dann noch ein Sechsgang-Handschalter und für die Automatik eine weitere Fahrstufe hinzu, quasi die Mischung beider Systeme, blieb leider dem Topmodell R32, der ja bekanntlich erst kurz vor Ende der Baureihe eingeführt wurde, vorbehalten.

Selbstbedienung: Die 5-Gang Schaltgetriebe wurden während der Produktionszeit von Gestängeschaltung auf Seilzug umgestellt. Die 6-Gang Schaltung war mit dem 4Motion Allradantrieb sowie ab 170PS Benziner und ab 100PS TDI (Pumpe-Düse) kombiniert. DSG gab es nur im R32

Die Kupplung

Das Verbindungsstück zwischen Motor und Getriebe ist die Kupplung. Sie sorgt dafür, dass der Fahrer die Zahnradpaarungen bei laufendem Motor wechseln kann, ohne dass die gehärteten Flanken der Zahnräder davon Schaden nehmen. Tritt der Fahrer auf das Kupplungspedal wird der Ausrückhebel mit Unterstützung einer Hydraulik betätigt. Die Federkraft der Tellerfeder am Ausrücklager wird überwunden und die Druckplatte dadurch entlastet. Ist das Pedal ganz durchgetreten, ist auch die Druckplatte vollkommen entlastet. Die Minehmerscheibe kann nun im Raum dazwischen völlig frei drehen.

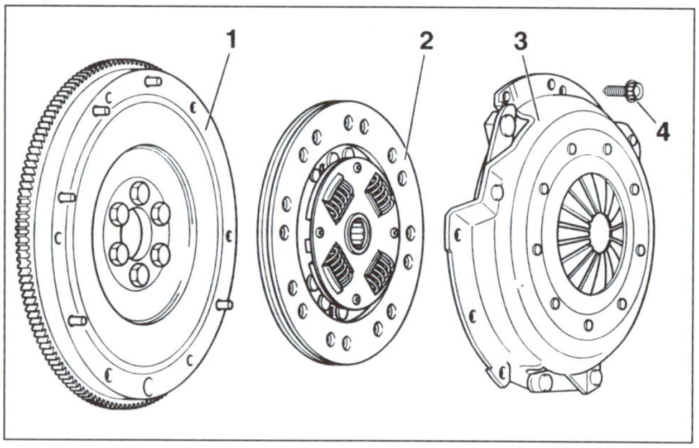

Beim Einkuppeln drückt die Tellerfeder der Druckplatte Mitnehmerscheibe langsam gegen das Motorschwungrad. Ist die Reibung groß genug ist der Einkupplungsvorgang vollzogen. Motorschwungrad und Mitnehmerscheibe bewegen sich mit derselben Drehzahl. Der Kraftschluss ist nun gegeben.

Der Geberzylinder der am Kupplungspedal sitzt, ist mit dem Nehmerzylinder durch eine hydraulische Leitung verbunden. Gefüllt ist das System mit der selben Hydraulikflüssigkeit die auch für die Bremsanlage nötig ist. Der Kupplungsverschleiß wird vom System selbständig ausgeglichen weshalb die Kupplung wartungsfrei ist.

Die mechanischen Getriebe

Im Golf übernehmen bei den Handschaltern die Drehmoment und Drehzahlwandlung das äußerst kompakt gebaute 5- und 6-Gang Getriebe mit vollsynchronisierten Vorwärtsgängen. Die Zahnradpaarungen sind der jeweiligen Leistung angepasst und variieren von Motor zu Motor.

Das Getriebe mit seinen Zahnrädern ist an sich äußerst standfest, fallen dennoch Reparaturen an, sind diese in der Werkstatt zu erledigen. Denn die Demontage der Zahnräder und Wellen erfordert neben einer Menge Erfahrung auch das nötige Spezialwerkzeug. Sogar Fachwerkstätten gehen daher dazu über, Getriebe nicht mehr selbst zu zerlegen, sondern stattdessen ein Austauschgetriebe einzubauen. Zumindest bleibt für Sie aber die Kontrolle des Getrieböls! Denn obwohl die Getriebe mit einer Lebenszeitfüllung ausgestattet sind, kann durch ein Leck Öl verloren gehen.

Schnitt durch ein Getriebe: Rechts neben dem großen Rad im Vordergrund sind die kleinen Kegelräder des Ausgleichsgetriebes (Differenzial) zu erkennen. Das Differenzial dient dazu, Drehzahlunterschiede bei Kurvenfahrt automatisch auszugleichen

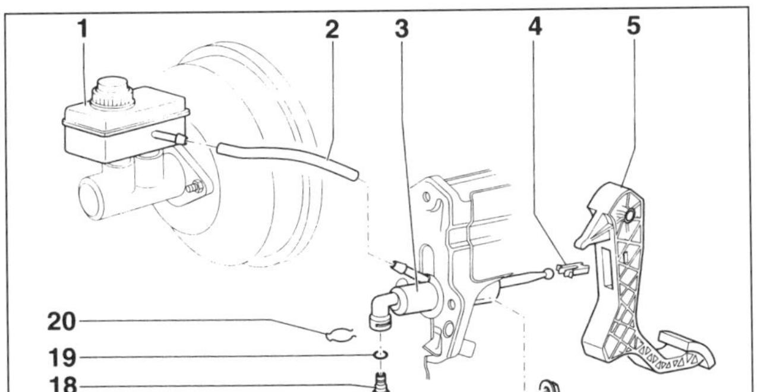

Kupplungsmechanik (Auszug): (1) Bremsflüssigkeitsbehälter, (3) Geberzylinder, (5) Kupplungspedal, (8) Rohr-Schlauchleitung, (12) Entlüfterventil, (14) Getriebe

Funktionsweise Schaltgetriebe

WISSENSWERTES

Die Motorleistung wird über die Kupplung auf die Antriebswelle (Eingangswelle) des Schaltgetriebes geleitet. Auf dieser Welle sitzen fünf Zahnräder (plus eines für den Rückwärtsgang). Diese Zahnräder stehen mit den dazu passenden Zahnrädern auf der Abtriebswelle ständig im Eingriff-allerdings nicht kraftschlüssig. Die Zahnräder auf beiden Wellen sind auf stiftartigen Rollen (Nadeln) gelagert – es besteht keine starre Verbindung zwischen Welle und Rad.

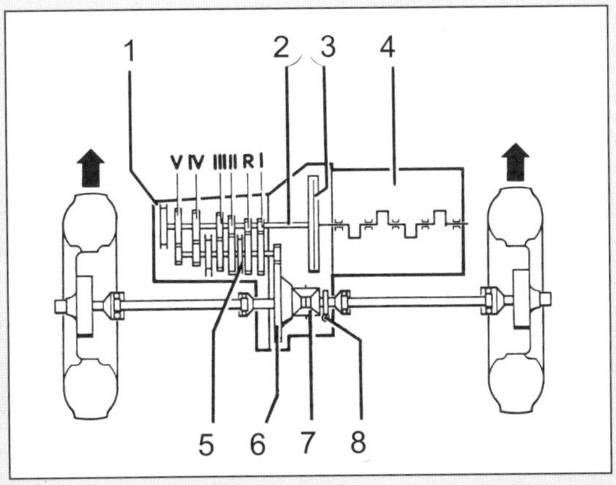

Zahnräder und Wellen

Ein Teil der Zahnräder laufen frei auf den Wellen, bis eines von ihnen durchs Schalten in einen Gang mit seinem festen Gegenpart auf der anderen Welle verbunden wird. Dazu wird eine starre Verbindung zwischen Zahnrad und Welle hergestellt – das Zahnrad sitzt dann fest auf der Welle und kann eine kraftübertragende Verbindung mit dem Gegenrad eingehen. Bevor aber die Zahnräder ineinandergreifen können, müssen zuerst die Drehzahlen der Wellen übereinstimmen. Zu diesem Zweck schleift ein Teil der Zahnrades über Reibelemente (Synchronring) gegen ein Teil der Welle. Durch die Reibung wird das schnellere Teil abgebremst, bis die Schaltverzahnung geräuschlos ineinander gleiten kann.

Vorwärtsgänge und Rückwärtsgang

Die ersten drei Gänge übersetzen die Drehzahl ins Langsamere. Der vierte Gang ist der so genannte direkte Gang, der die Motordrehzahl im Verhältnis 1:1 überträgt. Im fünften Gang ist die Drehzahl der Abtriebswelle größer als die Motordrehzahl. Die Endübersetzung sorgt dann für eine nochmalige Übersetzung ins Langsamere. Damit das Auto rückwärts fahren kann sitzt auf der Antriebswelle ein zusätzliches Zahnrad, das die Drehrichtung umkehrt.

Die Automatikgetriebe

Die Aufgaben beim Anfahren und Schalten übernimmt in manchen Golf ein Automatikgetriebe. Ausgestattet mit vier und in höherer Leistungsstufe auch fünf Fahrstufen suchen diese Getriebe stets die richtige Übersetzung heraus und entlasten dadurch den Fahrer. Will man aber selbst Hand anlegen ist auch das mit der Getriebeautomatik möglich. Beim Vierganggetriebe kann eine niedrigere Fahrstufe (3, 2 und 1) vorgegeben werden, zum Beispiel um bergab die Motorbremskraft besser nutzen zu können. Bei der Fünfgangautomatik können die Gänge sogar sportlich per Tiptronic in einer zweiten Gasse (+/-) geschalten werden.
Die Hauptkomponenten automatischer Getriebe sind ein Drehmomentwandler, das Planetengetriebe sowie eine hydraulische und/oder elektrische Getriebesteuerung.
Durch die gesteuerten Vorgänge eines automatischen Getriebes gelten diese im Allgemeinen als sehr langlebig und verschleissarm.

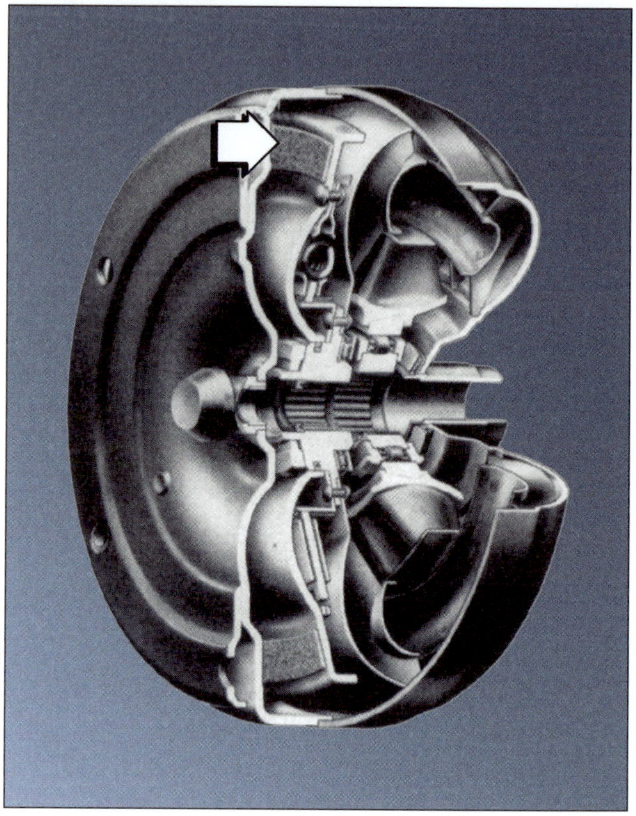

Schnittbild Drehmomentwandler: Gut zu erkennen sind die Schaufeln des Pumpenrades und des Leitrades. Der Pfeil deutet auf den Reibbelag der Wandlerkupplung, die ab höheren Geschwindigkeiten zur Schlupfvermeidung auf starren Durchtrieb schaltet

So funktioniert das Automatikgetriebe

Kernstück der Getriebeautomatik sind seine Planetenradsätze. Sie bestehen aus einem Zahnrad, um das drei weitere Zahnräder umlaufen. Über diese Anordnung ist ein Ringrad (Sonnenrad) mit Innenverzahnung gestülpt.
Das Besondere dieser Getriebe ist die Art, wie die Radsätze geschaltet werden. Die Übersetzungsänderung erfolgt lediglich durch Festhalten oder Loslassen von Teilen des Planetenradsatzes. Geschaltet wird ohne Unterbrechung des Kraftflusses vom Motor zu den Rädern. Das Halten und Lösen besorgen hydraulisch gesteuerte Lamellenkupplungen und -bremsen. Das Viergang-Getriebe hat einen so genannten Ravigneux-Planetenradsatz, das Fünfgang-Getriebe zusätzlich einen nachgeschalteten Planetenradsatz.

Der Drehmomentwandler

Zwischen dem Planetengetriebe und dem Motor sitzt ein hydraulischer Drehmomentwandler, der mittels einer Wandlerflüssigkeit das eingeleitete Motor-Drehmoment ans Getriebe weitergibt. Dazu treibt der Motor im Drehmomentwandler ein Pumpenrad an – die ATF-Flüssigkeit wird über ein so genanntes Leitrad gegen das mit dem Getriebe verbundene Turbinenrad gedrückt, das sich dann in Bewegung setzt.
Zwischen dem Pumpenrad und dem Turbinenrad geht natürlich ein Teil der Antriebsenergie durch Schlupf verloren. Darum liegt der Verbrauch der Automatikversionen gegenüber den handgeschalteten Ausführungen theoretisch etwas höher.
Um diesen Nachteil zu vermeiden, werden die Automatikgetriebe mit einer Wandlerüberbrückungskupplung ausgestattet. Sie ist einer Kupplungsscheibe nicht unähnlich: Bei geschlossener Überbrückungskupplung drückt ein Reibbelag auf den Wandlerdeckel, auf der anderen Seite ist die Kupplung über eine Verzahnung mit der Getriebeeingangswelle formschlüssig verbunden. Das Drehmoment fließt jetzt unter Umgehung des hydraulischen Wandlers direkt zur Getriebewelle, der Schlupf ist ausgeschaltet. Das System wird vom Steuergerät überwacht und nach Bedarf geschlossen und geöffnet.

Sensoren zur Steuerung

Ein modernes Automatikgetriebe wird nicht einfach an einen Motor angeflanscht, sondern aufwändig abgestimmt. Damit alle Vorgänge im Antriebsstrang reibungslos und komfortabel ablaufen, liefern zahlreiche Sensoren eine Flut von Informationen, die dann vom Getriebesteuergerät verarbeitet und umgesetzt werden. Die wichtigsten Sensoren und Eingangsgrößen sind:

- Getriebeeingangsdrehzahl: Dieses Signal benötigt das Steuergerät, um die Schaltübergänge möglichst sanft regeln zu können. Fällt dieser Sensor aus, läuft das Getriebe im Notlaufprogramm.
- Getriebedrehzahl: Dieser Sensor informiert über die gefahrene Geschwindigkeit. Von ihr hängt ab, welcher Gang geschaltet wird und wie der Schaltdruck bei den Schaltübergängen eingestellt wird. Fällt der Sensor aus, kommt der Notlauf zum Einsatz.
- Kick-down-Schalter: Tritt der Fahrer das Gaspedal bis zum Anschlag, schaltet das Getriebe bis zu zwei Stufen direkt herunter, danach eine weitere. Nagelt der Fahrer das Gaspedal länger am Bodenblech fest, wird die Klimaanlage abgeschaltet, um mehr Motorleistung zur Verfügung zu stellen. Fällt dieser Schalter aus, holt sich das Steuergerät entsprechende Informationen vom Drosselklappen-Geber.
- Bremslichtschalter: Das Steuergerät löst die Wählhebelsperre bei stehendem Fahrzeug, wenn das Bremspedal getreten wird. Bei rollendem Fahrzeug und getretener Bremse nimmt der Computer Bergabfahrt an und schaltet herunter.
- Getriebeöltemperatur: Steigt die ATF-Öltemperatur auf über 120 Grad, wird die Wandlerüberbrückung früher geschlossen.
- Signal vom ABS/ASR-Steuergerät: Wenn die Antriebsschlupfregelung aktiviert wird, schaltet die Automatik weniger und verschiebt die Schaltzeitpunkte.
- Signale vom Motorsteuergerät über Motordrehzahl, Verbrauch und Drosselklappenstellung. All diese Informationen werden zur Berechnung des optimalen Schaltzeitpunktes gebraucht. Wird die Verbindung unterbrochen, arbeitet das Getriebe im Notlauf.

Das dynamische Schaltprogramm (DSP)

Durch das dynamische Schaltprogramm wird die Steuerung der Automatik an Ihre individuellen Fahrgewohnheiten angepasst. Im Steuergerät sind gut 200 verschiedene Schaltkennlinien gespeichert.

Welche Kennlinie nach Ansicht des Steuergeräts am besten zum Fahrstil des Fahrers passt, entscheidet sich unter Anderem anhand der Geschwindigkeit, mit der der Fahrer das Gaspedal heruntertritt: Macht er dies sehr beherzt, stellt der Computer automatisch auf eine sportliche Schaltkennlinie.

Aber das DSP kann noch mehr: Damit sich der Motor im kalten Zustand schneller erwärmt, wird zunächst erst bei höheren Drehzahlen geschaltet. So heizt sich auch der Katalysator schneller auf.

GEFAHRHINWEISE

⚠ Vorsicht beim Abschleppen

Springt Ihr Golf mit Automatikgetriebe einmal nicht an, hilft Anschieben oder Anschleppen nicht weiter. Der hydraulische Drehmomentwandler kann bei stehendem Motor keine Verbindung zum Motor herstellen. Versuchen Sie es daher zunächst mit Starthilfekabeln. Wollen Sie Ihren Golf abschleppen lassen, dann nur in Vorwärtsrichtung bei Wählhebelstellung „N“. Dabei nicht schneller als 50 km/h fahren und höchstens 50 km weit schleppen – sonst reicht die Getriebeschmierung wegen Überhitzung nicht aus. Lassen Sie im Zweifelsfall das Auto lieber verladen.

Achtung: Der Abschleppwagen muss das Fahrzeug natürlich vorn anheben und nicht hinten!

Das Notlaufprogramm

Fallen wichtige Sensoren aus, schaltet das Steuergerät auf ein Notlaufprogramm. Ihr Golf bleibt damit weiterhin bedingt fahrtüchtig, muss aber natürlich so schnell wie möglich in die Werkstatt.

Damit Sie noch bis dorthin kommen, sind in diesem Programm alle Magnetventile im Getriebe stromlos und werden von Federn in ihre Ruheposition gedrückt.

Der Rückwärtsgang sollte noch funktionieren, vorwärts fährt das Auto dann jedoch nur noch im vierten Gang. Die Wandlerüberbrückungskupplung wird nicht mehr geschlossen

Beachten Sie in solchen Situationen die Ganganzeige im Tacho: Wenn alle Segmente aufleuchten, ist das Steuergerät noch aktiv. Ist alles dunkel, funktioniert auch das Steuergerät nicht mehr. Vorsicht: In diesem Fall ist auch die Wählhebelsperre nicht mehr aktiviert.

DSG – Die Vereinigung zweier Getriebewelten

Puristen und ambitionierte Autofahrer wissen, dass die hohe Effizienz und Sportlichkeit des Handschaltgetriebes mit einer komfortbetonten Automatik kaum zu erreichen ist. Der Drehmomentwandler, als Bindeglied zwischen Motor und Antriebsstrang, sorgt zudem durch Schlupfverluste für erhöhte Verbrauchswerte gegenüber identisch motorisierten Handschaltern. In den USA und Japan hingegen legt man eher Wert auf den Komfort, dort dominiert das Automatikgetriebe.
Die Eigenschaften und damit die Vorteile beider Varianten sprechen gewissermaßen für sich. So kam es, dass man sich bei VW die Frage stellte, ob es technisch möglich wäre, die Vorzüge mechanischer und automatischer Schaltboxen in einem einzigen Getriebe zu vereinen. Die Antwort folgte im Jahr 2003 zur Markteinführung des Direktschaltgetriebe, kurz DSG.

Premiere im Golf R32

Als erster Serien-Pkw weltweit konnte der durchaus auch als Technologieträger geltende Golf R32 optional mit dem revolutionären DSG ausgerüstet werden. Damit überzeugte er nicht nur durch seine Motorleistung: Durch die mögliche Betätigung über Schaltwippen am Lenkrad weht im bis dahin schnellsten und sportlichsten aller Golf sogar ein wenig Rennsport-Atmosphäre durch den Innenraum.

Technische Genialität

Die Genialität der Konstruktion zeigt sich im Aufbau des DSG: Zwei unabhängige Teilgetriebe werden durch die Parallelschaltung zweier Kupplungen verbunden, was den Vorwärtsdrang ohne Unterbrechung ermöglicht.
Der Kunstgriff: Ist die eine Kupplung im Eingriff, stellt die andere bereits den nächsten Gang zur Verfügung. Gibt der Fahrer im manuellen Modus nun den Schaltbefehl wird sofort die Kupplung mit dem nächsten Gang „aktiviert“. Ein Schaltvorgang kann so auf die Dauer von 30 bis 40 Millisekunden minimiert werden. Der ununterbrochene Kraftfluss wird durch die Verwendung zweier Ein- und Ausgangswellen ermöglicht. Für die ungeraden Gangstufen Eins, Drei und Fünf, sowie den Rückwärtsgang ist die Kupplung Eins zuständig, für die geraden Gangstufen Zwei, Vier und Sechs die Kupplung Nummer Zwei.

Top Gear: Das erste Direktschaltgetriebe (erhältlich ab Mitte 2003) war zunächst nur dem Golf-Spitzenmodell R32 vorbehalten. Wer seine Hände nicht vom Lenkrad nehmen wollte, bediente das DSG via Schaltwippen (Pfeil)

Programmschalter: Die manuelle Gasse überlässt die Wahl der Schaltpunkte dem Fahrer. In Stellung S schaltet das DSG spät hoch und früh runter. Fahrstufe D betont den Komfortcharakter und schaltet sanft wie eine Automatik

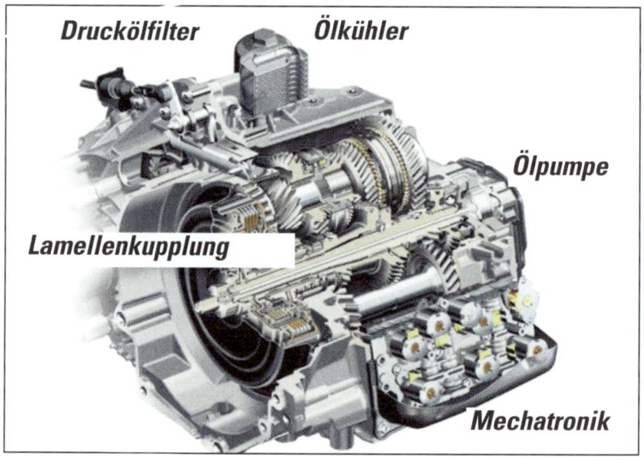

Schaltzentrale: Verzögerungsfreie Gangwechsel ermöglichen die beiden Nass-Lamellen-Kupplungen. Den hohen Anforderungen an die Schmierung werden die Ölpumpe samt dem Ölkühler gerecht. Die Mechatronik regelt alle Schaltvorgänge

Vorbild Porsche

Die Idee zu dieser Konstruktion kam aber nicht von Ungefähr: Bereits zu Beginn der 70er Jahre feierte Porsche mit einem Doppelkupplungsgetriebe in der Gruppe C Rennsporterfolge. Das Prinzip der Doppelkupplung sorgte schon damals für Schaltvorgänge ohne Zugkraftunterbrechung und somit auch für fabelhafte Beschleunigungswerte.

Zu dieser Zeit arbeitete auch ein Ingenieur namens Ferdinand Piech in der Rennabteilung. Der Enkel des Firmengründers Ferdiand Porsche und spätere VW-Chef soll damals auch an Rennsport-Entwicklungen maßgeblich beteiligt gewesen sein. Der Unterschied zu heute war die manuelle Bedienung der Kupplung mit einem Knopf auf dem Schalthebel, angesichts der unzureichenden elektronischen Steuerungsmöglichkeiten.

Elektronik: Das Steuergerät sammelt alle Sensorsignale, woraus es die Aktionen des DSG ableitet und überwacht

Doppelt hält besser: Die beiden Kupplungspakete können ein maximales Drehmoment von je 350 Nm übertragen

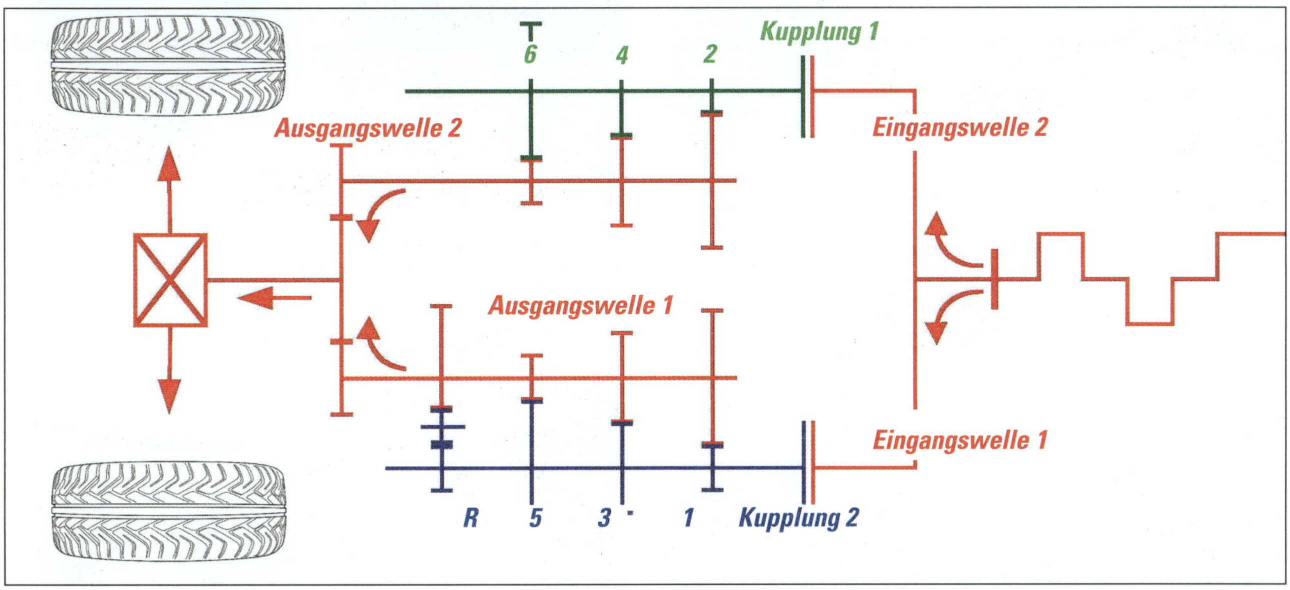

Prinzipskizze: Über die Kupplung 1 werden die Gänge Eins, Drei, Fünf sowie der Rückwärtsgang angesteuert. Kupplung 2 übernimmt Gang Zwei, Vier und Sechs. Über die beiden Ausgangswellen gelangt die Kraft an das Achsdifferential

Sichtprüfungen am Motor und Getriebe

Ölflecken und andere Undichtigkeiten sind nicht nur umwelttechnisch ein Problem, sondern oft Vorboten eines Schadens. Zeitnah behoben müssen sich kleine Leckagen jedoch nicht gleich zu größeren Schäden ausweiten.

■ Sichtprüfung auf Ölverlust (1) und (2):
Um die undichte Stelle auszumachen, bei kaltem Motor den Generator mit einer Plastiktüte schützen, Kaltreiniger aufsprühen und den Motor mit Wasser in der Carwashbox abspülen. Dichtungen und Trennstellen nun zum Beispiel mit einem Kalkpuder bestäuben und anschließend eine kurze Autobahnetappe abfahren. Danach den Motorraum erneut absuchen, Leckagen müssten nun lokalisiert werden können.

■ Sichtprüfung Abgasanlage (3):
Zur Überprüfung der Abgasanlage bocken Sie Ihren Golf auf. Nehmen Sie mit einer Taschenlampe alle Befestigungsschellen in Augenschein und suchen Sie nach Löchern oder Beulen in den Abgasrohren sowie an den Auspufftöpfen. Dabei auch kräftig an der Anlage rütteln - vorrausgesetzt das Auto steht stabil auf Böcken.

■ Sichtprüfung Kühlsystem:
Nehmen Sie sich dazu alle Kühlmittelschläuche vor. Kontrollieren Sie diese auf festen Sitz und ausreichende Elastizität. Neue Schläuche fühlen sich weich und elastisch an, alte Schläuche hart und widerspenstig. Haben Sie Zweifel an der Qualität, sollten Sie den Austausch in Betracht ziehen.

■ Sichtprüfung Kraftstoffleitung (4):
Die Leitungen verlaufen an der Unterseite vom Tank aus bis nach vorne zum Motorraum. Untersuchen Sie die Kraftstoffleitungen vom Tank bis hin zum Motorraum auf Dichtheit und sauberen Sitz in den Führungen. Fahren Sie dazu mit den Fingern an den beiden Kunststoffschläuchen der Hin- und Rückleitung entlang und achten Sie auf feuchte Stellen, Risse oder Beschädigungen.

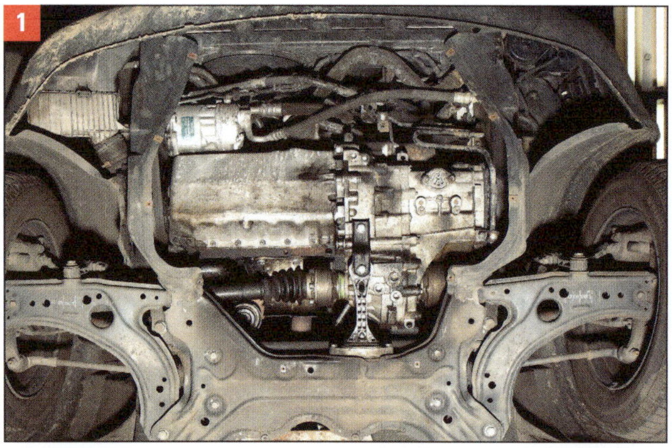

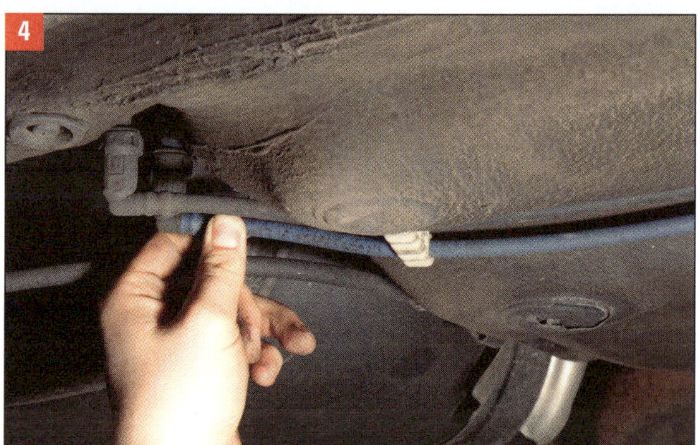

Kontrolle Ölstand Servolenkung

Wenn die Servopumpe beim Lenken ungewöhnliche Geräusche macht oder aber an Lenkungsteilen Öltropfen hängen, sollten Sie als erstes den Ölstand im Vorratsbehälter der Servolenkung prüfen. Der Motor muss dabei kalt sein und darf nicht laufen, die Vorderräder müssen in Geradeausstellung stehen.

■ Wenn der Deckel sehr fest sitzt einfach einen kleinen Schraubendreher in die Aussparung am Verschlussdeckel einführen und den Deckel damit lösen. Anschließend von Hand abschrauben.

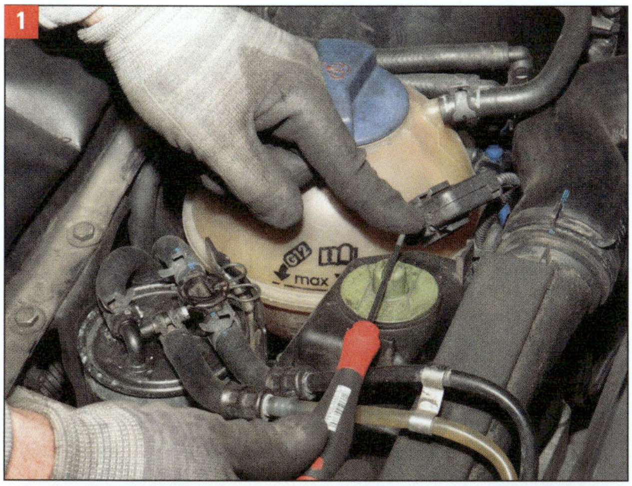

■ Wischen Sie den am Deckel befestigten Ölmessstab mit einem sauberen und fusselfreien Putzlappen ab.

■ Jetzt den Verschlussdeckel handfest einschrauben Achtung: Es gilt nur der Ölstand bei ganz eingeschraubtem Verschlussdeckel!

■ Deckel nochmals herausschrauben und Ölstand ablesen (2).

■ Der Ölstand muss sich zwischen der min- und max-Markierung befinden.

■ Liegt der Ölstand über dem angegebenen Bereich, muss Öl abgesaugt werden.

■ Liegt der Ölstand unter dem angegebenen Bereich, muss das Hydrauliksystem auf Undichtigkeiten geprüft werden und gegebenenfalls repariert werden. Es genügt dann nicht, lediglich Öl nachzufüllen.

■ Ist das Hydrauliksystem dicht, Öl „G 002 000“ auffüllen.

■ Anschließend Verschlussdeckel wieder handfest (mit Hilfe des Schraubendrehers) einschrauben.

Motorverkleidung oben demontieren

Wer den Motorraum seines Golf begutachtet, sollte sich nicht blenden lassen: Über der eigentlichen Technik des Antriebaggregats sitzen großflächige Kunststoffabdeckungen. Vom Motor selbst ist also so gut wie nichts zu sehen.
Zwar sind der Luftfilter, der Ölmessstab sowie der Öleinfüllstutzen gut zu erreichen, um aber weiterführende Wartungstätigkeiten durchzuführen zu können muss die Plastikhaube im Motorraum runter.

Benötigtes Werkzeug:

-flacher Schraubenzieher
-Ratsche mit Verlängerung und 10er Nuss

■ Hinweis: Die unterschiedlichen Motoren weichen in der Befestigungsart ab. Einige Abdeckungen können einfach nach oben abgezogen werden. Die Übersicht (4) gibt Ihnen dazu einen Anhaltspunkt.

■ ***beim TDI:*** Mit einem flachen Schraubenzieher zuerst alle Stopfen heraushebeln (1), dann mit einer Ratsche und einer Verlängerung die Muttern lösen (2). Sind alle Muttern entfernt, lässt sich die Abdeckung leicht abnehmen.

■ ***beim 1,4 16V bzw. 1,6 16V-Benziner:*** Die Pfeile (3) zeigen die Stopfen der Befestigungsschrauben für die Abdeckung an. Stopfen entfernen und Muttern herausschrauben, danach Haube nach oben abnehmen.

1

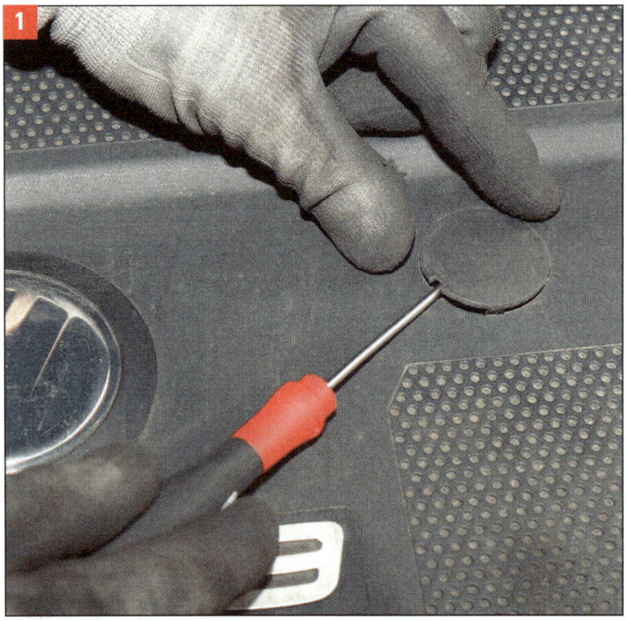

2

3

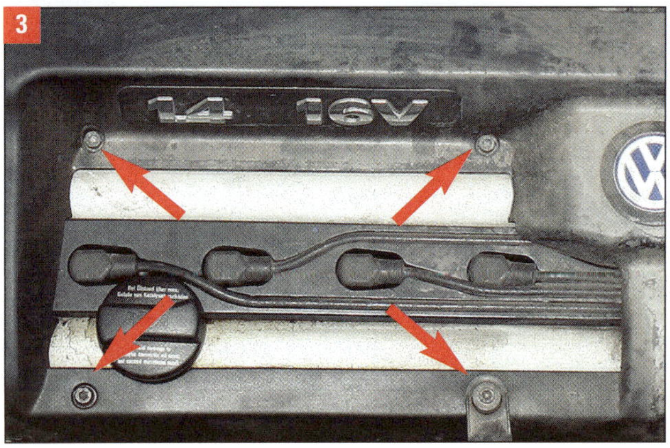

4

Motor	Befestigungsart	Schrauben
1,4 / 1,6 (75/105 PS	geschraubt	4
1,6 l (100PS)	geschraubt	4
1,6 l Automatik	geclipst	-
1,8 l 150PS T	geschraubt	4
2,0 l 115PS	geschraubt	2/3
V5	geclipst	-
V6	geclipst	-
R32	geclipst (an 8 Stellen)	-
alle TDIs	geschraubt	3

Motorraumverkleidung unten demontieren

Die untere Abdeckung dient zum Schutz der Agregate von unten, bei den Dieseln aber auch der Geräuschdämmung. Dazu sind auf der Oberfläche schalldämmende Würfelstrukturen aufgebracht (2), die unangenehme Frequenzen tilgen.
Die Abdeckung ist im vorderen Bereich (Schlossträger) eingesteckt und an etlichen Stellen angeschraubt. Sie muss zum Beispiel zum Ölwechsel entfernt werden. Kontrollieren Sie bei dieser Gelegenheit den Zustand der Abdeckung. Trotz der vielen Schrauben können durch Schwingungen und Verspröden des Materials leicht Risse im Kunststoff entstehen. Um weiteren Schaden oder einen Verlust (gar auf der Autobahn) zu verhindern, sollte die Verkelidung erneuert werden.

Benötigtes Werkzeug:

-Ratsche mit Verlängerung und 25er Torx-Einsatz

■ Bocken Sie das Fahrzeug z.B mit Auffahrböcken, oder wie unter „Fahrzeug richtig aufbocken" beschrieben, auf.

■ Lösen Sie von vorn nach hinten alle Schrauben mit einer Ratsche und einem 25er Torxaufsatz.
Vorsicht: Fällt die Verkleidung vorzeitig ab, können die Halteclipse abreisen.

■ Nehmen Sie nach dem Lösen aller Schrauben (3) oder (4) die Abdeckung vorsichtig aus der vorderen Halterung.

1

2

3

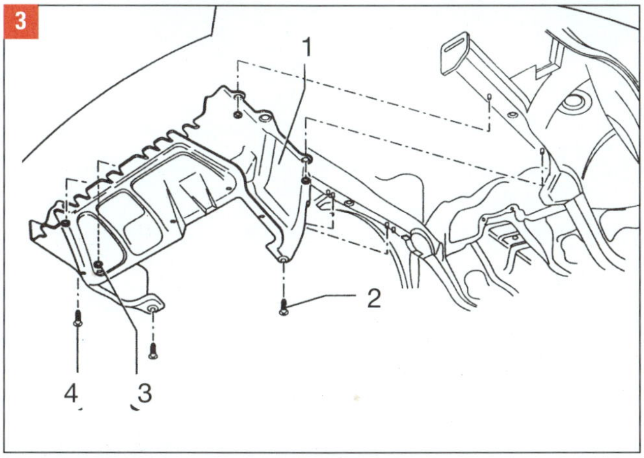

4

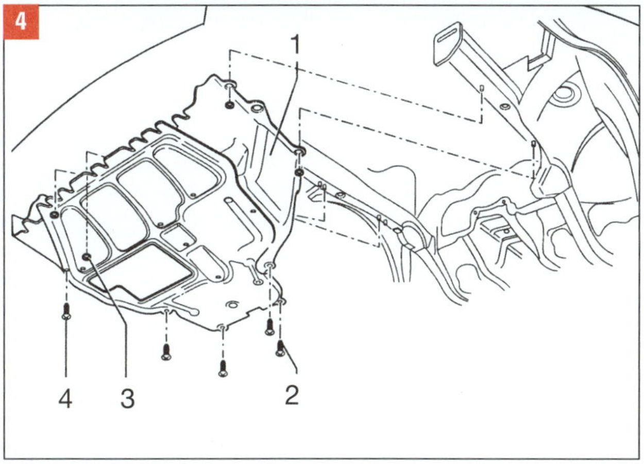

Befestigungspunkte beim Benziner. (1) Abdeckung, (2) und (4) Schrauben, (3) Klemscheiben

Befestigungspunkte beim Diesel: (1) Abdeckung, (2) und (4) Schrauben, (3) Klemscheiben

Keilrippenriemen prüfen

Der Keilrippenriemen im Golf wird über eine automatische Spannvorrichtung nachgespannt. Sie müssen also hier keine Wartungsarbeit mehr investieren. Allerdings sollten Sie dennoch den Zustand des Riemens von Zeit zu Zeit begutachten. Sollte der Riemen unterwegs reißen, stehen Sie nämlich vor einem größeren Problem

■ Die Spannung und die Funktion der Spannrolle überprüfen Sie durch kräftiges Drücken, zum Beispiel mit dem Daumen gegen den Riemen (1). Gibt der Riemen nach und die Spannrolle schwenkt aus (und beim Loslassen wieder in die Ausgangsstellung zurück), dann ist die Spannung und die Spannrolle in Ordnung. Hängt der Riemen aber lose durch, ist die Spannrolle defekt.

■ Kontrollieren Sie den Zustand des Keilrippenriemens (am besten von unten). Achten Sie besonders auf:

-Unterbaurisse (Anrisse, Kernbrüche, Querschnittbrüche)
-Lagentrennung (Deckschicht, Zugstränge)
-Ausbruch am Unterbau
-Ausfransen der Zugstränge
-Flankenverschleiß (Materialabtrag, Ausfransungen, Flankenverhärtung, Oberflächenrisse)
-Öl- und Fettspuren

■ Um alle Stellen zu inspizieren lassen Sie den Motor zwischendurch kurz laufen. Setzen Sie eine Markierung um sicher zu stellen, dass Sie nicht per Zufall die gleiche Stelle in Augenschein nehmen.

1

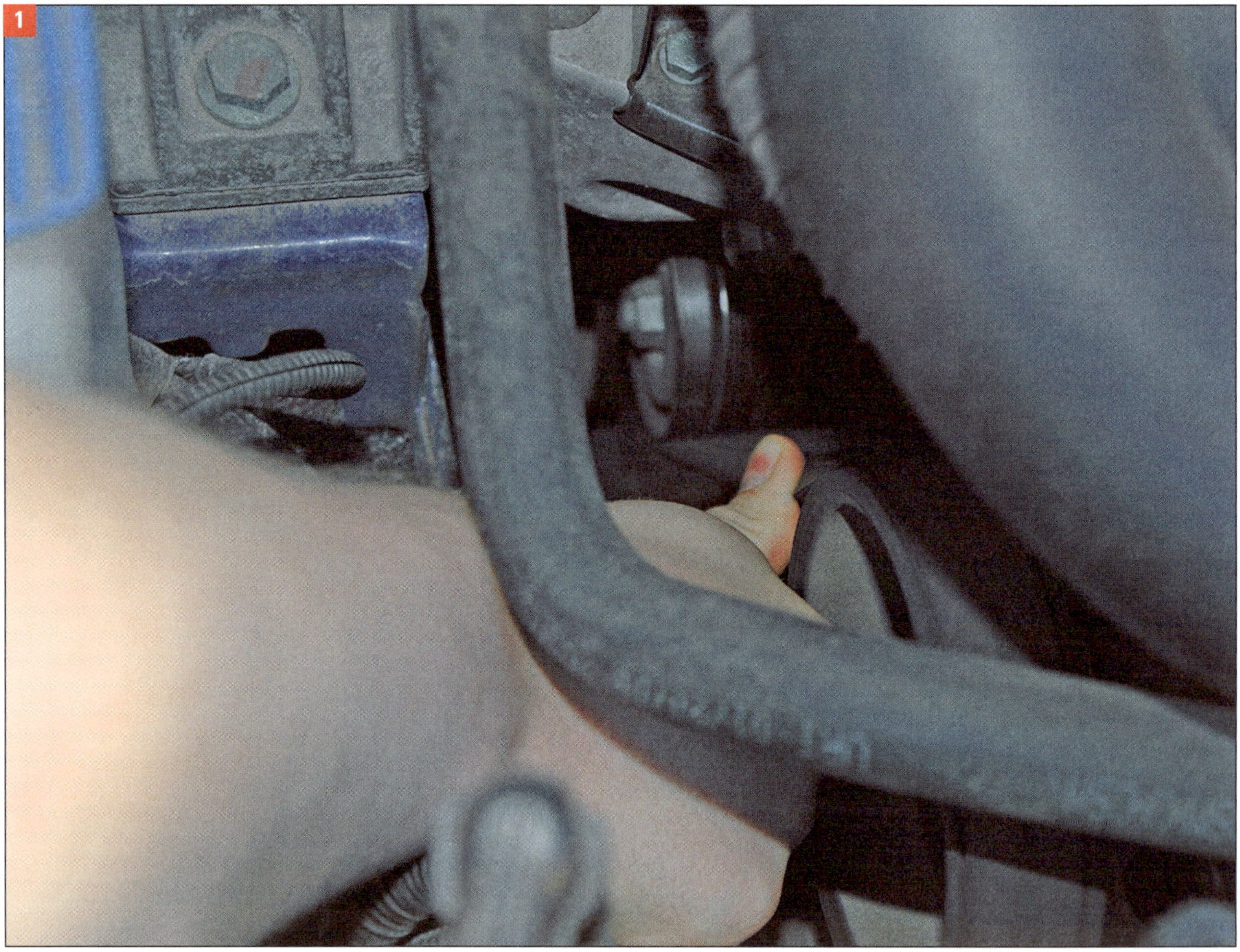

Keilrippenriemen aus- und einbauen

Ansicht TDI von unten: Der Keilrippenriemen (Pfeil) der TDIs mit Verteilereinspritzpumpe ist ohne Demontage der Abdeckung (A) und des Ladeluftkühlers (B) kaum zu erreichen

Das Auswechseln des Keilriemens ist sehr aufwendig. Bei allen Motoren muss dazu die obere, bei den TDI auch die untere und seitliche Abdeckung (am Radlauf) ausgebaut werden. Zusätzlich sollte bei den TDI-Motoren mit Verteilereinspritzpumpe das Ladeluftrohr hinter dem Ladeluftkühler ausgebaut werden.
Den meisten Aufwand beschert jedoch die V6-Motorisierung. Aufgrund des eng bemessenen Raums, muss bei ihm zusätzlich der Schlossträger in Servicestellung gebracht werden. Aus dem selben Grund empfehlen wir Ihnen auch beim obligatorischen Keilriemenwechsel beim 1,8 l Turbomotor (alle 120.000km) die Werkstatt aufzusuchen.

Benötigtes Werkzeug und Materialien:

-Kombizange zum Lösen von Schlauchschellen (Verteilereinspritzpumpen-TDI)
-Dorn (z.B. passender Schraubenzieher ca. 4,5 mm Durchmesser, Länge ca. 55mm) zum Arretieren der Spannvorrichtung (Pumpe-DüseTDI)
-Ringschlüssel SW 16, (SDI/TDI)

Ausbau:

■ Motorabdeckung(en), wie unter "Motorabdeckung oben/unten ausbauen" beschrieben, entfernen.

■ Bei **allen TDI Motoren** die seitliche Verkleidung am Radhaus entfernen

■ Bei den TDI Motoren **AGR, AHF, ALH und ASV (Verteilereinspritzpumpe)** zusätzlich das Ladeluftrohr zwischen Ladeluftkühler und Turbolader ausbauen. Dieses ist mit Schlauchschellen befestigt. (s. Bild 1)

■ Laufrichtung des Keilrippenriemens kennzeichnen

■ Im folgenden Arbeitsschritt die Spannrolle ausschwenken, um den Riemen zu lockern. Dazu gehen Sie bei den unterschiedlichen Motorvarianten folgendermaßem vor:

■ bei den **SDI und TDI Motoren** (2) mit Schraubenschlüssel Spannrolle in Pfeilrichtung schwenken.

■ bei den **Pumpe-Düse TDI Motoren** mit Schraubenschlüssel Spannrolle in Pfeilrichtung schwenken (3). Ist die Rolle ausgeschwenkt (mit der Aussparung bis zum roten Pfeil) kann Sie zur leichteren Montage des Keilriemens mit einem passenden Dorn arretiert werden. Dorn dazu durch die Aussparung A hindurch stecken.

■ beim **1,4 l / 1,6 l Benziner** schwenken Sie die Spannrolle an der Befestigungsschraube mittels eines Schrauben / Ringschlüssels in Pfeilrichtung (4).

■ bei den **1,6 l mit 100 und 102 PS sowie den 1,8 l und 2,0 l Motoren** können Sie die Spannrolle mittels einem Schraubenschlüssel SW16 in Pfeilrichtung (3) schwenken

■ Hinweis für die **2,3 l mit 170 PS sowie den 2,8 l und 3,2 l Motor:** Die Spannrolle wird mittels einer Schraube (Sechskant M8), welche durch Anziehen gegen die Spannrolle drückt, verstellt. Diese Schraube soweit anziehen, bis der Keilriemen genügend gelockert ist.

■ Nehmen Sie nun den gelockerten Keilrippenriemen ab.

Einbau:

■ Legen Sie den Keilrippenriemen zuerst über die Kurbelwellen-Riemenscheibe und dann über die Riemenscheiben der Nebenaggregate. Zuletzt den Riemen auf die Spannrolle schieben.

■ Bei den **Dieseln ohne Klimaanlage** Keilriemen beim Einbau zuletzt am Drehstromgenerator (Generatorrad befindet sich rechts neben der Spannrolle) auflegen.

■ Bei den **Dieseln mit Klimaanlage** Keilriemen beim Einbau zuletzt an der Umlenkrolle auflegen.

■ Auf bündigen Sitz der Rippen in den Vertiefungen der Rollen achten.

■ Je nach Bauart die Spannrolle wieder in die Ausgangsstellung zurückstellen

■ Motorraumabdeckungen (bei den entsprechenden Dieseln auch Ladeluftrohr) wieder anbauen

■ Keilriemensitz überprüfen dann Motor starten um den Keilriemenlauf zu überprüfen

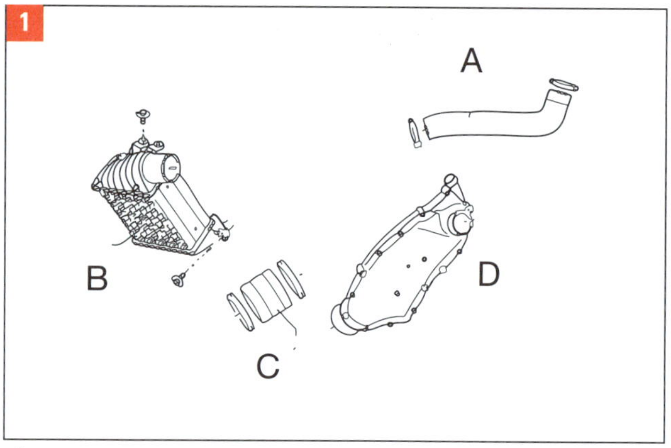

Übersicht Verteilereinspritzpumpe-TDIs: (A) Ladeluftrohr, (B) Ladeluftkühler, (C) Schlauch, (D) seitliche Verkleidung

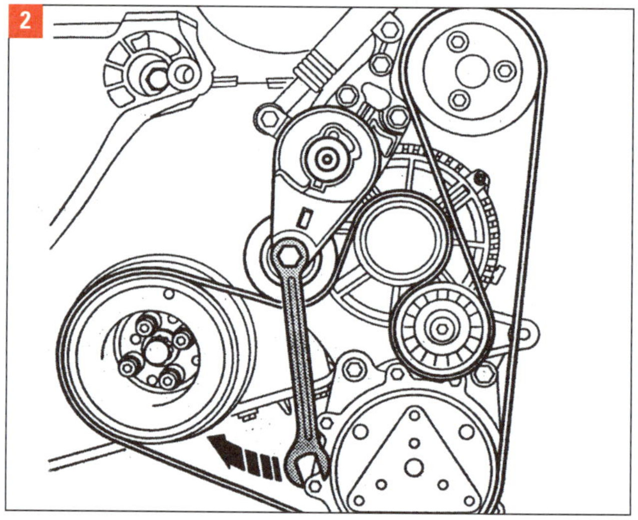

SDI und TDIs (Verteilereinspritzpumpe): Mit dem Ringschlüssel die Spannrolle wie dargestellt entspannen

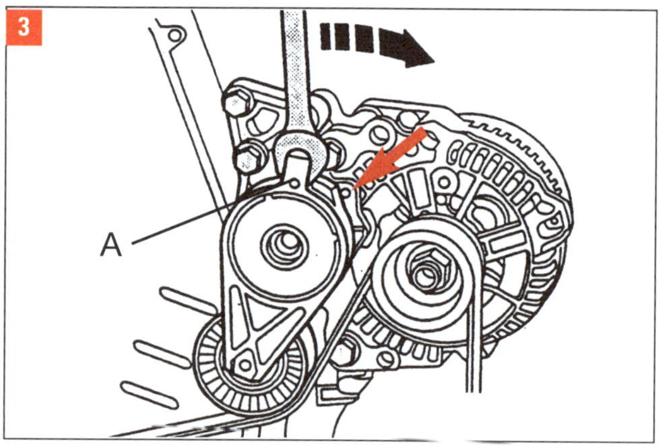

Pumpe-Düse TDI: Mit dem Ringschlüssel die Spannrolle wie dargestellt entspannen. Die Aussparung A dient zum Arretieren der Spannrolle sobald sie ausgewschwent ist. Dazu benötigen Sie einen geeigneten Dorn (z.B. Bohrer)

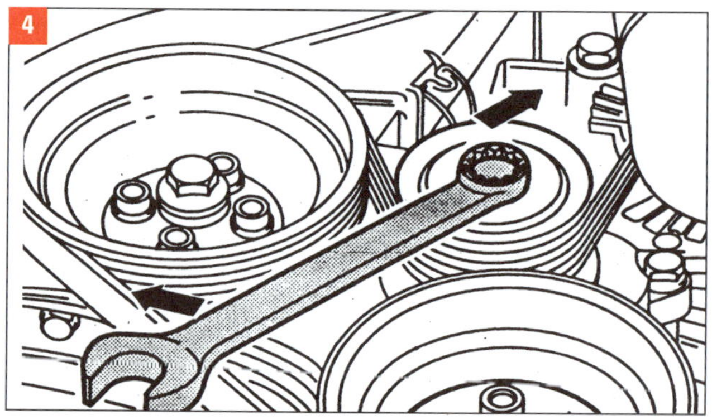

1,4 l und 1,6 l Benziner: Die Spannrolle wird vom Keilriemen weggedrückt um diesen zu entspannen

Motorisierung	Keilrippenriemenverlauf ohne Klimaanlage	Keilrippenriemenverlauf mit Klimaanlage
1,4 l (75PS) / 1,6 l (105/110PS)	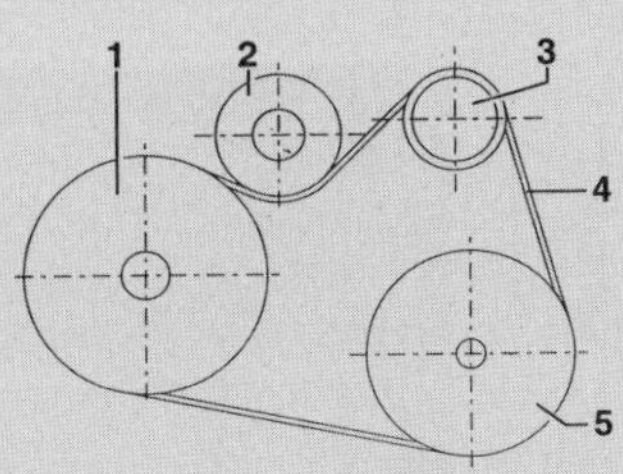	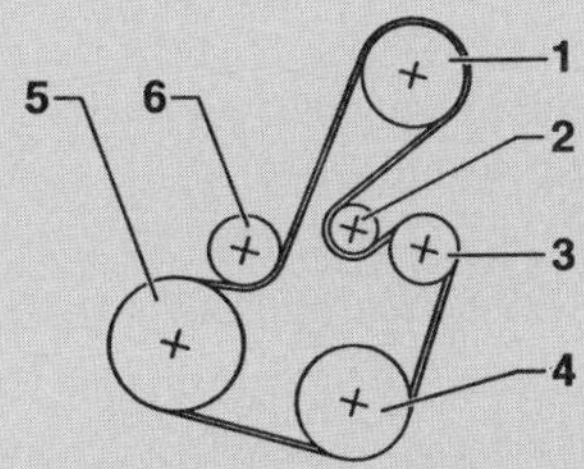
1,6 l (100/102PS), 1,8l; 2,0 l	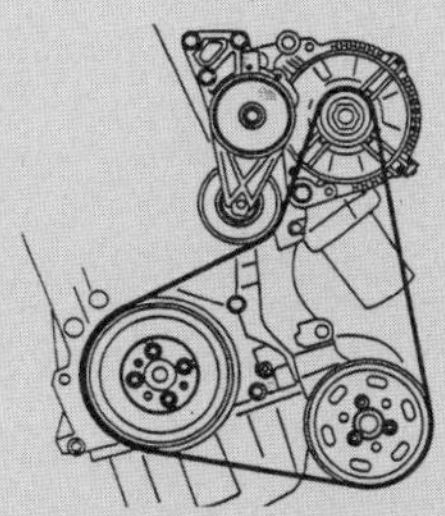	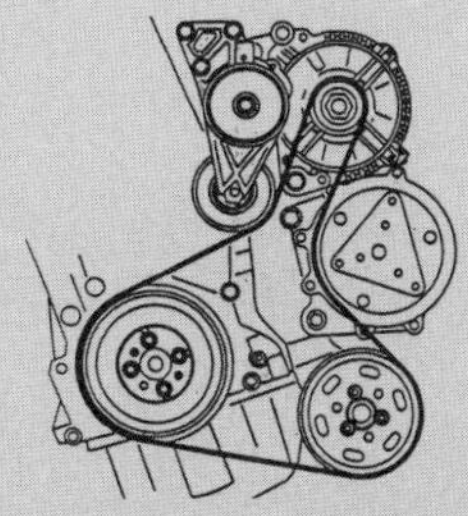
2,3 l (150PS); 2,8 l (204PS); R32		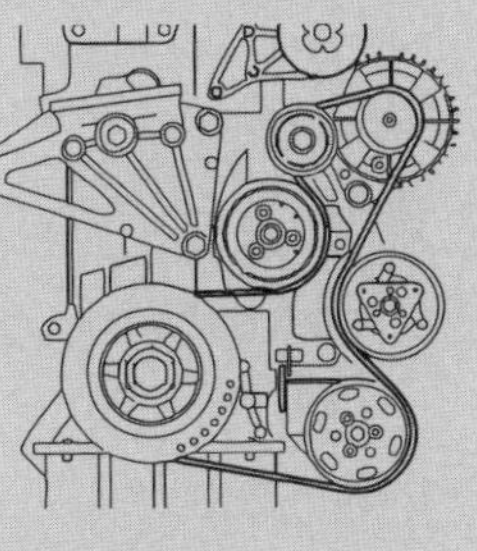
SDI / TDI	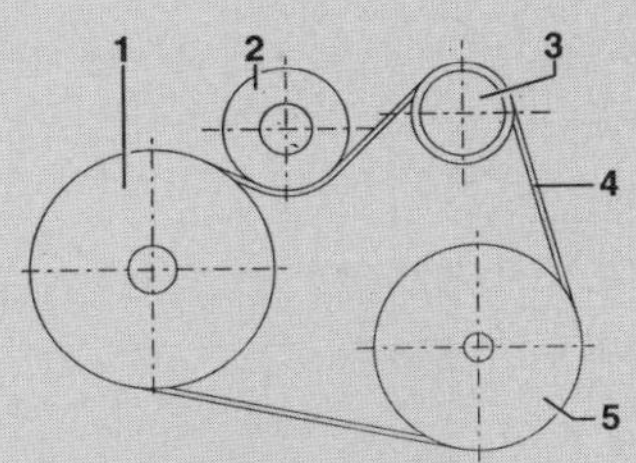	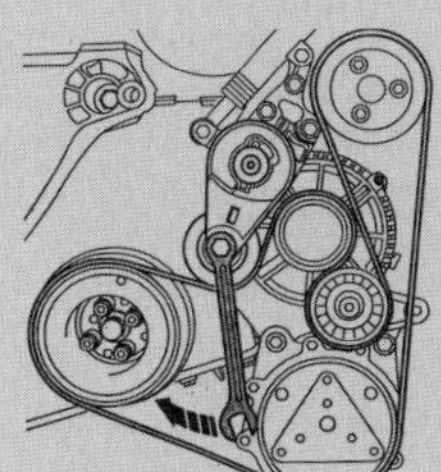
Pumpe-Düse TDI	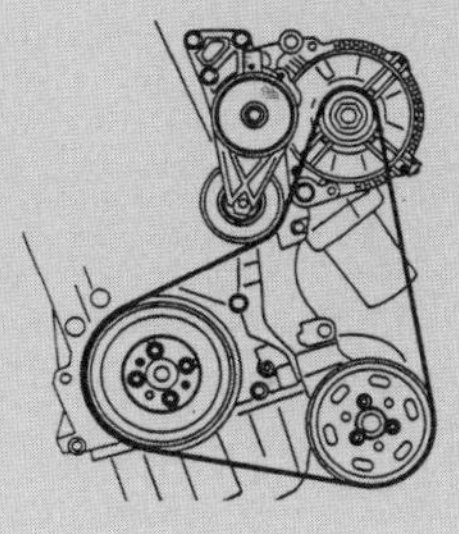	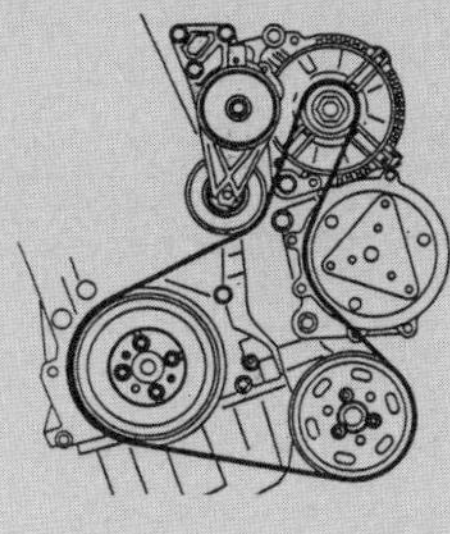

Ölstandskontrolle

Prüfen Sie den Ölstand regelmäßig und vor allen Dingen vor längeren Fahrten wie zum Beispiel der Urlaubsreise. Dazu sollte der Motor ein paar Minuten stillgestanden haben und das Auto natürlich auf einer ebenen Fläche stehen.
Der Pegel sollte ein bis zwei Millimeter unter der Maximal-Markierung liegen, denn auch zu viel Öl schadet dem Motor.
Vorsicht beim Nachfüllen! Verschüttetes Öl kann sich am heißen Motor entzünden!

■ Je nach Modell finden Sie den Ölpeilstab links am Motor (1) (z.B 1,4 Liter oder 1,6 Liter FSI) oder zentral in der Mitte (Dieselmotoren) vor dem Motorblock. Gekennzeichnet ist er durch die orangefarbene Grifflasche.

■ Ziehen Sie den Peilstab heraus und wischen Sie ihn zunächst ab, bevor Sie ihn wieder für einige Sekunden zurückstecken. Nach dem erneuten Herausziehen lesen Sie den Ölstand auf der Skala am unteren Ende ab.

■ Bereich A – Öl muss nachgefüllt werden. Es genügt, wenn sich danach der Ölstand irgendwo im Bereich -B- befindet.

■ Bereich B – Öl muss nicht nachgefüllt werden.

■ Bereich C – Öl darf nicht nachgefüllt werden.

Achtung: Bei Ölstand über der Max-Markierung (s. Abbildung) besteht die Gefahr von Katalysatorschäden!

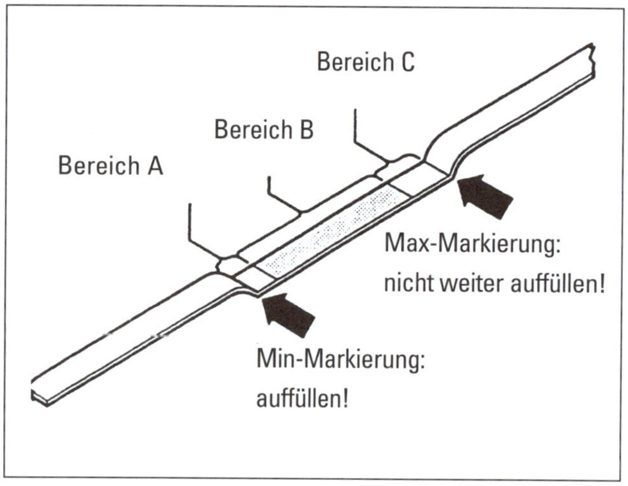

1

Ölkontrolle beim 1,4 Liter-Benziner: Peilstab (orange) und Öleinfülldeckel sind leicht zu finden

2

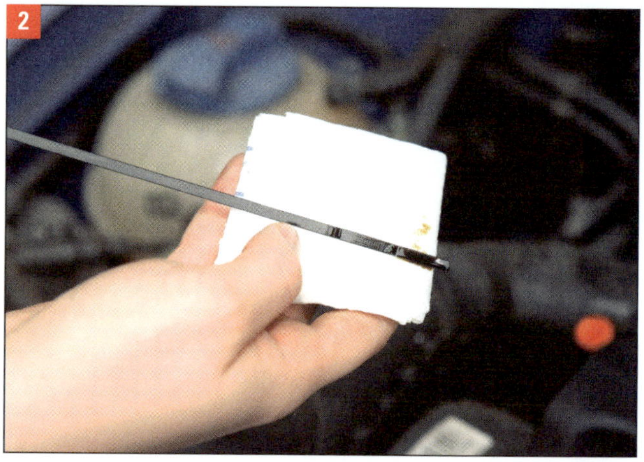

Schwarzes Gold: Bei gebrauchtem Öl fällt die Ölstandskontrolle auf Grund der dunklen Färbung besonders leicht

3

VW-Norm beachten: Füllen Sie bei Ihrem Golf nur die für den jeweiligen Motor spezifizierte Ölsorte nach

Ölwechsel

Der Ölwechsel beim Golf ist kein Hexenwerk und daher auch nicht schwer zu bewerkstelligen. Das Öl sollte betriebswarm sein, damit es besser abfließt. Achten Sie unbedingt auf die richtige Ölsorte und Füllmenge. Es empfiehlt es sich diese Arbeit im Idealfall über einer Grube oder noch besser einer Hebebühne zu erledigen. Der Wagen darf dabei auf gar keinen Fall schräg stehen, da sonst nicht das ganze Altöl abfließen kann. Verbleibende Restmengen mindern sonst die Qualität des frisch nachgefüllten Öls.

Benötigtes Werkzeug und Material:

-Spannbandschlüssel, Ölfilterzange oder Spezialwerkzeug Hazet 2169 zum Lösen des Ölfilters
-Stecknuss zum Lösen der Ölablasschraube
-Ölablasschraube inkl. Dichtring
-Ölfilter+Dichtringe (klein und groß)
-ausreichende Ölmenge zum Neubefüllen der richtigen Sorte (s. Tabellen)
-geeigneter Auffangbehälter (min 6l Fassungsvermögen) für Altöl
-geeigneten Auffangbehälter für den alten Ölfilter

Vorbereitende Maßnahmen:

■ Motor vor Beginn der Arbeiten etwas warmfahren

■ Verkleidungen des Motors abbauen (siehe „Motorverkleidung oben/unten demontieren")

■ Ölmessstab entfernen: Ziehen Sie den Ölmesstab vor Beginn der Arbeiten heraus, dann können Sie die Abdekkung abnehmen

Filterwald: Eine Auswahl passender Ölfilter finden Sie am Ende des Abschnitts

Ölspezifikation nach VW-Norm

VW-Norm	Eignung
500.00	hochwertige Leichtlauföle
501.01	für Benzin und Saugdieselmotoren (SDI)
502.00	für Benzinmotoren mit gesteigerter Leistungsfähigkeit
503.00	Longlife-Benzinmotorenöle mit Werkstattintervallverlängerung ab Modelljahr 2000
504.00	Universalöle für alle Motoren, außer Pumpe-Düse TDI ab 20002
505.00	für Dieselmotoren mit Abgasturbolader (TDI)
505.01	für Dieselmotoren mit Pumpe-Düse-Einsprtizsystem
506.00	LongLife Dieselmotoren mit Werkstattintervallverlängerung ab Modelljahr 2000
506.01	LongLife Dieselmotoren mit Werkstattintervallverlängerung für Pumpe-Düse-Einspritzung ab Modelljahr 2002
507.00	Universalöl für alle Motoren außer Pumpe-Düse TDI ab Modelljahr 2002

Füllmenge mit Ölfilter bei Ölwechsel

Motor	Füllmenge (mit Ölfilter)
Benziner	
Vierzylinder 1,4 l	3,2 l
Vierzylinder 1,6 l	4,5 l
Vierzylinder 1,6 l FSI	3,4 l
Vierzylinder 1,8 l mit/ohne Turbo	4,5 l
Vierzylinder 2,0 l	4,0 l
Vierzylinder 2,3 l (150 PS)	4,0 l
Vierzylinder 2,3 l (170 PS)	4,6 l
Sechszylinder 2,8 l	5,5 l
Sechszylinder 3,2 l R32	5,5 l
Diesel	
Vierzylinder 1,9 l SDI (68 PS)	4,5 l
Vierzylinder 1,9 l TDI (90 PS)	4,5 l
Vierzylinder 1,9 l TDI (100 PS)	4,3 l
Vierzylinder 1,9 l TDI (110 PS)	4,5 l
Vierzylinder 1,9 l TDI (130 PS)	4,3 l
Vierzylinder 1,9 l TDI (150 PS)	4,3 l

■ Fahrzeug auf der Hebebühne anheben, so dass Sie bequem darunter arbeiten können.

Öl ablassen:

■ Halten Sie ein geeignetes Behältnis bereit, um das auslaufende Öl aufzufangen

■ Ölablasschraube mit dem Schlüssel öffnen (1) und Altöl ganz auslaufen lassen.
Achtung! Das Öl kann sehr heiß sein!

■ Da die Gewinde in den Ölwannen sehr empfindlich sind sollten Sie bei jedem Ölwechsel eine neue Ablaßschraube (mit integriertem Dichtring) spendieren. Beachten Sie beim Anziehen der Schraube das zulässige Anzugsdrehmoment von 30 Nm.

■ Fahrzeug wieder ablassen

Ölfilter wechseln:

Hinweis: Der Golf verfügt selbstverständlich über unterschiedliche Einbauarten des Ölfilters. Wir haben daher zunächst die Einbaulage der Diesel und anschließend die unterschiedlichen Einbaulagen der Benziner aufgeführt. Die Vorgehensweise für beide Motorarten ist jedoch prinzipiell gleich. Der Ölfilter muss bei jedem Wechsel mitgetauscht werden. Zum Lösen des Ölfilters ist eventuell ein spezieller Schlüssel (Hazet 2169) nötig um die Filterkappe zu lösen.

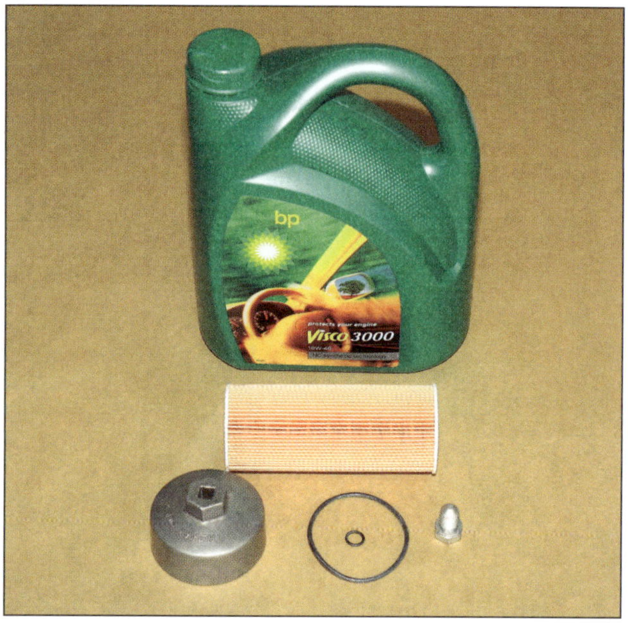

Kleiner Ölservice: Bei Motoren mit unverlierbarem Dichtring brauchen Sie auch eine neue Ablassschraube

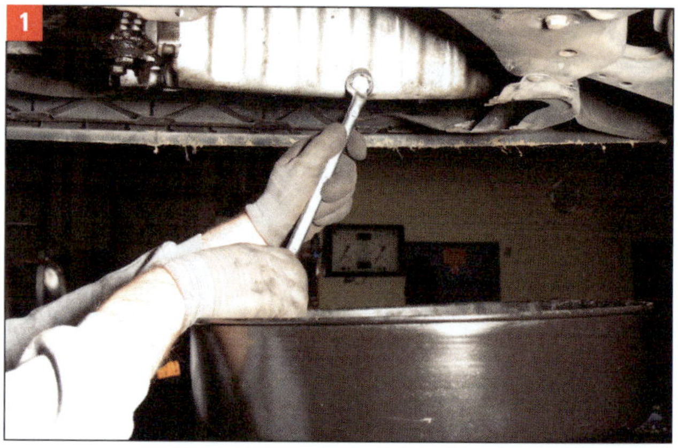

Ablassschraube lösen: Stellen Sie vorher das Auffanggefäß möglichst dicht unter die Schraube

Verbrennungsgefahr: Das Altöl kann sehr heiß sein und durch die Gegend spritzen

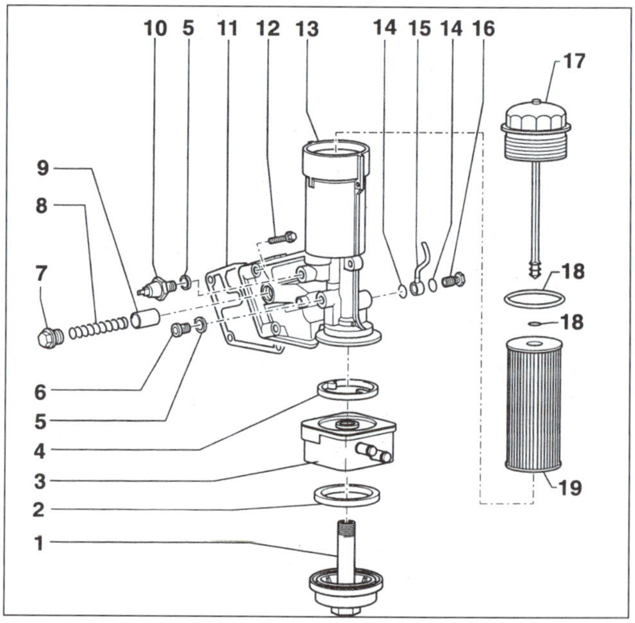

Ölfiltereinheit am Dieselmotor: (Auswahl): (3) Wärmetauscher, (18) Dichtringe, (19) Filtereinsatz

Ölfilterwechsel bei Dieselmotoren:

■ Den Verschlussstopfen des Ölfilters mit passendem Spezialwerkzeug lösen (1). Dieser kann sehr fest sitzen und muss dann langsam und gleichmäßig gelöst werden.

■ Zunächst Verschlussstopfen abziehen, dann Ölfilter herausheben (2) und eine kurze Weile abtropfen lassen. Anschließend Ölfilter in ein bereitgestellte Gefäß stellen.

■ Neuen Ölfilter einsetzen (3), dabei unbedingt die Einbaurichtung Oben/Top beachten. Ölfilter fest in die Halterung eindrücken.

■ Verschlussstopfen reinigen und Dichtringe ersetzen. Dazu mit Schraubenzieher zuerst vorsichtig ablösen (4). Die neuen Dichtringe zur besseren Montierbarkeit und Abdichtung rundherum etwas einölen. Dann Deckel wieder einschrauben und mit max. 25 Nm anziehen.

■ Öl einfüllen (5). Dabei die Nachfüllmenge bis auf eine kleine Restmenge einfüllen.

■ Motor kurz laufen lassen bis sich das Öl verteilt hat. Nochmals mittels Peilstab nachmessen. Restmenge bis knapp unter die Maximal-Markierung nachfüllen.

GEFAHRENHINWEIS

Altöl entsorgen

Altöl ist gefährlicher Sonderabfall, dessen Entsorgung die Altölverordnung (AltölV) regelt.
Etwa 1 Liter Altöl kann 1 Mio. Liter Trinkwasser verseuchen! Auch kleinste Mengen an Altöl müssen daher gesammelt und zu den Altölsammelstellen (z.B. Ölverkaufsstellen, Tankstellen, Entsorgungsbetriebe) gebracht werden.
Liefern Sie Ihr Altöl am Besten immer dort ab, wo Sie das Frischöl gekauft haben. Sämtliche Verkaufsstellen müssen Altöl in der Menge des verkauften Frischöls entsorgen. Bewahren Sie daher den Kassenbeleg beim Ölkauf stets im Handschuhfach auf.
Der Aufwand lohnt sich: Denn Altöl ist recyclebar und kann zu neuen Schmierstoffen aufgearbeitet werden. Dies setzt jedoch voraus, dass Altöl nicht mit anderen Abfällen verunreinigt oder vermischt wird. Was nach der Altölverordnung überdies als Ordnungswidrigkeit gilt. Die Beimischung von Lösemitteln, Brems- oder Kühlflüssigkeit ist indes sogar strafbar (AltölV §7)! Verwenden Sie ebenfalls der Umwelt zu Liebe Mehrwegbehälter, die an der Tankstelle aufgefüllt werden können.
Denken Sie daran, dass auch gebrauchte Ölfilter sowie mit Öl verschmutzte Lappen entsorgungspflichtig sind.

1

2

3

4

5

Ölfilterwechsel bei Benzinmotoren:

Bei den Vierzylinder-Benzinern ist der Ölfilter nicht stehend sondern vertikal eingebaut. Außerdem befindet er sich vergleichsweise tief im Motorraum und ist daher nicht so leicht aufzufinden. Die Abnahme der unteren Motorabdeckung bleibt also nicht aus.
Bei den V5 und V6 Motoren ist der Ölfilter aus Platzgründen wiederum stehend angebracht. Der Filter besitzt eine Extraschraube um vor dem Öffnen des Filtergehäuses die darin befindliche Menge Öl ablassen zu können.

1,4l und 1,6l Motoren: (Bild 1)
Bei diesen Motoren muss der Ölfilter von unten mit einem Werkzeug der Schlüsselweite 30 gelöst werden.

1,6l (102PS), 1,8l, 2,0l Motoren:
Bei diesen Motoren muss der Ölfilter mit einem Spannbandschlüssel oder dem Werkzeug 2171-1 von Hazet gelöst werden.

2,3l und 2,8l, 3,2l Motoren:
Bei diesen Motoren sitzt der Ölfilter senkrecht (Pfeil im Bild 2). Öffnen Sie zunächst die Extraablassschraube, um das Filtergehäuse zu leeren (Gefäß bereitstellen!). Lösen Sie den Filter dann entweder an der äußeren, größeren Sechskantschraube oder an dem mit Riefen versehenen Umfang. Ersetzen Sie in jedem Fall den O-Ring!

Passende Ölfilter	Mann u. Hummel	Mahle
1,4 l	W 712/52	OC 295
1,6 l (100 PS)	W 719/30	OC264
1,6 l (105PS)	W 712/52	OC 295
1,6 l FSI	W 712/52	OC 295
1,8 l mit/ohne Turbo	W 719/30	OC264
2,0 l (115PS	W 719/30	OC264
2,3 l (150 PS)	HU 719/7 x	OX 188D ECO
2,3 l (170 PS)	HU 719/7 x	OX 188D ECO
2,8 l (204 PS)	HU 719/7 x	OX 188D ECO
3,2 l R32 (241 PS)	HU 719/7 x	OX 188D ECO
1,9 l SDI (68 PS)	HU 726/2 x	OX 143D ECO
1,9 l TDI (90 PS)	HU 726/2 x	OX 143D ECO
1,9 l TDI (100 PS)	HU 726/2 x	OX 143D ECO
1,9 l TDI (110 PS)	HU 726/2 x	OX 143D ECO
1,9 l TDI (130 PS)	HU 726/2 x	OX 143D ECO
1,9 l TDI (150 PS)	HU 726/2 x	OX 143D ECO

1

2

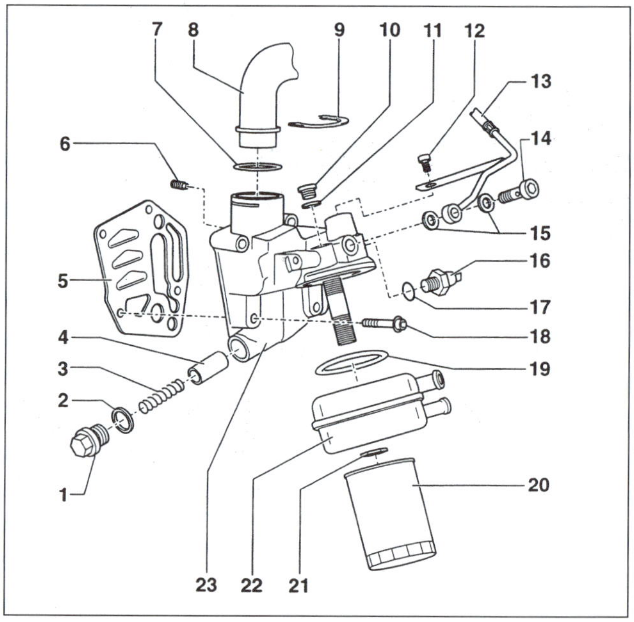

Ölfiltereinheit bei den 1,6 bis 2,0 Liter-Benzinern: (19) Dichtring, (20) Ölfilter, (20) Wärmetauscher, (21) Dichtring

Kühlmittelstand und Frostschutz prüfen

Wichtig ist die regelmäßige Kontrolle des Kühlwasserstandes im Ausgleichsbehälter. Beim Golf sitzt dieser in Fahrtrichtung gesehen vorne rechts, nahe dem Kotflügel. Wie der Name schon sagt, dient dieser Behälter als Reservoir. Es ist deswegen völlig normal, dass der Pegel bei heißem Motor höher liegt als bei kaltem Motor. Gemessen wird immer im kalten Zustand.
Ist der Pegelstand zu niedrig, wird dies auch durch eine Kontrollampe im Armaturenbrett angezeigt. Befindet sich die Markierung unter oder nahe der Min-Markierung, füllen Sie normales Wasser nach.
Wird das Kühlsystem neu befüllt sollten Sie immer eine Mischung aus kalkarmen Wasser und dem Frostschutzmittel einfüllen.
Als Kühlmittelzusatz schreibt VW das hauseigene Frostschutzmittel G12 Plus vor (lilafarben). VW proklamiert für sein Kühlmittelzusatz G 12 Plus, dass es Frost- und Korrosionsschäden sowie Kalkansatz verhindert und außerdem die Siedetemperatur anhebt. Die Vermischung mit dem roten G12 ist zulässig. Aber: Das ältere, grünliche G11 darf nicht eingefüllt werden!

- Vorsicht beim Öffnen (1): Heißes Kühlwasser steht unter Druck und kann aus der Öffnung sprudeln!

- Verwenden Sie zur Bestimmung des Frostschutzgehalts einen Frostschutzprüfer (2)

- Füllen Sie gegebenenfalls Wasser nach (3). Der Stand sollte bei kaltem Motor nahe der MAX-Markierung liegen.

Das Kühlsystem muss ganzjährig mit Kühlerfrost- und Korrosionsschutzmittel (Anteil ca. 40 %) befüllt sein! Beachten Sie das richtige Mischungsverhältnis:

Frostschutz bis	Kühlmittel G 12	Wasseranteil
Benziner		
-25 °C	ca. 40 % (2,0 l)	ca. 60 % (3,0 l)
-35 °C	ca. 50 % (2,5 l)	ca. 50 % (2,5 l)
Diesel		
-25 °C	ca. 40 % (2,4 l)	ca. 60 % (3,6 l)
-35 °C	ca. 50 % (3,0 l)	ca. 50 % (3,0 l)

1

Vorsicht beim Öffnen: Der Kühlmittelbehälter kann unter Druck stehen, wenn der Motor gerade noch gelaufen ist

2

Meßspindel: Eine einfache aber effiziente Methode zur Bestimmung des Frostschutzgehalts

3

Die Mischung machts: Beim Nachfüllen auf die richtige Zusammensetzung und die max-Markierung (Pfeil) achten

Kühlerventilator auf Funktion prüfen

Der Kühlerventilator wird nur unter starker thermischer Belastung des Motors zugeschaltet. Bei einem Defekt können Sie weiterfahren wenn Sie den Motor zunächst abkühlen lassen und sich dann mit zügigem Tempo in eine Werkstatt begeben. (Leerlauf und Langsamfahrt vermeiden!) Dabei stets die Temperaturanzeige und die Warnleuchte im Auge behalten.

Vorsicht: Bei gerade abgestelltem und heiß gefahrenem Motor niemals mit den Händen in die Nähe des Lüfters greifen! Der Ventilator kann auch bei ausgeschalteter Zündung unvermittelt loslaufen!

■ Kontrollieren Sie zuerst die Sicherungen 3 und 8.

■ Ziehen Sie den Stecker am Thermoschalter links auf halber Höhe am Kühler ab und schalten Sie anschließend die Zündung ein.

■ Zuerst Plus-Klemme (Klemme 2) mit Klemme 1 (rot/weißes Kabel) verbinden. Der Lüfter muss jetzt mit der geringeren Geschwindigkeit laufen. Dann die Plus-Klemme mit Klemme 3 (rot/schwarzes, in einigen Fällen rot/gelbes Kabel) verbinden. Nun muss der Lüfter schneller laufen. Wenn der Lüfter beide Male anläuft, Thermoschalter ersetzen.

■ Wenn der Lüfter nicht anläuft oder nur in einer Geschwindigkeit arbeitet, müssen die elektrischen Leitungen überprüft werden (Werkstattdiagnose). Kontrollieren Sie die Anschlüsse auf guten Kontakt und festen Sitz.

■ Gegebenenfalls muss das Relais für den Kühlerlüfter überprüft werden. Es sitzt als Nr. 13 in der unteren Reihe rechts auf dem 13-fachen Zusatzrelaisträger oberhalb der Relaisplatte. Beim Überbrücken des Thermoschalters müssen die Relaisschaltkontakte schließen (Klacken des Relais). Prüfen Sie ebenso den festen Sitz der beiden Mehrfachsteckverbindungen (4-fach und 10-fach) zum Steuergerät für den Kühlmittellüfter im Motorraum vorn links.

■ Den Lüftermotor prüfen Sie, indem Sie den Kabelstecker am Lüftermotor abziehen und stattdessen am Kontakt der rot/schwarzen Leitung ein Hilfskabel zum Batterie-Pluspol verlegen. Die Steckverbindung für das braune (beim 2,3 Liter V5 braun/schwarze) Kabel wird direkt mit dem Minuspol verbunden. Dreht sich der Ventilator nicht, ist er defekt. und muss ausgetauscht werden.

Kühlsystem auf Dichtheit prüfen

Die Dichtheit der Schläuche können Sie am besten bei Betriebstemperatur inspizieren. Achten Sie dabei auf Beschädigungen (z.B. durch Marderbisse).

Zur Überprüfung nach folgender Reihenfolge vorgehen:

■ Schläuche (Kühler, Motor und zur Heizanlage) prüfen.

■ Den Zustand der Schläuche stellen Sie durch Kneten fest. Harte, spröde oder rissige Teile sollten Sie sofort austauschen. (siehe dazu auch Kapitel "Kleine Pannen")

■ Schlauchenden auf korrekten Sitz an Stutzen prüfen.

■ Spannschrauben der Schlauchschellen auf festen Sitz prüfen. Verrostete Schlauchschellen stets auswechseln.

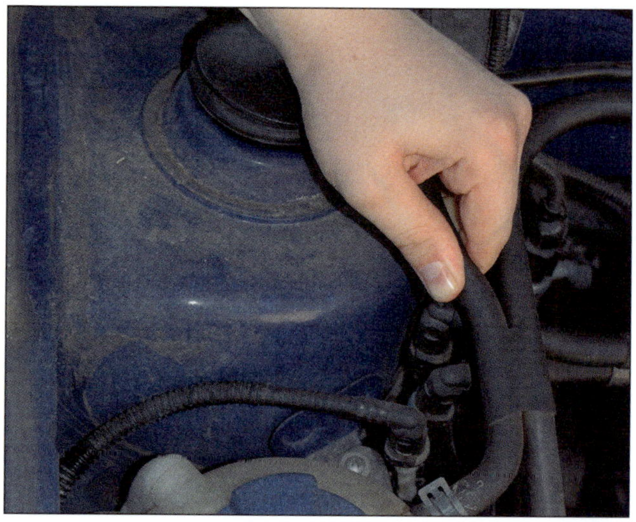

Schlauchleitungen kontrollieren: Durch kräftiges Kneten können Sie die Dichtheit und den Zustand überprüfen

Thermostat aus- und einbauen

Wenn an heißen Tagen die Kühlmittel-Temperaturanzeige bedenklich ansteigt, der Kühlmittelstand aber korrekt ist, oder im Winter der Motor nur langsam warm wird, ist das Thermostat defekt. Das Thermostat regelt den Kühlmittelkreislauf. Abhängig der Kühlmitteltemperatur öffnet und schließt sich das Ventil. Dadurch durchdringt das Kühlmittel nach der Warmlaufphase den großen Kühlmittelkreislauf. Die Kühlleistung wird somit dem jeweiligen Temperaturzustand angepasst. Öffnet der Thermostat nicht mehr bei der entsprechenden Temperatur, überhitzt der Motor, da nicht genügend Kühlmittel durch die Leitungen fließen kann. Die Prüfung des Thermostats gibt Aufschluss über einen möglichen Defekt. Für die 1,8 Liter-Turbomotoren mit Klimaanlage ist der Ausbau sehr umständlich. Um an den Thermostat ranzukommen muss auch der Keilrippenriemen ausgebaut werden.

Benötigtes Werkzeug und Materialien:

-Auffangbehältnis für Kühlmittel
-Schraubenschlüssel (abhängig von der Motorvariante unterschiedliche Schlüsselweiten)
-Ersatzdichtung (abhängig von der Motorvariante unterschiedliche O-Ringe)

Vorbereitende Maßnahmen:

■ Zunächst die untere Motorabdeckung, wie unter „Motorabdeckung abbauen" beschrieben, entfernen

■ Ausgleichsbehälter zum Druckausgleich öffnen. Vorsicht: Der Behälter steht bei warmen Motor unter Druck, durch austretendes Kühlmittel besteht Verbrühungsgefahr!

Kühlflüssigkeit ablassen:

■ Ablaßschraube sofern vorhanden (Pfeil in Bild 1) öffnen. Vorsicht! Kühlflüssigkeit tritt aus, daher Auffangbehälter bereithalten. Ist keine Ablaßschraube vorhanden, Klammer lösen und Kühlmittelschlauch abziehen.

■ **1,6l (100/102PS) 1,8l; 2,0; 2,3; 2,8l-Motor:** Kühlmittelschlauch (2) unten am Ölfilterflansch abziehen. Dazu Schelle mit einer Zange öffnen und Schlauch abziehen.

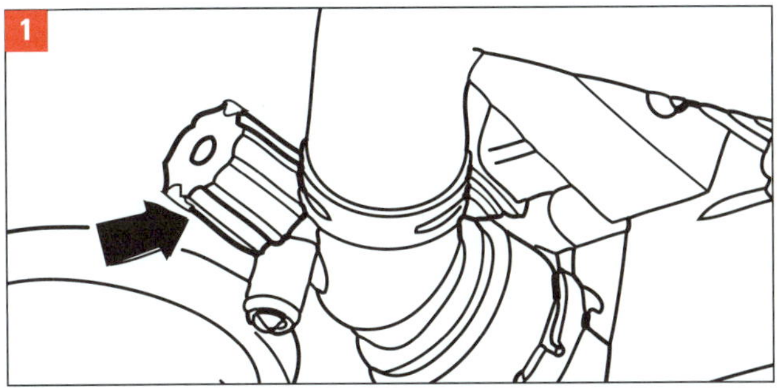

Kühlwasser ablassen: Leider verfügen nicht alle Motoren über einen solchen praktischen Ablaßhahn

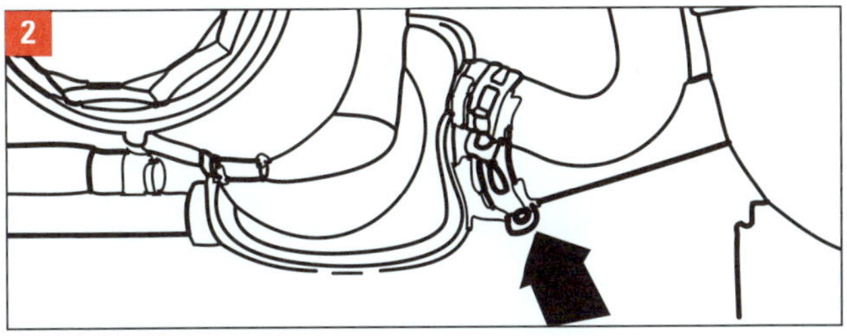

Die Alternative: Auch unten am Wärmetauscher (Ölkühler) kann das Kühlwasser abgelassen werden

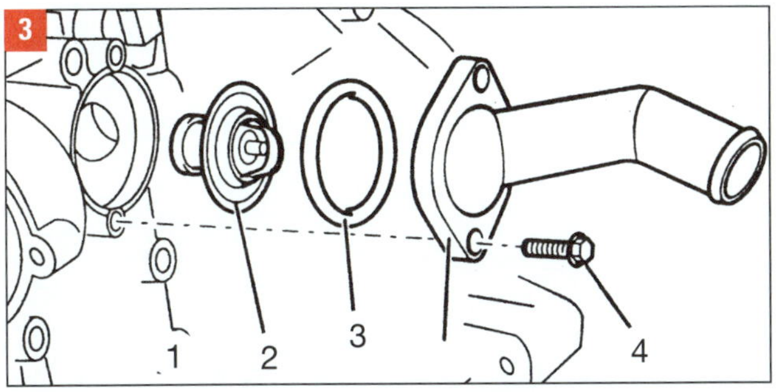

Thermostatgehäuse bei den 1,6l/1,8l-Benzinern: (1)Thermostat, (2) Dichtungsring, (3) Anschlußstutzen, (4) Schraube

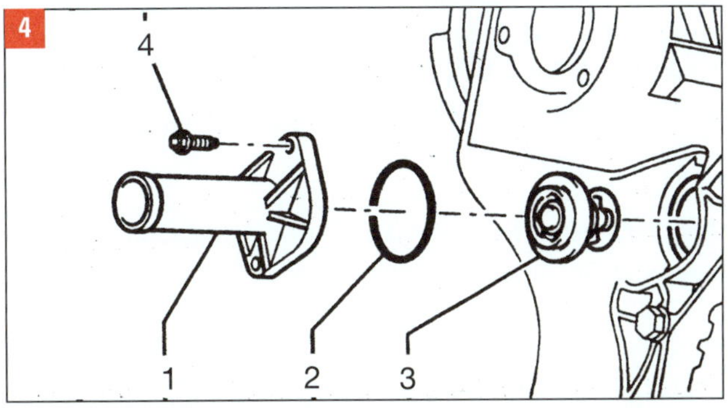

Thermostatgehäuse beim 1,9l TDI: (1) Anschlußstutzen, (2) Dichtungsring, (3) Thermostat, (4) Schrauben

Thermostat ausbauen:

Bei allen Vierzylindern (außer den 1,6l Motoren APF; AVU; BFQ und BAD) geht der Ausbau wie folgt:

■ Den Kühlmittelschlauch vom Anschlußstutzen ziehen und die Befestigungsschraube (Pos. 4 in Bild 3 und 4) des Anschlußstutzens herausschrauben. Nun den Anschlusstutzen samt Kühlmittelregler (=Thermostat) ausbauen.

Bei den 1,4l Motoren befindet sich der Thermostat in einem Extra-Gehäuse am Rücklaufschlauch (unterer und etwas dickerer Kühlschlauch).

Beim 1,8l Motor muss der Kühlmittelregler eine viertel Umdrehung gegen den Uhrzeigersinn gedreht werden, bevor er herausgenommen werden kann.

Thermostat einbauen:

■ Vor dem Einbau die Dichtfläche gründlich reinigen.

■ Alten Dichtring erneuern und neuen Dichtring zur besseren Abdichtung mit ein wenig Kühlmittel benetzen.

■ Kühlmittelthermostat einsetzen, bei allen Vierzylindern muss der Bügel des Kühlmittelreglers senkrecht stehen. Beim 1,8l Kühlmittelthermostat beim Einsetzen um eine viertel Umdrehung im Uhrzeigersinn hineinschrauben.

Kühlflüssigkeit auffüllen:

■ Den Kühlmittelschlauch des Ölkühlers fixieren, gegebenenfalls Ablaßschraube (15Nm) wieder eindrehen.

■ Motorraumabdeckung wieder anbauen.

■ Mischung aus Wasser und Kühlerfrostschutzmittel G12 auffüllen. Ausgleichsbehälter noch nicht schließen!

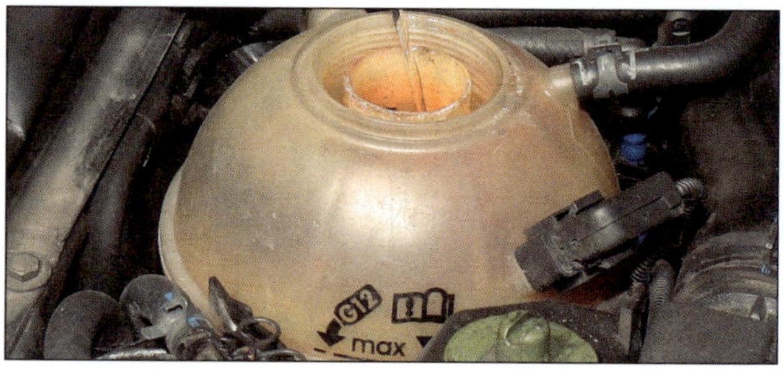

■ Anschließend Motor bei ca. 2000 U/min für zirka drei Minuten laufen lassen.

■ Deckel des Ausdruckbehälters einschrauben.

■ Motor nochmals bis zum Anlaufen des Kühlerventilators (im Leerlauf) laufen lassen. Danach abstellen.

■ Nach Abkühlphase Kühlmittelstand kontrollieren und gegebenenfalls nachfüllen.

Thermostat prüfen

Benötigtes Werkzeug und Materialien:

-Thermometer
-Kochtopf mit Wasser gefüllt
-Herdplatte oder Tauchsieder zum Erhitzen des Wassers
-Stab und 1 Stück Draht zum Aufhängen des Thermostats

Thermostat prüfen:

■ Thermostat an einem Stück Draht in einem Wasserbad erhitzen, dabei Wassertemperatur messen.

■ Bei ca. 100°C Thermostat entnehmen (Vorsicht Verbrühungsgefahr!)

■ Hub des geöffneten Reglers messen.

Motor	Öffnungs temperatur	Öffnungsende temperatur	Hub (Soll)
Benziner	ca. 80 bis 85°C	ca. 102 bis 105°C	min. 7mm
Diesel	ca. 85°C	ca. 105°C	min. 7mm

Whirlpool: Im Wasserbad kann das Thermostat erhitzt werden. Ist es in Ordnung, öffnet sich das Ventil bei zirka 85°C

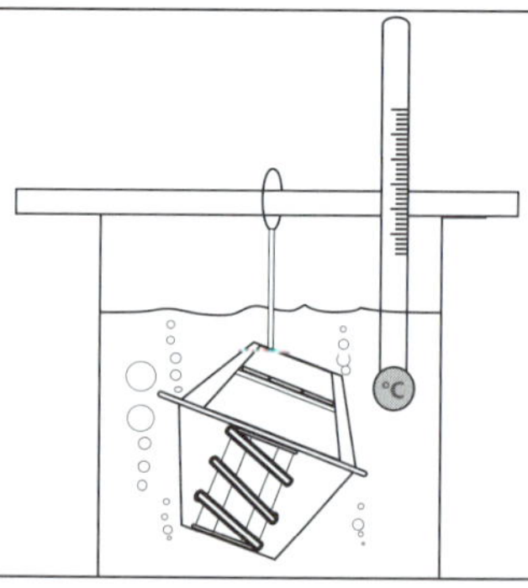

Luftfilter wechseln (zentrales Gehäuse)

Der Luftfiltereinsatz hält die angesaugte Luft für die Verbrennung frei von Verunreinigungen wie Staub und Schmutz. Durch eine Gummidichtung ist der Filter nach außen abgedichtet. Mit der Zeit setzt der Luftfilter durch die Schmutzpartikel zu. Er sollte deshalb alle 12 Monate gereinigt und alle 24 Monate bzw. spätestens alle 60.000km ausgetauscht werden.

Benötigtes Werkzeug und Ersatzteile:

-Kreuzschlitzschraubenzieher
-Staubsauger oder Staubtuch
-Neuer Luftfiltereinsatz (nur beim Wechsel)

■ Zunächst Abdeckung über dem Nockenwellengehäuse ausbauen (Aufschrift: „1,4l 16V") dann den Schlauch für die Kurbelgehäuseentlüftung – Pfeil – abziehen(1).

■ Danach alle Schrauben am Luftilterkasten lösen (2) und den Deckel nach oben abnehmen.

■ Für die Reinigung die Innenseite des Kastens aussaugen oder mit einem Staubtuch auswischen. Bei einer Wiederverwendung den gebrauchten Filter vorsichtig ausklopfen oder von der Motorseite her leicht ausblasen.

■ Filter in das Gehäuse einsetzen (3).

■ Anschließend den Deckel wieder aufsetzen und alle Schrauben des Gehäuses anziehen (3 Nm). Luftansaugschlauch wieder aufstecken und Abdeckung der Nockenwellengehäuse montieren .

Luftfiltergehäuse (A): Im Gegensatz zu vielen anderen Varainten ist das Gehäuse beim 1,4l und dem 1,6l mit 105 PS hinter dem Motor verbaut

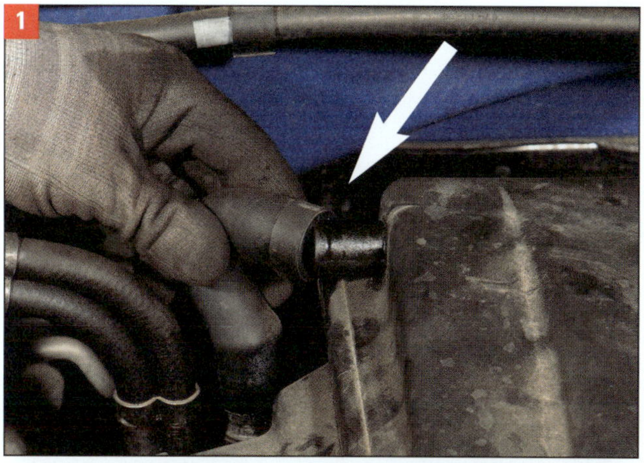

Luftfilter wechseln (seitliches Gehäuse)

Für alle Motorvarianten mit seitlich verbautem Luftfilterkasten wird hier exemplarisch der Wechsel des Luftfilters anhand des 1,9l TDI gezeigt.

Benötigtes Werkzeug und Ersatzteile:

-Kreuzschlitzschraubenzieher
-Kombizange
-Staubsauger oder Staubtuch
-neuer Luftfiltereinsatz
-Lappen um das Ansaugrohr abzudichten

■ Anschlussstecker am Luftmassenmessers lösen. Verriegelung mit einem kleinen Schraubendreher entriegeln (1).

■ Stecker des Luftmassenmessers abziehen (2).

■ Danach mit der Kombizange den Klemmring lösen (3). Dann das Luftansaugrohr vom Luftfilterkasten abziehen.

■ Damit keine Gegenstände in das offene Ansaugrohr hineinfallen können, dichten Sie es mit einem Lappen oder Stück Papiertuch ab.

■ Den Schlauch des Unterdruckanschlusses vorsichtig abziehen, damit das Anschlussstück nicht abbricht (4).

■ Danach die zwei Schrauben an der Oberseite des Luftfilterkastens lösen (5). Deckel nach oben abnehmen.

■ Alten Luftfilter entnehmen (6). Sieht er aus wie im Bild dargestellt, steht der Wechsel an.

■ Innenseite des Kastens aussaugen oder mit einem Staubtuch auswischen (7).

■ Neuen Filter einsetzen (8). Dabei die Einbaurichtung und den korrekten Sitz des neuen Luftfilters beachten.

■ Anschließend den Deckel des Luftfilterkastens wieder aufsetzen und die Schrauben des Gehäuses gleichmäßig mit 6 Nm anziehen.

■ Den Luftansaugschlauch wieder aufstecken und mit Klemmring fixieren. Dabei nicht vergessen den Lappen aus dem Ansaugrohr zu nehmen (Pfeil in Bild 8).

■ Unterdruckschlauch wieder vorsichtig am Anschlussstück anbringen.
Achtung! Auch beim Aufstecken besteht Bruchgefahr.

■ Anschluss des Luftmassenmessers wieder einstecken und die Befestigungsschraube eindrehen.

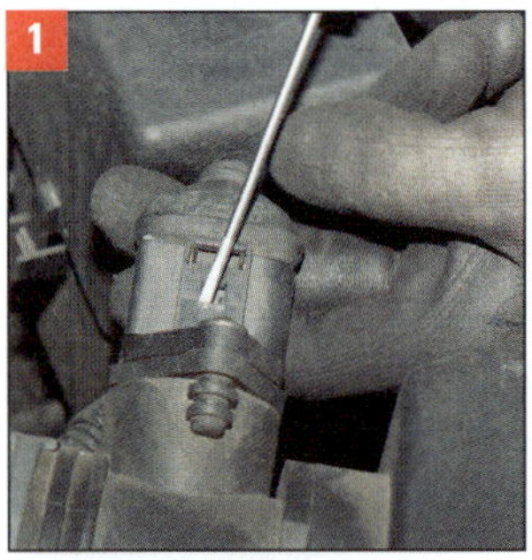

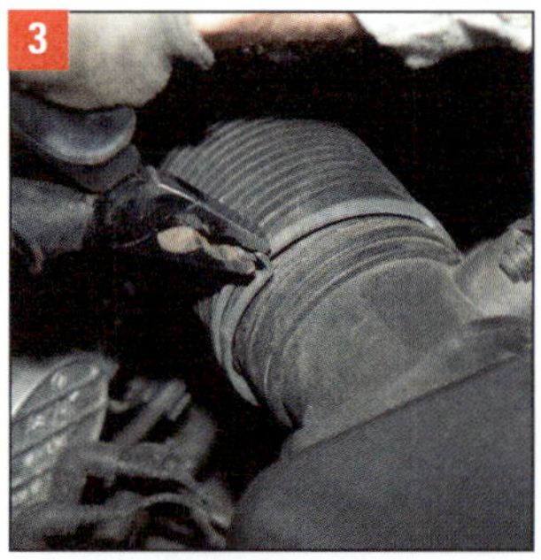

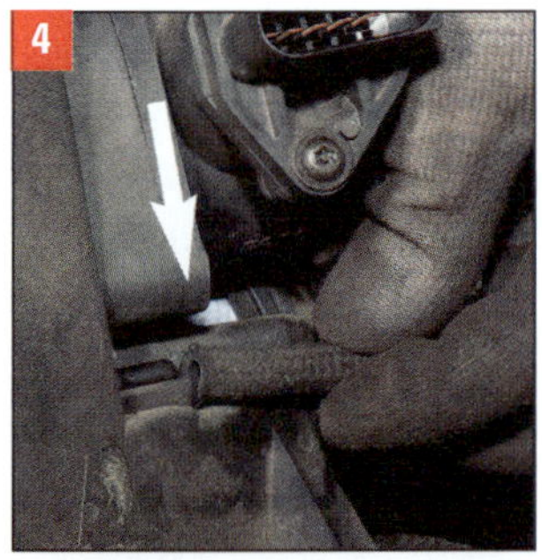

Luftmassenmesser wechseln

Ein defekter Luftmassenmesser kommt häufig vor und macht sich durch erhöhten Verbrauch bei geringerer Motorleistung bemerkbar. Oft fällt dieser Defekt kaum auf, manchmal wird der Motor aber auch gleich in den Notlauf gesetzt, was sich dahingegen deutlich bemerkbar macht.
Der Wechsel des LMM ist nicht schwer. Er ist mit zwei Schrauben am Luftfiltergehäuse angeschraubt und mit dem Schlauch des Ansaugrohrs durch eine Klemmschelle verbunden.

Benötigtes Werkzeug und Ersatzteile:

-Kreuzschlitzschraubenzieher
-Kombizange
-neuer Luftmassenmesser

■ Zunächst Oberteil des Luftfiltergehäuses wie in „Luftfilter wechseln" auf vorheriger Seite beschrieben lösen oder besser noch ganz abbauen.

■ Der LMM ist mit zwei Kreuzschlitzschrauben am Gehäuse befestigt, diese mit dem Schraubenzieher lösen.

■ Beim Abziehen des LMM vom Filtergehäuse tun Sie sich mit sanftem Rausruckeln leichter.

■ Alten Luftmassenmesser durch neuen ersetzen und mit beiden Schrauben wieder am Luftfiltergehäuse festschrauben. Dichtring eventuell mit etwas Silikonspray behandeln, das erleichtert die Montage. Dabei nicht in das Innere des Luftmassenmessers sprühen!

■ Oberteil montieren, Anschluss des Luftmassenmessers wieder einstecken.

■ Nach dem Einbau sollten Sie zur Sicherheit den Fehlerspeicher in einer Werkstatt auslesen lassen. Die wahrscheinliche Fehlermeldung, dass die Versorgungsspannung sporadisch nicht anliegt, rührt durch das Abziehen des Steckers her und kann damit getrost auch wieder gelöscht werden.

WISSENSWERTES

Filterelemente

Vielleicht ist Ihnen aufgefallen, dass die Wechselintervalle für Filter in den letzten Jahren immer länger geworden sind. Bis zu 60.000 Kilometer mit ein und demselben Luftfilter sind inzwischen kein Problem mehr. Möglich wird das durch neue Materialien und eine spezielle Beschichtung. Der Trick dabei: Mit Hilfe der Nano-Technologie werden selbst winzigste Partikel von 10 Mikrometer abgehalten, aber nicht zwangsläufig vom Filter aufgenommen. Im Gegensatz zu den üblichen Materialien auf Cellulose-Basis erlauben die neuen vollsynthetischen Filtermedien daher eine Verringerung der Baugröße um rund 35 Prozent bei gleichem Luftdurchsatz. Oder anders herum betrachtet:
Bei gleicher Größe halten die Filter jetzt fast doppelt so lang, bevor der Luftdurchsatz merklich beeinträchtigt wird. Aber auch Ölfilter profitieren von dem neuen Material. Und die haben es nicht leicht: Schließlich werden beim LongLife Öl Wechselintervalle von bis zu 50.000 km erreicht. Während dieser Zeit darf kein einziger Schmutzpartikel durchschlüpfen, der Filter darf aber auch nicht verstopfen!

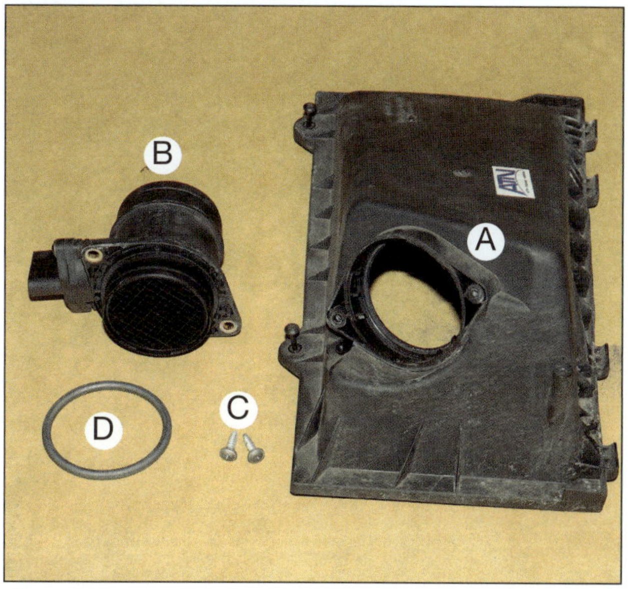

Übersicht: Am Deckel des Luftfilterkastens (A) ist der LMM (B) mit zwei Schrauben (C) befestigt. Dichtungsring (D) beim Einbau nicht vergessen

Zündkerzen wechseln (Benziner)

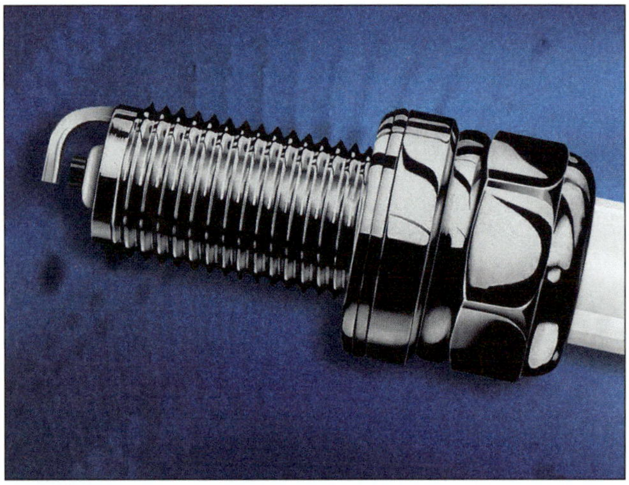

Die Zündkerzen sollen laut Serviceplan alle vier Jahre oder 60.000km gewechselt werden. Zum Ein- und Ausbau der Zündkerzen benötigen Sie, unabhängig von Ihrer Motorisierung, einen speziellen 16 mm Zündkerzenschlüssel (VAG 3122B alternativ Hazet 4766-1).

Die Vorgehensweise um an die Zündkerzen heranzukommen unterscheidet sich jedoch typabhängig und benötigt daher eventuell auch eigene Spezialwerkzeuge. Individuelle Hinweise für Ihr Fahrzeug sind an der entsprechenden Stelle detailliert aufgelistet. Aufgeschlüsselt nach Hubraum und Motorkennbuchstabe, sowie spezifischen Merkmalen, können Sie das für Ihr Fahrzeug benötigte Werkzeug und die entsprechende Vorgehensweise auffinden. Wir zeigen die Arbeit exemplarisch an einem 1,4 Liter 16V Triebwerk.

Achtung: Führen Sie Arbeiten an der Zündanlage zu Ihrer Sicherheit nur bei ausgesschaltener Zündung durch. Kerzen nur bei kaltem Motor austauschen!

Benötigtes Werkzeug und Materialien:

-neue Zündkerzen
-Zündkerzenschlüssel 16 Millimeter
(Spezialwerkzeug VAS 3122B alternativ Hazet 4766-1)
- gegebenenfalls passenden Abzieher für Zündspulen beziehungsweise Kerzenstecker (siehe Arbeitsschritte).

Ausbau der Zündkerzen:

- Zunächst Motorverkleidung oben demontieren.

1

Zu Beginn stets gleich: Bei allen Motoren muss zuerst die schicke Verkleidung demontiert werden

2

Damit gehts auch: Ein Abziehwerkzeuge älterer VW-Fahrzeuge (hier vom Golf 2 16V) passt unter Umständen auch

3

Einsetzen der Kerzen: Passen Sie auf, dass die Kerze nicht in den Schacht fällt. Sie kann dabei Schaden nehmen

Dann nach Motortyp spezifisch vorgehen:

1,4 l (AHW, AKQ, APE, AXP, BCA) und 1,6 l (ATN, AUS)
- Zündkabel aus Abdeckung ausclipsen
- Ölverschlussdeckel abschrauben
- mittlere Abdeckung abheben

1,4 l (BCA) und 1,6 l / 1,6 l FSI (AZD, BZB, BAD)
- Zündspulen mit Kerzenstecker von Hand abziehen

1,6 l (AEH, AKL, APF)
- beide Abdeckungen am Motor entfernen
- die zwei äußeren Zündstecker sind durch das Ansaugrohr verdeckt

1,6l (AVU, BFQ)
- Motorabdeckung abziehen (nicht verschraubt)
- die zwei äußeren Zündstecker sind durch das Ansaugrohr verdeckt

1,8 l (AGN, AGU, ARZ, AQA)
- Zündspulen abschrauben (Schraube links oben und rechts unten)
- Zündspulen mit Kerzensteckern ausbauen

1,8 l (AUM)
- Unterdruckbehälter rechts über der Zündspule abschrauben (3 Schrauben Innensechskant)
- Zündspule von Hand vorsichtig abziehen

2,0 l (APK, AQY, AZH, BEH)
- Zündkerzenstecker abziehen (T10029 od. Hazet 1849-6)

2,0 l (AZJ)
- Stecker der Einspritzventile Zylinder 1 und Zylinder 4 abziehen
- Zündkerzenstecker abziehen (T10112)

2,3 l V5 (AQN)
- Motorabdeckung abnehmen (nicht geschraubt)
- Zündspulenstecker entriegeln u. abziehen
- Zündspulen mit T10029 abziehen

2,3 l V5 (AGZ)
- Zündleitungen aus Motorabdeckung ausclipsen
- Motorabdeckung abnehmen
- Kerzenstecker abziehen (T10029 bzw. Hazet 1849-6)

2,8 l V6 (AQP, AUE)
- Motorabdeckung abnehmen (nicht geschraubt)

Zündkerzenstecker in Ordnung: Ein funktionstüchtiger Stecker

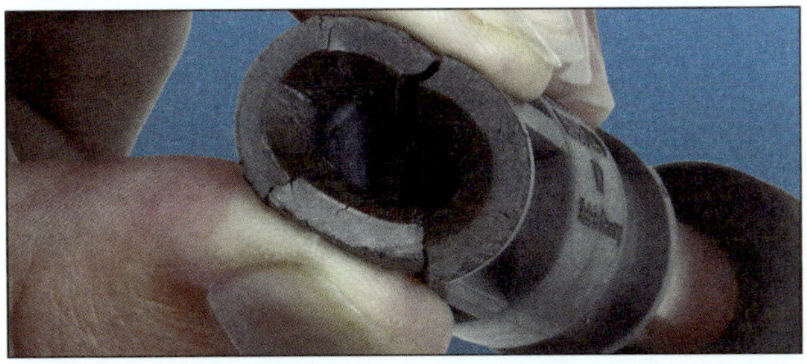

Zündkerzenstecker defekt: Ein- oder abgerissene Stecker können Feuchtigkeit nicht mehr fernhalten

- Zündkerzenstecker abziehen (T10029 bzw. Hazet 1849-6)

alle Motorvarianten:
- Zündkerzen mit 16 mm Zündkerzenschlüssel (3122B) herausschrauben

Einbau der neuen Zündkerzen:

alle Motorvarianten:
- neue Zündkerzen mit Zündkerzenschlüssel 3122B einschrauben.

Motorvarianten mit Zündsteckern:
- Zündkerzenstecker mit Montagewerkzeug – T10029 – aufstecken.
- Zündleitungen und Kerzenstecker auf festen Sitz prüfen.
- Zündkabel in die Motorabdeckung einclipsen.

Motorvarianten mit Zündspulen:
- Zündspulen und ggf. Zündspulenstecker aufstecken und festschrauben.
- Zündleitungen /-stecker auf festen Sitz prüfen.

alle Motorvarianten:
- Motorverkleidung oben montieren

Glühkerzen prüfen und wechseln (Diesel)

Die Glühkerzen sind alle 60.000 km und bei Motoren die erschwerten Bedingungen (z.B. im Hängerbetrieb) ausgesetzt sind alle 30.000 km zu wechseln.
Bei defekten Glühkerzen startet der Motor unwillig. Ob ein Wechsel fällig ist, können Sie durch die Prüfung mit dem Multimeter bestimmen.

Benötigtes (Spezial-)Werkzeug und Ersatzteile:

-Spezialzange (Hazet 4760-5) zum Abziehen der Zuleitung
-10er Langnuss
-Multimeter / Diodenprüflampe VAG 1594A
-Glühkerzen zum Austausch (z.B.: Beru GN855)

Glühvorgang prüfen:

Prüfvoraussetzungen:
Batteriespannung mind. 11,5 V, Zündung ausgeschaltet
Steuergerät für Diesel-Direkteinspritzanlage (J248) i.O.
Streifensicherung für Glühkerzen (S 163) in Ordnung.

■ Ziehen Sie den Stecker am Geber für Kühlmitteltemperatur ab. Durch das Abziehen des Steckers vom Geber wird der Motorzustand „kalt" simuliert und beim Einschalten der Zündung ein Vorglühvorgang durchgeführt.

■ Damit die Zuleitung nicht beschädigt wird, ziehen Sie die Stecker am besten mit der Spezialzange von den Glühkerzen ab.

■ Schließen Sie das Multimeter zur Spannungsmessung zwischen einem Glühkerzenstecker und der Fahrzeugmasse an (1).

■ Schalten Sie die Zündung ein. Für ca. 20 Sekunden muß in etwa die Batteriespannung angezeigt werden.

■ Sie können auch den Widerstand der Glühkerzen gegen Masse im eingebauten Zustand prüfen (2). Sollte der Widerstand unendlich sein, ist die Glühkerze defekt.

Glühkerzen ersetzen:

■ Motorabdeckung abbauen (wie beschrieben).

■ Mit der Klemme die Zuleitung abziehen, darunter werden die Glühkerzenanschlüsse sichtbar (3.)

■ Mit der Schüsselverlängerung und 10er Nuss die Glühkerze ausschrauben (4). Neue Glühkerze einschrauben. Vorsicht: max Anzugsmoment 15 Nm nicht überschreiten! Die Glühkerze kann sonst brechen!

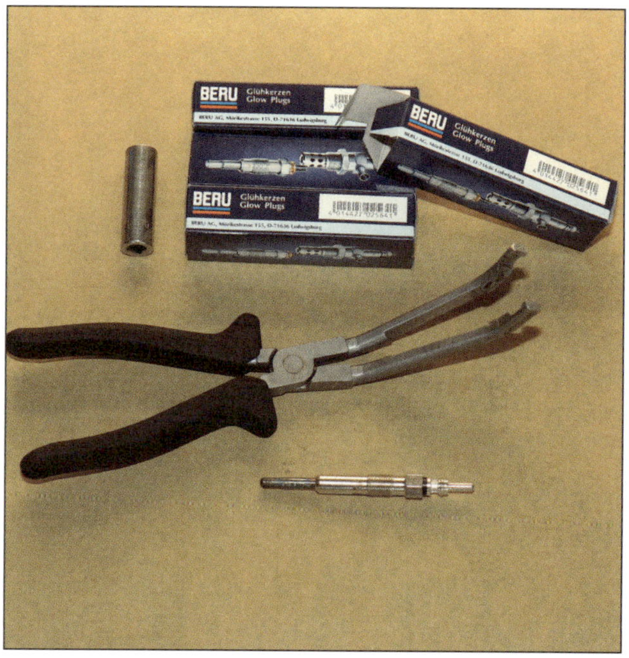

Kraftstofffilter (Diesel) entwässern

Der Kraftstofffilter soll beim Diesel einmal jährlich entwässert werden. Wasser im Kraftstoffsystem führt zu schlechter Leistung und Korrosion.

Achtung: Kraftstoffreste sind Sonderabfall und gehören nicht in den Ausguss. Füllen Sie Kraftstoffreste in einen verschließbaren, beschrifteten Behälter um und entsorgen Sie seinen Inhalt umweltgerecht.

Benötigte Materialien:

-kleines Auffanggefäß (ca. 200ml)

■ Halteklammer zum Belüften entfernen (1) und Regelventil (E in Bild 2) zum Belüften mit angeschlossenen Kraftstoffleitungen nach oben abziehen.

■ Halten Sie nun zum Entwässern des Filters das Gefäß unter den Filter und lösen Sie die Schraube (G) in Bild 3. Ist die Dichtung (F) beschädigt muss sie ausgewechselt werden.

■ Lassen Sie ca. 100ml Flüssigkeit (Mischung aus Kondenswasser und Kraftstoff ablaufen, bis nur noch Dieselkraftstoff (grüngelbliche Farbgebung) heraustritt.

■ Verschließen Sie nun wieder die Belüftungs- und Entwässerungschrauben und überprüfen Sie die Dichtheit der Filteranlage durch Anlassen des Motors und kurze Beobachtung.

1

Zuleitung zum Kraftstofffilter lösen: Nur so kann der Behälter auch leerlaufen

2

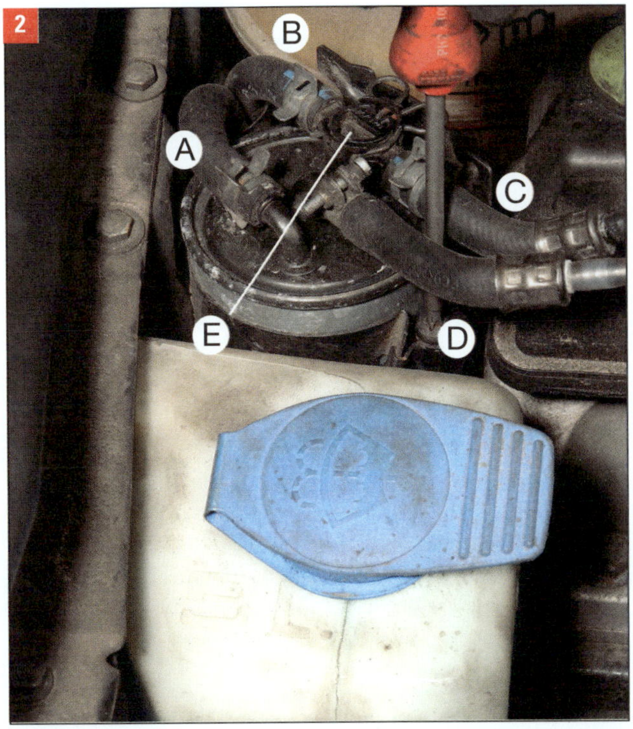

Anschlüsse und Einbaulage des Kraftstofffilters: (A) Vorlaufleitung vom Tank, (B) Rücklaufleitung zum Tank, (C) Rücklaufleitung von der Einspritzpumpe, (D) Vorlaufleitung zur Einspritzpumpe, (E) Regelventil mit Pfeil zur Angabe der Einbaurichtung

3

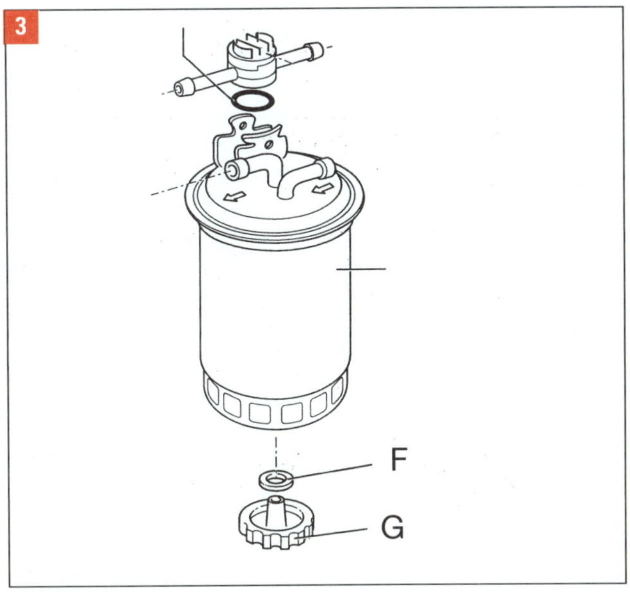

Kraftstofffilterunterseite: (F) Dichtung, (G) Entwässerungsschraube (G)

Kraftstofffilter auswechseln (Diesel)

Der Kraftstofffilter soll beim Diesel alle 30.000km erneuert werden.

Benötigtes Werkzeug und Materialien:

-Kreuzschlitzschraubenzieher
-geringe Menge Dieselkraftstoff (ca. 200 ml)
-kleines Auffanggefäß (ca. 200 ml)
-neuer Dichtring (O-Ring)

Arbeitsschritte:

- Befestigungsschraube mit Kreuzschlitzschraubenzieher lösen (1).
- Halteklammer zum Belüften entfernen (2) und Regelventil zum Belüften mit angeschlossenen Kraftstoffleitungen nach oben abziehen (3).
- Übrige Leitungen entfernen und alten Kraftstofffilter entnehmen (4).
- Den Dichtring (A) am Regelventil erneuern (5).
- Neuen Filter einsetzen und mit Kraftstoff befüllen (6).
- Regelventil wieder anbringen und mit Halteklammer sichern. Kontrollieren Sie durch kurzen Motorlauf die Dichtheit aller Verbindungen.

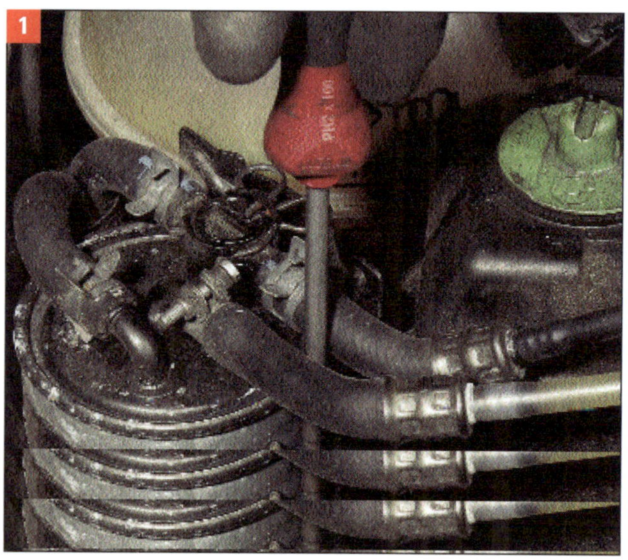

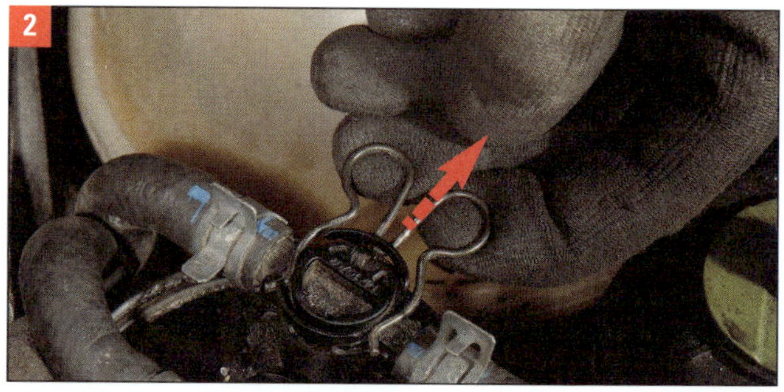

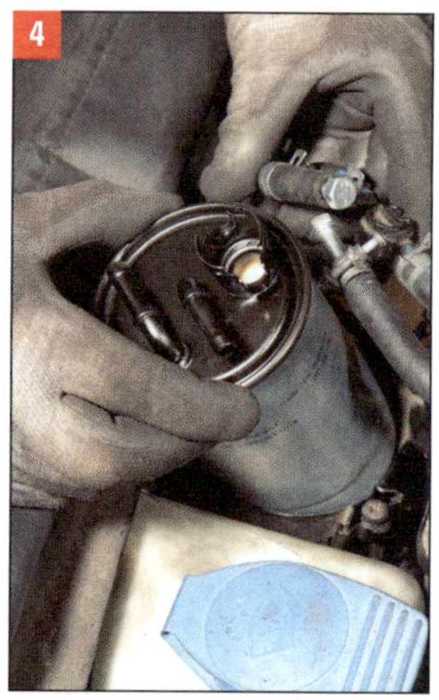

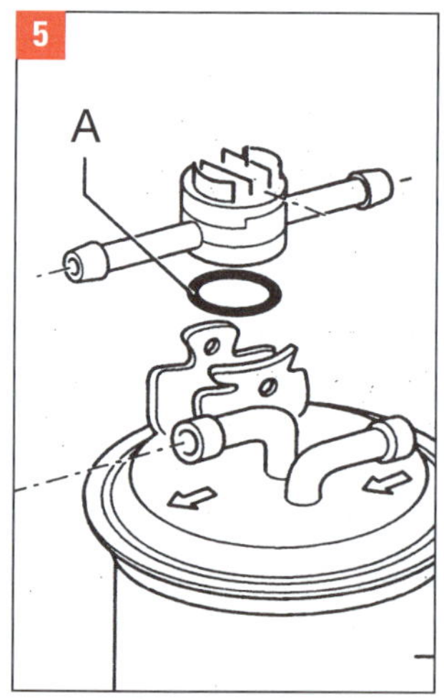

Kraftstofffilter auswechseln (Benziner)

Beim Benziner finden Sie den Kraftstofffilter nicht im Motorraum sondern direkt am Kraftstofftank (in Fahrtrichtung rechts an der Unterseite zum Motor hin). Der regelmäßige Wechsel des Benzinfilters ist in den Wartungsunterlagen von VW nicht vorgesehen. Ein verstopfter Filter kann aber Ursache bei unruhigem Motorlauf mit Zündaussetzern sein und sollte spätestens dann ersetzt werden.

Benötigtes Werkzeug und Materialien:

-Schraubenzieher
-Austauschfilter
-Schraubschelle
-Lappen und Auffanggefäße für austretenden Kraftstoff

Ausbau:

■ Federbandschellen der Leitung und die Rohrschelle am Tank öffnen. Vorsicht: Austretender Kraftstoff (s. Kasten rechts).

■ Kraftstofffilter abnehmen.

Einbau:

■ Achten Sie beim Einbau auf genügend Abstand zwischen Schellenschloss (Schraube) und dem Kraftstoffbehälter.

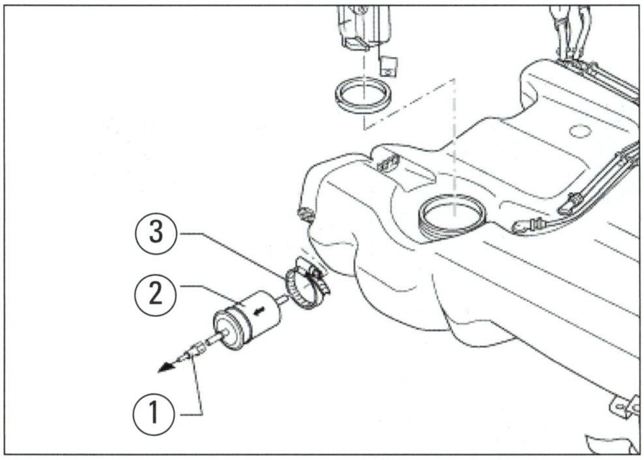

Benzinfilter: Die zum Motor führende Benzinleitung (1) ist schwarz gekennzeichnet, die Rückleitung ist blau gefärbt. Der Filter (2) ist mit einer Rohrschelle (3) am Tank befestigt

GEFAHRHINWEISE

Kraftstoff

Der Umgang mit Kraftstoff ist gefährlich. Restgase sind hochexplosiv, Dämpfe gelten als krebserregend und unmittelbarer Kontakt oder Verschlucken können akute Reizungen in schweren Fällen auch eine lebensbedrohliche Lungenentzündung hervorrufen. Nehmen Sie daher Wartungsarbeiten und Reparaturen an Teilen der Kraftstoffanlage nicht auf die leichte Schulter. Stellen Sie sicher, dass sich keine eingeschalteten elektrischen Geräte, offenen Flammen, Wärme- und Funkenquellen in unmittelbarer Nähe befinden.
Führen Sie Arbeiten an der Kraftstoffanlage möglichst nur mit kraftstoffbeständigen Handschuhen

Kraftstoff: Entzündlich, giftig, umweltschädigend

aus. Als chemisch resistent gelten Handschuhe aus Naturlatex, Nitril oder Vinyl. Vor allem beim Entleeren des Kraftstoffbehälters müssen Sie mit äußerster Vorsicht vorgehen. Kraftstoffbehälter sollten Sie nur bei genügend Frischluftzufuhr entleeren. Unverzichtbar ist dabei ein entsprechendes Abpumpgerät (z.B. kraftstofffeste Balgen-Schlauchpumpe).
Auf keinen Fall den Kraftstoff durch Saugen an einem Schlauch mit dem Mund entleeren! Kraftstoffbehälter nie über Montagegruben entleeren. Die entweichenden Gase sind schwerer als Luft und würden sich für mehrere Stunden in der Grube absetzen. Folge: Gesundheitsschäden durch Einatmen, wie Kopfschmerzen, Schwindel, Übelkeit, Sehstörungen, Bewusstlosigkeit und akute Explosionsgefahr. Kraftstoff nur in einen verschließbaren, beschrifteten Behälter umfüllen. Gut sind spezielle Behälter mit Flammschutz und Druckausgleichsverschluss. Im entleerten Kraftstofftank befinden sich Restgase. Auch die sind gefährlich, gelten als krebserregend. Arbeiten also nur mit besonderer Vorsicht ausführen!

Getriebeölstand kontrollieren (5 und 6 Gang-Getriebe)

Das Getriebeöl ist für den gesamten Lebenszyklus des Golf ausgelegt. Im Gegensatz zum Motoröl wird es nicht verbraucht, muss also auch nicht nachgefüllt werden. Dennoch kann eine Kontrolle notwendig werden, spätestens wenn Sie eine übermäßig starke Ölverschmutzung am Getriebegehäuse feststellen.

Benötigtes Werkzeug:

-Ratsche mit Verlängerung und Innensechskantaufsatz

Arbeitsschritte:

- Fahrzeug eben abstellen. Für diese Arbeit (unter dem Fahrzeug) ist eine Montagegrube oder Hebebühne ideal.

- Die Schraube am Getriebegehäuse (A in Bild 1) zunächst von Schmutz befreien.

- Öffnung aufschrauben, tritt bereits jetzt Öl heraus, ist der Ölstand ausreichend. Ansonsten müssen Sie den Ölstand durch die Öffnung nachprüfen.

- Der Ölstand ist korrekt, wenn das Getriebe bis zur Unterkante der Öleinfüllbohrung befüllt ist (in Bild 2).

- Wenn Sie Öl nachfüllen müssen: Das Getriebeöl muss den VW-Spezifikationen entsprechend ein Synthetik-Getriebeöl G 50 SAE 75 W 90 sein.

- Beim Einschrauben beachten Sie bitte das Anzugsdrehmoment der Schraube von maximal 25 Nm.

1

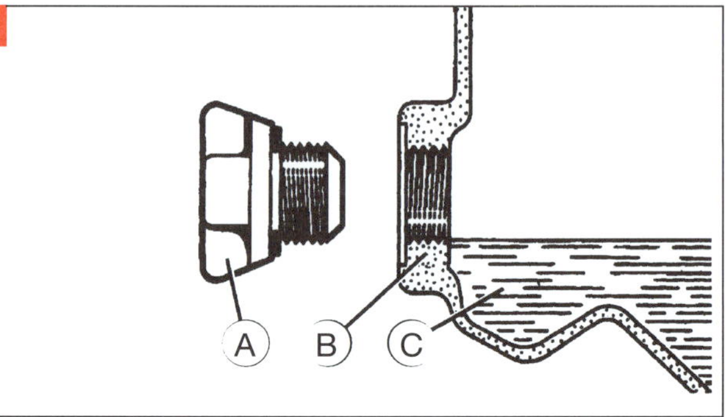

Korrekter Getriebeölstand: Das Herausdrehen des Stopfens (1) legt den Weg zum Getriebeöl (3) frei. Die Unterkante (2) gilt als Markierung für die richtige Füllmenge.

Bauart	Kennbuchstabe	Ölfüllmenge
5-Gang manuell (Gestänge)	02K	1,9 l
5-Gang manuell (Seilzug)	02J	2,0 l
6-Gang manuell	02M	2,6 l
6-Gang manuell Allrad	02Y	2,6 l

Hinweis: Der Getriebeölstand bei Automatikfahrzeugen kann leider nicht in Eigenregie durchgeführt werden und ist daher Werkstattsache.

2

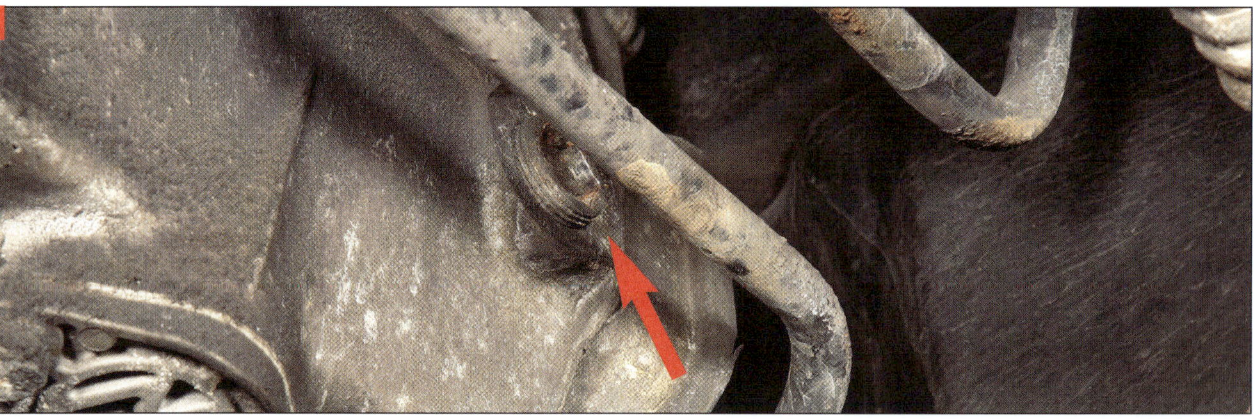

Einfüllstopfen: Die Schraube am Loch der Gewindebohrung (Pfeil) muss zur Kontrolle herausgeschraubt werden

Auspuffanlage

Am Unterboden entlang verläuft die Abgasanlage Ihres Golfs. Sie sorgt dafür, dass die umweltschädigenden Emissionen durch den Verbrennungsvorgang so gering wie möglich gehalten werden. Die Auspuffanlage des Golf gibt zwar selten Grund zur Sorge. Dennoch bleibt nach gewisser Zeit die Reparatur an durchrosteten Stellen nicht aus. Die enorme thermische Belastung durch das durchströmende und heiße Abgas sowie der ungeschützte Anbau sorgen mit der Zeit für Korrossion. Ein durchrosteter Schalldämpfer äußert sich durch verminderte Leistung und ein lauteres Motorengeräusch.

Die vom Werk verbauten Anlagen können ein oder auch mehrteilig ausgeführt sein. Die Schalldämpfer können jedoch auch bei den einteiligen Anlagen getrennt gewechselt werden. Der Aufbau der Auspuffanlage unterscheidet sich sowohl durch die Motorisierung als auch die Anriebsart des Golf. Bei allradgetriebenen Golf beispielsweise weicht das Abgasrohr dem Antriebstrang, der Endschalldämpfer ist aus Platzgrüngen quer verbaut. Dennoch ist der Teilewechsel weitgehend identisch.

Beachten Sie aber bei einer Reparatur, dass alle Dichtungen, Schellen und auch die selbstsichernden Muttern erneuert werden müssen.

Benötigtes Werkzeug und Materialen

-passende Dichtungen, Schellen und Muttern
-neuer Auspuffopf
-Rohrschneider

Auspufftopf austauschen:

■ Fahrzeug richtig aufbocken, ideal wäre die Arbeit mit dem Fahrzeug auf der Hebebühne, beim Endtopf reichen auch zwei Auffahrrampen für hinten.

■ Mit dem Rohrschneider an den angezeigten Stellen (1) das Rohr durchtrennen.

■ Abgetrennte Teile entfernen und neue Teile einsetzen, dabei die Gummis zum Aufhängen mit ersetzen.

■ Neues Teil mit dem alten Rohrstück durch die Doppelschelle befestigen.

1

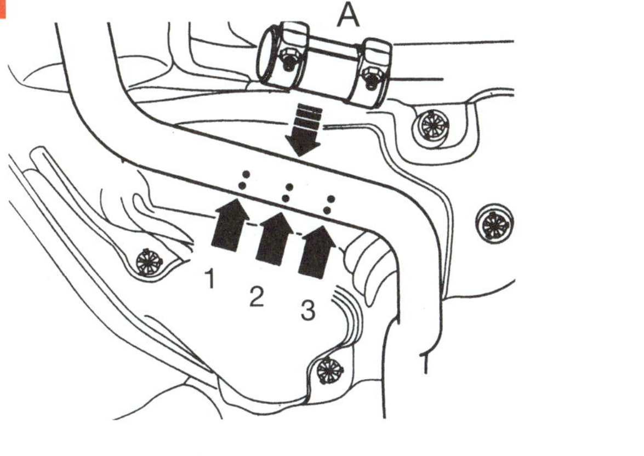

Markierungen: Die Trennstellen sind durch Striche markiert. Beachten Sie den Schnitt an der mittleren Stelle (Pfeil 2) anzusetzen. Die Doppelschelle (A) muss mit den äußeren Markierungen (Pfeil 1 und 3) abschließen

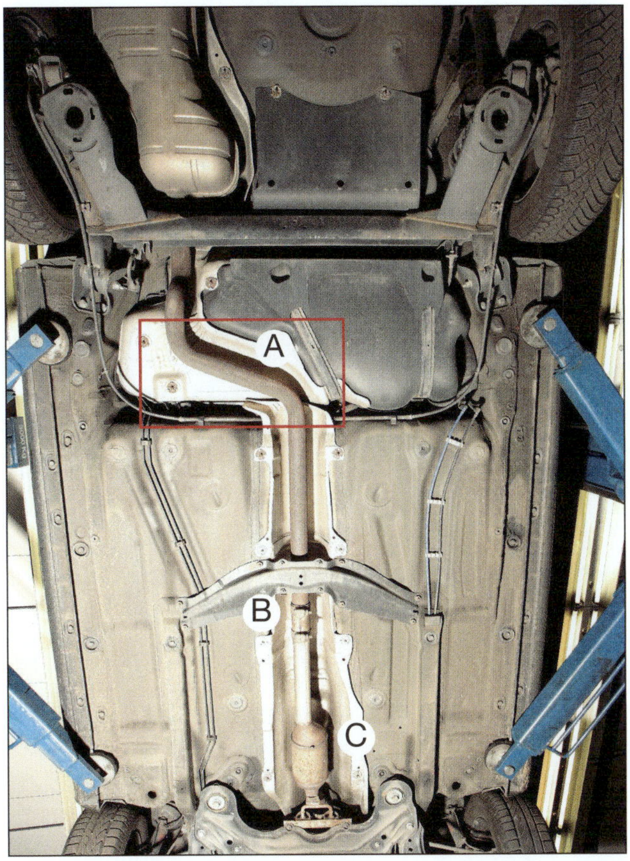

Bereits geflickt: Die Stelle B zeigt das bereits durch eine Schelle geflickte Mittelrohr zwischen Unterbodenkat (C) und Endtopf. Stelle A wird im oberen Bild näher dargestellt

Steuergerät reparieren bei Defekt

Defekte am Steuergerät sind mehr als ärgerlich. Sie können neben unerwünschten Nebeneffekten auch zum Totalausfall des Motors führen. Bringt die ausführliche Fehlersuche mittels Diagnosegerät in der Werkstatt auch keine Abhilfe, hilft vermeintlich nur noch ein Austausch gegen ein Neuteil für viele hundert Euro. Doch wer Ihnen diese Weißheit einreden möchte, hat vermutlich keine Ahnung moderner Reparaturmethoden, oder großes Interesse daran Ihnen möglicherweise unnötige Kosten in Rechnung zu stellen. Denn mittlerweile können Sie Steuergeräte auch günstig reparieren lassen. Vor dem Versand zu einem Spezialisten steht der Ausbau an. Diesen können Sie in Eigenregie erledigen:

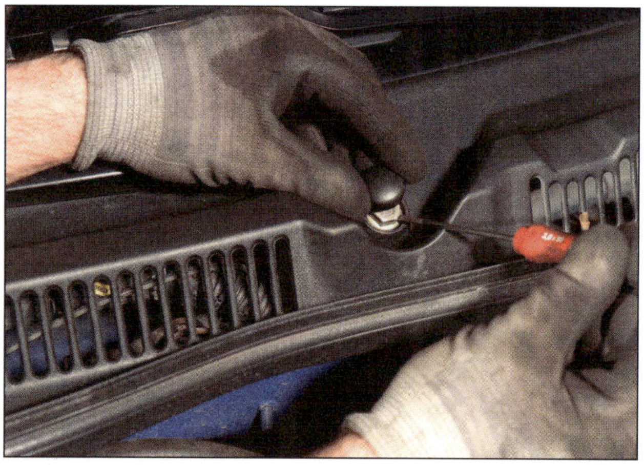

Wischerstopfen: Die Scheibenwischer müssen zur Entnahme des Steuergeräts (hinter der Abdeckung s. Pfeil) abgebaut werden

- Hebeln Sie die schwarzen Abdeckkappen der Scheibenwischer mit einem Schraubenzieher ab.
- Lösen Sie die Befestigungsmutter, aber schrauben Sie sie nicht ganz ab.
- Lösen Sie den Wischerarm durch seitliche Bewegungen vom Konus.
- Schrauben Sie die Befestigungsmutter jetzt ganz ab und nehmen Sie den Wischerarm herunter
- Entriegeln Sie die Anschlusssstecker vom Steuergerät und ziehen sie ab.
- Drücken Sie das Steuergerät nach rechts und ziehen es heraus.

Spezialisten auf diesem Gebiet finden Fehler dank akribischer Suche und einem gründlichen Check dessen Aufwand die Hersteller heutzutage scheuen. So stellt sich häufig eine schadhafte Lötstelle oder ein defektes Elektronik-Kleinbauteil als Verursacher allen Übels heraus. Ist dies der Fall, kann die Platine gerettet werden. Die defekte Stelle wird neu gelötet oder das entsprechend Bauteil getauscht. Reparaturkosten die weit unter der Neuanschaffung liegen, sparen Ihnen dann bares Geld. Und selbst ein irreparabler Totalausfall kann durch ein günstiges Austauschgerät noch günstiger kommen als das Neuteil.
Sie bekommen anschließend Ihr Steuergerät wieder und sind nur einen Bruchteil des Betrages losgeworden, den Sie der Austausch gekostet hätte.

Fehlerteufel im Detail: Nurviel Akribie kann hier Defekte entdecken. Teure Werkstatt-Stunden machen hier keinen Sinn, weswegen sich spezialisierte Dienstleister anbieten

Sportluftfilter nachrüsten

Wenn Sie selbst etwas im Motorumfeld optimieren möchten, bietet sich der Einbau eines Sportluftfilters an. Zwar dürfen Sie dadurch keine deutlich spürbare Mehrleistung erwarten, dafür ist die Montage aber kinderleicht und in ein paar Minuten erledigt. Belohnt werden Sie durch ein etwas lauteres „Schlürfen“ im Ansaugtrakt und eine quasi lebenslange Haltbarkeit des Filterelements. Ein solcher Filter lässt sich nämlich im Gegensatz zum Original-Wegwerf-Filter immer wieder reinigen und weiter verwenden. Das dauert natürlich länger als ein normaler Wechsel und der Sportluftfilter kostet auch dreimal soviel als das Original-Teil, Sie haben damit aber dem Motor zumindest in der Theorie eine optimale Luftzufuhr spendiert. Über eine Anpassung des Gemischs brauchen Sie sich keine Gedanken zu machen. Das Steuergerät regelt das automatisch nach. Bekommt der Motor mehr Luft, wird mehr Kraftstoff dazu gegeben.

Auch am anderen Ende können Sie selbst etwas tun: Um die Abgase besser aus dem Motor zu bekommen bietet sich der Einbau einer Sportauspuffanlage an. Eine leichte Leistungssteigerung, ein sportlicher Klang und nicht zuletzt die andere Optik sprechen dafür. Das ist allerdings ein zeitintensives und auch nicht ganz billiges Vergnügen. Teilweise muss dafür sogar das Heckteil entfernt und bearbeitet werden. Achten Sie bei den Zubehör-Auspuffanlagen unbedingt auf Qualität! Auf Grund der Kippbewegungen des Motor beim Lastwechsel und die thermische Belastung durch den Turbolader ist der Auspuff ein besonders hoch beanspruchtes Teil. Besonders günstige Anlagen die nicht optimal verarbeitet sind, neigen daher frühzeitig zum Reißen oder Scheppern.

Diesel-Rußpartikelfilter nachrüsten

Das Nachrüsten eines Dieselpartikelfilters birgt für Sie als TDI-Fahrer nicht nur ökologische Aspekte sondern bringt auch ökonomische Vorteile mit sich. Neben steuerlichen Vergünstigungen (derzeit einmalig 330 Euro Steuerbonus und Erlass des seit 1. April 2007 geltenden Kfz-Steuerzuschlags von 1,20 Euro pro 100 cm^3) bedeutet der Einbau des Partikelfilters auch gleichzeitig eine Wertsteigerung für Ihren Golf. Und noch eine gute Nachricht: VW und andere Anbieter von Nachrüstsätzen geben an, dass es entgegen vielerlei Befürchtungen nach dem Einbau zu keinerlei Leistungseinbußen kommt.

Zum Einsatz kommen sogenannte offene Systeme, bei denen gewährleistet ist, dass der Filter nicht den Abgasstrom blockieren kann. Diese Systeme müssen per Gesetz mindestens 30% der Partikel zurückhalten, die meisten Hersteller erreichen aber eine weitaus höheren Wert.

Der Partikelfilter wird entweder hinter den Oxikat verbaut, oder es handelt sich um einen Kombifilter, der den Oxikat ersetzt. Bei der Überprüfung Ihrer Abgasanlage vor dem Einbau sollte der Katalysator in Ihrem Golf jünger als fünf Jahre sein und nicht mehr als 80.000 km Laufleistung aufweisen. Ältere Oxikats erreichen nämlich nicht die mindestbenötigte Menge Stickoxide (NO2), welche zur Regeneration des Nachrüstfilters gebraucht wird. Ergibt die Kontrolle, dass der Oxikat ohnehin ersetzt werden muss, ist der Einbau eines Kombifilters anstelle des Oxikats also ratsam. Ansonsten wird ein Stück Abgasohr herausgetrennt und ein nachgeschaltener Partikelfilter eingesetzt.

Nachgeschalteter Rußpartikelfilter: Für den Einbau wird ein Stück Rohr entfernt. Die Arbeiten erledigt die Werkstatt

Einen Haken hat die Sache dann aber leider doch: Die Montage kann nicht selbst durchgeführt werden, da die Kfz-Behörde die Einbaubescheinigung eines Fachbetriebs verlangt. Die Gesamtkosten setzen sich damit exemplarisch aus folgenden Posten zusammen:

- Partikelfilter ca. 600 Euro
- Einbaukosten ca. 70 Euro
- Umweltplakette 10 Euro
- Zulassungsstelle 14 Euro

Gesamtkosten: ca. 700 Euro

Mit Partikelfilter nachgerüstete Diesel genießen das Privileg uneingeschränkter Einfahrt in ausgewiesene Umweltzonen. Voraussetzung ist, dass Ihr Golf auch mit einer Feinstaub-Plakette in der Windschutzscheibe versehen ist. Die Anbringung dieser Plakette bleibt Ihnen durch den Einbau eines Partikelfilters nicht erspart. Denn seit dem 1. März 2007 gilt ohnehin die Kennzeichnungsverordnung. Den Fahrzeugen ohne Plakette (egal ob Sie einen Partikelfilter haben bzw. der erforderlichen Emissionsschlüsselnummer entsprechenden Abgasnorm zugewiesen sind) bleibt nach dem Willen des Gesetzgebers der Weg in die jeweiligen Umweltzonen versperrt.

Hinweis: Versuche haben gezeigt, dass die Verwendung konventionellen Öls die Standzeit der Nachrüstfilters halbiert. Daher sollten Sie Ihren Golf auf aschefreies Motoröl nach VW-Spezifikation 504 00 oder 507 00 umstellen. Diese Öle sind unbedenklich, auch im Einsatz bei älteren Fahrzeugen, da es sich um rückwärtskompatible Öle handelt.

Motor

Störung	Was kann das sein?	Was muss ich tun?
A Motor startet nicht, Anlasser dreht nicht	**1** Die Wegfahrsperre bzw. die Anlasssicherung	Zu- und wieder aufschließen, Bremse getreten halten und Schalthebel auf Stellung N
	2 Batterie leer	Wenn die Scheinwerfer bei eingeschalteter Zündung nur schwach leuchten: Alle Verbraucher abschalten, Starthilfekabel benutzen und dann mindestens 20 Kilometer fahren
B Der Anlasser dreht, aber der Motor springt nicht an	**1** Die häufigsten Ursachen sind: Kein Sprit und/oder kein Zündfunke. Das kann leider an sehr vielen Bauteilen liegen	Zuerst prüfen ob noch Sprit und auch die richtige Sorte (Benzin oder Diesel) im Tank ist. Dann die Verkabelung im Motorraum auf Beschädigungen prüfen (Marderbiss?) Vorsicht! Zündung dabei unbedingt ausschalten!
C Motor läuft nach dem Start unrund	**1** Benziner: ein Fehler in der Kraftstoffversorgung und/oder Zündanlage, Nebenluft durch undichte Schläuche	Zunächst eine Sichtkontrolle des Motorraums bei ausgeschalteter Zündung durchführen. Beschädigte Leitungen mit Isolierband notdürftig flicken. Mit einem Diagnosegerät den Fehlerspeicher auslesen lassen.
	2 Diesel: Falschbetankung oder defekte Glühkerzen	Vorsicht: Bei Falschbetankung nicht mehr weiterfahren, sonst kann die Hochdruckpumpe kollabieren
D Motor qualmt und stinkt aus dem Auspuff	**1** Turbolader (blauer Rauch) oder Zylinderkopfdichtung (weißer Rauch) defekt	Ist der Turbolader defekt besteht akute Gefahr: Bruchstücke wandern durch den Motor. Nicht mehr starten! Bei einer kaputten Kopfdichtung fehlt Wasser im Ausgleichsbehälter, auf jeden Fall auffüllen
	2 Diesel: Wenn der Motor warm gut läuft, sind es die Glühkerzen	Die Glühkerzen können Sie selber prüfen und ersetzen. Anleitung dazu finden Sie in diesem Kapitel
E Motor zieht nicht mehr richtig	**1** Der Hauptverdächtige ist auch hier der Turbolader, besonders wenn der Motor im Leerlauf oder bei wenig Gas noch gut läuft	Beobachten Sie die Ladedruckanzeige (sofern vorhanden) und achten Sie auf ungewöhnliche Geräusche beim Beschleinigen. Eventuell entweicht Ladedruck. Ein blockierter Lader macht dagegen gar keine Geräusche mehr
	2 Luftmassenmesser defekt	Fehlerspeicher auslesen, ggf. ersetzen
F Hoher Verbrauch	**1** Wahrscheinlich ist der Luftfilter stark verschmutzt	Luftfilter austauschen, die Anleitung dazu finden Sie in diesem Kapitel
G Motor wird zu langsam warm	**1** Thermostat hängt	Sie können zunächst weiter fahren, das Thermostat sollte jedoch so bald wie möglich getauscht werden

Getriebe / Kraftübertragung

Störung	Was kann das sein?	Was muss ich tun?
A Kratzen beim Gangwechsel	**1** Kupplung trennt nicht richtig	Schadensursache feststellen und beheben. Wenn Sie diesen Fehler ignorieren, ruinieren Sie sonst sehr schnell das Getriebe.
	2 Synchronring-verschlissen	Wenn das Kratzen nur in einem Gang auftritt, kann der entsprechende Synchronring ersetzt und das Getriebe gerettet werden. Bis dahin: langsam schalten!
B Rupfen, Ruckeln und Springen	**1** Die Kupplung ist verschlissen oder verölt	Die Kupplung ist ein Verschleißteil das bei hohen Laufleistungen irgendwann abgenutzt ist. Tritt an Motor oder Getriebe Öl aus, rutscht die Kupplung. In beiden Fällen hilft nur der Ausbau des Getriebes
	2 Motorlager defekt	Kontrollieren Sie den Zustand der Lager und vermeiden sie bis zur Reparatur starke Lastwechsel und allzu rasantes Anfahren.
C Schläge, ungewöhn-iche Geräusche oder Vibrationen	**1** Motorlager ausgeschlagen	Beobachten Sie von außen wie stark der Motor beim Anfahren kippt. Bei verschlissenen Lagern kann das dazu führen das Teile irgendwo anschlagen
	2 Antriebswellen defekt	Fahren Sie enge Kurven (auf rückwärts) und versuchen Sie den Schaden an den Wellen zu lokalisieren Äußere und Innere Gelenke können einzeln ausgetauscht werden.)
	3 Synchronringe oder Getriebelager im Getriebe verschlissen	Auch die Synchronringe unterliegen einem gewissen Verschleiß. Wenn es in mehreren Gängen kratzt ist ein Austauschgetriebe fällig, mahlende Getriebelager lassen sich einzeln ersetzen.
	4 Zu wenig Öl im Getriebe	Ölstand prüfen und nötigenfalls ergänzen
D Es lässt sich kein Gang mehr einlegen	**1** Seilzüge ausgehängt (Seilzugschaltung ab 2000)	Untersuchen Sie die Anschlüsse und Führungen der Schaltseilzüge. Manchmal lässt sich so ein Zug auch an Ort und Stelle wieder einhängen.

Fahrwerk

Mit der hervorragenden Auslegung des Fahrwerks, ist der Golf nicht nur entspannt sondern auch sehr dynamisch fortzubewegen. Mit einem äußerst gelungenen Kompromiss zwischen sportlicher Straffheit und komfortbetonter Sanftmütigkeit, gibt er seinem Fahrer das nötige Vertrauen und weiß ebenso die tagtäglichen Anforderungen an die Fahrdynamik zu erfüllen.

Das Fahrwerk ist zuständig für die Fahreigenschaften sowie den Fahrkomfort Ihres Golf. Es hat vor allem die Aufgabe, die Räder bei ihrer Bewegung präzise zu führen. Nur dann bleibt das Auto sicher beherrschbar. Dieser Job ist freilich nicht einfach. Denn die Räder müssen sich bei der Fahrt nicht nur drehen, sondern auch Auf- und Abwärtsbewegungen durchführen – schließlich ist keine Fahrbahn völlig eben. Auch beim Bremsen, Beschleunigen und bei der Fahrt durch eine Kurve entstehen erhebliche Kräfte, mit denen das Fahrwerk fertig werden muss. Das geht jedoch nur, wenn seine Komponenten optimal aufeinander abgestimmt sind. Zum Fahrwerk gehören die Federung und Dämpfung, die Radaufhängung an Vorder- und Hinterachse, die Lenkung sowie die Räder und Reifen. Die Bremsen, ebenfalls Teil des Fahrwerks, stellen wir Ihnen in einem eigenen Kapitel vor.

Auslegung des Fahrwerks

Die richtige Radaufhängung ist eine Wissenschaft für sich. Fahren Sie mit Ihrem Golf zum Beispiel über eine Bodenwelle oder mit hohem Tempo durch eine Kurve, verändert sich jedesmal die Geometrie der Räder, die in genau definierten Winkeln zur Fahrzeugachse stehen. Die Reifen dürfen nie den Kontakt zur Fahrbahn verlieren, weil sie dann keine Brems- und Lenkkräfte mehr übertragen können. Damit die Räder auf dem Boden bleiben, tritt die Federung in Aktion. Sie nimmt Stöße auf und folgt den Unebenheiten der Straße. Unerwünschtes Nachschwingen des Aufbaus verhindern die Stoßdämpfer. Sie müßten eigentlich Schwingungsdämpfer heißen, da sie keine Stöße dämpfen, sondern durch Federn verursachte Schwingungen abschwächen.

Lenkung und Fahrsicherheit

Die Lenkung soll möglichst feinfühlig sein und zielgenaues Lenken ermöglichen. Sie ist genau auf die Achsen und die Lenkgeometrie abgestimmt. Wie bei fast allen Autos heutzutage kommt beim Golf eine Zahnstangenlenkung zum Einsatz. Sie gilt als besonders präzise und sorgt trotz der serienmäßigen Servounterstützung, für ein noch direkteres und feinfühligeres Ansprechen der Lenkung. Die Lenkung ist ein Bauteil, von dem die gesamte Fahrsicherheit in besonderem Maße abhängt. Defekte, falsche Einstellungen und fehlerhafte Reparaturarbeiten können deshalb fatale Auswirkungen haben.

GEFAHRHINWEISE

Lenkung und Fahrwerk

Die Arbeiten an Teilen des Fahrwerks und der Lenkung sind nicht immer fürs Do-it-yourself geeignet. Sie setzen Erfahrung und oft auch spezielle Werkstattgeräte sowie Spezialwerkzeuge voraus. Fehlerhafte Reparaturen werden damit nicht nur zur Gefährdung für Sie selbst sondern auch für andere Verkehrsteilnehmer. Denn genauso wie bei den Bremsen Ihres Golfs kann nur die einwandfreie Funktion aller Teile des Fahrwerks und der Lenkung die Fahrischerheit gewährleisten. Die Teile der Lenkung und des Fahrwerks sind nach einer Beschädigung, zum Beispiel durch einen Unfall, meist zu ersetzen. So dürfen Sie beispielsweise defekte Teile der Radaufhängung nicht etwa einfach richten oder schweißen – sie müssen grundsätzlich erneuert werden. Wenn Sie sich nicht sicher sind, ob Sie die betreffende Reparatur selbst ausführen können, oder wenn Sie die dafür benötigten Werkzeuge nicht besitzen – überlassen Sie die Arbeit besser der Werkstatt.

Dynamiker: Nicht nur die GTI-Modelle bieten mit einem ausgewogenen Fahrwerk auch sportliches Potenzial

Grundbegriffe Lenkgeometrie

WISSENSWERTES

Vorspur: Die Vorderräder stehen vorn enger zusammen als hinten (rollen aufeinander zu). Das gleicht die Reibung zwischen Rad und Straße aus, die das linke Rad nach links und das rechte nach rechts drücken will. Die Vorspur verhindert Flattern der Räder und Radieren der Reifen. Bei der Fahrt durch eine Kurve schwenkt das kurveninnere Rad zur Unterstützung der Lenkbewegung und der Lenkkräfte stärker ein als das kurvenäußere – die Vorspur geht in Nachspur über (Räder stehen hinten enger zusammen als vorn).Sturz. Die Neigung des Rades zu einer Senkrechten. Vermindert Fahrbahnstöße auf die Teile der Lenkung, reduziert Lenkkräfte und Reibung der Räder auf der Fahrbahn. Die Vorderräder des Golf haben positiven **Sturz** – sie stehen oben im Radkasten geringfügig weiter auseinander als unten am Boden.

Spreizung: Die Neigung der Lenkungsdrehachse zu einer Senkrechten. Denkt man sich eine Linie dieser Achse zum Boden und misst den Abstand zur Mittellinie durch das Rad (Mittelpunkt der Reifenaufstandsfläche), erhält man den Lenkrollradius. Dieser soll möglichst klein sein, um die Störkräfte in der Lenkung zu verringern. Die Spreizung bewirkt außerdem zusammen mit dem Nachlauf, dass sich bei eingeschlagenen Rädern das Fahrzeug etwas anhebt. Lässt man das Lenkrad los, stellen sich die Räder selbst in die Mittelstellung zurück (Rückstellmoment).

Nachlauf: Abstand (in Fahrtrichtung) zwischen der gedachten Verlängerungslinie der Lenkdrehachse zum Boden und dem Mittelpunkt der Reifenaufstandsfläche. Durch den Nachlauf werden die Räder gezogen (und nicht geschoben). Sie neigen deshalb dazu, sich von selbst geradeaus zu stellen und diese Stellung beizubehalten. Der Nachlauf kann zwar gemessen, aber nicht eingestellt werden.

Spurdifferenzwinkel: Wird in der Werkstatt gemessen. Beide Räder kommen dabei auf Drehscheiben eines optischen Prüfinstruments. Ein Rad wird auf genau 20 Grad Einschlag eingestellt. Der Einschlag des anderen Rades wird dann an der Gradscheibe abgelesen. Beim Entwurf der Vorderradaufhängung wird der Wert für den Spurdifferenzwinkel festgelegt. Stellt die Werkstatt fest, dass die Winkelwerte nicht den Sollwerten entsprechen, bedeutet dies fast immer einen Defekt an Bauteilen, die zur korrekten Lenkgeometrie beitragen.

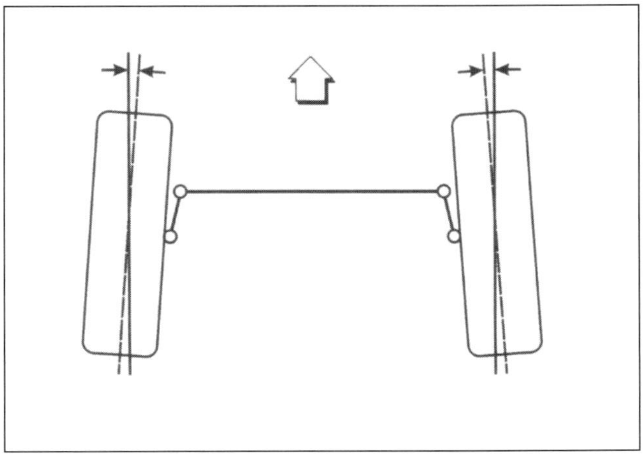

Schema der Vorspur: Die gegeneinander eingeschlagenen Räder verbessern den Geradeauslauf des Fahrzeugs

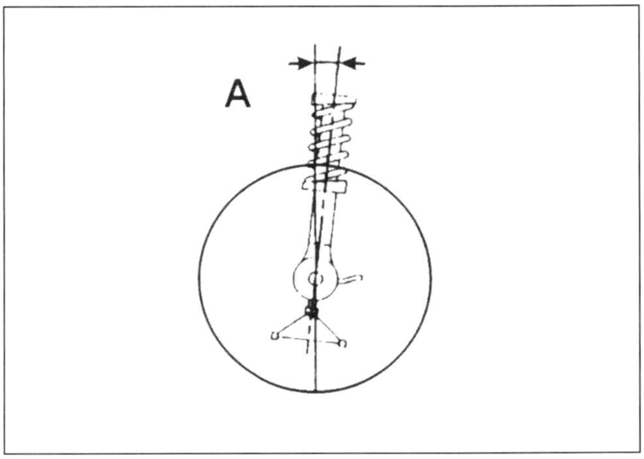

Teewageneffekt: Durch den Nachlauf zentriert sich das Rad in seiner Mittelachse von selbst

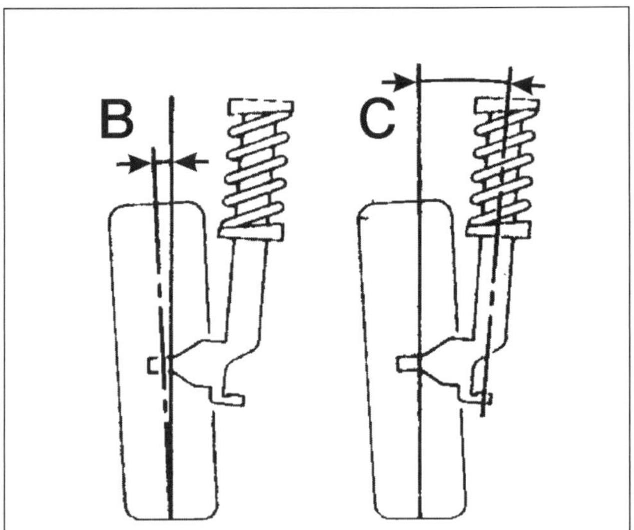

Die Radeinstellungen: Der Radsturz sorgt für ein besseres Kurvenverhalten, die Spreizung dient der Radzentrierung

Die Servolenkung

Golf und Bora sind serienmäßig mit einer Servolenkung ausgerüstet, die die Lenkarbeit erheblich erleichtert. Im Behördendeutsch heißt so eine Lenkung auch Hilfskraftlenkung. Sie sorgt für größtmöglichen Komfort beim Rangieren und für präzises Lenkgefühl bei schnellen Autobahnfahrten.
Die Kraft für die Servounterstützung stellt ein hydraulisches System zur Verfügung. Es besteht aus der Servopumpe, die vom Keilrippenriemen des Motors angetrieben wird, dem Vorratsbehälter und den Hydraulikleitungen.
Die Funktionsweise: Die Pumpe saugt das Öl aus dem Vorratsbehälter und presst es unter hohem Druck zum Ventilkörper im Lenkgetriebe. Je nach Lenkeinschlag wird das Öl zur linken oder zur rechten Seite des Arbeitszylinders geleitet. Dort drückt das Öl gegen den Zahnstangenkolben und unterstützt so die Lenkbewegung.
Abgesehen von einigen Einstell- und Wartungsarbeiten lässt sich an der Servolenkung nicht viel selbst reparieren. Häufigste Arbeit ist die regelmäßige Kontrolle des Ölstandes im Vorratsbehälter.

GEFAHRHINWEISE – Servolenkung Selbstreparatur

Reparaturen an der Servolenkung sind eine Sache der Werkstatt. Sie verfügt über spezielle typgebundene Prüfgeräte mit genauen Codeabfragen für das Steuergerät des Fahrzeugs und das entsprechende Know-how. So lassen sich Schäden an den elektronischen Bauteilen und Folgeschäden mit teueren Reparaturen verhindern. Auch hier ist leider wieder mal dem DoIt-Yourselfer der Verzicht aufs Selbermachen ratsam. Also überlassen Sie die Reparaturen an der Servolenkung unbedingt der Werkstatt. Bei fehlerhafter Instandsetzung könnte beispielsweise die Servounterstützung beim Lenken ausfallen. Ein fatales Ereignis, wenn man sich vorstellt, gerade in flotter Kurvenfahrt (welche dank der Servounterstützung heute im Gegensatz zu früher ganz ohne Anstrengung zu bewältigen ist) plötzlich die ungefilterte Lenkkraft aufbringen zu müssen. Dieses und weiter Unerfreulichkeiten gilt es daher durch den Verzicht auf den Reparaturversuch zu vermeiden.

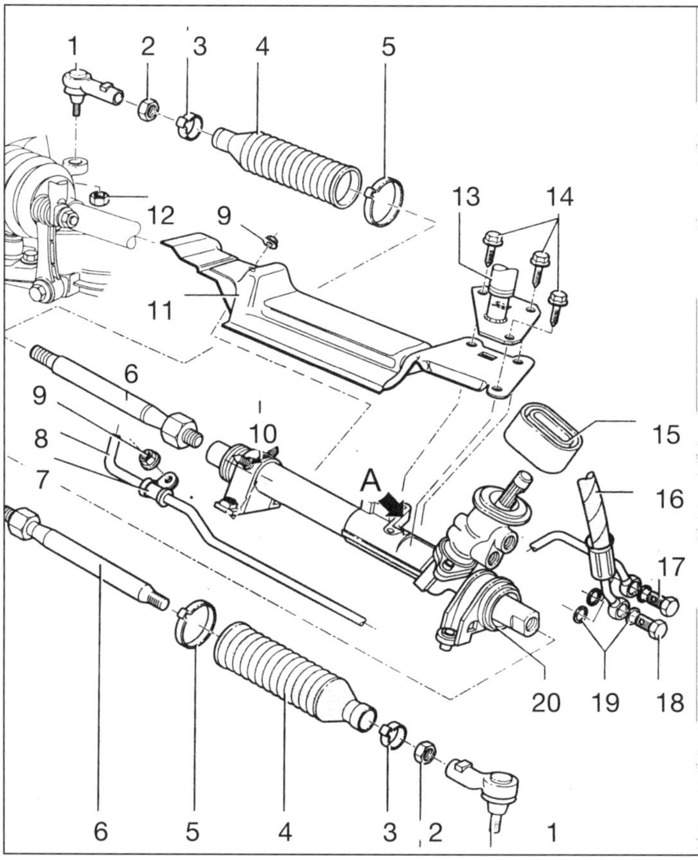

Servolenkgetriebe (Montageübersicht):
1 Spurstangenkopf,
2 Sechskantmutter, 50 Nm,
3 Klemmschelle,
4 Faltenbalg,
5 Klemmschelle,
6 Spurstange,
7 Schelle mit Gummi,
8 Rücklaufleitung,
9 Sechskantmutter, 22 Nm,
10 Schelle mit Gummilager,
11 Wärmeabschirmblech,
12 Sechskantmutter selbstsichernd, 45 Nm,
13 Lagerbock für Schaltbetätigung,
14 Sechskantschraube, 24 Nm,
15 Dichtung,
16 Hydraulikleitung,
17 Hohlschraube, 45 Nm,
18 Hohlschraube, 40 Nm,
19 Dichtringe,
20 Lenkgetriebe,
A Stutzen.

ESP serienmäßig

Stabil bis an die physikalische Grenze wird der Golf durch sein Elektronisches Stabilitätsprogramm ESP. Er braucht diese viel diskutierte und seit dem Modelljahr 1999 serienwirksame Elektronik nicht, um etwaige Fahrwerksschwächen zu kompensieren. Der Golf erhielt das ESP einzig und allein, um die aktive Fahrsicherheit weiter zu erhöhen. Er bleibt damit, selbst in kritischen Situationen, noch besser beherrschbar. Das ESP überwacht ständig den Fahrzeugkurs und greift in fahrdynamisch kritischen Situationen ein, wenn das Fahrzeug beginnt, außer Kontrolle zu geraten. Damit setzt VW seine Offensive fort, technische Innovationen so rasch wie möglich in die zahlenmäßig starke Golf-Klasse einzuführen. Das ESP baut auf dem elektronischen Antiblockiersystem ABS auf und enthält zusätzlich eine Antriebsschlupf-Regelung ASR. Während ABS und ASR in Fahrzeug-Längsrichtung wirken, beeinflusst das ESP die Querdynamik. Diese Möglichkeit wurde durch den sogenannten Gierraten-Sensor geschaffen. Mit dem Begriff "Gieren" bezeichnen Fahrwerks-Spezialisten die Drehbewegung des Fahrzeugs um seine Hochachse. Wenn sich das Fahrzeug in der Kurve drehen will, bremst das ESP in Bruchteilen von Sekunden das kurvenäußere Rad ab, noch bevor das Heck nach außen drängen kann. Wenn der Golf plötzlich untersteuert, weil die Vorderräder z.B. auf rutschiger Fahrbahn aus der Kurve drängen, greift das ESP an der Hinterachse ein, bremst das kurveninnere Hinterrad und dreht das Auto auf den neutralen Kurs zurück. Die Fahrfreude wird durch den elektronischen Fahrstabilisator nicht kaputt gemacht. Das ESP überwacht zwar permanent den Fahrzustand, bleibt aber im fahrdynamisch stabilen Bereich für den Fahrer unmerklich im Hintergrund. Per Knopfdruck kann das ESP übrigens ausgeschaltet werden. Diese Möglichkeit wurde aber in erster Linie für das Abschalten des ASR in bestimmten Fahrsituationen geschaffen. Wenn das Programm abgeschaltet ist, leuchtet im Tacho eine gelbe Warnleuchte auf.

ESP deaktiviert: Leuchtet diese Lampe ist ESP abgeschaltet

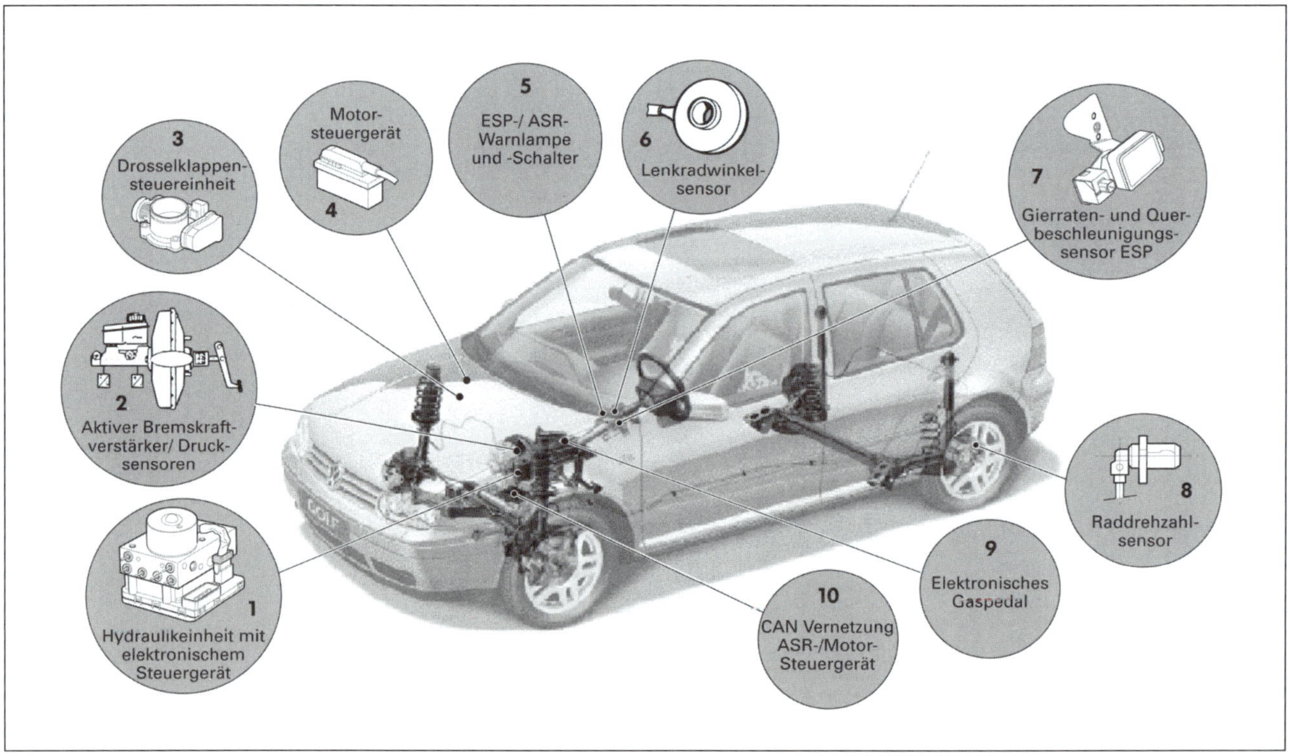

ESP-Schema: Die Kombination elektronischer und mechanischer Systeme zeichnen das ESP als typische Mechatronik aus

Die Vorderachse des Golf

Die Mehrlenkerachse vorne besteht aus Schraubenfeder und Stoßdämpfer. Sie sind zu einem, platzsparenden Federbein zusammengefasst.
Die Federbeine sind mit der Karosserie und den Radlagergehäusen verschraubt. Geführt werden die beiden Radlagergehäuse von zwei Dreieckslenkern. Diese sind mit dem Aggregateträger verbunden.
Der Aggregateträger ist mit der Bodengruppe des Fahrzeugs über Gummi-Metall-Lager verschraubt.
Die Übertragung der Antriebskraft erfolgt über zwei Gelenkwellen. Sie sind über jeweils zwei Gleichlaufgelenke mit den Rädern und dem Achsantrieb (Differential) verbunden.
Optimale Fahreigenschaften und geringster Reifenverschleiß sind nur zu erreichen, wenn die Räder einwandfrei eingestellt und mit dem korrekten Reifendruck befüllt sind.
Bei dauerhaft unnormaler Reifenabnutzung, die auch durch die Korrektur des Reifendrucks nicht vermeidbar ist, sowie mangelhafter Straßenlage, sollte eine Werkstatt zur optischen Vermessung aufgesucht werden.

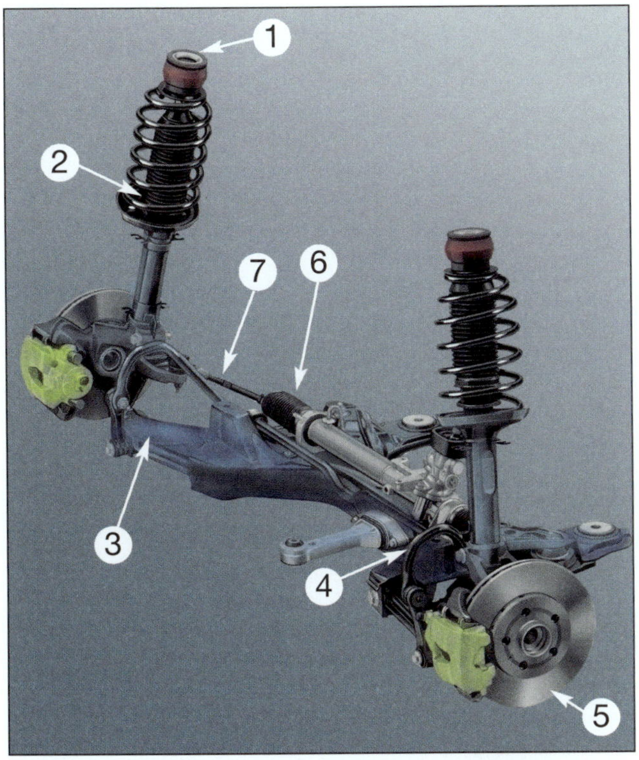

Aufbau der Mehrlenker-Vorderachse des VW Golf:
1 Federbeinlager, 2 Federbein, 3 Querlenker, 4 Stabilisator, 5 Bremsscheibe, 6 Lenkgetriebe, 7 Spurstange

McPherson Federbein

WISSENSWERTES

Fahrbahnunebenheiten erzeugen an den Rädern Auf- und Abwärtsbewegungen. Mit Hilfe der Federbeine, bestehend aus Federn und Dämpfern, werden diese Bewegungen der Räder durch Ein- und Ausfedern kompensiert und der Kontakt zur Straße gehalten. Die Kombination der Feder- und Dämpfereinheit am Fahrzeug beeinflußt dabei wesentlich den Fahrkomfort, die Fahrsicherheit und auch das Kurvenverhalten. Im Gegensatz zum Nutzfahrzeug kommt hierzu im Pkw fast durchgängig die Einzelradaufhängung zum Einsatz. Mit ihr können die ungefederten Massen gering gehalten werden und die Räder beeinflussen sich nicht gegenseitig beim Ein- und Ausfedern, wie beim Starrachsenprinzip. Als kostengünstig und platzsparend hat sich das sogenannte McPherson-Federbein erwiesen. Seinen Namen verdankt es seinem Erfinder, dem US-Amerikaner Earl S. McPherson, dessen Patent erstmals 1948 zum Einsatz kam. Es entstand aus dem Doppelquerlenker-Federbein und ist, durch seine kompaktere Bauweise, besonders zum Einsatz in Klein- und Mittelklassewagen geeignet. Die Platzersparnis resultiert aus der Ersetzung des oberen Querlenkers durch ein Schwingungsdämpferrohr, an dem die Achsschenkel befestigt sind. Das Stoßdämpferaußenrohr ist mit dem radlagertragenden Achszapfen und dem Spurstangenhebel fest verbunden. Beim Lenken schwenkt diese Einheit um die Stoßdämpferkolbenstange die mit ihrem oberen Ende in einem Gummilager der Karosserie sitzt, während unten am Federbein ein frei bewegliches Kugelgelenk über einen Querlenker die zweite Verbindung zur Karosserie herstellt.

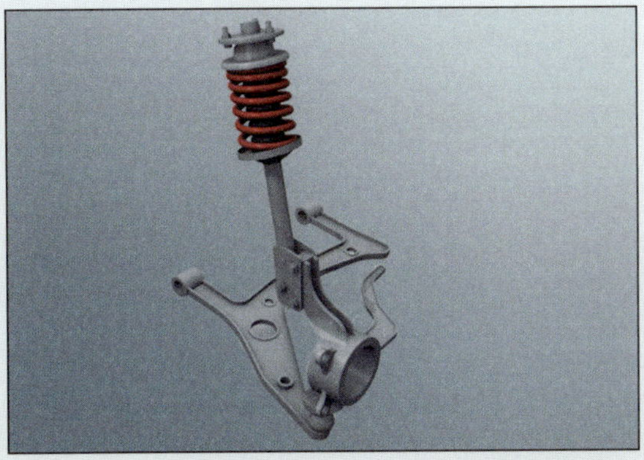

McPherson Federbein: Bauraum- und kostengünstige Einzelradaufhängung an der Vorderachse

Die Hinterachse des Golf

Die Koppellenkerachse (hinten) besteht aus dem Achskörper und den mit ihm verschweißten zwei Längslenkern. Vor dem Achskörper befindet sich ein Stabilisator, der die Kurvenneigung des Fahrzeugs verringert und dadurch das Fahrverhalten stabilisiert. Die Hinterachse ist über Gummi-Metall-Lager mit dem Aufbau verbunden. Durch die getrennte Anordnung von Schraubenfedern und Stoßdämpfern konnten der Ladeboden des Kofferraums sehr tief gelegt und die Durchladebreite vergrößert werden. Die Doppelkugellager der hinteren Radlagerung sind wartungs- und einstellfrei. Fahrzeuge mit Allradantrieb verfügen über eine Mehrlenkerachse

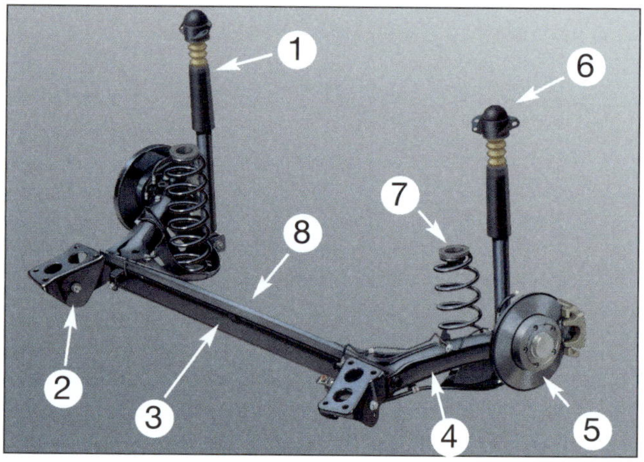

Koppellenker-Hinterachse: 1 Stoßdämpfer, 2 Lagerbock, 3 Stabilisator, 4 Längslenker, 5 Bremsscheibe, 6 Dämpferlager, 7 Schraubenfeder, 8 Achskörper

Die Mehrlenkerachse (4Motion)

Der Golf IV mit Allradantrieb braucht aus verschiedenen Gründen eine wesentlich aufwändigere Hinterachse als der Fronttriebler. Zum einen braucht diese mehr Platz – um Differenzial und Antriebswellen unterzubringen. Zum anderen müssen Räder, die Antriebskraft übertragen, grundsätzlich besser geführt werden als Räder, die einfach nur mitrollen. VW setzt beim Golf IV erstmals eine Mehrlenkerachse im hauseigenen Kompakt-Segment ein. Dabei handelt es sich um eine aufwendig konstruierte Mehrlenker-Führung, die in einem speziellen Hilfsrahmen gelagert ist. Die Kräfte und Momente in Fahrtrichtung werden von stabil ausgelegten Längslenkern sowie von zwei unterschiedlich langen Querlenkern aufgenommen. Die Radkinematik ist so ausgelegt, dass sich die Hinterräder im Extremfall leicht negativ anstellen und sich damit regelrecht gegen ein Ausbrechen aus dem Kurvenradius stemmen.

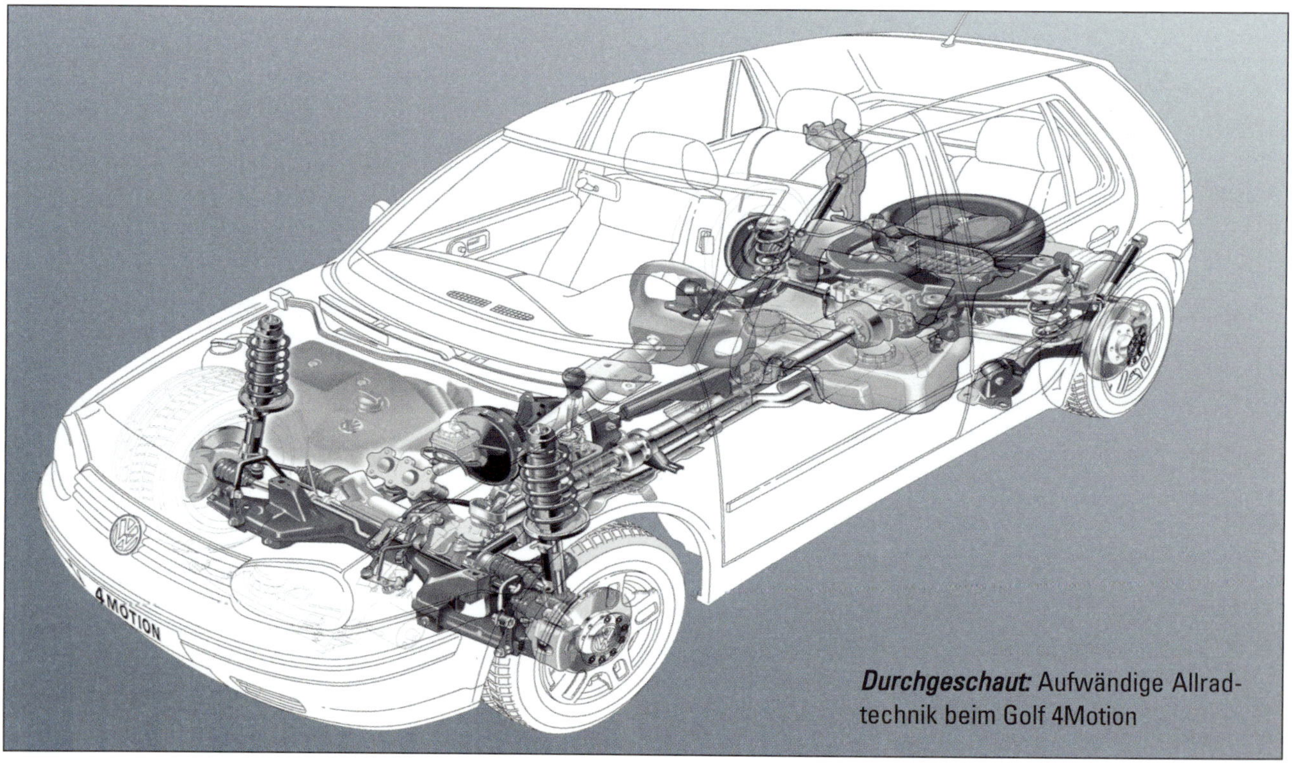

Durchgeschaut: Aufwändige Allradtechnik beim Golf 4Motion

Reifen und Felgen

Reifenunterbau, Gummimischung und das ausgefeilte Reifenprofil machen moderne Reifen zu echten Hightech-Produkten, die einen wichtigen Beitrag zur passiven Sicherheit Ihres Autos leisten. Sie tragen das Gewicht eines Fahrzeugs, fangen kleinere Stöße der Fahrbahn ab und übertragen die Kräfte, die bei Antrieb, Bremsen und Kurvenfahrt entstehen. Die Reifen an den Vorderrädern bringen es durchschnittlich auf eine Laufleistung von 15.000 – 35.000 Kilometer, die Pneus der Hinterräder auf 30.000 – 50.000 Kilometer. Aber auch wenn Sie Ihr Fahrzeug nur selten bewegen – spätestens nach sieben, acht Jahren sind die Reifen am Ende, weil sich die Mischung des Gummis mit der Zeit auflöst und/oder versprödet bzw. verhärtet.

Die Felgen für den Golf IV

Welche Reifengrößen und Felgen für Ihren Golf zugelassen sind, steht in den Kfz-Papieren. Seit Frühjahr 2000 werden Golf und Bora optional auch mit Rädern im 17-Zoll-Format (beim R32 gar mit dem 18-Zoll-Format) ausgestattet. Wenn Sie andere Reifen oder Felgen montieren wollen, müssen Sie die Papiere von der Zulassungsstelle berichtigen lassen. Dazu ist allerdings ein so genanntes Teilgutachten von TÜV/ DEKRA erforderlich. Wenn Sie das Reifenformat wechseln wollen und Ihr Auto ein Navigationssystem hat, muss es in der Werkstatt neu kalibriert werden.

Die wichtigsten Reifendaten

Auf der Flanke eines Reifens befinden sich eine Reihe von Ziffern und Buchstaben, mit denen die Hersteller die vorgeschriebenen Reifendaten verschlüsseln. Den Autofahrer interessiert freilich vor allem das Format des Reifens. 195/65 R 15 bedeutet zum Beispiel, dass der Reifenquerschnitt eine Breite von 195 Millimetern aufweist. Die zweite Zahl bestimmt das Verhältnis von Höhe und Breite des Reifens. Im Beispiel beträgt es 65 Prozent. Je kleiner dieses Verhältnis, um so flacher und breiter ist der Reifen. „R" steht für die Radialbauart von Gürtelreifen, die Zahl hinter diesem Buchstaben bestimmt den Durchmesser der Felge in Zoll.

Höchstgeschwindigkeit

Ein anderer Buchstabe steht für die zulässige Höchstgeschwindigkeit des Reifens. Ein Reifen mit dem

Ultra Leicht Reifen

WISSENSWERTES

Besonders interessant ist der ULW-, der Ultraleichtreifen, der zum Beispiel in der Golf-Reifengröße 195/65 R15 angeboten wird. Bei diesem Reifen sind die Stahleinlagen durch Aramidfasern ersetzt. Aramid ist ein Kunststoff, der gegenüber Stahl sechsmal leichter und etwa zehnmal zugfester ist. Außerdem ist die Außenwandstärke des Reifens zehn Prozent geringer. Der ULW-Reifen ist so etwa drei Kilogramm leichter als ein herkömmlicher Reifen. Das spart nicht nur Kraftstoff. Wegen der geringeren rotierenden Radmassen sind auch höhere Regelfrequenzen beim ABS möglich. Auf rutschigem Untergrund kann so ein kürzerer Bremsweg erreicht werden. Und noch ein Vorteil des Aramid-Reifens: Er lässt sich besser runderneuern, weil der Kunststoff nicht rostet.

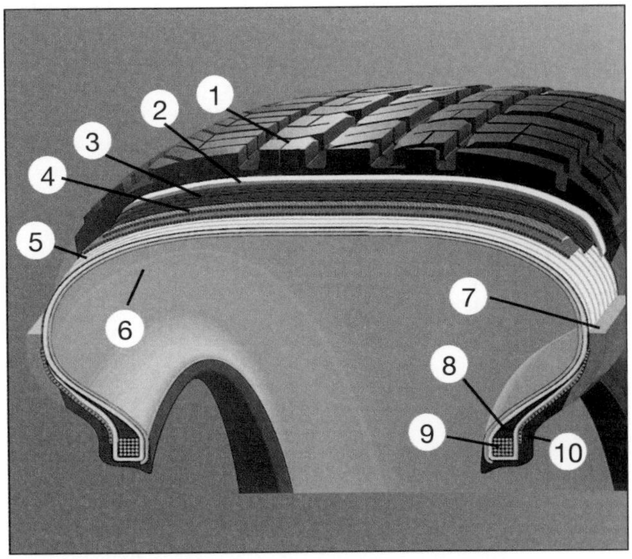

Das vielschichtige Innenleben eines PKW-Reifens:

1 Laufstreifen: Profil und Mischung beeinflussen die Ei genschaften
2 Base: Senkt den Rollwiderstand
3 Nylon-Spulbandagen
4 Stahlcord-Gürtellagen: Steigern die Fahrstabilität
5 Karkasse: Form- und Festigkeitsträger des Reifens
6 Innenseele: Gasdichte Innenschicht ersetzt den Schlauch
7 Seitenteil: Schützt Karkasse vor Beschädigungen.
8 Kernprofil: Unterstützt Lenk- und Fahrpräzision
9 Kern: Sorgt für festen Sitz auf der Felge
10 Wulstverstärker: Für präzises Lenkverhalten und hohe Fahrstabilität

Kennbuchstaben „S“ ist für eine Top-Speed bis 180 km/h, mit „T“ bis 190 km/h zugelassen. Eine Höchstgeschwindigkeit bis 210 km/h gilt für Reifen mit dem Kennbuchstaben „H“. Wenn Sie mit einem herkömmlichen M+S-Reifen durch den Winter fahren, müssen Sie früher vom Gas gehen: Die Pneus mit dem Kürzel „Q“ sind nur für 160 km/h zugelassen.

Reifenalter und ECE-Prüfnummer

Das Datum der Herstellung verrät die dreistellige „DOT“-Nummer. Ab dem Produktionsjahr 1990 steht hinter dieser Zahl ein kleines Dreieck. Die Nummer 187 besagt zum Beispiel, dass der Reifen in der 18. Woche des Jahres 1997 produziert wurde. Neureifen, die nach dem 1. Oktober 1998 hergestellt wurden, müssen eine ECE-Prüfnummer auf der Reifenflanke tragen. Diese Nummer besagt, dass der Pneu ein typgeprüftes Bauteil entsprechend dem Qualitäts-Standard der Economic Commission of Europe (ECE) ist. Sind nach dem 1. Oktober 1998 produzierte Neureifen ohne Prüfnummer an Ihrem Fahrzeug montiert, erlischt die Allgemeine Betriebserlaubnis.

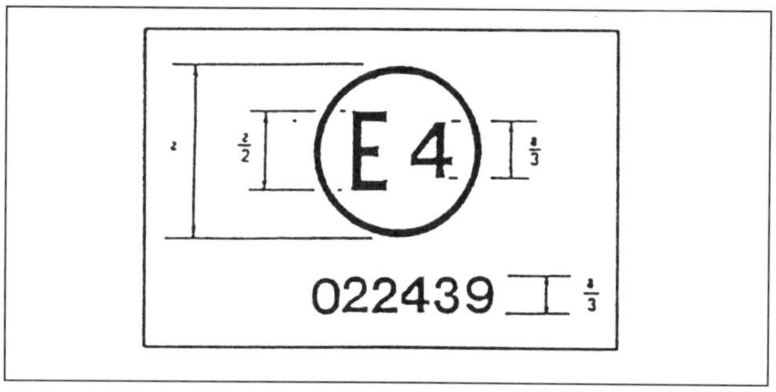

Das große E: Die Prüfnummer ist am großen E mit dem folgenden Ländercode (z.B. 1= Deutschland) zu erkennen

Winterreifen auf Felgen montieren

Für einen Winterreifen genügt durchaus eine schmale Ausführung. Investieren Sie das für breitere Pneus gesparte Geld lieber in einen zweiten Satz passender Felgen – das Ummontieren der Reifen im Frühjahr und Herbst kommt auf die Dauer viel teurer.

Manche Händler und Werkstätten lagern Ihre Winterreifen gegen eine geringe Gebühr bis zum nächsten Tausch. Die Räder müssen übrigens nach jeder Montage neu ausgewuchtet werden. Erhöhen Sie den Luftdruck bei Winterreifen um 0,2 bar. Wenn die Höchstgeschwindigkeit der Winterreifen (bis zu 160 km/h) unter der Ihres Fahrzeugs liegt, sollten Sie sich zur Erinnerung einen entsprechenden Aufkleber ins Blickfeld (nicht an die Windschutzscheibe!) kleben.

WISSENSWERTES

Der Hump

Die Größe einer Felge gibt man nach Normvorschrift stets in Zoll an. Die Bezeichnung 6 J x 15 zum Beispiel bezeichnet eine Tiefbettfelge (x) mit einer Breite von sechs Zoll und einem Durchmesser von 15 Zoll. Der Buchstabe „J“ steht für die Form des Felgenhorns. Das Besondere der Tiefbettfelge: Damit die Reifen besser sitzen, befindet sich an einer Schulter der Felge eine rundumlaufende Erhöhung (Hump). Sie verhindert, daß bei schneller Fahrt durch eine Kurve der Reifenwulst durch die Seitenkräfte von der Schulter der Felge ins Tiefbett gedrückt wird.

Reifendruck prüfen

Den Luftdruck sollten Sie stets bei kalten Reifen messen. Denn während der Fahrt erwärmt sich der Reifen, der Reifendruck steigt. Sie erhalten daher falsche Werte, wenn Sie direkt nach einer Autobahnfahrt zum Luftdruckprüfer greifen. Prüfen Sie den Reifendruck regelmäßig alle drei bis vier Wochen. Bei einem Markenreifen ist ein Druckverlust von 1,5 Prozent im Monat normal. Verliert der Reifen mehr Luft, sollten Sie sich ihn genauer ansehen.

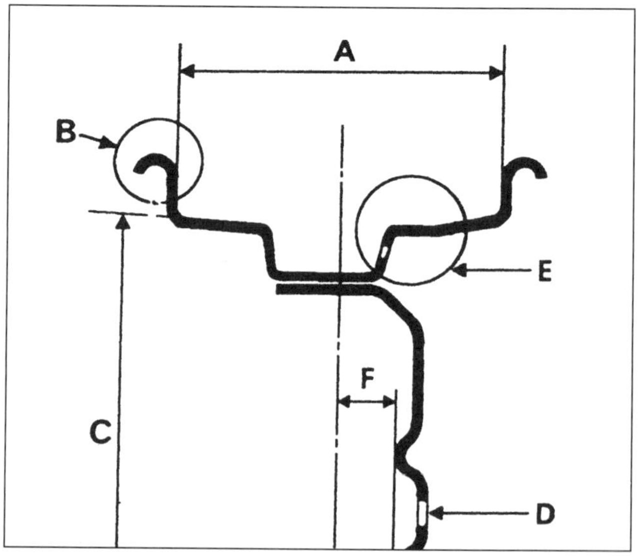

Bemaßung einer Felge: A Maulweite in Zoll, B Profil desy felgenhorns, C Felgendurchnmesser, D Lochzahl, E Kombinationshump, F Einpresstiefe in mm

Das Reifenbild

Im Fahrbetrieb kann es beispielsweise durch Fehleinstellungen der Achsgeometrie oder Überbeanspruchung durch zu schnelle Kurvenfahrt zu unterschiedlicher Reifenabnutzung kommen. Welche Ursache bei dem enstprechenden Reifenbild vorliegt und was Sie im ensprechenden Fall unternehmen sollten, finden Sie hier aufgeführt.

Außenseite abgefahren (Vorderreifen).

Flotte Fahrweise in Kurven. Reifen auf den Felgen drehen lassen oder gegen Hinterräder austauschen. Außenseiten stärker abgefahren als Profilmitte. Der Reifen wurde lange Zeit mit zu niedrigem Luftdruck gefahren. Gleichmäßige Auswaschungen. Vermutlich Stoßdämpfer defekt. Ungleiche Abnutzung (an mehreren Stellen). Unwucht im Rad. Auswuchten lassen. Stelle mit starker Abnutzung. Bremsung mit blockiertem Rad (Bremsplatte). Selbst das ABS kann kurzzeitiges Blockieren und damit einen gewissen Reifenverschleiß (Abflachungen) nicht verhindern.

Starke Abnutzung in der Profilmitte

Die mittige Abnutzung entsteht durch häufiges Fahren mit Höchstgeschwindigkeit. Die Reifen bauchen durch die Fliehkraft aus, nutzen daher in der Mitte stärker ab. Dieser Effekt tritt besonders deutlich an den Hinterrädern auf. Auch bei zu hohem Reifendruck.

Radunwucht

Eine Unwucht im Rad zeigt sich durch Vibrationen am Lenkrad oder Schütteln im Vorderwagen. Ursache ist eine ungleichmäßige Gewichtsverteilung am Rad, die auch für erhöhten Reifenverschleiss sorgt. Man unterscheidet statische und dynamische Unwuchten. Statische Unwucht zeigt sich bereits, wenn das Rad frei auspendelt: Der Schwerpunkt wird sich von selbst nach unten begeben. Ein Rad mit statischer Unwucht hüpft beim Fahren, die Stoßdämpfer verschleißen schneller. Dynamische Unwucht kommt erst beim schnellen Drehen des Rades vor. Die übergewichtige Stelle sitzt nicht in der Mittelebene des Rades, sondern etwas nach außen bzw. innen versetzt. Das Rad flattert und wackelt bei schneller Fahrt. Die Beseitigung einer Unwucht ist Sache der Werkstatt.

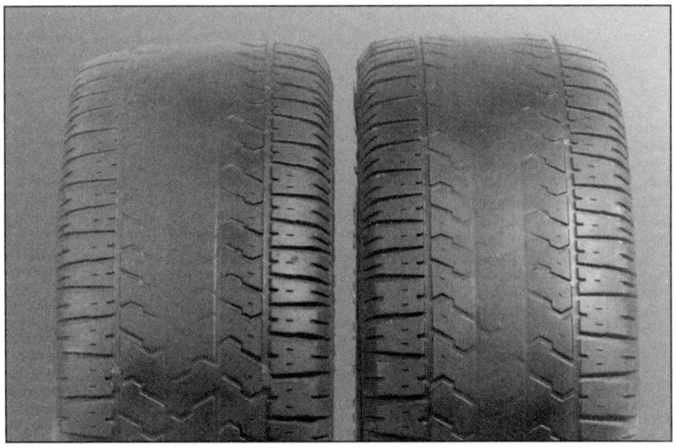

Schräges Profil: Deutet auf falsche Radeinstellung hin. Auch Alus können Verursacher sein (geringere Einpresstiefe)

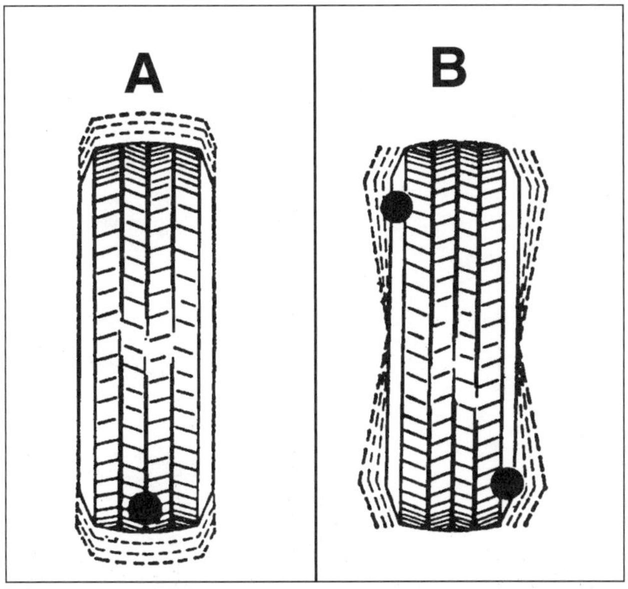

Statische und Dynamische Unwucht (B): Beide sorgen für ein ungleichmäßiges Abnutzen der Reifen und fallen durch flattern in der Lenkung beim Fahren unangenehm auf

Zustand der Reifen kontrollieren

Die Vorderräder treiben das Fahrzeug an, lenken es und müssen die Haupbelastung beim Bremsen aushalten. Sie sind daher auch früher verschlissen als die hinteren Pneus. Den Zustand der Reifen kontrollieren Sie am besten bei aufgebocktem Wagen.

■ Drehen Sie jedes Rad einmal komplett durch. Entfernen Sie Steinchen und andere Fremdkörper vorsichtig mit einem kleinen Schraubendreher aus den Profillamellen. Sitzt in der Reifendecke eine Glasscherbe oder ein Nagel, kann an dieser Stelle Luft entweichen.

■ Achten Sie auf Unregelmäßigkeiten wie Einstiche, Schnitte, Risse und herausgebrochene Profilstücke. Bei einem beschädigten Gummi dringt leicht Feuchtigkeit ins Reifeninnere. Sie können jedoch von außen nicht erkennen, ob der stabilisierende Stahlgürtel schon vom Rost angefressen ist. Lassen Sie den Reifen zur Sicherheit vom Fachmann prüfen. Das gilt übrigens auch bei auffälligem Reifenabrieb.

GEFAHRHINWEISE

Risikofaktor geringer Luftdruck

Prüfen Sie den Reifendruck regelmäßig alle drei bis vier Wochen. Bei Markenreifen ist ein Druckverlust von 1,5 Prozent im Monat normal. Verliert der Reifen mehr Luft, sollten Sie sich ihn genauer ansehen. Ein schlecht oder gar nicht gewarteter Reifen kann sich zum Risikofaktor entwickeln. Fahren Sie z.B. einen Reifen mit zu geringem Luftdruck unter sehr hoher Last, kann dies zu teilweisen Ablösungen der Reifenlauffläche führen. Diese Schäden bleiben jedoch oft längere Zeit verborgen. Wird der vorgeschädigte Reifen dann stark beansprucht, können durch die enormen Fliehkräfte bei hohen Geschwindigkeiten sogar einzelne Reifenteile abreißen. Passen Sie also auch stets den Reifendruck dem Beladungszustand an. Die Tabelle auf der Rückseite des Tankdeckels gibt Anhaltswerte für den korrekten Reifenluftdruck bezogen auf die Größe der Reifen und der Last.

■ Das Reifenprofil muss über die gesamte Lauffläche mindestens 1,6 Millimeter tief sein. Bei dieser Marke wird auf der Lauffläche an mehreren Stellen ein Profilstandsanzeiger sichtbar. Die Buchstaben »twi« (tread wear indicator) auf der Reifenflanke zeigen, wo sich diese Anzeiger befinden. Das Fahrverhalten wird mit abnehmendem Profil schlechter, vor allem auf nasser Fahrbahn. Tauschen Sie Sommerreifen zur Sicherheit bereits bei einer Profiltiefe von zwei Millimetern, Winterreifen bei vier Millimetern.

■ Kontrollieren Sie, ob alle Reifen gleichmäßig abgefahren sind und sehen Sie sich die Seitenwände (Reifenflanken) der Reifen genau an. Beulen deuten auf eine Beschädigung des Reifenunterbaus hin.

TWI: Die Erhebung der TWI zeigt die Mindestprofitiefe an

Lebensgefährlich: Wird der Druck falsch gewählt kann sich die Lauffläche vom Reifen ablösen

Radeinstellung prüfen

Die richtige Stellung der Vorderräder entscheidet darüber, ob Ihr Golf auf ebener Strecke und in Kurven ruhig und sicher auf der Straße liegt. Eine harte Berührung des Bordsteins kann die Geometrie der Vorderradaufhängung jedoch empfindlich stören.
Auch verschlissene Gelenke und Gummilager oder unsachgemäße Reparaturen können sich negativ auf das Fahrverhalten auswirken.
Die Vermessung der Radstellung ist freilich eine Sache der Werkstatt, die dazu einen speziellen Achsmessstand verwendet. Einer fehlerhaften Lenkgeometrie können Sie beim Fahren aber selbst auf die Schliche kommen. Dazu müssen beide Vorderreifen dieselbe Reifensorte, Profiltiefe und den vorgeschriebenen Luftdruck aufweisen.

Prüfen Sie bei Auffälligkeiten folgende Punkte:

- Stehen die Lenkradspeichen symmetrisch? Ein schief sitzendes Lenkrad ist ein Zeichen für falsche Einstellung der Spur.
- Stehen die Vorderräder in Geradeausstellung symmetrisch zueinander?
- Läuft das Auto auf ebender Fahrbahn unb bei losgelassenem Lenkrad geradeaus? Oder zieht es zur Seite?
- Ist das Reifenprofil gleichmäßig abgenutzt? Oder zeigen die Außenkanten stärkere Verschleißspuren als innen?

Radlagerspiel prüfen

Ein Defekt macht sich meist durch laute Laufgeräusche während der Kurvenfahrt bemerkbar. Treten die Geräusche zum Beispiel in Rechtskurven auf, ist das linke Radlager defekt. Treten die Geräusche in Linkskurven auf, ist das rechte Radlager defekt.
Die Radlager können nicht eingestellt werden und müssen daher bei einem Schaden ausgetauscht werden. Das ist für die Lager der Vorderachse Sache der Werkstatt – Lager, Laufringe, Nabe und Lenk-Schwenklager sind in sehr engen Toleranzen gefertigt, die bei der Montage Spezialwerkzeuge erforderlich machen.

Sie können bei stehemdem Fahrzeug mit einer Prüfung wie folgt vorgehen:

- Wagen auf festem Boden sicher abstellen.
- Packen Sie das Rad im oberen Bereich und versuchen Sie, es quer zum Wagen zu bewegen. Bei einwandfreien Lagern darf kein Spiel vorhanden sein.
- Wenn Sie Spiel an den vorderen Radlagern feststellen: Helfer Bremse treten lassen und Kontrolle wiederholen.
- Ist jetzt immer noch Spiel vorhanden, können Sie von einem Defekt des Achsgelenks ausgehen.

Rüttelfest: Intakte Radlager dürfen beim Rütteln in Querrichtung kein Spiel aufweisen

Lenkungsspiel prüfen

Das Spiel der Lenkung kann nachgestellt werden, wenn es nicht durch einen Defekt verursacht wird. Die Einstellung sollten Sie jedoch besser der Werkstatt überlassen.

■ Die Räder geradeaus stellen. Greifen Sie durchs geöffnete Fenster und drehen Sie das Lenkrad kurz hin und her.

■ Das Vorderrad muss sich sofort mitbewegen. Achten Sie auf die Felge, denn der elastische Reifen kann einen Teil des Einschlags schlucken, ehe er sich bewegt.

■ Hat die Lenkung um die Geradeausstellung kein Spiel, klemmt aber bei stärkerem Einschlag, ist die Zahnstange der Lenkung verschlissen. Das Lenkgetriebe muss dann ausgetauscht werden.

■ Achtung: Unterschiedliche Lenksäulen sind zu beachten. Ab Fzg.-Ident.-Nr. 1J-XB 095035 setzt die Lenksäule der Fa. Presta ein. Die bis dahin eingebaute Lenksäule der Fa. Nacam wird auch weiterhin noch eingesetzt. Die Funktion der Höhen- und Längsverstellung ist an beiden Lenksäulen identisch. Als Ersatzteile werden beide Varianten geliefert. Bei Ersatz der Lenksäule darf nur die vom selben Hersteller verwendet werden.

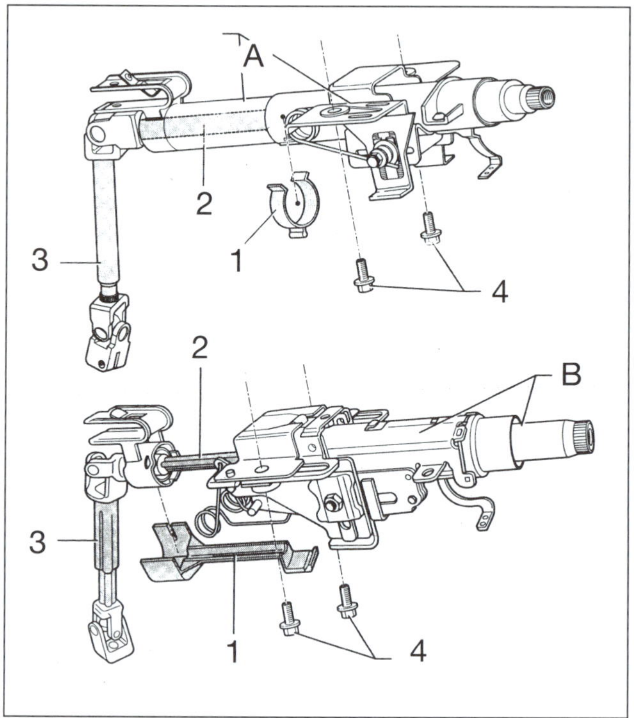

Unterschiedliche Lenksäulen: A Lenksäule der Fa. Nacan; B Lenksäule der Fa. Presta. 1 Transportsicherung, 2 Lenksäule, 3 Gelenkwelle für Lenksäule, 4 Sechskantschraube.

Manschetten der Lenkzahnstange kontrolllieren

Die aus dem Zahnstangengehäuse austretende Zahnstange wird links und rechts durch eine Gummimanschette geschützt. Dringen durch einen rissigen oder beschädigten Faltenbalg Schmutz und Feuchtigkeit ein, verbinden sie sich mit dem Fett des Lenkgetriebes zu einer Schleifpaste, die ständig am Lenkritzel nagt. Eine verschlissene Manschette sollten Sie daher sofort ersetzen.
Um die Lenkungsmanschette zu prüfen, müssen Sie weit in die vorderen Radkästen hineingreifen. Durch Auseinanderziehen der Falten lassen sich Undichtigkeiten am besten erkennen.

■ Leuchten Sie mit einer Taschenlampe jeden Faltenbalg ab. Schlagen Sie die Lenkung voll nach rechts und links ein; ziehen Sie dann den Faltenbalg Stück um Stück auseinander, um Risse in den Falten zu erkennen.

Genau inspizieren: Nehmen Sie bei der Kontrolle der Manschetten jede einzelne Falte genau in Augenschein

Spurstangenköpfe und Antriebsmanschetten prüfen

Das Spurstangengelenk sitzt rechts und links zwischen Spurstange und Spurstangenhebel des Lenk-Schwenklagers. Selbstschmierender Kunststoff umhüllt den stählernen Kugelkopf, eine Manschette schützt ihn vor Schmutz und Feuchtigkeit. Spurstangenköpfe mit defekter Manschette oder Spiel müssen Sie umgehend ersetzen. Die Kontrolle sollten Sie im regelmäßigen Abstand, am Besten einmal jährlich oder nach ca. 15.000 gefahrenen Kilometern, durchführen.

■ Kontrollieren Sie die Manschetten der Spurstangengelenke auf Risse und Beschädigungen. Durch Auseinanderziehen der Falten lassen sich Undichtigkeiten am besten erkennen.

■ Leuchten Sie dabei mit einer Taschenlampe jeden Faltenbalg einzeln ab

■ Prüfen Sie, ob das Gelenk Spiel hat. Fahren Sie das Auto dazu am besten über eine Grube.

■ Lassen Sie einen Helfer das Lenkrad mehrmals kurz nach links und rechts drehen. Sie können mit der Hand fühlen, ob die Spurstangengelenke Luft haben.

■ Ist die Manschette defekt, sollte der komplette Spurstangenkopf gewechselt werden. (Werkstattarbeit)

Axialspiel prüfen: Achslenker kräftig nach unten ziehen und wieder hochdrücken.

Manschette prüfen: Bei einem Defekt wie einem Riss oder einem Loch ist der Spurstangenkopf austauschreif

Servolenkung auf Dichtheit prüfen

■ Drehen Sie die Lenkung bei laufendem Motor einmal ganz nach rechts und ganz nach links. So baut sich im System der höchste Druck auf, Undichtigkeiten werden am ehesten sichtbar.
Um Schäden an der Pumpe zu vermeiden, darf der Motor bei dieser Prüfung unter keinen Umständen länger als zehn Sekunden laufen.

■ Lassen Sie das Lenkrad von einem Helfer an einem Anschlag festhalten und suchen Sie nach den Undichtigkeiten:

■ Zunächst am Drehkolbenventil. Es sitzt etwa dort, wo die Lenksäule ins Lenkgetriebe mündet. Öl tritt dann im Fahrzeuginnenraum unter dem Armaturenbrett an der Stirnwand aus.

■ An der Zahnstangenabdichtung. Öl kann an einem der Faltenbälge an der Stirnwand austreten. Zur Prüfung lösen Sie die Schlauchbinder des Faltenbalges und schieben den Balg zur Seite.

■ An der Hydraulikpumpe. Zum Feststellen der Undichtigkeit muss eventuell eine Motorwäsche durchgeführt werden.

■ An den Leitungsanschlüssen. Prüfen Sie diese und ziehen Sie diese gegebenenfalls nach.

Achsgelenke kontrollieren

Die Kugelgelenke der Achsgelenke (rechts und links zwischen Querlenker und Lenk-Schwenklager) sitzen in einer Fett-Dauerfüllung in Kunststoffschalen. Staubkappen aus Kunststoff schützen sie vor Nässe und Schmutz. Die Gelenke sind wartungsfrei. Eine beschädigte Staubkappe bedeutet allerdings das vorzeitige Aus fürs Gelenk – eindringender Schmutz wirkt wie Schmirgelsand, Feuchtigkeit lässt es mit der Zeit festrosten.

■ Fahrzeug vorne aufbocken, ideal ist, die Prüfung auf einer Hebebühne durchzuführen.

■ Lenkung nach einer Seite voll einschlagen.

■ Staubkappen der Achsgelenke rechts und links auf Beschädigungen kontrollieren. Dabei die Kappen zusammendrücken – so entdecken Sie auch versteckte Risse.

■ Eine schadhafte Staubkappe kann nicht einzeln ersetzt werden, der Querlenker muss komplett ausgetauscht werden.

■ Das Axialspiel prüfen, indem der Achslenker kräftig nach unten gezogen und wieder hochgedrückt wird (1).

■ Das Radialspiel prüfen, indem das Rad kräftig nach innen und außen gedrückt wird (2).

■ Hinteres Lager für Achslenker und Achslenker vorne genau prüfen. Dabei vor allem auf Risse des Gummilagers achten (3) und (4).

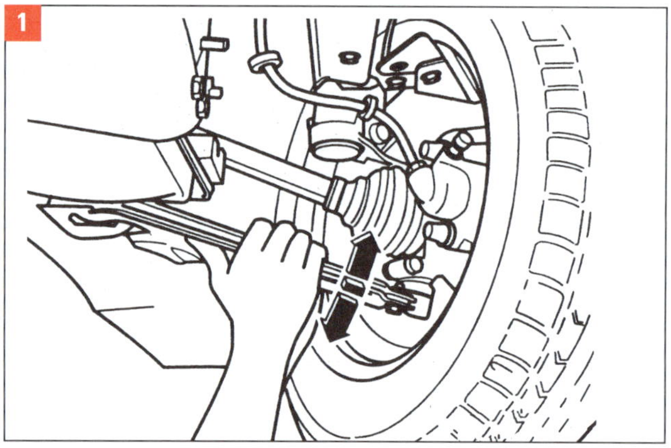

Axialspiel prüfen: Achslenker kräftig nach oben und unten drücken

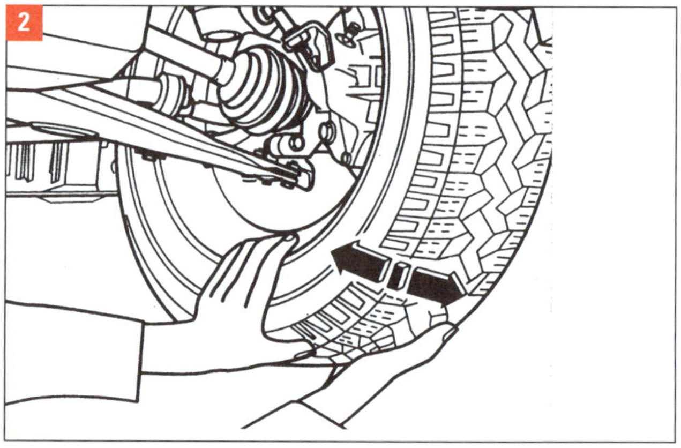

Radialspiel prüfen: Rad unten kräftig nach innen und außen drücken

Hinteres Lager für Achslenker: Bei Rissen wie hier am Gummilager des Achsgelenks Lager austauschen lassen

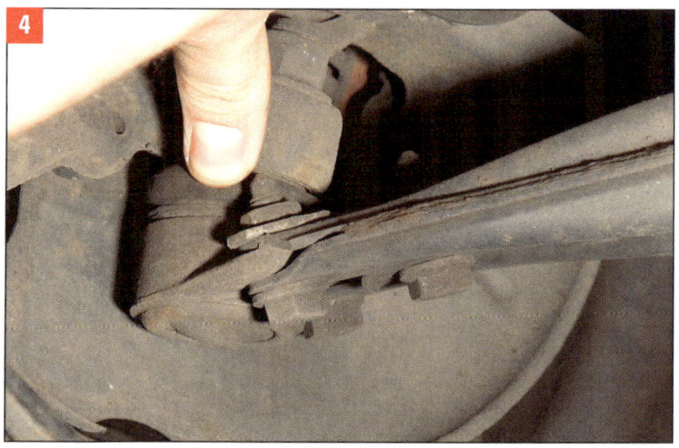

Achslenker: Das Achsgelenk darf nicht ausgeschlagen sein oder Spiel aufweisen

Zustand der Stoßdämpfer prüfen

Nach zwei verschlissenen Reifensätzen besitzen die Stoßdämpfer meist nur noch die Hälfte ihrer Wirkung. Sie sind dann reif für den Austausch. Schlechte Dämpfer gehören zu den schleichenden Verschleisserscheinungen. Die meisten Fahrer gleichen Mängel am Stoßdämpfer mit der Zeit unbewusst durch verändertes Fahrverhalten aus.
Lassen Sie zu Ihrer Sicherheit das Bauteil zur exakten Diagnose einmal im Jahr auf dem Prüfstand eines Automobilclubs oder von TÜV/DEKRA kontrollieren.
Die Schaukelmethode, bei der man den Wagen am betreffenden Kotflügel aufschaukelt und plötzlich loslässt, ersetzt keine Prüfung. Damit können Sie nur einen total ausgefallenen Stoßdämpfer feststellen.
Dies gilt auch für die Sichtprüfung. Erkennen Sie bereits das ausgelaufene Dämpferöl, ist der Dämpfer ebenfalls schrottreif. Mit einigen Kontrollfragen können Sie dennoch die nachlassende Wirkung Ihrer Dämpfer feststellen.

Beim Fahren auf Folgendes achten:

- Flattert die Lenkung? In diesem Fall haben die Räder nicht ständig Kontakt zum Boden.
- Schwingt die Karosserie bei Fahrbahnunebenheiten nach?
- Wirkt das Fahrzeug in Kurven schwammig? Dann werden die kurveninneren Räder nicht genügend auf den Asphalt gedrückt, die äußeren nicht stark genug entlastet.

Sichtprüfung

- Nutzen die Reifen gleichmäßig ab?
- Sind die Aufnahmen in den Radhäusern unbeschädigt?
- Weisen die Dämpfer offensichtlich Schaden auf (z.B. auslaufendes Dämpferöl wie in Bild 2 zu erkennen)?

1

Aufnahem im Radlauf: Die Aufnahme der Feder-Dämpfer-Einheit steht unter großer Beanspruchung. Eine Sichtkontrolle schadet daher von Zeit zu Zeit nicht

2

Schadensbild Stoßdämpfer: Das ausgelaufene Dämpferöl, wie hier zu sehen, bedeutet einen Totalausfall. Sieht ihr Stoßdämpfer auch so aus wie dieser, ist ein Wechsel fällig

Federbein ausbauen (vorne)

Benötigtes Werkzeug

-Knarre
-Spezialwerkzeug 3424
-Spezialwerkzeuge T 10001/5, T10001/8 und T 10001/11

Arbeitsschritte:

■ Fahrzeug an der betreffenden Seite aufbocken und Rad abbauen. Bei Fahrzeugen mit Bremsbelagverschleissanzeige Anschlusstecker an der Steckverbindung trennen.

■ Sechskantmuttern der Koppelstangen (Pfeil A in Bild 1) abschrauben.

■ Klammern (Pfeil B in Bild 1) der Bremsschlauchhalterung herausziehen und Bremsschlauch aushängen. Dabei Bremsschlauch nicht knicken oder biegen.

■ Leitung für den Drehzahlfühler vom Federbein aushängen.

■ Befestigungsschrauben (A in Bild 2 vom Bremssattel abschrauben. Anschließend den Bremssattel abnehmen.

■ Koppelstange (C in Bild 2) vom Achslenker durch lösen der Schrauben D abschrauben.

■ Am rechten Federbein müssen zusätzlich die Geräuschdämmung ausgebaut und die Gelenkwelle von der Flanschwelle/Getriebe abgeschraubt werden.

■ Schrauben der Verbindung (Bild 3) vom Radlagergehäuse/Federbein trennen.

■ Spezialwerkzeug 3424 in den Schlitz (Pfeil in Bild 4) einsetzen und Knarre um 90° drehen.

■ Mit der Hand auf die Bremsscheibe in Richtung Federbein drücken, sonst kann sich das Dämpferrohr in der Bohrung des Radlagergehäuses verkanten.

■ Radlagergehäuse nach unten vom Dämpferrohr abziehen.

■ Sechskantmutter (muss bei Wiedereinbau erneuert werden) für obere Dämpferbefestigung abschrauben. Dazu können Sie eine handelsübliche Knarre benutzen (Bild 5).

■ Federbein abstützen und nach unten entnehmen.

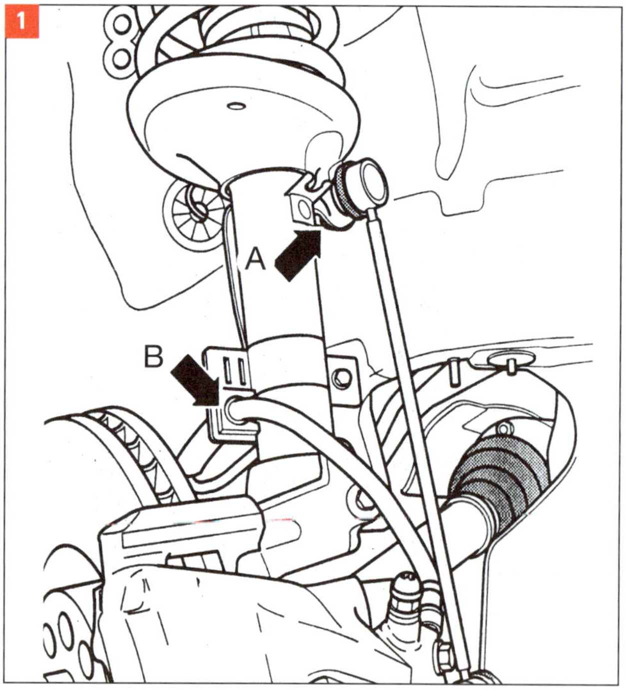

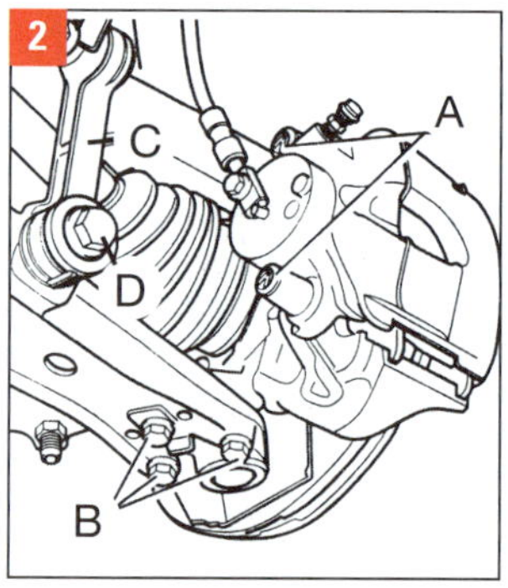

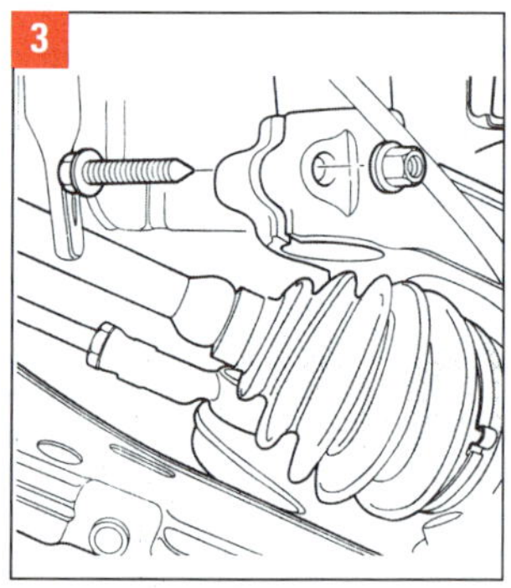

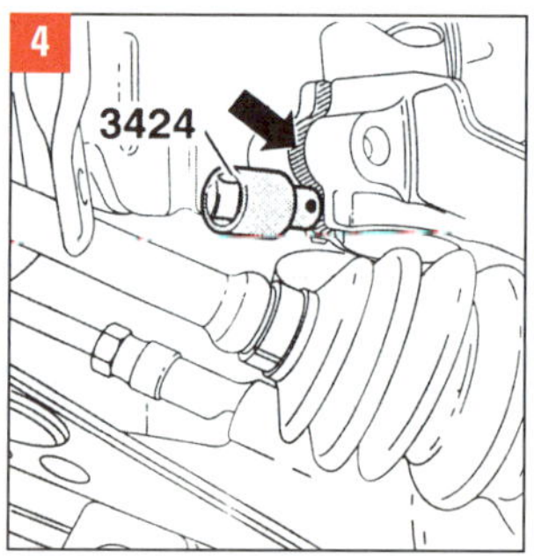

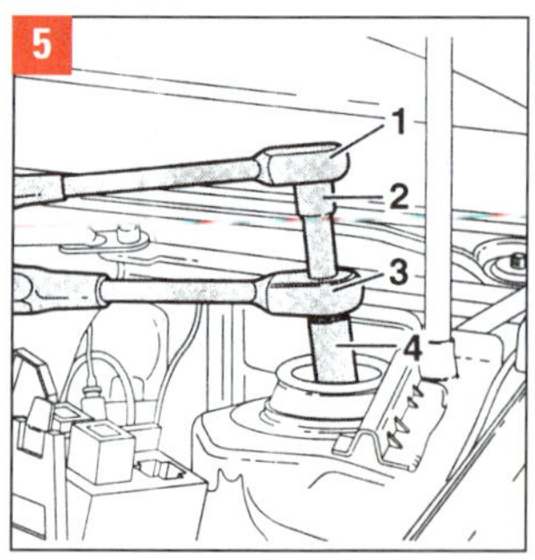

Federn und Dämpfer hinten ausbauen

Wegen des getrennten Aufbaus von Feder und Dämpfer an der Hinterachse ist der Wechsel der beiden Teile relativ leicht zu bewerkstelligen. Für den Ausbau müssen Sie allerdings das Auto auf beiden Seiten gleichzeitig aufbocken.

Benötigtes Werkzeug

-16er Ring- und 16er Gabelschlüssel

Achtung: Wird an beiden Seiten auch die Feder ausgebaut brauchen Sie eine Abstützung!

Ausbau Dämpfer:

■ Lösen Sie die Radmuttern, bocken Sie das Auto auf beiden Seiten auf und sichern es mit Unterstellböcken. Nehmen Sie die Räder ab.

■ Untere Schrauben mit 16er Ring- und Gabelschlüssel Schrauben lösen. Der Sattel mit dem Kolben "fällt" nach unten.

■ Dämpfer nach hinten wegziehen (2) und obere Schrauben lösen (3).

Ausbau Feder:

■ Sichern Sie die Hinterachse durch eine geeignete Abstützung.

■ Nehmen Sie die Schraubenfedern heraus (Bild 4). Speziell für 4MOTION Fahrzeuge wurden dazu die Federhalter V.A.G. 1752/15 (Bild 5) entwickelt, die zusammen mit dem Federspanngerät V.A.G. 1752/1 den sicheren Aus- und Einbau der Federn ermöglichen.

Einbau:

■ Beim Einbau in umgekehrter Reihenfolge denken Sie daran, Schrauben und Muttern zu erneuern. Zuerst wird der Dämpfer oben im Radkasten festgeschraubt (mit 60 Nm).

■ Setzen Sie die Federn ein. Beachten Sie dabei die Einbaulage der Feder.

■ Montieren Sie die Räder und lassen das Fahrzeug ab. Jetzt ziehen Sie die unteren Dämpferschrauben mit 100 Nm + 90° am Längslenker fest. Das Fahrzeug muss dabei mit einer Person auf dem Rücksitz belastet sein.

1

2

3

4

5
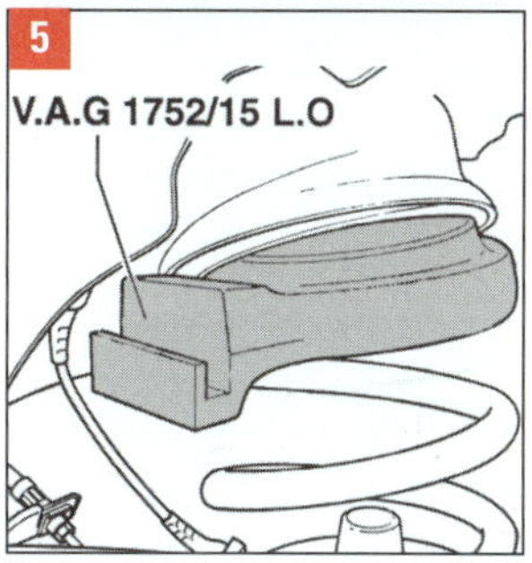

Fahrwerk modifizieren

Bereits ab Werk konnte man beim Golf IV eine Sportausführung oder eine Schlechtwegevariante des Fahrwerks ordern. Das Sportfahrwerk beinhaltete straffere Dämpfer und eine geringe Tieferlegung um 10mm. Dies hört sich zwar zunächst nach nicht viel an. Das Sportfahrwerk sorgt aber für Begeisterung bei der dynamischen Kurvenfahrt im Gegensatz zum unveränderten Fahrwerk das eher an einen ausgewogenen Fahrstil angepasst ist.

Sportfahrwerk serienmäßig: Der GTI ist im Vergleich zum konventionellen Golf um einiges dem Erdboden näher

Das Schlechtwegepaket war ebenfalls straffer gedämpft. Allerdings wurde die Bodenfreiheit gleichzeitig um 20 mm erhöht. Hiermit zeigt sich einmal mehr die Möglichkeit den Golf universell für alle (Un-)Wegsamkeiten einsetzen zu können.

Breitreifen

Ebenso variabel ist der Golf bei der Reifendimensionierung. Es müssen ja nicht unbedingt die dicken R32-Puschen unter die Radläufe gezwungen werden, aber gegen etwas größere und breitere Pneus ist wenig einzuwenden. Mit der Reifendimension und der Spurweite lässt sich das Fahrverhalten ganz wesentlich beeinflussen. Breitere Reifen können in alle Richtungen mehr Kräfte übertragen, haben aber in Sachen Aquaplaning und vor allem Rollwiderstand Nachteile. VW selbst änderte die in Serie mit 14-Zöllern ausstaffierten Golf und verpasste ihnen stattdessen ab Januar 2002 15-Zoll-Felgen auf 195mm breiten Reifen. Die

Extremreifen am R32: Es muss nicht unbedingt die 225/40 R18 Kombination sein, die auch Komforteinbußen mit sich bringt

maximal von VW freigegebene Reifengröße können Sie aus der Tabelle entnehmen. Die Preise für Felgen und Reifen steigen selbstverständlich mit der Größe. Da solche Extrem-Radsätze wie für den R32 inklusive Reifen leicht 3500 Euro kosten, stellt sich doch recht bald die Frage nach dem Kosten- Nutzen-Verhältnis. Zieht man den Mehrverbrauch, die etwas schlechteren Fahrleistungen, die gestiegene Aquaplaninggefahr, die Komforteinbußen und die Kosten von der optischen Wirkung und geringfügig höheren Kurvengeschwindigkeiten ab, kommt man relativ schnell zu dem Schluss, das etwas weniger hier durchaus mehr sein kann.

Genauso wichtig wie die Breite einer Felge ist deren Einpresstiefe, also der Abstand von der gedachten Mitte zum tatsächlichen Auflagepunkt an der Radnabe. Das bestimmt, welche Position das Rad im Radhaus einnimmt: Je größer die Einpresstiefe, umso weiter innen steht das Rad. Ist die Einpresstiefe gegen Null oder wandert sogar in den negativen Bereich, steht das Rad weiter außen.

Durch den weit verbreiteten Lochkreis der Golf-Felgen (5x100) sind der Auswahl an passenden Felgen kaum Grenzen gesetzt.

Modell		Serienbereifung	alternative Reifengrößen	passende Felgengröße	Einlasstiefe (ET)
1,4 l (55kW)	bis 12/01	175/80 R 14 88T	205/55 R 16 91 H	6,5 J x 16	42
SDI (50 kW)	ab 01/02	195/65 R15 91 T	225/45 R17 91 W	7 J x 17	38
1,6 l		175/80 R 14 88 H	195/65 R15 91 H	6 J x 15	38
(74,75,77 kW)			205/55 R 16 91 H	6,5 J x 16	42
			225/45 R17 91 W	7 J x 17	38
			225/45 R17 91 W	7,5 J x 17	38
TDI		195/65 R15 91 T	205/55 R 16 91 H	6,5 J x 16	42
(66 kW)			225/45 R17 91 W	7 J x 17	38
			225/45 R17 91 W	7,5 J x 17	38
TDI (74, 81 kW)		195/65 R15 91 H	205/55 R 16 91 H	6,5 J x 16	42
1,6 l (81 kW)			225/45 R17 91 W	7 J x 17	38
2,0 l (85 kW)			225/45 R17 91 W	7,5 J x 17	38
1,8 l (92 kW)		195/65 R15 91 V	205/55 R 16 91 V	6,5 J x 16	42
1,8 l (110 kW)			225/45 R17 91 W	7 J x 17	38
2,3 l (110 kW)			225/45 R17 91 W	7,5 J x 17	38
TDI (96, 110 kW)					
1,8 l (132 kW)		205/55 R 16 91 W	205/55 R 16 91 V	6,5 J x 16	42
2,3 l (125 kW)			225/45 R17 91 W	7 J x 17	38
			225/45 R17 91 W	7,5 J x 17	38
2,8 l (150 kW)		205/55 R 16 91 W	225/45 R17 91 W	7 J x 17	38
			225/45 R17 91 W	7,5 J x 17	38

Tieferlegen

Eine sehr beliebte Veränderung am Fahrwerk ist das Tieferlegen. Wobei hier nie das Fahrwerk, sondern immer nur die Karosserie tiefergelegt wird. Denn die Federn tragen das Gewicht des Autos und wenn diese kürzer sind, wandert die Karosserie Richtung Asphalt. Damit sinkt der Schwerpunkt Richtung Straße und das Handling verbessert sich. Oft wird jedoch einfach aus optischen Gründen tiefergelegt. Dafür reicht natürlich ein Wechsel der Federn aus. Greifen Sie dabei nicht einfach auf das günstigste Angebot zurück, den das Zusammenspiel zwischen Federn und Stoßdämpfern ist außerordentlich wichtig für das Fahrverhalten. Sollten die Serienstoßdämpfer nicht mehr taufrisch sein, ist es sicher besser, ein Komplettfahrwerk zu wählen mit auf einander abgestimmten Feder und Dämpferraten. Generell sollte beim Tieferlegen mit Augenmaß vorgegangen werden. 20 bis 30 Millimeter sind sowohl der Optik als auch dem Fahrverhalten zuträglich, bei noch tieferen Fahrwerken überwiegen die Nachteile: Der Restfederweg wird zu klein, Komfort geht verloren und die Frontschürze bleibt an jedem Bordstein hängen.

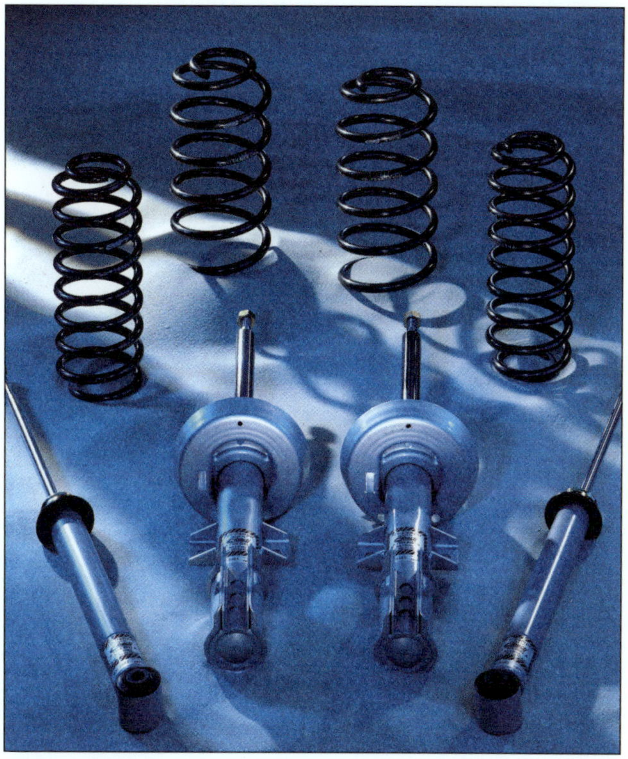

Komplettlösung: Anspruchsvolle Fahrwerksoptimierungen bieten aufeinander abgestimmte Feder-/Dämpfereinheiten

STÖRUNGSBEISTAND

Servolenkung

Störung	Was kann das sein?	Was muss ich tun?
A Hydraulikölstand im Behälter zu niedrig	**1** Eingeschlossene Luft im Hydrauliksystem hat sich selbst ausgeschieden	Hydrauliköl bis »Max« auffüllen
	2 Undichtigkeiten im Hydrauliksystem	Leitungsanschlüsse nachziehen, neue Dichtung einsetzen, Hydraulikpumpe prüfen (lassen)
B Lenkung ist schwergängig	**1** Förderdruck der Pumpe zu gering	Druck prüfen lassen
	2 Lenkgetriebe defekt	ersetzen lassen
C Lenkgeräusche	**1** Ölstand zu niedrig, Flüssigkeit mit Luftblässchen durchsetzt	Lenkung entlüften, Öl auffüllen
	2 Saugseitige Verschraubung der Pumpe undicht	Dichtungen ersetzen, Verschraubungen nachziehen
	3 Keilriemen lose	Nachspannen
D Die Lenkung ist in nur eine Richtung schwergängig	**1** Hydraulischer Defekt am Servolenkgetriebe	Lenkgetriebe ersetzen
E Zu hohe Lenkkräfte beim Rangieren oder zu niedrige bei hoher Geschwindigkeit	**1** Spannungsversorgung unterbrochen	Spannungsversorgung prüfen
	2 kein Geschwindigkeitssignal	Geschwindigkeitssignal prüfen (lassen)
	3 Servotronicventil defekt	Servotronic-Ventil prüfen lassen

STÖRUNGSBEISTAND

Fahrwerk

Störung	Was kann das sein?	Was kann ich tun?
A schwammiges Fahrverhalten	**1** Reifen zu geringer Luftdruck	Luftdruck prüfen und einstellen
	2 Stoßdämpfer undicht	Ölverlust mit Finger prüfen, bleibt Öl am Finger: tauschen
	3 Stoßdämpfer verschlissen	Kolbenstange auf Riefen und Abplatzung prüfen
	4 Spurwerte stimmen nicht	Achsvermessung durchführen
	5 Federn erlahmt	Federn prüfen, ggf. austauschen
	6 Gummis Querlenker hinten	neue Streben einbauen
B Reifen	**1** starker, unregelmäßiger Verschleiß	Spurwerte stimmen nicht Achsvermessung durchführen
	2 Verschleiß innen	zu viel negativerSturz
	3 Verschleiß außen	zu viel positiver Sturz
	4 Verschleiß in der Mitte	zu viel Luftdruck
	5 Verschleiß innen und außen	zu wenig Luftdruck
	6 Stoßdämpfer verschlissen	Stoßdämpfer prüfen, ggf. austauschen
C Schütteln am Lenkrad	**1** Räder unwuchtig	Räder wuchten lassen
	2 Spiel in der Lenkung	Kreuzgelenk prüfen
	3 Spiel in Fahrwerksteilen	Traggelenk und Spurtstangen prüfen
… beim Bremsen	**4** Bremsscheiben verzogen	neue Bremsscheiben und Beläge
D Geräusche bei Kurvenfahrt	**1** Radlager defekt	Richtige Seite durch Wechselkurven feststellen
	2 Spurwerte stimmen nicht	Reifenprofil kontrollieren (siehe B)

Heißes Eisen

Hauptaufgabe der Bremsanlage ist die Umwandlung von kinetischer Energie (Fortbewegungsenergie) in Wärmenergie die durch Reibung entsteht. Temperaturen von mehreren hundert Grad können dabei die Bremsscheibe zum Glühen bringen. Umso wichtiger ist daher die vernünftige Wartung. Wir zeigen Ihnen alle Funktionen sowie alle Do-it-yourself Arbeiten, die Sie an Ihren Bremsen durchführen können.

Die Bremsanlage des Golf

Die Sicherheit des Golf zeigt sich auch durch seine zuverlässige und standfeste Bremsanlage. Entscheidende Faktoren für die aufzubringende Bremsleistung ist das Fahrzeuggewicht, welches bei einer Verzögerung als träge Masse in Fahrtrichtung wirkt, sowie die Geschwindigkeit des Fahrzeugs. Bei erreichbaren Spitzengeschwindigkeiten von 170 bis 247 km/h (1,4 l-Benziner bzw. R32) und einem Leergewicht von 1,1 bis annähernd 1,5 Tonnen stellt der Golf nicht gerade geringe Anforderungen an seine Bremsen.
Je nach Motorisierung (und Gewicht) sind im Golf drei unterschiedlich dimensionierte Bremsanlagen an der Vorderachse, sowie drei verschiedene Hinterradbremsen verbaut.
Unmittelbar vor dem Arbeitskapitel finden Sie eine Auflistung aller Systeme mit welcher Sie den in Ihrem Golf verbauten Bremsentyp bestimmen können.
Scheibenbremsen an Vorder- und Hinterachse gehörten beim Golf IV von Beginn an zum Serienumfang. Lediglich einige der ersten Golf Diesel (SDI) hatten hinten auch Trommelbremsen.
Wir erläutern Ihnen in diesem Kapitel neben der Funktionsweise der Bremsanlage alle wichtigen Wartungs- und Instandhaltungsarbeiten.

Elektronische Helfer serienmäßig

Das Antiblockiersystem ABS zählte vom Serienstart an zu den Sicherheitsmerkmalen des Golf, später kam auch das elektronische Stabilitätsprogramm ESP hinzu. Darüberhinaus ist eine Reihe weiterer elektronischer Helfer verfügbar, wie beispielsweise die Elektronische Differrentialsperre EDS oder die Anfahrhilfe ASR.
Diese unsichtbaren Fahrassistenten unterstützen den Golffahrer insbesondere in kritischen Situationen und helfen sie unbeschadet zu überstehen.
Bei einem Bremseingriff bleibt das Fahrzeug dank ABS lenkbar um Hindernissen ausweichen zu können. Das ESP erkennt, wenn das Fahrzeug zu untersteuern (Fahrzeug schiebt über die Vorderräder und rutscht aus der Kurve) oder auszubrechen droht (Heck verliert Haftung, Fahrzeug dreht sich).
Durch gezielte Bremseingriffe an einzelnen Rädern wird die Fahrstabilität wieder hergestellt und der Golf auf dem gewünschten Kurs gehalten. Untersuchungen des Automobilzulieferers Bosch sowie Analysen der EuroNCAP-Gesellschaft haben gezeigt, dass durch die Verbreitung von ABS und ESP bereits viele Unfälle vermieden werden konnten. Im Golf wurde ESP ab September 1999 serienmäßig verbaut (ausser 55 kw und 74 kw als D3-Variante), womit VW einen weiteren Beitrag zur Verkehrssicherheit seines Volumenmodells leistete.

Wie funktionieren die Bremsen?

Wenn Sie auf das Bremspedal treten, presst eine mit dem Pedal verbundene Druckstange zwei hintereinanderliegende Kolben in den Hauptbremszylinder, der sich im Motorraum befindet.
Die Kolben übertragen die Kraft auf die dort eingeschlossene Bremsflüssigkeit. Der so entstehende hydraulische Druck in der Bremsflüssigkeit gelangt über Rohr- und Schlauchverbindungen zu den Radzylindern in den Bremssätteln. In diesen drücken Kolben die Bremsklötze gegen die Bremsscheiben.

Wozu eine Zweikreisbremse?

Zu Ihrer Sicherheit schreibt der Gesetzgeber vor, dass die Bremsanlage aus zwei voneinander getrennten Bremskreisen aufgebaut sein muss. Fällt ein Bremskreis aus, beispielsweise durch eine undichte Bremsleitung, so kann das Fahrzeug trotzdem mit Hilfe des zweiten sicher abgebremst werden.
Beim Golf wirkt die Zweikreisbremse diagonal, d.h. die Vorderradbremse einer Seite ist mit der Hinterradbremse der gegenüberliegenden verbunden. Dieser Aufbau wird in Fachkreisen auch als „Diagonalaufteilung“ im Gegensatz zur Schwarz-Weiß-Aufteilung bei der Vorder- und Hinterachse separat angesprochen werden.

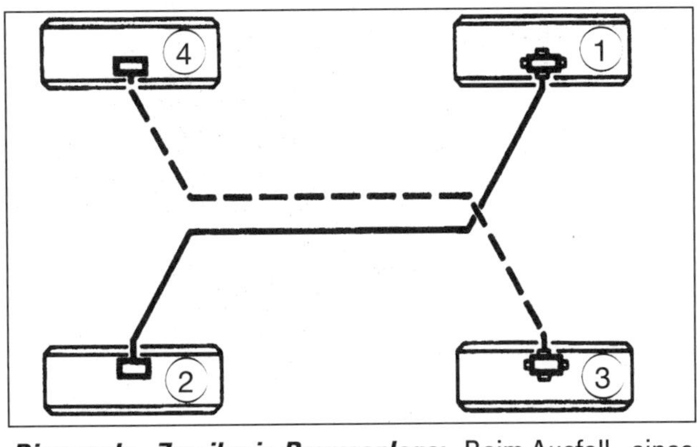

Diagonale Zweikreis-Bremsanlage: Beim Ausfall eines Bremskreises kann das Fahrzaug immer noch sicher zum stehen gebracht werden

Bremsanlage – Aufbau und Hauptkomponenten

Im Motorraum:

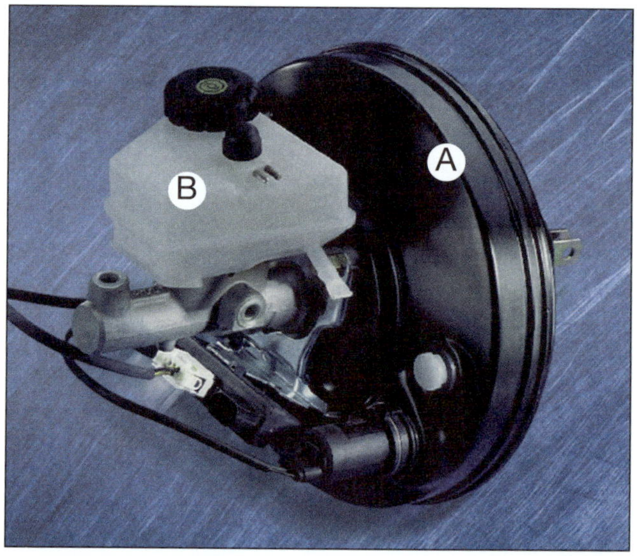

A: Bremskraftverstärker:
Sitzt hinter dem Hauptbremszylinder. Bringt etwa 60 Prozent der Bremskraft auf. Bei Benzinmotoren wird der erforderliche Unterdruck am Ansaugrohr entnommen. Bei Diesel-Motoren ist zur Unterdruckerzeugung eine Vakuumpumpe eingebaut. Beim Bremsen reagiert eine elastische Membrane auf den Druckunterschied zwischen äußerem Luftdruck und dem Unterdruck. Sie drückt zusätzlich auf die Kolben im Hauptbremszylinder.

B: Bremsflüssigkeitsbehälter:
Heller Kunststoffbehälter, erkennbar am gelben Verschlussdeckel (s. Bilder unten). Befindet sich im Motorraum rechts neben dem Luftfilterkasten in Nähe der Spritzwand. Bei Dieselaggregaten und Fahrzeugen mit seitlichem Luftfilterkasten befindet sich der Bremsflüssigkeitsbehälter etwas versteckt unter dem Ansaugsystem und ist sehr schwer einsehbar.

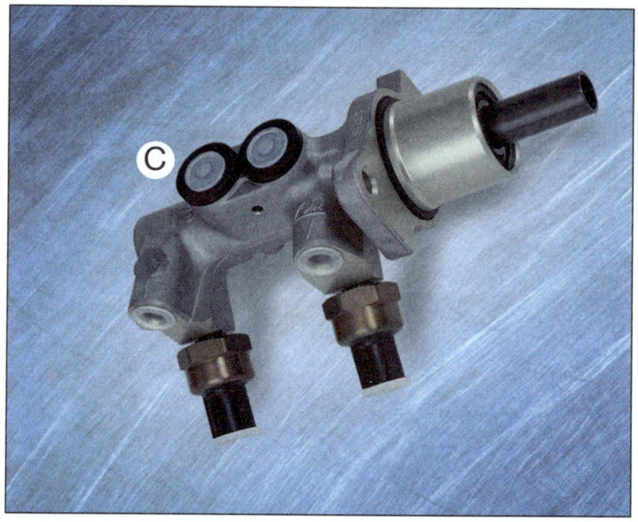

C: Hauptbremszylinder:
Massives, röhrenartiges Teil aus Metall gefertigt. Sitzt unterhalb des Bremsflüssigkeitsbehälters. Wandelt die mechanische Kraft des Bremspedals in hydraulische Kraft um. Sorgt für schnellen Druckabbau im System beim Lösen der Bremsen.

Benzinermotorraum (1,4l): Der Behälter der Bremsflüssigkeit ist leicht zu erkennen, das Ablesen des Pegels somit unproblematisch

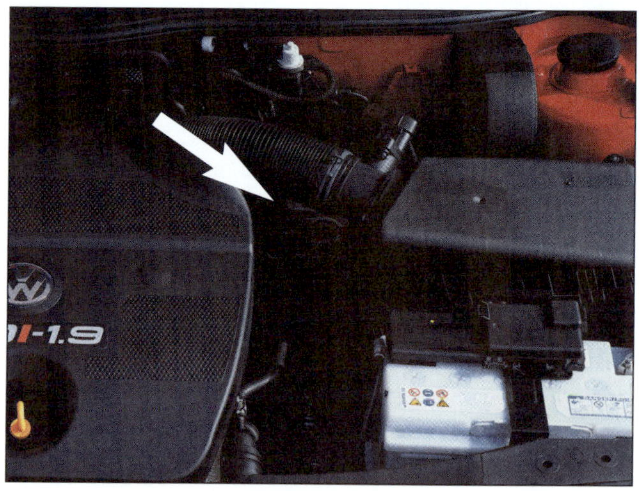

Diesel: Erheblich schwerer zugänglich ist der Bremsflüssigkeitbehälter beim Diesel und den Benzinern mit seitlich angebrachtem Luftfilterkasten

An den Rädern:

A: Bremsscheibe:
Eine massive Stahlscheibe, vorn innenbelüftet. Dreht sich mit jedem Vorderrad frei im Luftstrom. Führt die Reibungswärme durch die radialen Luftschlitze ab.

B: Bremsbelag/klötze:
Werden im Bremssattel montiert. Verschleissteil, das nur paarweise und immer an beiden Achsseiten gewechselt wird.

C: Bremssattel:
Sitzt wie ein Sattel auf der Bremsscheibe. Im Bremssattel schwimmend auf Führungsbolzen gelagert ist die Bremszange (Schwimmsattelbremsen).

D: Bremskolben:
Sitzt am jeweiligen Rad. Der Bremsflüssigkeitsdruck erreicht hier bis zu 120 bar. Die Kolben der Zylinder übertragen den Druck an die Bremsbeläge

Die Handbremse

Mit der Handbremse sichern Sie Ihr Fahrzeug im Stand gegen unbeabsichtigte Fortbewegung. Sie wirkt auf beide Hinterräder und wird mechanisch betätigt. Damit wird auch den gesetzlichen Vorschriften Genüge getan, die eine zweite unabhängige Bremsbetätigung fordern. Beim Golf ist die Handbremsbetätigung in die Bremssättel der Hinterrad-Bremse integriert. Konstruktionsbedingt sind Scheibenbremsen immer selbstnachstellend: Der Bremskolben wandert mit dem verschleißenden Bremsbelag immer weiter aus dem Bremssattelgehäuse heraus und sorgt so dafür, dass die Beläge immer knapp vor der Bremsscheibe stehen. Die nachfließende Bremsflüssigkeit gleicht den vergrößerten Raum im Bremssattel aus.
Anders bei der mechanischen Betätigung der Handbremse: Hier würde der Druckstößel der Handbremsbetätigung den weiter nach außen gerückten Kolben irgendwann nicht mehr erreichen. Die Nachstellvorrichtung verlängert den Druckstößel je nach Verschleißgrad der Bremsbeläge. Kernstück der Nachstellung ist ein Gewinde, auf dem sich ein zweites Teil je nach Belagverschleiß immer weiter nach vorn schraubt. Beim Belagwechsel darf der Bremskolben also nicht einfach wieder zurückgedrückt werden. Er wird stattdessen auf der Nachstellvorrichtung zurückgeschraubt.

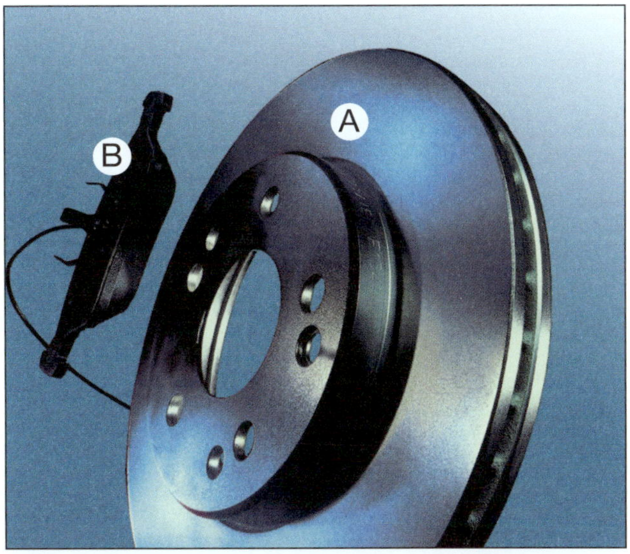

Wichtig fürs Schrauben: Ein Überblick und Funktionskenntnisse der Bremsanlage erleichtert Ihnen später die Arbeit

Bremsanlage - Funktion und elektronische Assistenzsysteme

Das passiert beim Bremsen:

Tritt aufs Bremspedal:
Ein Kolben in der Bremszange drückt den inneren Bremsklotz gegen die Bremsscheibe. Dadurch verschiebt sich die auf langen Bolzen geführte Bremszange und überträgt den gleichen Druck auf den äußeren Bremsklotz.
Lösen des Bremspedals:
Die Kolbendichtung zieht den Kolben und dadurch auch den Bremssattel von den Bremsscheiben zurück. So entsteht zwischen Bremsklotz und Scheibe ein Spiel von weniger als einem Millimeter – die Bremsscheibe dreht wieder frei.

Auch bei der Bremse hilft Elektronik

Wie eingangs schon erwähnt ist der Golf serienmäßig mit dem Antiblockiersystem ABS ausgestattet. Die Bezeichnung des Systems lautet ITT Mark 20 IE. Folgende Varianten sind möglich: ABS, ABS mit elektronischer Differenzialsperre (ABS/EDS), ABS/EDS mit Antisschlupfregelung (ABS/EDS/ASR) und ABS/EDS/ASR mit elektronischem Stabilitäts-Programm (ABS/EDS/ASR/ESP). Damit der Wagen bei einer Vollbremsung lenkbar bleibt, dosiert das ABS die Bremskraft an den einzelnen Rädern – eine reine Blockierbremsung ist nicht mehr möglich.

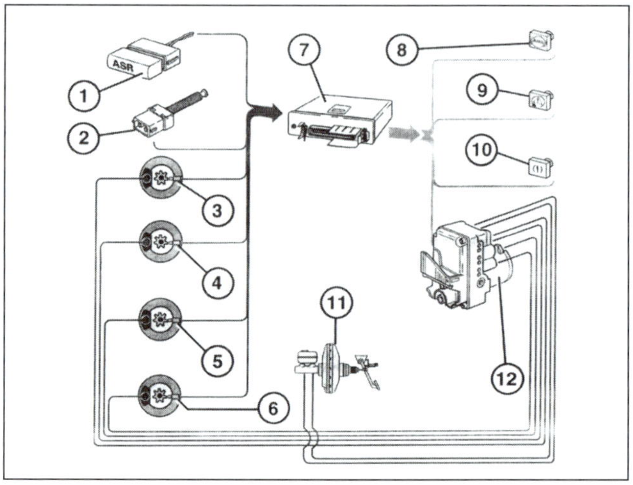

ABS-Bremsanlage: Je nach Ausstattung sind die elektronische Differentialsperre, die Antischlupfregelung und das Stabilitätsprogramm ESP im ABS integriert

1 Schalter für ASR
2 Bremslichtschalter
3 Drehzahlfühler hinten links
4 Drehzahlfühler hinten rechts
5 Drehzahlfühler vorn rechts
6 Drehzahlfühler vorn links
7 Steuergerät in Hydraulikeinheit integriert
8 Kontrolllampe ABS/EDS
9 Kontrolllampe ASR
10 Kontrolllampe Bremsflüssigkeitsstand
11 Hauptbremszylinder, Bremskraftverstärker, Bremspedal
12 Hydraulikeinheit

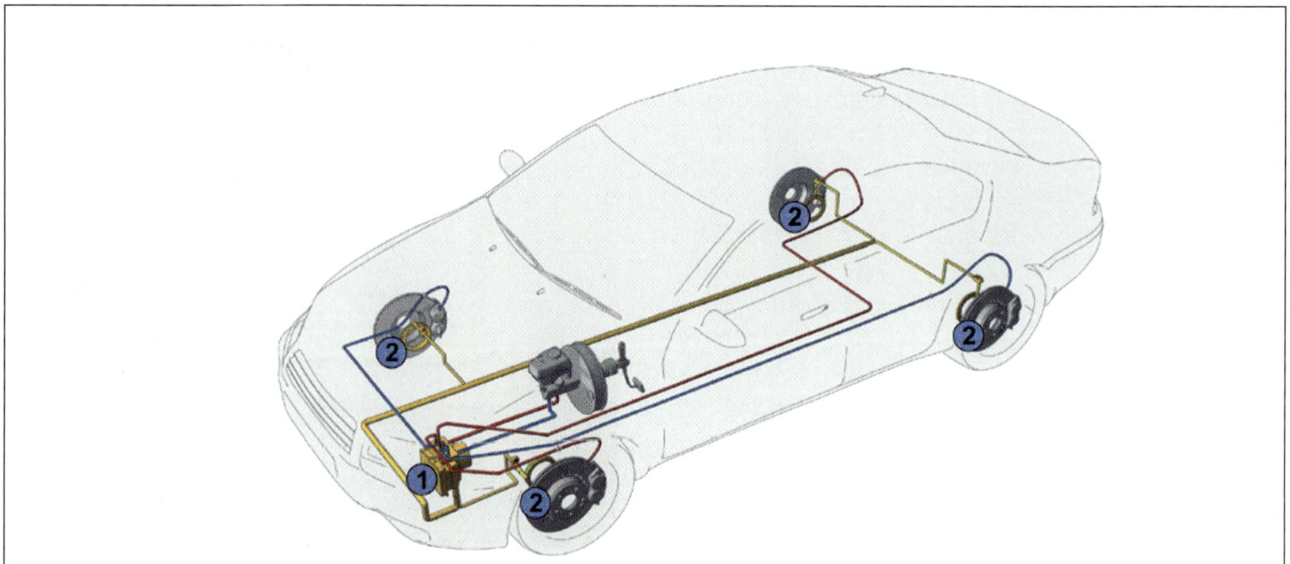

ABS-System Bestandteile: (1) ABS-Steuereinheit, (2) Radbremsen mit Drehzahlsensoren

Die Bremskraftverstärkung erfolgt pneumatisch durch den Vakuumbremskraftverstärker. Beim ITT Mark 20 IE ABS gibt es keinen mechanischen Bremskraftregler mehr. Eine speziell abgestimmte Software im Steuergerät übernimmt die Bremskraftverteilung für die Hinterachse (EBV).

Antischlupfregelung ASR

Gegen durchdrehende Antriebsräder hilft die Antischlupfregeleung ASR. Sie reduziert das Motordrehmoment, wenn die Vorderräder beim Beschleunigen, z.B auf regennasser oder unbefestigtem Untergrund, die Traktion verlieren. Dadurch wird nur soviel Drehmoment vom Motor auf die Räder übertragen, wie diese auch auf die Straße bringen können. Das System ist bei allen Geschwindigkeiten aktiv. Im Gegensatz zur elektronischen Differentialsperre EDS und dem elektronischen Stabilitätsprogramm ESP nimmt die Regelung des ASR keinen aktiven Bremseingriff vor.

Elektronische Differentialsperre EDS

Mit der elektronischen Differentialsperre EDS ausgestattete Golf können viele Situationen meistern, in den en die Haftung der beiden Vorderräder unterschiedlich gut bzw. schlecht ist. Beim Anfahren wird die Kraft durch einen Bremseingriff am durchdrehenden Rad auf das Rad mit der besseren Haftung übertragen. Dadurch ist das mechanische Differential, das die unterschiedliche Raddrehzahlen bei Kurvenfahrt ermöglicht „überbrückt“. Einen negativen Effekt auf das Fahrverhalten oder die Lenkung gibt es bei diesem System nicht. Das EDS ist bis zu einer Geschwindigkeit von 80 km/h wirksam. Danach schaltet es sich selbstständig ab.

Brenzlige Situationen meistern mit ESP

ESP hält Ihren Golf in der Spur, wenn dieser wegzurutschen oder auszubrechen droht. ESP greift durch einen gezielten Bremseingriff an einem oder mehreren Rädern in das Kurvenverhalten ein.
Seine Popularität erlangte ESP vor allem durch den „Elchtest“. Bei diesem schnellen Ausweichmanöver mit doppeltem Spurwechsel, soll das Ausweichen vor plötzlich auftauchenden Hindernissen simuliert werden. ESP hilft beim schnellen Ausscheren den Wagen rechtzeitig um das Hindernis herumzulenken um dann beim Wiedereinscheren nicht durch drohendes Übersteuern und anschließendem Schleudern im Graben zu landen.

Komponenten des ESP:
1 ESP Hydroaggregat mit integriertem Steuergerät
2 Raddrehzahlsensoren
3 Lenkwinkelsensor
4 Drehratensensor mit integriertem Beschleunigungssensor
5 Steuergerät für Motormanagement zur Kommunikation

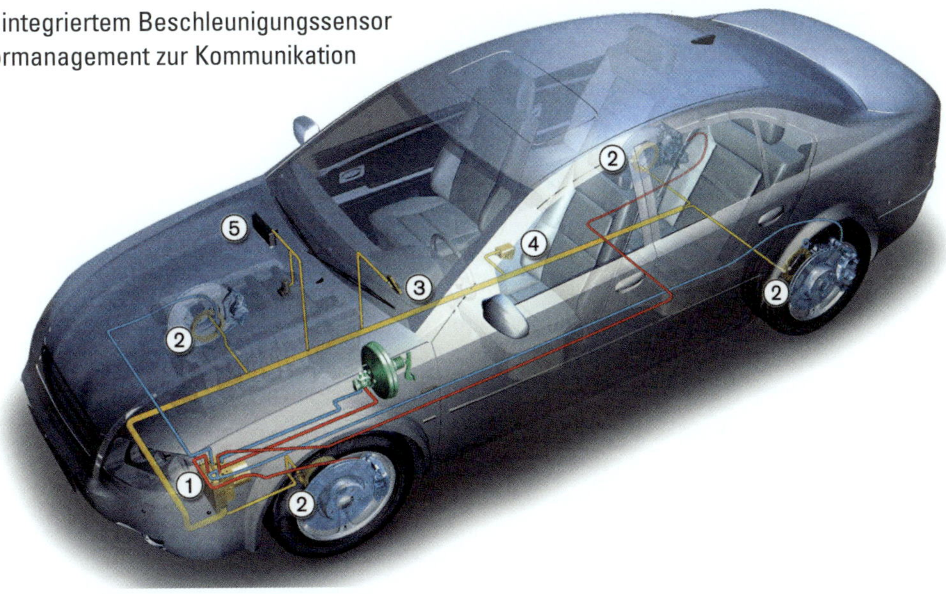

Unterschiedliche Bremsanlagen im Golf

Je nach Motorisierung und Antriebsart (Front- bzw Allrad) sind im Golf unterschiedliche Bremsanlagen verbaut. Vorne lautet die Bezeichnung FS III (14" und 15" für Motoren bis 92 kW) bzw. FN 3 (15", 16" und 17" für Motoren höherer Leistung), sowie 2FN (V6-Aggregate und R32). Hinten gibt es die Bezeichnungen C38 (Frontantrieb Limousine und 4Motion), C41 (Frontantrieb Variant und 4Motion) sowie TB 230x32 (Trommelbremse der SDI-Motorisierung).
Bestimmen Sie vor Beginn der Arbeiten an der Bremse, spätestens aber bei der Ersatzteilbeschaffung welche Kombination in Ihrem Fahrzeug verbaut ist. Im Wissenswert-Kasten sind die Bezeichnungen sowie die Kodierungen nochmals übersichtlich dargestellt.

Bremssattel vorne: Der verbaute Bremsentyp ist bei der FSIII -Anlage auf dem Sattel eingeschlagen. Die PR-Nummer als Kodierung finden Sie auf den Datenträgern (s. Serviceheft / Kofferraum)

Wartungsarbeiten an den Bremsen

Im Straßenverkehr entscheiden die Bremsen über Ihre Sicherheit und die anderer Verkehrsteilnehmer. Deshalb ist eine regelmäßige Kontrolle der Bremsanlage Ihre beste Lebensversicherung.
Scheuen Sie sich nicht, die Räder abzunehmen und den Zustand der Bremsbeläge zu prüfen. Die Wartungen an der Bremsanlage sind zwar kein Hexenwerk. Auch die meisten Arbeiten an den Bremsen sind nicht anspruchsvoller als die Demontage eines Kotflügels oder Stoßfängers. Dennoch gilt, dass Sie im Zweifel auch die Fachwerkstatt zu Rate ziehen sollten und

WISSENSWERTES

Bremsentyp identifizieren

Im Golf gibt es unterschiedliche Kombinationen von Bremssattel/Bremsscheibe/Bremstrommel und Bremsbelag. Die Bezeichnung der Vorderradbremse ist auf den vorderen Bremssätteln eingeschlagen. Welche Bremse in Ihrem Fahrzeug verbaut ist, können Sie aber auch anhand der sogenannten PR-Nummer erkennen. Die PR-Nummer finden Sie auf dem Fahrzeugdatenträger, der im Serviceplan abgedruckt und auch im Kofferraum (Reserveradmulde) zu finden ist.

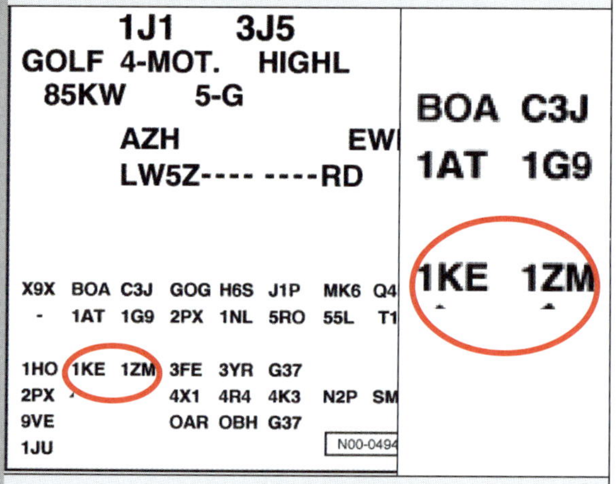

Bremsenkennziffer: Vorne ist die Zahl der hinteren, hinten die der vorderen Bremse abgedruckt

Vorderradbremse

1LR / 1LS / 1ZM / 1ZP	FS III (15")
1LN / 1ZH / 1LE / 1ZE / 1ZD	FN 3 (15")
1LQ / 1LT / 1LJ / 1LJ+E54	FN 3 (16")
1ZT	2FN

Hinterradbremse

1KK / 1KS / 1KV	C 38
1KY	C 38 (16")
1KY+E54/1KU / 2EE / 2EL	
1KP / 1KT / 1KX	C 41
1KE / 2EG	
1KG / 1KN	TB 230 x 32 (Trommel)

sich auch nur ans Schrauben machen, wenn Sie sich Ihrer Sache wirklich sicher sind. Überlassen Sie Arbeiten an der Bremse im Zweifelsfall lieber einer Fachwerkstatt. Bremsbeläge sind Bestandteil der Allgemeinen Betriebserlaubnis (ABE), außerdem sind sie vom Werk auf das jeweilige Fahrzeug abgestimmt. Deshalb dürfen nur vom Automobilhersteller beziehungsweise vom Kraftfahrtbundesamt (KBA) freigegebene Bremsbeläge verwendet werden. Sie haben eine KBA-Freigabenummer.

Einen kleinen Bremsencheck können Sie auch ohne weitere Hilfsmittel mit verschiedenen Sichtprüfungen von Zeit zu Zeit durchführen. Gehen Sie daher in regelmäßigen Abständen, mindestens aber einmal im Monat, die anschließenden Punkte der Reihe nach durch.

Sind der Pedalweg und Pedaldruck in Ordnung?

Der maximale Pedalleerweg sollte nicht mehr als ein Drittel des gesamten gesamten Pedalwegs betragen. Ist er länger besteht die Möglichkeit, das sich Luft in den Leitungen befindet. Ein Verlängern des Bremspedalwegs während der Fahrt lässt in aller Regel auf veraltete Bremsflüssigkeit oder gar eine Leckage im Hydrauliksystem rückschließen. Ist die Bremsflüssigkeit älter als zwei Jahre, bedarf es keiner weiteren Ursachenforschung mehr. Lassen Sie die Bremsflüssigkeit ersetzen. Sind Sie sich nicht sicher kann eine Undichtigkeit in der Anlage oder das Überaltern der Bremsflüssigkeit gefahrlos im Stand überprüft werden. Drücken Sie dazu bei stehendem Motor das Bremspedal ca. eine Minute lang und halten Sie den Druck aufrecht. Gibt das Pedal auch nach längerer Zeit, nicht nach, ist die Leitung und Bremsflüssigkeit in Ordnung. Wenn der Widerstand im Pedal aber abnimmt und Sie das Pedal immer näher zum Bodenblech pressen können, ist die Leitung undicht oder die Bremsflüssigkeit überlatert. Undichte Stellen sollten Sie auf gar keine Fall auf die leichte Schulter nehmen! Suchen Sie umgehend eine Werkstatt auf.

Funktioniert der Bremskraftverstärker?

Die einwandfreie Funktion des Bremskraftverstärkers können Sie ohne weitere Hilfsmittel oder größeren Aufwand sicherstellen.

Dazu das Bremspedal bei stehendem Motor und im Leerlauf mehrmals kräftig durchtreten und in der tiefsten Stellung halten. Nun den Motor starten. Das Pedal muss nun spürbar unter ihrem Fuß nachgeben. Ist dies nicht der Fall, können unterschiedliche Defekte vorliegen. Ursache eins könnte eine Undichtigkeit des Unterdruckschlauchs vom Ansaugrohr zum Bremskraftverstärker sein Auch ein defektes Rückschalgventil im Unterdruckschlauch, der Verschleiß des Gummirings zwischen Hauptbremszylinder und Bremskraftverstärker oder ein Defekt der Membran des Verstärkers könnten die Ursache sein. Lassen Sie eine genaue Diagnose in einer Werkstatt durchführen.

Woran erkenne ich übermäßigen Verschleiss?

Bei der täglichen Fahrt wird der schleichende Prozess des Bremsenverschleisses vom Fahrer meist kaum wahrgenommen. DEKRA und TÜV oder auch der ADAC bieten Bremsentests an, mit denen Sie die Bremsleistung Ihres Golfs überprüfen lassen können. Nehmen Sie diese Leistung in Anspruch, erst recht sollten Sie den Eindruck haben die Verzögerungswerte haben sich verschlechtert.

Darüber hinaus empfiehlt sich auch die Sichtprüfung der Bremsbelagdicke. Der flüchtige Blick und das Au-

Bremsentest: Der Rollenprüfstand liefert Bremsleistungswerte der Vorder- und Hinterachse in Kilonewton (kN)

genmaß können aber nicht die ordentliche Messung mittels Messschieber der Beläge im ausgebauten Zustand ersetzen. Zumal der Zustand der hinteren Beläge aufgrund der Einbaulage nur schwer zu beurteilen ist.
Zur flüchtigen Kontrolle können Sie mit einer Lampe durch ein Felgenloch leuchten und die Belagstärke abschätzen.

Was tun wenn der Bremsflüssigkeitsstand schwankt?

Ein schwankender Pegel oder das Absinken des Flüssigkeitsstands im Bremsbehälter ist auch bei völlig intakten Bremsen mit zunehmender Kilometerleistung ein ganz normaler Prozess.
Durch den Verschleiss an den Belägen rückt der Kolben automatisch nach und der Pegelstand sinkt.
Bei einem Flüssigkeitsstand an der MIN-Markierung und etwas darüber ist kein Nachfüllen erforderlich, wenn die Bremsbelagverschleißgrenze nahezu erreicht ist.
Sind die Bremsbeläge neu, bzw. weit von der Belagverschleißgrenze entfernt, muss der Flüssigkeitsstand allerdings zwischen der MIN- und MAX-Markierung liegen. Ist der Flüssigkeitsstand unter die MIN-Markierung abgesunken, muss, bevor Bremsflüssigkeit ergänzt wird, das Bremssystem überprüft werden (Reparaturmaßnahme).
Behalten Sie daher den Stand der Bremsflüssigkeit im Auge. Er sollte ebenso regelmäßig wie auch die Ölstandskontrolle, also etwa bei jedem Tankstopp, surchgeführt werden.

Beschädigung wie Riefen und Rillen: Nicht nur die Belagstärke sondern auch die Oberfläche stets im Auge behalten

Sichtprüfungen auf Undichtigkeiten

Prüfen Sie folgende Bauteile regelmäßig auf erkenntliche Undichtigkeiten und Beschädigungen:

- Hauptbremszylinder
- Bremskraftverstärker
- Bremssättel

Achten Sie auch darauf, dass die Bremsschläuche nicht verdreht sind und keine Porosität und Brüchigkeit oder Scheuerstellen aufweisen.
Darauf achten, dass die Bremsschläuche beim maximalen Lenkeinschlag keine Fahrzeugbauteile berühren.

Prüfen Sie auch die Bremsanschlüsse und Befestigungen auf richtigen Sitz, Undichtigkeiten und Korrosion.
Achtung: Wenn Sie Mängel feststellen, müssen diese unbedingt beseitigt werden (Reparaturmaßnahme).

Vorsicht: Wenn Sie einen sichtbaren Mangel erkennen können, müssen Sie unverzüglich Ihren Golf beheben (lassen). In diesem Fall Fahrzeug unter keinen Umständen fortbewegen sondern lieber abschleppen (mit Abschleppstange!) lassen.

Bremsflüssigkeit kontrollieren

Der Behälter für die Bremsflüssigkeit sitzt im Motorraum links direkt auf dem Hauptbremszylinder. Kontrollieren Sie den Stand der Bremsflüssigkeit regelmäßig, erneuern Sie diese spätestens alle zwei Jahre.

- Auch bei einer intakten Bremsanlage kann der Pegel sinken. Ursache ist der Verschleiß an den Belägen der vorderen Scheibenbremsen. Dann wandern die Kolben der Radzylinder aus den Zylindern heraus – die Bremsflüssigkeit fließt nach. Da die Kupplungshydraulik ebenfalls dort angeschlossen ist, kann ein sinkender Pegel auch mit Defekten an diesem System zusammenhängen.
- Ein sinkender Bremsflüssigkeits-Pegel ist kein Grund zur Sorge, solange die Bremsflüssigkeit im Behälter zwischen den Markierungen „MIN" und „MAX" steht.
- Ob Sie Bremsflüssigkeit nachfüllen müssen, hängt vom Verschleißgrad der Bremsbeläge ab. Sind die Beläge nahezu abgefahren, kann der Pegel nahe der »MIN«-Marke verbleiben. Beim Einbau neuer Beläge werden die Bremskolben zurückgedrückt, der Stand im Bremsflüssigkeitsbehälter steigt dadurch wieder an. Bei neuen oder neuwertigen Belägen sollten Sie ggf. nachfüllen. Vergewissern Sie sich aber vorher, dass keine Undichtigkeit am Bremssystem vorliegt.
- Zum Nachfüllen verwenden Sie nur Bremsflüssigkeit nach US-Norm FMVSS 116 DOT 4. Bewahren Sie Bremsflüssigkeit, da sie Wasser anzieht, immer in einem fest verschlossenen Behälter auf.

GEFAHRHINWEISE

⚠ Bremsflüssigkeit

Bremsflüssigkeit ist giftig, lackschädigend und hygroskopisch, das heißt: Bremsflüssigkeit neigt dazu Wasser aufzunehmen. Diese Eigenschaft kann aber zu kritischen Situationen führen. Denn das Wasser in der Bremsflüssigkeit ist Gift für eine Bremsanlage an der bis zu 600°C entstehen können. Bekanntlich kocht Wasser schon bei rund 100°C. Dabei setzt es Sauerstoff-Moleküle frei. Es kommt zur Blasenbildung in der Bremsflüssigkeit. Diese Blasen aus Luft lassen sich aber im Gegensatz zu Flüssigkeiten komprimieren, womit die Kraftübertragung vom Pedal zu den Bremsbelägen nicht mehr oder nur sehr schlecht funktioniert. Man tritt dann mangels Bremsdruck in der Leitung ins „Leere". Zum Wiederaufbau des Bremsdrucks muss erst am Pedal mehrmals „gepumpt" werden, bis die Luft wieder entwichen ist und der Pedaldruck dadurch wieder zum Betätigen der Bremse aufgewendet werden kann. Eine unangenehme Erfahrung, zumal nicht immer der verbleibende Weg ausreicht um entsprechende Maßnahmen zu ergreifen. Wollen Sie sich diese Erfahrung ersparen, dann wechseln Sie die Bremsflüssigkeit regelmäßig (im Abstand von ca. zwei Jahren) in einer Fachwerkstatt!

Bremsflüssigkeitsstand: Ob die Anlage mit ausreichend Flüssigkeit befüllt ist, lässt sich an den Markierungen des Behälters ablesen. Pegelschwankungen sind unbedenklich, solange der Minwert nicht unterschritten wird

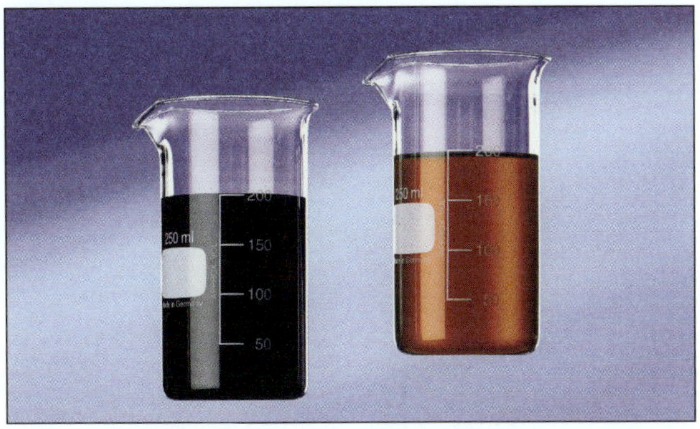

Austausch fällig: Der Behälter links zeigt, wie sich mit der Zeit Schmutzpartikel (z.B. Bremsstaub) in der Bremsflüssigkeit ablagern. Verminderte Kompressionsbeständigkeit sorgen dafür, dass sich der Druck in der Leitung nicht mehr optimal aufbauen kann. Der Austausch durch neue Bremsflüssigkeit (s. rechts im Bild) ist nun unumgänglich

Bremsbeläge vorn wechseln (FS III-Bremse)

Da die Bremsanlagen nicht bei allen Golf-Typen gleich aufgebaut sind, zeigen wir sämtliche Arbeiten exemplarisch an einer Ausführung (FS III) und erläutern ihnen die Unterschiede zu den anderen. Wichtig ist, dass Sie die Arbeiten erst an einem Rad komplett abschließen, bevor Sie sich der anderen Seite widmen. Stellen Sie außerdem sicher, dass niemand das Bremspedal betätigt, während Sie an der Bremse arbeiten. Beläge werden nur achsweise erneuert, Sie brauchen also insgesamt vier Klötze.

Benötigtes Werkzeug und Material:

- 6er Imbusschlüssel
- 1 Stück stabilen gebogenen Draht
- beim Wechsel: Bremsbeläge
- Kolbenrückstellwerkzeug (z.B. VAG 3272)

Beläge und Scheiben: Vor der Montage gründlich reinigen

Ausbau:

■ Lockern Sie (Fahrzeug steht auf dem Boden) die Radschrauben an der Vorderseite, die Sie zuerst bearbeiten und bocken Sie das Fahrzeug (wie in Kapitel „Fahrzeug richtig aufbocken") ordnungsgemäß auf.

■ Bauen Sie das Vorderrad der entsprechenden Seite ab.

■ Abdeckkappen A und B entnehmen (1). Falls vorhanden die Steckverbindung der Belagverschleissanzeige trennen.

■ Führungsbolzen ausschrauben (2): Beide Führungsbolzen mit einem 6er Inbus aus dem Bremssattel ausschrauben. Führungsbolzen herausnehmen (3).

Achtung: Markieren Sie Beläge, falls diese wieder eingebaut werden sollen, ihrem Einbauort entsprechend. Sie dürfen auf gar keinen Fall die inneren Beläge mit den äusseren tauschen!
Alles reinigen und die Beläge sorgfältig auf Dicke und Zustand prüfen. Bei glasigen Stellen oder Materialausbruchen erneuern!

■ Sattelgehäuse abnehmen und so mit Draht befestigen (z.B: am Federbein), dass das Gewicht des Bremssattels den Bremsschlauch nicht belastet bzw. beschädigt (5). Bremsbelag aus Bremssattelgehäuse herausnehmen.

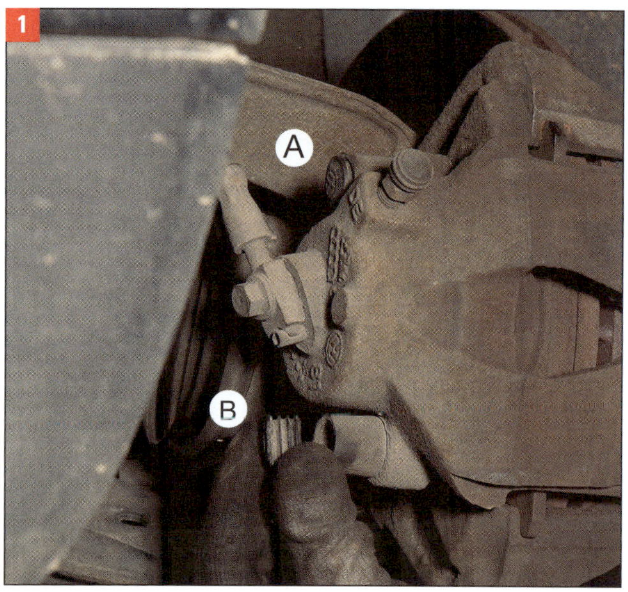

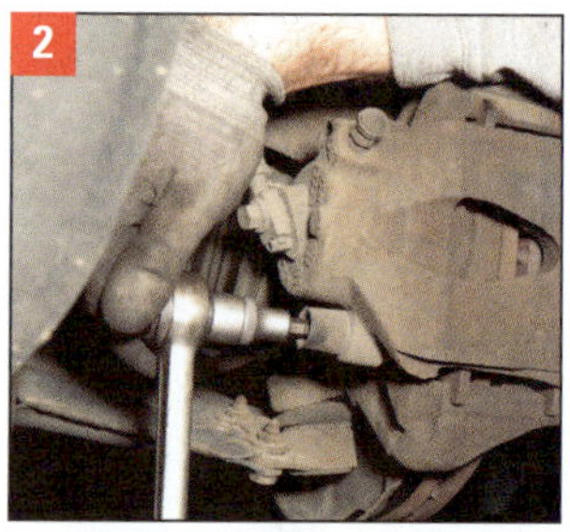

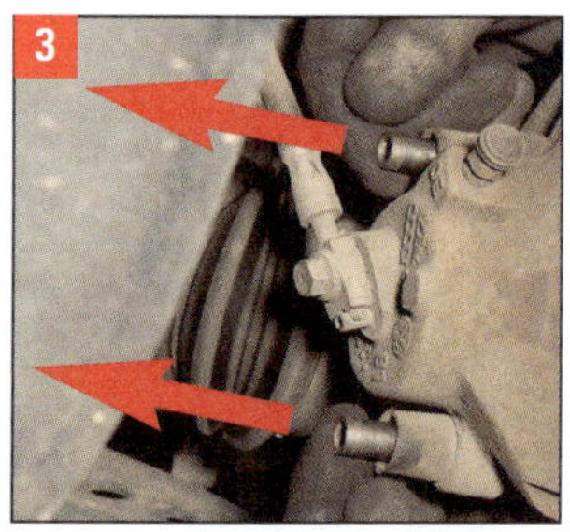

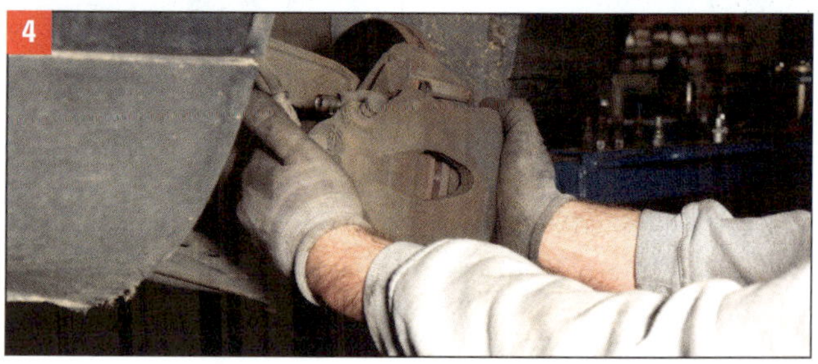

Verschleissgrenze der Bremsbeläge		
Bremsanlage	**Stärke (neu)**	**Verschleissgrenze**
vorn		
FS III	14 mm	7 mm
FN 3	14 mm	7 mm
2FN	14 mm	7 mm
hinten		
C38 / C41	12 mm	7,5 mm
C38 (16")	12 mm	7,5 mm

■ Bremsbelagdicke messen (6). Zur Belagdicke zählt auch die Rückenplatte. Entscheiden Sie nach obiger Tabelle, ob ein Austausch der Beläge fällig ist.

Unterschied zu FN 3-Vorderradbremse:

Bei der FN 3 Anlage ist eine zusätzliche Haltefeder am Bremssattel angebracht. Zum Lösen der Beläge wie bei der FSII-Anlage vorgehen, dabei vor dem Lösen der Führungsbolzen die Haltefeder mit einem Schraubenzieher heraushebeln (7) und abnehmen.

Einbau:

Beachten Sie: Bei ausgebauten Bremsbelägen darf auf gar keinen Fall das Bremspedal getreten werden! Ansonsten würde der Kolben aus dem Gehäuse herausgedrückt, was zden Ausbau des gesamten Bremssattels zur Folge hätte, sum den Kolben in einer Werksatt wieder einsetzen zu lassen.

■ Kolben zurückdrücken (8). Ohne Rückstellwerkzeug kann alternativ auch eine Schraubzwinge verwendet werden.

■ Behalten Sie währenddessen den Flüssigkeitsstand im Bremsflüssigkeitsbehälter im Auge. Durch das Zurückstellen des Kolbens könnte Flüssigkeit überlaufen. Sollten Sie beobachten, dass der Pegel über die Max.-Markierung steigt, saugen Sie etwas Flüssigkeit ab. Dazu verwenden Sie am besten eine kleine Handpumpe. Fangen Sie die Flüssigkeit in einem gesonderten Behälter auf.
Vorsicht: Bremsflüssigkeit ist giftig! Daher auch nicht mit dem Mund durch einen Schlauch ansaugen!

■ Danach alle Teile reinigen und die Bremsbeläge in Bremssattelgehäuse und Kolben einsetzen.

5

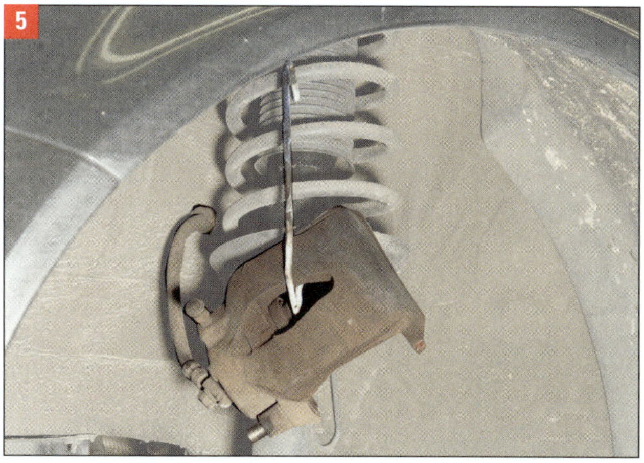

Leitungsschutz: Bremssattel zum Schutz der Leitung an der Feder aufhängen

6

Verschleissmessung: Zur Messung der Belagstärke zählt auch die Rückenplatte. Exakt lässt sich der Wert im ausgebauten Zustand mittels eines Messschiebers bestimmen

7

FN3-Bremsen: Eine zusätzliche Haltefeder muss bei zur Demontage der Beläge gelöst werden

Hinweis: Seit Mitte `98 gibt es geänderte Bremsbeläge. Sie besitzen unterschiedliche Einfärbungen, die den Einbauort bestimmen: Der innere Bremsbelag, welcher an der Kolbenseite eingesetzt wird, ist an der Rückseite weiß und der äußere Bremsbelag, der an der Außenseite eingesetzt wird, schwarz eingefärbt.

■ Anschließend Bremssattelgehäuse zuerst unten ansetzen und an Radlagergehäuse montieren. Der Zapfen vom Bremssattelgehäuse muß hinter der Führung vom Radlagergehäuse stehen!

■ Bremssattelgehäuse mit beiden Führungsbolzen an Bremsträger anschrauben und mit 26 Nm anziehen.

■ Abdeckkappen aufsetzen.

■ Stecker der Bremsbelagverschleißanzeige (optional) in Halter am Federbein einsetzen.

Unterschiede der FN 3-Vorderradbremse:

Beachten Sie beim Einbau der Bremssättel der FN-3 Anlage, dass diese laufrichtungsgebundene Bremsbeläge besitzt. Der Pfeil auf dem Belag muss nach unten zeigen. Dasselbe gilt natürlich auch für den linken kolbenseitigen Bremsbelag.

■ Danach äußeren Bremsbelag auf den Bremsträger aufsetzen. Die äußeren Bremsbeläge haben eine Schutzfolie. Diese Schutzfolie von der Rückenplatte des äußeren Bremsbelages abziehen.

■ Haltefeder wieder in das Bremssattelgehäuse einsetzen.

Für alle Bremsanlagen zwingend erforderlich:

■ Nach dem Belagwechsel Bremspedal im Stand mehrmals kräftig durchtreten, damit die Bremsbeläge ihren dem Betriebszustand entsprechenden Sitz einnehmen.

■ Anschließend den Bremsflüssigkeitsstand prüfen, eventuell nachfüllen/korrigieren.

Kolbenrücksteller: Vor dem Wiedereinsetzen der Beläge schafft er den nötigen Platz zur Montage, alternativ kann auch eine Schraubzwinge verwendet werden

Rein damit: Durch Drehen fährt das Anschlagstück aus und drückt den Kolben des Bremszylinders zurück

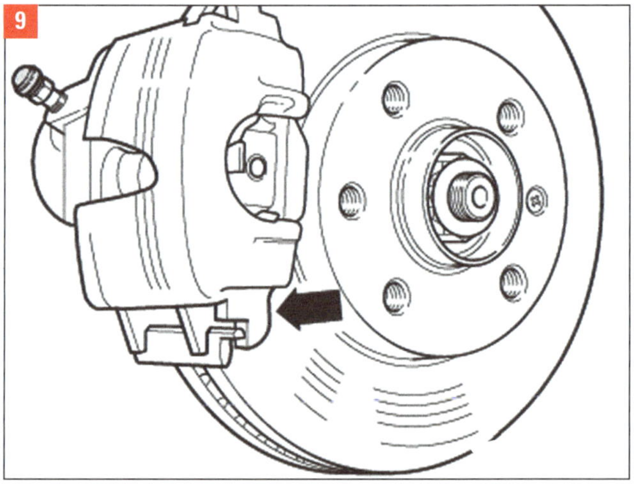

Einbaukontrolle FSIII-Anlage: Ob der Sattel korrekt eingebaut ist, sehen Sie daran dass der Zapfen – Pfeil – sich hinter der Führung vom Radlagergehäuse befindet

Bremsscheiben vorne wechseln (FS III-Bremse)

Benötigtes Werkzeug und Material:

-großer, stabiler Kreuzschlitzschraubenzieher
-Hammer und evtl. auch einen Kunststoffhammer
-Kolbenrückstellwerkzeug oder geeigneten Keil
-Drahtbürste
-Kupferpaste
-Satz Bremsscheiben (nur vom Hersteller freigegebene Scheiben verwenden!)

Ausbau:

Hinweis: Vorab den Bremsflüssigkeitsstand kontrollieren. Bei Stand max. etwas absaugen. Da später der Kolben zurückgedrückt werden muss, besteht die Gefahr, dass Flüssigkeit ausläuft! Zunächst wie im Abschnitt Bremsbeläge vorn wechseln verfahren, der Bremssattel muss zur Demontage der Bremsscheibe abgebaut sein.

■ Die Bremsscheibe ist mit einer Kreuzschlitz-Schraube an der Radnabe fixiert. Wenn der Schraubenzieher gut sitzt, genügt meist ein kleiner Schlag auf den Griff (1), um die Schraube zu lösen. Ist die Schraube festgerostet, sollten Sie auch Rostlöser verwenden. Die Bremsscheibe festhalten während dem herausdrehen der Schraube.

■ Auch die Scheibe kann festsitzen. Sie kann eventuell mit einem Kunststoffhammer losgelöst werden. Dazu zwischen die Schraublöcher mit dem Kunststoffhammer schlagen, dadurch springt Ihnen die Scheibe früher oder später entgegen. Nicht von hinten gegen die Reibfläche schlagen, sonst ist dieser Satz Scheiben ruiniert. Außerdem belasten Sie das Radlager dadurch unnötig.

Einbau:

■ Vor Montage alle Teile reinigen (3) – verwenden Sie hierzu ausschließlich Bremsenreiniger – und mit Kupferpaste einstreichen (Korossionsschutz). Alle Teile gründlich mit Bremsenreiniger säubern. Die Scheiben sind oft eingeölt, um Flugrost während der Lagerung zu vermeiden. Besonders die Reibfläche muss aber absolut fettfrei sein!

■ Zum Einbau neuer Scheiben (dicker als die alte) muss die Bremssattelhalterung angelöst und nach hinten gekippt/gedrückt werden

■ Mit Kolbenrücksteller den Bremskolben zurückdrücken

■ Nach diesen Arbeitschritten Bremse mit dem Bremspedal „anpumpen“ und Flüssigkeitsstandskontrolle durchführen!

Verschleissgrenze der Bremsscheiben

Bremsanlage	Durchmesser (neu)	Stärke	Verschleißgrenze	Kolbendurchmesser
vorn				
FS III	256/280	22mm	19mm	54mm
FN 3	288/312	25mm	22mm	54mm
2FN	334	32mm	30mm	2x42mm
hinten				
C38/C41	232/239	9mm	7mm	38/41mm
C38(16″)	256	22mm	20mm	38mm

1

2

3

Bremsbeläge hinten wechseln (Frontantrieb)

Benötigtes Werkzeug und Material:

-neue Bremsbeläge zum Austauschen
-13er Ringschlüssel
-15er Gabelschlüssel
-1 Stück stabilen gebogenen Draht
-Spezialwerkzeug zum Rückstellen des Kolbens (VW 3272)
-Kreuzschlitzschraubenzieher
-neue selbstsichernde Schrauben
-Drahtbürste zum Reinigen der Nabe
-Spiritus zur Reinigung des Sattelgehäuses

Ausbau:

■ Clip abziehen (1): Das Handbremsseil ist mit einem Clip arretiert. Diesen zuerst herausnehmen

■ Bremshebel nach vorne drücken (2): Mit einem Schraubenzieher als Hebel tun Sie sich leichter.

■ Anschließend das Bremsseil (siehe Pfeil) aushängen (3).

■ Bremssattelgehäuse abschrauben (4): Mit dem 15er Gabelschlüssel und 13er Ringschlüssel untere Schraube am Sattel lösen dabei am Führungsbolzen gegenhalten.

■ Bremssattelgehäuse abnehmen (5): Mit einem Flachschraubenzieher lassen sich festsitzende Gehäuse vorsichtig lockern.
Vorsicht: Das Gehäuse nach der Entnahme aus der Führung nicht auf Zug belasten da sonst der Bremsschlauch beschädigt werden könnte! Zum Befestigen einen Draht verwenden.

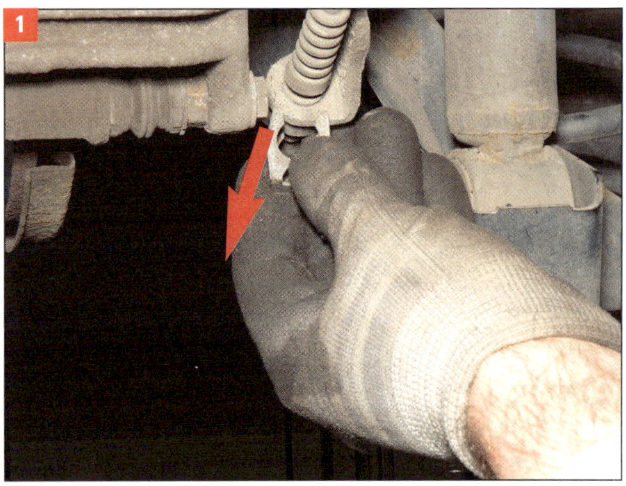

■ Bremssattelgehäuse abnehmen (6): Das Gehäuse nach dem Lockern aus dem Führungsbolzen herausziehen und

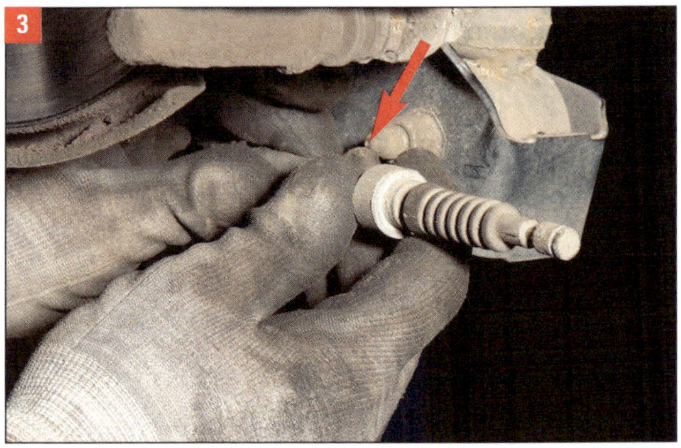

mit dem Draht aufhängen. Darauf achten, dass hierbei der Bremsschlauch weder geknickt noch gedehnt wird.

■ Bremsbeläge entnehmen (7): Dazu die Staubmanschette vom Sattel ziehen und nach hinten wegdrücken.
Nun die Belaghaltefedern entfernen und die Beläge entnehmen. Das Bremssattelgehäuse mit Spiritus reinigen, besonders die Klebefläche für den Bremsbelag muss fettfrei sein.

Einbau:

■ Kolben durch Rechtsdrehen am Rändelrad des Spezialwerkzeuges 3272 einschrauben, dabei Schutzkappe nicht beschädigen.

■ Bei schwergängigen Kolben kann ein Maulschlüssel SW 13 an den dafür vorgesehenen Schlüsselflächen (Pfeil A in Bild 8) angesetzt werden.

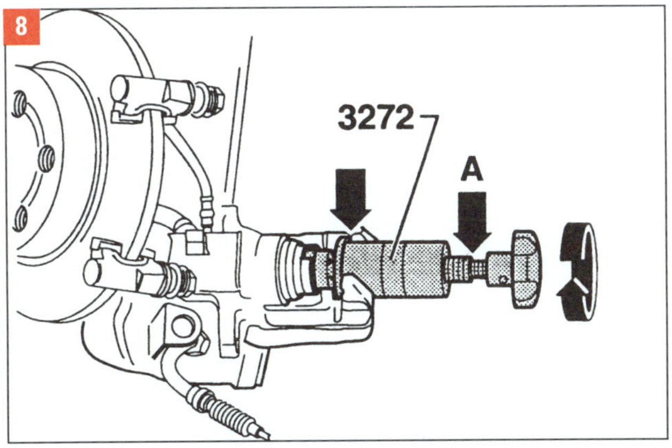

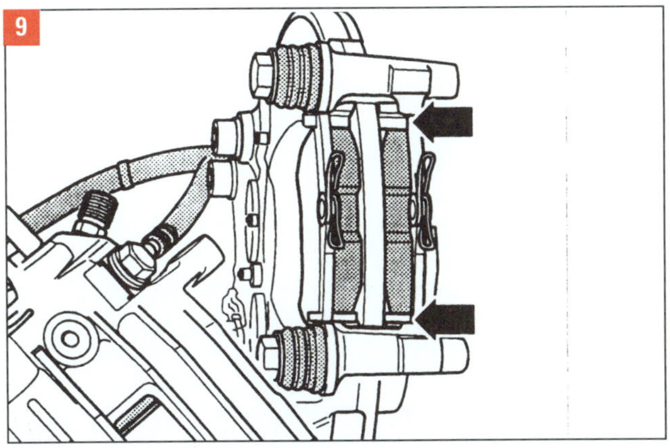

■ Schutzfolie von der Rückenplatte des Bremsbelages abziehen. Belaghaltefedern (s. Pfeile in Bild 9) und Bremsbeläge in den Bremsträger einsetzen. Bremssattelgehäuse mit neuen selbstsichernden Schrauben befestigen.

■ Handbremsseil einhängen und Clip einbauen.

■ Räder montieren.

■ Bremspedal im Stand mehrmals kräftig durchtreten, damit Bremsbeläge ihren dem Betriebszustand entsprechenden Sitz einnehmen. Bremsflüssigkeitsstand prüfen

■ Handbremse einstellen.

Bremsscheiben hinten wechseln (Frontantrieb)

Beachten Sie: Vor dem Ausbau der Bremsscheiben zunächst wie unter „Bremssättel ausbauen" beschrieben, Bremssättel abmontieren. Meist sitzt die Kreuzschlitzschraube, welche die Scheibe auf der Nabe fixiert durch Korrossion fest. Diese können Sie aber Problemlos mit ein paar Hammerschlägen auf den Kopf des angsetzten Kreuzschlitzschraubenziehers wieder lösen.
Anschließend ein paar vorsichtige Schläge auf die Scheibe, danach müssten Sie bereits die Scheibe problemlos herunter nehmen können.

Benötigtes Werkzeug und Material:

-neue Bremsscheiben zum Austauschen
-Flachschraubenzieher als Hebelwerkzeug
-Kreuzschlitzschraubenzieher
-Hammer zum Anlösen korrodierter Scheiben
-Drahtbürste zum Reinigen der Nabe
-Kupferpaste
-Pinsel zum Auftragen der Kupferpaste
-Spiritus zur Reinigung des Sattelgehäuses

Ausbau:

■ Schraube anlösen (1): Zum Lösen der Schraube wenige Hammerschläge bei angesetztem Kreuzschlitzschraubenzieher ausüben. Danach Schraube herausdrehen.

■ Bremsscheibe lockern (2): Zum Lockern der korrodierten Schreibe ebenfalls wenige Hammerschläge ausüben.

■ Bremsscheibe entnehmen (3): Danach Scheibe vorsichtig von Nabe abziehen, so dass die umgebenden Teile nicht beschädigt werden.

■ Radnabe von Rost befreien (4): Weist die Nabe wie hier Korrossion auf, verwenden Sie eine Drahtbürste zum Entfernen.

■ Blankpoliert (5): Mit etwas Mühe kann die Nabe danach wieder so aussehen. Erleichtert wird die Arbeit aber auch mit einem Winkelschleifer mit Drahtzopfbürste.

■ Mit Kupferpaste einpinseln (6): Vor dem Einbau der neuen Scheibe die Nabe mit Kupferpaste einpinseln. Sie verhindert das Festbacken der Scheiben bei hoher Temparatur.

■ Neue Scheibe einsetzen (6): Da der vorhandene Raum relativ knapp bemessen ist, drücken Sie zum Einbau vorsichtig das Bremssattelgehäuse nach hinten.

■ Kolben rückstellen (8): Da der vorhandene Raum relativ knapp bemessen ist, drücken Sie zum Einbau vorsichtig das Bremssattelgehäuse nach hinten

■ Rad montieren.

1

2

3

4

5

6

7

8

Handbremse einstellen

Häufiges Benutzen der Handbremse beim Parken beansprucht die Handbremszüge. Prüfen Sie die Wirkung daher regelmäßig, zum Beispiel an einer leicht abschüssigen Stelle und möglichst ohne Straßenverkehr. Mit der ersten Raste sollte der Wagen auf dem Abhang nicht schneller werden. Die volle Wirkung der Handbremse muss spätestens auf der vierten Raste das Fahrzeug anhalten, sprich die Hinterräder sollten blockieren. Ist dies nicht der Fall, müssen die Züge nachgestellt werden.
Die Neueinstellung der Handbremse ist nur nach erfolgten Wartungsarbeiten notwendig. Kontrollieren Sie vor dem Einstellen, ob das Handbremsseil in den Führungen richtig verlegt ist. Auch die Nachstellvorrichtung in den Hinterradbremsen sollte einwandfrei arbeiten. Durch die automatische Nachstellung ist eine Justierung der Handbremse normalerweise nicht nötig. Sie muss allerdings vorgenommen werden, wenn die Handbremsseile, Bremssättel, Bremsbeläge oder Bremsscheiben ausgetauscht wurden. Voraussetzung für eine korrekte Einstellung ist eine entlüftete und fehlerfreie Fußbremsanlage.

Rasterfahndung: Spätestens auf der vierten Raste sollte Ihr Golf nicht mehr in Hanglage selbsttätig wegrollen

Handbremszug: Die Betätigungskraft wird an die hinteren Räder per Drahtzug (s. Pfeil) übertragen

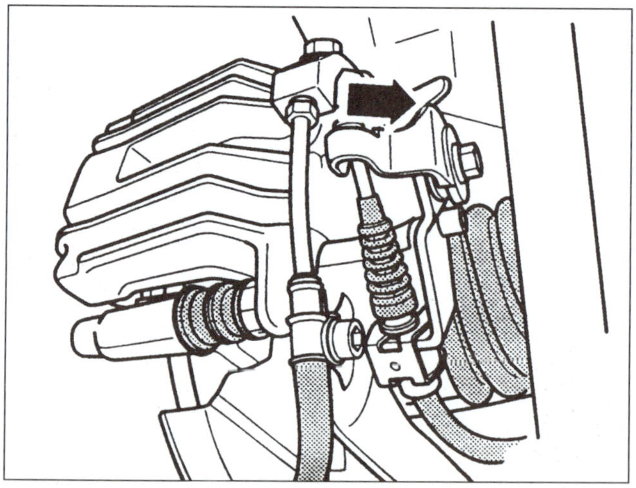

Nachstellmutter: Soweit anziehen, bis sich die Hebel (Pfeil) an den Bremssätteln vom Anschlag abheben

Arbeitsschritte:

- Handbremse vollständig lösen und mindestens einmal kräftig auf die Bremse treten.
- Karosserie-Montagearbeiten wie bei „Handbremszüge wechseln“ durchführen (siehe nächste Seite).
- Handbremshebel in Ruhestellung bringen. Nachstellmutter soweit anziehen, bis sich die Hebel (Pfeil) an den Bremssätteln vom Anschlag abheben. Maximal 1,5 mm Abstand zum Anschlag ist je Seite zulässig.
- Handbremse drei Mal fest anziehen und anschließend wieder lösen.
- Prüfen Sie, ob beide Räder frei durchgedreht werden können.
- Nach der Neueinstellung ist durch die automatische Nachstellung der Hinterradbremse ein Nachstellen der Handbremse nicht mehr erforderlich.

Handbremszüge wechseln

Arbeitsschritte:

■ Fahrzeug so aufbocken, dass Sie unter dem Auto arbeiten können. An die hinteren Bremssättel kommen Sie besser heran, wenn Sie die Hinterräder abbauen. Das ist aber nicht unbedingt nötig.

■ Bauen Sie Abdeckungen und Blenden sowie die Verlängerung der Mittelkonsole aus.

■ Lösen Sie die Nachstellmutter der Handbremse soweit, bis das Handbremsseil aus dem Ausgleichbügel ausgehängt werden kann (s. Pfeil in Bild 1).

■ Hängen Sie die Handbremsseile an den Bremssätteln aus. Achten Sie darauf, dass die Faltenbälge beim Ein- und Aushängen nicht beschädigt werden.

■ Jetzt können Sie das Handbremsseil aus der Halterung am Hinterachskörper ausclipsen und aus den Halterungen aushängen (2).

■ Anschließend können Sie das Handbremsseil aus dem Führungsrohr herausziehen.

■ Beim Einbauen schieben Sie das Handbremsseil in das Führungsrohr und hängen es wie im Bild gezeigt ein.

■ Clipsen Sie das Seil in die Halterungen am Hinterachskörper ein. Der Klemmring am Seil muss in der Mitte des Clips liegen.

■ Hängen Sie das Handbremsseil in den Ausgleichbügel ein und stellen die Handbremse ein.

■ Bauen Sie die Mittelkonsole ein .

1

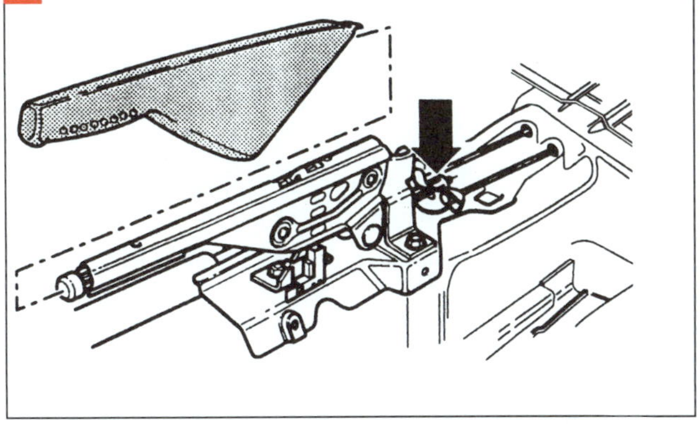

Nachstellmutter (Pfeil): Soweit lösen, bis das Handbremsseil aus dem Ausgleichsbügel ausgehängt werden kann

2

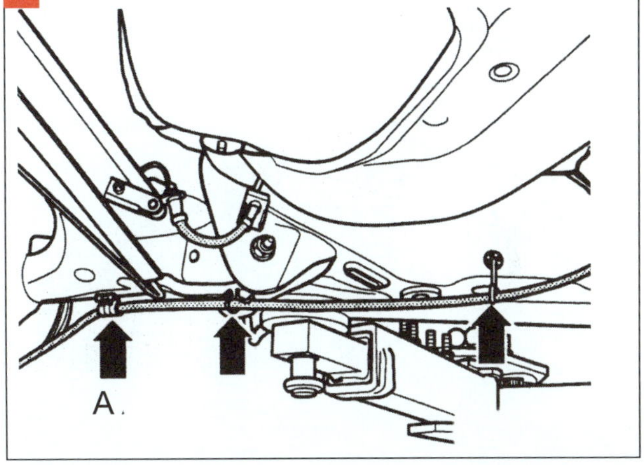

Handbremsseil: Am Hinterachskörper (s. Pfeil A) ausclipsen und an den beiden anderen Halterungen (Pfeile) aushängen

3

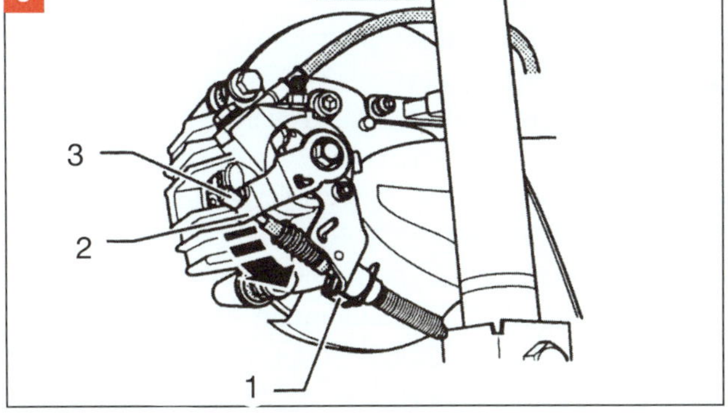

Bild 3: Bremshebel (2) in Pfeilrichtung drücken, Handbremsseil (3) einhängen und Clip (1) einbauen

Grenzen der Belastbarkeit

Die Bremsanlage des Golf gilt allgemein als robust und standfest. Die breite Vielfalt unterschiedlicher Motorleistungen kommt VW dem Einbau verschieden dimensionierter Anlagen nach. Die meisten Golf haben an Vorder- und Hinterachse Scheibenbremsen – vorne innen belüftet. Trommelbremsen hinten gab es nur bei wenigen Modellen des SDI. Obwohl die Bremsanlage also im Prinzip ausreichend dimensioniert ist, stösst die Anlage früher oder später an die Grenzen. Das ist ganz natürlich, denn eine Bremsanlage kann nichts anderes tun, als Bewegungsenergie in Wärme umzuwandeln. Je mehr Masse und Belüftung die Bremsscheiben haben, umso mehr Energie kann aufgenommen werden. Bei rasanten Passabfahrten kann es also durchaus passieren, dass der Druckpunkt immer schwammiger und der Pedalweg immer länger

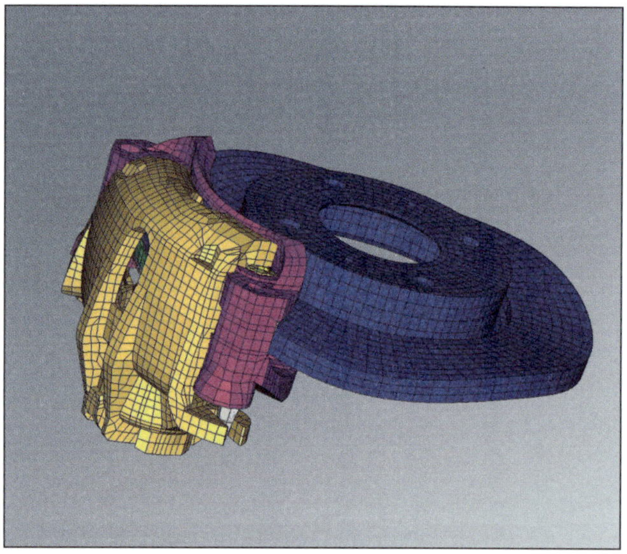

Verzug bei hohen Temperaturen: Diese CAD-Simulation zeigt, wie sich die Scheibe bei hoher Belastung verformt

wird. Ist die Bremsflüssigkeit alt und der Wassergehalt groß, werden jetzt mit Sicherheit Dampfblasen entstehen. Das kann gefährlich werden, denn irgendwann geht der Tritt ins Leere. Bei extremer Beanspruchung meldet sich die Bremsanlage dann auch akustisch: Ein Wummern oder Brummen deutet auf eine thermische Überlastung hin. Die Scheibe beginnt sich zu verziehen, die Beläge fangen an zu schmieren. Gesellen sich noch spürbare Vibrationen hinzu ist es höchste Zeit die Anlage bei mittlerer Geschwindigkeit, möglichst ohne Bremsbetätigung abkühlen zu lassen. Durch eine Aufrüstung der Bremsanlage können in den seltensten Fällen kürzere Bremswege erreicht, wohl aber das Nachlassen der Bremsleistung bei harter Beanspruchung minimiert und die Dosierbarkeit verbessert werden. Dazu gibt es mehrere Möglichkeiten.

Bessere Bremsflüssigkeit

Eine Möglichkeit die Grenzen etwas weiter hinauszuschieben ist die Verwendung einer Bremsflüssigkeit mit höherem Siedepunkt. Unter der Bezeichnung Ferodo Racing DOT 5.1 ist beispielsweise eine Bremsflüssigkeit erhältlich, die erst bei über 260 Grad zu gasen beginnt. Darüber hinaus gibt es noch synthetische Flüssigkeiten auf Silizium-Esther-Basis, die sogar über 300 Grad vertragen. Diese ist allerdings nur für den Rennsport gedacht, sehr teuer und darf auch nicht mit normalen Flüssigkeiten gemischt werden.

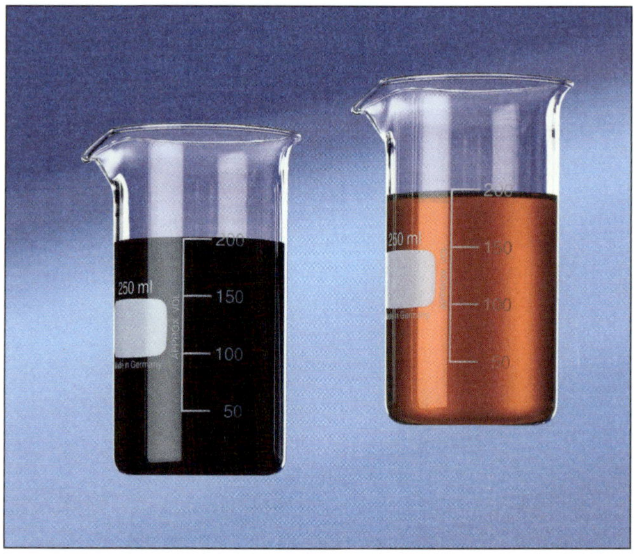

Regelmäßig wechseln: Bei alter Bremsflüssigkeit hilft auch die beste Bremsanlage nichts

Prinzipiell sollten Sie darauf achten die Bremsflüssigkeit regelmäßig erneuern zu lassen. Bei Fahrzeugen mit ESP sollten Sie das lieber die Werkstatt machen lassen, da das System mit Druck entlüftet werden muss.

Änderung der Hardware

Mehr Bremsleistung, bessere Dosierbarkeit und eine höhere thermische Belastbarkeit sind nur durch einen Austausch der Komponenten erreichbar. Klassisches Bremsentuning besteht daher aus drei Elementen, die aufeinander aufbauen:

Schritt 1: Stahlummantelte Bremsschläuche

■ Vorteil: der Druckpunkt der Bremse wird etwas präziser und die Widerstandsfahigkeit gegen Umwelteinflüsse verbessert.

■ Nachteil: Die Bremsanlage muss nach dem Austauschen der Leitungen komplett neu befüllt und entlüftet werden. Das ist allerdings auch eine gute Gelegenheit auf eine höherwertige Bremsflüssigkeit umzusteigen.

Schritt 2: Bremsbeläge aus hitzeresistentem Material.

■ Vorteil: Selbst bei härtester Belastung bleiben Reibwert und Material unverändert.

■ Nachteile: Extrem harte Beläge neigen zum quietschen und bieten unter Umständen erst ab einer gewissen Temperatur die gewohnte Verzögerung. Der Bremsscheibenverschleiß kann zunehmen, denn das harte Belagmaterial frist sich regelrecht in die Scheibe.

Schritt 3: Innenbelüftete, größere und gelochte Bremsscheiben.

■ Vorteil: Da die Beläge weiter außen greifen ist die Hebelwirkung größer. Das bringt bei gleichem Pedaldruck eine stärkere Verzögerung. Löcher oder Nuten in den Scheiben dienen der Selbstreinigung und bieten ein besseres Ansprechverhalten bei Nässe.

■ Nachteil: Große Bremsscheiben und die dazugehörigen Sattel passen nur unter große Räder. Damit wird das Ganze, gemessen am Ergebnis, unverhältnismäßig teuer. Die speziellen Teile kosten im Ersatzfall sehr viel mehr als die VW-Massenware.

Andere Beläge: Im Handel sind verschiedene Qualitäten und Materialien erhältlich

STÖRUNGSBEISTAND

Bremsanlage

Störung	Was kann das sein?	Was muss ich tun?
A Bremsen quietschen	**1** Hochfrequente Schwingungen	Oft hilft es, die Längskanten der Beläge mit einer Feile anzuschrägen, dazu etwas Anti-Quietsch-Paste auf der Rückseite der Beläge
	2 Verglaste Beläge nach extremer Überhitzung	Die Bremsklötze müssen ersetzt werden, dabei die Scheiben genau prüfen
	3 Beläge verschlissen, der Verschleißanzeiger liegt an	Die Bremsklötze müssen ersetzt werden, dabei die Scheiben genau prüfen
B Schwache Bremswirkung	**1** Ungünstige Materialpaarung zwischen Scheiben und Belägen	Scheiben und Beläge ersetzen und dabei Teile vom gleichen Hersteller verwenden
… bei zu hartem Bremspedal	**2** Bremskraftverstärker ausgefallen	Unterdruckanschluss prüfen. Marderbiss?
… bei zu weichem Bremspedal	**3** Bremse überhitzt	Bei langsamer Fahrt abkühlen lassen
	4 Luft im System	Mit speziellem Gerät entlüften lassen und dabei die Bremsflüssigkeit erneuern
C Übermäßiger Verschleiß	**1** Überstrapazieren der Bremse	Lieber etwas stärker und dafür weniger lang bremsen
… an einer Bremse	**2** Schwergängiger Sattel oder Belag verklemmt	Zerlegen und reinigen. Etwas stärkerer Verschleiß an der Kolbenseite ist jedoch normal
… nur vorne	**3** Ungünstige Materialpaarung	Scheiben und Beläge ersetzen und dabei Originalteile verwenden oder größere Bremsanlage verwenden
… nur hinten	**4** Lüftspiel zu gering	Spiel der Handbremse überprüfen. Diese sollte erst nach der ersten Raste greifen
D Handbremse zieht nicht	**1** Automatische Nachstellung funktioniert nicht richtig	Hintere Bremse öffnen, Mechanismus reinigen und Abstand neu justieren
	2 Beläge hinten abgenutzt oder verglast	Bremsbacken tauschen und dabei die Trommel genau inspizieren. Bei Riefen austauschen

Bremsanlage

STÖRUNGSBEISTAND

Störung	Was kann das sein?	Was muss ich tun?
E Bremsflüssigkeitsstand zu niedrig	**1** Starker Verschleiß an den Bremsbelägen	Alle Bremsen auf Verschleiß prüfen und ggf. ersetzen. Beim Zurücksetzen der Kolben steigt der Stand an.
	2 Flüssigkeitsverlust	Undichte Stelle lokalisieren (Bremsleitungen?) Bei deutlichem Leck Auto abschleppen lassen.
F Warnleuchte geht an	**1** Bremsflüssigkeitsstand prüfen	Wenn nötig etwas nachfüllen
	2 ABS- und/oder ESP-Ausfall	Wagen neu starten. Den Fehlerspeicher auslesen lassen. Manchmal ist der Bremslichtschalter Schuld.
G Schiefziehen beim Bremsen	**1** Reifenzustand	Reifenprofil und Luftdruck überprüfen
	2 Eine Bremse ist defekt	An den Felgen die Temperatur erfühlen. Ist eine heißer als die anderen, hängt der Bremssattel, ist eine zu kalt, kommt hier kein Bremsdruck an.
H Hässliche Schleifgeräusche beim Bremsen	**1** Bremsscheiben angerostet	Vor und nach längeren Standphasen die Bremsanlage freibremsen
	2 Bremsbeläge verschlissen	Prüfen, ob der Verschleißanzeiger bereits an der Scheibe kratzt
	3 Fremdkörper in der Bremsanlage	Fahren Sie ein paarmal rückwärts und bremsen sie dann.
I Vibrationen beim Bremsen	**1** Bremsscheiben verzogen	Scheiben genau anschauen. Blaue Verfärbung deutet auf thermische Überlastung hin, dabei können sich die Scheiben verzogen haben
	2 Bremsscheiben verschmiert	Auf den Scheiben können Spuren von Fremdmaterial verblieben sein, die für ein Rubbeln sorgen
	3 Spiel in der Radaufhängung	Querlenker und andere Bauteile prüfen
	4 Ungünstige Materialpaarung	Scheiben und Beläge ersetzen und dabei Originalteile Fahrwerk- und Lenkungsteile können zu Bremsflattern führen.

Ohne Strom geht nichts

Ein Auto braucht im Wesentlichen zwei Dinge um zu Fahren: Kraftstoff und Strom. Während der Kraftstoff als ausgesprochen wertvoll gilt, wird die Stromversorgung sträflich vernachlässigt. Früher oder später rächt sich das: Misteriöse Fehlfunktionen oder sogar der Totalausfall des Bordnetzes sind die Folge. Wir verraten Ihnen, wie sich das mit wenig Aufwand vermeiden lässt und wie Sie zusätzlich Geräte anschließen können.

Elektrik und Elektronik

Batterie, Generator und Anlasser (Starter) sind zusammen für die Arbeitsaufnahme des Motors verantwortlich. Um seine Aufgabe zu erfüllen, ist jedes Bauteil auf das andere angewiesen: Ohne Batterie dreht sich der Anlasser nicht; ohne diesen Starter bleiben Motor und Lichtmaschine (Generator) bewegungslos; ohne Lichtmaschine kann die Batterie verbrauchte Energien nicht erneuern.

Strom für die Fahrt

Natürlich benötigt Ihr Golf auch während der Fahrt elektrischen Strom. Motorsteuerung und Benzineinspritzung müssen mit Energie versorgt werden. Alle weiteren unbedingt erforderlichen oder für Ihre Sicherheit und Bequemlichkeit eingebauten automatischen Systeme sowie die gesamte Lichtanlage sind ohne elektrische Energie arbeitsunfähig. Die Autoelektrik ist also eine wichtige Angelegenheit.
Fast jedem Fahrer fallen zu diesem Thema unangenehme Geschichten ein. Strom wird im Motorraum produziert, und die Arbeitsbedingungen dort sind nicht gerade ideal. Mal ist es zu kalt, mal zu warm, oft ist es feucht und manchmal richtig nass. Batterie und Lichtmaschine, die Stromerzeuger, sorgen daher bisweilen für Ärger. Weil viele Stromverbraucher an exponierten Stellen sitzen, sind auch bei ihnen Störungen vorprogrammiert.

Was ist eigentlich der Unterschied zwischen Elektrik und Elektronik?

Tatsächlich ist der Grenzbereich zwischen Elektrik und Elektronik ziemlich schwammig. Beide funktionieren schließlich mit Strom und beide Gebiete gehören zur Elektrotechnik. Doch während sich die Elektrik eher dem Zusammenhang zwischen Strom und Wirkung, also Strom produzierenden (wie die Lichtmaschine) oder Strom verbrauchenden Maschinen (wie dem Anlasser) widmet, beschäftigt sich die Elektronik mit der Herstellung von Schaltkreisen und Halbleiterelementen.
Anders gesagt: Wird der Strom auf seinem Weg von der Energiequelle zum Verbraucher manipuliert, handelt sich es um Elektronik. Wird irgendwo Strom produziert oder verbraucht, handelt es sich um handfeste Elektrik. Dazu gibt es noch jede Menge Sensoren und Aktoren die Dinge messen und aktiv beeinflussen. Da die Grenzen beim Auto inzwischen fließend sind und Sensorik, mechanische Komponenten, Informatik und Aktorik meist zusammen einen Regelkreis bilden, gibt es heute keine reinen Kfz-Elektriker mehr. Diese Fachleute heißen jetzt Mechatroniker.

Welche Einflussbereiche hat die Elektronik?

Die unterschiedlichen Einflussbereiche der Elektronik auf die Kfz-Technik, lässt sich grob in vier Kategorien aufteilen:
Einen großen Faktor machen zum Beispiel alle Komfortfunktionen, wie Heizung und Klimatisierung, die Zentralverriegelung, der Tempomat (GRA), oder auch die Ausschaltverzögerung der Innenraumbeleuchtung nach dem Schließen der Türen aus.
Ein weiterer Bereich betrifft die Sicherheitseinrichtungen wie das Auslösesystem des Airbags und der Gurtstraffer, die Fahrdynamiksysteme ABS und das darauf aufbauende ESP oder auch die Scheinwerferreinigungsanlage.
Ein weiteres Feld stellen alle Einrichtungen für Kommunikation und Entertainment dar. Zu ihnen zählen zum Beispiel das Radio, der Boardcomputer oder auch das eingebaute Navigationsgerät.
Zum Schluss wäre dann noch der Antriebsstrang mit seinen vielen Sensoren und Reglern zu nennen. Hierzu gehören zum Beispiel der Leerlauf-Drehzahlregler die OnBord-Diagnose sowie der CAN Bus (Controller Area Network), der alle Steuergeräte untereinander vernetzt.

Elektronikbauteil: Steuergeräte wie dieses für den Motor gehören eindeutig der Kategorie Elektronik an

Es sollte also nicht verwundern, dass im modernen Pkw mittlerweile diese Komponenten knapp ein Viertel der Produktionskosten ausmachen. Ohne sie wären aber beispielsweise die strengen Abgasverordnungen erst gar nicht einzuhalten, die aktive und passive Sicherheit nicht auf dem hohen Niveau oder auch eine schnelle und effektive Störungsdiagnose unmöglich.

Elektrik und Elektronik – Fluch oder Segen?

Dennoch sorgen immer mal wieder Defekte an der Elektronik für Ausfälle und damit auch für Verärgerung und Frustration beim Autofahrer. Leider blieb auch der Golf hiervon nicht verschont. Fehlfunktionen der Zentralverriegelung oder der Bremslichter sind auffällig häufige Mängel. Letztere führten in den USA sogar zu einem Millionenrückruf und gehören bei den Prüfberichten des TÜV auch noch heute mit zu den häufigsten Mängelerscheinungen.
Nur allzu gerne wird also manchmal für den Betroffenen der Segen der elektronischen Systeme zum Fluch und man erinnert sich gerne zurück, an die guten alten Zeiten, in denen wenige Meter Kabel und zwei Sicherungen den Elektronikumfang doch recht Überschaubar und damit auch reparierbar machten. Doch viele Verbesserungen und Annehmlichkeiten im Fahrzeug konnten erst durch Regel-/ Steuer- und Kontrollfunktionen, die etliche mechanische oder elektrische Baugruppen ersetzt haben, erzielt werden.

On Bord Diagnose (OBD)

Seit den 1980er Jahren sind alle Automobilhersteller gesetzlich dazu verpflichtet, die abgasbeeinflussenden Systeme wärend des Fahrbetriebs permanent zu überwachen und auftretende Fehler zu speichern. Die On Board Diagnose in Ihrem Golf erfüllt genau diese Aufgabe.
Das System ist ebenso in der Lage Fehler zu erkennen als auch abzuspeichern. Es informiert ggf. auch den Fahrer über eine Anzeige im Cockpit um ihn so dazu zu veranlassen die Werkstatt aufzusuchen.
Die im Golf eingesetzte OBDII ist in der Lage bei der sogenannten Eigendiagnose die Fehlerart (Unterbrechung, Kurzschluss, unplausibles Signal), den Fehlerstatus (sporadisch, resistent) und die Fehlerquelle (z.B. Temperaturgeber, Airbagsensor, Gurtstraffer etc.) zu erkennen. Dies erspart der Werkstatt eine lange und aufwendige Fehlersuche (kein Auftrennen verschiedener Steckverbindungen mit anschließenden und aufwändigen Funktions- und Bauteileprüfungen nötig). Zur Informationsübertragung wurde eine Diagnoseschnittstelle geschaffen, die eine Kommunikation zwischen den eingesetzten Steuergeräten und einem angeschlossenen Diagnosetester ermöglichen.
Der Informationsfluss ist in beide Richtungen möglich, d.h. der Tester kann nicht nur Daten empfangen, sondern auch Befehle und Daten an das Steuergerät senden. Zusammen mit dem Werkstattreparaturleitfaden hilft dieses System der Werkstatt das Einkreisen des Fehlers zu beschleunigen, die Reparatursicherheit zu erhöhen und damit auch Reparaturkosten zu senken. Die Diagnosegeräte haben sich mittlerweile vom einfachen Fehlerauslesegeräte zu richtigen Hightechrechnern mit Eingriffsmöglichkeiten in die Steuergeräteumgebung entwickelt. Damit ein solches System funktionieren kann, müssen alle System miteinander vernetzt sein und untereinander kommunizieren können. Dies ermöglicht der sogenannte CAN-Bus.

CAN-Bus Technologie

Seit Anfang der 1990er Jahre ist zur Datenübertragung im Fahrzeug der CAN-Bus Industriestandard. Über bidirektionale Leitungen werden elektrische Signale mit einer Übertragungrate von bis zu 500 kBit/s als eine Art Morsecode zwischen den Steuergeräten ausgetauscht. Der Code enthält neben den Daten auch Informationen für welches Steuergerät seine Daten relevant sind und für welche nicht. Heutzutage

Fahrzeugdiagnose u. Service-Informations-System VAS 5053: Das robuste Diagnosetool gibt es seit Dezember 2004. Das werkstattaugliche Touchscreen-Gerät kostet ca. 1800 Euro

können dadurch in einem Fahrzeug eine Unmenge von Komponenten und Systemen unterschiedlichster Anwendungsgebiete miteinander arbeiten. Diese Systeme müssen ständig und verlässlich untereinander Kommunizieren um sich gegenseitig aufeinander abzustimmen.

Was tun wenn die Elektronik spinnt?

Bei einem Elektronikdefekt ist guter Rat teuer. Denn das Ermitteln der Fehlerquelle, die sogenannte Diagnose, ist heutzutage ohne ein entsprechendes Diagnosetool, wie im Bild zu sehen, nicht möglich. Diagnosegeräte können dabei aber weitaus mehr als nur den Fehlerspeicher auslesen.

Das moderne VW-System verbindet gleich mehrere Funktionen miteinander. Eine geführte Fehlersuche erläutert dem Servicetechniker ein schrittweises Vorgehen zum Beheben des aufgetretenen Fehlers. Erste Hilfe können Sie aber auch ohne aufwendige Technik selber an Ihrem Golf leisten. Wenn beispielsweise die Innenraumleuchten willkürlich zu blinken und flakkern beginnen, können Sie einen Reset der Elektronik durchführen. Dazu müssen Sie die Batterie am besten für mehrere Stunden abklemmen (Achtung: Radiocode bereithalten). Danach ist der Fehlerspeicher gelöscht. Tritt der Fehler nun nicht erneut auf, haben Sie Glück gehabt und der Fehler war willkürlich. Zeigt sich jedoch kurz darauf das gleiche Fehlerbild, bleibt Ihnen eine ordentliche Diagnose in der Werkstatt leider nicht erspart.

Data-Link Connector DLC: Über die genormte DLC-Schnittstelle wird auf die Steuergeräte zugegriffen. Am Stecker wird die Hardware zur Störungsdiagnose angeschlossen

WISSENSWERTES

Grundbegriffe der Elektrik

Spannung (Volt): Vergleichbar mit dem Druck in einer Wasserleitung. Je größer der Druck, umso schärfer der Strahl. Autos benutzen derzeit ein 12 Volt-Bordnetz, in naher Zukunft wird die Voltzahl wohl deutlich erhöht. Besonders hohe Spannungen werden in Zündanlagen bereitgestellt. Bis zu 40 000 Volt sorgen dafür, dass der Strom auch größere Distanzen überspringen kann. Im Grunde soll er das aber nur an der Zündkerze, weshalb alle spannungsführenden Teile gut isoliert sind.

Stromstärke (Ampere): Vergleichbar mit der Durchflussmenge am Wasserhahn. Neben der Spannung, die zu Stromüberschlägen führen kann, ist die Stromstärke das eigentlich Gefährliche am Strom. Wird dicht an der Stromquelle einen Kurzschluss verursacht, fließt maximaler Strom. Vergleichbar einem Wasserrohrbruch, der eine ganze Straße unter Wasser setzen kann.

Leistung (Watt): Das Produkt aus Spannung und Strom gibt an, welche elektrische Arbeit ein Verbraucher abgibt beziehungsweise aufnimmt. Das hängt wiederum von dessen Widerstand ab. Bildlich gesprochen: Der wenig geöffnete Wasserhahn kann bei hohem Druck die gleiche Menge abgeben wie ein voll geöffneter Hahn bei geringem Druck. Wieviel entnommen werden soll, bestimmt allein der Verbraucher und dessen Aufnahmefähigkeit.

Widerstand (Ohm): Fließt der Strom ungehindert, ist der Widerstand=0. Bei einer Unterbrechung des Stromkreises dagegen unendlich. Jeder Verbraucher bietet normalerweise einen gewissen Widerstand, wenn auch zum Teil einen sehr geringen. Kurzschluss: Wenn Sie zum Beispiel mit einem Schraubenschlüssel beide Batteriepole verbinden, kann durch den massiven Stahl fast unendlich Strom fließen. Das schweißt sogar den Schlüssel an den Polen fest! Vor Kurzschlüssen im Bornetz schützen Schmelzsicherung mit ihrer dünnen Drahtbrücke. Dieser Draht ist das genau definierte schwächste Glied im Stromkreis und brennt bei Überlastung durch. Der Stromfluss wird somit unterbrochen und weiterer Schaden vermieden.

Die Batterie

Damit Ihr Fahrzeug starten kann, muss der Anlasser (Starter) ausreichend Power erhalten. Das sind im Augenblick des Starts bis zu 2.000 Watt, gegenüber knapp 400 Watt, die dem Starter zum Durchdrehen des warmen Motors genügen. Diese Startenergie bereitzustellen, ist die wichtigste Aufgabe der Batterie. Sechs in Reihe geschaltete Zellen bilden das Herz einer 12-Volt-Auto-Batterie. Jede Zelle besteht aus positiven und negativen Hartblei-Gitterplatten. Die positive Platte enthält Bleidioxid, die negative Platte reines Blei. Dazwischen sitzt ein Separator. Er trennt die beiden Platten voneinander, lässt aber den Elektrolyten, bei Säurebatterien Schwefelsäure plus destilliertes Wasser, bei Gel-Batterien ein gasungsfreies, auslaufsicheres Gel, durch feinste Poren passieren. Im Inneren der Batterie laufen chemische Prozesse ab, durch die sie Energie aufnimmt und im Rahmen ihrer Kapazität speichert.

Bei der Stromabgabe wird chemische in elektrische Energie umgewandelt. Dabei setzt die Blei-Säure-Batterie Gase frei, die zentral abgeführt werden. Ein Rükkzündungsschutz verhindert die Zündung des brennbaren Gases. Bei Batterien mit Rohr und Schlauch für die Zentralentgasung darf der Schlauch nicht abgeklemmt werden! Bei Batterien mit nur einer Öffnung in der oberen Deckelseite muss diese frei von Verstopfungen sein.

Kauf und Entsorgung der Batterie sind geregelt

Zum Schutz der Umwelt sind Kauf und Entsorgung einer Autostarterbatterie per Gesetz geregelt. Ein Pfandsystem verhindert, dass Batterien unsachgemäß entsorgt werden und dadurch giftige Inhaltsstoffe in die Umwelt gelangen können.

Eine ausgediente Batterie muss beim Händler oder der Werkstatt abgegeben werden. Dort ist man verpflichtet, die Alt-Akkus unentgeltlich abzunehmen. Beim Kauf einer Batterie muss ein Alt-Akku zurückgegeben oder ein Pfand gezahlt werden. Haben Sie für die alte Batterie bereits Pfand gezahlt, erhalten Sie dort, wo Sie die Batterie gekauft haben (natürlich nur gegen Vorlage der Quittung) Ihr Geld wieder zurück.

Geben Sie beim Kauf einer Batterie eine alte zurück, für die Sie noch kein Pfand entrichtet haben, ist es egal, wo Sie sie gekauft haben. Ein Pfand für die neue Batterie entfällt aber auch in diesem Fall.

WISSENSWERTES: Batterie Begriffe und Normen

Kennzeichnung. Ist auf dem Gehäuse der Batterie, bezeichnet ihre Eigenschaften. Beispiel: 12V 340A 70Ah (12V = Nennspannung; 340A = Kälteprüfstrom; 70Ah = Nennkapazität).

Nennspannung. Die allgemeine Spannungsabgabe beträgt bei allen Golf IV-Modellen 12V (Volt). Die tatsächliche Spannung hängt vom Ladezustand der Batterie ab.

Nennkapazität. Entspricht dem Speichervermögen einer Batterie, gemessen in Amperestunden (Ah). Gibt an, wieviel die vollgeladene Batterie bei 25 Grad in 20 Stunden abgeben kann, ohne dass dabei die Spannung unter 10,5V absinkt (Entladeschlussspannung). Das Standlicht des Golf nimmt z.B. 25 Watt auf. Bei der Bordspannung von 12V gibt die Batterie nach der Formel Strom (A) = Leistung (W) geteilt durch Spannung (V) einen Strom von 2,08 Ampere ab. Mit einer 40Ah-Batterie könnten Sie also theoretisch 19,2 Stunden mit eingeschaltetem Standlicht parken.

Kälteprüfstrom. Ein definierter Entladestrom in Ampere (A), der einer 12-Volt-Batterie bei -18 Grad C entnommen werden kann, ohne dass die Spannung innerhalb von 30 Sekunden unter 9 Volt, innerhalb von 150 Sekunden unter 6 Volt absinkt.

Selbstentladung. Chemische Vorgänge im Inneren der Batterie führen zur Entladung, auch wenn kein Verbraucher angeschlossen ist. Eine geladene Starterbatterie verliert täglich etwa 0,5 Prozent ihrer Ladung. Hohe Temperaturen, Beschädigungen und Verschmutzungen des Batteriedeckels beschleunigen die Selbstentladung.

Umweltthema: Kauf und Entsorgung von Autobatterien unterliegen strengen Regelungen im Sinne der Umwelt

Die unterschiedlichen Batterien im Golf

Im Lauf der mehrjährigen Produktionszeit setzte VW unterschiedliche Starterbatterien für den Golf ein. Ein Differenzierungsmerkmal ist zum Beispiel der Wartungsaufwand, der auch im Zusammenhang mit dem Longlife-Paket steht. Fahrzeuge mit Longlife-Service besitzen in den meisten Fällen auch eine als wartungsarm geltende Batterie. Sie ist unter anderem an dem sogennannten magischen Auge erkennbar. Dieses Guckloch an der Batterieoberseite ermöglicht eine werkzeuglose Säure- und Ladezsutandskontrolle. Anhand der Farbe erkennen Sie den Ladungszustand und den Füllstand. Die Angabe gilt aber nur für die Zelle in der sich das magische Auge befindet. Da das Gehäuse in diesem Fall auch schwarz sein kann, ist die exakte Beurteilung des Batteriezustands nur durch eine Belastungsprüfung möglich.
Fahrzeuge mit herkömmlicher Batterie besitzen kein magisches Auge. Der Säurepegelstand ist durch das weiße Gehäuse sichtbar. Die seitlich abgebrachte Min/Max-Markierung gilt als Orientierung. Eine weitere Kontrollmöglichkeit bietet sich nach dem Ausschrauben der Zellverschlusstopfen. Im Inneren der Zelle erkennen Sie einen Kunststoffsteg, welcher der Füllhöhe des Max-Standes entspricht. Schließt der Flüssigkeitsstand mit dem Steg bündig ab, ist der Säurestand in Ordnung. Andernfalls füllen Sie destilliertes Wasser nach. Sie können aber den Ladezustand bei dieser Batterie nur mit einem Prüfgerät (z.B. Multimeter) bestimmen. Wie Sie dazu Vorgehen finden Sie im Arbeitsabschnitt. Batterien sollten alle 5 Jahre erneu-

Der grüne Punkt: Ein Blick genügt zur Kontrolle der Batterie

GEFAHRHINWEISE

Batterien

Beim Umgang mit Blei-Säure-Batterien gelten folgende Sicherheitsvorschriften: Feuer, Funken, offenes Licht und Rauchen sind verboten. Vermeiden Sie Funkenbildung durch elektrostatische Entladungen und Kurzschlüsse (Werkzeuge nie auf der Batterie ablegen!). Vor dem Aus- und Einbau von Blei-Säure-Batterien müssen alle schaltbaren Stromverbraucher sowie der Motor aus sein, damit es nicht zu einer Funkenbildung kommt. Aufgrund der Verätzungsgefahr tragen Sie unbedingt eine geeignete Brille zum Schutz der Augen und Schutzhandschuhe. Batterie nicht kippen! Ladegerät erst nach dem Anschließen an die Batteriepole einschalten, vor dem Abklemmen ausschalten. Beim Laden von Batterien entsteht hochexplosives Knallgasgemisch: Es besteht daher Explosionsgefahr! Bei erforderlichem Schnelladen darf sich das Gehäuse nicht über 55 Grad erhitzen! Halten Sie Kinder von Säure und Batterien fern. Entsorgen Sie Altbatterien nach Vorschrift und nie über den Hausmüll!

Noch ein paar Worte zur Batterie

Bei Blei-Säure-Batterien kann die Batterieflüssigkeit Wasser verlieren. Auch Selbstentladung durch lange Standzeiten oder Tiefentladung durch versehentlich nicht ausgeschaltete Stromverbraucher kommen als Ursache in Frage.
Füllen Sie bei einem Säurepegelstand unter Max nur destilliertes Wasser nach, weil Leitungswasser ebenso wie abgekochtes Wasser mineralische Stoffe enthält, die der Batterie schaden.
Wirkt die Batterie trotz richtigem Säurestand kraftlos, wird per Säureheber die Säuredichte in der Batteriezelle geprüft. Diese Prüfung gibt zusammen mit der Belastungsprüfung Aufschluss über den Batteriezustand.
Eine ausgebaute Batterie oder den Akku in einem vorübergehend stillgelegten Fahrzeug sollten Sie einmal im Monat nachladen. Verwenden Sie dazu aber nur Geräte, die ausgewiesen ohne Strom- und Spannungsspitzen arbeiten. Batteriestopfen müssen gut schließend eingeschraubt sein. Die Batterie muss zum Laden eine Mindesttemperatur von 10°C haben. Schnellladen schadet der Batterie und ist nur im Ausnahmefall (z. B. bei Starthilfe) akzeptabel.

Anlasser, Lichtmaschine und Spannungsregler

Der Golf ist mit einem so genannten Schub-Schraubtrieb-Anlasser ausgestattet: Die Benziner bis 2,0 Liter mit einem 1,1 kW-Starter, die 2,3- und 2,8-Liter Benziner sowie die TDI mit 2,0-kW-Anlassern.

Wie funktioniert eigentlich der Anlasser?

Beim Drehen des Zündschlüssels in Richtung Start gibt das Zündschloss Spannung an die Halte- und Einzugswicklungen (1 und 2) des Einrückrelais (13) frei, das oben auf dem Anlasser sitzt.
Der Relaisanker zieht den Einrückhebel (4) an. Dieser schiebt über Führungsringe und Einspurfeder den Mitnehmer mit dem Zahnritzel (7) gegen den Zahnkranz des Motorschwungrads, wodurch sich diese Teile drehen. Der Anker (18) des Startermotors dreht sich noch nicht, der Hauptstrom für Erreger- und Ankerwicklung ist noch nicht eingeschaltet. Erst wenn das Ritzel so weit eingespurt ist, dass das Ende des Schubweges erreicht ist und die Kontaktbrücke im Einrückrelais an den Relaiskontakten anliegt, wird der Startermotor eingeschaltet.
Der nun umlaufende Starteranker schraubt durch die Wirkung des Steilgewindes das im Zahnkranz gegen Drehung festgehaltene Ritzel weiter in den Zahnkranz hinein, bis es am Anschlagring (9) der Ankerwelle (8) anschlägt. Die Einzugswicklung ist kurzgeschlossen, die Haltewicklung hält den Relaisanker bis zum Abschluss des Startvorgangs in der eingezogenen Stellung fest. Der Motor wird durchgedreht.
Ist der Motor angesprungen, steigt die Drehzahl des Starterritzels über die Leerlaufdrehzahl des Startermotors an. Der Rollenfreilauf (6) löst die kraftschlüssige Verbindung zwischen Ritzel und Ankerwelle. Der Anker wird vor Hochdrehen geschützt, das Ritzel bleibt im Eingriff.
Beim Ausschalten des Startschalters gehen Einrückhebel, Mitnehmer und Ritzel durch die Rückstellfeder (3) in die Ruhestellung zurück. Das Ritzel bleibt bis zum nächsten Startvorgang in der Ruhelage.

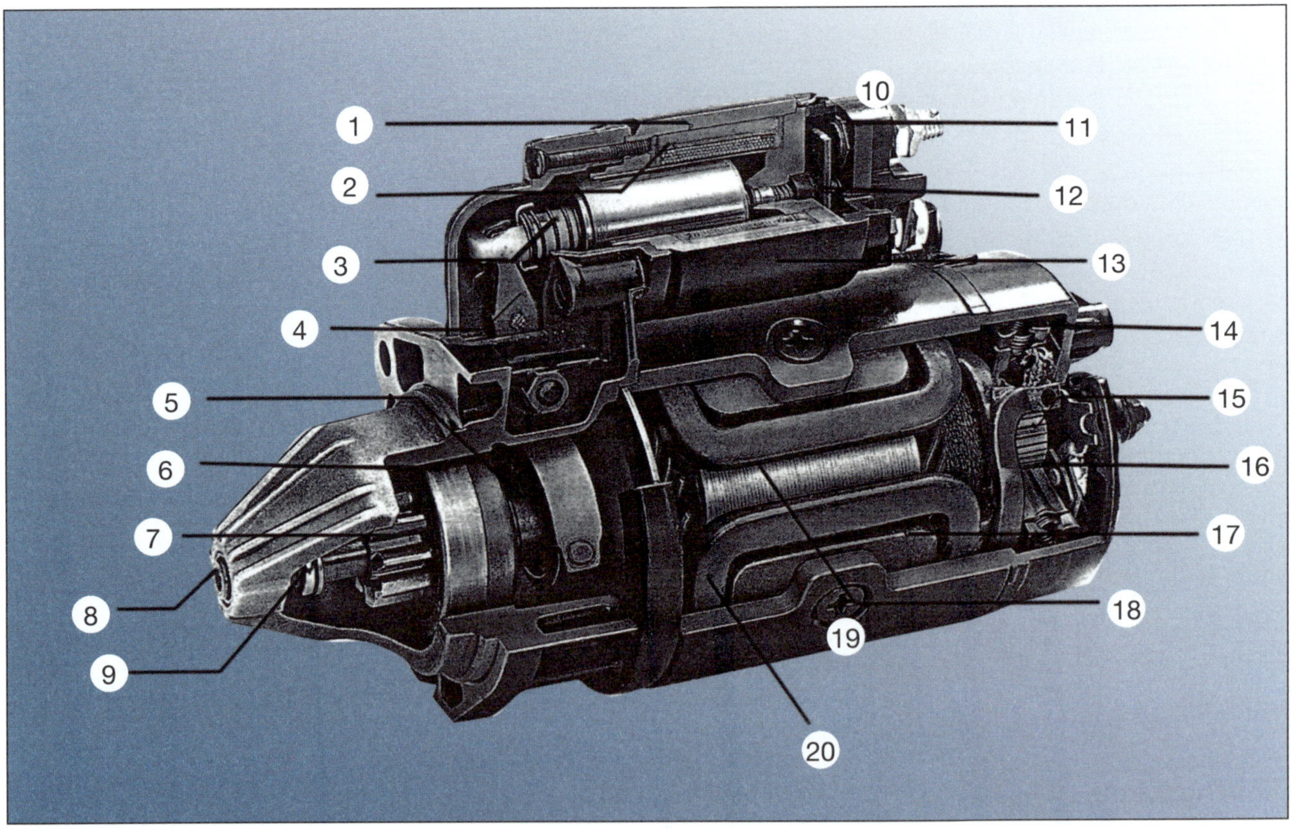

Aufbau eines Anlassers: (1) Antriebslager, (2) Starterritzel, (3) Einrückrelais, (4) Anschlussklemme 30, (5) Verschlussdeckel, (6) Bürstenhalterplatte mit Kohlebürsten,(7) Erregerwicklung, (8) Polgehäuse, (9) Anker, (10) Polschuh, (11) Planetengetriebe (Vorgelege), (12) Einrückhebel,(13) Einspurgetriebe

Der Generator (Lichtmaschine)

Ein leistungsfähiger Drehstrom-Synchrongenerator ist das Kraftwerk (Lichtmaschine) Ihres Fahrzeugs. Er versorgt schon bei Leerlauf des Verbrennungsmotors alle elektrischen Aggregate mit Strom und lädt ständig die Batterie auf. Der Generator im Golf bringt es auf etwas mehr als 2 kW elektrische Leistung. Angetrieben wird die Lichtmaschine über den Keilrippenriemen.
Eine Drehstrom-Lichtmaschine produziert dreiphasigen Wechselstrom. Da die Batterie mit Gleichstrom geladen werden muss, besorgen Leistungsdioden die Gleichrichtung des Wechselstroms. Diese Gleichrichter verhindern auch die Entladung der Batterie bei stehendem Fahrzeug.

Der Spannungsregler

Je schneller die Lichtmaschine dreht, um so höher steigt die Spannung – wie bei einem Fahrraddynamo. Ein solches Auf und Ab ertragen weder die Stromverbraucher im Auto noch die Batterie. Ein Regler schützt daher vor Überspannungen und verhindert ein Überladen der Batterie.
Der Regler ist an die Lichtmaschine angeschraubt – er reguliert die Betriebsspannung je nach Temperatur von Batterie und Umgebung auf Werte zwischen 13,8 und 14,5 Volt (sogenanntes 14-Volt-Toleranzfeld). Der Generator ist praktisch wartungsfrei, da es nichts zu schmieren gibt. Selbst die Schleifkohlen sind ohne weiteres für 100.000 Kilometer gut. Reparaturen an der Lichtmaschine müssen Sie der Werkstatt überlassen.

Typische Defekte an der Elektrik

Funktioniert der Anlasser nicht, sind meist mehrere Teile die Ursache. Der Magnetschalter oder die Schleifkohlen können klemmen oder stark abgenutzt sein. Auch ein Verschluß der Lagerung ist möglich. Es kann vorkommen, dass sich der Anlasser bei geladener Batterie nicht oder zu langsam dreht und den Motor nicht durchzieht. Dann sollten auch die Lei-

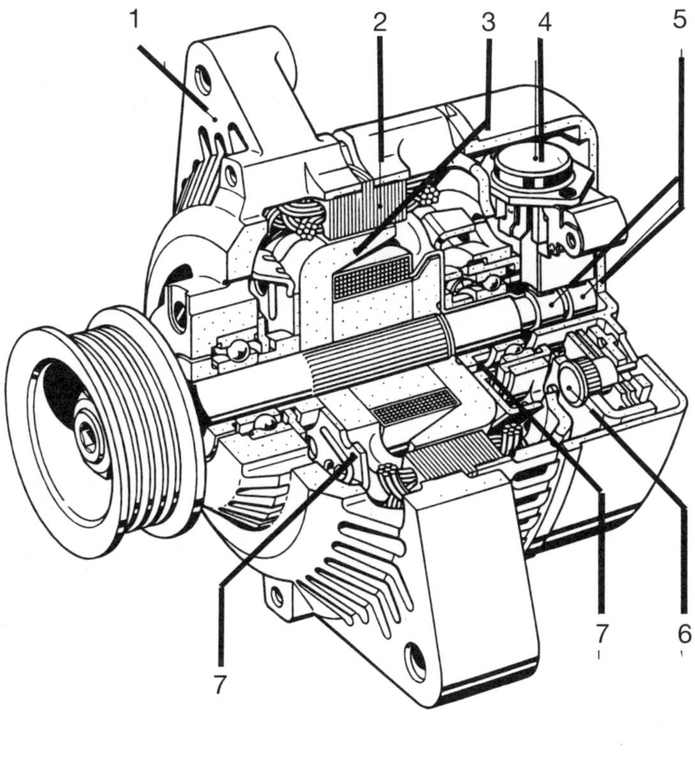

Aufbau einer Lichtmaschine: (1) Gerhäuse, (2) Stator, (3) Läufer, (4) elektronischer Feldregler mit Bürstenhalter, (5) Schleifringe, (6) Gleichrichter, (7) Lüfter

tungsanschlüsse am Magnetschalter und die Massebänder zwischen Motor, Aufbau und Batterie auf festen Sitz überprüft werden. Diese Teile dürfen nicht oxidiert sein. Bei allen Arbeiten an der Lichtmaschine gelten die bekannten Hinweise:
Nach Abklemmen des Massekabels den Minuspol der Batterie am besten mit Isolierband abkleben, Generator nicht bei angeschlossener Batterie ausbauen, beim Ausbau Radio-Codierung beachten, nach Wiedereinbau Fehlerspeicher auslesen.
Fahrzeuggeneratoren und Anlasser sind übrigens Austauschteile: Ein defekter wird beim Kauf eines überholten oder neuen Teils in Zahlung genommen.
Liefert die am Vortag intakte Batterie keinen Strom, hat vielleicht ein defekter Verbraucher im Bordnetz den Akku über Nacht leergesaugt. Das Überprüfen Sie zunächst mit einer Strommessung. Wenn nötig ermitteln Sie dann den betreffenden Verbraucher.

Schäden an Leitungssätzen

Bei Schäden an Leitungssätzen (Kabel, Kabelbäume) ist es wichtig, die Ursache wie Schmoren/Überhitzung, Scheuern, Klemmen, Quetschen, Durchtrennen, Ermüdunsgsbruch, Korrosion, Marderbiss oder Montagefehler herauszufinden. Nur so kann sichergestellt werden, dass sich der Schaden nach der Reparatur nicht wiederholt. Ersetzen Sie niemals eine defekte Sicherung mit einer sehr viel stärkeren Sicherung oder gar einer massiven Brücke! Angeschmolzene Kabel oder sogar Kabelbrände können die Folge sein. Gehen Sie den Dingen lieber auf den Grund. Wie Sie bei der Fehlersuche am Besten vorgehen, erklären wie auf den folgenden Seiten.

Keine Angst vor der Elektronik!

Aller elektronischer Fehlerteufel zum Trotz, sind nötige Arbeiten an der elektrischen Anlage durchaus nicht immer von der kompliziert gewordenen Elektronik verursacht. Gerade Batterie, Lichtmaschine und Anlasser, die schon die gesamte Entwicklungsgeschichte des Automobils begleiten, sorgen ebenso häufig für Ärger.
Weil viele Stromverbraucher an exponierten Stellen sitzen, sind auch bei ihnen Störungen vorprogrammiert. Sie brauchen daher nicht gleich den Mut zu verlieren, wenn Sie einen Schalter drücken und nichts geschieht. Oft sitzt nur ein Kabel lose oder ein Kontakt ist im Laufe der Zeit korrodiert.

Etwas Kenntnis ist von nöten

Gar nicht so wenige Störungen an der Elektrik lassen sich mit einfachen Mitteln beheben. Man muss sich natürlich etwas auskennen, weswegen wir Ihnen Grundbegriffe erläutern und Hilfen bieten wollen.
Wie bei anderen Baugruppen auch, gehören dennoch viele Störungen in die Fachwerkstatt. Denn das A und O angesichts vielfältiger Elektrik/Elektronik an Bord ist häufig doch die aufwändige Diagnose- und Messtechnik. Das moderne Auto kann sich nämlich sehr gut merken, wenn etwas nicht stimmt und Fehler im Fahrbetrieb auftreten. Die entsprechende Software speichert im Steuergerät ganz genau unter welchen Betriebsbedingungen, wann und wie oft welcher Fehler aufgetreten ist.

Messen mit dem Multimeter

Mit dem Multimeter können eine Vielzahl von Fehlerquellen gefunden werden. Dazu gibt es drei Grundeinstellungen, je nach dem, was gemessen werden soll:

Multitalent: Der Umgang mit dem Multimeter ist nicht schwer und doch sehr hilfreich. Spannung, Stromstärke oder der Widerstand eines Verbrauchers können leicht ermittelt werden

■ Die Stromstärke (A)
Die Stromstärke wird immer in Reihe gemessen. Der gesamte Strom muss durch das Messgerät geleitet werden. Dazu wird der Stromkreis aufgetrennt, das Messgerät ergänzt quasi das fehlende Stück Leitung.

Typische Anwendungen:
-Aufspüren von stillen Verbrauchern
-Bestimmung von Kabelquerschnitten

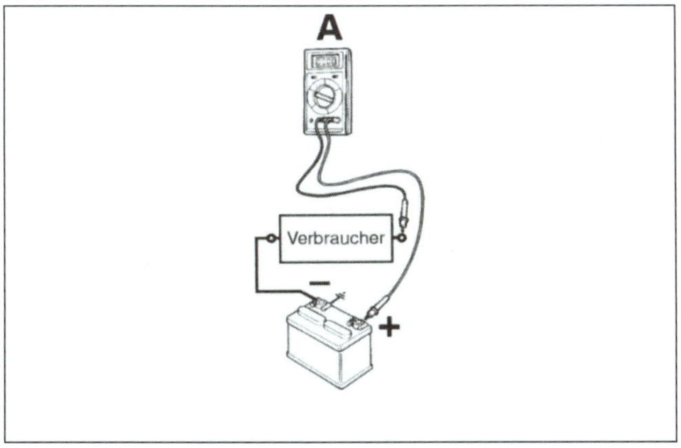

■ Die Spannung (V)
Die Spannung wird parallel gemessen. Dazu das Messgerät mit rot an Plus und mit schwarz an Minus (oder Masse) anschließen. Im Auto wird ausschließlich Gleichspannung (DC) mit 12 Volt verwendet.

Typische Anwendungen:
-Ladezustand der Batterie prüfen
-Fehlersuche bei Ausfall von Komponenten
-Spannungsverlust durch Übergangswiderstände an Steckern oder durch oxidierte Kabel feststellen

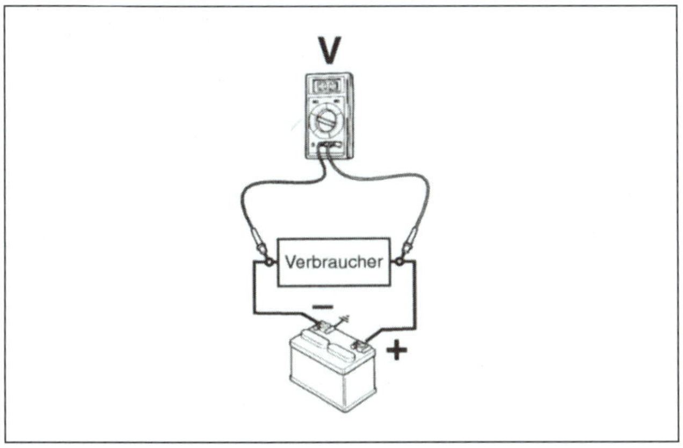

Stromstärke, Spannung und Widerstand: Je nach Einsatz werden die Anschlussenden des Multimeters in Reihe oder Parallel angelegt

■ Der Widerstand (Ohm)
Der Widerstand eines Verbrauchers wird mit Hilfe der im Messgerät verbauten Batterie gemessen. Dazu wird der Verbraucher aus dem Stromkreis getrennt und mit Hilfe der Batterie ein kleiner Prüfstrom durch den Verbraucher geschickt. Immer zunächst mit der höchsten Ohm-Skala beginnen und dann schrittweise verringern, bis ein Widerstand abgelesen werden kann. Einige Geräte haben auch einen Durchgangs-

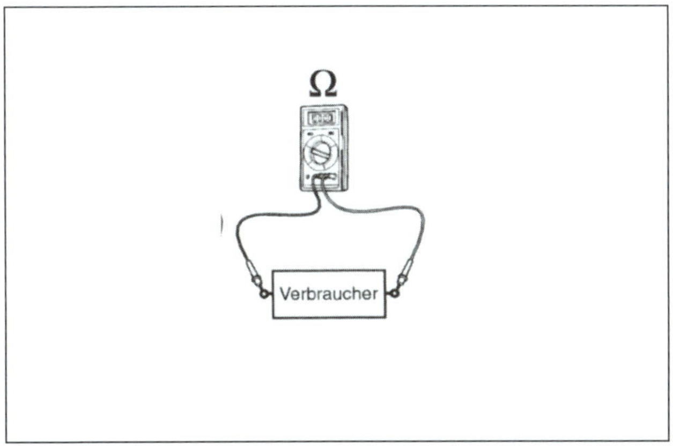

prüfer, der bei Widerstand gegen Null ein optisches oder akustisches Signal ausgibt.

Typische Anwendungen:
-Massefehler feststellen
-Durchgangsprüfung von Schaltern
-Glühlampen oder anderen Verbrauchern

Beim Messen: Die filigrane Prüfspitze des Multimeters kommt selbst in entlegenste Ecken und Winkel, wie hier beim Prüfen der Diesel-Glühkerzen

Leitungen und Sicherungen

An den meisten Stromverbrauchern im Golf sind zwei Kabel angeschlossen. Doch oft lässt sich nur eine Leitung vom Verbraucher zur Batterie oder zum Generator zurückverfolgen.
Die andere ist meist schon nach wenigen Zentimetern am Blech der Karosserie, am Motor oder am Getriebe festgeschraubt oder an einer Steckerzunge eingesteckt.

Metallteile leiten Masse

Die Automobilbauer machen sich hier ein physikalisches Prinzip zunutze – Metallteile, in der Autoelektrik als Masse bezeichnet, können nämlich Strom leiten. Man spart daher die langen Kabel für die Rückleitung des Stroms zum Minuspol der Batterie ein und überlässt diese Aufgabe der Masse. Wenn ein Verbraucher nicht funktioniert, liegt das häufig an fehlender Masseverbindung. Der Kontakt zur Fahrzeugmasse wird auf Umwegen hergestellt, wodurch das elektrische System gestört wird. In manchen Fällen reicht die Masseverbindung nicht aus. Dann wird ein zusätzliches Kabel gelegt, das in der Regel braun eingefärbt ist.

Kabel und Klemmen

Trotz der rationellen Bauweise gibt es im Golf jede Menge Kabel. Das scheinbare Gewirr ist freilich sehr gut geordnet, denn die Kabelfarben weisen den Weg. Zudem sind die meisten Anschlüsse an den Mehrfachsteckern wie an den Relais nummeriert. Bei der Nummerierung folgt man der DIN-Norm. Auf weißen Kabeln finden Sie zur Identifzierung zusätzliche Nummern.

Die Sicherungen

In Ihrem Golf sorgen zahlreiche Sicherungen für den Schutz der elektrischen Systeme. Eine Sicherung ist Teil eines Stromkreises.
Sie tritt in Aktion, wenn zum Beispiel bei einem Kurzschluss (defekter Verbraucher, beschädigtes Kabel) der Strom plötzlich stark ansteigt. Das Innenleben der Sicherung wird zerstört, der Stromfluss unterbrochen, eine Überlastung des Stromkreises verhindert – übrigens auch dann, wenn Sie an einen bereits voll ausgelasteten Stromkreis zusätzliche Verbraucher anschließen.

Sicherungen in mehreren Stromkreisen

Damit Ihr Fahrzeug bei einem elektrischen Defekt nicht ohne Strom dasteht, sind die Sicherungen auf verschiedene Stromkreise verteilt. Die Einspritzanlage und die meisten elektrischen Aggregate haben eine eigene Absicherung. In einem separaten Sicherungskasten mit Relaisplatte überwachen verschiedene Hauptsicherungen auch den Stromfluss zwischen Batterie und Verbrauchern wie Anlasser und Lichtmaschine und schützen so die gesamte Fahrzeugelektrik bei Störungen durch Kabelbrand oder Kurzschluss.

Sicherungskasten: Hinter der Klappe seitlich am Armaturenbrett verbirgt sich der Sicherungskasten. Mit der weißen Plastikzange können Sie besser als mit den Fingern einzelne, defekte Sicherungen entnehmen

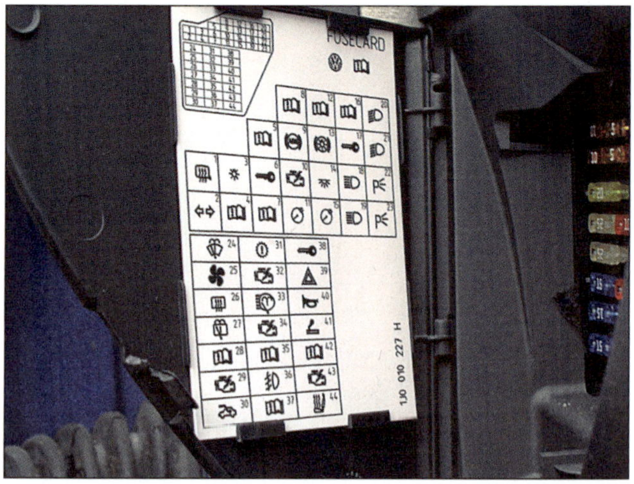

Sicherungsbelegung: Die Sicherungsbelegung ist abhängig von Baujahr, Motorisierung und Ausstattung Ihres Fahrzeugs. Die Belegung bei Ihrem Auto finden Sie auch im Deckel vor dem Sicherungskasten

Sicherungsbelegung

Nr	Ampere	Verbraucher
1	10	Beheizbare Scheibenwaschdüsen
2	10	Blinkanlage
3	5	Beleuchtung Handschuhfach
4	5	Kennzeichenbeleuchtung
5	7,5	Komfortelektrik, Geschwindigkeitsregel anlage (GRA), Sitzheizung, Klima-Anlage
6	5	Zentralverriegelung
7	10	Rückfahrleuchten
8	5	Telefonanlage
9	5	ABS-Steuergerät
10	10	Motorsteuergerät / Benziner
11	5	Schalttafeleinsatz, Magnet für Wählhebel sperre (bei automatischem Getriebe)
12	7,5	Spannungsversorgung Diagnose, Telefon
13	10	Bremsleuchten
14	10	Innenleuchten, Leseleuchten, Make-up-Spiegel, Zentralverriegelung
15	5	Schalttafeleinsatz, automatisches Getriebe
16	10	Magnetkupplung, Kühlerlüfternachlauf
17	-	Nicht belegt
18	10	Fernlicht rechts
19	10	Fernlicht links
20	10	Abblendlicht rechts, Leuchtweitenregulierung
21	10	Abblendlicht links
22	5	Standlicht rechts
23	5	Standlicht links
24	20	Scheibenwischeranlage, Waschpumpe
25	25	Frischluftgebläse, Umluftanlage, Klima-anlage, Climatronic
26	20	Heckscheiben-, Spiegelheizung
27	10	Heckwischer
28	15	Kraftstoffpumpe
29	15	Motorsteuerung / Benziner
	10	Motorsteuerung / Diesel
30	20	Schiebedach
31	20	Automatikgetriebe
32	10	Motorsteuerung / Einspritzventile Benziner
	15	Motorsteuerung / Diesel
33	20	Scheinwerferreinigungsanlage
34	10	Motorsteuerung
35	30	Steckdose Anhängevorrichtung
36	15	Nebelscheinwerfer und Schlussleuchte
37	10	S-Kontakt
38	15	Kofferraumleuchte, Zentralverriegelung
39	15	Warnblinkanlage
40	20	Signalhorn (Hupe)
41	15	Zigarettenanzünder
42	25	Radio
43	10	Motorsteuerung
44	15	Sitzheizung

Die Auswahl der richtigen Sicherung

Die Sicherungen sind nach Belastbarkeit farblich markiert.

Kennfarbe	Stromstärke in Ampere
Schwarz	1
Grau	2
Violett	3
Rosa	4
Hellbraun	5
Dunkelbraun	7,5
Rot	10
Hellblau	15
Gelb	20
Weiß/ farblos	25
Hellgrün	30
Blaugrün	35
Orange	40
Hoch belastbare Sicherungen:	
Pink	30
Rot	50
Gelb	60
Schwarz	80

Die Beleuchtung

Die Fahrzeugbeleuchtung ist das zentrale aktive Sicherheitselement im nächtlichen Straßenverkehr. Ein neuzeitlicher Autoscheinwerfer soll angesichts immer höherer Verkehrsdichte den Gegenverkehr möglichst nicht blenden, auch bei höheren Geschwindigkeiten die Fahrbahn gut ausleuchten und dem Fahrzeug ein unverwechselbares Gesicht geben. Die wichtigsten Teile eines Scheinwerfers sind Lichtquelle, Reflektor und Streuscheibe, wobei moderne Scheinwerfer schon ohne Streuscheibe auskommen. Der Blinker ist fester Bestandteil des Scheinwerfers, er lässt sich nicht separat austauschen. Als Lichtquelle setzt VW bei den Scheinwerfern Halogenlampen ein. Der Reflektor war früher fast ausschließlich parabolisch, heute gibt es Stufenreflektoren, Freiformflächen oder Systeme mit Abbildungsoptik PES. Die Reflektoren aus Stahlblech oder Kunststoff sind mit einer dünnen Schicht Aluminium plus Spezialschicht präpariert. Streuscheiben aus Glas oder Kunststoff streuen oder bündeln das Licht zur Erzielung des gewünschten Ausleuchtungseffekts. Sie haben normalerweise nach innen hin ein Raster optischer Elemente (Linsen, Prismen), sind neuerdings aber auch völlig klar – also nur noch Schutz- und keine eigentlichen Streuscheiben.

Diese Ersatzlampen sollten Sie an Bord haben:

Glühlampe für:	Typ	Leistung
Abblendlicht	H2	55 W
Fernlicht	H1	55 W
Nebelscheinwerfer	H3	55 W
Standlicht vorn	Glassockel	5 W
Blinklicht vorn (gelb)	Bajonett	21 W
Seitliche Blinker (gelb)	Stecksockel	5 W
Bremslicht	Bajonett	21 W
Schlusslicht Golf	Bajonett	10 W
Brems-/Schlusslicht (Variant)	Bajonett	21/5 W
Blinklicht hinten	Bajonett	21 W
Rückfahrlicht	Bajonett	21 W
Nebelschlusslicht	Bajonett	21 W
Gepäckraumleuchte	Glassockel	3 W
Kennzeichenleuchte	Soffitte	5W

Der Freiflächenreflektor

Der so genannte Freiflächen-Reflexionsscheinwerfer Ihres Golf erzeugt einen genau definierten Lichtkegel auch ohne Streuscheibe. Die optimale Form des Reflektors ist nach speziellen mathematischen Verfahren per Computer berechnet.

Bestimmte Segmente im Reflektor sind bestimmten Bereichen auf der Straße zugeordnet. Infolge dadurch ermöglichter kleinerer Brennweiten können im Bauraum herkömmlicher parabolischer Reflektoren drei getrennte Reflektoren für Abblendlicht, Fernlicht und

Designerstück: Zu den markantesten Merkmalen des Golf gehören ohne Zweifel die Klarglasscheinwerfer an seiner Front. Die schwere Zugänglichkeit der Lampen lässt aber den Glühbirnenwechsel gern auch mal zur Geduldsprobe werden

Nebellicht untergebracht werden. Gleichzeitig wird die Lichtausbeute erhöht.

Spezialglas für die Streuscheibe

Der Gesetzgeber schreibt für das Abblendlicht eine spezielle Lichtverteilung vor – mit einer asymmetrischen Hell-Dunkel-Grenze, bei der sich das Lichtmaximum auf der rechten Seite der Fahrbahn konzentriert. Damit diese Vorgaben eingehalten werden, ist die übliche Streuscheibe auf der Innenseite mit Zylinderlinsen, Prismen und Parallelflächen ausgestattet, die das vom Reflektor kommende Licht in der gewünschten Richtung verteilen.
Beim Golf besteht die allerdings klare, wegen der modernen Reflektoren von optischen Elementen freie Streuscheibe aus Kunststoff, der gegen Steinschlag zehnmal widerstandsfähiger ist als Glas. Eine harte Decklackschicht schützt vor Kratzern. Ein anderer Effekt des Kunststoff-Einsatzes: Der Scheinwerfer ist etwa ein halbes Kilogramm leichter als einer mit Glasscheibe.

DE-Nebelscheinwerfer serienmäßig

DE ist die Abkürzung für dreiachsiger Ellipsoid und bezeichnet die Form der Reflektorflächen. Die Technik erlaubt Scheinwerfer besonders kleiner Bauart mit hoher Lichtleistung. Sie funktionieren ähnlich wie Dia-Projektoren: Eine Blende, die wie ein Dia wirkt, begrenzt die Lichtverteilung und erzeugt die Hell-Dunkel-Grenze. Sie ist beim DE-Licht besonders scharf, weshalb es für Nebelscheinwerfer sehr gut geeignet ist. Eine Linse übernimmt die Funktion des Objektivs und projiziert die Lichtverteilung auf die Straße. Jüngste Entwicklung sind die Poly-Ellipsoid-Systeme PES.

Ständige Kontrolle der Beleuchtung

Lassen Sie die Einstellung der Scheinwerfer an Ihrem Fahrzeug regelmäßig prüfen – zum Beispiel bei den im Herbst stattfindenden Aktionen von ADAC, TÜV und Dekra. Außerdem sollten Sie vor jeder Fahrt die Beleuchtung Ihres Fahrzeugs kontrollieren.
Dazu Zündung einschalten und nacheinander Standlicht, Abblendlicht, Fernlicht und Nebelscheinwerfer einschalten. Am Heck des Wagens müssen Rücklichter, Kennzeichenleuchten, Rückfahrscheinwerfer und Nebelschlussleuchte einwandfrei funktionieren. Legen Sie sich einen kleinen Vorrat an Lampen für unterwegs an.

Xenonlicht

Der Golf ist ab September 1999 auch mit der Sonderausstattung „Scheinwerfer mit Gasentladungslampen" lieferbar. Die Xenon-Technik bringt eine tageslichtähnliche Lichttemperatur, einen zweieinhalbfachen Lichtstrom im Vergleich zur Halogenlampe und einen um 35 Prozent niedrigeren Energieverbrauch. Die Ausleuchtung der Fahrbahn ist besser, ebenso die Reichweite des Lichtes.

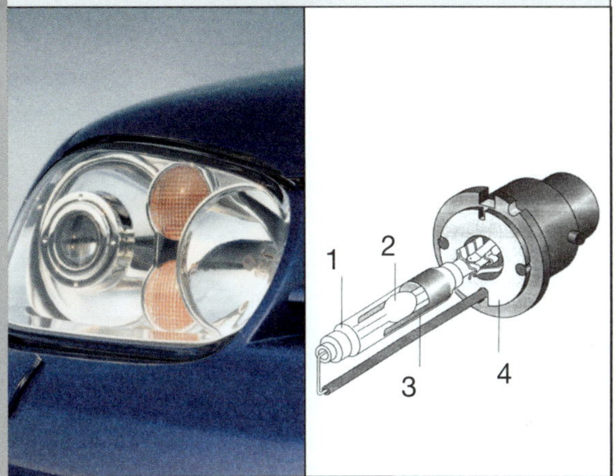

Xenonlampe D2R: (1) Glaskolben, (2) Entladungsraum, (3) Schalter, (4) Lampensockel

Statt einer Glühlampe kommt hier eine Gasentladungslampe zum Einsatz. Beim Anlegen der Zündspannung (10 bis 20 kV) wird das Gasgemisch aus Xenon und Metallhalogeniden zwischen den Elektroden leitend. Damit wird ein Lichtbogen gezündet. Durch kontrollierte Zufuhr von 400 Hz-Wechselstrom verdampft die metallische Füllsubstanz und strahlt dabei Licht ab. Für Einschaltvorgang und Betrieb braucht die Lampe ein elektronisches Vorschaltgerät.
Wegen des starken Lichts muss ein Auto mit Xenon-Lampen eine automatische Leuchtweiten-Regulierung haben. Achtung: Den Lampenwechsel darf nur ein VW-Betrieb durchführen. Bei unsachgemäßem Umgang mit dem Hochspannungsteil der Lampe besteht unter Umständen Lebensgefahr. Weniger gefährlich ist die Nachrüstung von Gasentladungslampen. Legale Sets zeichnen sich durch die enthaltenen Scheinwerferreinigungsvorrichtungen aus, die bei Xenonlichtern gesetzlich vorgeschrieben sind. Der Markt bietet sogar schon Bi-Xenon Lösungen an (Siehe „Besser machen").

Instrumente und Geräte

Die meisten Messstellen im Inneren Ihres Golf werden durch elektronische Bauteile kontrolliert. Das spart Ihnen jede Menge Arbeit, weil Sie nur noch wenige Anzeigen und Kontrolllämpchen beachten müssen. Die allerdings sollten Sie stets im Blick haben und eventuelle Fehlanzeigen in jedem Fall ernst nehmen: Leuchtet während der Fahrt plötzlich eine Kontrollleuchte auf, ist dies grundsätzlich ein Alarmzeichen. Vor allem den rot aufleuchtenden Symbolen muss höchste Aufmerksamkeit gelten, sie haben oberste Priorität und signalisieren eine Gefahr (anhalten, Motor abstellen!). Gelbe Symbole signalisieren eine Warnung (begleitet von warnendem Signalton).

PRAXISTIPP

Instrumente zeigen nicht an

Öldruck-Kontrolle leuchtet nicht (nach dem Start): Zündung einschalten, Kabel am Öldrukkschalter abziehen und an blankes Metall halten. Brennt das Warnlicht jetzt, ist der Öldruckschalter defekt und muss ausgetauscht werden. Leuchtet die Kontrolle nicht, ist entweder die Zuleitung, die Leiterfolie des Kombi-Instruments oder die Warnlampe defekt.
Keine Tankanzeige: Entweder ist das Anzeigeinstrument oder der Tankgeber defekt (Schwimmer klemmt). Eventuell ist auch die Stromzufuhr unterbrochen. Im elektrischen Teil der Kraftstoff-Vorratsanzeige ist nur eine eingeschränkte Fehlersuche möglich. Abdeckung am Geber abnehmen und prüfen, ob an den Zuleitungen zum Mehrfachstecker und am Geber selbst Durchgang vorhanden ist (siehe Kapitel „Die Kraftstoffversorgung").
Kühlmittel-Warnleuchte brennt nicht: Der Geber der Temperaturwarnleuchte ist ein doppelter Geber, der mit einem Kontaktpaar die Motronic und mit dem anderen Kontaktpaar das Kombi-Instrument versorgt. Er sitzt im Kühlmittelrohr hinter dem Zylinderkopf. Messen Sie nach den Hinweisen im Kapitel „Das Kühlsystem" mit einem Multimeter den Widerstand des Gebers.

Kontroll- und Warnleuchten

Zwei der brisantesten Warnleuchten betreffen die Bremsen und Motorschmierung. Blinkt die Öldrukkleuchte während der Fahrt rot auf, sofort anhalten, Motor abstellen, Ölstand prüfen. Entweder muss Öl nachgefüllt werden oder es liegt ein Fehler vor – dann darf der Motor auch nicht einmal mehr im Leerlauf laufen. Fachmännische Hilfe ist angesagt.

Häufige Fehlermeldungen der gelben Ölwarnleuchte kommen beim Golf aber auch aus nur schwer erklärlichen Ursachen zustande. Meist weiß bei diesem Problem leider auch die Werkstatt keinen Rat. Eine mögliche Fehlerquelle könnte die Motorhaubensensorik (bei Fahrzeugen mit Longlife Service) sein. Diese überwacht die Häufigkeit der Motorhaubenöffnungen und leitet daraus das Wartungsbemühen des Fahrers ab. Treten bei der Übertragung dieser Information zum Steuergerät Störungen auf, geht die Motorelektronik von einem Missstand der Schmiermittel aus (trotz des Ölstandssensors in der Ölwanne). Die Folge ist die besagte Warnmeldung.
Leider kann die Warnung aber auch nicht einfach übergangen werden. Was wäre, wenn sich die Elektronik doch nicht irrt und Ihrem Motor tatsächlich Schaden droht ? Es bleibt Ihnen also leider nichts außer der Kontrolle des Ölstands.

Brennt die rote Kontrollleuchte für die Bremsanlage, können drei Probleme vorliegen. Welche Funktion gemeint ist, wird mit einem Informationshinweis auf dem Display in der Mitte der Instrumententafel angezeigt: Ist der Bremsflüssigkeitsstand zu niedrig, heißt die Warnung "Stop! Bremsflüssigkeit / Betriebsanleitung", stimmt etwas mit ABS, EDS, ASR oder ESP nicht, lautet der Hinweis: "Stop! Bremsenfehler / Betriebsanleitung".

Wenn der dritte Fall vorliegt, ist am schnellsten Abhilfe zu schaffen: „Handbremse angezogen".

Eine weitere Warnung betrifft die Funktionstüchtigkeit der Abgasanlage. Störungen zeigt Ihnen die Anzeige mit dem gelb Aufleuchtenden Motorblock im Tachometer. Auch hier gilt: Um weiteren Schaden zu vermeiden unverzüglich eine Werkstatt aufsuchen.

Sensoren, Kabel und Schalter

Die Kontrollsysteme selbst arbeiten nun auch nicht immer ohne Störungen. Manchmal sind Sensoren oder Kabel beschädigt, bisweilen sorgt somit auch ein kaputter Schalter für eine Fehlinformation.

Bedeutung der Kontroll- und Warnleuchten

- Fehler in der Bremsanlage
- Nebelscheinwerfer
- Warnblinker
- Instrumentenbeleuchtung
- Fernlicht
- Nebelschlussleuchte
- Scheibenwischer mit Waschanlage
- Heckscheibenwaschanlage
- Lichthauptschalter
- Heckscheibenheizung
- Scheinwerferreinigungsanlage
- Suchscheinwerfer
- Scheibenwaschanlage
- Innenraumbeleuchtung
- Arbeitsscheinwerfer
- Scheibenwischer
- Lüfter/Heizgebläse
- Spiegelheizung
- Rundumleuchten
- Motorsteuerung (Benziner)
- Wegfahrsperre
- Airbag-Systemstörung
- Kühlmitteltemperatur / Kühlmitelstand
- Bremsbelagverschleissanzeige
- Kraftstoffreserve (ca. 7 Liter)
- Motoröldruck / gelb: Motorölstand
- Abgaswarnleuchte
- ASR/ ESP
- ABS Störung,
- Bremsenstörung (blinkend) / Handbremse angezogen
- Wischwasserstand
- Geschwindigkeitsregelanlage GRA

Lichterspiel nach Zündung ein: Das Aufleuchten aller Kontrollanzeigen dient zum Funktionstest der kleinen Lampen

Die Schaltrelais

In Ihrem Golf gibt es eine Reihe von Verbrauchern, die im Vergleich zu anderen einen hohen Strom aufnehmen. Sie werden jedoch nicht direkt durch den Schalter in Betrieb genommen. Diese Aufgabe übernimmt das Schaltrelais. Wenn Sie einen Schalter betätigen, aktivieren Sie dadurch zunächst nur einen geringen Schaltstrom. Beim Einschalten des betreffenden Verbrauchers wird im Schaltrelais durch den Schaltstrom der Schaltstromkreis geschlossen. Dadurch zieht eine Magnetspule einen kräftigen Kontakt gegen Federdruck an und schließt so den Stromkreis für den Arbeitsstrom. Der Arbeitsstrom wird zur Vermeidung von Spannungsabfall auf kurzem Weg direkt an das Relais herangeführt und von dort – bei geschlossenen Schalterkontakten – an den Stromverbraucher weitergeleitet. Vorteil der Relaiskonstruktion: Die Schalterkontakte werden nicht durch hohen Stromfluss beansprucht. Außerdem vermeidet man Spannungsverluste, die bei langen Kabelwegen zwischen Schalter und Verbraucher entstehen würden.

Spezielle Relaistypen

Die Schaltrelais befinden sich auf der Relaisplatte und auf dem 13-fachen Zusatzrelaisträger oberhalb der Relaisplatte. Weitere Relais finden Sie hinter der Armaturentafel auf der Fahrerseite am Zentralträger und im Motorraum in der E-Box.
Daneben gibt es im Golf noch Relaistypen, die bestimmte Funktionen auslösen. Dazu gehören das Blinkrelais (im Warnblinkschalter), das die Blinkimpulse steuert, und das für den Intervallbetrieb der Scheibenwischer zuständige Scheibenwischer-Relais.

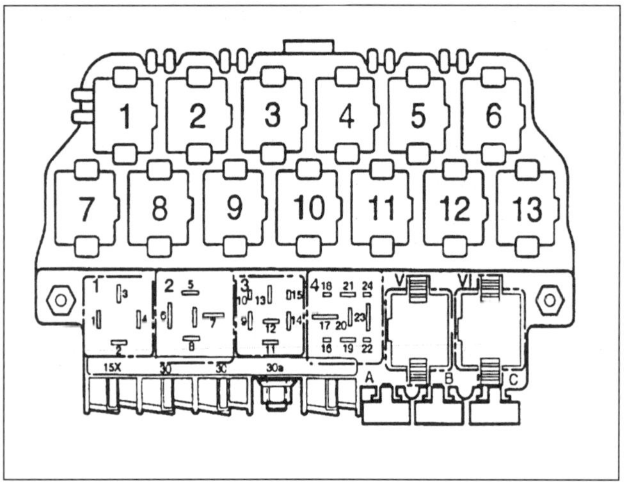

Belegung der Relais

Die Relaisplatte und der 13-fache Zusatzrelaisträger oberhalb der Relaisplatte sind wie folgt mit Relais (mit arabischen und römischen Zahlen nummeriert) und Sicherungen (mit Buchstaben gekennzeichnet) belegt. Die Zahlen in Klammern geben dabei die Bauteilnummern in den Schaltplänen an.

Relaisplatte:

1 Relais für Doppeltonhorn (53),
2 Entlastungsrelais für X-Kontakt (18),
3 nicht belegt,
4 Kraftstoffpumpenrelais (167) und Relais für Glühkerzen (103),
V Relais für Wisch-Wasch-Intervallautomatik,
VI weiteres Wisch-Wasch-Relais für die Fälle ohne Scheinwerferreinigungsanlage (377), mit Scheinwerferreinigungsanlage (378) und mit Regensensor (192).
A Sicherung für Sitzverstellung,
B nicht belegt,
C Sicherung für Fensterheber, Zentralverriegelung und beheizbare Außenspiegel.

13-facher Zusatzrelaisträger:

(oberhalb der Relaisplatte)
1 Relais für Nebelscheinwerfer (53),
2 Relais für Heckdeckelfernentriegelung (79),
3 Relais für Anlasssperre,
4 und 5 nicht belegt,
6 Relais für D-Netz Telefon (147),
7 Relais für elektronische Drehzahlkontrolle EPC (94),
8 Relais für Tagesfahrlicht (173),
9 Steuergerät für Taxi-Alarmanlage und Relais für Kraftstoffpumpe beim syncro-Diesel (53),
10 Steuergerät für Taxi-Alarmanlage und Relais für Glühkerzen TDI (nur für USA; 180),
11 Relais für Anlasssperre und Rückfahrlicht (175),
12 Relais für Spannungsversorgung Klemme 30 (109),
13 Relais für Kühlerlüfter (53) und Relais für Kühlerlüfternachlauf (181).
D nicht belegt,
E Sicherung für Fensterheber hinten,
F Sicherung für Diebstahlwarnanlage Blinker/15 A,
G Sicherung für Diebstahlwarnanlage Horn/15 A.

Batterieprüfung – Säurestandskontrolle und Kontaktpflege

Unter normalen Betriebsbedingungen macht die Wartung Batterie im Golf wenig Aufwand. Bei hohen Außentemperaturen oder langen oder auch extrem kurzern, täglichen Fahrten empfiehlt es sich jedoch, den Säurestand von Zeit zu Zeit zu prüfen. Auch nach jedem Ladevorgang ist der Säurestand zu kontrollieren. Die Batterieflüssigkeit aus Schwefelsäure und destilliertem Wasser kann bei hohen Temperaturen oder bei defektem Lichtmaschinen-Spannungsregler Wasser verlieren. Auch eine Selbstentladung (lange Standzeiten) oder eine Tiefentladung durch einen nicht ausgeschalteten, starken Stromverbraucher (wie bespielsweise eine Kühlbox in der Steckdose hinten im Kofferraum) kommen als Ursache in Frage.
Füllen Sie aber wenn nur destilliertes Wasser nach – die im Leitungs- sowie auch abgekochtem Wasser enthaltenen leitfähigen Salze und weitere mineralische Stoffe, schaden der Batterie.

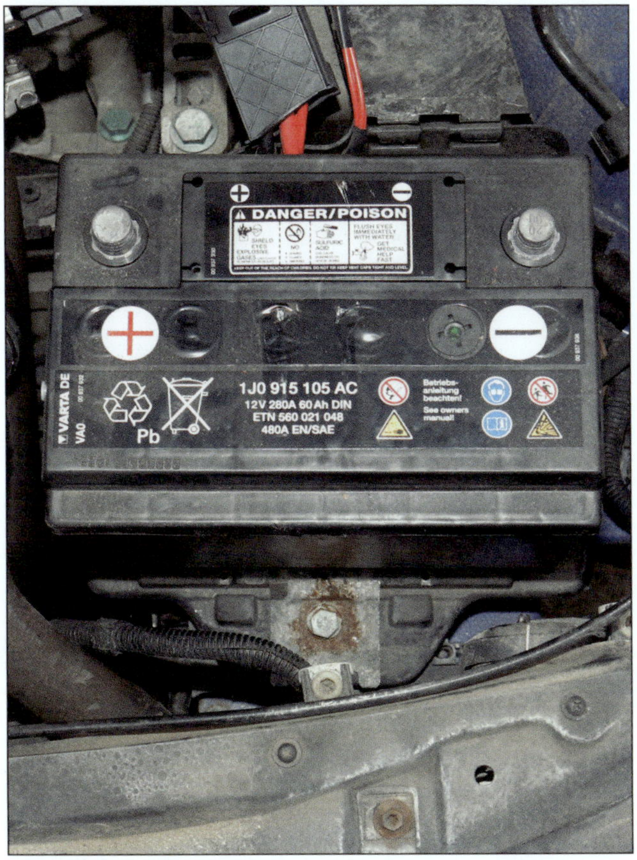

Kein Fetten mehr nötig: Für die Batteriepole entfällt beim Golf das früher übliche Fetten der Pole

Arbeitsschritte:

Hinweis: Beachten Sie bei allen Arbeiten an der Batterie stets die Gefahrenhinweise (s. Kasten Gefahrenhinweise).

■ Führen Sie die Kontrolle des Batterisäurestands einmal jährlich, zum Beispiel im Herbst, oder ca. alle 15.000 km durch.

■ Die Batterie befindet sich rechts vorne im Motorraum und reicht fast an den linken Frontscheinwerfer heran. Auf der Längsseite der Batterie sind Säurestandsmarken aufgebracht. Kontrollieren Sie diese.

■ Die Batteriesäure muss mindestens bis zur MIN-Markierung am Gehäuse reichen (Oberkanten der Platten müssen gut bedeckt sein), darunter darf der Stand nicht abfallen. Richtig ist es, den Säurestand immer auf der MAX-Marke zu halten.

■ Bei Batterien mit „magischem Auge" (Batterien mit schwarzem oder weißem Gehäuse) ist die Kontrolle sehr erleichtert:
Im Sichtfenster zeigt eine Farbänderung ungünstig veränderten Lade- oder Säurezustand an. Luftblasen können die Farbanzeige verfälschen. Klopfen Sie leicht auf das magische Auge!
Im Normalfall ist die Anzeige grün. VW schreibt für das Nachfüllen oder Absaugen (zu hoher Säurestand) die Batterie-Füllflasche VAS 5045 vor.

■ Bei einer geladenen Batterie bis zum oberen Strich (15 mm über den Oberkanten der Platten) mit destilliertem Wasser auffüllen.

■ In eine stark entladene Batterie nur so viel Wasser füllen, dass die Platten gerade bedeckt sind – beim Aufladen steigt der Säurestand erheblich. Erst nach dem Laden bis zur oberen Marke nachfüllen.

■ Den Akku nicht überfüllen – die Säure tritt sonst an den Verschlussstopfen oder an der seitlichen Entlüftungsbohrung aus. Das verursacht Korrosion und Säurekristalle an der Oberfläche der Batterie oder an Funktionsteilen im Motorraum. Daher überschüssige Batteriesäure unbedingt absaugen.

Batterie Sichtprüfung

Die Pflege der Kontakte sichert die Leitfähigkeit und verhindert Korrosion an den jeweiligen Polanschlüssen. Haben sich dennoch an den Polen Oxidkristalle abgelagert gehen Sie wie folgt beschrieben vor.

Arbeitsschritte:

- Oxidkristalle an den Batterieklemmen mit warmem Sodawasser abwaschen oder mit Neutralon (Varta-Produkt) behandeln.

- Volkswagen schreibt neuerdings vor, dass die Batteriepole nicht mehr gefettet werden dürfen.

- Die Batterie-Polklemmen dürfen nur gewaltfrei von Hand aufgesteckt werden, um Beschädigungen des Gehäuses zu vermeiden. Klemmenanzugsdrehmoment : 6 Nm.

- Gehäuse auf Risse und Beschädigungen inspizieren, insbesondere auf ausgelaufene Batteriesäure. Diese sofort mit Seifenlauge abspülen!

- Batteriepole und die angebrachten Leitungsanschlüsse auf Beschädigungen kontrollieren. Bei Polschäden ist der erforderliche Kontakt nicht sichergestellt.

- Halterung kontrollieren, auf der die Batterie sitzt.

- Lose (montierte) Batterien sind erhöhten Erschütterungne ausgesetzt, wodurch sich ihre Lebensdauer verkürzt, zudem besteht erhöhte Explosionsgefahr.
Bei einem Unfall stellt eine lose Batterie ein zusätzliches Sicherheitsrisiko dar.

Bei lose montierten Batterien bestehen folgende Gefahren:

- Verkürzte Lebensdauer durch Rüttelschäden. (Explosionsgefahr)

- Bei nicht sachgemäßer Befestigung der Batterie kommt es zu Beschädigungen der Gitterplatten der Batterie.

- Beschädigung des Batteriegehäuses durch den Befestigungsbügel (möglicher Säureaustritt, hohe Folgekosten).

Batterie: Beim Golf finden Sie die Batterie rechts vorn im Motorraum hinter dem Frontscheinwerfer. In diesem Beispiel des 1,4l Motors ist sie in einer Ummantelung verpackt

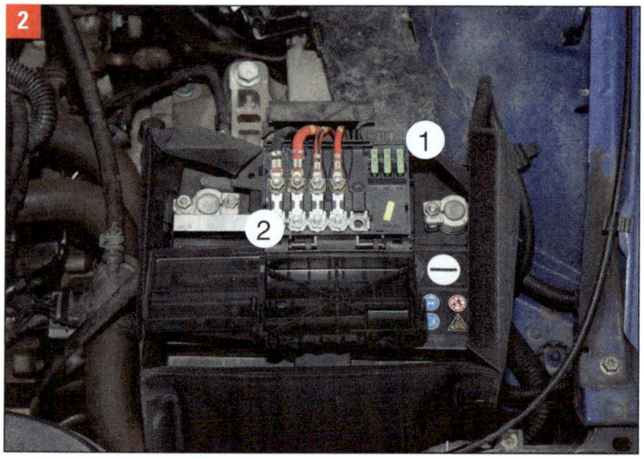

Sicherungskasten geöffnet: (1) die drei Hauptsicherungen im Sicherungskasten an der Batterie und weitere Anschlussklemmen mit Streifensicherungen (2)

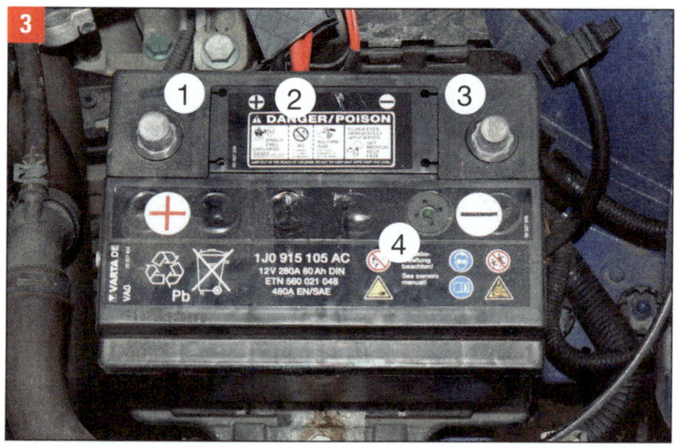

Ausgepackte Batterie (o. Hauptsicherungskasten): (1) Pluspol, (2) Warnhinweise, (3) Minuspol, (4) „Magisches Auge", das Sichtfenster zur Anzeige von Lade- und Säurezustand (farblos oder hellgelb: destilliertes Wasser nachfüllen!)

Batterie aus- und einbauen

Bevor Sie die Batterie ausbauen können, müssen Sie die Abdeckung der Scheinwerfer entfernen (falls vorhanden) eventuell das Luftfiltergehäuse und den Sicherungshalter auf der Batterie demontieren. Der Sicherungskasten ist entweder mit Clips oder mit Schrauben befestigt.

Ausbau:

■ Schalten Sie die Zündung aus. Klemmen Sie das Batterie-Masseband am Batterie-Minuspol ab, damit beim weiteren Hantieren kein Kurzschluss entstehen kann. Mutter an der Klemme des Minuskabels lösen, Klemme vom Batteriepol abnehmen.

■ Zum Öffnen des Sicherungshalters die Verriegelungslaschen zusammendrücken und Abdeckung aufklappen.

■ Schrauben Sie die Befestigungsschraube A des Stromleitbleches von der Plusklemme der Batterie ab.

■ Zum Abklemmen der angeschlossenen Leitungen an den Streifensicherungen schrauben Sie die Befestigungsschrauben B ab.

■ Drücken Sie mit dem Daumen auf den Spannbügel und hebeln Sie mit einem Schraubendreher die Verrastung des Hebels mit der Batterie auf. Nehmen Sie den Sicherungshalter nach oben von der Batterie ab.

■ Pluskabel-Klemme lösen und abnehmen.

■ Sechskant-Schraube M8 x 25 am Batteriefuß losdrehen und den Befestigungsbügel abnehmen.

■ Batterie herausheben.

Einbau:

■ Achten Sie beim Einbau darauf, dass nur Batterien mit 10,5 mm Fußleisten verwendet werden, um festen Sitz zu gewährleisten. Die Nase des Batterieträgers muss so in die Aussparung der Fußleiste eingreifen, dass sich die Batterie nicht mehr nach links oder rechts verschieben lässt. Nur so ist Rüttelsicherheit gegeben, um die Bleiplatten vor Schäden zu bewahren.

■ Zuerst das Pluskabel mit 6 Nm an der Befestigungsschraube anschließen, dann das Minuskabel.

■ Zur Aktivierung des automatischen Tief-/Hochlaufs fahren Sie alle Türscheiben mit elektrischen Fensterhebern bis zum Anschlag nach oben. Anschließend betätigen Sie alle Fensterheberschalter für mindestens eine Sekunde in Stellung „schließen".

■ Stellen Sie die Zeituhr neu ein (Drehstab rechts neben der Uhr).

■ Bevor Sie den Motor starten, lassen Sie die Zündung für zehn Sekunden eingeschaltet. Dadurch aktivieren Sie das Motorsteuergerät.

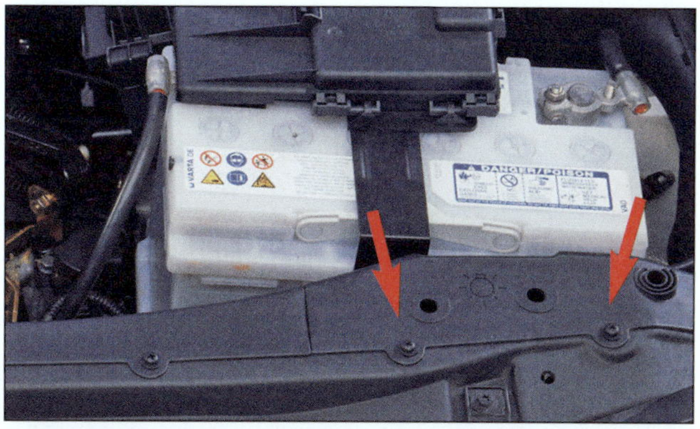

Abdeckung: Falls vorhanden, muss zuerst diese Abdeckung durch lösen der Schrauben (Pfeile) entfernt werden

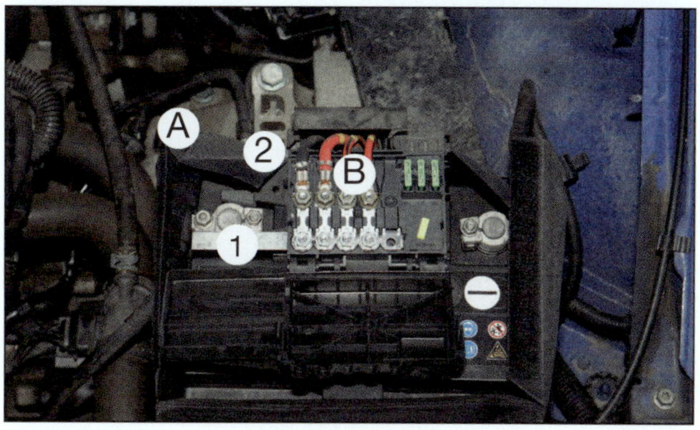

Im aufgeklappten Sicherungshalter sind das Stromleitblech 1 mit der Befestigungsschraube A, darunter die Pluspolklemme, etwas weiter rechts der Spannbügel 2, in der Mitte die Befestigungsschrauben B zu sehen – rechts daneben die Minuspolklemme der Batterie

Ladezustand und Kapazität der Batterie prüfen

Wirkt die Batterie trotz richtigem Säurestand kraftlos, sollten Sie den Ladezustand kontrollieren. Dazu verwenden Sie einen handelsüblichen Säureheber (Aräometer). Seine Skala zeigt die Dichte des Elektrolyten in der Batteriezelle an. Sie können zur Messung auch ein hochgenau anzeigendes Multimeter verwenden (Anzeigegenauigkeit ± 0,02 Volt): Die Werte der Ruhespannung geben Aufschluss über den Ladezustand.

Säuremessung

■ Führen Sie die Messung erst durch, wenn die letzte Aufladung mindestens sechs Stunden zurückliegt.

■ Schrauben sie alle Batterie-Stopfen (Verschlussstopfen der Batteriezellen) heraus und tauchen Sie den Säureheber senkrecht in die Batteriezelle (1). Dann soviel Batteriesäure ansaugen, bis die Messspindel frei in der Säure schwimmt. Je höher die Säuredichte, desto mehr taucht der Schwimmer auf.

■ An der Skala des Säurehebers können Sie die Säuredichte in kg pro Kubikdezimeter (l) ablesen.

■ Vergleichen Sie nun den abgelesenen Messwert mit den Werten in der Tabelle.

■ Die Säuredichte muss mindestens 1,24 kg/l betragen. Ferner dürfen die Messwerte für die Säuredichte der einzelnen Batteriezellen nicht mehr als 0,03 kg/l voneinander abweichen. Ist die Dichte zu gering: Batterie laden. Nach dem Laden die Säuredichteprüfung wiederholen.

Ladezustand in normalen Klimazonen:

Spezifische Dichte (kg/l)	Zustand der Batterie
1,28	voll geladen
1,22	halbentladen
1,15	entladen

PRAXISTIPP

Belastungsprüfung der Batterie

Im Zusammenhang mit der Säuredichteprüfung gibt eine Belastungsprüfung Aufschluss über den Zustand der Batterie. Erforderlich ist dazu ein Batterieprüfgerät. Wird ein Gerät VAS 1979 oder VAS 5033 verwendet, muss die Batterie nicht ausgebaut und auch nicht abgeklemmt werden. Dann Zündung ausschalten und die Zangen der Prüfleitungen an die Batteriepole anschließen. Je nach Batteriekapazität muss am Prüfgerät der richtige Belastungsstrom eingestellt werden:

Batterie-kapazität	Kälteprüf-strom	Belastungs-strom	Mindest-spannung
36Ah	175A	100A	10,0V
40–49Ah	220A	200A	9,2V
50–60Ah	265–280A	200A	9,4V
61–80Ah	300 – 380A	300A	9,0V
81 – 110Ah	380 – 500A	300A	9,5V

Durch die hohe Belastung der Batterie während dieser Prüfung sinkt die Batteriespannung, bei einwandfreier Batterie allerdings nur bis zur Mindestspannung. Wenn die Spannung sehr schnell unter die Mindestspannung laut Tabelle sinkt, ist die Batterie nur schwach geladen oder defekt.

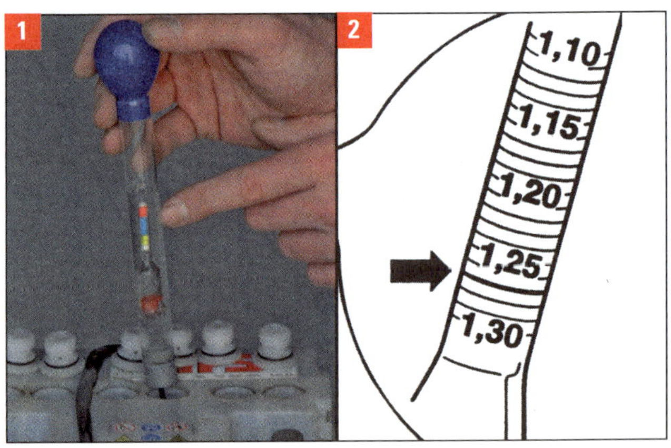

Säuredichte bestimmen: Unkompliziert und schnell erledigt

Batteriespannung messen

■ Liegt die letzte Batterieladung weniger als sechs Stunden zurück, das Abblendlicht für etwa 30 Sekunden einschalten, damit durch die Ladung entstandene Spannungsspitzen abgebaut werden.

■ Nach vier bis fünf Minuten Wartezeit die Batteriespannung zwischen den Polen messen. Dazu alle Stromverbraucher ausschalten.

■ Unterschreitet nach Auffüllen der Batteriesäure und Aufladen der Batterie die Ruhespannung den Wert von 12,5V, muss die Batterie ersetzt werden.

Spannung (V)	Zustand der Batterie
12,66	100% geladen
12,48	75% geladen
12,3 (und mehr)	50% entladen

Batterie laden

Eine ausgebaute Batterie sollten Sie einmal im Monat mit einem Heimwerker-Ladegerät nachladen. Volkswagen empfiehlt zum Akkuladen die V.A.G.-Geräte 1471, 1648 oder 1974. Völlig leere Batterien können bei Frost einfrieren und platzen – randvoll geladen, vertragen sie Kälte recht gut.
Das gilt übrigens auch für einen Akku im vorübergehend stillgelegten Fahrzeug. Befindet sich die Batterie noch an Bord, schalten Sie zum Laden die Zündung aus. Klemmen Sie zuerst das Batterie-Masseband und danach die Plusleitung ab.
Räume, in denen Batterien geladen werden, dürfen wegen des entstehenden Knallgases nicht mit offenem Licht oder rauchend betreten werden. Stellen Sie Durchlüftung sicher: Funken beim An- oder Abklemmen könnten das Gas ebenfalls entzünden.
Die Batteriestopfen müssen gut schließend eingeschraubt sein. Die Batterie muss eine Mindesttemperatur von 10° C haben. Und noch ein Tipp: So genanntes Schnellladen schadet der Batterie und führt bei tiefentladenen Batterien auch nur zu "Oberflächenladung".

Batterie laden:

■ Pluskabel des Ladegeräts am Batterie-Pluspol, Minuskabel am Minuspol anklemmen.

■ Ladestrom am Batterieladegerät entsprechend der Batteriekapazität einstellen und Ladegerät einschalten.

■ Bei tiefentladenen Batterien, bei denen die Ruhespannung unter 11,6V abgesunken ist, den Ladestrom auf maximal 10% der Batteriekapazität einstellen. Bei einer 60Ah-Batterie beträgt der Ladestrom dann 6A.

■ Die Ladezeit muss dann mindestens 24 Stunden betragen.

■ Wird die Batterie wieder angeklemmt, denken Sie daran, die Fahrzeugausstattungen wie Radio, Uhr und Komfortelektrik auf einwandfreie Funktion zu prüfen.

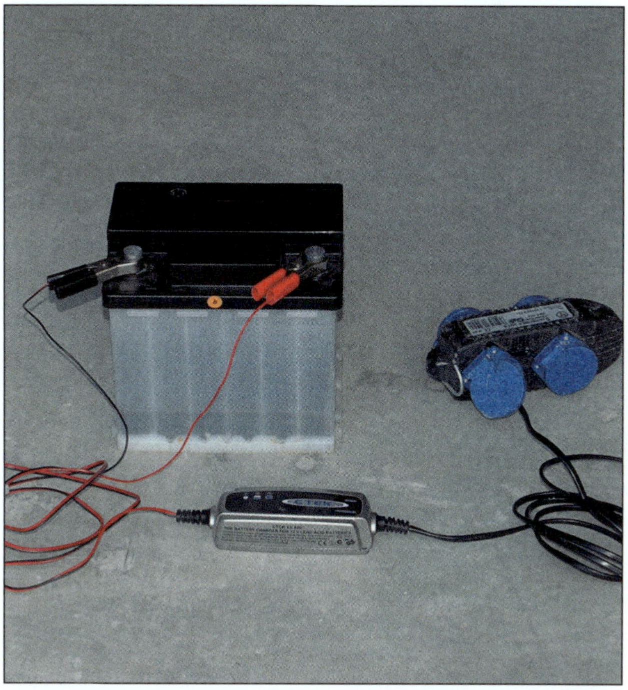

Saft aus der Steckdose: Im Zubehörhandel sind Aufladegeräte zum Laden an der heimischen Steckdose zu erhalten

Motor mit Starthilfekabel starten

Verwenden Sie zur Überbrückung von einer vollen zu einer leeren Batterie spezielle Elektronik-Starthilfekabel. Damit schützen Sie die elektronischen Bauteile Ihres Golf oder Bora vor gefährlichen Spannungsspitzen.

■ Hilfsfahrzeug dicht an Ihr Fahrzeug heranfahren, damit die Batterien durch die Starthilfekabel verbunden werden können. Schalten Sie in Ihrem Fahrzeug alle Stromverbraucher ab.

■ Die Pluspole mit dem Starthilfekabel verbinden, zuerst die leere, dann die volle Batterie anklemmen.

■ Das andere Kabel zuerst am Minuspol der Fremdbatterie und dann am Minuspol der entladenen Batterie (oder an Masse) anschließen.

■ Motor des Hilfswagens starten und mit erhöhter Drehzahl laufen lassen, damit die Lichtmaschine viel Strom liefert.

■ Starten Sie Ihr Fahrzeug. Wenn der Motor nicht gleich anspringt, sollten Sie nach weiteren Versuchen immer wieder eine Pause einlegen, damit der Anlasser abkühlen kann. Dabei den Motor des Hilfsfahrzeugs weiterlaufen lassen – die leere Batterie in Ihrem Golf wird dadurch schon nachgeladen.

■ Zum Abnehmen der Starthilfekabel zuerst den Minuspol der eigenen Batterie, dann den der Fremdbatterie abklemmen. Anschließend Kabel von den Pluspolen abnehmen, erst Vollbatterie, dann Leerbatterie.

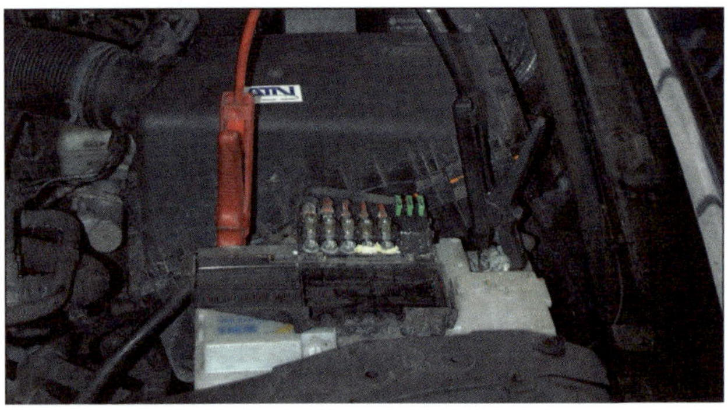

Pannenhilfe: Beim Anlegen und Entfernen des Starthilfekabels die Reihenfolge beachten

PRAXISTIPP

Anschieben / Anschleppen

Wagen anschieben

Das klappt am besten, wenn Motor und Anlasser in Ordnung sind. Verzichten Sie aufs Anschieben, wenn der Motor wegen einer defekten Zündanlage nicht startet – unverbrannte Gemischanteile können nachgezündet werden und die Temperatur im Katalysator auf gefährliche Höhen treiben. Anschieben oder Anschleppen über eine Strecke von mehr als 50 Metern ruiniert den Kat. Fahrzeuge mit Automatikgetriebe können nicht angeschoben werden.

■ Zündung einschalten und zweiten oder dritten Gang einlegen.

■ Kupplung durchtreten, Wagen durch Helfer anschieben lassen, bis er in Schwung ist.

■ Kupplung schnell kommen lassen – der Motor wird abrupt durchgedreht und müsste anspringen. Dann sofort Kupplung treten und Gas geben.

Wagen anschleppen

Auch diese Methode eignet sich nicht bei einer defekten Zündanlage. Arbeiten Sie nur mit einem erfahrenen Helfer zusammen. Denken Sie daran, dass Bremskraftverstärker und Servolenkung bei stehendem Motor nicht arbeiten. Fahrzeuge mit Automatikgetriebe können nicht angeschleppt werden. Auch hier gilt: Anschieben oder Anschleppen über eine Strecke von mehr als 50 Metern ruiniert den Kat.

■ Zündung einschalten, zweiten oder dritten Gang einlegen und Kupplung treten.

■ Der Zugwagen muss langsam anfahren.

■ Bei etwa 15 km/h die Kupplung langsam kommen lassen. Bleiben Sie stets bremsbereit (Hand an die Handbremse).

■ Ist der Motor angesprungen, Kupplung treten und Gas geben.

■ Dem Schleppfahrer ein Hupsignal geben, beide Fahrzeuge sanft abbremsen.

Achtung! Sämtliche Servoeinrichtungen (Bremse/Lenkung) funktionieren ohne laufenden Motor nicht

Defekten Verbraucher ermitteln

Liefert die am Vortag intakte Batterie keinen Strom, hat vielleicht ein defekter Verbraucher im Bordnetz den Akku über Nacht leergesaugt. Das überprüfen Sie zunächst mit einer Strommessung. Wenn nötig, ermitteln Sie dann den betreffenden Verbraucher.

Arbeitsschritte:

■ Batterie-Minuskabel abnehmen, Kabel des Multimeters zwischen Minuspol und Batteriekabel anschließen. Dauerverbraucher wie die Zeituhr abklemmen, Türen schließen. Zeigt das Gerät einen Stromfluß an, ist ein Verbraucher defekt.

■ Massekabel anschließen, Sicherungskasten öffnen und eine Sicherung herausnehmen. An die Kontakte das Multimeter anschließen. Fließt kein Strom, ist der betreffende Stromkreis in Ordnung. Geringer Stromfluss ist kein Alarmsignal: Bordcomputer etc. entnehmen ständig Energie.

■ Wiederholen Sie die Messungen, bis das Gerät einen höheren Stromfluss anzeigt. Die Sicherungstabelle zeigt Ihnen, welche Verbraucher zu diesem Stromkreis gehören.

■ Die Verbraucher der Reihe nach ausbauen und jeweils den Strom messen. Wenn das Multimeter keinen Strom mehr anzeigt, haben Sie das fehlerhafte Teil ermittelt.

Anlasser aus- und einbauen

Streikt der Anlasser, sind meist mehrere Teile die Ursache. Der Magnetschalter oder die Schleifkohlen können klemmen oder stark abgenutzt sein. Auch ein Verschleiß der Lagerung ist möglich. Hier ist nur der Ausbau des Anlassers wie bei den Vierzylinder-Motoren (auch V5 und TDI) beschrieben. Bei den V6 muss zuerst die Lichtmaschine ausgebaut werden.

Ausbau:

■ Batterie ausbauen. Befestigungsschrauben des Batterieträgers herausschrauben und Batterieträger abnehmen.

■ Steckverbindung trennen und aus dem Halter ziehen. Stecker von Klemme 50 entriegeln und abziehen. Leitung am Magnetschalter Klemme 30 abschrauben (Wiedereinbau: Mutter mit 13 Nm anziehen).

■ Leitungen aus der Leitungsführung herausnehmen und Leitungsführung ausbauen.

■ Obere Sechskantschraube (M12 x 180mm) herausschrauben. Beim Einbau: Anziehen mit 65 Nm.

■ Befestigungsschrauben (9 Stück) herausdrehen und mittlere Motorraumabdeckung herausnehmen.

■ Sechskantmutter abschrauben, Befestigungsklammern ausclipsen und linke Motorraumabdeckung zur Geräuschdämpfung herausnehmen.

■ Halter für Druckleitung der Servolenkung abschrauben und zur Seite legen.

■ Untere Sechskantschraube (Position 2; M12 x 180mm) herausschrauben. Beim Einbau mit 65 Nm anziehen.
■ Nehmen Sie den Anlasser nach unten heraus.

■ Der Einbau erfolgt sinngemäß in umgekehrter Reihenfolge.

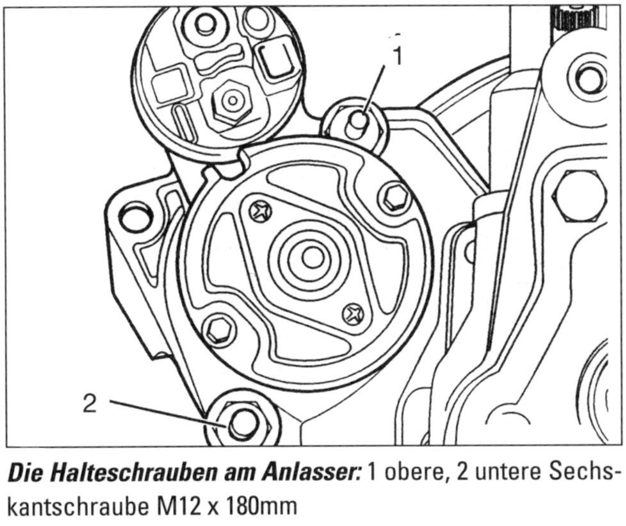

Die Halteschrauben am Anlasser: 1 obere, 2 untere Sechskantschraube M12 x 180mm

Lichtmaschine aus- und einbauen

Aus- und Einbau der Lichtmaschine in Eigenregie sind nur bei den Vierzylindern (inklusive TDI) und auch noch beim Fünfzylinder (2,3 Liter) durchaus gut zu bewältigen. Die folgende Beschreibung ist ein für viele dieser Fälle geltendes Beispiel. Denn diese aufwendige Arbeit ist in erster Linie eine Angelegenheit der Keilrippenriemen-Demontage. Diese ist aber bei den V6 besonders kompliziert, weshalb sie hier nicht berücksichtigt wird. Ansonsten gleichen sich Generator und Spannungsregler bei fast allen Motorisierungen und Modellen. Unterschiede gibt es bei den Haltern und den Spannrollen/Spannelementen. Je nach Modell gibt es neun unterschiedliche Keilrippenriemenantriebe. Diese reichen vom simplen Grundriementrieb beim 1.4 Liter-Motor bis zu den verwickelten Bauformen beim 2.3 Liter und beim TDI mit Flügelpumpe für Servolenkung und Klimakompressor.

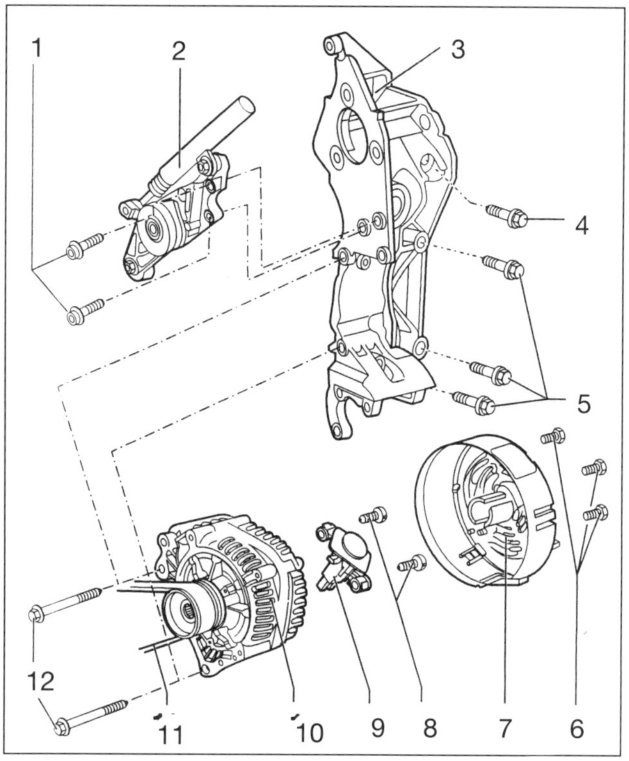

Lichtmaschine des 4-Zylinder Dieselmotors TDI: Die Bauteile sind bei allen 4-Zylindern im wesentlichen gleich: (1), (4), (5), (6) und (12) Sechskantschrauben, (2) Spannelement, (3) Halter, (7) Schutzkappe, (8) Linsenkopfschrauben mit Kreuzschlitz, (9) Spannungsregler, (10) Drehstromgenerator, (11) Keilrippenriemen, 12 Halteschrauben

Benötigtes Werkzeug:

-Ringschlüssel SW 16
-Steckeinsatz 3310

Ausbau:

■ Batterie abklemmen

■ Abdeckkappen in der Motorabdeckung mit Schraubendreher anhebeln, Muttern herausdrehen.

■ Motorabdeckung nach oben herausnehmen.

■ Ladeluftrohr zwischen Ladeluftkühler und Abgasturbolader ausbauen.

■ Wenn der Keilrippenriemen wieder verwendet werden soll, muss seine Laufrichtung gekennzeichnet werden. Dann Spannrolle mit flachem Ringschlüssel SW 16 am Spannhebel in Riemenrichtung schwenken und den Keilrippenriemen – zuerst von der Umlenkrolle – abnehmen.

■ Schrauben Sie Klemme 30/B+ am Generator und danach die Klemme D+ ab.

■ Hängen Sie den Leitungsstrang aus dem Kabelbinder aus und lösen Sie die Verschraubungen am Generator.

■ Schwenken Sie den Generator leicht zur Seite, ziehen Sie die Schrauben heraus und nehmen Sie den Generator ab. Beim Herausnehmen der Lichtmaschine dürfen die Leitungen der Klimaanlage nur sehr vorsichtig weggedrückt werden.

Einbau:

Bei den Arbeiten an und beim Wiedereinbau der Lichtmaschine ist grundsätzlich zu beachten:

■ Wenn die B+ Leitung (Pfeil) nicht mit dem angegebenen Anzugsdrehmoment der Mutter von 15 Nm befestigt wird, könnte die Batterie nicht vollständig geladen werden, könnte die Fahrzeugelektrik und –elektronik komplett ausfallen, besteht Brandgefahr durch Funkenbildung und können Schäden durch Überspannungen an Bauteilen und Steuergeräten auftreten.

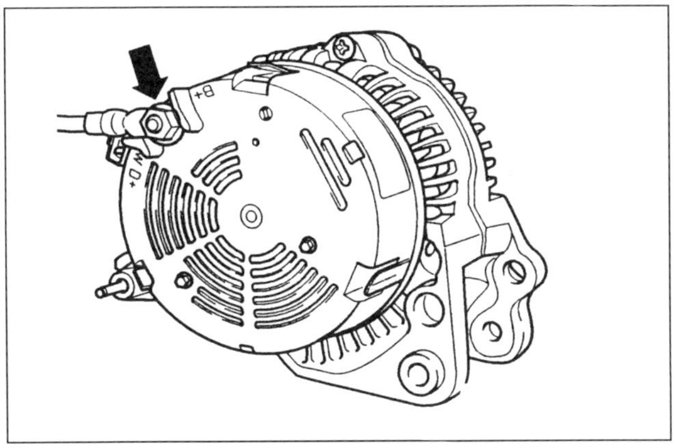

■ Zum Lösen und Befestigen der Keilrippenriemenscheibe am Drehstromgenerator wird der Steckeinsatz 3310 verwendet. Das Anzugsdrehmoment für die Befestigungsmutter der Riemenscheibe beträgt 65 Nm.

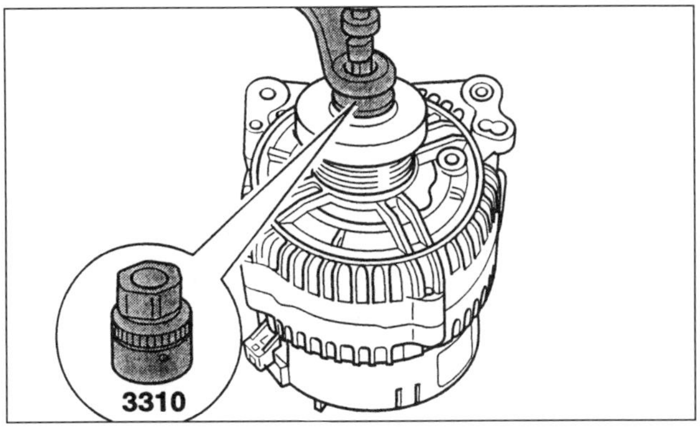

■ Die Länge der Kohlebürsten für den Generator beträgt neu 12 mm und darf durch Verschleiß höchstens bis auf 5 mm absinken. Zueinander darf die Toleranz der Kohlebürstenlängen +1mm betragen.

■ Bauen Sie den Keilrippenriemen wieder ein. Beachten Sie dabei die gekennzeichnete Laufrichtung. Achten Sie vor dem Einbau darauf, dass alle Aggregate (Generator, Flügelpumpe, Klimakompressor) fest montiert sind. Achten Sie ferner auf den korrekten Sitz des Riemens in den Riemenscheiben.

■ Bauen Sie das Ladeluftrohr wieder ein. Starten Sie den Motor und kontrollieren Sie den Riemenlauf.

■ Bauen Sie erst dann die Motorabdeckung und danach die mittlere und rechte Motorraumabdeckung zur Geräuschdämpfung wieder ein.

■ Schließen Sie alle Leitungen an. Beim Anklemmen der Batterie beachten Sie die Hinweise unter „Batterie ausbauen".

Spannungsregler prüfen

Zur Prüfung des Spannungsreglers wie folgt vorgehen:

■ Multimeter zwischen Plus-Klemme (rotes Kabel) der Lichtmaschine und Masse anklemmen.

■ Motor kurz laufen lassen, damit die Lichtmaschine betriebswarm wird (ca. 80 °C).

■ Schalten Sie Standlicht, Radio oder Frischluftgebläse ein. Das entspricht einer Strombelastung von drei bis sieben Ampere. Die Regulierspannung muss jetzt zwischen 13,5 und 14,8 Volt liegen.

■ Messen Sie eine höhere Spannung, ist der Regler defekt und muss ausgetauscht werden. Ist die Spannung zu niedrig, deutet das auf abgenutzte Schleifkohlen hin. In diesem Fall Lichtmaschine ausbauen und zum Überholen in die Autoelektrik-Werkstatt bringen.

Scheinwerferlampen wechseln

Die Glühlampen in den Scheinwerfern werden vom Motorraum her ausgebaut. Der Wechsel einer Lampe fürs Standlicht verändert die Justierung des Scheinwerfers nicht. Bei allen anderen Lampen sollten Sie nach einem Tausch die Einstellung des betreffenden Scheinwerfers kontrollieren.
Fassen Sie intakte Glühlampen nicht mit den Fingern am Glaskolben an – selbst geringe Spuren von Handschweiß verdampfen auf der brennenden Lampe, trüben den Glaskolben und können im Extremfall das Lampenglas zerstören. Verwenden Sie deshalb zum Einsetzen einer Lampe ein sauberes Tuch.

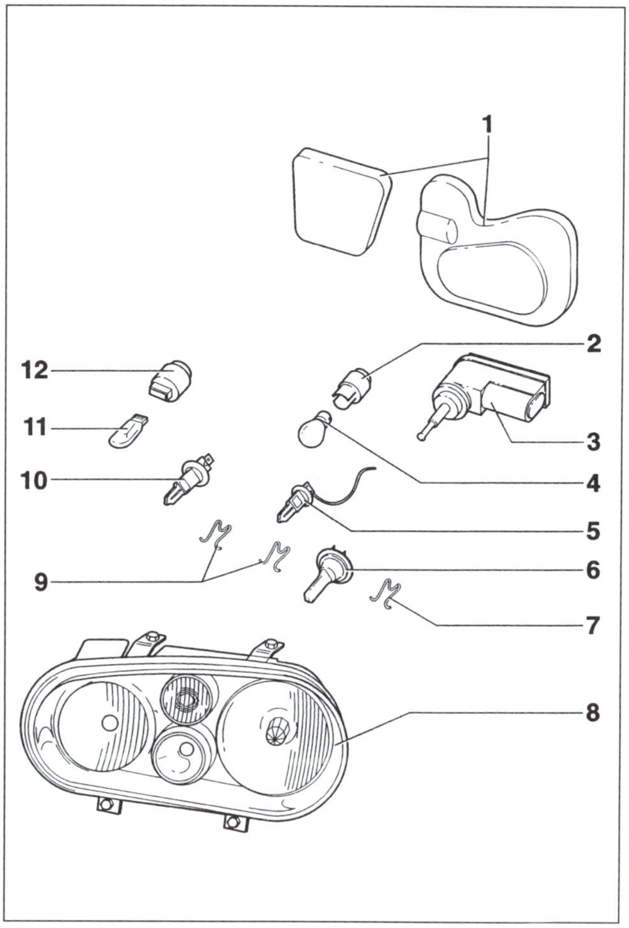

Hauptscheinwerfer Golf: 1 Verschlussdeckel, 2 Fassung für Blinklichtlampe, 3 Stellmotor für Leuchtweitenregelung, 4 Lampe für Blinklicht, 5 Lampe für Nebelscheinwerfer, 6 Lampe für Abblendlicht, 7 und 8 Federdrahtbügel, 9 Scheinwerfereinsatz, 10Lampe für Fernlicht, 11 Lampe, 12 Lampenfassung für Standlicht.

Lampen zugänglich machen:

Bei Fahrzeugen mit Scheinwerferreinigungsanlage sind gegebenenfalls die Schlauchleitungen zur Seite zu legen. Prinzipiell gilt für alle Lampen:

- Federbügel entrasten (1)
- Verschlussdeckel abnehmen (2).

Danach wie unter Lampen für Abblendlicht bzw. Fernlicht auswechseln fortfahren.

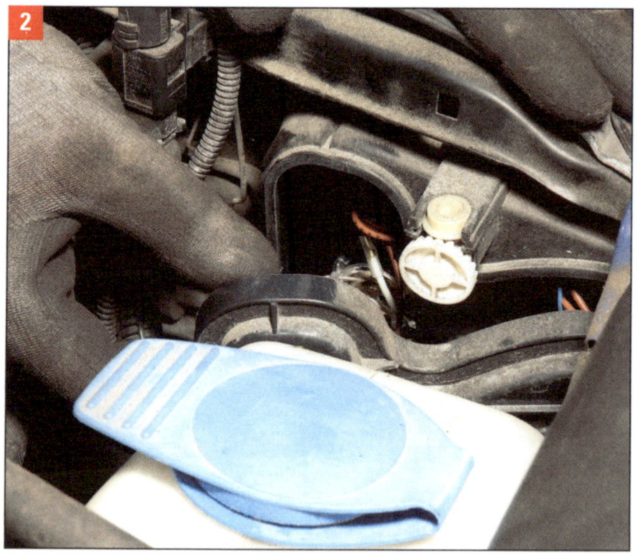

Lampen für Abblendlicht auswechseln:

■ Federbügel (Pfeil in Bild 1) entrasten und Verschlussdeckel abnehmen.

■ Steckverbindung A (in Bild 3) an der Glühlampe abziehen.

■ Federdrahtbügel B über Rastnasen C drücken und entriegeln.

■ Glühlampe D aus dem Reflektor herausziehen. Neue Lampe so einsetzen, dass die Rastnasen am Lamellenteller in den Aussparungen am Reflektor liegen.

■ Steckverbindung A wieder aufstecken, Verschlussdeckel einbauen und Federdrahtbügel einrasten.

3
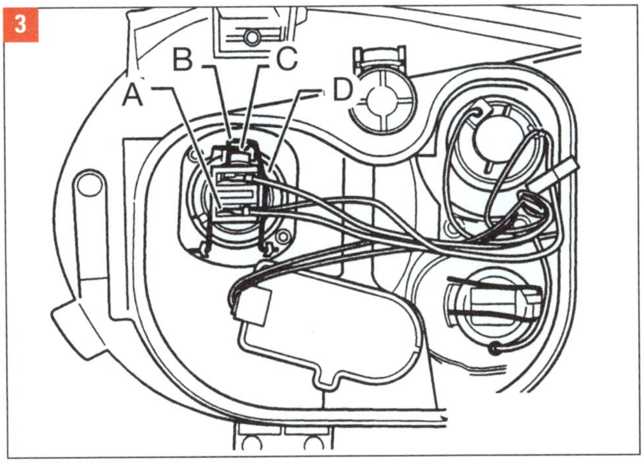

Lampe für Abblendlicht beim Golf: A Steckverbindung, B Federdrahtbügel, C Rastnasen, D Glühlampe

Lampen für Fernlicht auswechseln:

■ Federbügel (Pfeil in Bild 5) entrasten und Verschlussdeckel abnehmen.

■ Steckverbindung A (Bild 4) an der Glühlampe abziehen.

■ Federdrahtbügel B über Rastnasen C drücken und entriegeln. Glühlampe D aus dem Reflektor herausziehen (6).

■ Neue Lampe so einsetzen, dass die Rastnasen am Lamellenteller in den Aussparungen am Reflektor liegen.

■ Steckverbindung A wieder aufstecken, Verschlussdeckel einbauen.

4
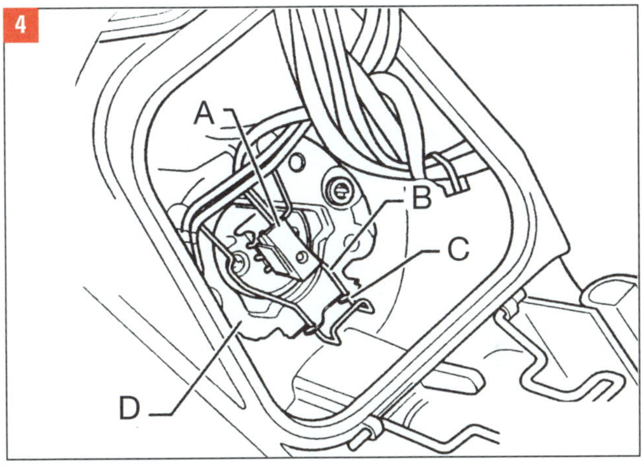

Lampe für Fernlicht beim Golf: A Steckverbindung, B Federdrahtbügel, C Rastnasen, D Glühlampe

5
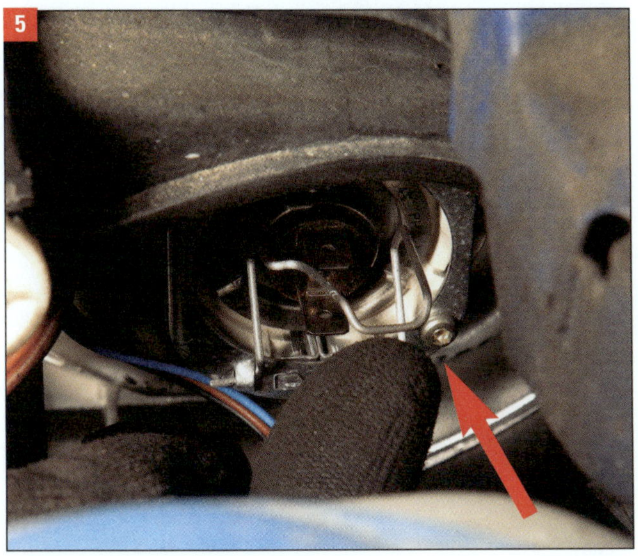

6

Hauptscheinwerfer ausbauen

Streuscheibe und Scheinwerferreflektor sind miteinander verklebt. Bei einem beschädigten Scheinwerferglas oder einem matten Reflektor ist daher stets der Austausch des kompletten Scheinwerfers fällig – der einzelne Wechsel des Streuglases oder des Reflektors ist nicht möglich.
Vorsicht: Nach dem Einbau eines neuen Scheinwerfers grundsätzlich die Einstellung kontrollieren (lassen). Der Blinker ist Bestandteil des Scheinwerfers und läßt sich separat nicht tauschen. Vor dem Ausbau wie bei allen Arbeiten an der elektrischen Anlage das Batterie-Masseband (Minuspol) abklemmen!

Benötigtes Werkzeug:

-Vielkantschraubenzieher (Torx)
-oder normalen Maulschlüssel

Ausbau:

■ Bauen Sie den Stoßfänger vorn aus (siehe Kapitel „Die Karosserie")

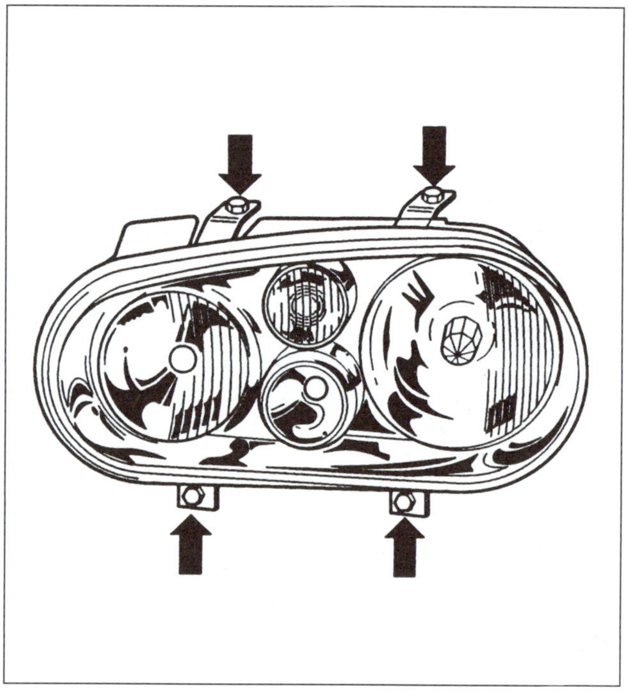

Befestigungspunkte: Mit den vier Schrauben wird der Hauptscheinwerfer an der Wagenfront montiert

■ Lösen Sie die Befestigungsschrauben (Pfeile im Bild) und ziehen Sie das Scheinwerfergehäuse ein Stück nach vorn heraus.

■ Trennen Sie die Mehrfachsteckverbindung für Scheinwerfer.

- Ziehen Sie das Scheinwerfergehäuse nach vorn heraus.

Einbau:

■ Beim Einbau gehen Sie sinngemäß in umgekehrter Reihenfolge vor.

■ Die Befestigungsschrauben werden nur sanft mit 6 Nm angezogen.

■ Prüfen Sie die Scheinwerfer nach dem Anschließen auf Funktion (Stand-, Abblend-, Fernlicht, Blinker und Nebelscheinwerfer).

■ Lassen Sie die Scheinwerfer einstellen.

Schwachstelle: Sind die Halter wie hier gerissen, kann nur der Scheinwerfer als ganzes Teil getauscht werden

Lampen der Heckleuchte wechseln

Ausbau:

■ Bauen Sie die hintere Kofferraumverkleidung auf der geforderten Seite aus.

■ Schrauben Sie die drei Befestigungsmuttern ab und entfernen Sie das Schlussleuchtengehäuse.

■ Ziehen Sie die Steckverbindung ab, entriegeln Sie die Haltelaschen und nehmen Sie den Lampenträger heraus.

■ Drehen Sie die fragliche Glühlampe heraus und ersetzen Sie diese durch eine neue.

Einbau:

■ Bauen Sie den Lampenträger wieder ein und stecken Sie die Steckverbindung auf. Setzen Sie das Schlussleuchtengehäuse in den Karosserieausschnitt ein und ziehen Sie die Befestigungsmuttern leicht (3 Nm) an.

■ Bauen Sie die hintere Kofferraumverkleidung links bzw. rechts wieder ein.

Rücklichtplatte: Auf einer Leiterplatte sind alle Rücklichter befestigt

PRAXISTIPP – Glühlampen rechtzeitig wechseln

Eine schwach leuchtende Glühlampe deutet darauf hin, dass der Kolben zu stark geschwärzt ist. Das ist zum Beispiel öfter bei der Kennzeichenbeleuchtung der Fall. Dann die Lampe rechtzeitig wechseln. Fällt eine Lampe nach einer längeren Betriebszeit aus, sollten Sie auch die intakte Lampe auf der anderen Seite des Fahrzeugs wechseln – sie versagt erfahrungsgemäß kurze Zeit später ebenfalls.
Durch diese Taktiklaufen Sie nicht Gefahr, dass beispielsweise beide Bremslichter nicht mehr funktionieren.

Präsent: Hinter der eindrucksvollen Schlussleuchte des Golf verbirgt sich der Lampenträger

Kennzeichenleuchte wechseln

■ Kreuzschlitzschrauben an der jeweiligen Kennzeichenleuchte (Pfeile im oberen Bild) herausdrehen.

■ Nehmen Sie das Streuglas zusammen mit der Glühlampe ab.

■ Ersetzen Sie die Glühlampe (12 V/5 W) und bauen Sie das Glas wieder ein.

■ Beim Einbau achten Sie bitte auf den richtigen Sitz des kleinen silberfarbenen Blendschutzstreifens. Er muss immer der Stoßfängerseite zugewandt sein.

Hupe ausbauen und prüfen

Die Hupe des Golf besteht aus einem Hoch- und einem Tieftonhorn. Sie sind auf einem gemeinsamen Träger auf der linken Fahrzeugseite hinter dem vorderen Stoßfänger montiert - den man ausbauen muss, um an die Hupe heranzukommen. Das Doppelsignalhorn wird über ein Relais betätigt, jedes Horn hat einen eigenen Steckanschluss.

Ausbau:

■ Nach Ausbau des Stoßfängers die Haltemuttern (Pfeile) an den Signalhörnern lösen und die Hörner abnehmen.

■ Drahtsicherungen der Steckkontakte eindrücken und Stecker abziehen.

■ Über Hilfsleitungen die Hupe direkt mit der Fahrzeugbatterie verbinden: Schwarz/gelbes Hupenkabel an den Pluspol, braunes Hupenkabel an den Minuspol (Masse). Falls die Hupe jetzt nicht ertönt, muss sie ausgewechselt werden. Ertönt sie jedoch, muss im elektrischen System nach dem Fehler für das Hornversagen gesucht werden.

Einbau:

■ Alte oder neue Signalhörner einsetzen und anschrauben. Stecker aufsetzen sowie Stoßfänger wieder anbauen.

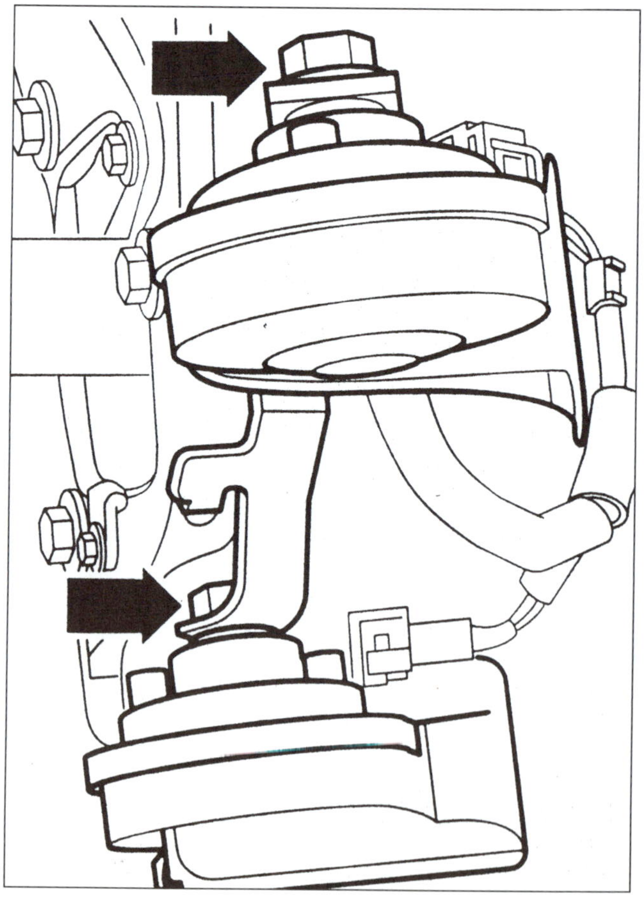

Die Haltemuttern beider Signalhörner haben die Schlüsselweite 13

Lampe der Zusatzbremsleuchte wechseln

Die Zusatzbremsleuchte ist beim Golf am oberen Rand der Heckscheibe unter der oberen Heckklappenverkleidung eingebaut.

■ Bauen Sie die obere und untere Verkleidung aus und lösen Sie die Befestigungsschrauben.

■ Ziehen Sie den Stecker ab und nehmen sie das Lampengehäuse.

■ Clipsen Sie das Lampengehäuse zuerst auf beiden Querseiten, dann auf den Längsseiten aus.

■ Auf dem Lampenträger sind auf einer Platine 32 Leuchtdioden fest verlötet und mit einer Kunststoffleiste abgedeckt. Der Wechsel einzelner Leuchtdioden ist nicht möglich. Im Reparaturfall muss der Lampenträger komplett ersetzt werden.

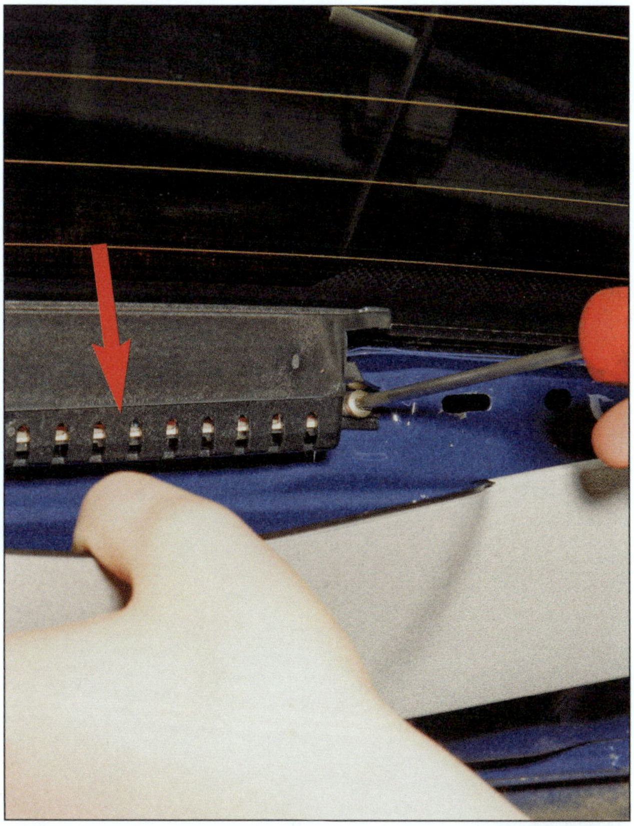

Abbau nicht zwingend: Mit etwas Feingefühl können Sie zum Ausbau der dritten Bremsleuchte die Verkleidung auch einfach beiseite drücken

WISSENSWERTES

Dritte Bremsleuchte

Seit 1998 ist eine dritte Bremsleuchte – wie in den USA schon seit den 1980er-Jahren – auch hierzulande bei allen Neufahrzeugen Pflicht. Die stetig zunehmende Verkehrsdichte und das damit verbundene Auffahrunfallrisiko erforderten für die Signalwirkung der Bremsleuchten neue Konzepte. Denn fest steht: je früher ein Bremssignal erkannt wird, desto kürzer sind Reaktionszeit und damit auch der Anhalteweg. Untersuchungen der Autoindustrie ergaben, dass die verbesserte Signalwirkung einer dritten Bremsleuchte die Reaktionszeit um bis zu 0,4s verkürzen. Bei einer Geschwindigkeit von 130 km/h bedeutet dies immerhin eine Reduzierung des Anhaltewegs um 15m. Die größere Warnwirkung hilft also Auffahrunfälle zu vermeiden. Mittlerweile ist auch die Nachrüstung älterer Fahrzeuge unproblematisch. Detaillierte, leicht verständliche Einbauanleitungen und komplettes Montagezubehör machen den Einbau auch für wenig geübte Selbermacher möglich. Vorsicht sollte bei Nachrüstteilen geboten sein, die den Austausch einzelner Leuchtdioden ermöglichen. Ihre Verwendung ist laut Gesetzgebung nicht zulässig. Apropos Leuchtdioden: Die kleinen leuchtenden Halbleiter erreichen ihre volle Leuchtkraft schon nach weniger als 1ms. Zum Vergleich die normale Glühbirne braucht dazu ca. 200ms! Auch die Lebensdauer der LEDs ist in aller Regel länger als die normaler Glühbirnen. Überrpüfen Sie regelmäßig, ob alle Bremsleuchten noch ihren Dienst verrichten. Fragen Sie zur Not eine zweite Person um Mithilfe. Beim Defekt gilt: Wechseln Sie am besten die Birnen beider Bremslichter. Wenn die eine versagt, naht nach aller Wahrscheinlichkeit auch der Derfekt der zweiten Birne.

Seitliche Blinkleuchte wechseln

■ Drücken Sie die Blinkleuchte auf der Seite der Lagerstelle (s. 1 in Bild 1) vorsichtig in Pfeilrichtung gegen die Kraft der Federklammer (s. 2 in Bild 1) auf der anderen Seite der Leuchte und nehmen Sie diese heraus. Wenn Sie einen Schraubendreher benutzen, seien Sie vorsichtig, damit der Lack nicht zerkratzt wird. Der Ausbau der Blinkleuchte ist nur in einer Richtung möglich. Aber Sie können von außen nicht erkennen, auf welcher Seite die Lagerstelle und auf welcher Seite die Federklammer sitzt.

■ Gummifassung mit Stecksockellampe vom Lampengehäuse abziehen.

■ Wenn Sie die Lampe (12V/5W) austauschen müssen, ziehen Sie diese aus der Fassung heraus (nicht drehen!).

■ Stecken Sie dann die Gummifassung mit Stecksockellampe auf das Lampengehäuse auf.

■ Setzen Sie die Blinkleuchte in den Kotflügel ein.

WISSENSWERTES

Hupe und Warnblinker

Die Straßenverkehrszulassungsordnung (StVZO) schreibt vor, dass jedes Fahrzeug zum Abgeben von Warnzeichen mit einer Hupe ausgestattet sein muss. Außerdem muss die Warnblinkanlage funktioneren, damit im Notfall das haltende oder liegengebliebene Fahrzeug gesichert werden kann. Da die Warnblinkanlage auch bei ausgeschaltener Zündung funktioniert, wird der Schalter direkt von Batterieplus über eine Sicherung versorgt. Die Richtungsblinker erhalten dagegen nur bei eingeschaltener Zündung Strom. Achtung! Warnblinkanlage darf nicht zum Entladen des Einkaufs oder zum Halten in der zweiten Reihe missbraucht werden – die Hüter des Gesetzes verlangen dafür ein Bußgeld. Ebenso ist der Einsatz der Hupe, ohne dass Gefahr im Verzug ist, kostenpflichtig.

1

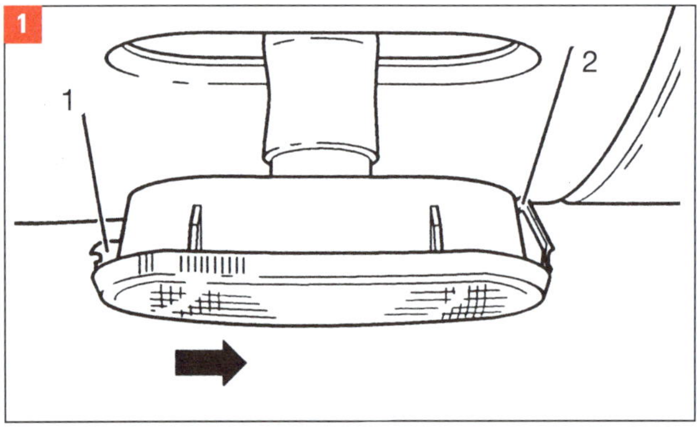

2

Alt und Neu: Die Seitenblinker wurden im Laufe der Serie modifiziert. Ein Austausch der alten gegen neue kostet nicht allzu viel, weswegen der Tausch auch als beliebtes Mittel der optischen Verschönerung angewandt wird

Sicherung auswechseln

Den Sicherungskasten finden Sie, wenn Sie die Fahrertür öffnen und die seitliche Verkleidung am Armaturenbrett mit einem Schraubendreher oder notfalls mit dem Zündschlüssel aufhebeln. Die kleine Zange zum Sicherungswechsel finden Sie unterhalb der Sicherungen angebracht.
Zusätzliche Sicherungen befinden sich an der Relaisplatte sowie am Zusatz-Relaisträger hinter der Relaisplatte und im Batteriehalter. Die Relaisplatte befindet sich hinter der linken Fußraumabdeckung.
Beim Dieselmotor befindet sich die Sicherung für die Vorglühanlage im Sicherungshalter auf der Batterie.

■ Öffnen Sie die Fahrertür und hebeln Sie mit einem Schraubendreher oder notfalls mit einem Zündschlüssel die Abdeckplatte am Armaturenbrett ab.

■ Mit dem Sicherungszieher (Kunststoffpinzette auf der Abdeckplatte) die defekte Sicherung aus dem Steckplatz ziehen.

■ Neue Sicherung mit gleicher Amperestärke in den Stekkplatz eindrücken. Achten Sie dabei auf korrekten Sitz.

■ Brennt die neue Sicherung sofort wieder durch, haben Sie eventuell eine zu schwache Sicherung eingesetzt oder der Verbraucher ist defekt. In diesem Fall sollten Sie dem Problem schnellsten auf den Grund gehen. Der Verbraucher könnte beschädigt werden, im schlimmsten Fall sogar ein Kabelbrand entstehen.

WISSENSWERTES

Die Sicherungen des Golf IV

In den Sicherungshaltern des Golf IV befinden sich so genannte Flachsteck-Sicherungen. In ein durchscheinendes Kunststoffteil sind zwei flache Stecker eingebettet, die durch einen Schmelzdraht verbunden sind. Eine durchgebrannte Sicherung erkennen Sie am unterbrochenen Schmelzdraht. Oft ist auch der Rücken der Plastikumhüllung herausgebrochen oder geschmolzen.

Die Beschriftung der Sicherung informiert ebenso wie die Farbe über ihre Stärke:

Farbe	Stärke
Lila	3 Ampere
Beige	5 Ampere
Braun	7,5 Ampere
Rot	10 Ampere
Blau	15 Ampere
Gelb	20 Ampere
Weiß	25 Ampere
Grün	30 Ampere

eine ausführliche Übersicht der Sicherungsbelegung und aller Sicherungen finden Sie auf den Seiten 244/245.

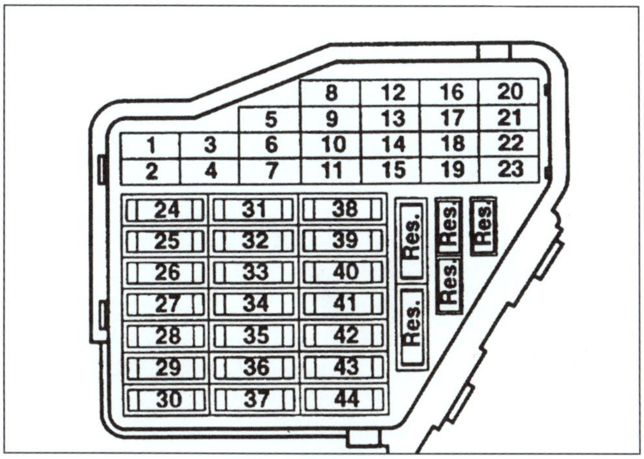

Von 1 bis 44: Die Sicherungen in ihren Haltern im Sicherungskasten an der Schalttafel links (Belgung s. S. 244)

Defekte Sicherung entnehmen: Achten Sie darauf immer eine gleichstarke Sicherung einzusetzen

LED-Tagfahrlicht

Wenn das Tagfahrlicht zur Pflicht wird, haben Golf-Besitzer kein großes Problem mit der Umstellung. Für den Golf IV sind auf dem freien Markt Tagfahrlicht-Nachrüstsätze erhältlich, die problemlos eingebaut werden können. Die enthaltenen elektronischen Schaltungen sorgen dafür, dass auch bei ausgeschaltetem Licht die LED-Scheinwerfer des Tagfahrlichts leuchten. LED-Leuchten sind sehr viel langlebiger und auch energieeffizienter als normale Glühbirnen. Daher hält sich auch der Mehrverbrauch durch das eingeschaltete Licht in Grenzen.

Sicherheitsfaktor: Tagfahrlicht erhöht nicht nur die Sicherheit, es verbraucht auch weniger Strom als Abblendlicht

Bi-Xenon Scheinwerfer

Oftmals kopiert, aber nie erreicht. Die Rede ist von farbigen Scheinwerferbirnen, die das Xenonlicht nachempfinden sollen. Beim Empfinden bleibt es dann aber auch schon. Denn die bunten Lämpchen bieten nachweislich weniger Licht und gefährden zusätzlich durch die stärkere Blendung (Streulichtanteil größer) auch noch den Gegenverkehr. Mittlerweile sind aber sogar schon Lösungen mit Gasentladungslampen für Abblend- und Fernlicht im Handel. Wichtig: Das Set muss eine Scheinwerferreinigungsanlage beinhalten, wenn diese nicht schon an Ihrem Golf installiert ist. Nur so erfüllen Sie auch nach dem Einbau noch die gesetzlichen Vorschriften der StVZO.

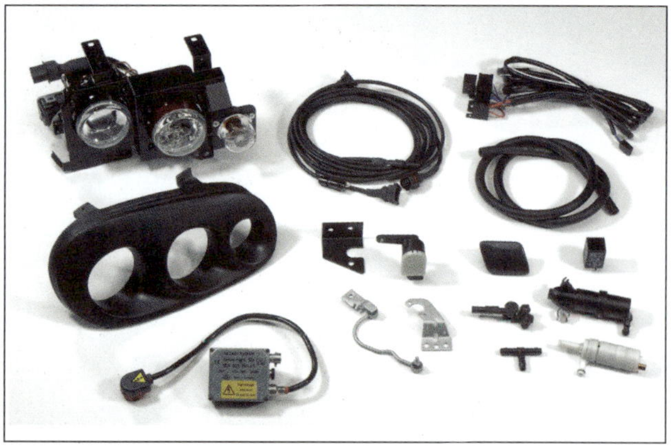

Komplettsatz: Die Scheinwerfer-Waschanlage ist Pflicht nach dem Einbau von Xenonlichtern

LED-Rückleuchten

Einzelleuchten hinter Glas: Die Optik am Heck lässt sich mit einer anderen Lampengestaltung erheblich verändern

Bei den Heckleuchten kann der Golf IV, dem Zubehörhandel sei Dank, auch dem Look seiner Frontscheinwerfer folgen. Der Verbau einer Klarglasleuchte am Heck und der Umstieg auf einen anderen Look kann sich durchaus lohnen. Zubehör-Rückleuchten sind nämlich oft mit LEDs bestückt, die sich durch eine wesentlich längere Haltbarkeit von bis zu 10.000 Stunden bei geringer Stromaufnahme auszeichnen. Natürlich sollten Sie beim Kauf auf die Betriebserlaubnis und die Qualität achten.

Funkschlüssel

Leider gehörte die Zentralverriegelung beim Golf IV unerklärlicherweise immer noch zu einer der aufpreis-

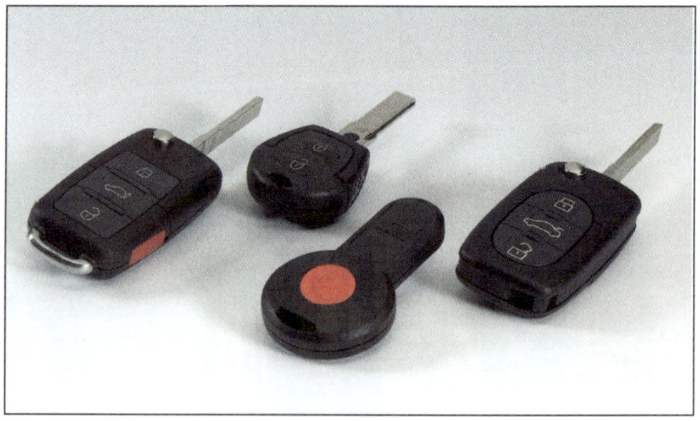

Komfortabler auf und zu: Funkschlüssel sind ein beliebtes Feature, dass Sie auch in Ihrem Golf mit ZV einbauen können

pflichtigen Optionen und daher nicht zum Serienumfang. Wenn Sie aber die komfortable Einrichtung zum Schließen und Öffnen aller Türen mit einem Schlüsseldreh besitzen, können Sie diese um ein weiteres Feature erweitern. Ein Funkschlüssel, mit dem sich die Zentralverriegelung per Knopfdruck ansprechen lässt, kann mittlerweile in Originalqualität nachgerüstet werden. Egal ob nach einem Einkauf mit vollen Händen oder auch nur vor der Eisdiele, der Tastendruck und das Sesam-öffne-dich eines Funkschlüssels bieten gleichermaßen mehr Luxus und Komfort.

Steuergerät reparieren

Es ist der Fluch der modernen Technik: Seltsame Fehlfunktionen, unregelmäßige Ausfälle ganzer Baugruppen oder auch die Totalverweigerung des Autos deuten oft auf ein defektes Steuergerät hin. Das kann sowohl die Motorsteuerung treffen als auch das ESP. Oft genug ist zwar nur ein Sensor der Grund für den

Elektronik-Spuk. Manchmal hilft aber alles nichts und das Steuergerät muss ersetzt werden. Noch schlimmer als die Diagnose „Steuergerät defekt" ist in der Regel aber die darauffolgende Rechnung. Denn ein brandneues Steuergerät verschlingt mindestens eine vierstellige Euro Summe. Dabei ist vielleicht nur eine Lötstelle defekt. Eine wachsende Zahl von Firmen hat sich deshalb darauf spezialisiert, Steuergeräte zu reparieren. Das kostet in der Regel nur die Hälfte. Immer noch viel Geld, falls der Fehler nur an einer Lötstelle lag, aber weniger schmerzhaft als der Austausch bei VW...

Selbstleuchtendes Nummernschild

Falls Sie zu denen gehören, die sich eine bestimmte Kombination reserviert haben und ihr Kennzeichen mit einem gewissen Stolz an das Auto schrauben, dürfen Sie sich freuen: Seit 2006 ist nämlich das selbstleuchtende Nummernschild SLN erhältlich. Natürlich

hat die Sache einen vernünftigen Hintergrund: Das mittels LEDs und optischer Folien leuchtende Kennzeichen bietet zusätzliche Sicherheit im Dunklen und ist auch bei starker Verschmutzung noch gut lesbar. Wichtiger scheint die Tatsache, dass Kennzeichenleuchten, mit Kontaktschwierigkeiten oder durchgebrannten, damit bald der Vergangenheit angehören. Technisch ist der insgesamt 21 Millimeter dicke Einbausatz bei jedem Auto mit normaler Schildgröße anbaubar, finanziell gesehen doch eine etwas größere Investition. Zum Leuchtkörper für rund 70 Euro addiert sich nämlich noch der Preis für das transluzente Kennzeichen. Immerhin ist das eine Innovation, die pünklich zum 100sten Geburtstag des Nummernschilds eigentlich niemand erwartet hatte.

STÖRUNGSBEISTAND

Batterie und Lichtmaschine

Störung	Was kann das sein?	Was muss ich tun?
A Rote Ladekontrolle brennt nicht beim Einschalten der Zündung	**1** Batterie leer	Mit Starthilfekabel starten oder Wagen anschleppen
	2 Batteriekabel gebrochen. Kabelklemmen lose oder oxidert	Batteriekabel und -klemmen kontrollieren
	3 Kontrollleuchte defekt	ersetzen
	4 Kabelweg zwischen Zündschloss, Kontrollampe und Lichtmaschine unterbrochen	Stromweg mit Prüflampe kontrollieren
	5 Schleifkohlen abgenutzt	Regler tauschen
	6 Spannungsregler defekt	Regler austauschen
	7 Lichtmaschine schadhaft	Lichtmaschine überholen oder austauschen
	8 Feuchtigekit bildet einen isolierenden Schmierfilm zwischen den Schleifringen und Kohlen (z.B. nach Motorwäsche)	Lichtmaschine mit Druckluft ausblasen oder Schleifringe und Kohlen sauberreiben
B Ladekontrolle brennt oder glimmt bei laufendem Motor	**1** Keilrippenriemen lose bzw. ohne Spannung	Keilrippenriemenspannung kontrollieren
	2 Mangelnder Kontakt an Kabelanschlüssen der Lichtmaschine oder unterbrochene Kabel	Kabelanschlüsse und Kabel prüfen
C Batterieoberfläche feucht	**1** Zuviel eingefülltes destilliertes Wasser	Ausgasen lassen, keine Säure absaugen
	2 Batterieverschlüsse verstopft	Entlüftungslöcher säubern
	3 Spannungsregler defekt	austauschen
D Batterie gast stark	**1** Spannungsregler defekt	Regler austauschen

STÖRUNGSBEISTAND

Anlasser

Störung	Was kann das sein?	Was muss ich tun?
A Beim Drehen des Zündschlüssels in Startstellung dreht der Anlasser zu lange oder gar nicht	**1** Kontrollampen brennen schwach oder verlöschen **1a** Batterie entladen **1b** Kabelanschlüsse lose oder oxidiert **1c** Batterie entladen	Mit Starthilfekabel starten, Auto anschieben/anschleppen Kabel, Kabel befestigen, Anschlüsse säubern, Anlasser überholen lassen oder austauschen
	2 Kontrollampen brennen hell, Klicken aus Richtung Anlasser immer noch nicht: **2a** Kohlenbürsten bzw. deren Anschlüsse im Anlasser gelöst **2b** Kontakte im Magnetschalter verschmort **2c** Anlasserwicklung schadhaft	Anlasser überholen lassen oder austauschen
B Der Anlasser dreht, aber der Motor dreht nicht	**1** Ritzel verschmutzt	Ritzel reinigen
	2 Einrückvorrichtung klemmt	Anlasser überholen lassen
	3 Verzahnung des Ritzels oder der Motorschwungscheibe beschädigt	Wagen bei eingelegtem Gang durch Helfer ein Stück vorschieben lassen. Erneut starten. Beschädigte Teile ersetzen
C Magnetschalter schaltet schnelle ein und aus. Anlasser läuft nicht an	**1** Batterie stark entladen, beim Einschalten des Magnetschalters fällt die Spannung ab und er schaltet wieder ab	Batterie laden
	2 Einrückvorrichtung klemmt	Anlasser überholen lassen
	3 Verzahnung des Ritzels oder der Motorschwungscheibe beschädigt	Wagen bei eingelegtem Gang durch Helfer ein Stück vorschieben lassen – Zündung aus! Erneut starten. Beschädigte Teile ersetzen
D Anlasser läuft weiter, obwohl der Zündschlüssel losgelassen wurde	**1** Magentschalter hängt oder schaltet nicht ab	Zündung sofort abschalten, notfalls Batterie abklemmen. Magnetschalter reparieren oder Anlasser austauschen
	2 Zünd-/Anlasschalter defekt	Schalter ersetzen
E Ritzel spurt nach Anspringen des Motors nicht aus	**1** Rückstellfeder des Einrückhebels lahm oder gebrochen	Motor abstellen, Anlasser austauschen

Hupe

STÖRUNGSBEISTAND

Störung	Was kann das sein?	Was muss ich tun?
A Hupe tönt nicht	**1** Sicherung defekt	Ersetzen
	2 Kabel vom Lenkrad zur Hupe unterbrochen	Kabelverlauf kontrollieren, Steckkontakte der Hupe blankkratzen
	3 Hupe defekt	Prüfen, ggf. ersetzen
	4 Relais defekt	Prüfen, ggf. ersetzen
B Hupe tönt dauernd	**1** Hupenkontakt vom Lenkrad defekt Kabel vom Hupenkontakt zur Hupe hat Dauerstrom	Schwarz/gelbes Kabel von der Hupe abziehen. Hupt es nicht mehr, Hupenkontakt bzw. Kabel reparieren lassen
	2 Hupe hat inneren Masseanschluss	Hupe ersetzen. Unterwegs Kabel von der Hupe abziehen

Bremslicht

STÖRUNGSBEISTAND

Störung	Was kann das sein?	Was muss ich tun?
A Eine Bremsleuchte brennt nicht	**1** Glühlampe durchgebrannt	Austauschen
	2 Masseverbindung unterbrochen. Brennen alle übrigen Lampen in derselben Heckleuchte?	Kabel kontrollieren
	3 Unterbrechung in der Zuleitung	Kabel kontrolllieren
B Beide bzw. alle drei Bremslichter brennen nicht	**1** Sicherung defekt	Ersetzen
	2 Bremslichtschalter defekt	Überprüfen, ggf. ersetzen
	3 siehe A1 und A3	
C Bremslicht brennt dauernd	**1** Kabel zum Bremslichtschalter haben direkten Kontakt	Kabel kontrollieren

STÖRUNGSBEISTAND

Warnblink- und Blinkanlage

Störung	Was kann das sein?	Was muss ich tun?
A Kontrollampe für Richtungsblinker leuchtet in ganz kurzen Intervallen auf. Normaler Blinkrhythmus beim Warnblinken	**1** Eine Glühlampe defekt oder ohne Kontakt	Auswechseln
B Blinkleuchten und Kontrolleuchte brennen bei Richtungs- und Warnblinken dauernd oder garnicht	**1** Blinkrelais defekt	Auswechseln
C Richtungsblinken funktioniert, aber kein Warnblinken	**1** Sicherung defekt	Auswechseln
	2 Kabel vom Steckkontakt am Warnblinkschalter zur Sicherung bzw. Blinkerrelais unterbrochen	Durchgang kontrollieren, ggf. erneuern
	3 Warnblinkschalter defekt	Auswechseln
D Warnblinken funktioniert, aber kein Richtungsblinken	**1** Kabel zwischen Blinkerschalter Blinkerrelais unterbrochen	Durchgang kontrollieren, ggf. erneuern.
	2 Blinkerschalter defekt	Auswechseln (lassen)
	3 Sicherung defekt	Ersetzen
E Kein Richtungs- und kein Warnblinken	**1** Sicherung defekt	Auswechseln
	2 Warnblinkschalter defekt	Auswechseln

Technische Daten

Wie hoch liegt eigentlich der Normverbrauch meines Golfs? Wieviel CO_2-Emissionen hat meine Motorisierung und welcher Schadstoffklasse ist sie zugeordnet? Welche maximale Anhängelast darf mein Golf ziehen? Haben die Bremsen schon ihre Verschleißgrenze erreicht? Auf all diese Fragen gibt Ihnen der Blick in die Technischen Daten die passende Antwort, denn hier finden Sie alle relevanten Zahlen, Daten und Fakten zu Ihrem Fahrzeug.

Die Vielfältigkeit im Detail

Wie bereits die Kapitel „Das Modell“ sowie „Der Antrieb“ zeigen, verfügt der Golf IV über eine kaum überschaubare Vielfalt an Motorisierungen, Getriebe- und Ausstattungsvarianten, von deren unzähligen Kombinationsmöglichkeiten mal ganz abgesehen.

Das Golf IV-Repertoire beinhaltet insgesamt 22 Motoren (Benziner, Diesel, BiFuel), 5- und 6-Gang Schalt- sowie 4- und 5-Gang Automatik- und ein Doppelkupplungsgetriebe (DSG), Vorder- und Allradantrieb (4Motion), Karosserien mit 3 oder 5 Türen sowie den Kombi Variant (das Cabrio zählt technisch noch zum Vorgänger), und fünf Ausstattungslinien, angefangen bei der Basisausstattung über Comfortline, Highline, Trendline hin zum beliebten GTI. Hinzu kommen etliche Sonder- und Aktionsmodelle mit spezifischen Extras und Sonderausstattungen und Bezeichnungen, deren Ausführungen sich wiederum im hiesigen und internationalen Markt unterscheiden.

Sie merken schon die Auflistung aller möglichen Modelle und deren Ausstattungsumfänge würde den Rahmen dieses Werks sprengen, zählte man zudem noch alle möglichen Farbkombinationen auf, sowohl was die Lackierung als auch die unterschiedliche Innenausstattungen (natürlich abhängig von den Ausstattungslinien) und Stoffbezüge angeht. In den letzten Verkaufsprospekten des Golf IV redet VW von insgesamt 291 unterschiedlichen Gestaltungsmöglichkeiten, wie der Kunde das Fahrzeug in seiner Farbgebung innen und außen zusammenstellen kann. Kein Wunder rollten in Wolfsburg nur selten, sowohl in Aussehen als auch Ausstattung, exakt identische Golf vom Band.

Auf den folgenden Seiten berücksichtigen wir die Unterschiede nach Ausstattungsvarianten nicht, da dies dem Sinn und Zweck einer Übersichtstabelle nicht gerecht werden würde.

Dennoch haben wir alle Motorisierungen mit Ausnahme des BiFuel-Aggregats imklusive aller technischen Daten, und der im Fokus stehenden Angaben zu den CO_2-Emissionen, aufgeführt.

Alle Werte entsprechen den Werksangaben von VW. Sofern es keine gravierenden Abweichungen zu Messdaten aus der Motorpresse (beispielsweise bei den Verbrauchsangaben oder den Beschleunigungswerten) gab.

Diese, der Realität und dem Alltagsgebrauch meist näheren Daten, haben wir selbstverständlich ebenfalls berücksichtigt.

Einer von Vielen: Der Golf eGeneration zählt zu den vielen Sondermodellen der Reihe, als Dreingabe gab es einen PDA

Von der Basis bis zum Toppmodell: Die Spannbreite der Motorleistung bei den Benzinern reicht von 75 bis 241 PS (R32)

Benzinmotoren

Modell	1,4	1,4	1,6 (74kW)	1,6 (75 kW)	1,6 (77 kW)	1,6 FSI	1,8 (92kW)
Kennbuchstaben	AHW/AKQ	APE/AXP/ BCA	AEH/AKL/ APF	AVU (ausschl. Automatik)	ATN/AUS/ AZD/BCB (16V)	BAD (Benzindirekt-einspritzung)	AGN 5V
Bauzeit	ab 10.97	ab 5.99 / ab 5.00/ ab 1.02	ab 10.97 ab 10.97 ab 5.99	ab 7.00	ab 2.00 / ab 5.00/ ab 9.00/ ab 11.01	ab 10.01	ab 10.97
Abgasgrenzwert gemäß	EU2 / D2	D4 / EU 4 EU 4	EU2 / D3 D4	EU4	D4 / EU4 / EU4 / EU4	EU4	D3
Zylinder /Ventile	4 / 16	4 / 16	4 / 8	4 / 8	4 / 16	4 / 16	4 / 20
Hubraum	1390 cm^3	1595 cm^3	1595 cm^3	1598cm^3	1598 cm^3	1598 cm^3	1781 cm^3
Bohrung	76,5 mm	76,5 mm	81,0 mm	81,0 mm	76,5 mm	76,5 mm	81,0 mm
Hub	75,6 mm	75,6 mm	77,4 mm	77,4 mm	86,9 mm	86,9 mm	86,4 mm
Verdichtung	10,5:1	10,5:1	10,2:1	10,3:1	11,5:1	12,1:1	10,5:1
Höchstleistung bei 1/min (kw/PS)	55 /75 5.000	55 /75 5.000	74 /100 5.600	75 /102 5.600	77 /105 5.700	81 /110 5.800	92 /125 6.000
Max. Drehmom. bei 1/min	128 Nm 3.300	128 Nm 3.300	145 Nm 3.800	148 Nm 3.800	148 Nm 4.500	155 Nm 4.400	170 Nm 4.200
Vmax (km/h)	171	171	188	185	192	194	198
Beschleunigung 0–100 km/h in s							
Schaltgetriebe	13,9	13,9	10,9		10,8	10,6	11,1
Automatik				12,7			
Verbrauch (l/100 km)							
– städtisch	8,9-9,1	8,9-9,1	10,5	11,9	9,3-9,5	7,9-8,4	12,4
– außerstädtisch	5,3-5,5	5,3-5,5	5,9	6,6	5,5-5,7	5,2-5,6	6,8
– kombiniert	6,6-6,8	6,6-6,8	7,6	8,6	6,9-7,1	6,2-6,6	8,9
CO_2 -Emission	158-163 g/km	158-163 g/km	182 g/km	192-199 g/km	166-170 g/km	149-158 g/km	214 g/km
Abgaswarnleuchte	keine	keine/ ja/ ja	keine	ja	keine/ ja/ ja/ ja	ja	keine
Motorelektronik	Magnetti Marelli 4AV	Motronic ME 7.5.10 / ME 7.5	Simos 2.2 / Simos 3.3(APF)	Simos 3.3	Magneti Marelli 4LV 4MV (AZD/BCB)	Motronic MED7	Motronic M3.8.5
Eigendiagnose	ja	ja	ja	ja	ja	ja	ja
Lambdaregelung	ja	ja	ja	ja	ja	ja	ja
Abgasrückführung	ja	ja	nein / nein ja (APF)	ja	ja	ja	nein
Abgasturbo-aufladung	nein	nein	nein	nein	nein	nein	nein
Kraftstoff (ROZ)	95 Super bleifrei*	95 Super bleifrei*	95 Super bleifrei*	95 Super bleifrei*	98 Superplus bleifrei	98 Superplus bleifrei	95 Super bleifrei*
Tankvolumen / Reserve (l)	55 ca. 7	55 ca. 7	55 ca. 7	55 ca. 7	55 ca. 7	55 ca. 7	62 ca. 8

*unter geringer Leistungseinbuße auch mit ROZ91 Normal betreibbar

Benzinmotoren

Modell Kennbuchstaben	1,8 Turbo AGU / AQA ARZ	1,8 Turbo AUQ / AWP	2,0 APK/ AQY	2,3 V5 AGZ	2,3 V5 20V AQN	2,8 V6 AQP/BDE	3,2 R32 BFH
Bauzeit	ab 10.97 / ab 9.98 / ab 9.99	ab 6.01 / ab 7.01	ab 11.98 ab 10.98	ab 10.97	ab 10.00 /	ab 9.99 ab 5.01	ab 06.02
Abgasgrenzwert gemäß	D3 / D4 D4	EU 4 / LEV 1	EU2 / D4	D3	EU4	D3 / EU4	EU4
Zylinder /Ventile	4 / 20	4 / 20	4 / 8	5 / 10	5 / 20	6 / 12/ 24 (BDE)	6 / 24
Hubraum	1781 cm^3	1781 cm^3	1984 cm^3	2324 cm^3	2324 cm^3	2792 cm^3	3189 cm^3
Bohrung	81,0 mm	81,0 mm	82,5 mm	81,0 mm	81,0 mm	81,0 mm	84,0 mm
Hub	86,4 mm	86,4 mm	92,8 mm	90,2 mm	90,3 mm	90,3 mm	95,9 mm
Verdichtung	9,5:1	9,5:1	10,5:1	10,0 :1	10,5 :1	10,5 :1	11,25:1
Höchstleistung bei 1/min (kW/PS)	110 / 150 5.700	132/ 180 5.000	85 / 115 5.200	110 /150 6.000	125 / 170 6.200	150 / 204 6.200	177 /241 6.200
Max. Drehmom. bei 1/min	210 Nm 3.750-4.600	235 Nm 1.950 -5.000	170 Nm 2.400	205 Nm 3.200	220 Nm 3.300	270 Nm 3.200	320 Nm 3.200
Vmax (km/h)	216	222	195 / 192 (Aut.)	216 / 212 (Aut.)	224 / 220 (Aut.)	235	247
Beschleunigung 0–100 km/h in s							
Schaltgetriebe	8,5	7,9	10,5	8,8	8,2	7,1	6,8
Automatik			11,7	9,7 / 9,8	8,9		6,6 (DSG)
Verbrauch (l/100 km)							
– städtisch	10,9	11,7	11,3 / 13,0 (Aut).	132 /14,5 (Aut.)	12,5 / 13,9 (Aut.)	15,8	13,1
– außerstädtisch	6,2	6,5	6,2 / 7,1 (Aut.)	7,2 / 7,6 (Aut.)	6,7 / 7,4 (Aut.)	8,3	6,8
– kombiniert	7,9	8,4	8,1 / 9,2 (Aut.)	9,3 / 9,9 (Aut.)	8,8 / 9,8 (Aut.)	11,1	8,3
CO_2 -Emission	190 g/km	202 g/km	194 /221 (g/km	223 /238 g/km	211 / 235 g/km	266 g/km	222 g/km
Abgaswarnleuchte	keine	ja	keine	keine	ja	keine / ja	
Motorelektronik	Motronic 3.8.5 ME 7.5 (AQA/ ARZ)	Motronic ME 7.5	Motronic M 5.9.2	Motronic M3.8.3	Motronic ME7.1	Motronic ME7.1 / 7.1.1	Motronic ME 7.1.1
Eigendiagnose	ja	ja	ja	ja	ja	ja	ja
Lambdaregelung	ja	ja	ja	ja	ja	ja	ja
Abgasrückführung	nein	nein	nein	nein	nein	nein	nein
Abgasturbo-aufladung	ja	ja	nein	nein	nein	nein	nein
Kraftstoff (ROZ)	95 Super bleifrei*	95 Super bleifrei*	95 Super bleifrei*	95 Super bleifrei*	98 Superplus bleifrei**	98 Superplus bleifrei**	98 Super bleifrei**
Tankvolumen / Reserve (l)	55 ca. 7	55 ca. 7	55 ca. 7	55 / 62 (Aut.) ca. 7 / 8 (Aut.)	62 ca. 8	62 ca. 8	62 ca. 8

*unter Leistungseinbuße auch mit ROZ 91 Normal betreibbar / **unter Leistungseinbuße auch mit 95 Super bleifrei betreibbar

Dieselmotoren

Modell Kennbuchstaben	1,9 SDI AGP / AQM	1,9 TDI AGR / ALH	1,9 TDI AHF / AVG / ASV	1,9 TDI AJM / AUY	1,9 TDI ATD / AXR Pumpe Düse	1,9 TDI ASZ Pumpe Düse	1,9 TDI ARL Pumpe-Düse
Bauzeit	ab 10.97 / ab 11.98	ab 10.97	ab 10.97 / ab 8.99 / ab 9.99	ab 5.99 / ab 5.00	ab 2.00 / ab 5.00	ab 11.00	ab 9.00
Abgasgrenzwert gemäß	EU2 / D3	EU 2 / D3	EU2 / D3 (ASV)	D3 / EU3	EU3/ D4 (AXR)	EU3	EU3
Zylinder /Ventile	4 / 8	4 / 8	4 / 8	4 / 8	4 / 8	4 / 8	4 / 8
Hubraum	1896 cm³	1896 cm³	1896 cm³	1896 cm³	1896 cm³	1896 cm³	1896 cm³
Bohrung	79,5 mm	79,5 mm	79,5 mm	79,5 mm	79,5 mm	79,5 mm	79,5 mm
Hub	95,5 mm	95,5 mm	95,5 mm	95,5 mm	95,5 mm	95,5 mm	95,5 mm
Verdichtung	19,5:1	19,5:1	19,5:1	18,0:1	19,0:1	19,0:1	18,5:1
Höchstleistung bei 1/min (kW/PS)	50 / 68 4.200	66 / 90 4.000 / 3.750	81 / 110 4.150	85 /115 4.000	74 / 100 4.000	96 / 130 4.000	110 /150 4.000
Max. Drehmom. bei 1/min	133 Nm 2.200-2.600	210 Nm 1.900	235 Nm 1.900	285 / 310 Nm 1.900	240 Nm 1.800-2.400	310 Nm 1.900	320 Nm 1.900
Vmax (km/h)	160	180 / 176 (Aut.)	193 / 190	195 / 192 (Aut.)	188 / 184 (Aut.)	205 / 202 (Aut.)	216
Beschleunigung 0-100 km/h in s							
Schaltgetriebe	17,2	12,4	10,6	6,9	11,3	9,6	8,6
Automatik		13,9	11,9	7,9	12,7	10,3	
Verbrauch (l/100 km)							
– städtisch	7,1	6,5 / 8,9 (Aut.)	6,5/9,0 (Aut).	6,9/7,9 (Aut.)	6,8/8,7 (Aut.)	7,2 / 9,1 (Aut.)	7,2
– außerstädtisch	4,4	4,1 / 4,8 (Aut.)	4,0 / 4,8 (Aut.)	4,2 / 5,2 (Aut.)	4,4 / 5,2 (Aut.)	4,6 / 5,2 (Aut.)	4,4
– kombiniert	5,3	4,9 / 6,3 (Aut.)	4,9 / 6,3 (Aut.)	5,1 / 6,1 (Aut.)	5,3 / 6,5 (Aut.)	5,5 / 6,6 (Aut.)	5,4
CO_2 -Emission	143 g/km	132 / 170 g/km	132 /170 (g/km)	138 / 165 g/km	143 / 176 g/km	149 /178 g/km	146 g/km
Motorelektronik	Bosch Diesel Control	Bosch Diesel Control	Bosch Diesel Control	Bosch Diesel Control	Bosch Diesel Control	Bosch Diesel Control	Bosch Diesel Control
Eigendiagnose	ja	ja	ja	ja	ja	ja	ja
Lambdaregelung	nein	nein	nein	nein	nein	nein	nein
Abgasrückführung	ja	ja	ja	ja	ja	ja	ja
Abgasturbo-aufladung	nein	ja	ja	ja	ja	ja	ja
Kraftstoff (CZ)	min 49*	min 49*	min 49*	min 49*	min 49*	min 49*	min 49*
Tankvolumen / Reserve (l)	55 ca. 7	55 / 62 (Aut.) ca. 7 / 8(Aut.)	55 / 62 (Aut.) ca. 7 /8(Aut.)	55 / 62 (Aut.) ca. 7 / 8 (Aut.)	55 / 62 (Aut.) ca. 7 / 8 (Aut.)	55 / 62 (Aut.) ca. 7 / 8 (Aut.)	55 / 62 (Aut.) ca. 7 / 8 (Aut.)

*auch mit Biodiesel betreibbar (bis ca. -10 °C)

Gemischaufbereitung

Benziner:	Indirekte elektronische Einzeleinspritzung, kombiniert mit Zündanlage. Klopf-Regelung, Luftmassenmessung, sequenzielle Einspritzung. Steuergeräte unterschiedlicher Hersteller: Magneti Marelli, Siemens (Simos), Bosch (Motronic)
Diesel:	Direkte elektronische Einzeleinspritzung, Abgasturbolader mit variabler Turbinengeometrie, Ladeluftkühlung. Verteieler Einspritzpumpe von Bosch sowie Pumpe-Düse System

Bremsanlage

Art der Bremsen:	Hydraulisches, Diagonal-Zweikreissystem mit Unterdruckverstärkung. Scheibenbremsen rundum vorne innenbelüftet. Elektronische Bremskraftverteilung EBV, ABS. Asbestfreie Bremsbeläge.	
Bremsscheiben-Dicke: (vo. / hi. in mm)	1,4 und 1,6 Liter:	Neu 22 mm Grenzwert 19 mm / Neu 9 mm Grenzwert 7 mm
	1,8 Liter:	Neu 22 mm; Grenzwert 19 mm / Neu 9 mm Grenzwert 7 mm
	1,8 Liter Turbo:	Neu 25 mm; Grenzwert 22 mm / Neu 9 mm Grenzwert 7mm
	2,0 Liter:	Neu 22 mm; Grenzwert 19 mm / Neu 9 mm Grenzwert 7 mm
	2,3 Liter	Neu 25 mm; Grenzwert 22 mm / Neu 9 mm Grenzwert 7mm
	2,8 Liter:	Neu 25 mm; Grenzwert 22 mm / Neu 22 mm Grenzwert 20 mm
	R32:	Neu 32 mm; Grenzwert 30 mm / Neu 22 mm Grenzwert 20 mm
	1,9 SDI:	Neu 22 mm; Grenzwert 19 mm / Neu 9 mm Grenzwert 7 mm
	1,9 TDI:	Neu 22 mm; Grenzwert 19 mm / Neu 9 mm Grenzwert 7 mm
	1,9 TDI (4Motion):	Neu 22 mm; Grenzwert 19 mm / Neu 9 mm Grenzwert 7 mm
Bremsscheiben-Durchmesser: (vo. / hi. in mm)	1,4 und 1,6 Liter:	256 / 232,
	1,8 Liter:	280 / 239
	1,8 Liter Turbo	288 / 232
	2,0 Liter:	280 /232
	2,3 Liter:	288 / 232
	2,8 Liter:	312 / 256
	R32:	334 / 256
	1,9 SDI:	256 / 232 (vereinzelt auch Trommelbremsen hinten)
	1,9 TDI:	280 / 232
	1,9 TDI (4Motion):	280 / 239

Wirkung der Handbremse: Die mechanische Feststellbremse (Seilzugbremse) wirkt auf die Hinterräder.

Fahrwerk

Allgemein:	Elektronisches Stabilisierungsprogramm (ESP), inkl Elektronischer Differentialsperre (EDS) und Antriebsschlupfregelung (ASR)
Vorderachse:	Enzelradaufhängung; McPherson-Federbeine und Schraubenfedern, Stabilisator
Hinterachse (Frontantrieb):	Koppellenkerachse, Längslenker, Schraubenfedern, Stabilisator
Hinterachse (4Motion):	Doppelquerlenker und Längslenker, Schraubenfedern, teleskopstoßdämpfer, Stabilisator
Lenkung:	Zahnstangenlenkung it hydraulischer Unterstützung
Lenkübersetzung:	Motorisierungsabhängig zwischen 6,7:1 und 11:1
Spurweite: (mm)	vorn 1513, hinten 1494; 4Motion hinten: 1487
Radstand: (mm)	2511; 4Motion: 2518
Wendekreis: (m)	ca. 10,9

Kraftübertragung

Getriebe: 5/ 6-Gang Schaltgetriebe mit Doppelgelenkhalbachsen
Kupplung: Hydraulisch betätigte Einscheiben-Trockenkupplung
Frontantrieb: Über asbestfreie Einscheiben-Trockenkupplungs
4Motion (Allradantrieb): Permanenter Allradantrieb mit elektronisch geregelter Kraftverteilung auf Vorder- und Hinterachse über Einscheiben-Trockenkupplung und Schaltgetriebe
Antrieb vorn über Differential und Doppelgelenk-Halbachsen
Antrieb hinten über Kegeltrieb, Kardanwelle, Haldex-Kupplung, Hinterachsgetrieb mit Differential Doppelgelenk-Halbachsen

Maße und Gewichte*

Modell	Leergewicht	zul. Gesamtgewicht	max. Zuladung	Anhängelast (gebremst) Schaltgetriebe / 12% Steigung	Stützlast
1,4 Liter	1090-1266	1670	404-580	1000	75
1,6 Liter	1146-1326	1710	400-578	1200	75
1,6 Liter FSI	1117-1295	1700	405-583	1200	75
1,8 Liter	1309	1870	561	1400	75
1,8 Liter Turbo	1203-1328	1730	402-527	1300	75
2,0 Liter	1149-1324	1730	406-581	1400	75
2,0 Liter 4Motion	1292-1452	1860	408-568	1400	75
2,3 Liter	1239-1364	1770	406-531	1500	75
2,3 Liter 4Motion	1393-1513	1920	407-527	1600	75
2,8 Liter 4Motion	1407-1522	1930	408-523	1500	75
R32	1477	1990	513	Anhängerbetrieb nicht möglich	
1,9 SDI	1158-1308	1710	402-552	850	75
1,9 TDI (66 kW)	1198-1340	1740	400-542	1300	75
1,9 TDI (74 kW)	1210-1360	1760	400-550	1300	75
1,9 TDI (81 kW)	1212	1750	538	1400	75
1,9 TDI (85 kW)	1232	1770	538	1400	75
1,9 TDI (96 kW)	1226-1234	1780	546-554	1400	75
1,9 TDI (110 kW)	1263-1388	1790	402-527	1400	75
1,9 TDI 4Motion	1391-1511	1920	409-529	1600	75

Kofferraumvolumen (nach ISO 3832) 330 / 1184 Liter
4Motion: 245 / 1099 Liter

Garagenmaße:

Außenlänge mit Anhängerkupplung alle Modelle (5-Türer) 4.249mm

Außenbreite bei geöffneten Türen **3-Türer** 3.934 mm **5-Türer** 3.536 mm (vorn) / 3.486 mm (hinten)

Außenhöhe bei geöffneter Motorhaube vom Boden 1.736 mm

Außenhöhe bei geöffneter Heckklappe vom Boden 2.024 mm / 4Motion 2.013 mm

*alle Angaben in kg; allgemein gültige Angaben, für Ihr Fahrzeug zutreffende Daten bitte aus den Fahrzeugpapieren entnehmen

Techniklexikon

Das folgende Stichwortverzeichnis soll keine Übersetzung vom »Fach-Chinesisch« ins Deutsche sein; es soll Ihnen aber helfen, einige der häufig benutzten Ausdrücke zu verstehen, die Sie im Gespräch mit den Leuten in der Werkstatt (oder auch mit denen am Stammtisch) immer wieder hören.

Abgasturbolader – von Abgasen angetriebenes Turbinenrad. Die Turbine nutzt die im Abgas enthaltene Energie und drückt zur Leistungssteigerung Frischluft und vorverdichtete Luft in die Zylinder.

ABS – Antiblockiersystem. Drehzahlsensoren an allen vier Rädern melden einem Steuergerät, wenn das jeweilige Rad kurz vor dem Blockieren ist. Der Bremsdruck am Rad wird abwechselnd verringert und erhöht und das Blockieren verhindert.

ACC – Adaptive Cruise Control (adaptive Geschwindigkeitsregelung); hält die gewünschte Fahrzeuggeschwindigkeit konstant.

Achsschenkel – Bauteil der Vorderradaufhängung, schwenkt beim Lenken um die Lenkdrehachse. Auf dem Achsschenkel ist das Vorderrad gelagert.

Achstrieb (Vorder-, Hinterachstrieb) – Vorderachstrieb: Baugruppe, die ein Stirnradpaar und das Differenzial zum Antrieb der Gelenkwellen vom Getriebe aus enthält. Bei Hinterradantrieb sind in einem eigenem Gehäuse ein Kegelradsatz („Teller- und Kegelrad") und das Differenzial vereinigt.

Achswelle – Angetriebene Welle, starr oder mit Gelenken, an deren Nabe eines der Räder montiert ist.

Adaptives Kurvenlicht

Horizontal schwenkbare Scheinwerfer, die die Kurven optimal ausleuchten, sobald der Fahrer in sie einlenkt. Sensoren erfassen den Lenkwinkel, die Gierrate (Drehgeschwindigkeit um die Hochachse) und die Fahrgeschwindigkeit. Die Xenon-Scheinwerfer werden elektromechanisch so gesteuert, dass die Kurve ihrem Verlauf entsprechend besser ausgeleuchtet wird.

Airbag – Aufblasbares Luftkissen, das bei Frontalaufprall des Autos auf ein Hindernis die Insassen vor Verletzung schützt. Gewöhnlich in die Lenkradnabe und die Schalttafel (evtl. auch in die Sitzlehnen = Seiten-Airbags) eingebaut

Aktivkohlefilter (EVAP) – System zur Verminderung der Emission schädlicher Benzindämpfe aus dem Tank. Die Dämpfe werden in einem Filter aus Holzkohle gespeichert und später im Motor verbrannt. Siehe Kapitel 9, Seite 79.

Anlasser – Elektromotor, der zum Anlassen des Motors dient. Sein längs verschiebbares Ritzel wird zuerst in den großen Zahnkranz des Schwungrads eingespurt und dreht dann die Kurbelwelle.

Antriebsriemen – Normalerweise aus Gummigewebe gefertigter Riemen, der über mindestens zwei Riemenscheiben läuft und von der Kurbelwelle aus Nebenaggregate oder die Nockenwelle(n) antreibt (als Keilriemen, Flachriemen oder Zahnriemen).

Antriebsstrang – Oberbegriff für den gesamten Antrieb eines Fahrzeugs mit Motor, Kupplung, Getriebe, Kardanwelle (soweit vorhanden), Achstrieb/Differenzial und Antriebswellen.

Asphärischer Außenspiegel – Asphärische Außenspiegel besitzen eine zweigeteilte, teilweise gebogene (konvexe) Spiegelfläche. Dadurch vergrößert sich die Sichtfläche des Rückspiegels. Die korrekte Einstellung der Seitenspiegel auf die Sitzposition des Fahrers verringert beim asphärischen Außenspiegel den toten Winkel fast vollständig. Alle Modelle aus der Volkswagen Pkw-Palette sind mit asphärischen Außenspiegeln auf der Fahrerseite ausgerüstet.

ASR – Antriebsschlupfregelung; verhindert Durchdrehen der Antriebsräder, hält den Wagen in den Spur.

ATF –Automatic Transmission Fluid (Getriebeöl für automatische Getriebe).

Aufbohren (Zylinder) – Verfahren zum Nacharbeiten der Zylinderbohrungen bei starkem Verschleiß. In die um ein geringes Maß vergrößerten Bohrungen werden entsprechend größere Kolben eingebaut. Nur nach langer Laufzeit erforderlich.

Ausdehnungsbehälter – Teil der modernen, unter Druck arbeitenden Kühlanlage. In diesen Behälter kann das infolge des Temperaturanstiegs sich ausdehnende Kühlmittel ausweichen. Siehe Kapitel 10.

Ausgleichgetriebe – Siehe Differenzial.

Ausgleichscheibe – Stahlscheibe, zumeist in verschiedenen Dicken, zum Ausgleich des Axialspiels beweglicher Bauteile.

Ausgleichswelle – eine zur Kurbelwelle gegenläufig rotierende Welle für einen ruhigen Motorlauf.

Auspuffkrümmer – Sammelrohr, das die Abgase des Motors von jedem der Zylinder in die (gemeinsame) Abgasanlage leitet.

Ausrücklager (Kupplung) – Wälzlager, das axial gleitend auf einer Hülse vorn im Getriebegehäuse montiert ist, beim Auskuppeln vom Kupplungs-Ausrückhebel gegen die rotierende Tellerfeder gedrückt oder gezogen wird und dabei die Kupplungsscheibe freigibt

Auswuchten (Räder) – Prüfen und Korrigieren eines Rades mit Reifen im Hinblick auf statische und dynamische »Unwucht«, d.h. auf Kräfte, die das Rad zu Flatter- oder Zitterbewegungen veranlassen könnten.

Automatikgurt – Sicherheitsgurt, der den Fahrzeuginsassen bei normaler Fahrt Bewegungsfreiheit lässt, aber blockiert wird, wenn das Auto stark verzögert wird oder die angegurtete Person plötzliche Bewegungen macht.

AWD – All Wheel Drive (Allradantrieb).

Axialspiel – Bewegungsfreiheit eines Bauteils in Achsrichtung, z.B. die seitliche Bewegung eines Pleuels auf dem Lagerzapfen der Kurbelwelle.

Batterie – (Akkumulatorenbatterie) »Reservoir«, in dem elektrische Energie gespeichert wird. Sie liefert den Strom zum Anlassen des Motors und für die übrigen Verbraucher bei stehendem Motor. Sie wird bei laufendem Motor vom Generator aufgeladen.

Benzindirekteinspritzung – Bei der Benzindirekteinspritzung wird der Kraftstoff mit einem maximalen Druck von bis zu 150 bar direkt in den Brennraum eingespritzt. Eine besondere Brennraumgeometrie sorgt für eine optimale Verwirbelung des Kraftstoff-Luft-Gemischs.

Biodiesel – Biodiesel wird aus nachwachsenden Rohstoffen gewonnen. In Deutschland wird häufig Raps zur Gewinnung von Biodiesel genutzt. Daher haben sich auch die Bezeichnungen RME (Raps-Methyl-Ester) bzw. PME (Pflanzen-Methyl-Ester) durchgesetzt. Aus ökologischer Sicht stellt Biodiesel eine sinnvolle Alternative zu herkömmlichem Dieselkraftstoff dar, da man sich in einem geschlossenen CO2-Kreislauf bewegt. Das bedeutet, dass die Pflanze während ihres Wachstums soviel an CO2 aufnimmt, wie nachher bei der Verbrennung wieder abgegeben wird. Da sich Biodiesel jedoch in seiner Zusammensetzung von herkömmlichem Dieselkraftstoff unterscheidet, kann er nicht uneingeschränkt als direkter Ersatz für Diesel genommen werden. Größtes Problem ist derzeit, dass es keine einheitliche Norm für die Qualität und Zusammensetzung von Biodiesel gibt. Der Marktanteil von Pflanzen-Methyl-Ester liegt zurzeit unter einem Prozent. Selbst bei Ausschöpfung aller Anbaupotenziale könnte Pflanzen-Methyl-Ester nur ein Zehntel des Dieselkraftstoffbedarfs decken.

Bi-Xenon – Xenon-Scheinwerfer für Abblend- und Fernlicht (siehe Xenonlicht).

Blattfeder – Lange, schmale, gekrümmte Feder, zumeist als Paket aus mehreren Blättern zusammengesetzt. Heute nur noch bei Lkws, schweren Geländewagen und alten Autos mit hinterer Starrachse zu finden.

Bord-Diagnosesystem – Elektronische Überwachungsanlage für das Motor-Managementsystem. Sie lässt über den Fehlercode Fehlfunktionen erkennbar werden, die sich negativ auf Abgasemissionen, Leistung und Verbrauch auswirken können.

Boxermotor – Motorbauform, bei welcher die Zylinder einander gegenüberliegen; im allgemeinen sind gleich viele Zylinder auf jeder Seite der Kurbelwelle.

Bremsankerplatte – Stahlblechplatte, am Radträger (zumeist nur noch der Hinterräder) befestigt. Daran sind die Bremsbacken der Trommelbremse montiert.

Bremsbacken – Gekrümmtes Bauteil in der Trommelbremse, mit Bremsbelägen bewehrt. Die Backen werden beim Bremsen von innen gegen die Bremstrommel gedrückt.

Bremsbelag – Trommelbremse: auf die Bremsbacken aufgebrachter Reibbelag aus hitzebeständigem Werkstoff; Scheibenbremse: Mit aufvulkanisiertem Reibbelag versehene Metallplatte. Die Bremsbeläge werden von den Hydraulikkolben von beiden Seiten her beim Bremsen an die Bremsscheibe angedrückt.

Bremse entlüften – Entfernen der unerwünschten Luft aus einer geschlossenen hydraulischen Bremsanlage.

Bremsflüssigkeit – Spezielles, hitzebeständiges Hydrauliköl für Bremsanlage (ggf. auch für Kupplungsbetätigung).

Bremsscheibe – Mit dem Rad umlaufende, häufig hohl gegossene („belüftete" Bremsscheibe) Metallscheibe. Beim Betätigen der Bremse werden von beiden Seiten her die Bremsbeläge an die Scheibe angedrückt und verzögern dadurch Scheibe und Rad.

Bremsservo (Vakuum-Bremsverstärker) – Gerät, das die am Pedal aufgebrachte Kraft zum Betätigen des Hauptbremszylinders erhöht. Der Unterdruck, mit dem das Gerät arbeitet, kommt beim Benzinmotor vom Saugrohr, beim Dieselmotor von einer zusätzlichen Pumpe.

Bremstrommel – Mit dem Rad umlaufendes, schüsselförmiges Bauteil der Trommelbremse. Beim Betätigen der Bremse werden von innen her die beiden Bremsbacken an die Trommel angedrückt und verzögern dadurch Trommel und Rad.

Bremszange, -sattel – Bauteil, das am Radträger montiert ist und sattelförmig die Bremsscheibe übergreift. Enthält die Hydraulikkolben und Bremsbeläge.

Brennraum – Raum über dem Kolben, in dem dieser das Gemisch verdichtet, und in dem im Augenblick der Zündung die Verbrennung stattfindet. Der Brennraum kann auch zum Teil in den Kolbenboden eingelassen sein.

CAN- Control Area Network (Kontroll-Netzwerk); verknüpft elektronische Funktionen.

Carbon – Kohlenstoff; belastungsstarker und extrem leichter Werkstoff für Karosserieteile und Bremsen von Supersportwagen und für die Formel 1.

Chip-Tuning – Leistungssteigerung durch Austausch eines elektronischen Speicherbausteins.

Choke (Vergaser) – Manuell oder automatisch betätigtes Klappenventil, das beim Kaltstart durch Drosselung der Luftzufuhr zum Motor das Gasgemisch anreichert.

CNG - Compressed Natural Gas (komprimiertes Naturgas); Erdgas für speziell ausgerüstete Personenwagen und Transporter.

CO-Gehalt – Anteil von Kohlenmonoxid im Abgas

Common Rail – (gemeinsame Leitung) Diesel-Direkteinspritzer, bei dem alle Zylinder über eine gemeinsame, unter Druck stehender Verteilerleitung mit Kraftstoff versorgt werden.

Comprex-Lader – Druckwellenlader, Mischung aus Turbolader und Kompressor. Wird von der Kurbelwelle über einen Zahnriemen angetrieben.

Crossover – Kreuzung verschiedener Fahrzeug-Gattungen zu neuem Typ.

CVT-Automatik – (Continuously Variable Transmission) Automatische, stufenlose Kraftübertragung mit je einer zweigeteilten, kegeligen Scheibe auf An- und Abtriebswelle. Durch axiales Verschieben der Scheiben wird der wirksame Radius eines auf ihnen laufenden Keilriemens oder einer Lamellenkette stufenlos verändert – damit auch die jeweilige Übersetzung.

DB - Dezibel, Einheit für Lautstärke.

DBC – dynamische Bremskontrolle (siehe BAS).

Diagnosesystem – Siehe Bord-Diagnosesystem.

Diagnose-Warnleuchte – Warnleuchte an der Schalttafel. Zeigt an, dass eine Fehlfunktion vorliegt und als solche im Steuergerät gespeichert wurde.

Dichtung – Verformbares Material, das zwischen zwei Oberflächen eingefügt wird, um gas- bzw. flüssigkeitsdichte Verbindungen zu schaffen.

Dieselmotor – Der »Selbstzünder"» (Gegensatz: »Ottomotor«=Fremdzünder) arbeitet mit der durch Verdichtung reiner Luft im Zylinder entstehenden Temperatur, die ausreicht, um den zerstäubten Dieselkraftstoff zu entzünden. Hierfür ist freilich eine weit höhere Verdichtung erforderlich als beim Ottomotor.

Differenzial/Ausgleichgetriebe – Zumeist als Kegelrädertrieb ausgeführt, treibt es die beiden Räder einer Achse gemeinsam in gleicher Drehrichtung, erlaubt ihnen aber, sich bei Kurvenfahrt unterschiedlich schnell zu drehen.

Differentialsperre – schafft starren Durchtrieb zwischen Rädern einer Achse oder beider Achsen für eine bessere Traktion des Fahrzeugs.

Direkteinspritzung – Spezielle Bauart von Motoren, bei denen der Kraftstoff durch Düsen unmittelbar in die Brennräume eingespritzt wird.

DOHC – (Double Overhead Camshaft) Bezeichnung für einen Motor mit zwei obenliegenden Nockenwellen, von denen eine die Ein- und eine die Auslassventile betätigt. Dies erlaubt optimale Anordnung der Ventile in Bezug auf Leistung und Emissionen (strömungsgünstigere Kanalführung im Kopf).

DOT-Nummer – auf die Reifenflanke geprägt, verrät den Produktionszeitraum des Pneus.

Drehkolbenmotor – Siehe Wankelmotor.

Drehmoment- Die an einem Hebelarm wirkende Kraft, früher in mkp (Meter-Kilopond), heute in Nm (Newtonmeter) ausgedrückt (1 mkp = 9,81 Nm).

Drehmomentschlüssel – Werkzeug zum Anziehen von Schrauben und Muttern mit einem vorgegebenen Drehmoment.

Drehmomentwandler/»Wandler« – Eine Abart der Flüssigkeitskupplung, eingebaut anstelle einer mechanischen Kupplung zwischen Motor und Automatikgetriebe. Kann das Motordrehmoment nach Bedarf verändern.

Drehstabfederung/Torsionsfederung – Eine in manchen Automodellen angewandte Art der Federung, die auf der Verdrehung eines geraden Stabes (Drehstab) um seine eigene Achse beruht.

Drive-by-wire – (Fahren per Draht). Befehle des Fahrers werden nicht mechanisch übermittelt, sondern elektronisch.

Drosselklappe – Vom Gaspedal betätigte Ventilklappe vor dem Saugrohr, die mehr oder weniger Luft zu den Einlaßventilen strömen läßt.

Drosselklappenschalter – Bauteil des Motor-Managementsystems, das dem Steuergerät die jeweilige Stellung der Drosselklappe signalisiert.

Druckfester Verschluß (Kühler) – Schraubkappe auf dem Ausdehnungsgefäß. Wirkt als Sicherheitsventil bei Über- und Unterdruck im Kühlsystem, um dieses vor Beschädigungen zu schützen.

Dynamische Kopfstützen – auch aktive Kopfstützen, sollen vor allem bei Auffahrunfall vor Verletzungen der Halswirbelsäule (Schleudertrauma) schützen.

Dynamisches-Energiemanagement – Das Batterie-Energiemanagement sorgt in Abhängigkeit vom Batterieladezustand und der Temperatur selbstständig dafür, dass stets genügend Energie für einen Motorstart zur Verfügung steht. Dies gilt auch dann, wenn das Fahrzeug einmal für einen längeren Zeitraum abgestellt ist. Moderne Fahrzeuge entnehmen ihren Batterien selbst im Ruhezustand Energie: Verkehrsfunkspeicher, aber auch Diebstahlwarnanlage oder der Empfänger für die Funkfernbedienung verbrauchen konstant ein geringes Quantum Strom. Wenn ein kritischer Ladezustand der Batterie droht, reduziert das Energiemanagement im Ruhezustand den Verbrauch durch stufenweises Abschalten der Verbraucher. Während der Fahrt kontrolliert das dynamische Energiemanagement laufend die Batteriespannung und Ladeaktivität. Bei Bedarf erhöht das System die Leerlaufdrehzahl geringfügig, um die Leistung des Ladegenerators zu erhöhen. In extremen Fällen werden kurzzeitig besonders verbrauchsintensive Komponenten wie etwa die Sitz- oder Heckscheibenheizung deaktiviert. Der Komfort leidet darunter nicht – im gewöhnlichen Fahrbetrieb erfolgt dieser Stopp so, dass der Fahrer ihn nicht bemerkt.

DynAPS – dynamisches Autopilot-System – das Navigstionssystem berücksichtigt Staumeldungen bei der Routenberechnung.

EBD – Electronic Brake Distribution, sorgt für eine elektronische Bremskraftverteilung.

EBV- elektronische Bremskraftverteilung.

ECE – Economic Comission for Europe (Wirtschaftskommission für Europa), befasst sich mit der Harmonisierung von Vorschriften rund ums Auto.

EDS – elektronische Differentialsperre.

E-Gas – »E« steht für elektronisch. Das Gaspedal wirkt bei Fahrzeugen mit E-Gas wie ein Sensor. Dieser erkennt anhand der Pedalstellung unmittelbar den Leistungswunsch des Fahrers. Auf Basis dieses Ausgangssignals regelt die Motorelektronik Drosselklappe, Ladedruck und Zündung. Dieses elektronische System löst die bisherige Übertragungstechnik per Seilzug ab und bringt wesentliche Vorteile: E-Gas erleichtert die elektronische Motorsteuerung, reagiert schneller und ist eine technische Voraussetzung für das elektronische Stabilisierungsprogramm (ESP)

EGR – (Exhaust Gas Recirculation) Abgasentgiftung: Ein Teil der Abgase wird der Ansaugluft wieder zugeführt, um unverbrannte Kraftstoffanteile weiter zu verbrennen.

Einscheiben-Sicherheitsglas – Scheibe aus thermisch behandeltem Glas in nur einer Schicht. Wenn die Scheibe zerspringt, zerfällt sie in viele kleine Teile mit stumpfen Kanten. Zerspringt sie beim Auftreffen eines Körpers nicht, wird der Durchblick stark behindert.

Einspritzdüse – Gerät, das den Kraftstoff direkt oder indirekt in den Brennraum eines Otto- oder Dieselmotors einspritzt.

Einspritzpumpe (Diesel) – Gerät, das beim Dieselmotor für die Zumessung der Kraftstoffmenge und die Einspritzung unter hohem Druck zum genau festgelegten Zeitpunkt sorgt.

Einspritzzeitpunkt (Diesel) – Die kurz vor dem Erreichen des oberen Totpunkts (OT) liegende Stellung des Kolbens, in welcher der Kraftstoff eingespritzt wird.

Einzelradfederung – Federungssystem, bei welchem jedes Rad ohne gegenseitige Wirkung auf die übrigen Räder des Wagens Auf- und Abbewegungen ausführt.

Elektrode – An der Zündkerze springt zwischen diesen Metallteilen der Zündfunke über; zwischen Verteilerfinger und Verteilerkappe sorgen Elektroden für die Übertragung des hochgespannten Stroms an die einzelnen Kerzen.

Elektrodenabstand (Kerze) – Einstellbare Distanz zwischen Plus- und Masse-Elektrode der Zündkerze.

Elektrolyt – Aus Schwefelsäure und destilliertem Wasser bestehende Flüssigkeit, die in der Batterie den Strom leitet.

Elektronische Einspritzung – Kraftstoffeinspritzung mit elektronischer Steuerung.

Elektronische Zündung – Zündanlage, die von einer Elektronik gesteuert wird, welche die Funktion des Verteilers und der Unterbrecherkontakte übernimmt.

Elektronisches Steuergerät – Elektronische Zentraleinheit, die Signale von diversen Sensoren empfängt, verarbeitet und entsprechende Befehle an Zünd-, Einspritz- und andere Systeme erteilt.

Emissionen/Abgasemissionen – Vom Auspuff und verschiedenen anderen Teilen des Autos (Tank, Kurbelgehäuse) in die Atmosphäre abgegebene Substanzen, die gasförmig oder als Partikel auftreten.

Emissionskontrolle – Oberbegriff für diverse Systeme zur Verminderung schädlicher Emissionen.

Endanschlag – Dämpfendes Gummiteil, das beim Durchfedern auf schlechter Fahrbahn das Anschlagen der Radaufhängung an die Karosserie verhindert.

Entkohlen – Entfernen von Verbrennungsrückständen in den Brennräumen, den Kanälen und auf den Kolbenböden bei einer Motorüberholung.

Entlüftung – Öffnung oder Ventil, aus dem Luft oder Gase aus einem Gehäuse (z.B. Kurbelgehäuse) austreten bzw. in ein System eintreten können.

Entlüftungsnippel – Hohlschraube, durch welche nach dem Lösen zur Entlüftung eines geschlossenen Systems (Bremse, Kupplungsbetätigung) Luft und Flüssigkeit austreten können.

Entstörgerät – Gerät zur Beseitigung oder Unterdrückung elektrischer Störeinflüsse von der Zündung oder anderen Bauteilen der Elektrik.

ESP – elektronisches Stabilitäts-Programm; hält durch das Bremsen einzelner Räder die Spur.

Euro-NCAP – Das Euro NCAP (New Car Assessment Programme = Programm zur Bewertung der passiven Sicherheit von Nfz) gilt heute als einer der wichtigsten Maßstäbe für die passive Fahrzeugsicherheit. Es stellt beim Offsetcrash noch härtere Anforderungen als das seit Oktober 1998 geltende EU-Gesetz. Die Aufprallgeschwindigkeit wurde von 56 km/h (Gesetz) auf 64 km/h erhöht (Euro NCAP), was einer um über 30% höheren Aufprallenergie entspricht.Organisiert wird das Euro NCAP unter anderem von der englischen und der schwedischen Verkehrsbehörde, vom internationalen Automobilverband FIA, vom ADAC sowie von anderen europäischen Automobilclubs.

Fading (Bremse) – Vorübergehendes Nachlassen der Bremsenfunktion infolge Überhitzung des Reibmaterials (vor allem bei Trommelbremsen).

Federbein – Siehe McPherson.

Federung – Oberbegriff für die Bauteile eines Fahrzeugs, die der Isolierung der Karosserie von den Rädern dienen und dafür sorgen, dass alle vier Räder ständigen Fahrbahnkontakt halten.

Fehlercode – Elektronischer Code, den das Steuergerät eines Diagnosesystems beim Auftreten eines Funktionsfehlers speichert. Der verschlüsselte Code enthält Einzelheiten zur Fehlerquelle und veranlasst, dass eine Warnlampe am Schaltbrett aufleuchtet.

Fehlercode-Transmitter – Elektronisches Bauteil, das den verschlüsselten Code für die Werkstatt lesbar macht.

Festsattelbremse – Fest am Radträger montierter Bremssattel der Scheibenbremse. Der Festsattel besitzt (im Gegensatz zum Schwimmsattel) mindestens zwei einander gegenüberliegende Hydraulikkolben.

Fettes Gemisch – Ausdruck für ein Kraftstoff-Luft-Gemisch mit höherem als dem optimalen Kraftstoffanteil.

Fliehkraftregler (Zündung) – Vorrichtung im Zündverteiler, die auf der Fliehkraft von kleinen Gewichten beruht und entsprechend der Motordrehzahl laufend automatisch den Zündzeitpunkt verstellt.

Fluid – Häufig benutzter Ausdruck für Flüssigkeit, Kühlmittel, Bremsöl usw.

Flüssiggas – (LPG = Liquefied Petroleum Gas) Gemisch von aus Rohöl gewonnenen Brenngasen (Butan, Propan...), das in manchen Fällen statt anderer Kraftstoffe für entsprechend eingerichtete Ottomotoren eingesetzt wird.

Frostschutz – Flüssigkeit, die dem Kühlwasser zugesetzt wird, um das Einfrieren der Motorkühlung im Winter zu unterbinden und sie vor Korrosion zu schützen.

Fühlerlehre – Einfaches Messgerät zum genauen Messen einer Spaltbreite (z.B. den Elektrodenabstand einer Zündkerze); besteht aus einem Satz verschieden dicker Stahlblech-»Fühler«.

Gasgemisch – Mischung aus bestimmten Gewichtsanteilen an Luft und Kraftstoff zur Verbrennung im Ottomotor. Das optimale Verhältnis für eine vollständige Verbrennung beträgt 14,7:1.

Gelenkwelle/Antriebswelle – Welle zum Antrieb eines (Vorder- oder Hinter-)Rads vom Differenzial aus. Gelenkwellen an derselben Achse können gleich oder auch verschieden lang sein und ein oder zwei Gelenke besitzen.

Generator (Wechselstromgenerator) – Stromerzeuger, vom Motor über Riemen getrieben. Er liefert bei laufendem Motor den Strom für die elektrische Anlage des Wagens und zum Aufladen der Batterie.

Getriebe/Schaltgetriebe – Aus Wellen und veränderlichen Zahnradübersetzungen aufgebautes Aggregat, angeordnet zwischen Kupplung und Achstrieb. Mit Hilfe der im Getriebe wählbaren Übersetzungen kann der Motor trotz veränderlicher Fahrgeschwindigkeiten in seinem günstigsten Arbeitsbereich gehalten werden.

Getriebeeingangswelle – Von der Kupplung (oder dem Drehmomentwandler) ins Getriebe (oder in die Automatik) führende Welle.

Gleichlaufgelenk – Variante des Kardangelenks für Gelenkwellen (Antriebswellen) frontangetriebener Wagen. Dieses Gelenk ermöglicht eine gleichförmige, ruckfreie Kraftübertragung trotz der Überlagerung von Federungs- und Lenkbewegungen.

Gleitlager – Metallische oder sonstige verschleißarme Oberfläche an einem Bauteil, gegen die sich ein anderes Bauteil frei bewegen (normal: rotieren) kann, und die zur Minderung von Reibung und Verschleiß ausgelegt ist. Gleitlager werden gewöhnlich geschmiert.

Gleitmittel gegen Fressen – Schmiermittel, das besonders temperatur- und druckbeanspruchte Bauteile am »Fressen« (Festgehen bei Trockenlauf) hindert.

Glühkerze – Elektrisches Heizgerät, das in die Brennräume der (zumeist aller) Zylinder eines Dieselmotors hineinragt, um ihn beim Kaltstart vorzuwärmen und damit die Rauchentwicklung unmittelbar nach dem Anspringen zu verringern.

GPS – Global Positioning System. Satellitensystem zur Positionsbestimmung, wird von Navigationssystemen benutzt.

Gürtel-/Radialreifen – Reifen, bei dem die Kordfäden in der Karkasse (Grundstruktur des Reifens) im rechten Winkel zur Reifenflanke verlaufen.

Gurtstraffer – zieht bei einem Aufprallunfall den Gurt fest an den Körper.

Handling – Häufig verwendeter Ausdruck für das Fahrverhalten eines Autos, schließt Kurvenverhalten, Geradeauslauf und die gefühlsmäßige »Handhabung« ein.

Hauptzylinder (Geberzylinder) – Hydraulikzylinder mit Kolben, gefüllt mit Hydraulikfluid. Das Brems- oder Kupplungspedal wirkt direkt (oder über ein Bremsservo) auf den Kolben und gibt die eingeleitete Kraft über das Fluid an die Nehmerzylinder weiter.

Head-up-Display – Überkopf-Anzeige, spiegelt Armaturanzeigen in die Windschutzscheibe.

Heizungs-Wärmetauscher – Kleiner »Kühler«, der in den Kühlkreislauf des Motors eingefügt und für die Bereitstellung von Warmluft für die Wagenheizung zuständig ist. Die durch die Rippen strömende Kaltluft erwärmt sich am heißen Kühlwasser des Motors, das durch den Wärmetauscher fließt.

Hilfsrahmen – Kleiner Rahmen aus Stahlprofilen, der unter der Karosserie montiert ist und Radaufhängungen und/oder Antriebsaggregate aufnimmt.

Hochspannungskreis (Zündanlage) – Stromkreis mit hoher Voltzahl für die Erzeugung des Funkens an der Zündkerze.

Hub/Kolbenhub – Weg, den der Kolben eines Verbrennungsmotors im Zylinder vom oberen zum unteren Totpunkt zurücklegt.

Hubraum, -volumen – Gesamtes Volumen aller Zylinder eines Motors, gerechnet zwischen dem unteren und oberen Totpunkt der Kolben.

Hybridantrieb – Kombination von zwei verschiedenen Abtriebsquellen.

Hydraktives Fahrwerk – Hydropneumatik (siehe unten) mit elektronischer Steuerung.

Hydraulik – Bezeichnung für ein mit Drucköl arbeitendes Übertragungssystem.

Hydraulikstößel – Ventilstößel, in dem das Ventilspiel bei allen Betriebszuständen durch Drucköl ausgeglichen wird. Dadurch entfällt die Ventilspiel-Einstellung.

Hydropneumatik – Eine mit Gas und Öl gefüllte Kugel übernimmt die Funktion herkömmlicher Dämpfer. Erstmals von Citroën in den 50er Jahren bei ID/DS eingesetzt.

Hydropneumatische Federung – Fahrzeugfederung, bei welcher eine Kombination aus Hydraulik und Luftfederung die Stelle der üblichen Stahlfedern (zuweilen auch der Stoßdämpfer) übernimmt.

IDE – Benzindirekteinspritzer der französischen Hersteller (siehe Direkteinspritzung).

Indirekte Einspritzung – Dieselmotoren-Bauart, bei der der Kraftstoff nicht unmittelbar in den Brennraum, sondern in eine benachbarte Wirbelkammer eingespritzt wird.

IPS – Intelligent Protection System (intelligentes Sicherheitssystem); Kombination aller passiven Sicherheitssysteme im Auto.

Isofix – System zur Befestigung von Kindersitzen.

Kardangelenk – Flexible, das Drehmoment übertragende Verbindung zwischen zwei Wellen, die ein mehr oder weniger starkes Abknicken der Wellen zu einander erlaubt. Wird in Kardanwellen und manchen Gelenkwellen verwendet, ergibt jedoch keine gleichförmige, ruckfreie Drehbewegung.

Kardanwelle – Welle, die die Kraft vom Schalt-/Automatikgetriebe zur Hinterachse (Motor vorn und Hinterradantrieb) und ggf. vom Verteilergetriebe zur Vorderachse (bei Vierradantrieb) überträgt.

Katalysator – In die Abgasanlage eines Autos eingebautes Gerät, das die in die Atmosphäre austretenden Schadstoffe auf chemischem Wege reduziert, ohne sich selbst zu verändern.

Kerzen – Siehe Zündkerzen.

Keyless Go – Schlüssel oder Chipkarte, tauscht Signale mit dem Auto. Berührt der Fahrer den Türgriff, öffnet sich der Wagen. Starten per Knopfdruck, Schlüssel oder Karte bleibt in der Tasche.

Kick-down (Automatik) – Vorrichtung, die bei vollem Durchtreten des Gaspedals einen kleineren Gang einschaltet und starkes Beschleunigen erlaubt.

Kipphebel – Übertragungsteil im Ventiltrieb, in der Mitte gelagert, setzt die Aufwärtsbewegung des Nockens (bzw. der Stoßstange) in eine Abwärtsbewegung des Ventils um.

Klimaanlage (AC) – Anlage zur Kühlung und Entfeuchtung der in den Fahrgastraum von außen einströmenden Luft. Dient dem Fahrkomfort und der Freihaltung der Scheiben von Beschlag.

Klingeln – Siehe Klopfen/Klingeln.

Klopfen/Klingeln – Metallisches Motorgeräusch, das oft bei zu frühem Zündzeitpunkt, zu niedriger Oktanzahl des Kraftstoffs oder starken Ablagerungen im Brennraum auftritt. Es rührt von Druckwellen her, die die Zylinderwände in Schwingungen versetzen.

Klopfsensor – Signalgeber, der beim ersten Auftreten von Klopfgeräuschen einen Befehl ans Steuergerät im Motor-Managementsystem erteilt.

Kolben – Zylindrisches Bauteil, das sich in einer Bohrung linear bewegt. Beim Motor verdichtet der Kolben ein Kraftstoff-Luft-Gemisch, überträgt lineare Kraft durch das Pleuel auf die rotierende Kurbelwelle und schiebt verbranntes Gas durch Auslassventile aus dem Zylinder.

Kolbenring – Federnder Feingussring, der in einer um den Kolben laufenden Nut liegt und sich im Betrieb derart an die Zylinderwand anschmiegt, dass der Kolben im Zylinder praktisch gasdicht ist.

Kompakt-Van – Großraumlimousine auf Basis der Kompaktklasse.

Kompressor – mechanischer Lader, bläst Luft in den Ansaugtrakt; wird vom Keilriemen angetrieben.

Kondensator – Zündanlage: Gerät zur Unterdrückung zu starker Funkenbildung an den Zündkontakten; Klimaanlage: Gerät zur Umwandlung des Kühlmittels vom gasförmigen in den flüssigen Zustand.

Kontakte – Siehe Zündkontakte.

Kontermutter/Gegenmutter – Schraubenmutter, mit der eine Einstellmutter oder ein anderes Gewindeteil gegen Lösen gesichert wird.

Kopfdichtung – Siehe Zylinderkopfdichtung.

Kraftstoff – Bezeichnung für die verschiedenen in Verbrennungsmotoren verwendeten Treibstoffe wie Benzin, Diesel, Flüssiggas usw.

Kraftstoff-Druckregler (Systemdruckregler) – Regler in der Einspritzanlage, der für konstanten Kraftstoffdruck an den Einspritzdüsen sorgt. Arbeitet gewöhnlich mit dem Saugrohr-Unterdruck.

Kraftstoffeinspritzung – siehe Einspritzung

Kraftstofffilter – Auswechselbarer Filter, der Fremdkörper und Wasser aus dem Kraftstoff abscheidet.

Kraftstoffpumpe/Benzinpumpe – Pumpe, heute meist elektrisch angetrieben, fördert den Kraftstoff vom Tank zur Vergaser- oder Einspritzanlage.

Kraftübertragung – Allgemeine Bezeichnung für die Baugruppen des Antriebsstrangs (Getriebe, Achstrieb, Wellen) mit Ausnahme des Motors.

Kugelgelenk – Wartungsfreies, in mehreren Ebenen bewegliches Übertragungsteil, vor allem in Radaufhängungen und Lenksystemen verwendet. Es besteht aus Kugel und Kugelpfanne sowie einer Gummiabdichtung, die kein Fett austreten lässt.

Kugellager – Reibungsarme Wellenlagerung, besteht aus zwei gehärteten Stahlringen und zwischen ihnen abwälzenden Kugeln (»Wälzkörper«).

Kühler – Bauteil des Kühlsystems, durch dessen feine Röhren oder Waben das heiße Kühlmittel fließt. Er ist vorn im Motorraum so angeordnet, daß er vom Fahrtwind durchströmt und dabei das Kühlmittel abgekühlt wird.

Kühlmittel – Mischung aus Wasser und Frostschutzmittel für die Motorkühlung.

Kühlmittel (Klimaanlage) – Flüssigkeit, die beim Betrieb der Klimaanlage wechselweise gasförmig und wieder verflüssigt wird.

Kühlmittelpumpe – Siehe »Wasserpumpe«.

Kühlmittelsensor – Sensor, der im Motor-Managementsystem Informationen über die momentane Temperatur des Kühlmittels an das Steuergerät gibt.

Kühlventilator – Siehe Ventilator.

Kupplung – Auf Reibung beruhende Einrichtung zur Übertragung und zur weichen Einleitung (Einkuppeln) des Drehmoments vom Motor ins Getriebe, ohne dass hierzu eine der beiden Komponenten zum Stillstand kommen muss.

Kupplungs-Ausrückhebel – Überträgt die Pedalkraft auf das Kupplungs- Ausrücklager.

Kupplungsscheibe – Metallscheibe mit verzahnter Nabe, trägt auf beiden Seiten Reibbeläge; gewöhnlich abgefedert zur weichen Einleitung der Kräfte.

Kurbelgehäuse – Der unterhalb der Zylinder liegende Teil des Motorblocks, in welchem die Kurbelwelle gelagert ist.

Kurbelwelle – Welle mit außermittigen (exzentrischen) Kurbelzapfen, durch die die geradlinige Bewegung der Kolben über die Pleuel in Drehbewegung umgewandelt wird.

Kurbelwellensensor – Sensor, der im Motor-Managementsystem Informationen über die momentane Kurbelwellenstellung (und evtl. -drehzahl) an das Steuergerät gibt.

kW/PS – Siehe PS/kW.

Ladeluftkühler – kühlt die vom Turbolader komprimierte Luft.

Lader/Kompressor – Luftverdichter, der Frischluft unter Druck zu den Einlassventilen des Motors fördert, um einen höheren Zylinderfüllungsgrad und damit erhöhte Leistung zu erzielen. Laderantrieb erfolgt entweder mechanisch von der Kurbelwelle oder beim Abgasturbolader über den Abgasdruck und eine Turbine.

Lambda-Regelung (Geregelter Katalysator) – Geschlossener Regelkreis mit Lambda-Sonde und Katalysator zur optimalen Abgasentgiftung. Die von der Lambda-Sonde ans Steuergerät geleiteten Signale sorgen in der Einspritzanlage für eine genaue Kraftstoffzumessung, um die bestmögliche Funktion des Katalysators zu erzielen.

Lambdasonde – Gerät in der Abgasleitung eines Ottomotors mit geschlossenem Regelkreis (Lambda-Regelung), das den Sauerstoffgehalt der Abgase überwacht. Die von der Lambdasonde ans Steuergerät geleiteten Signale sorgen in der Einspritzanlage für eine genaue Kraftstoffzumessung, um die bestmögliche Funktion des Katalysators zu erzielen.

Längslenker – Parallel zur Fahrtrichtung auf und ab schwenkender Tragarm, an dessen Ende das Rad montiert ist. Seine Schwenkachse liegt im rechten Winkel zur Fahrzeuglängsachse.

LCD-Display/Info Display – Der bedarfsorientierte Aufbau des Info Displays erlaubt sowohl das Reduzieren fester Anzeigen auf den gesetzlichen Minimalumfang als auch eine umfangreiche Informationsauswahl. Möglich wird diese Vielfalt durch die Koppelung von mechanischen Zeigern mit LCD-Displays. Ob Navigationshinweise oder Tempomat-Einstellungen – der Fahrer hat alles stets im Blick. Über das Info Display kann er z.B. den Stufentempomat ab ca. 30 km/h aktivieren. Dieser kann bis zu sechs Wunschgeschwindigkeiten speichern und bei Bedarf aufrufen. Über die Navigationshinweise werden die Routenführung zu einem gewünschten Zielpunkt und aktuelle Staumeldungen angezeigt. Weiterhin befinden sich insgesamt 14 Kontroll- und Warnleuchten im LCD-Display. Die Palette reicht von »Klassikern« wie »Bitte angurten« über Fahrassistenten wie die Dynamische Stabilitäts Control (DSC) bis hin zur Parkbremse mit Automatic-Hold-Funktion.

LED-Technologie – Die LED (Light Emitting Diode) ist ein Licht emittierender Halbleiter, der eine wesentlich längere Lebensdauer und einen geringeren Stromverbrauch gegenüber konventionellen Glühlampen aufweist. Die Vorzüge der LED-Technologie liegen in ihrem niedrigeren Energieverbrauch, kürzeren Ansprechzeiten, geringerem Raumbedarf sowie einer höheren Lebensdauer (Fahrzeuglebensdauer).

Die hohe Betriebssicherheit und Lebensdauer von LEDs erhöhen die Sicherheit durch die verringerte Ausfallwahrscheinlichkeit von Rückleuchten und Bremslichtern.

Leerlaufdrehzahl – Drehzahl des Motors bei geschlossener Drosselklappe.

Leerweg/Spiel – Freie Beweglichkeit eines Bauteils (z.B. eines Pedals), ehe eine Wirkung oder Funktion einsetzt.

Lenkgetriebe – Siehe Zahnstangenlenkung.

Lenkung – Oberbegriff für die Bauteile der Lenkanlage. Das eigentliche Lenkgetriebe ist heute in der Regel eine Zahnstangenlenkung.

LHM-Fluid (Citroën) – Spezielle Hydraulikflüssigkeit auf Mineralölbasis für die Hydraulik bestimmter Citroën-Modelle.

LongLife-Öl – Je nach Motor- und Modellvariante sind Intervalle für Service oder Ölwechsel von bis zu 30.000 Kilometern oder maximal zwei Jahren bei Benzinmotoren und bis zu 50.000 Kilometern oder maximal zwei Jahren bei bestimmten Dieselmotoren möglich.

Lufteinblasung – Maßnahme zur Schadstoffreduktion mit Katalysator. In den Auspuffkrümmer wird Frischluft eingeblasen, um die Abgastemperatur zu erhöhen. Dies hilft dem Kat, seine Betriebstemperatur rascher zu erreichen.

Luftfilter – Ein auswechselbarer Einsatz aus Papier oder Schaumstoff in einem Gehäuse. Das Filter hält Fremdkörper aus der zum Motor strömenden Luft zurück.

Luftmengenmesser – Messvorrichtung, die im Motor-Managementsystem die durchfließende Luftmenge zu den Zylindern misst und diese Information an das Steuergerät weitergibt.

Mageres Gemisch – Ausdruck für ein Kraftstoff-Luft-Gemisch mit geringerem als dem optimalen Kraftstoffanteil.

Massekabe – Flexibles Kabel, das den Minuspol der Batterie mit der Karosserie bzw. die Karosserie mit dem Motor/Getriebe-Aggregat verbindet. Die Metallteile dienen der elektrischen Anlage als Rückleitung.

McPherson-Federbein – Einzelradfederung. Kombinierte Einheit aus Schraubenfeder und Stoßdämpfer, bildet bei Einbau an der Vorderachse gleichzeitig die Lenkdrehachse der Vorderräder.

Mehrventiler – Motor mit mehr als zwei Ventilen pro Zylinder, nämlich zumeist vier (2 Einlass-, 2 Auslassventile), seltener drei (2 Einlass-, 1 Auslassventil).

Membrane – Scheibe aus flexiblem, luftundurchlässigem Werkstoff, z.B. im Bremsservo verwendet, wo die Membrane vom Unterdruck gesteuert wird.

Minivan – auf Kleinwagen basierender Van (siehe Van).

Motor-Managementsystem – Anlage in modernen Fahrzeugen, die mit Hilfe eines elektronischen Steuergeräts die Motorfunktionen (Zündung, Einspritzung, Abgasemission) regelt und überwacht.

Motornachlauf – Neigung eines Motors zum Weiterlaufen nach dem Ausschalten der Zündung. Zumeist verursacht durch zu geringe Oktanzahl des Benzins, zu frühe Zündeinstellung, starke Ablagerungen im Brennraum oder schlechte Wartung des Motors.

Motronic – Motorsteuerung von Bosch.

MP3 – Mit „MP3" werden komprimierte digitale Audiodaten bezeichnet. Das MP3-Format ist ein weit verbreiteter Standard zur Komprimierung digitaler Audiodateien. Bei gleicher Klangqualität belegen MP3-Dateien in etwa nur ein Zehntel des Speicherplatzes einer Audio-CD. „MP3" steht für MPEG 1 Audio Layer 3. MPEG ist ein von der „Motion Picture Experts Group" entwickeltes Verfahren zur Komprimierung digitaler Video- und Audiodaten. Um MP3-Daten wiedergeben zu können, wird ein MP3-fähiges Wiedergabegerät benötigt.

MPV – Multi Purpose Vehicle (Mehrzweckfahrzeug) – anderer Ausdruck für Van (siehe Van).

Multi-Point-Einspritzung – Einspritzanlage bei Ottomotoren mit je einer Einspritzdüse pro Zylinder.

Nachlauf – Winkel zwischen der Lenkdrehachse der Vorderräder und einer Senkrechten durch den Berührpunkt des Rades mit dem Boden.

Nachschleifen (Kurbelwelle) – Verfahren zum Nacharbeiten der Lagerzapfen der Kurbelwelle bei starkem Verschleiß. Die um ein geringes Maß verkleinerten Zapfen werden mit Lagerschalen mit entsprechend kleinerem Durchmesser montiert. Nur nach langer Laufzeit erforderlich.

Navigationssystem – elektronisches Gerät, das zur geographischen Positionsbestimmung dient und gegebenenfalls bei der Erreichung eines gewünschten Zieles behilflich ist. Das System besteht aus den wesentlichen Elementen: GPS-Antenne, Navigationsrechner und Display. Mit Hilfe der Antenne für das Global Positioning System (GPS) peilt das Navigationssystem Satelliten an, die sich in einer geostationären Umlaufbahn um die Erde befinden. Diese Peilung ermöglicht es, den exakten Standort des Fahrzeuges auf der Erdoberfläche auf wenige Meter genau zu bestimmen.

NCAP – New Car Assessment Program (Neuwagen-Sicherheitsprogramm); Crashtest-Definition für Europa.

NEFZ – neuer europäischer Fahrzyklus; Messverfahren zur Ermittlung von Durchschnittsverbrauch und Abgasverfahren.

Nehmerzylinder (Radbremszylinder) – Hydraulikzylinder mit Kolben unmittelbar an der Radbremse, gefüllt mit Hydraulikfluid. Er erhält den hydraulischen Druck über Rohrleitungen vom Hauptbremszylinder. Seine Kolbenbewegung wirkt auf die Bremsbacken bzw. Bremsbeläge.

NOx (Stickoxide) – Einer der Schadstoffe in den Abgasen von Otto- und Dieselmotoren.

Nocken – Exzentrische Erhebungen an der Nockenwelle zur Betätigung der Ventile.

Nockenwelle – Umlaufende, von der Kurbelwelle angetriebene Welle mit Nocken. Sie betätigt die Ein- und Auslassventile über diverse Zwischenglieder.

Nockenwellen-Antriebsriemen/Zahnriemen – (Alternative zur Steuerkette) Verstärkter, verzahnter Flachriemen aus Gummi-Gewebe-Material, der über Riemenscheiben mit flachen Zähnen die Nockenwelle(n) von der Kurbelwelle aus antreibt.

Nockenwellensensor – Sensor, der im Motor-Managementsystem Informationen über die momentane Stellung der Nockenwelle(n) ans Steuergerät gibt.

Oberer Totpunkt (OT) – Höchste Position in der Kolbenbewegung. Im OT bleibt der Kolben für Sekundenbruchteile stehen, ehe er abwärts geht.

OHC – (Overhead Camshaft) Obenliegende Nockenwelle(n). Bezeichnet die Motorbauart, bei welcher die Nockenwelle(n) über den Zylindern im Kopf angeordnet ist (angetrieben über Zahnriemen, Kette oder Zahnräder). Infolge der direkteren Betätigung der Ventile für Motoren höherer Leistung vorteilhaft.

OHV – (Overhead Valves) Stoßstangenmotor. Die Ventile sind im Zylinderkopf, werden jedoch von einer unten im Gehäuse liegenden Nockenwelle über Stoßstangen betätigt.

Oktanzahl – Vergleichszahl, die die Klopffestigkeit eines Otto-Kraftstoffs angibt (siehe Klopfen/Klingeln).

Ölfilter – Auswechselbarer Filter, der Fremdkörper und Kondenswasser aus dem Motorenöl abscheidet.

Ölkühler – Kleiner Kühler, der mit Hilfe des Fahrtwinds hauptsächlich bei Diesel- und Hochleistungsmotoren das Motorenöl zusätzlich kühlen soll.

Ölpeilstab – Metall- oder Kunststoffstab mit mehreren Markierungen zum Prüfen des Ölstands.

Ölsumpf/Ölwanne – Auffangschale und Reservoir unter dem Kurbelgehäuse für das im Motor umlaufende Öl.

O-Ring – Gummi-Dichtring mit kreisrundem Querschnitt. Wird oft zur Abdichtung zylindrischer Flächen in eine Nut eingesetzt.

Oxidations-Katalysator – Die Abgase von Dieselmotoren können, da sie mit Luftüberschuss arbeiten, mit dem Dreiwege-Katalysator nicht nachbehandelt werden. Der Einsatz einer Lambdaregelung ist hier technisch ausgeschlossen. Es kommt zur Reduzierung von Kohlenwasserstoff (HC) und Kohlenmonoxid (CO) in Kohlendioxid (CO_2) der Oxidationskatalysator zur Anwendung. Er eignet sich jedoch nicht zum Abbau von Stickoxiden.

Pleuel – Bauteil im Motor, das den Kolben (auf- und abgehend) mit der Kurbelwelle (rotierend) verbindet.

Pleuellager – Unteres Gleitlager des Pleuels, das dessen Bewegung auf den zugehörigen Zapfen der Kurbelwelle überträgt.

PME/Pflanzen-Methyl-Ester – Pflanzen-Methyl-Ester, oder auch Biodiesel, wird aus nachwachsenden Rohstoffen (Pflanzen) gewonnen. In Deutschland wird häufig Raps zur Gewinnung von Biodiesel genutzt. Daher hat sich auch die Bezeichnungen Raps-Methyl-Ester (RME) durchgesetzt. Aus ökologischer Sicht stellt PME eine sinnvolle Alternative zu herkömmlichem Dieselkraftstoff dar, da man sich in einem geschlossenen CO_2-Kreislauf bewegt. Das bedeutet, dass die Pflanze während ihres Wachstums soviel an CO_2 aufnimmt, wie nachher bei der Verbrennung wieder abgegeben wird. Da sich Biodiesel jedoch in seiner Zusammensetzung von herkömmlichem Dieselkraftstoff unterscheidet, kann er nicht uneingeschränkt als direkter Ersatz für Diesel genommen werden. Größtes Problem ist derzeit, dass es keine einheitliche Norm für die Qualität und Zusammensetzung von Biodiesel gibt. Daher gibt es auch keine bedingungslose Freigabe für die Verwendung von Biodiesel in Volkswagen Fahrzeugen.

PS/kW (Leistung) – Ausdruck für die pro Zeiteinheit von einem Motor (Verbrennungs-, Elektromotor) aufgebrachte Arbeit. Die jahrzehntelang nur in PS (Pferdestärken) angegebene Leistung mißt man heute in kW (Kilowatt; 1 kW entspricht 1,36 PS).

Querstabilisator – Federstahl-Drehstab, an Vorderachse und/oder Hinterachse montiert, um die Neigung der Karosserie zum »Rollen« (Wankbewegungen um die Fahrzeug-Längsachse) zu reduzieren. Wird nicht in jedem Auto verwendet.

Radbremszylinder – Siehe »Nehmerzylinder«.

Rad(muttern)schlüssel – Werkzeug, mit dem die Radschrauben oder -muttern eines Autos gelöst oder festgezogen werden.

Radträger – Teil der Vorder- oder Hinterradaufhängung, in dem die Radlagerung und der feste Teil der Bremsanlage untergebracht sind.

RDS/Radio Data System – RDS steht für Radio Data System und ist ein Service der Rundfunkanstalten. Neben dem hörbaren Sendeprogramm werden Zusatzinformationen in Form verschlüsselter Digitalsignale ausgesendet. Durch die Übermittlung des Sendernamens (Programm Service) wird nicht die Sendefrequenz, sondern der Name des jeweiligen Senders im Radio angezeigt. Die Angabe von alternativen Frequenzen ermöglicht den Empfang der am besten zu empfangenden Frequenz des gehörten Programms.

Regensensor/Lichtsensor – Der Regensensor sorgt für mehr Fahrkomfort und -sicherheit. Mittels optischer Messung erkennt er automatisch die Regenstärke. Einmal eingeschaltet, aktiviert der Regensensor automatisch die Scheibenwischer und regelt selbsttätig die Wischfrequenz. Mit der integrierten Fahrtlichtautomatik wird das Fahren noch sicherer und praktischer. Über zwei Lichtsensoren in der Frontscheibe werden die Lichtverhältnisse – etwa Dämmerung, Dunkelheit oder Tunnelfahrten – erkannt und das Abblendlicht wird selbsttätig eingeschaltet.

Reihenmotor – Verbrennungsmotor, bei welchem alle Zylinder in einer Reihe angeordnet sind.

Ritzel – Bezeichnung für ein Zahnrad mit kleiner Zähnezahl, das in eines mit größerer Zähnezahl oder in eine Zahnstange eingreift.

Rußpartikelfilter – Mit dem Diesel-Partikelfilter werden Rußpartikel zu mehr als 95 Prozent aus dem Abgas entfernt. Der Grenzwert für die EU4-Norm wird dabei deutlich unterschritten.

Sattel – Siehe Bremssattel.

Saugrohr/Ansaugrohr – Bauteil des Motors, in dem – je nach Art der Gemischaufbereitung – entweder reine Luft oder Kraftstoff-Luft-Gemisch zu den Einlassventilen befördert wird.

Saugrohrdrucksensor – Gerät, das den Innendruck im Saugrohr eines Ottomotors misst und Signale an das Steuergerät im Motor-Management gibt.

Schaltsaugrohr – in der Länge variabler Ansaugtrakt.

Scheibenwaschmittel – Wasser mit handelsüblichen Zusätzen (Frostschutz- und Reinigungsmittel) zum Befüllen der Scheibenwaschanlage.

Schräglenker – Auf und ab schwenkender Tragarm, an dessen Ende eines der Hinterräder montiert ist. Seine Schwenkachse liegt nicht im rechten Winkel zur Fahrzeuglängsachse.

Schrägverzahnte Räder – Zahnradpaar, dessen Verzahnung unter einem Winkel zur Radachse steht. Sorgt für günstigeren Zahneingriff und ruhigeren Lauf.

Schraubenfeder – Für Personenwagen-Federungen heute meistverwendete, gewindeförmige Stahlfeder.

Schwimmsattelbremse – Am Radträger seitlich verschiebbar montierter Bremssattel der Scheibenbremse. Der Schwimmsattel besitzt (im Gegensatz zum Festsattel) nur auf einer Seite einen (oder mehrere) Hydraulikkolben.

Schwungrad – Schwere metallene Scheibe am Abtriebsende der Kurbelwelle. Soll die von den Kolbenkräften herrührende Ungleichförmigkeit teilweise ausgleichen.

Selbstbeteiligung – Der vom Versicherten selbst zu übernehmende Kostenanteil im Schadensfall.

Sequenzielles Manuelles Getriebe – Das Sequenzielle Manuelle Getriebe (SMG) basiert auf dem bewährten Schaltgetriebe. Die Gangreihenfolge verläuft immer sequenziell (nacheinander) und nicht wie bei konventionellen Schaltungen durch die direkte Ganganwahl.

Service-Heft – Nachweis (wichtig beim Wiederverkauf), dass das Fahrzeug von Anbeginn und lückenlos in Fachwerkstätten gewartet wurde.

Servolenkung – System, das hydraulische Hilfskraft (Servokraft) zur Verfügung stellt, sobald der Fahrer am Lenkrad dreht.

Servo-Unterstützung – Anlage, die mit Hilfskräften (Hydraulik, Pneumatik) die vom Fahrer aufgewendete Kraft (am Lenkrad, am Pedal usw.) unterstützt.

Sicherungsblech – Blechscheibe mit einer oder mehreren Laschen, mit denen eine Mutter oder ein Schraubenkopf gegen Lösen gesichert wird.

Sidebag – Seitenairbag (in der Tür oder im Sitz untergebracht).

Single-Point-Einspritzung – Einspritzanlage mit nur einer Einspritzdüse für alle Zylinder.

SLS – Self Leveling Suspension (automatische Fahrwerk-Höhenverstellung).

SOHC – (Single Overhead Camshaft) Bezeichnung für einen Motor mit nur einer obenliegenden Nockenwelle, die Ein- und Auslassventile betätigt.

Spannungsregler – Elektrischer Regler, der die Spannung des Generators konstant hält.

Speedster – sportliches Cabrio mit extrem flacher Frontscheibe.

Sprengring – Ringförmigige Sicherung in einer Bohrung oder auf einer Welle, eingelassen in eine Innen- oder Außennut. Der Ring stoppt die ungewollte axiale Bewegung von Bauteilen.

Spurstange – Teil des Lenkgestänges, das die Lenkbewegungen vom Lenkgetriebe zum Vorderradträger überträgt.

SRS – Supplemental Restraint System (Rückhaltesystem); Abkürzung für das Airbag-System.

Starrachse – Aufhängung der Hinterräder an einem starren, sie verbindenden Achskörper. Federbewegung des einen Rades wirkt sich direkt auf das andere aus.

Starthilfekabel – Siehe Überbrückungskabel.

Steuerkette – Metallgliederkette, die über Kettenräder die Nockenwelle(n) von der Kurbelwelle aus antreibt.

STC – Stability Traction Control (stabile Traktionskontrolle); anderer Ausdruck für ASR (siehe oben).

Stoß-/Schwingungsdämpfer – Bauteil der Radaufhängung, welches das Auf- und Abschwingen der Federung eines Wagens beim Überfahren schlechter Wegstrecken absorbiert.

Stößel – Siehe Ventilstößel, Tassenstößel.

Sturz, Radsturz – Der Winkel, unter dem sich die Räder von der Senkrechten nach außen neigen. Negativer Sturz bedeutet, dass die Räder nach innen gekippt sind.

SUV – Sport Utility Vehicle (sportliches Nutzfahrzeug).

Synchronisierung – Vorrichtung im Schaltgetriebe. Sie gleicht zum Schalten eines Ganges die Drehzahlen der beiden in Eingriff zu bringenden Teile einander an, um geräuschloses Schalten zu ermöglichen.

Tagfahrlicht – 50 Prozent aller Unfälle an Kreuzungen tagsüber werden durch das nicht rechtzeitige Erkennen anderer Verkehrsteilnehmer verursacht. Als Abhilfe gilt unter Experten das Einschalten des Abblendlichtes am Tag oder der Einsatz von zusätzlichen Tagfahrlichtern.

Tassenstößel – Topfförmiges Zwischenglied, geführt in einer zylindrischen Bohrung, das zwischen den Ventilen des Motors und der (obenliegenden) Nockenwelle eingebaut ist (zuweilen mit einer spielausgleichenden Hydraulik versehen).

Telematik – Verbindung aus Telekommunikation, Informatik und Satelliten-Ortung zur Verkehrsleitung.

Thermostat – Temperaturabhängige Regelanlage im Kühlkreislauf, die das Erwärmen des Kühlmittels beschleunigt, indem sie ihm erst ab einer bestimmten Temperatur den Weg zum Kühler freigibt.

Tire Mobility Set – Reifenreparaturset, mit dem leichte Reifenleckagen behoben werden können. Das Set enthält Dichtmittel und einen Luftkompressor (12 Volt) zum Befüllen des Reifens.

Totpunktmarke/Einstellmarke – Kerben oder Markierungen an der vorderen Riemenscheibe der Kurbelwelle oder am Schwungrad und an den Antriebsteilen der Nockenwelle(n); sie dienen zum exakten Einstellen des Zünd- bzw. Einspritzzeitpunkts eines bestimmten Zylinders.

Transaxle – Kombination von Getriebe und Achstrieb in einem Gehäuse.

Turbolader/Abgasturbolader – Lader (s.d.), dessen Antrieb über den Druck der Abgase des Motors erfolgt, die auf eine Turbine wirken. Der Lader fördert zusätzliche Luft in die Zylinder und erreicht damit einen höheren Füllungsgrad und höhere Leistung.

Überbrückungs-/Starthilfekabel – Kabelsatz (1 rotes, 1 schwarzes) mit großem Querschnitt und kräftigen Klemmen an den Enden. Bei leerer Batterie kann mit Hilfe der Kabel und einer vollen »Spenderbatterie« der Motor angelassen werden.

Ungeregelter Katalysator – »Offenes« System, das die Schadstoffe im Abgas mit Hilfe eines von der Gemischbildung unabhängig arbeitenden (ungeregelten) Katalysators nur teilweise reduzieren kann.

Unterdruckpumpe – Dieselmotor: Der für die Servobremse erforderliche Unterdruck wird hier von einer vom Motor angetriebenen Pumpe geliefert (siehe auch »Bremsservo«).

Unterer Totpunkt (UT) – Tiefste Position in der Kolbenbewegung. Im UT bleibt der Kolben für Sekundenbruchteile stehen, ehe er aufwärts geht.

Unverbleites Benzin (Bleifrei) – Benzin, das außer dem im Rohöl enthaltenen Bleianteil bei der Herstellung nicht zusätzlich verbleit wird. Keine Schädigung des Katalysators.

Van – Großraumlimousine.

Variomatic – einfaches CVT-Getriebe (siehe oben) von DAF, erstmals 1958 im DAF 33 eingesetzt.

VDC – Vehicle Dynamics Control (fahrzeugdynamische Kontrolle); Fahrdynamik-Regelung für allradgetriebene Autos.

Ventil – Allgemein eine Vorrichtung, die geöffnet und geschlossen werden kann, um den Durchfluss von Gasen oder Flüssigkeiten zu ermöglichen bzw. zu stoppen.

Ventilator – Heute meist elektrisch, früher vom Motor angetriebener, vorn im Motorraum hinter dem Kühler angeordneter Lüfter (Ventilatorflügel). Soll die Kühlung unterstützen.

Ventilatorriemen – Keilriemen, der bei mechanischem Antrieb des Ventilators von der Kurbelwelle aus verwendet wird.

Ventileinstellung – Siehe Ventilspiel.

Ventilspiel – Gesamter Leerweg zwischen dem Ende des Ventilschafts und dem Nocken der Nockenwelle. Das Spiel ist erforderlich, um das völlige Schließen des Ventils trotz Wärmedehnung der Bauteile zu gewährleisten. Es wird entweder an einer Stellschraube manuell eingestellt oder von einem Hydraulikstößel (s.d.) automatisch ausgeglichen.

Ventilsteuerung – Oberbegriff für die Bauteile, die das Öffnen und Schließen der Ein- und Auslasskanäle des Motors bewirken: Nockenwelle(n), Stößel, Stoßstangen, Kipphebel, Ventile usw.

Ventilstößel – Bauteil im Motor, das die Drehbewegung der Nockenwelle in die Auf- und Abbewegung der Ventile umwandelt. Siehe auch »Tassenstößel«.

Verbleites Benzin (Bleibenzin) – Benzin, das außer dem im Rohöl enthaltenen Bleianteil bei der Herstellung zusätzlich verbleit wird. Nicht für Katalysatorbetrieb geeignet, da Blei dem Kat schadet.

Verbundglas – Sicherheitsglas für Autoscheiben. Besteht aus zwei dünnen Schichten aus gehärtetem Glas mit einer dünnen Schicht aus Spezial-Kunststoff dazwischen. Bei einem Aufprall zerbröselt das Glas nicht, und die Sicht bleibt weitgehend erhalten.

Verdichtung (-sverhältnis) – Gibt an, auf welches Volumen die Zylinderfüllung zwischen dem unteren und dem oberen Totpunkt des Kolbens verdichtet wird (Volumen eines Zylinders plus Brennraumvolumen im Verhältnis zum Brennraumvolumen allein, z.B. 10:1).

Vergaser – Vorrichtung, mit der (bei älteren Autos) das Kraftstoff-Luft-Gemisch in dem zur Verbrennung nötigen Verhältnis gebildet wird. Heute meist durch ein Einspritzsystem ersetzt.

Verteilerfinger – Im Zündverteiler umlaufendes Teil, dessen Elektrode über weitere Elektroden in der Verteilerkappe den Zündstrom an die Kerzen befördert.

Verteilerkappe – Kunststoffkappe, die auf den Verteiler aufgesetzt wird und von welcher die Zündkabel (Hochspannungskabel) zu den Kerzen führen.

4 × 4 – Allradantrieb.

Viertaktmotor – Bezeichnet einen Otto- oder Dieselmotor, der nach dem Viertaktverfahren arbeitet, d.h. für jeden vollständigen Arbeitszyklus zwei Auf- und zwei Abwärtshübe des Kolbens benötigt.

Vierventiler/16-Ventiler – Bezeichnung für einen Verbrennungsmotor mit zwei Einlass- und zwei Auslassventilen pro Zylinder. Der Ausdruck 16-Ventiler wird für den weit verbreiteten Vierzylindermotor mit je vier Ventilen pro Zylinder verwendet.

V-Motor – Motorbauweise, bei welcher die Zylinder in zwei Reihen angeordnet sind, die von vorn oder hinten gesehen ein »V« bilden. Zum Beispiel hat ein V8-Motor zwei Reihen zu vier Zylindern.

Vorderachseinstellung – Prüfung und Berichtigung gemäß der werksseitig vorgeschriebenen Einstellung von Vorspur, Sturz und Nachlauf. Einstellbar sind an den meisten Autos nur die Vorspurwerte. Fehlerhafte Einstellung kann hohen Reifenverschleiß und schlechtes »Handling« zur Folge haben.

Vorspur/Nachspur – Der Winkel oder der Betrag, um den die Stellung der Vorderräder bei Geradeausfahrt von einer Geraden parallel zur Fahrzeuglängsachse abweicht. Vorspur bedeutet, dass die Räder vorn leicht einwärts gerichtet sind.

VSA – Vehicle Stability Assistent (Fahrzeug-Stabilitätshelfer); entspricht ESP (siehe ESP).

VTC – Variable Timing Camshaft (variable Nockensteuerung), steuert Öffnungszeiten der Einlassventile.

VTG – variable Turbine (variable Turbolader-Geometrie).

Wankel-/Drehkolben-/Kreiskolbenmotor – Verbrennungsmotor, der im wesentlichen nur rotierende Teile besitzt. Der Kolben (Rotor) ist etwa dreiecksförmig und rotiert in einem Gehäuse mit spezieller, lang-ovaler Innenform (Epitrochoide). Nur sehr wenige Automodelle sind mit einem solchen Motor ausgerüstet.

Wasserpumpe/Kühlmittelpumpe – Vom Motor angetriebene Flügelpumpe, die das Kühlmittel durch alle Teile des Kühlkreislaufs pumpt.

Wertminderung – Mit dem Altern eines Autos (gefahrene Kilometer, Unfallschäden usw.) verbundene Minderung des möglichen Wiederverkaufserlöses.

Windowbag – Airbag vor dem Seitenfenster.

Xenonlicht – Modernes Autolicht ohne Glühdraht. In der Glühlampe befindet sich unter anderem das Edelgas Xenon. Bringt mehr als die doppelte Lichtleistung gegenüber Halogenlicht.

Zahnriemen – Siehe Nockenwellen-Antriebsriemen.

Zahnstangenlenkung – Heute weit verbreitete Ausführung des Lenkgetriebes, bestehend aus einem Ritzel und einer Zahnstange, welche die Räder über Spurstangen einschlägt.

Zündanlage – Elektrisches System, das beim Ottomotor für das Zünden des Gasgemisches im Zylinder verantwortlich ist.

Zündfolge – Reihenfolge, in der die Zylinder eines Motors gezündet werden.

Zündkabel – Besonders stark isolierte Kabel für die Übertragung des hochgespannten Stroms vom Zündverteiler zu den Kerzen.

Zündkerze – Bauteil des Ottomotors. Die Kerze ragt mit zwei Elektroden in den Brennraum hinein, zwischen denen zum Zünden des Kraftstoff-Luft-Gemisches ein Funken erzeugt wird.

Zündkontakte – In der Zündanlage älterer Autos dient ein Kontaktpaar zum Unterbrechen des Niederspannungsstroms und erzeugt dadurch in der Zündspule eine Hochspannung, die an der Kerze Zündfunken überspringen lässt.

Zündspule – Elektrisches Bauteil, das beim Ottomotor die eingeleitete Batteriespannung in Hochspannung (12 Volt) für den Zündfunken umsetzt.

Zündverteiler – Bauteil der Zündanlage, zuständig für die Verteilung der Hochspannungsenergie an die einzelnen Zündkerzen des Motors.

Zündzeitpunkt – Die kurz vor dem Erreichen des oberen Totpunkts (OT) liegende Stellung des Kolbens, in welcher der Zündfunken überspringt.

Zylinder-Hohlraum, in welchem der Kolben eines Motors auf und ab geht. Die Zylinder können entweder direkt in den Motorblock gebohrt sein, oder es werden Laufbüchsen in den Block eingesetzt.

Zylinderblock/Motorblock – Haupt-Bauteil (Gussteil) eines Motors, der im oberen Teil zumeist die Zylinder und im unteren die Lagerung der Kurbelwelle (Kurbelgehäuse) umfasst.

Zylinderbohrung – Innendurchmesser eines Motorzylinders.

Zylinderkopf – Gussteil unmittelbar über dem Motorblock, in dem normalerweise die Brennräume und die Ein-/Auslasskanäle sowie der Ventiltrieb untergebracht sind. Der Zylinderkopf ist mit dem Block verschraubt.

Zylinderkopfdichtung/Kopfdichtung – Dichtung, die zwischen Zylinderblock und Zylinderkopf liegt und für Abdichtung unter hohem Arbeitsdruck sorgt.

Zylinder-Laufbüchsen – Metallhülsen, die in entsprechende Bohrungen im Zylinderblock eingeschoben werden und in denen die Kolben auf und ab gehen. Wenn verschlissen, können Laufbüchsen und Kolben miteinander ausgetauscht werden.

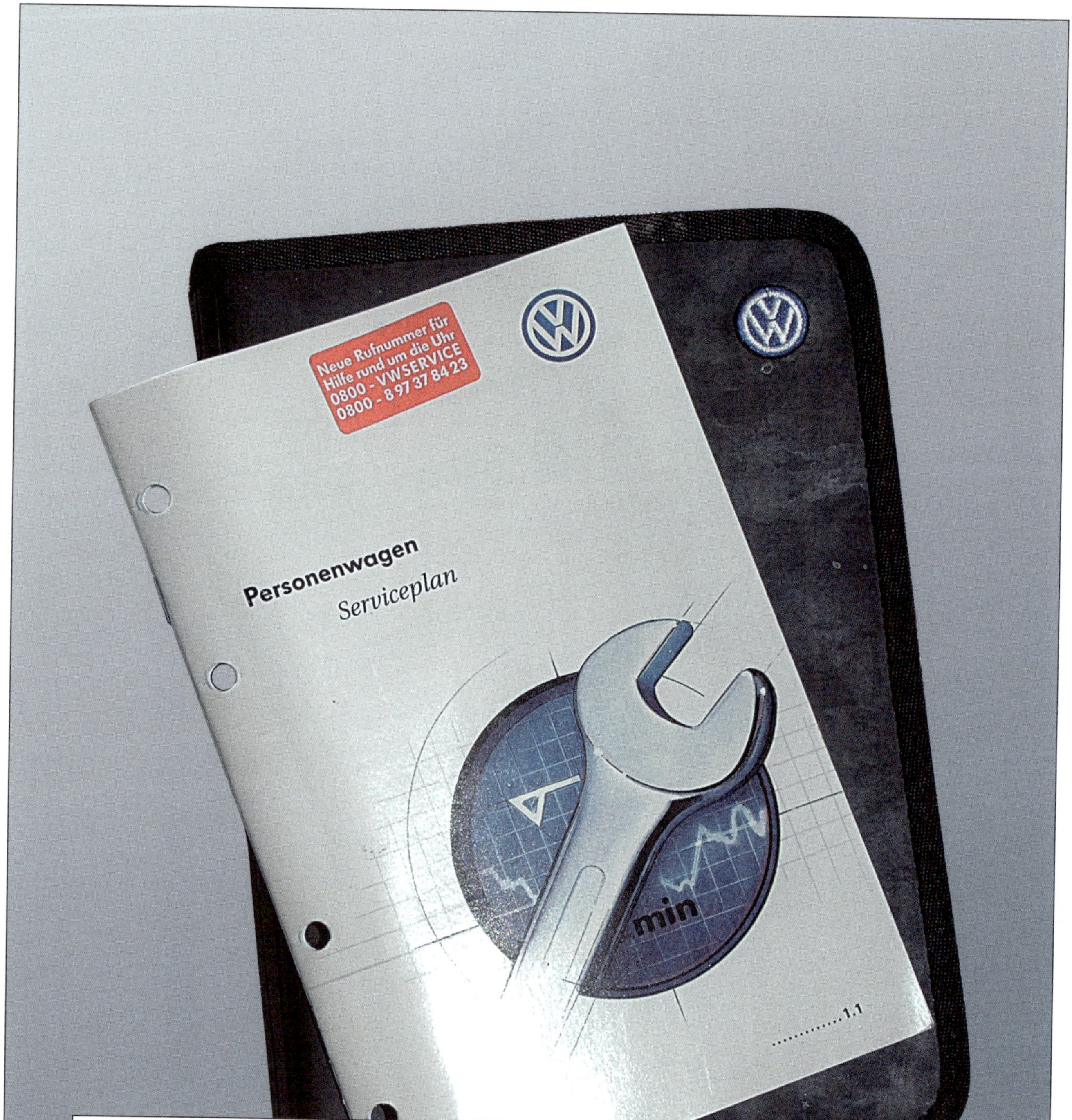

Instandhaltung

Wenn Sie an Ihrem Golf lange Freude haben wollen, müssen Sie ihn technisch in Schuss halten. Mit Hilfe dieses Handbuchs können Sie viele Wartungsarbeiten dabei nun ohne Probleme selbst erledigen. Am Ende dieses Kapitels erfahren Sie im Wartungsplan wann welche Arbeiten an Ihrem Golf anfallen.

Wartung und Service

Die Wartungsintervalle für den Ölwechsel und die Inspektion an Ihrem Golf hängen von der Laufleistung in Kilometern und der Zeitdauer ab. Außerdem gibt es Unterschiede abhängig vom Zeitpunkt der Herstellung und dem jeweiligen Service-Typ Ihres Golf. Denn für den Golf IV gibt es in der VW-Werkstattliteratur unterschiedliche Servicepläne. Dies hat unter anderem auch mit dem Mitte 1999 erstmals im Golf eingeführten LongLife-Service zu tun. Dieser berücksichtigt den individuellen Fahrzeugverschleiss, um daraus selbstständig einen Termin zum Service zu errechnen. Die Laufleistung kann sich somit im Idealfall für den Kunden um bis zu 15.000km verlängern.
Welcher Plan für welches Fahrzeug gilt, ist durch eine Codierung, der sogenannten PR-Nummer, festgelegt. Diese findet sich im Serviceplan (Datenträgeraufkleber im Handbuch) oder auf dem Datenträger in der Reserveradmulde des Kofferraums.

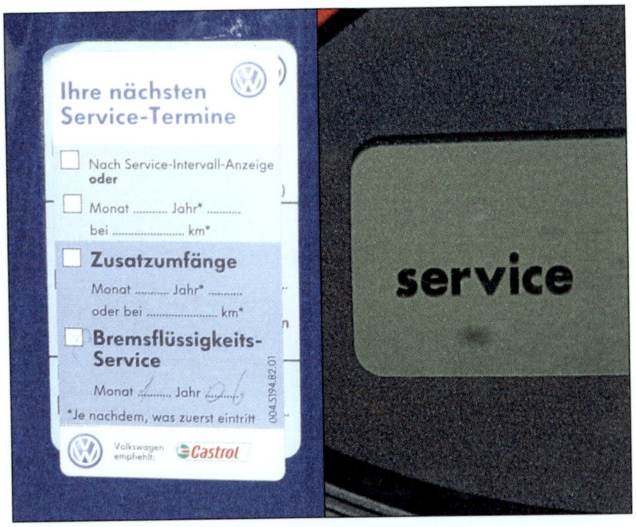

Merkzettel am Türholm: Die Termine und Umfänge für den nächsten Service werden am Türholm Ihres Golfs vermerkt. Zeigt Ihnen Ihr Golf die Anzeige im rechten Bild, wird es Zeit einen Service durchführen zu lassen

Wann muss mein Golf zum Service?

Einen fälligen Service zeigt Ihnen der Golf in der Anzeige des Tagesstreckenzählers unterhalb des Tachometers. Die Anzeigen erscheinen blinkend nach dem Einschalten der Zündung für einige Sekunden und lauten entweder „service OEL“ wenn ein Ölwechsel notwendig ist oder „service INSP“ wenn eine Inspektion durchgeführt werden soll.
Angaben zum Servicetermin finden Sie teilweise auch im Serviceheft und auf einem Aufkleber am Türholm der Fahrertür. Ansonsten ist diese Frage leider nicht so leicht zu beantworten. Normalerweise sollte ein Blick in das Serviceheft bzw. auf den Merkzettel genügen. Aber durch die Einführung variabler Serviceintervalle und des LongLife Service kann der Golf zum Teil auch selbst bestimmen, wann er einen Service braucht. Die unten stehende Tabelle zeigt, welche Merkmale verschiedene Modelljahre bezüglich dem Service aufweisen.

■ Für Fahrzeuge bis Modelljahr 1999 (keine PR-Nummer) gelten starre Wartungsintervalle von einem Jahr

PR-Nummer	Modelljahr	Ölwechselservice	Inspektionsservice	Besonderheiten
-	bis 1999	alle 15.000 km (bei mehr als 15.000 km Laufleistung im Jahr)	alle 12 Monate alle 30.000 km großer Inspektionsumfang	starre Intervalle; nicht LongLife-fähig
QG0	ab 2000	nach Serviceintevallanzeige (nicht flexibel)	nach Serviceintervallanzeige (nicht flexibel)	zeit- oder laufleistungsabhängiger Service
QG1 LongLife	ab 2000	nach Serviceintervallanzeige; Benziner max. bis zu 30.000 km, Diesel max. bis zu 50.000 km	bei jedem Ölwechselservice	LongLife Service auf spezielles Öl achten
QG2	ab 2000	alle 15.000 km / alle 12 Monate	alle 24 Monate oder alle 30.000 km	nicht LongLife-fähig

Serviceintervall-WirrWarr: Warum der Golf IV mit vier unterschiedlichen Intervallen versehen wurde, bleibt leider unklar

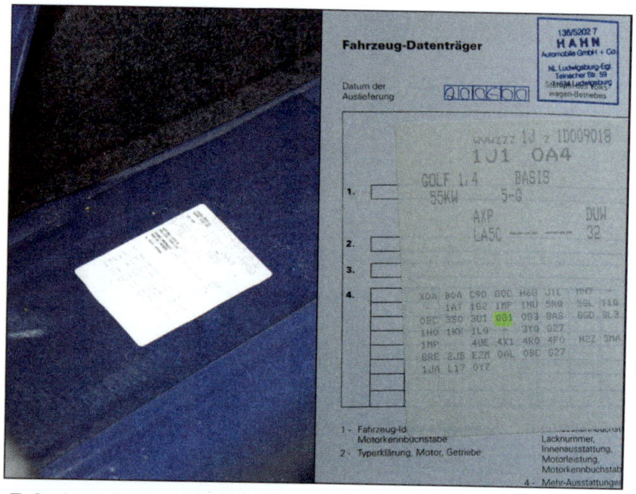

Fahrzeugdatenträger: Ist auf dem Bodenblech links neben der Reserveradmulde im Gepäckraum angeklebt und findet sich auch im Serviceplan

bzw 15.000 km, je nach dem was zuerst eintritt. Einen größeren Umfang hat der Service alle 30.000 km. Für diese Fahrzeuge lässt sich auch die Anzeige zur Servicefälligkeit manuell durch eine Tastenkombination zurücksetzen (s. Kasten Wissenswertes „Serviceanzeige zurücksetzen").

■ Bei Fahrzeugen ab Modelljahr 2000 (also ab Produktionszeit Mitte 1999, s. dazu auch Kasten Wissenswertes „Modelljahrbestimmung" im Einleitungskapitel) kommt es beim Serviceintervall auf die PR-Nummer an. Für Fahrzeuge mit der PR-Nummer QG2 gilt ein Ölwechselintervall von 12 Monaten oder alle 15.000 km, sowie der Inspektionsservice alle 24 Monate oder alle 30.000 km.

■ Fahrzeuge mit der PR-Nummer QG0 haben dahingegen einen flexiblen Serviceintervall. Dieser ist entweder Zeit- oder Laufleistungsabhängig. Der Wartungsintervall richtet sich bei diesen Fahrzeugen einzig nach der Service-Intervall-Anzeige im Cockpit. Dazu misst die Sensorik im Fahrzeug verschiedene Daten und wertet diese zur Bestimmung des Verschleisses an Ihrem Golf aus, und legt dadurch den Zeitpunkt der Inspektion fest. Hierbei ist vor allen Dingen Ihr persönlicher Fahrstil ausschlaggebend. Die Messung umfasst Kennwerte wie die Öltemperatur, die Motordrehzahl, das Motorlastmoment und die Fahrstrecke. Durch den Vergleich mit einem Kennfeld, das im Motorsteuergerät gespeichert ist, wird der Verschleiss und dadurch die verbleibende Laufleistung bis zum nächstbenötigten Service ermittelt. Im ungün-

WISSENSWERTES

Serviceanzeige zurücksetzen

Nicht bei jedem Golf funktioniert das Rücksetzen der Serviceintervallanzeige mittels einer Tastenkombination verschiedener Cockpitschalter. Dann können Sie ohne ein teures Diagnosetesgerät aus der Werkstatt leider nichts an der Anzeige ändern. Bei einigen Fahrzeugen jedoch, vor allen Dingen denen mit starren Intervallen, lässt sich die Anzeige manuell wieder zurückstellen. Mit Sicherheit können Sie das bei Ihrem Golf aber nur durch Ausprobieren feststellen. Zum manuellen Zurückstellen der Anzeige (ohne Tester) führen Sie folgende Schritte durch:

- Bei ausgeschaltener Zündung den Rückstell knopf des Kurzstreckenzählers (A) unterhalb des Tachometers drücken und festhalten
- Zündung einschalten und den Rückstellknopf (A) loslassen
- den Minutenknopf zum Einstellen der digitalen Zeituhr (B) nach rechts drehen. Das Display geht zur Normalanzeige über
- Zündung ausschalten. Nun ist der Service wiederzurückgestellt

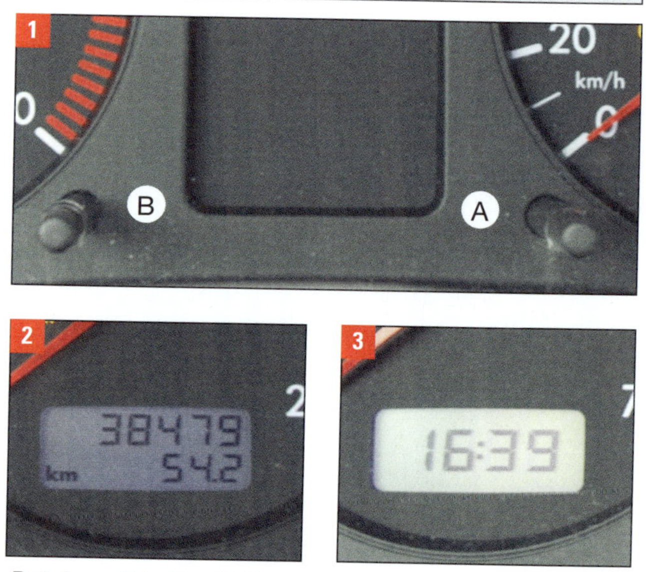

Drück-und Drehkniff: Manche Golf erlauben noch das manuelle Zurückstellen der Serviceanzeige mittels der beiden Tasten für die Zeituhr (A) und den Rückstellknopf des Kurzstreckenzählers (B)

stigsten Fall (sportliche Fahrweise sowie hoher Stadtfahrten- und Kurzstreckenanteil) reduziert sich der Intervall für den Ölservice auf die Laufzeit von 12 Monaten bzw. 15.000 km. Für den Inspektionsservice gilt eine maximale Laufleistung von 30.000 km oder 24 Monaten, die sich ebenfalls dem Fahrstil nach richtet und ebenfalls reduzieren kann.
Dahingegegen findet der Bremsflüssigkeitswechsel im festen Intervall von 24 Monaten statt.

■ Fahrzeuge mit der Kennung QG1 haben LongLife Service. Sie zeichnen sich durch die Verwendung eines speziellen, da besonders langlebigen Motoröls aus. Mitte 1999 wurde LongLife zunächst bei den Benzinern und TDI-Dieseln mit 90 bzw. 110 PS eingeführt. Später, im Mai 2001, waren dann alle Motoren LongLife-fähig. Das LongLife Service-Konzept unterscheidet sich aufgrund der möglichen Wartungsintervallverlängerung von allen übrigen Service-Typen. Auch beim LongLife-Service erinnert Sie die Anzeige im Display daran, wann es an der Zeit ist, die Werkstatt aufzusuchen.

Besonderheiten des LongLife-Services

Die Häufigkeit der Werkstattaufenthalte für Inspektionen soll sich mit dem LongLife Service auf das nötige Mindestmaß reduzieren. Dadurch können maximal 30.000 km bei den Benzinern und bis zu 50.000 km bei den Dieseln ohne Servicetermin möglich sein. Der dazu erforderliche Datenabgleich zwischen den verschiedenen Verschleissteilen bzw. deren Sensoren und dem Motorsteuergerät erfordert aber auch eine umfangreichere Hardware was den Motor Ihres Golfs betrifft. Hierzu zählen zum Beispiel ein Thermogeber für das Öl, ein Geber für Geschwindigkeit, Nadelhub und Drehzahl, eine Bremsenverschleissanzeige und die wartungsarme Pb-Ca-Batterie. Unter Berücksichtigung aller daraus gewonnenen Daten schließt das Steuergerät auf den Verschleiss und berechnet damit den Zeitpunkt des Services selbständig. Die Meldung „Service" im Cockpit macht Sie als Fahrer darauf aufmerksam, dass bald eine Werkstatt aufgesucht werden soll. Erscheint die Anzeige ohne Vorwarnung, haben Sie die maximale Zeitdauer bis zur nächsten Inspektion überschritten.
Ansonsten erscheint 3000 km vor Fälligkeit die Anzeige „service in 3000 km" (für 20 sek. feststehend). Anschließend wird die Restlaufstrecke in tatsächlich gefahrenen 100 km-Schritten bis auf 0 km aktualisiert. Ist es dann soweit, erscheint „service" bzw. „service jetzt" (für 20 Sekunden blinkend) und erlischt nach dem Start des Motors.

Was muss ich beim LongLife Öl beachten?

Für LongLife-Fahrzeuge sind von VW speziell entwickelte Motorenöle vorgesehen. Diese entsprechen den VW Normen 503.00 / 506.00 sowie 506.01 und eignen sich ausschließlich für LongLife-taugliche Motoren! Ihre Viskosität (Fließeigenschaft bei Temperaturänderung) liegt wesentlich niedriger als bei normal gebräuchlichen Ölen. Wird ein nicht LongLife-tauglicher Motor ausschließlich mit dem weniger viskosen LongLife-Öl befüllt, kann die Schmierung bei hohen Öltemparaturen und hoher Drehzahl nicht mehr ausreichen und der Motor erleidet einen kapitalen Schaden. Andersherum kann gewöhnliches (nach VW-Norm geeignetes) Motoröl durchaus in LongLife-taugliche Motoren eingefüllt werden. Dabei muss aber die Menge beachtet werden. Müssen Sie Öl nachfüllen und es findet sich kein speziell spezifiziertes LongLife-Öl, können maximal 0,5l gewöhnliches Öl nachgefüllt werden, ohne dass der Service seinen LongLife-Status verliert. Bei der Beimischung von mehr als einem halben Liter normalen Schmierstoffs verliert der Wagen aber seinen LongLife-Status und muss wieder auf starre Service-Intervalle umgestellt werden.

Füllmenge beachten: Bis zu 0,5l gewöhnliches Öl verträgt ein LongLife Golf ohne Qualitätseinbusen bei der Schmierung und ohne Verlust der LongLife-Eigenschaften

Für wen lohnt sich der LongLife-Service?

Der LongLife-Service und die Möglichkeit der Werkstattintervallverlängerung tragen der Tatsache rechnung, dass jedes Fahrzeug im Alltag unterschiedlich

beansprucht wird. Unterschiede gibt es dabei auch beim Motortyp. Denn Benzin- und Dieselmotoren haben nicht den gleichen Verschleiss. Bei der Dieselverbrennung entsteht weniger ölschädigende Verschmutzung als beim Benziner. Unverbrannte Dieselrückstände sind denen des Motoröls ähnlich, wohingegen beim Benziner die Einlagerung der entstehenden Verbrennungsreste das Motoröl früher altern lassen. Durch den LongLife Service und die verlängerten Ölwechselintervalle beinhaltet nun aber auch jeder Ölwechsel immer eine Inspektion, und umgekehrt. Ausnahme: Bei Fahrzeugen, deren Intervall sich aufgrund unwirtschaftlicher Fahrweise auf 15.000 km bzw 12 Monate verkürzt, kann zwischen den Inspektionen auch ein Ölwechsel Service durchgeführt werden. Dazu kommt, dass das LongLife-spezifizierte Öl wesentlich teurer ist als normales Öl. Kurzstreckenfahrer werden daher wohl kaum einen Vorteil aus dem LongLife-System ziehen können.
So komplex das ganze LongLife-System ist, so verwirrend ist es auch. Und zwar gleichermaßen für VW-Kunden, VW-Werkstätten und sogar für die Produktion. Das äußerte sich darin, dass einige Fahrzeuge zwar ab Werk mit dem QG1 Code versehen wurden, ihre Motoren aber tatsächlich nicht für die speziellen LongLife-Ölsorten ausgelegt waren. Erkennbar ist dies daran, dass der Serviceplan dann keinen LongLife Service vorsieht.

Vorteile und Nachteile des LongLife-Service

Ein echter Vorteil entsteht Ihnen mit dem Longlife Paket nur wenn der Wagen überwiegend auf Langstrecke betrieben wird und Sie tatsächlich eine höhere Laufleistung als mit starren Wartungsintervallen erzielen. Denn durch den erhöhten Verschleiss fallen auch wieder die sonst üblichen Intervalle an. Ist dies der Fall, rentiert sich das teurere Longlife-Öl auch nicht mehr.
Und selbst wenn Sie, begünstigt durch lange Wegstrecken und schonende Fahrweise, den maximalen Serviceintervall ausnutzen können, kann Ihnen niemand garantieren, dass auch alle restlichen Verschleissteile (Bremsen, Zündkerzen, etc.) bis zum nächsten Servicetermin durchhalten. Ein Servicetechniker wird daher keinen Serviceplan unterzeichnen, wenn er weiß, dass die Bremsen zwar noch gut sind aber nicht bis zum nächsten Werkstattaufenthalt halten werden. Stattdessen könnten Verschleissteile etwas früher als unbedingt notwendig ersetzt werden.

Ungeplanter Eingriff: Bis zu 0,5 l pro 1000 km Fahrstrecke darf Ihr Golf maximal konsumieren. Sind es mehr, sollten Sie sich an Ihren Servicetechniker wenden

Wieviel Öl darf mein Golf verbrauchen?

Ist Ihr Golf-Motor technisch in Ordnung, verbraucht er so wenig Öl, dass zwischen den einzelnen Ölwechselintervallen nur eine geringe Menge nachgefüllt werden muss. Das gilt jedoch nur, wenn Sie regelmäßig das Öl wechseln und den Motor nicht übermäßig belastet wird.
Ihr Motor verbraucht Öl, weil es teilweise in den Verbrennungsraum gelangt und dort verbrennt. Ein undichter Motor, defekte Ventilschaftabdichtungen, falsch eingebaute Kolbenringe oder zu viel Spiel zwischen Ventilführung und -schaft treiben den Verbrauch jedoch in die Höhe.
Volkswagen hat zu diesem Thema klare Vorstellungen und gibt ein Maximum von 0,5 Liter pro 1000 km an. Das ist relativ hoch, kann aber von einigen Motoren sogar übertroffen werden. Vor allen Dingen der 1,4 l-Basisbenzinmotor kann mit übermäßigem Ölverbrauch auffallen. Nachbesserung mit einer geänderten und beheizten Kurbelgehäuseentlüftung sorgte bei betroffenen Fahrzeugen für Abhilfe. Wir empfehlen Ihnen daher den Ölverbrauch grundsätzlich genau zu beobachten.
Genauso wie der übermäßig hohe Ölverbrauch ist ein zumehmender Ölstandspegel verdächtig. Denn nimmt der Ölstand zwischen den Messungen zu, dann ist das Motoröl durch Kraftstoff und Kondenswasser verdünnt, was seine Schmiereigenschaft bedeutend verschlechtert.
Das kann vor allem in den Wintermonaten vorkommen, wenn Sie das Fahrzeug ausschließlich auf Kurzstrecken bewegen. In diesem Fall sollten Sie das Öl vor den üblichen Intervallen wechseln, etwa schon nach 3000 Kilometern oder spätestens nach vier Monaten.

Wartungsplan

Beim Werkstatt-Service geht VW unter Berücksichtigung der unterschiedlichen Serviceintervalle nach verschiedenen Serviceplänen vor. Wenn Sie den Service an Ihrem Golf selbst durchführen, können Sie sich an die nachfolgend aufgeführten Punkte halten. Unterschiede sind an den entsprechenden Stellen im Text ausgezeichnet.

Die Rückstellung der Serviceintervallanzeige ist bei manchen Modellen nur durch den Anschluss eines Diagnosegeräts möglich. Daher kann es durchaus sinnvoll sein, nach erfolgter Wartung die Rückstellung in der Werkstatt vornehmen zu lassen. Natürlich ist es schwierig, eine Werkstatt zu finden, die das macht ohne die Wartung selbst durchgeführt zu haben – geben Sie deshalb ein Auslesen des Fehlerspeichers in Auftrag. So kommen Sie beim Fehlerspeicherauslesen auch noch nebenbei versteckten Mängeln auf die Spur, die Ihnen sonst nicht aufgefallen wären. Achten Sie bei Dieselgolf unbedingt darauf, die empfohlenen Wechselintervalle für den Zahnriehmen einzuhalten. Bei dieser Arbeit ist es zu empfehlen sie in der Werkstatt durchführen zu lassen.

Die Routinechecks sollten Sie dahingegen ohne Probleme und mit Hilfe der Anleitungen gut hinbekommen.

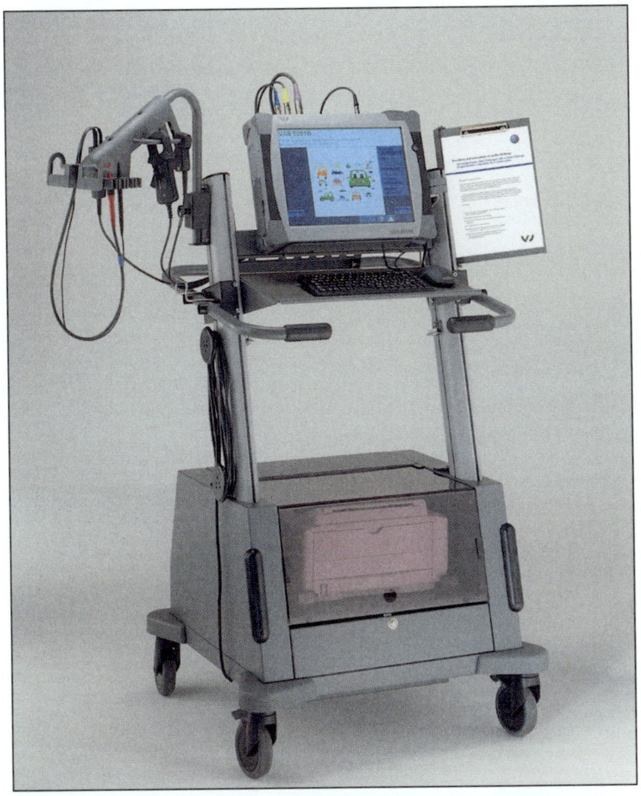

Werkstattwagen: Die im Steuergerät der Onborddiagnose (OBD) hinterlegten Fehler sowie das Umprogrammieren von flexiblen auf starre Service-Intervalle (wenn gewünscht) können nur mittels Diagnoserechner erledigt werden

Jährliche Wartungsarbeiten

■ Motorwartung

-Sichtprüfung auf Undichtigkeiten
-Öl wechseln samt Ölfilter
-Kühlung / Heizung: Überprüfung der Füllstände und der Konzentration des Frostschutzmittels
-Sichtprüfung auf Undichtigkeiten des Kühlers
-Bei Dieselfahrzeugen: Zahnriemen Sichtprüfung und Kraftstofffilter entwässern/ersetzen (Erste Entwässerung nach 30.000km)
-Bei Automatik: Zustand und Spannung des Zahnriemens überprüfen
Bei Verwendung von Biodiesel: Kraftstofffilter entwässern und nach 30.000km ersetzen
-Abgasanlage sichtprüfen
-Serviceintervallanzeige zurücksetzen (LongLife: zurüksetzen lassen)
-Fehlerspeicher auslesen lassen

■ Achsen und Getriebe

-Sichtprüfung aller Manschetten und Schutzhüllen auf Risse und Beschädigungen
-Getriebölstand bei manuellen Getrieben überprüfen
-Bei Allradantrieb: Öl der Haldex-Kupplung wechseln

■ Lenkung und Vorderachse

-Faltenbälge der Lenkung auf Risse und Beschädigungen prüfen
-Spurstangenköpfe auf Spiel und festen Sitz prüfen
-Staubkappen der Achsgelenke und Spurstangen prüfen

■ Karosserie und Innenraum

-Schließzylinder/ Befestigungsbolzen und Türfeststeller schmieren
-Sicherheitsgurte und Airbags sichtprüfen
-Verbandkasten nach dem Haltbarkeitsdatum überprüfen und ggf. ersetzen

-Staub- und Pollenfiltereinsatz ersetzen
-Führungsschienen des Schiebedachs (sofern vorhanden) reinigen und mit VW Fettspray G00 450 02 (=Silikongleitmittel) einsprühen

■ Reifen, Räder und Bremsanlage
-sämtliche Leitungen, Schläuche und Verbindungen der Bremsanlage sowie Bremszylinder und deren Anschlüsse auf Beschädigungen und Undichtigkeiten sichtprüfen
-Bremsflüssigkeitsstand überprüfen und ggf auffüllen
-Bremsbelagstärke vorn und hinten kontrollieren
-Profiltiefe und Abnutzung der Reifen kontrollieren
-Reifendruck prüfen und ggf. korrigieren (auch Reserverad!)
-Anzugsmoment der Reifenschrauben mit Drehmomentschlüssel überprüfen; Richtanzugsmoment: 120Nm

■ Elektrik/Elektronik
-Stromverbraucher (Beleuchtung, Heizung, etc.) auf Funktion prüfen
-Signaleinrichtungen (Blinker, Hupe, etc.) auf Funktion prüfen
-Scheinwerfer auf korrekte Einstellung prüfen
-Scheibenwaschanlage und Wischerblätter auf Funktion prüfen; Wischergummis bei Rubbeln oder Rissen wechseln, Waschdüsen auf korrekte Einstellung prüfen, Waschflüssigkeit auffüllen
-Schalter, Anzeigen und sonstige Bedienelemente auf Funktion prüfen
-Batterie-Säurestand prüfen und ggf. mit destilliertem Wasser auffüllen

In regelmäßigen Abständen kontrollieren:

■ zusätzlich alle 2 Jahre
-Bremsflüssigkeit wechseln

■ zusätzlich alle 30.000 km
-TDi-Motoren: Kraftstoffilter wechseln
-Pollenfilter ersetzen
-Ölstand im Schaltgetriebe prüfen
-für starre Serviceintervalle: Ölwechsel

■ zusätzlich alle 4 Jahre bzw 60.000 km
-Dieselmotoren: Kraftstoffilter ersetzen
(danach alle 30.000 km)
-Luftfiltereinsatz wechseln und Filtergehäuse säubern
-Flüssigkeitsstand der Servolenkung prüfen und ggf. auffüllen
-Ölstand im Achsantrieb und Getriebeölstand der Automatik prüfen und ggf. auffüllen
-Keilrippenriemen sichtprüfen, sind Abnutzungsspuren zu erkennen: auswechseln
- Zahnriemen und Spannrolle des Nockenwellenantriebs-der Pumpe-Düse Dieselmotoren (AJM) wechseln
-Zündkerzen ersetzen

■ zusätzliche alle 90.000 km
-Pumpe-Düse Dieselmotoren (ATD, AXR, AUY, ARL, ASZ) Zahnriemen und Spannrolle des Nockenwellenantriebs wechseln

-SDI und TDI-Motoren (ALH, AGP, AGR, AHF, AQM, ASV bis Produktionszeit Sep. 2001) Zahnriemen des Nockenwellenantriebs wechseln

-Benziner: Zahnriemen und Nockenwellenantrieb prüfen (danach alle 30.000 km)

■ zusätzliche alle 120.000 km
-SDI und TDI-Motoren (ALH, AGP, AGR, AHF, AQM, ASV ab Produktionszeit Okt. 2001) Zahnriemen und Umlenkrolle des Nockenwellenantriebs wechseln

-1,8T Benziner: Keilriemen und Keilrippenriemen wechseln

-2,3 l-Benziner: Zahnriemen des Nockenwellenantriebs sowie Keilrippenriemen ersetzen

-2,8 l-Benziner: Zahnriemen und Keilrippenriemen sowie Spannrolle des Nockenwellenantriebs ersetzen

■ alle 180.000 km
-1,8 l-Benziner (4-Zyl 5V): Zahnriemen und Spannrolle des Nockenwellenantriebs wechseln